みんなが欲しかった!

電験三種 理論の実践問題集

尾上建夫 著

TAC出版
TAC PUBLISHING Group

はじめに

電験とは?

電験（正式名称：電気主任技術者試験）とは，電気事業法に基づく国家試験で，使用可能な電圧区分により一種～三種まであり，電験三種の免状を取得すれば電圧50,000 V未満の電気施設（出力5,000 kW以上の発電所を除く。）の保安監督にあたることができます。

また，近年の電気主任技術者の高齢化や電力自由化等に伴い，電気主任技術者のニーズはますます増加しており，今後もさらに増加すると考えられます。

しかしながら，試験の難易度は毎年合格率10％以下の難関であり，その問題は基礎問題の割合は極めて少なく，テキストを学習したばかりの初学者がいきなり挑んでもなかなか解けないため，挫折してしまうこともあります。

4つのステップで試験問題が解ける!

電験三種ではさまざまな参考書が出ていますが，テキストを読み終えた後の適切な問題集がなく，テキストを理解できてもいきなり過去問を解くことはできず，解法を覚えるだけでは，試験問題は解けず…という事態に陥る可能性があります。

本書は，テキストと過去問の橋渡しをし，テキストの内容を確認する確認問題から，本試験対策となる応用問題までステップを踏んで力を養うことができます。

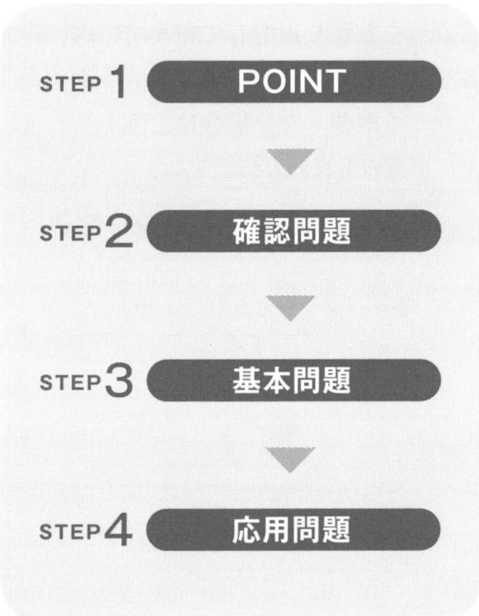

本書の特長と使い方

本問題集は，さまざまなテキストで学習された方が，過去問を解く前に必要な力を無理なくつけることができるよう次の４つのステップで構成されています。また，「みんなが欲しかった！電験三種の教科書＆問題集」と同じ構成をしているため「みんなが欲しかった！電験三種の教科書＆問題集」とあわせて使うことで効率よく学習を行うことができます。

本書に掲載されている問題は，すべて過去問を研究し出題分野を把握した上でつくられたオリジナル問題で構成されていますので，過去問を学習した受験生の腕試しにも効果的です。

STEP 1 POINT

テキストに記載のある重要事項，公式等を整理し説明しています。内容を見ても分からない場合やもう少し詳しく勉強したい場合は，テキストに戻るのも良い方法です。

公式などをまとめています

ポイントや覚え方もバッチリ

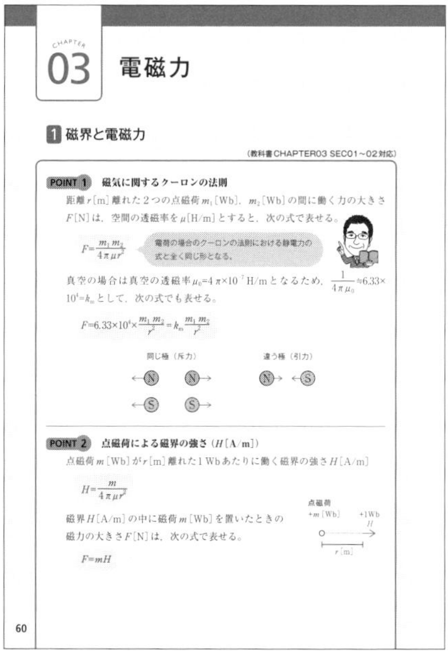
CHAPTER 03 電磁力

1 磁界と電磁力

（教科書CHAPTER03 SEC01～02対応）

POINT 1 磁気に関するクーロンの法則

距離r[m]離れた２つの点磁荷m_1[Wb]，m_2[Wb]の間に働く力の大きさF[N]は，空間の透磁率をμ[H/m]とすると，次の式で表せる。

$$F=\frac{m_1 m_2}{4\pi\mu r^2}$$

電荷の場合のクーロンの法則における静電力の式と全く同じ形となる。

真空の場合は真空の透磁率$\mu_0=4\pi\times10^{-7}$ H/mとなるため，$\frac{1}{4\pi\mu_0}\fallingdotseq6.33\times10^4=k_m$として，次の式でも表せる。

$$F=6.33\times10^4\times\frac{m_1 m_2}{r^2}=k_m\frac{m_1 m_2}{r^2}$$

POINT 2 点磁荷による磁界の強さ（H[A/m]）

点磁荷m[Wb]がr[m]離れた1 Wbあたりに働く磁界の強さH[A/m]

$$H=\frac{m}{4\pi\mu r^2}$$

磁界H[A/m]の中に磁荷m[Wb]を置いたときの磁力の大きさF[N]は，次の式で表せる。

$$F=mH$$

60

STEP 2　確認問題

POINTの内容について，テキストでも例題とされているような問題を設定しています。敢えて選択肢に頼らない出題形式で，知識が定着しているかを確認することができます。

穴埋め問題や簡単な計算問題を掲載

POINTへのリンクもつけています

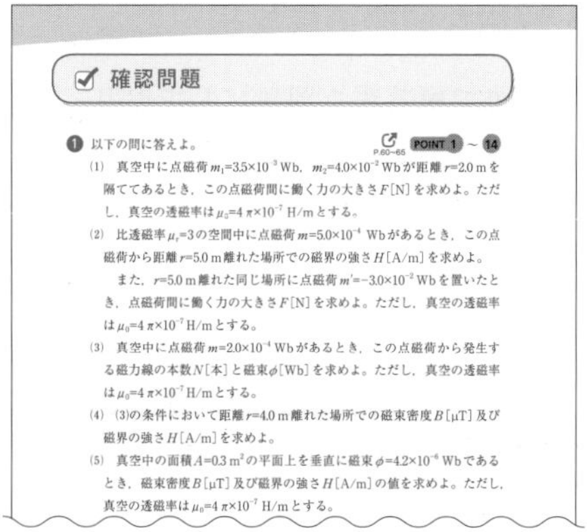

確認問題

❶ 以下の問に答えよ。　P.60〜65　POINT 1 〜 14

(1)　真空中に点磁荷 $m_1=3.5\times10^{-3}$ Wb，$m_2=4.0\times10^{-2}$ Wbが距離 $r=2.0$ mを隔ててあるとき，この点磁荷間に働く力の大きさ F[N]を求めよ。ただし，真空の透磁率は $\mu_0=4\pi\times10^{-7}$ H/mとする。

(2)　比透磁率 $\mu_r=3$ の空間中に点磁荷 $m=5.0\times10^{-4}$ Wbがあるとき，この点磁荷から距離 $r=5.0$ m離れた場所での磁界の強さ H[A/m]を求めよ。

また，$r=5.0$ m離れた同じ場所に点磁荷 $m'=-3.0\times10^{-2}$ Wbを置いたとき，点磁荷間に働く力の大きさ F[N]を求めよ。ただし，真空の透磁率は $\mu_0=4\pi\times10^{-7}$ H/mとする。

(3)　真空中に点磁荷 $m=2.0\times10^{-4}$ Wbがあるとき，この点磁荷から発生する磁力線の本数 N[本]と磁束 ϕ[Wb]を求めよ。ただし，真空の透磁率は $\mu_0=4\pi\times10^{-7}$ H/mとする。

(4)　(3)の条件において距離 $r=4.0$ m離れた場所での磁束密度 B[μT]及び磁界の強さ H[A/m]を求めよ。

(5)　真空中の面積 $A=0.3$ m^2 の平面上を垂直に磁束 $\phi=4.2\times10^{-6}$ Wbであるとき，磁束密度 B[μT]及び磁界の強さ H[A/m]の値を求めよ。ただし，真空の透磁率は $\mu_0=4\pi\times10^{-7}$ H/mとする。

STEP 3　基本問題

重要事項の内容を基本として，電験で出題されるような形式の問題を設定しています。問題慣れができるようになると良いでしょう。

本試験に沿った択一式の問題です

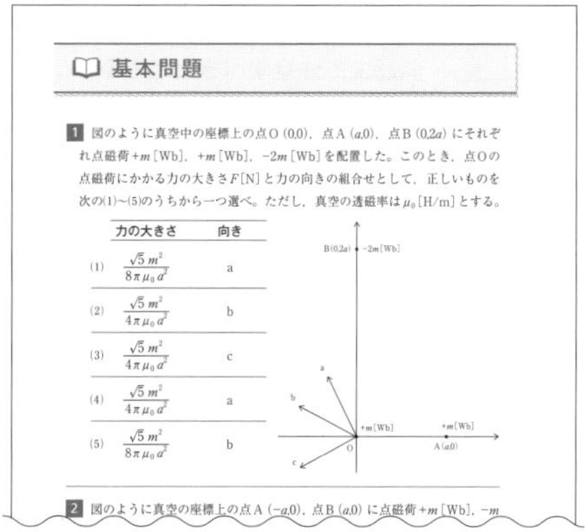

基本問題

1　図のように真空中の座標上の点O (0,0)，点A (a,0)，点B (0,2a) にそれぞれ点磁荷 $+m$[Wb]，$+m$[Wb]，$-2m$[Wb]を配置した。このとき，点Oの点磁荷にかかる力の大きさ F[N]と力の向きの組合せとして，正しいものを次の(1)〜(5)のうちから一つ選べ。ただし，真空の透磁率は μ_0[H/m]とする。

	力の大きさ	向き
(1)	$\dfrac{\sqrt{5}m^2}{8\pi\mu_0a^2}$	a
(2)	$\dfrac{\sqrt{5}m^2}{4\pi\mu_0a^2}$	b
(3)	$\dfrac{\sqrt{5}m^2}{4\pi\mu_0a^2}$	c
(4)	$\dfrac{\sqrt{5}m^2}{4\pi\mu_0a^2}$	a
(5)	$\dfrac{\sqrt{5}m^2}{8\pi\mu_0a^2}$	b

2　図のように真空の座標上の点A ($-a$,0)，点B (a,0) に点磁荷 $+m$[Wb]，$-m$

STEP 4　応用問題

電験の準備のために，本試験で出題される内容と同等のレベルの問題を設定しています。応用問題を十分に理解していれば，合格に必要な能力は十分についているものと考えて構いません。

本試験レベルのオリジナル問題です

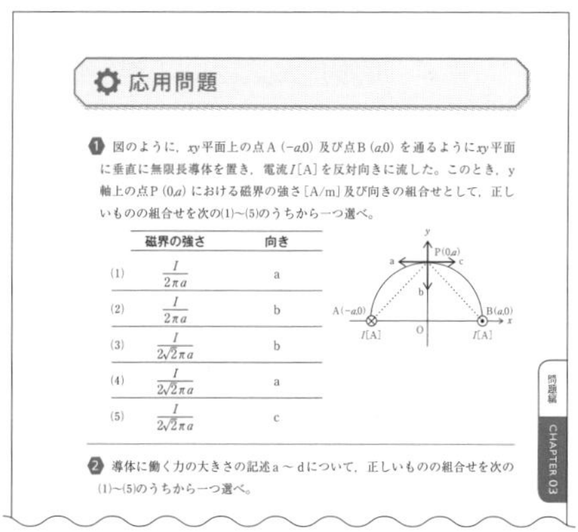

応用問題

❶ 図のように，xy 平面上の点A ($-a$,0) 及び点B (a,0) を通るように xy 平面に垂直に無限長導体を置き，電流 I[A]を反対向きに流した。このとき，y軸上の点P (0,a) における磁界の強さ[A/m]及び向きの組合せとして，正しいものの組合せを次の(1)〜(5)のうちから一つ選べ。

	磁界の強さ	向き
(1)	$\dfrac{I}{2\pi a}$	a
(2)	$\dfrac{I}{2\pi a}$	b
(3)	$\dfrac{I}{2\sqrt{2}\pi a}$	b
(4)	$\dfrac{I}{2\sqrt{2}\pi a}$	a
(5)	$\dfrac{I}{2\sqrt{2}\pi a}$	c

❷ 導体に働く力の大きさの記述a〜dについて，正しいものの組合せを次の(1)〜(5)のうちから一つ選べ。

問題編　CHAPTER 03

詳細な解説の解答編

本書で解答編を別冊にしており，紙面の許す限り丁寧に解説しているので問題編よりも厚い構成になっています。

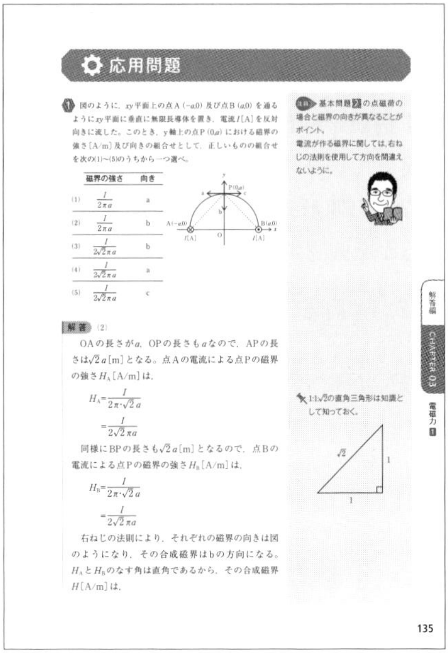

応用問題

1 図のように，xy平面上の点A$(-a,0)$及び点B$(a,0)$を通るようにxy平面に垂直に無限長導体を置き，電流I[A]を反対向きに流した。このとき，y軸上の点P$(0,a)$における磁界の強さ[A/m]及び向きの組合せとして，正しいものの組合せを次の(1)~(5)のうちから一つ選べ。

	磁界の強さ	向き
(1)	$\frac{I}{2\pi a}$	a
(2)	$\frac{I}{2\pi a}$	b
(3)	$\frac{I}{2\sqrt{2}\pi a}$	b
(4)	$\frac{I}{2\sqrt{2}\pi a}$	a
(5)	$\frac{I}{2\sqrt{2}\pi a}$	c

注目 基本問題2の点磁荷の場合と磁界の向きが異なることがポイント。
電流が作る磁界に関しては，右ねじの法則を使用して方向を間違えないように。

解答 (2)

OAの長さがa，OPの長さもaなので，APの長さは$\sqrt{2}a$[m]となる。点Aの電流による点Pの磁界の強さH_A[A/m]は，

$$H_A=\frac{I}{2\pi\cdot\sqrt{2}a}=\frac{I}{2\sqrt{2}\pi a}$$

同様にBPの長さも$\sqrt{2}a$[m]となるので，点Bの電流による点Pの磁界の強さH_B[A/m]は，

$$H_B=\frac{I}{2\pi\cdot\sqrt{2}a}=\frac{I}{2\sqrt{2}\pi a}$$

右ねじの法則により，それぞれの磁界の向きは図のようになり，その合成磁界はbの方向になる。H_AとH_Bのなす角は直角であるから，その合成磁界H[A/m]は，

1:1:$\sqrt{2}$の直角三角形は知識として知っておく。

解答編 CHAPTER 03 電磁力 1

135

POINT 1　POINTへのリンクを施しています。公式などを忘れている場合は戻って確認しましょう。

解答する際のポイントをまとめました。

注目　問題文で注意すべきところや，学習上のワンポイントアドバイスを掲載しています。

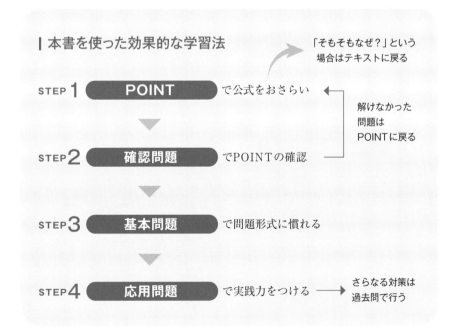

本書を使った効果的な学習法

STEP 1 **POINT** で公式をおさらい　（「そもそもなぜ？」という場合はテキストに戻る）

▼

STEP 2 **確認問題** でPOINTの確認　（解けなかった問題はPOINTに戻る）

▼

STEP 3 **基本問題** で問題形式に慣れる

▼

STEP 4 **応用問題** で実践力をつける → さらなる対策は過去問で行う

教科書との対応

本書は『みんなが欲しかった！電験三種 理論の教科書&問題集 第2版』と同じ構成をしています。本書との対応は以下の通りです。

CHAPTER	本書	電験三種理論の教科書&問題集（第2版）
CHAPTER 01 直流回路	1 オームの法則と合成抵抗	SEC01 電気回路とオームの法則
		SEC02 合成抵抗
	2 キルヒホッフの法則と重ね合わせの理	SEC03 導体の抵抗の大きさ
		SEC04 キルヒホッフの法則
	3 複雑な電気回路と電力	SEC05 複雑な電気回路
		SEC06 電力と電力量
CHAPTER 02 静電気	1 クーロンの法則，電界と電位	SEC01 静電気に関するクーロンの法則
		SEC02 電界
		SEC03 電界と電位
	2 コンデンサ	SEC04 コンデンサ
CHAPTER 03 電磁力	1 磁界と電磁力	SEC01 磁界
		SEC02 電磁力
	2 電磁誘導とインダクタンス	SEC03 磁気回路と磁性体
		SEC04 電磁誘導
		SEC05 インダクタンスの基礎
CHAPTER 04 交流回路	1 *RLC*回路の計算	SEC01 正弦波交流
		SEC02 *R-L-C*直流回路の計算
		SEC03 *R-L-C*交流回路の計算
	2 交流回路の電力	SEC04 交流回路の電力
		SEC05 記号法による解析
CHAPTER 05 三相交流回路	1 三相交流回路	SEC01 三相交流回路
CHAPTER 06 過渡現象とその他の波形	1 過渡現象	SEC01 非正弦波交流
		SEC02 過渡現象
		SEC03 微分回路と積分回路
CHAPTER 07 電子理論	1 半導体，ダイオード，トランジスタ	SEC01 半導体
		SEC02 ダイオード
		SEC03 トランジスタとFET
	2 電子の運動と整流回路	SEC04 電子の運動
		SEC05 整流回路
CHAPTER 08 電気測定	1 電気測定	SEC01 電気測定

Index

CHAPTER 01 直流回路

1 オームの法則と合成抵抗 …… 2
2 キルヒホッフの法則と重ね合わせの理 …… 10
3 複雑な電気回路と電力 …… 16

CHAPTER 02 静電気

1 クーロンの法則，電界と電位 …… 32
2 コンデンサ …… 48

CHAPTER 03 電磁力

1 磁界と電磁力 …… 60
2 電磁誘導とインダクタンス …… 76

CHAPTER 04 交流回路

1 *RLC* 回路の計算 …… 92
2 交流回路の電力 …… 106

CHAPTER 05 三相交流回路

1 三相交流回路 …… 114

CHAPTER 06 過渡現象とその他の波形

1 過渡現象 ………………………………… 128

CHAPTER 07 電子理論

1 半導体，ダイオード，トランジスタ ………… 138
2 電子の運動と整流回路 ………………………… 156

CHAPTER 08 電気測定

1 電気測定 ………………………………… 174

別冊解答編

CHAPTER 01 直流回路
CHAPTER 02 静電気
CHAPTER 03 電磁力
CHAPTER 04 交流回路
CHAPTER 05 三相交流回路
CHAPTER 06 過渡現象とその他の波形
CHAPTER 07 電子理論
CHAPTER 08 電気測定

CHAPTER 01

直流回路

計算問題での出題が中心で回路計算の基本となる分野です。本試験では基本的な内容の問題は少なく，テブナンの定理や重ね合わせの理など，さまざまな定理を駆使して解く問題が出題されます。応用問題まで理解し，万全に試験対策をして本番を迎えるようにしましょう。

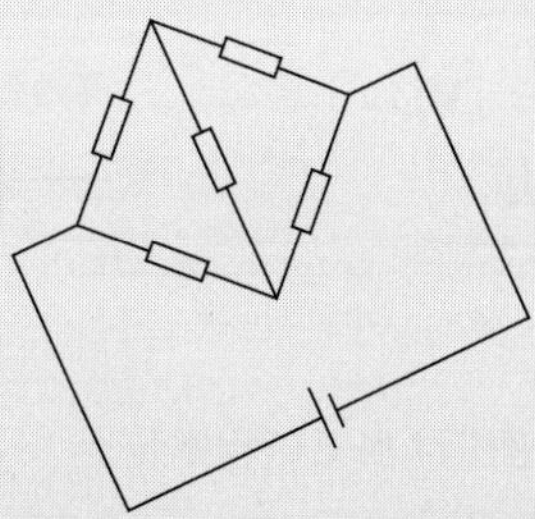

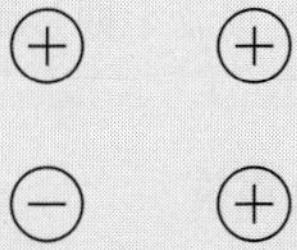

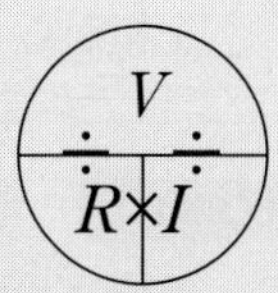

CHAPTER 01

直流回路

1 オームの法則と合成抵抗

（教科書CHAPTER01 SEC01～02対応）

POINT 1　電荷（量記号：Q，単位：[C]（クーロン））

同じ極性同士（＋と＋，－と－）　→　反発力（斥力）

違う極性同士（＋と－）　→　吸引力（引力）

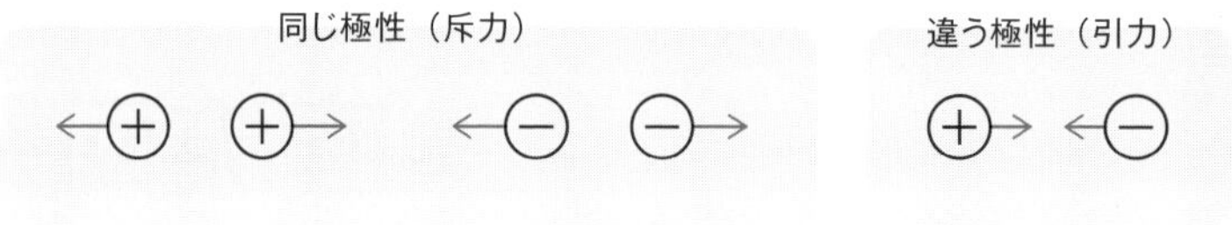

POINT 2　電流（量記号：I，単位：[A]（アンペア））

1秒間あたりに流れる電荷の量

電流の流れる向き　→　＋極から－極

電子の移動する向き　→　－極から＋極

$$\underset{\text{電流}}{I} = \frac{\overset{\text{電荷}}{Q}}{\underset{\text{時間}}{t}}$$

POINT 3　抵抗（量記号：R，単位：[Ω]（オーム））

電流の流れにくさ。もしくはその部品。

抵抗の図記号

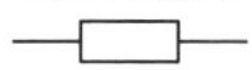

POINT 4　電圧（量記号：V，単位：[V]（ボルト））

＋極から－極へ電流を押し流す力

電池の図記号

POINT 5　電圧と電位

電位は水でいうところの水位。電圧は水でいう水位差

電気のエネルギーの高さ　→　電位

電位の差　→　電圧

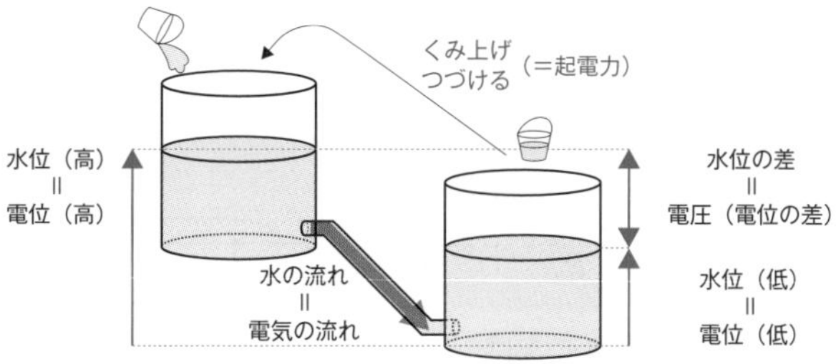

POINT 6 電気回路図

電気回路を図記号で表したもの。おもなものは以下の通り。

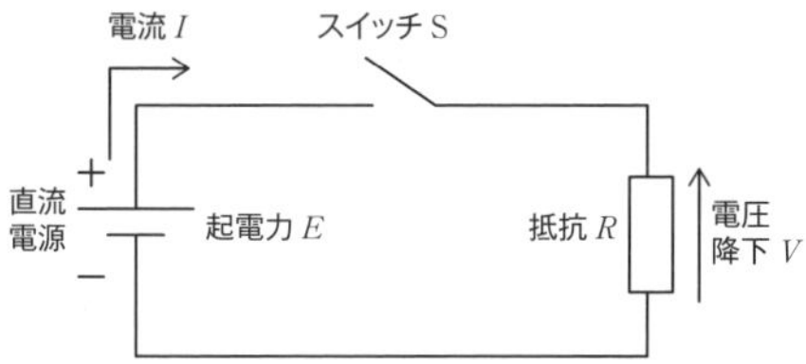

直流電源：一定の電圧（起電力）で電気を供給するもの

スイッチ：回路のオンオフを制御するもの（上図はオフ）

抵抗　　：抵抗では電圧が低下する。（電圧降下）

POINT 7 オームの法則

電圧 V, 抵抗 R, 電流 I には，以下のような関係がある。

電圧 = 抵抗 電流
$$V = RI$$

抵抗 = 電圧 / 電流
$$R = \frac{V}{I}$$

電流 = 電圧 / 抵抗
$$I = \frac{V}{R}$$

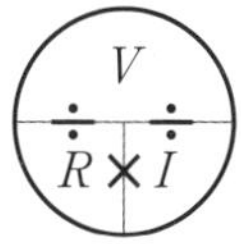

覚え方：求めたいものを隠して他の数量をかけ算もしくはわり算をする。

POINT 8 合成抵抗

合成抵抗 R_0［Ω］は次のように求める。

①直列

$$R_0 = R_1 + R_2 + R_3 + R_4 + \cdots + R_n$$

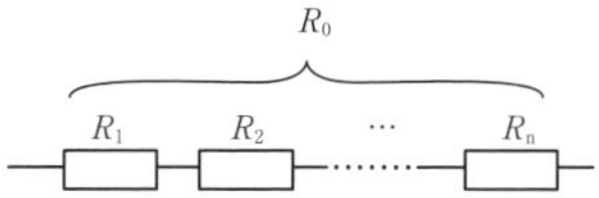

②並列

$$\frac{1}{R_0}=\frac{1}{R_1}+\frac{1}{R_2}+\frac{1}{R_3}+\frac{1}{R_4}+\cdots+\frac{1}{R_n}$$

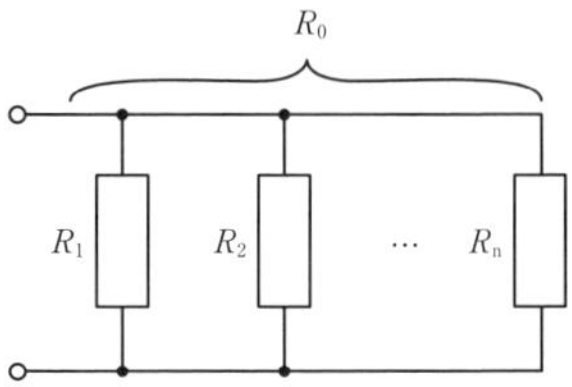

ただし，抵抗が2個のときは，

$$R_0=\frac{R_1R_2}{R_1+R_2}$$

と計算可能。

POINT 9　分圧の法則，分流の法則

①分圧の法則

右のような直列回路において，

各抵抗に加わる電圧は次のようになる。

$$V_1=\frac{R_1}{R_1+R_2}E$$

$$V_2=\frac{R_2}{R_1+R_2}E$$

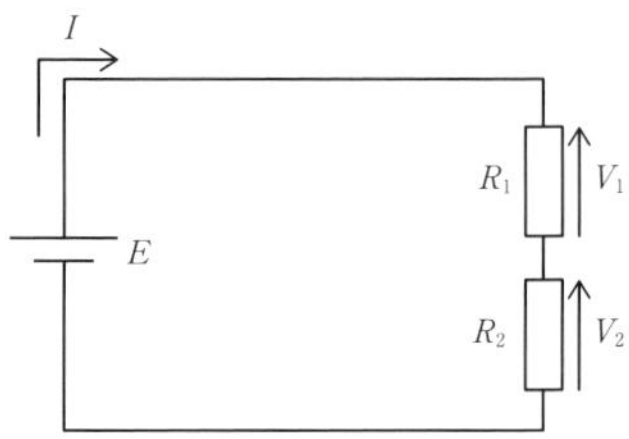

②分流の法則

右のような並列回路において，

各抵抗を流れる電流は次のようになる。

$$I_1=\frac{R_2}{R_1+R_2}I$$

$$I_2=\frac{R_1}{R_1+R_2}I$$

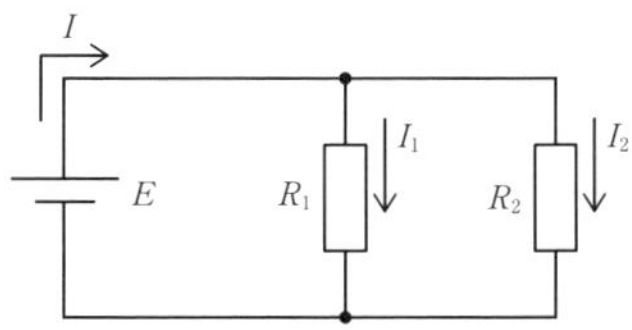

確認問題

1 次の(1)～(3)において，それぞれの電荷に加わる力は斥力もしくは引力のどちらか。

P.2 POINT 1

(1) ⊖ ⊖ (2) ⊖ ⊕ (3) ⊕ ⊕

---

2 次の問に答えよ。

P.2 POINT 2

(1) 10秒の間に3Cの電荷が流れたときの電流値を求めよ。

(2) 30秒間1Aの電流を流したときに流れた電荷量を求めよ。

(3) ある時間0.2 Aの電流を流したところ全体で1.7 Cの電荷が流れた。電流を流した時間はどれだけか。

---

3 次の(1)～(4)の回路において，回路を流れる電流Iの値を求めよ。

P.3 POINT 7 8

(1)

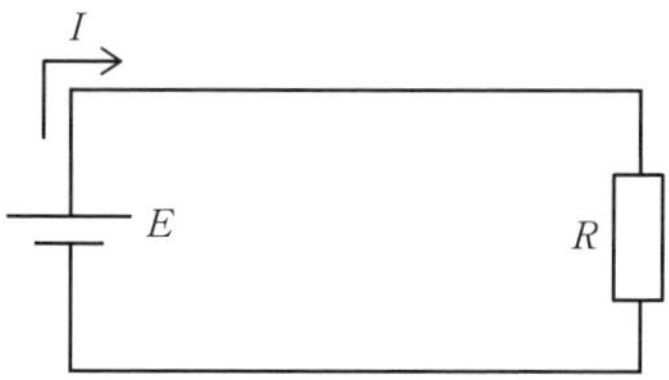

(2)

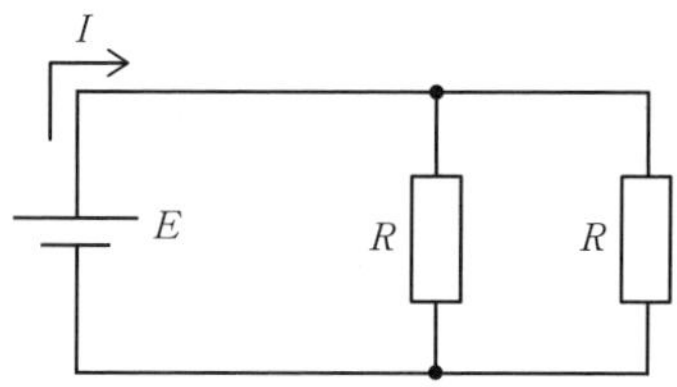

(3)

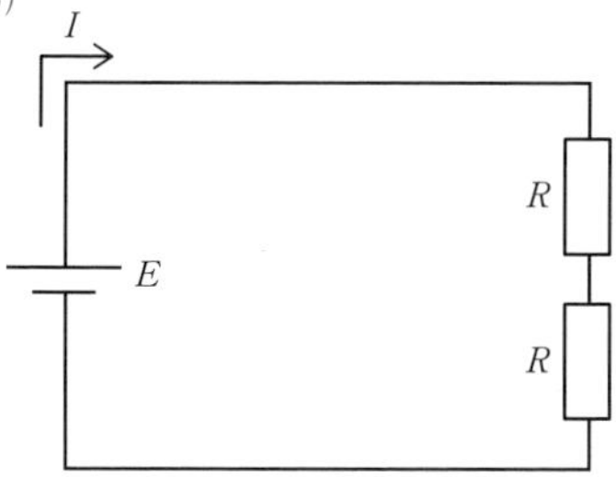

(4)

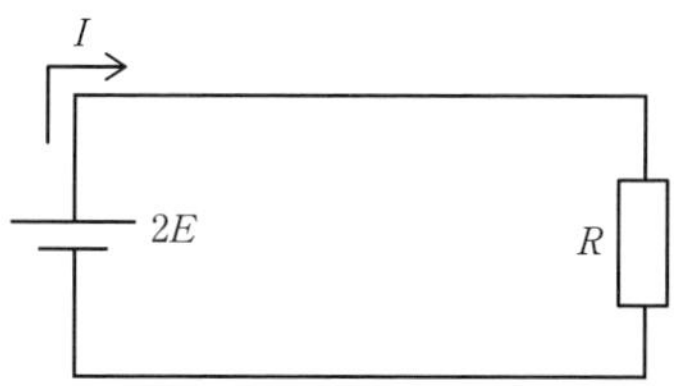

4 次の(1)〜(4)の回路において，各抵抗に加わる電圧及び流れる電流の値を求めよ。

P.3, 4 POINT 7 9

(1)

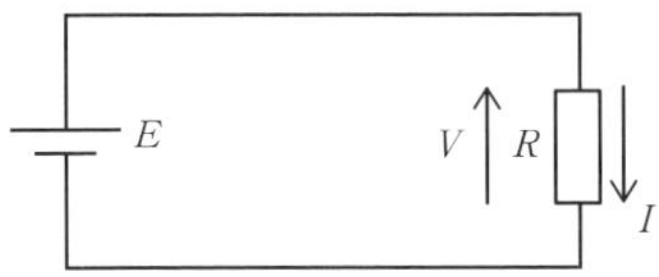

(2)

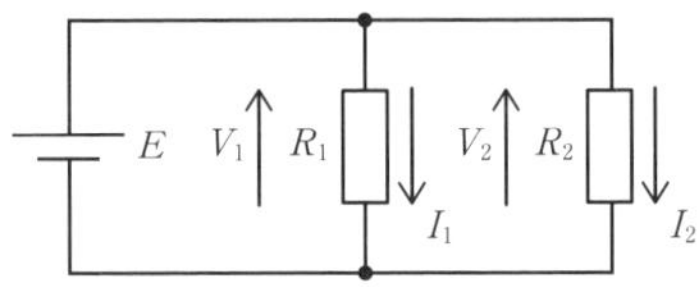

(3)

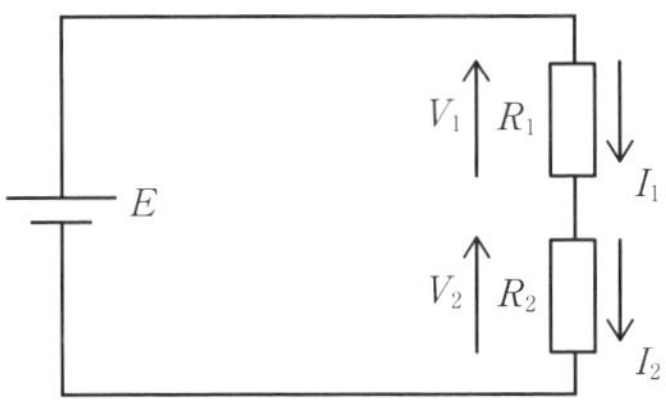

(4)

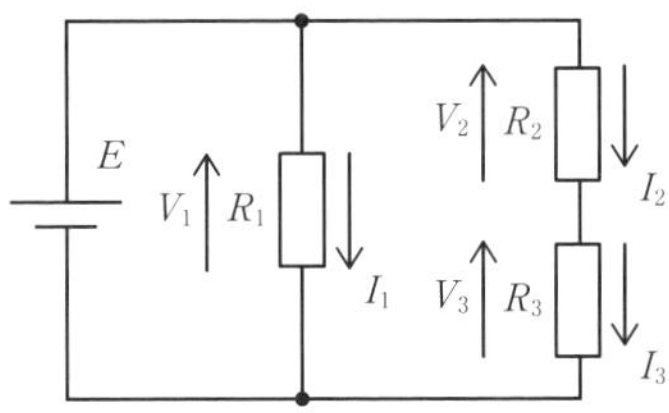

基本問題

1 次の各回路において，スイッチSが開いているとき，スイッチSが閉じているときそれぞれの回路を流れる電流の値の組み合わせとして正しいものを次の(1)~(5)のうちから一つ選べ。

(a)

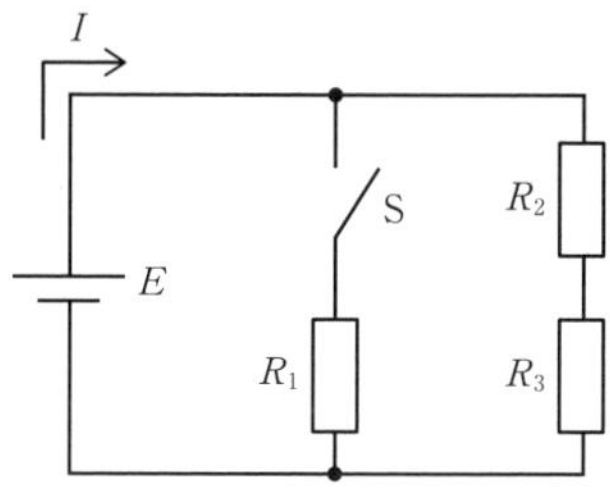

	Sが開いているとき	Sが閉じているとき
(1)	$\dfrac{E}{R_2+R_3}$	$\dfrac{(R_1+R_2+R_3)E}{R_1(R_2+R_3)}$
(2)	$\dfrac{E}{R_2+R_3}$	$\dfrac{R_1(R_2+R_3)E}{R_1+R_2+R_3}$
(3)	$\dfrac{E}{R_2R_3}$	$\dfrac{R_1(R_2+R_3)E}{R_1+R_2+R_3}$
(4)	$\dfrac{(R_2+R_3)E}{R_2R_3}$	$\dfrac{(R_1+R_2+R_3)E}{R_1(R_2+R_3)}$
(5)	$\dfrac{(R_2+R_3)E}{R_2R_3}$	$\dfrac{R_1(R_2+R_3)E}{R_1+R_2+R_3}$

(b)

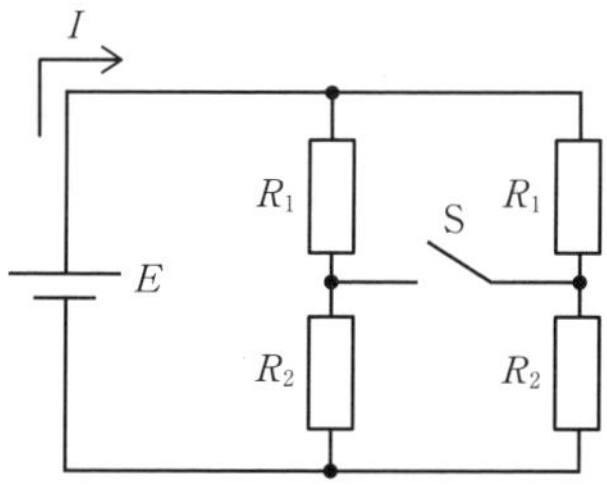

	Sが開いているとき	Sが閉じているとき
(1)	$\dfrac{E}{2(R_1+R_2)}$	$\dfrac{E}{R_1+R_2}$
(2)	$\dfrac{2E}{R_1+R_2}$	$\dfrac{E}{R_1+R_2}$
(3)	$\dfrac{E}{2(R_1+R_2)}$	$\dfrac{2E}{R_1+R_2}$
(4)	$\dfrac{2E}{R_1+R_2}$	$\dfrac{E}{2(R_1+R_2)}$
(5)	$\dfrac{2E}{R_1+R_2}$	$\dfrac{2E}{R_1+R_2}$

2 図において，電源の－端子の電位を0Vとする。このとき以下の各値を求めよ。

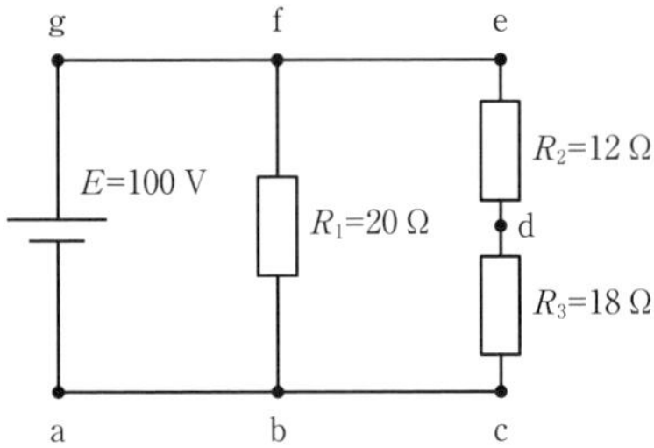

(1) 各点の電位 V_a, V_b, V_c, V_d, V_e, V_f, V_g

(2) d-e間の電位差 V_{de}（eからみたdの電位）

(3) R_2とR_3の合成抵抗R_{23}

(4) R_1, R_2, R_3の合成抵抗R_0

(5) 電源を流れる電流I

(6) R_1, R_2, R_3のそれぞれを流れる電流I_1, I_2, I_3

応用問題

1 図1の回路において電源を流れる電流が12 A，図2の回路において，電源を流れる電流が50 Aであったとき，抵抗R_1とR_2の大きさとして正しいものを次の(1)~(5)の中から一つ選べ。ただし，$R_1 < R_2$とする。

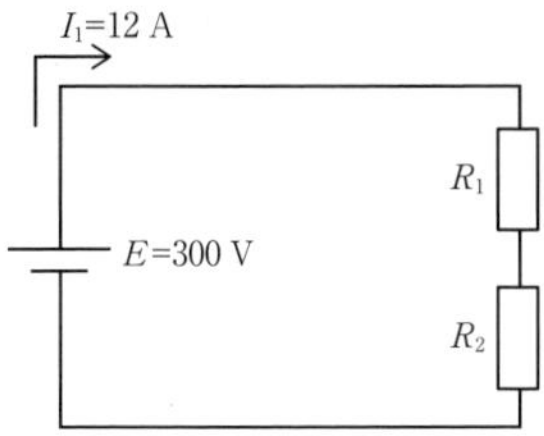

図1

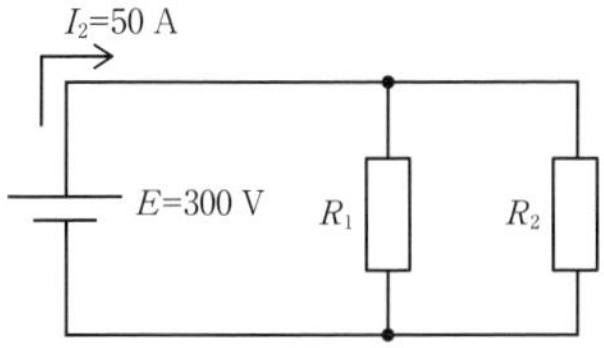

図2

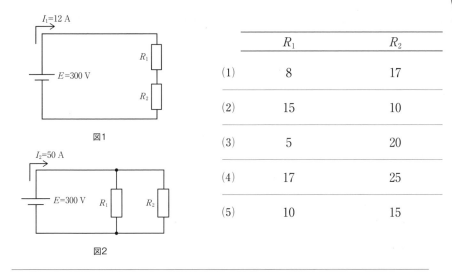

	R_1	R_2
(1)	8	17
(2)	15	10
(3)	5	20
(4)	17	25
(5)	10	15

2 図のような回路において，スイッチSを開いたとき及び閉じたときの電流の値として正しいものを次の(1)~(5)のうちから一つ選べ。

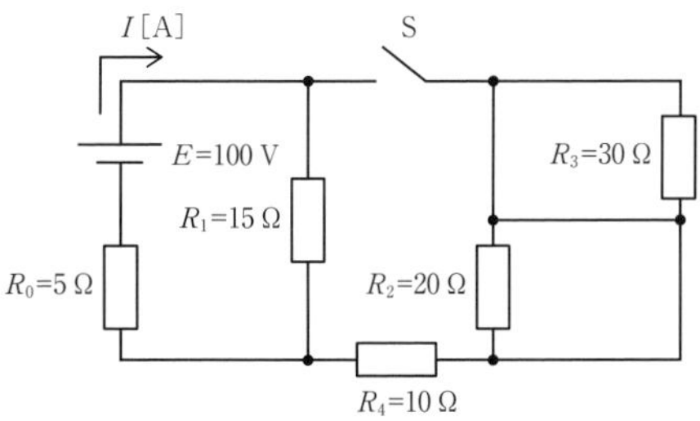

	Sが開いたとき	Sが閉じたとき
(1)	26.7	9.1
(2)	5.0	7.2
(3)	5.0	9.1
(4)	26.7	7.2
(5)	5.0	5.9

2 キルヒホッフの法則と重ね合わせの理

（教科書CHAPTER01 SEC03～04対応）

POINT 1 **抵抗率（量記号：ρ，単位：[Ω・m]）と導電率（量記号：σ，単位：[S/m]）**

$$R=\frac{\rho l}{A}\ [\Omega]$$

$$R=\frac{l}{\sigma A}\ [\Omega]$$

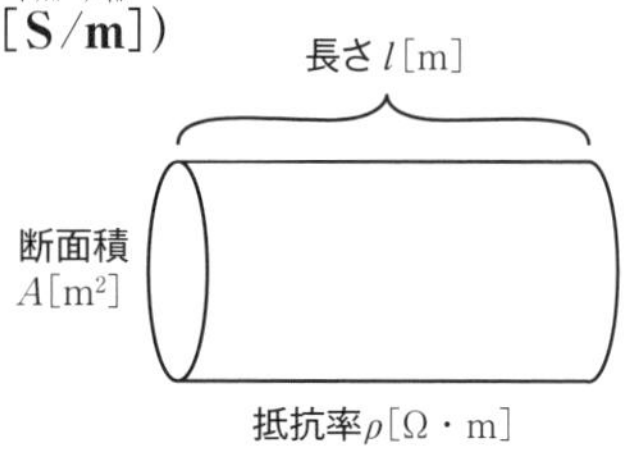

なので，

$$\rho=\frac{1}{\sigma}$$

POINT 2 **キルヒホッフの法則**

(1) キルヒホッフの第一法則（電流則）

（流れ込む電流の和）＝（流れ出る電流の和）

$$I_1+I_2=I_3+I_4+I_5$$

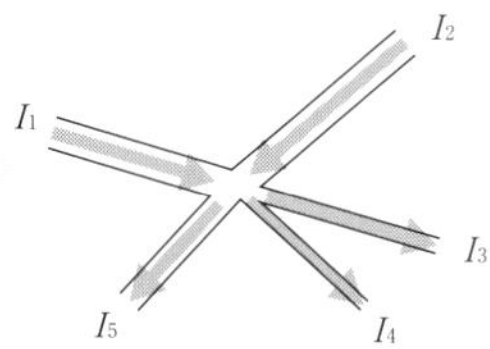

(2) キルヒホッフの第二法則（電圧則）

（起電力の総和）＝（電圧降下の総和）

$$E_1+E_2=R_1I+R_2I$$

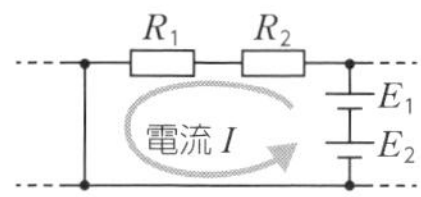

任意の閉回路（回路の一部）

POINT 3 **短絡と開放**

(1) 短絡…電気回路の２点以上を導線で接続すること。または，導線に置き換えること

使用例①「ab間を短絡した」

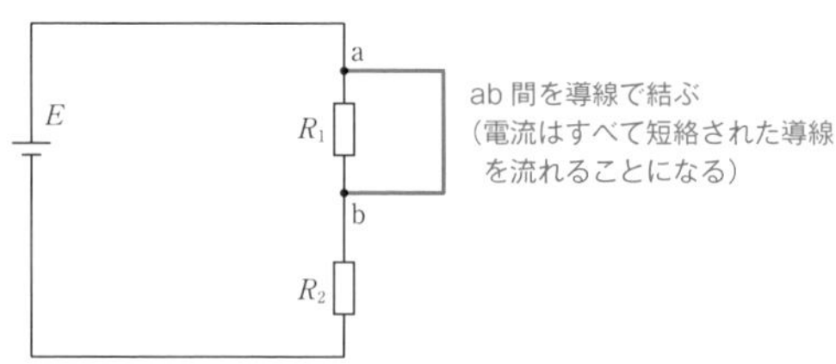

使用例②「電源Eを取り除き，短絡した」

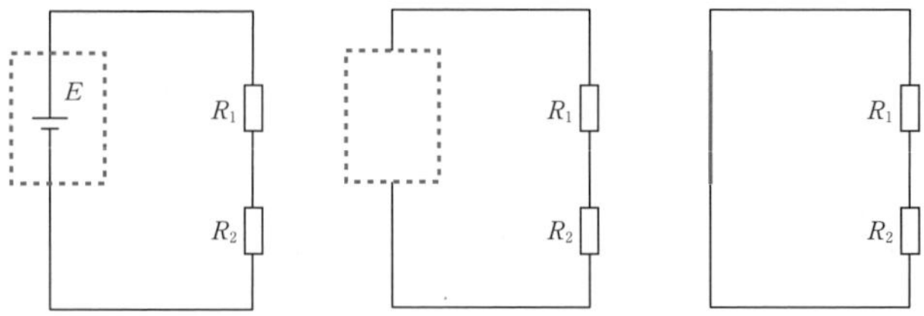

1．取り除く　　2．導線が途切れる箇所ができる　　3．その箇所を短絡する（導線で結ぶ）

(2)　開放…電気回路の導線を切り取ること

使用例「ab間で開放した」

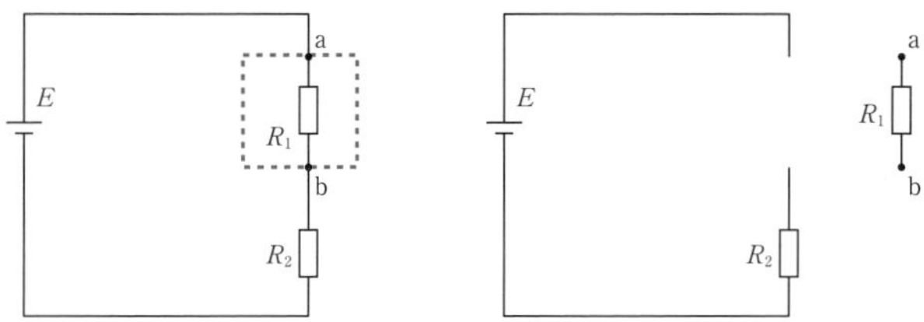

ab 間で開放すると･･･　　ab 間が切り取られる（電流が流れなくなる）

POINT 4　重ね合わせの理（重ねの理）

複数の電源が回路網にあるとき，回路網の任意の枝路に流れる電流は，各電源が単独にあるときに，それぞれの枝路に流れる電流を合計したものに等しい。

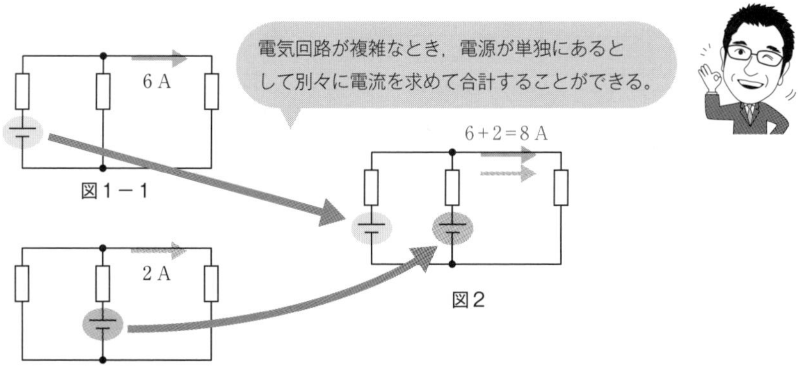

電気回路が複雑なとき，電源が単独にあるとして別々に電流を求めて合計することができる。
6 A
2 A
6＋2＝8 A

図1－1　図1－2　図2

☑ 確認問題

❶ 次の問に答えよ。 P.10 POINT 1

(1) 断面積が30 mm^{2}の硬アルミ線の長さ200 mの電気抵抗［Ω］を求めよ。ただし，アルミの電気抵抗率は2.82×10^{-8} Ω·mとする。

(2) (1)の条件において，硬アルミ線の導電率［S/m］を求めよ。

(3) 断面積が38 mm^{2}で1 kmあたりの銅線の抵抗が0.484 Ωであるとき，この銅線の抵抗率［Ω·m］及び導電率［S/m］を求めよ。

---

❷ 次の回路の［　　］に当てはまる数値を答えよ。 P.10 POINT 2

(1)

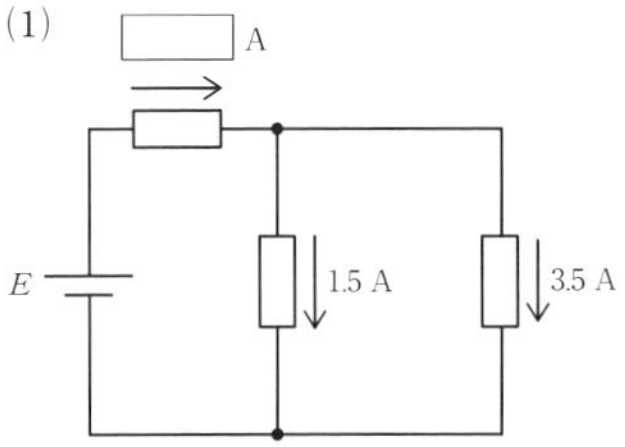

(2)

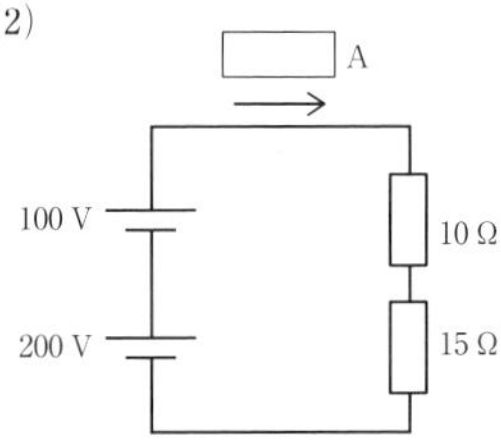

(3)

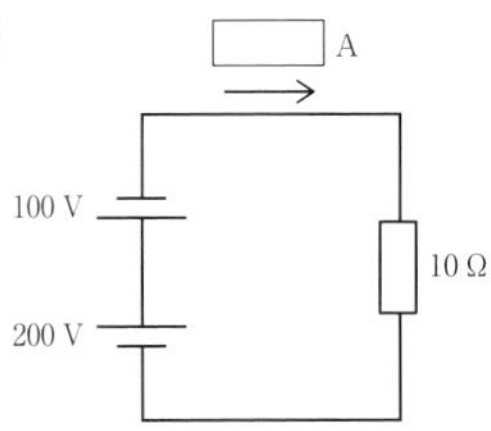

(4)

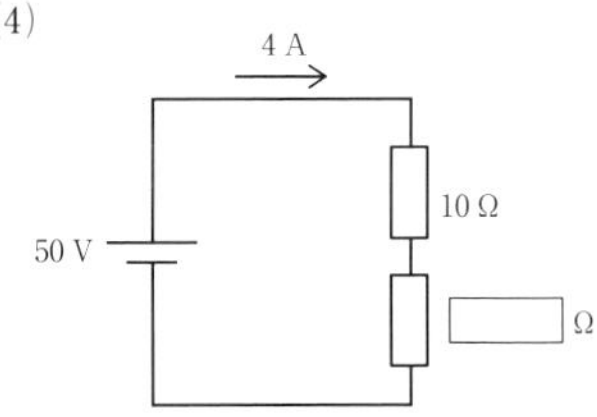

(5)

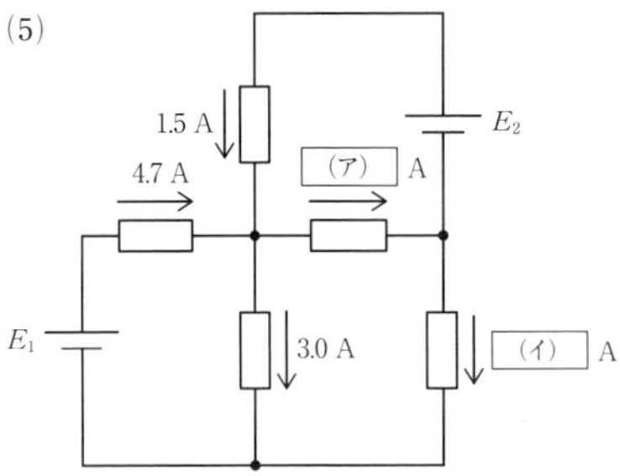

(6)

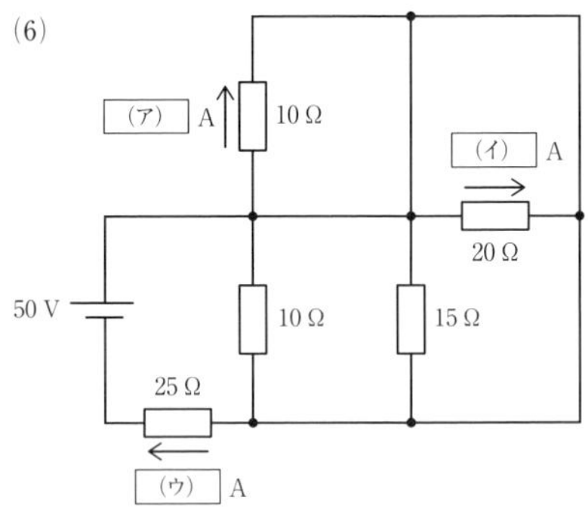

3 次の回路について，a-b 間を短絡した場合と開放した場合の電流の値をそれぞれ求めよ。

P.10 POINT 3

(1)

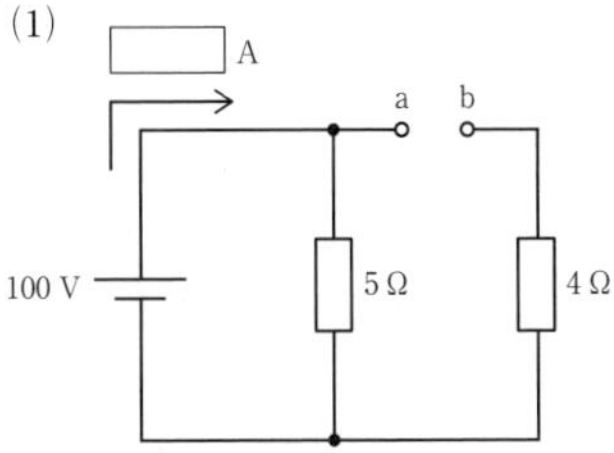

(2)

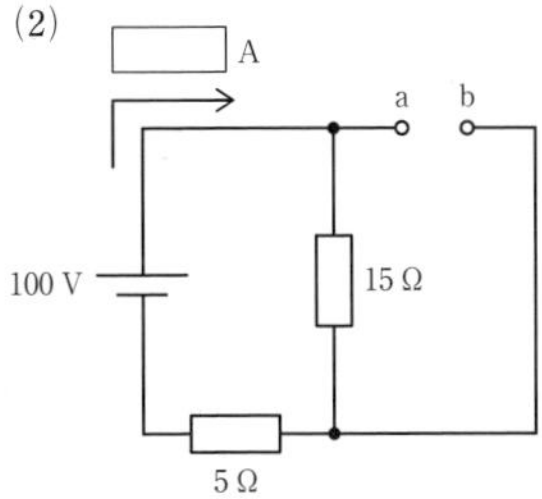

(3)

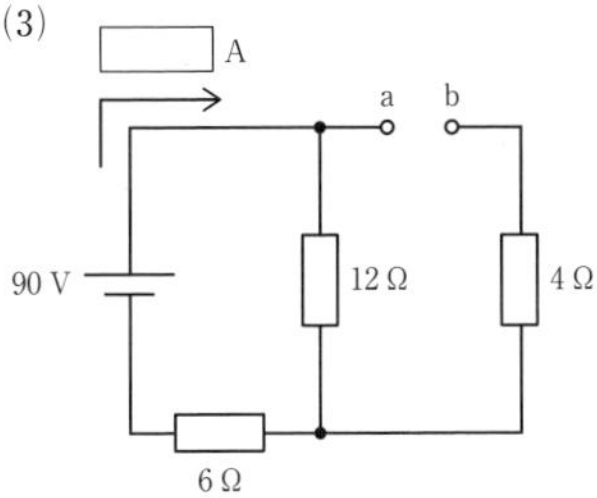

(4)

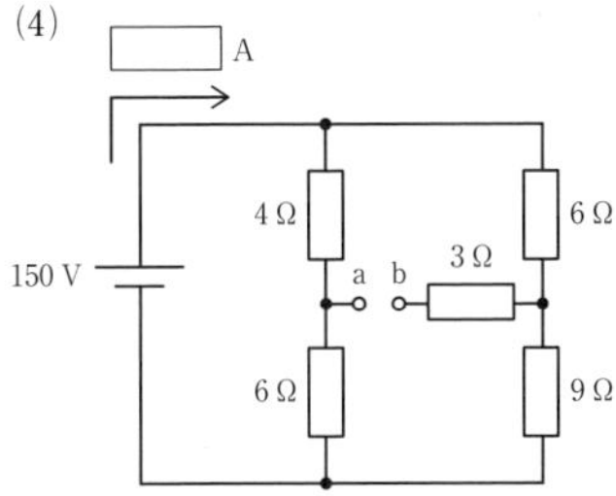

4 次の回路の［　　］に当てはまる数値を答えよ。

P.11 POINT 4

(1)

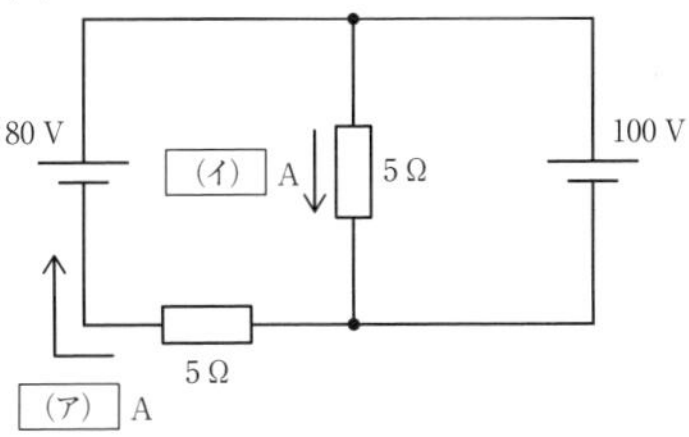

(2)

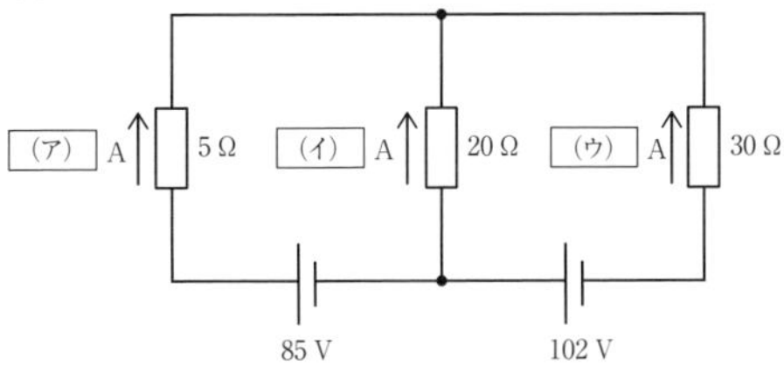

(3)

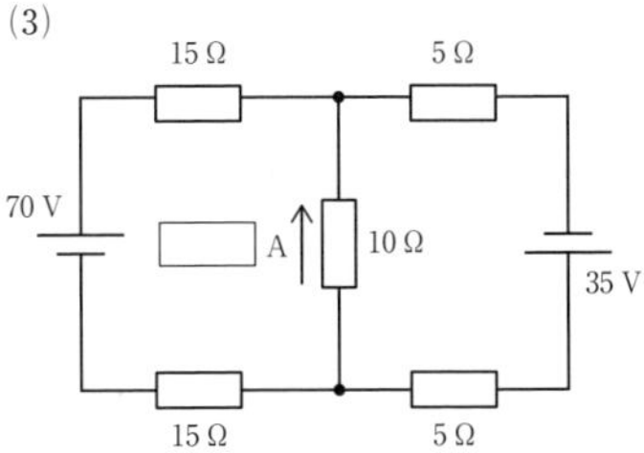

(4)

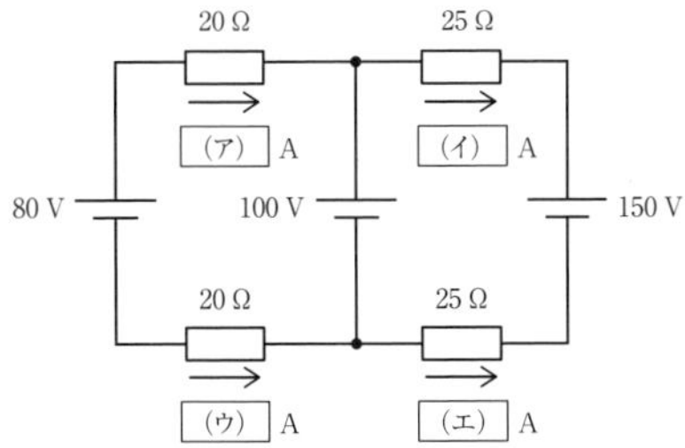

📖 基本問題

1 次の回路の端子a-b間を(1)開放した場合，(2)短絡した場合，(3) 5 Ωの抵抗を接続した場合の15 Ωの抵抗に流れる電流の大きさをそれぞれ求めよ。

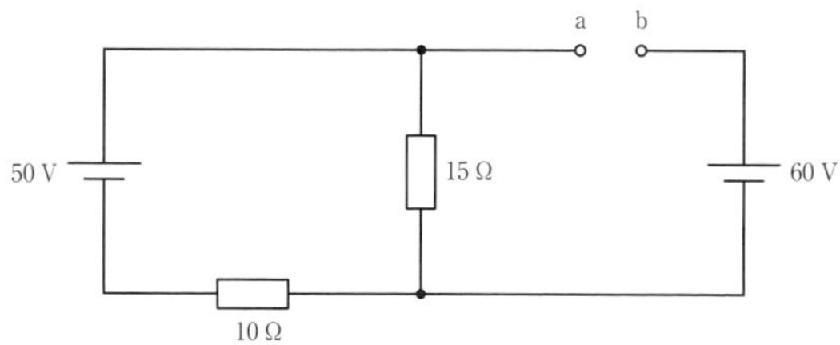

2 次の回路において，図1及び図2におけるR_0に流れる電流の大きさIについて，正しいものの組合せを次の(1)～(5)のうちから一つ選べ。

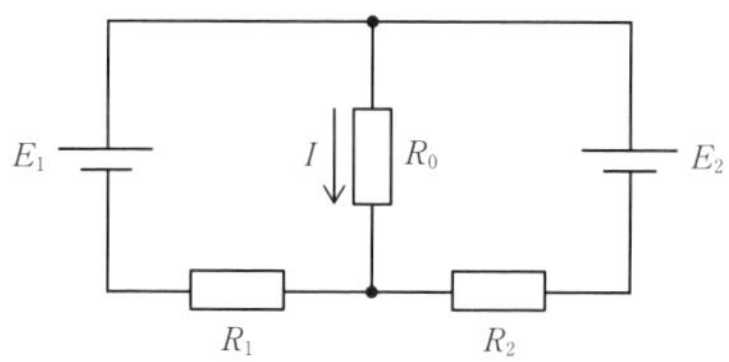

図1

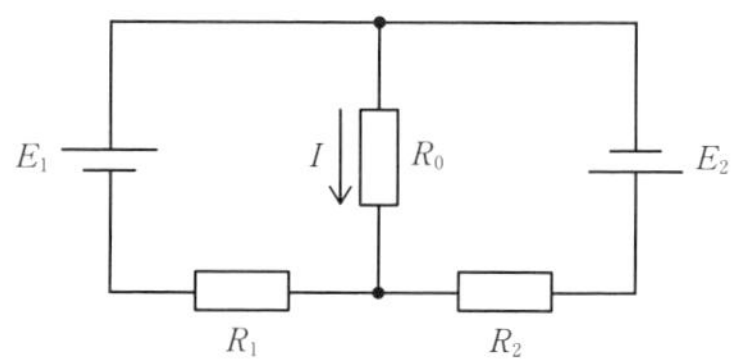

図2

	図1	図2
(1)	$\dfrac{R_1E_1+R_2E_2}{R_0R_1+R_1R_2+R_2R_0}$	$\dfrac{R_1E_1-R_2E_2}{R_0R_1+R_1R_2+R_2R_0}$
(2)	$\dfrac{R_1E_1+R_2E_2}{R_0R_1+R_1R_2+R_2R_0}$	$\dfrac{R_2E_2-R_1E_1}{R_0R_1+R_1R_2+R_2R_0}$
(3)	$\dfrac{R_1E_2+R_2E_1}{R_0R_1+R_1R_2+R_2R_0}$	$\dfrac{R_1E_2-R_2E_1}{R_0R_1+R_1R_2+R_2R_0}$
(4)	$\dfrac{R_1E_2+R_2E_1}{R_0R_1+R_1R_2+R_2R_0}$	$\dfrac{R_2E_1-R_1E_2}{R_0R_1+R_1R_2+R_2R_0}$
(5)	$\dfrac{R_1E_2+R_2E_1}{R_0R_1+R_1R_2+R_2R_0}$	$\dfrac{R_1E_1-R_2E_2}{R_0R_1+R_1R_2+R_2R_0}$

応用問題

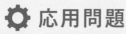

1 次の回路の（ア）～（エ）に当てはまる数値をそれぞれ答えよ。

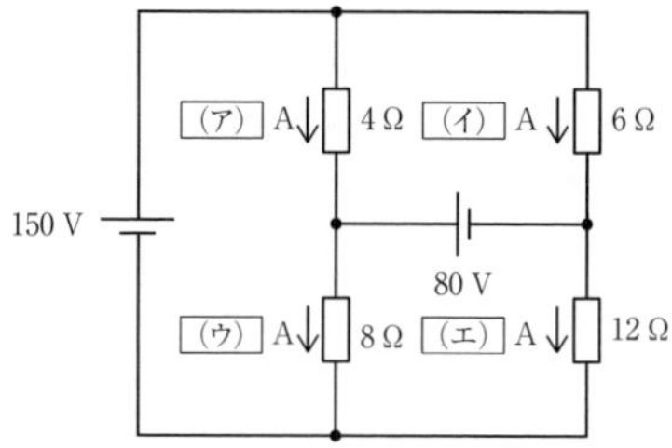

---

2 次の図において，端子電圧 V_1，V_2 及び V_3 の大小関係を表す式として，最も適切なものを次の(1)～(5)の中から一つ選べ。

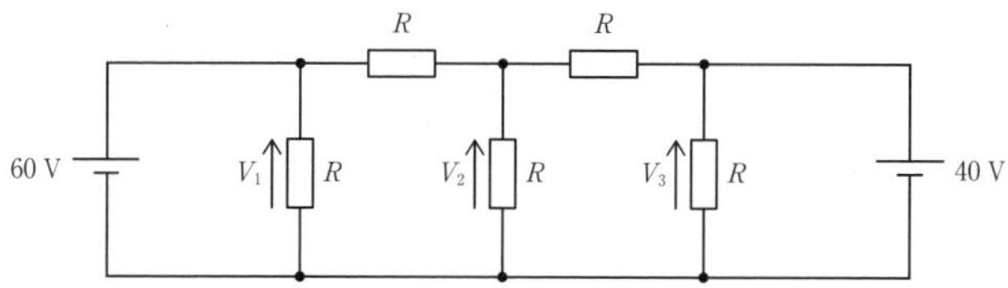

(1) $V_1 > V_2 > V_3$　(2) $V_1 > V_3 > V_2$　(3) $V_2 > V_1 > V_3$

(4) $V_3 > V_1 > V_2$　(5) $V_3 > V_2 > V_1$

---

3 次の図において，R を流れる電流 I の大きさが 0 A となった。このとき，E_1 及び E_2 の比 $\dfrac{E_1}{E_2}$ として正しいものを次の(1)～(5)の中から一つ選べ。

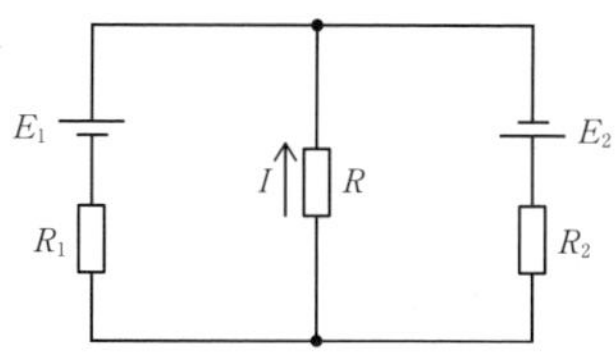

(1) $\dfrac{R_1}{R_2}$　(2) $\dfrac{R_2}{R_1}$　(3) $\dfrac{R+R_1}{R+R_2}$　(4) $\dfrac{R+R_2}{R+R_1}$　(5) 1

3 複雑な電気回路と電力

（教科書CHAPTER01 SEC05～06対応）

POINT 1　直流電源の内部抵抗

直流電源には内部抵抗があり，電気回路では十分に小さいとして無視して扱う場合も多いが，厳密に内部抵抗rを求めると次のようになる。

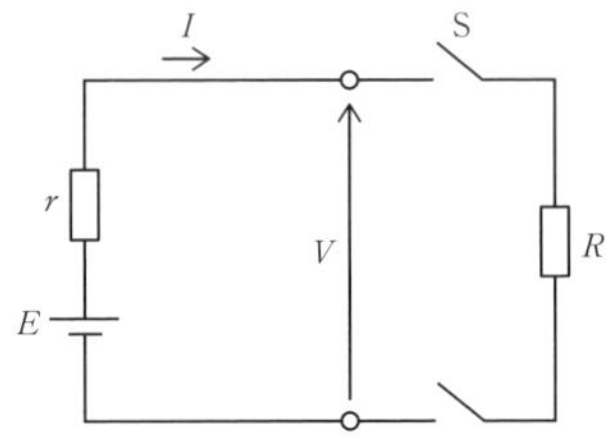

$$r=\frac{E-V}{I}$$

上式は決して暗記するのではなく，キルヒホッフの法則から求められるようにすること。

外部抵抗を繋いだとき，電流Iが流れたとすると，

$$E=V+rI \quad （ただし V=RI）$$

$$r=\frac{E-V}{I}$$

POINT 2　定電圧源と定電流源

(1)　定電圧源…負荷に関係なく，一定の電圧を出力できる電源

(2)　定電流源…負荷に関係なく，一定の電流を出力できる電源

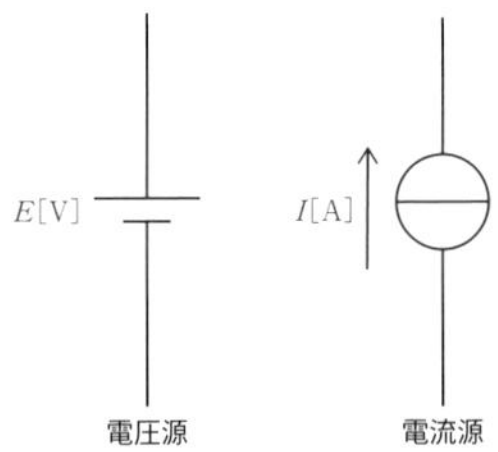

〔定電圧源と定電流源の等価変換〕

下図のように定電圧源と定電流源は等価変換が可能。

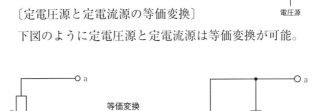

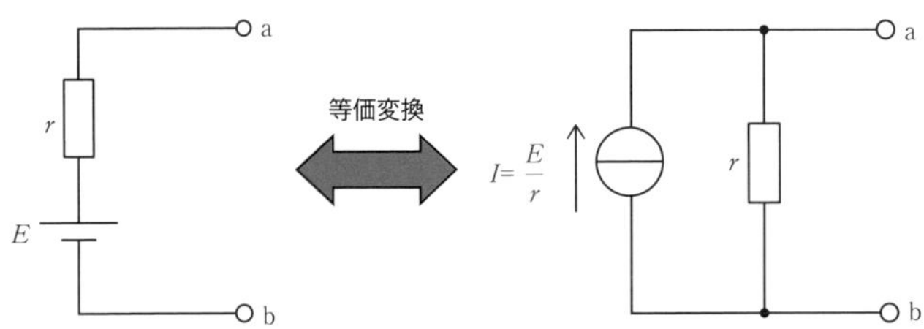

POINT 3　テブナンの定理

図において，端子a-b間を開放した時の端子電圧（開放電圧）をE_0[V]，端子a-b間から電源側を見た合成抵抗をR_0[Ω]とすると，抵抗Rを接続したときに流れる電流の大きさI[A]は以下の通りとなる。

$$I=\frac{E_0}{R_0+R}$$

R_0を求める際に電圧源は短絡，電流源は開放することに注意する。

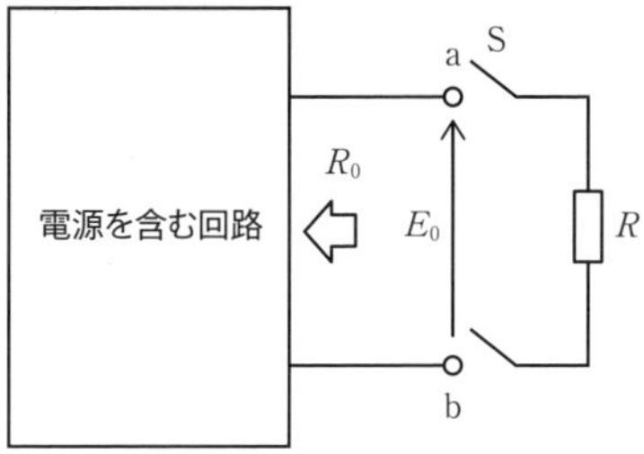

POINT 4　ミルマンの定理

図のような回路において，a-b間の電圧V_{ab}[V]は以下の通りとなる。

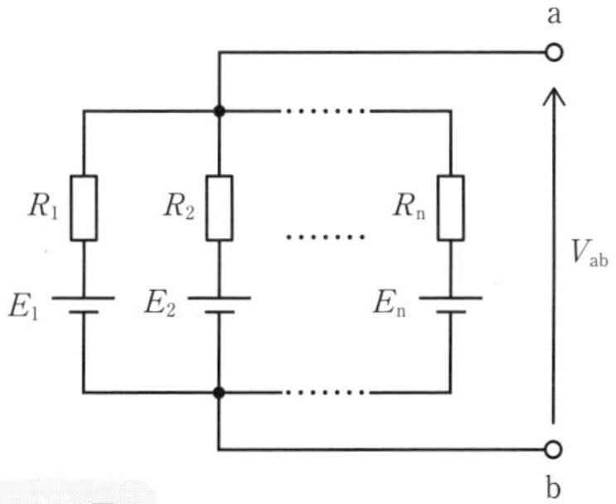

$$V_{ab}=\frac{\dfrac{E_1}{R_1}+\dfrac{E_2}{R_2}+\cdots+\dfrac{E_n}{R_n}}{\dfrac{1}{R_1}+\dfrac{1}{R_2}+\cdots+\dfrac{1}{R_n}}$$

電源が繋がっていない場合も$E_x=0$（x=1,2,…n）として適用可能。

POINT 5　ブリッジの平衡条件

図１及び図２の回路において，次の式が成立するときb-c間の抵抗R_5には電流が流れない。

$$R_1R_4=R_2R_3$$

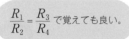

$\dfrac{R_1}{R_2}=\dfrac{R_3}{R_4}$ で覚えても良い。

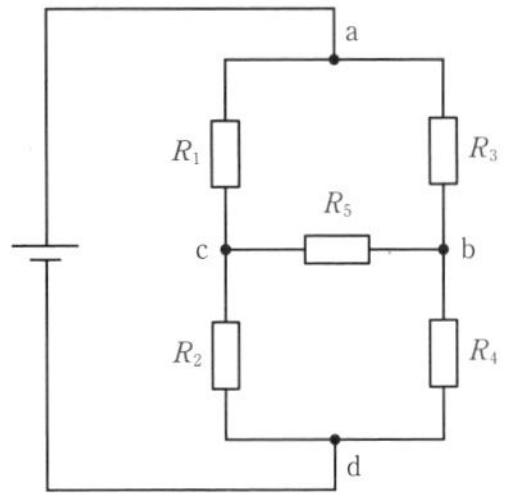

図１

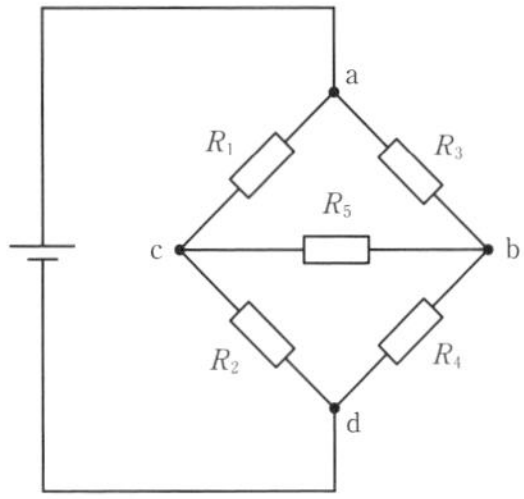

図２

POINT 6　Δ-Y変換とY-Δ変換

(1) Δ-Y変換

$$R_a=\frac{r_{ab}r_{ca}}{r_{ab}+r_{bc}+r_{ca}}$$

$$R_b=\frac{r_{bc}r_{ab}}{r_{ab}+r_{bc}+r_{ca}}$$

$$R_c=\frac{r_{ca}r_{bc}}{r_{ab}+r_{bc}+r_{ca}}$$

(2) Y-Δ変換

$$r_{ab}=\frac{R_aR_b+R_bR_c+R_cR_a}{R_c}$$

$$r_{bc}=\frac{R_aR_b+R_bR_c+R_cR_a}{R_a}$$

$$r_{ca}=\frac{R_aR_b+R_bR_c+R_cR_a}{R_b}$$

Y結線の抵抗値がすべて等しくRであるとき，$r=3R$ となる。

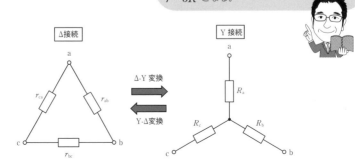

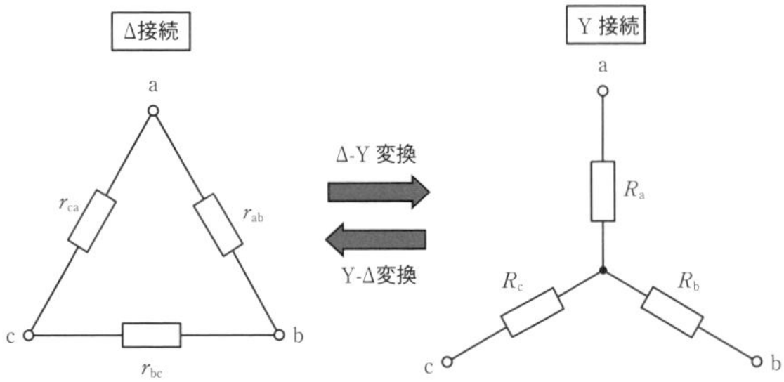

POINT 7 電力 (P [W])

電圧がV [V], 電流がI [A], 抵抗がR [Ω] であるとき, 電力P [W] は, 次の式で表せる。

$$P = VI$$

オームの法則$V = RI$を用いてVもしくはIを消去すれば, 次の式で表せる。

$$P = RI^2$$

$$P = \frac{V^2}{R}$$

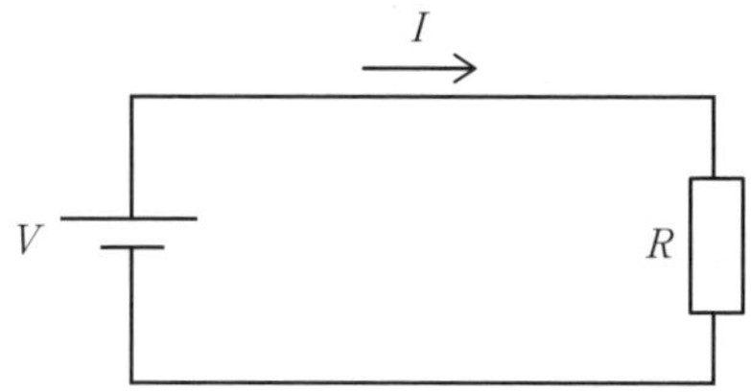

POINT 8 電力量(W[W・s] もしくはW[W・h])

消費される電気エネルギー。電力P [W] で時間t [s] 運転したとき, 電力量W [W・s] は次の式で表せる。

$$W = Pt$$

POINT 9 ジュール熱 (Q [J])

抵抗で消費される熱エネルギー。電力量と考え方は同じ。ジュール熱Q [J] は次の式で表せる。

$$Q = Pt = RI^2t$$

確認問題

1 以下の問に答えよ。 P.16 POINT 1

(1) 起電力$E=100$V，内部抵抗$r=0.5\ \Omega$の電源に抵抗$R=9.5\ \Omega$を接続したときに，回路に流れる電流の大きさI[A]を求めよ。

(2) 内部抵抗$r=0.1\ \Omega$である電源に抵抗$R=1.5\ \Omega$の抵抗を接続したところ，回路には$I=5.0$ Aの電流が流れた。この電源の起電力の大きさE[V]を求めよ。

(3) 起電力$E=220$ Vの電源に$R=25\ \Omega$の抵抗を接続したところ，回路には$I=8.0$ Aの電流が流れた。この電源の内部抵抗の大きさr[Ω]を求めよ。

(4) 起電力$E=100$ Vの電源の端子を短絡して，電流値を測定したところ150 Aの電流が流れた。この電源の内部抵抗の大きさr[Ω]を求めよ。

(5) 起電力$E=100$ Vの電源の端子を開放したときに内部抵抗$r=0.1\ \Omega$に加わる電圧の大きさと電流の大きさはいくらか。

---

2 次の回路において，抵抗を流れる電流の大きさI_Rを求めよ。

P.16 POINT 2

(1)

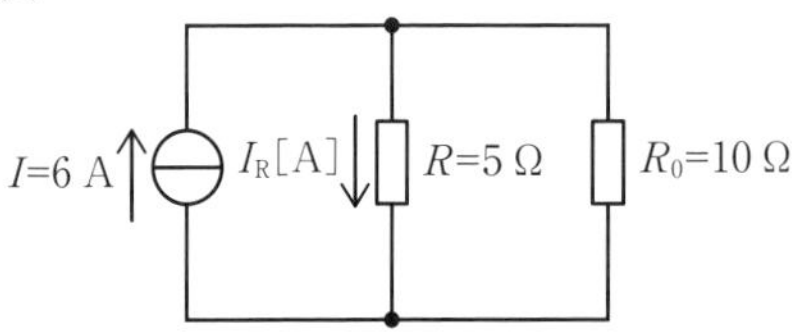

(2)

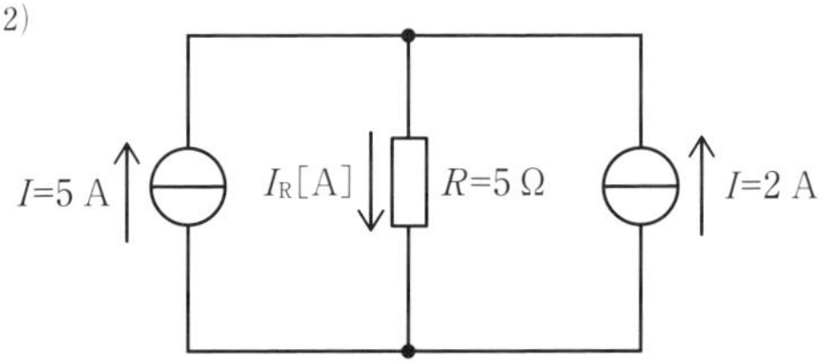

3 次の（ア）～（カ）の空欄に入る数式を求めよ。 P.17 POINT 3

(1) 下図において，端子a-bから電源側をみたときの抵抗は［（ア）］であり，端子a-bの開放電圧は［（イ）］であるため，テブナンの定理を用いれば，スイッチSを入れたとき抵抗Rに流れる電流の大きさは［（ウ）］である。

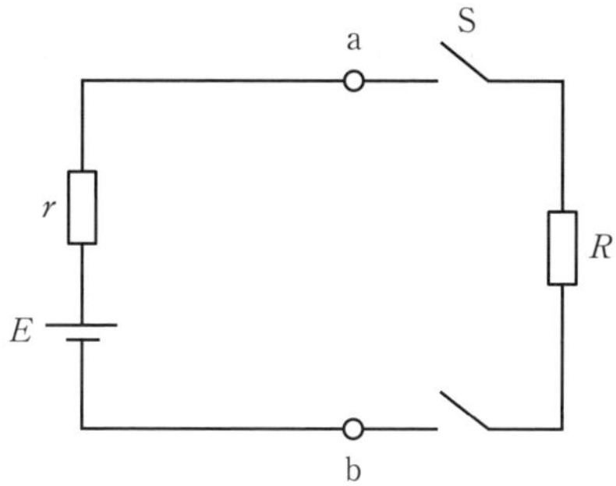

(2) 下図において，端子a-bから電源側をみたときの抵抗は［（エ）］Ωであり，端子a-bの開放電圧は［（オ）］Vであるため，テブナンの定理を用いれば，スイッチSを入れたとき外部抵抗に流れる電流の大きさは［（カ）］Aである。

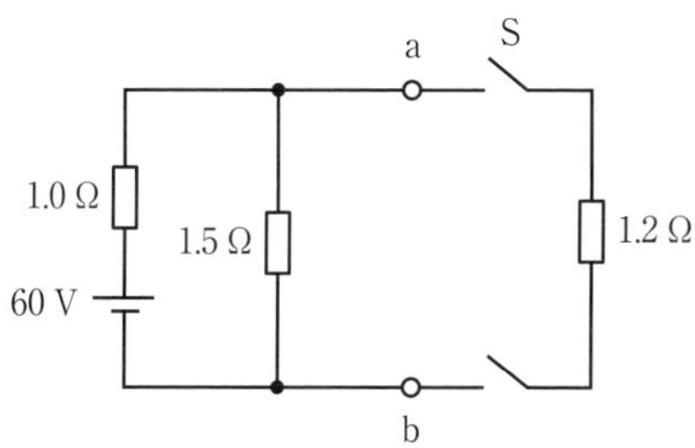

4 図の回路における端子a-b間を流れる電流Iの大きさを，(1)と(2)を用いてそれぞれ求めよ。

P.17 POINT 3 4

(1) 重ね合わせの理

(2) テブナンの定理及びミルマンの定理

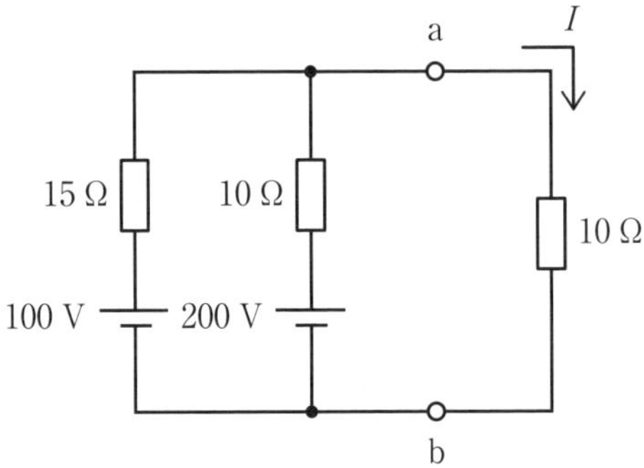

---

5 図において，抵抗$r=5\ \Omega$に電流が流れなかったとき，抵抗Rの大きさ[Ω]を求めよ。また，そのときに電源に流れる電流の大きさ[A]を求めよ。

P.18 POINT 5

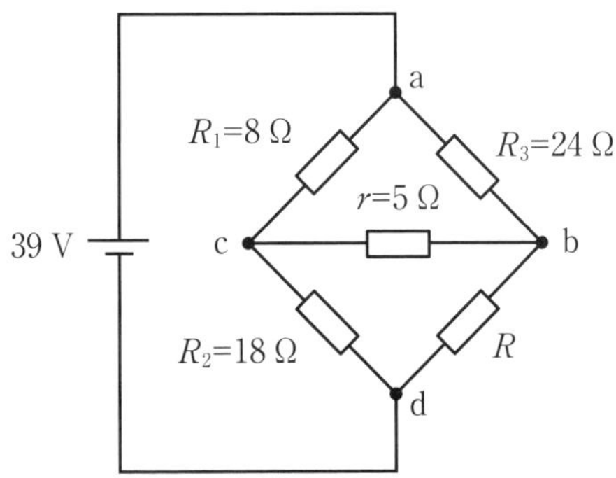

❻ 次の回路を左の図から右の図に書き換えたとき，各抵抗の値を求めよ。

P.18 POINT 6

(1)

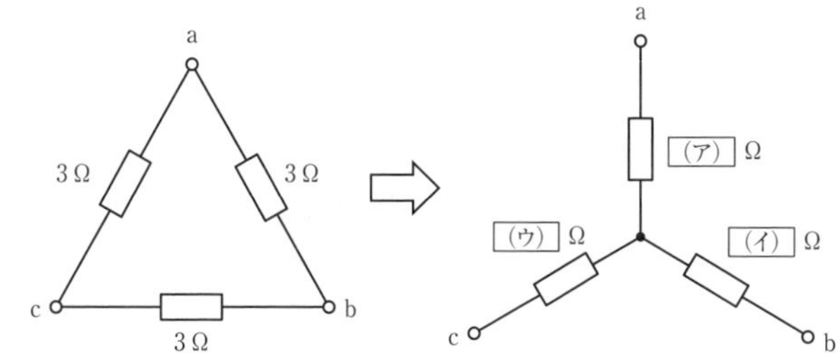

(2)

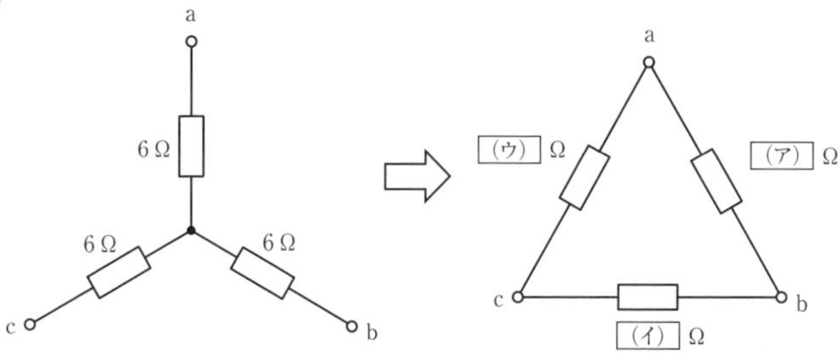

(3)

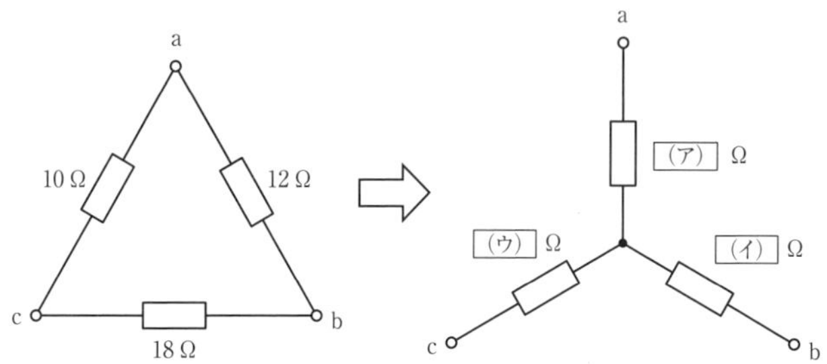

(4)

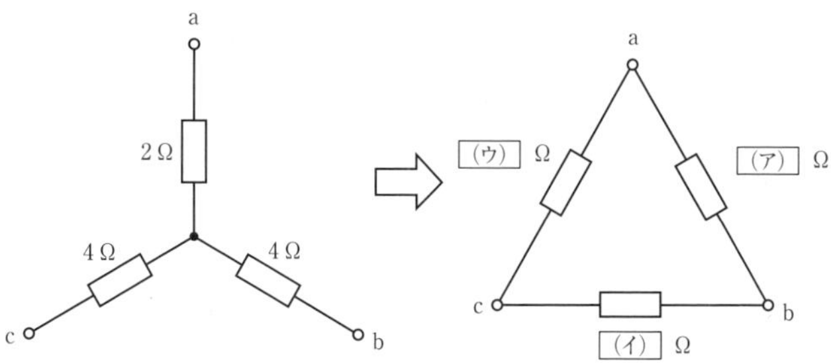

❼ 次の問に答えよ。 P.19 POINT 7 8 9

(a) (1)~(4)の各回路における抵抗の消費電力を求めよ。

(1)

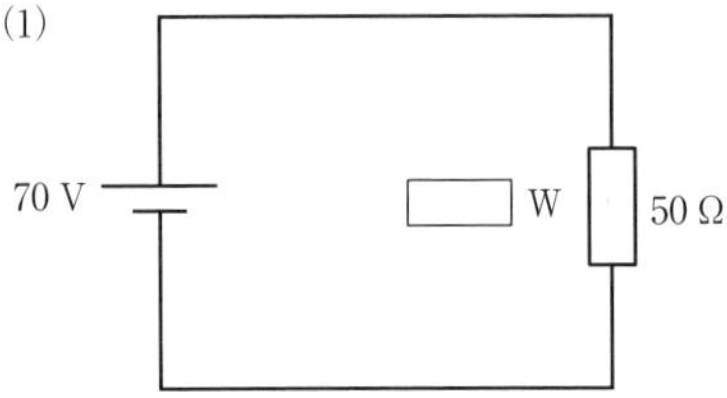

(2)

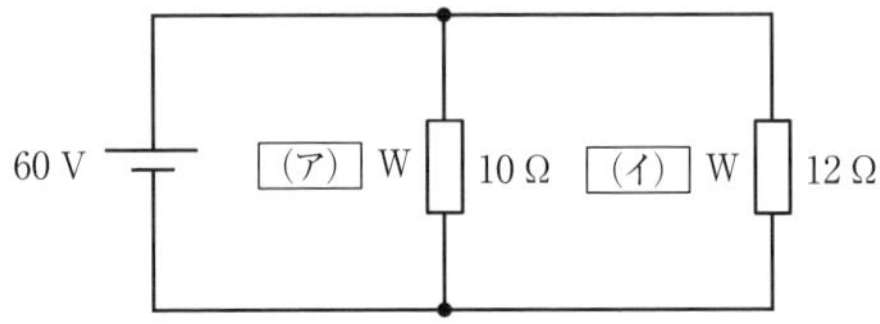

(3)

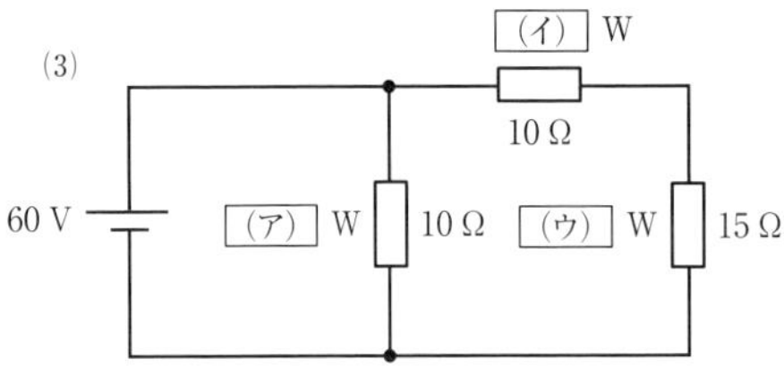

(4)

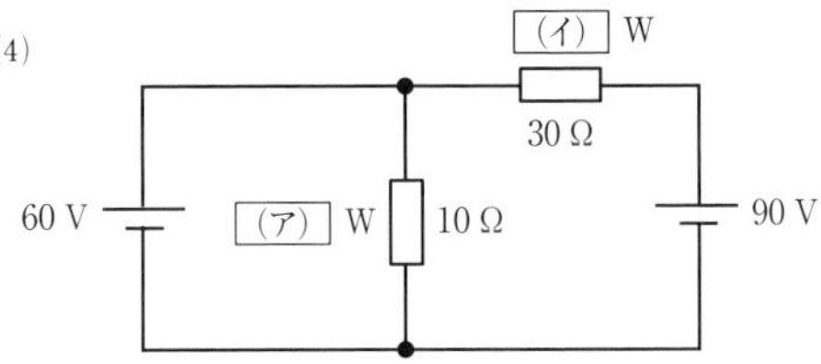

(b) (1)~(2)の各回路において，1分間運転したときの電源の供給した電力量[W・s]をそれぞれ求めよ。

(c) (3)~(4)の各回路について，1時間運転したときの各抵抗で消費されるエネルギー[kJ]をそれぞれ求めよ。

基本問題

1 図において，外部抵抗を接続する前のa-b間の開放電圧は125 Vであった。次に15 Ωの外部抵抗を接続したところ，この外部抵抗を流れる電流の大きさが8 Aとなった。このとき，電源電圧Eの大きさと内部抵抗rの大きさの組合せとして，正しいものを次の(1)～(5)のうちから一つ選べ。

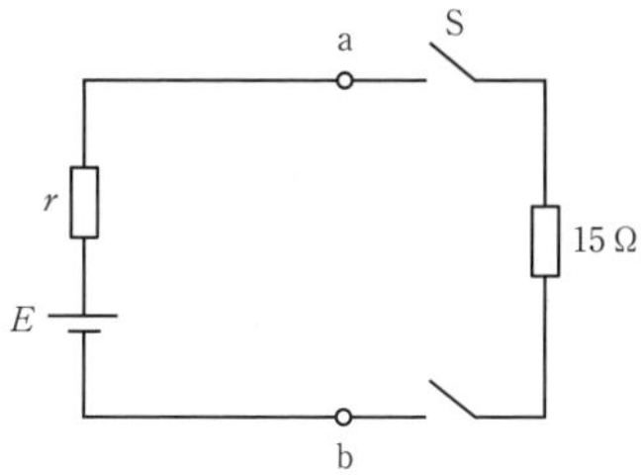

	電源電圧E	内部抵抗r
(1)	125	0.5
(2)	245	0.5
(3)	125	0.6
(4)	245	0.6
(5)	245	0.7

2 次の回路において，抵抗$R = 15$ Ω を流れる電流の大きさとして正しいものを次の(1)～(5)のうちから一つ選べ。

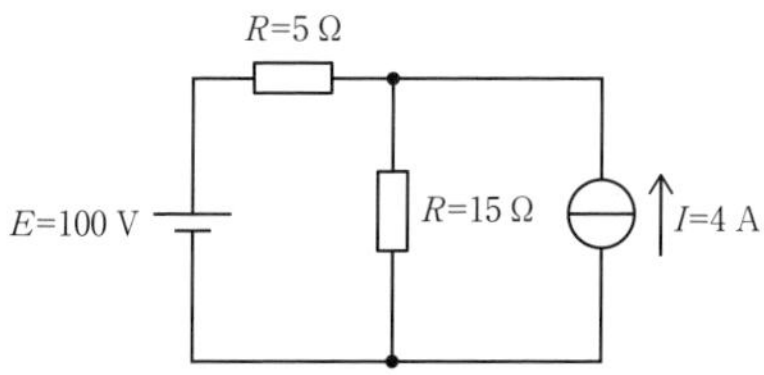

(1) 5　(2) 6　(3) 7　(4) 8　(5) 9

3 次の回路において，電源電圧Eと$2R$の抵抗の端子電圧Vとの比$\dfrac{E}{V}$として，正しいものを次の(1)～(5)のうちから一つ選べ。

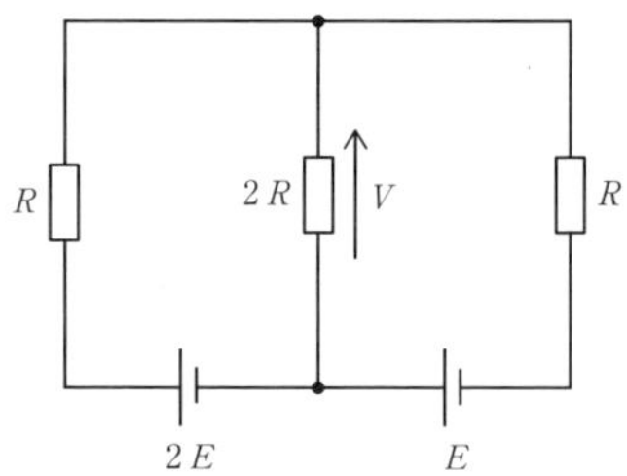

(1) 0.4　(2) 0.8　(3) 1.2　(4) 2.0　(5) 2.5

---

4 次の回路について，$2R$の抵抗を流れる電流の大きさとして，正しいものを次の(1)～(5)のうちから一つ選べ。

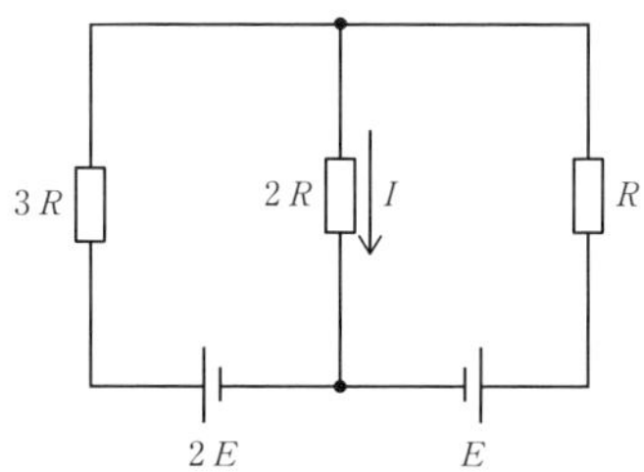

(1) $\dfrac{E}{11R}$　(2) $\dfrac{5E}{11R}$　(3) $\dfrac{5E}{8R}$　(4) $\dfrac{8E}{5R}$　(5) $\dfrac{11E}{5R}$

---

5 次の回路について，電源を流れる電流の大きさとして，最も近いものを次の(1)～(5)のうちから一つ選べ。

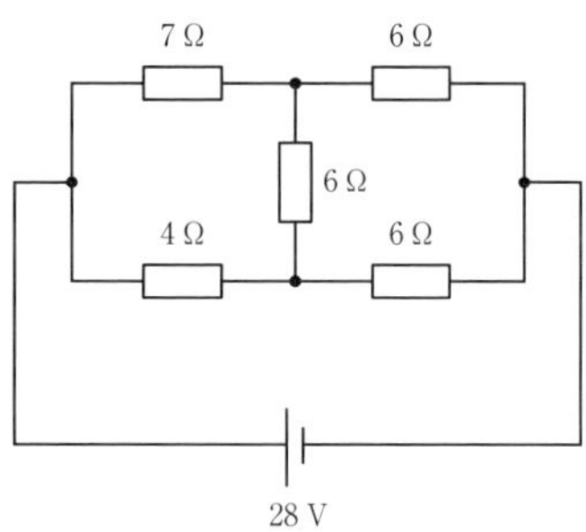

(1) 2.0　(2) 3.0　(3) 4.0　(4) 5.0　(5) 6.0

6 次の回路において，抵抗Rでの消費電力が675 Wであるとき，次の(a)及び(b)の問に答えよ。

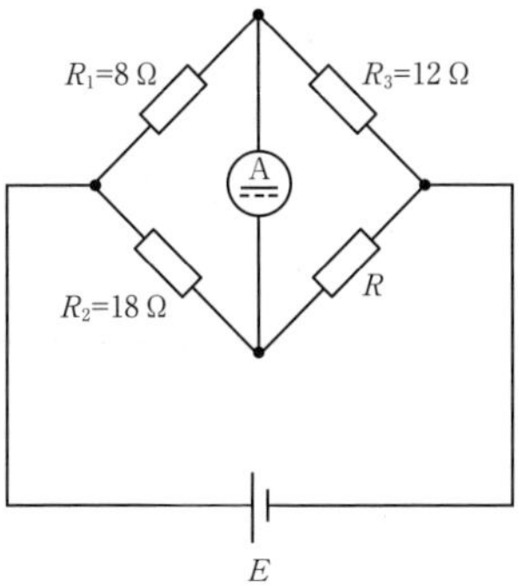

(a) 電源Eの電圧の大きさ[V]として正しいものを次の(1)～(5)のうちから一つ選べ。ただし，回路の電流計では電流が観測されなかったものとする。

(1) 200　(2) 225　(3) 250　(4) 275　(5) 300

(b) 24時間運転したときの電源の消費電力量[kW・h]の値として，最も近いものを次の(1)～(5)のうちから一つ選べ。

(1) 46　(2) 57　(3) 64　(4) 79　(5) 88

応用問題

1 次の抵抗とスイッチSを組み合わせた回路において，スイッチSを投入した前後にて回路を流れる電流の大きさはともに25 Aであった。このとき，R_1とR_2の組合せとして，最も近いものを次の(1)～(5)のうちから一つ選べ。

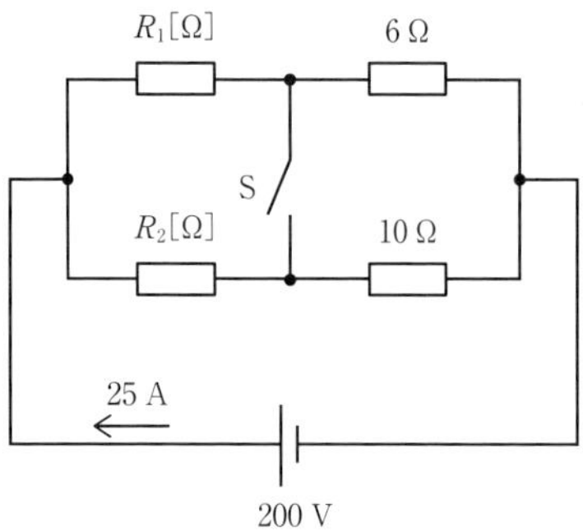

	R_1	R_2
(1)	6.0	10.0
(2)	6.3	10.5
(3)	6.8	11.3
(4)	7.5	12.5
(5)	8.2	13.7

2 次の回路において，次の(a)及び(b)の問に答えよ。

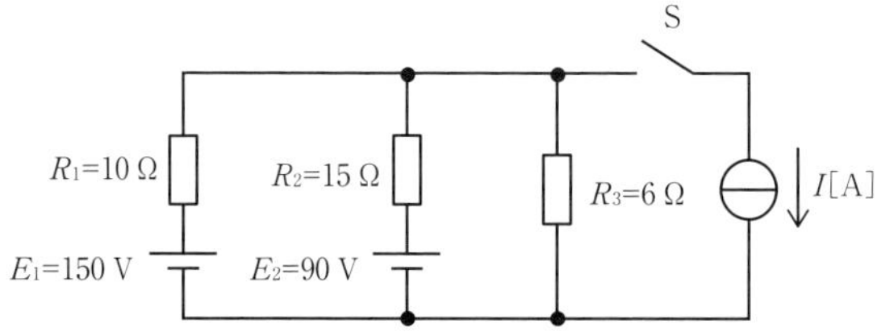

(a) スイッチSを開いているとき，抵抗R_3=6 Ωを流れる電流の大きさ[A]として，最も近いものを次の(1)～(5)のうちから一つ選べ。

(1) 5.2　(2) 6.5　(3) 7.8　(4) 8.9　(5) 10.5

(b) スイッチSを閉じたとき，抵抗R_3=6 Ωを流れる電流の大きさが0 Aとなった。このとき，電流源の電流の大きさ［A］として，最も近いものを次の(1)～(5)のうちから一つ選べ。

(1) 11　(2) 16　(3) 21　(4) 40　(5) 56

---

3 次の図のa-e間の合成抵抗の値［Ω］として，最も近いものを次の(1)～(5)のうちから一つ選べ。

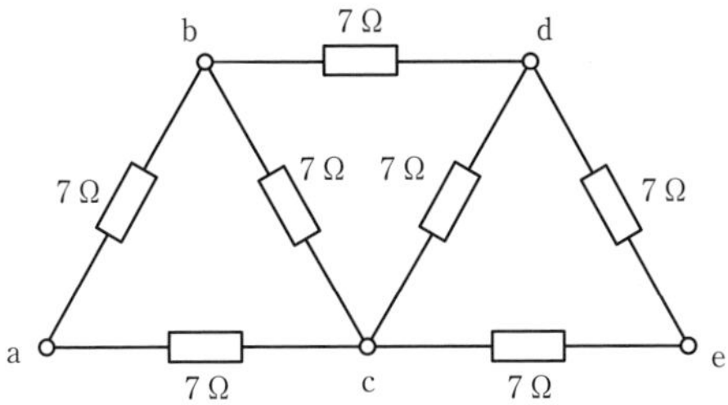

(1) 8　(2) 9　(3) 10　(4) 11　(5) 12

---

4 次の回路における電源の供給電力［kW］として，最も近いものを次の(1)～(5)のうちから一つ選べ。

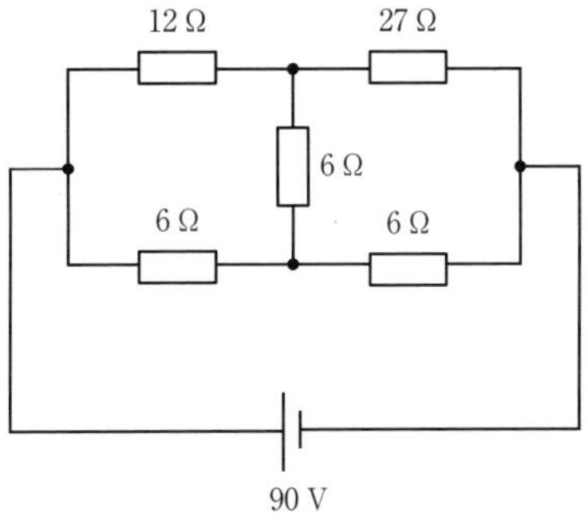

(1) 0.9　(2) 9　(3) 90　(4) 900　(5) 9000

5 図1の回路において，負荷に供給される電流Iの値が25 Aであった。電源の電圧E_1及びE_2を求めるため，図2のように回路を繋ぎ変えたところ負荷に供給される電流が50 Aであった。このとき，電源E_1及びE_2の電圧の組合せ［V］として，最も近いものを次の(1)～(5)のうちから一つ選べ。

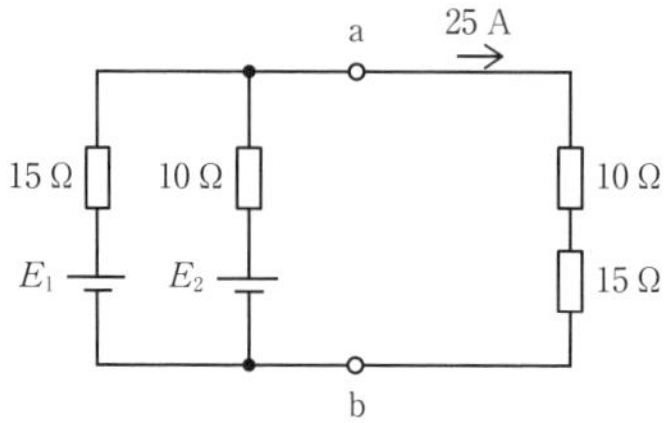

図 1

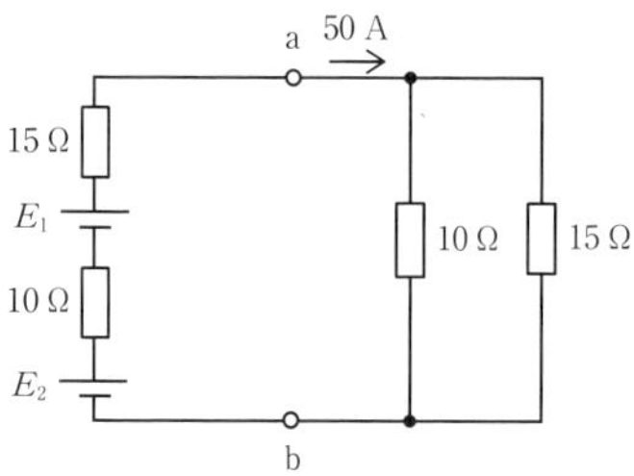

図 2

	E_1	E_2
(1)	1025	25
(2)	1525	25
(3)	1025	525
(4)	775	525
(5)	775	775

6 次の回路において，5 Ωの抵抗で消費される電力の値［W］として，最も近いものを次の(1)～(5)のうちから一つ選べ。

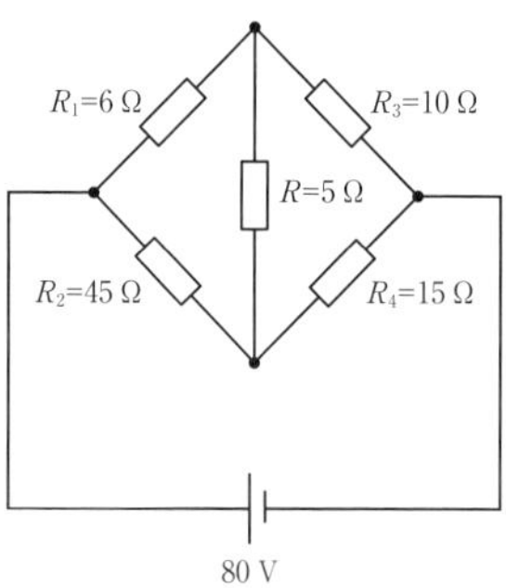

(1) 5.0　(2) 11　(3) 25　(4) 75　(5) 180

CHAPTER 02

静電気

静電気による力や電界，電位，もしくはコンデンサに蓄えられる静電容量などに関する問題が出題されます。この分野の内容を理解していないと，CH03の磁界に関する内容の理解が進まなくなるので，公式をしっかりと理解して問題を解けるようにしましょう。

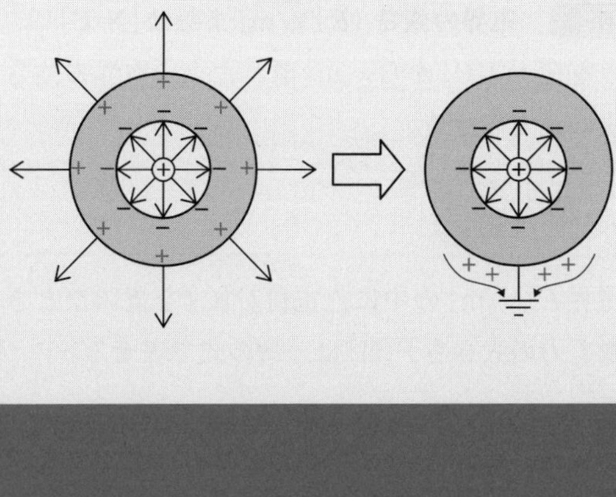

CHAPTER 02

静電気

1 クーロンの法則，電界と電位

（教科書CHAPTER02 SEC01～03対応）

POINT 1　クーロンの法則

２つの点電荷 Q_1［C］，Q_2［C］の間に働く静電力 F［N］は次の式で表せる。

$$F=\frac{Q_1Q_2}{4\pi\varepsilon r^2}$$

$\frac{1}{4\pi\varepsilon}$ は比例定数。

ただし，真空の場合は真空の誘電率 $\varepsilon_0 \fallingdotseq 8.854\times10^{-12}$［F/m］となるため，$\frac{1}{4\pi\varepsilon_0}\fallingdotseq 9\times10^9=k$ として，次のようにする場合もある。

$$F=9\times10^9\times\frac{Q_1Q_2}{r^2}=k\frac{Q_1Q_2}{r^2}$$

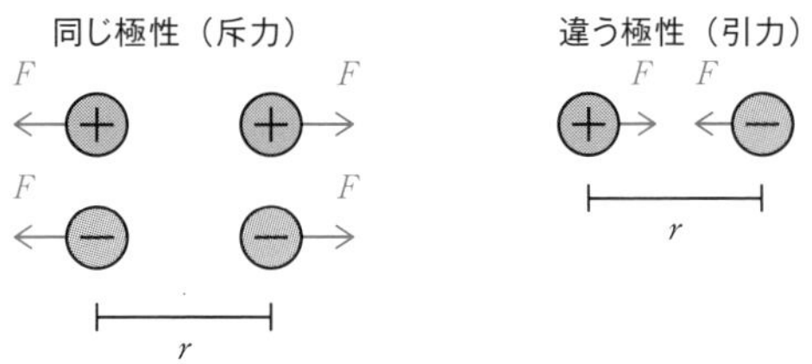

POINT 2　電界の強さ（E［V/m］または［N/C］）

点電荷 $+Q$［C］から r［m］離れた点の電界の強さ E［V/m］または［N/C］は次の式で表せる。

$$E=\frac{Q}{4\pi\varepsilon r^2}$$

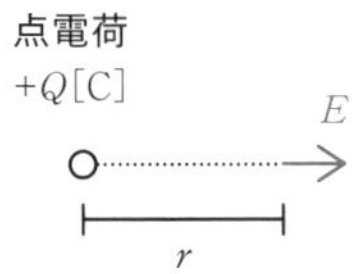

電界 E［V/m］の中に点電荷 Q［C］を置いたときに働く力の大きさ F［N］は，次の式で表せる。

$$F=QE$$

POINT 3　電位（V[V]）

真空中に点電荷 Q[C] を置いたとき，距離 r[m] 離れた場所の電位 V[V] は次の式で表せる。

$$V=\frac{Q}{4\pi\varepsilon_0 r}$$

電荷から同じ距離離れた場所の電位は等しい。（等電位面）

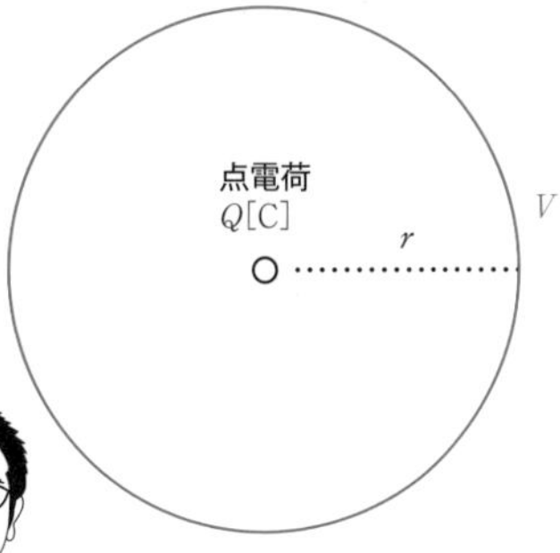
点電荷
Q[C]
r
V

電位 V_a[V] と電位 V_b[V] の電位差 V_{ab}[V] は次の式で表せる。

$$V_{ab}=V_a-V_b$$

電気回路の電圧と考え方は全く同じ。

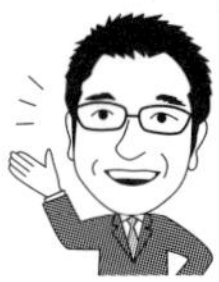

POINT 4　静電誘導

導体に電荷を近づけると，導体中の反対の符号を持つ電荷が近づけた電荷側の表面に引き寄せられる現象。

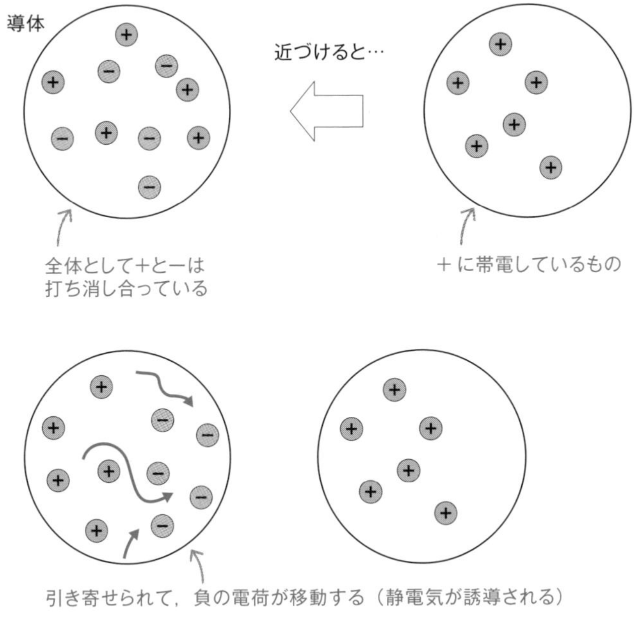
導体
近づけると…
全体として+と−は
打ち消し合っている
＋に帯電しているもの
引き寄せられて，負の電荷が移動する（静電気が誘導される）

POINT 5　静電遮蔽

(1)　空間を導体で取り囲んだとき，空洞内部が外部の電界の影響を受けなくなること。

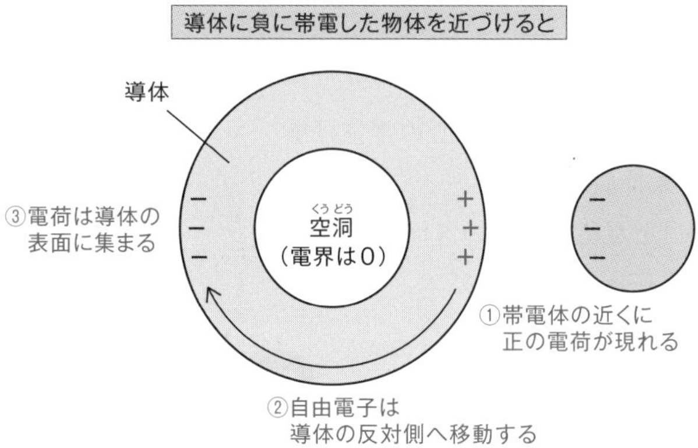

空洞内部は電荷の影響を受けない!＝ 静電遮蔽

(2)　帯電した導体を取り囲み，導体を接地すると，帯電体の外部への影響が妨げられること。

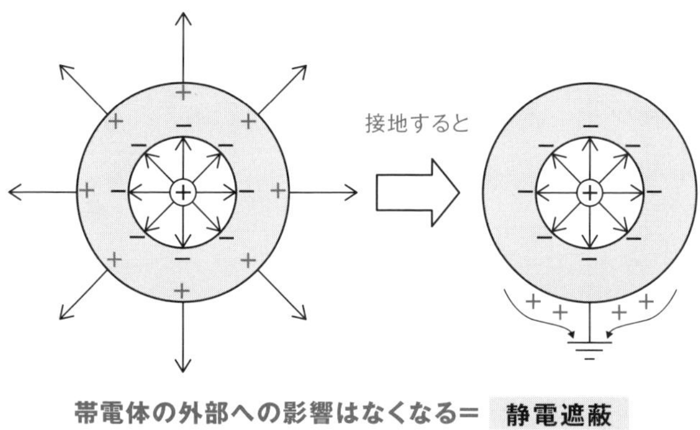

帯電体の外部への影響はなくなる＝ 静電遮蔽

POINT 6　電気力線

正電荷から湧き出して負電荷に吸い込まれる性質をもち，電界の向きに沿った仮想の線を電気力線と呼ぶ。誘電率 ε [F/m] の空間で電荷 Q [C] から出る電気力線の本数 N [本] は，

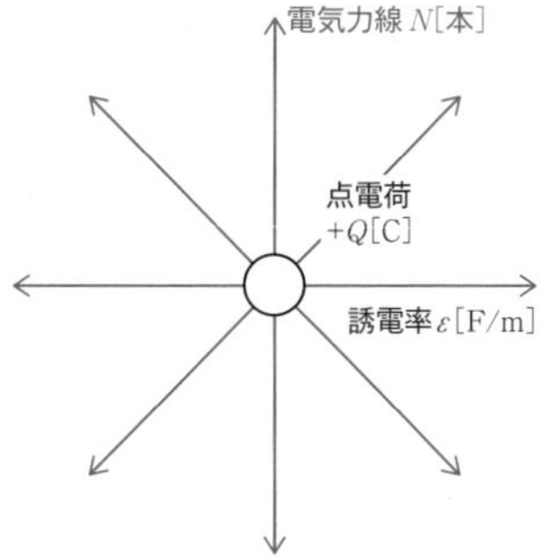

$$N=\frac{Q}{\varepsilon}$$

となる。

【電気力線のルール】

- 正電荷から出て，負電荷に吸い込まれる
- 枝分かれしたり，交わったりしない
- 導体の表面に垂直に出入りし，導体の内部には存在しない
- 電気力線の接線の向きと，その点の電界の向きは一致する
- 電気力線の密度＝電界の強さ

POINT 7　電束 Ψ [C]，電束密度 D [C/m²]

電気力線 N [本] …誘電率を考慮したもの　$N=\dfrac{Q}{\varepsilon}$ [本]

電束 Ψ [C] …誘電率を考慮しないもの　$\Psi=Q$ [C]

電束密度 D [C/m²] …単位面積当たりの電束

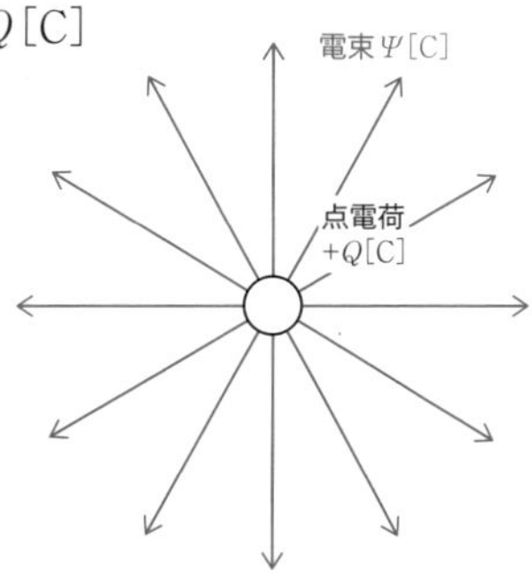

$$D=\frac{\Psi}{A}$$

電束密度 D [C/m²] と電界 E [V/m] の関係は，次の式で表せる。

$$D=\varepsilon E=\varepsilon_0\varepsilon_r E$$

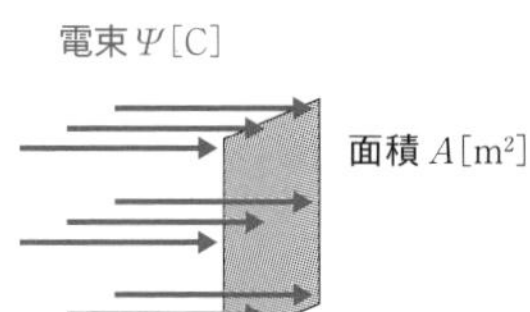

ただし，ε_0 は真空の誘電率，ε_r は比誘電率

確認問題

❶ 以下の問に答えよ。 P.30~34 POINT 1 ~ 7

(1) 真空中に点電荷 $Q_1=2\times10^{-4}$ C, $Q_2=-3\times10^{-5}$ C が距離 $r=2$ m の距離を隔ててあるとき，その電荷間に働く力の大きさ F [N] を求めよ。ただし，真空の誘電率は $\varepsilon_0=8.854\times10^{-12}$ F/m とする。

(2) 真空中に $Q=4\times10^{-8}$ C の点電荷があるとき，この電荷から距離 $r=4$ m 離れた場所での電界の大きさ E [N/C] を求めよ。ただし，真空の誘電率は $\varepsilon_0=8.854\times10^{-12}$ F/m とする。

(3) 真空中に $Q=-5\times10^{-8}$ C の点電荷があるとき，この電荷から距離 $r=10$ m 離れた場所での電位 V [V] を求めよ。ただし，真空の誘電率は $\varepsilon_0=8.854\times10^{-12}$ F/m とする。

(4) A点の電位が $V_a=2$ V，B点の電位が $V_b=-7$ V であるとき，A点とB点の電位差 V_{ab} [V] を求めよ。ただし，電位差 V_{ab} [V] はB点を基準としたA点の電位である。

(5) $E=4\times10^5$ V/m の電界中に $Q=5\times10^{-6}$ C の点電荷を置いたとき，電荷に加わる力の大きさ F [N] を求めよ。

(6) 誘電体中に点電荷 $Q=1.2\times10^{-6}$ C を置いたとき，電気力線の本数 N [本] と電束 Ψ [C] の値を求めよ。ただし，誘電体の比誘電率は $\varepsilon_r=1.5$，真空の誘電率は $\varepsilon_0=8.854\times10^{-12}$ F/m とする。

(7) 真空中の面積 $A=0.5$ m^2 の平面上を電束 $\Psi=1.0\times10^{-8}$ C が通過したとするとき，電束密度 D [C/m^2] と電界 E [V/m] の値を求めよ。ただし，真空の誘電率は $\varepsilon_0=8.854\times10^{-12}$ F/m とする。

(8) 誘電体中の電束密度 D が 2.0×10^{-6} C/m^2，電界 E が 4.0×10^4 V/m であるとき，この誘電体の誘電率 ε [F/m] 及び比誘電率 ε_r を求めよ。ただし，真空の誘電率は $\varepsilon_0=8.854\times10^{-12}$ F/m とする。

❷ 次の（ア）～（ウ）の空欄に入る語句を答えよ。 P.33 POINT 4

図のように，真空中に負に帯電した物体Aがある。この物体Aに金属棒Bを近づけると金属棒Bの1側には （ア） の電荷が現れる。また，反対側である2側には （イ） の電荷が現れる。この現象を （ウ） と呼ぶ。

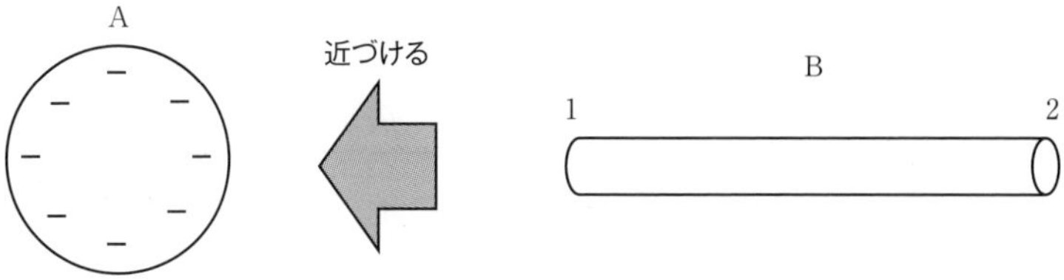

---

❸ 次の（ア）～（カ）の空欄にあてはまる語句または数式を答えよ。 P.32~33 POINT 2 4

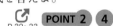

図1のように真空中の中空導体の中に点電荷Q[C]を入れた場合について，点電荷からの距離をr[m]とすると，$r<a$の電界の強さは （ア） [V/m]，$a \leqq r \leqq b$の電界の強さは （イ） [V/m]，$b<r$の電界の強さは （ウ） [V/m]となる。また，図2のように外部導体を接地した場合は，$r<a$の電界の強さは （エ） [V/m]，$a \leqq r \leqq b$の電界の強さは （オ） [V/m]，$b<r$の電界の強さは （カ） [V/m]となる。ただし，真空の誘電率をε_0[F/m]とする。

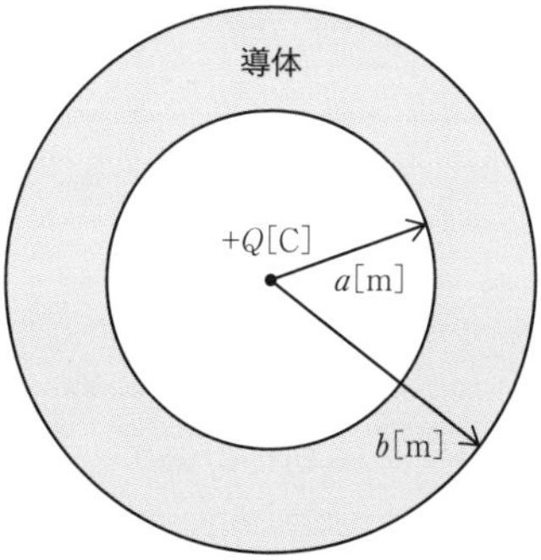

図1

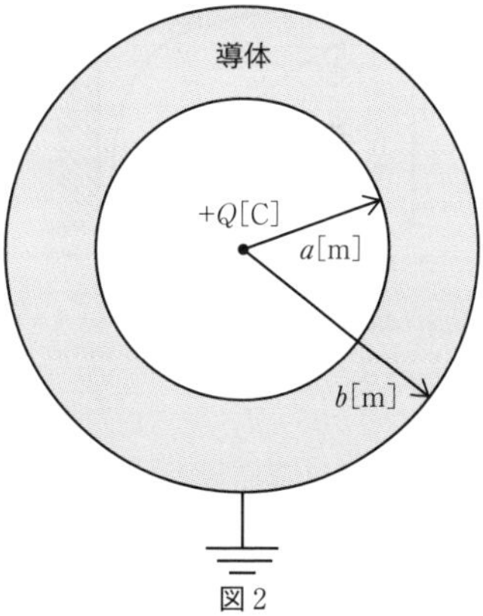

図2

❹ 電気力線について次の（ア）～（カ）の空欄に入る語句を答えよ。ただし，真空の誘電率はε_0[F/m]とする。

P.35 POINT 7

電気力線は（ア）の電荷から出て，（イ）の電荷に吸い込まれる。真空中の電荷Q[C]から出る電気力線の本数は（ウ）本であり，その接線の向きは（エ）の向きと一致する。（ア）の電荷から出た電気力線は導体に対して（オ）に出入りするため，（ア）の電荷を導体に近づけたときの電気力線の様子は次の図（カ）のようになる。

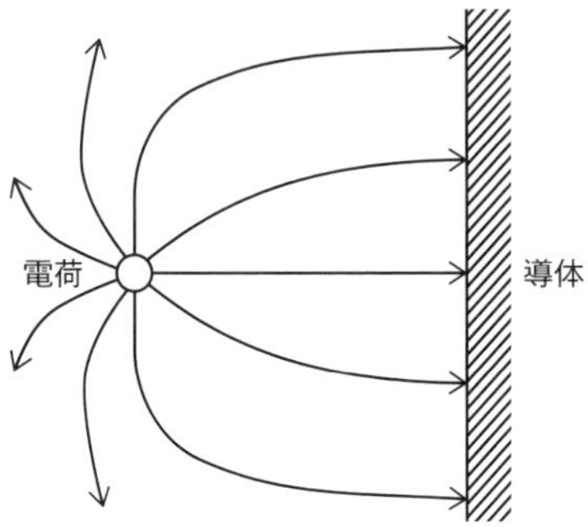

図 1

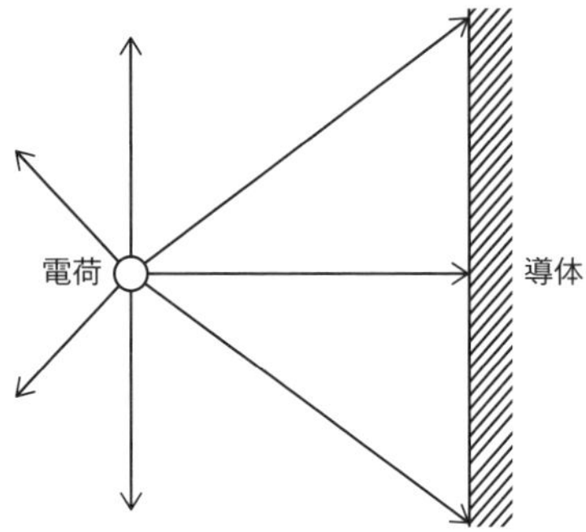

図 2

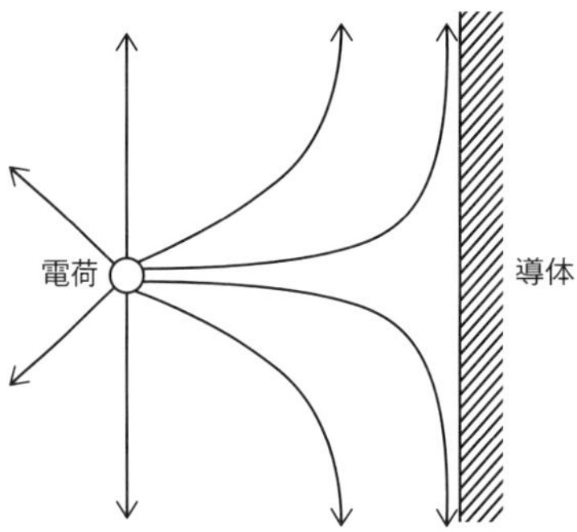

図 3

5 次の（ア）～（オ）の空欄に入る語句または数式を答えよ。

図のように点Oに点電荷$+Q$[C]がある。このとき，真空の誘電率をε_0とすると，距離r[m]離れた点Aに点電荷が作る電界の大きさは［（ア）］[V/m]で向きは図の［（イ）］である。また，点Aでの電位は［（ウ）］[V]，点Bの電位は［（エ）］[V]であるため点A-B間の電位差（Bから見たAの電位）は［（オ）］[V]である。

P.32~33 POINT 2 3

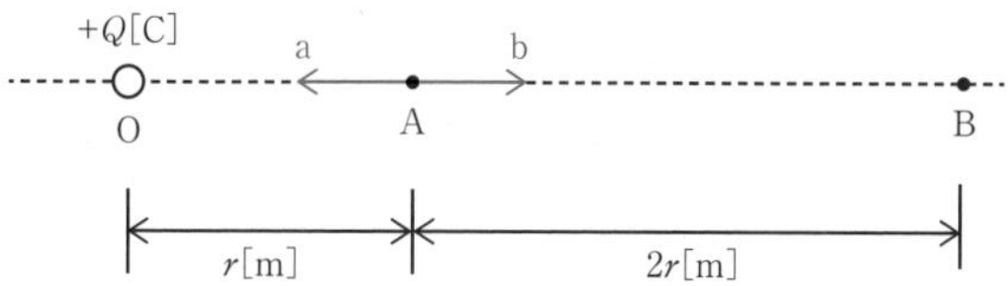

基本問題

1 真空中に図のような配置で各点電荷がある。このとき，点Aの電荷にかかる力の大きさ[N]として，最も近いものを次の(1)～(5)のうちから一つ選べ。ただし，真空の誘電率は$\varepsilon_0=8.854\times10^{-12}$ F/mとする。

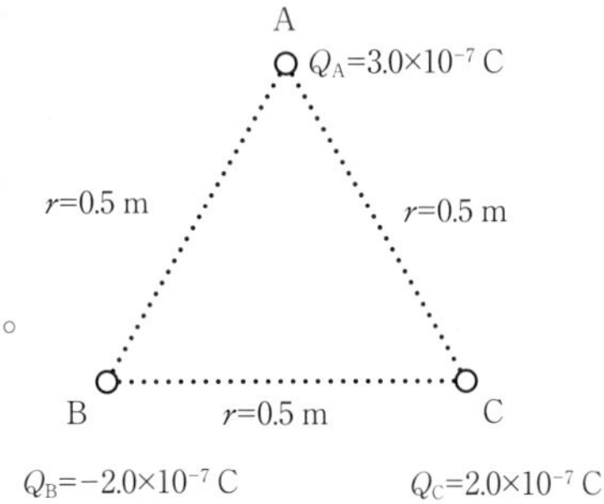

(1) 2.16×10^{-3}　(2) 2.16×10^{-2}
(3) 4.31×10^{-3}　(4) 4.31×10^{-2}
(5) 8.63×10^{-3}

---

2 真空中において，図のように直線上の点Aに$+2Q$[C]，点Bに$-Q$[C]の点電荷を配置したとき，点Cにおける電界の強さが0となった。このとき，$\frac{r_1}{r_2}$の値として，最も近いものを次の(1)～(5)のうちから一つ選べ。ただし，真空の誘電率はε_0[F/m]とする。

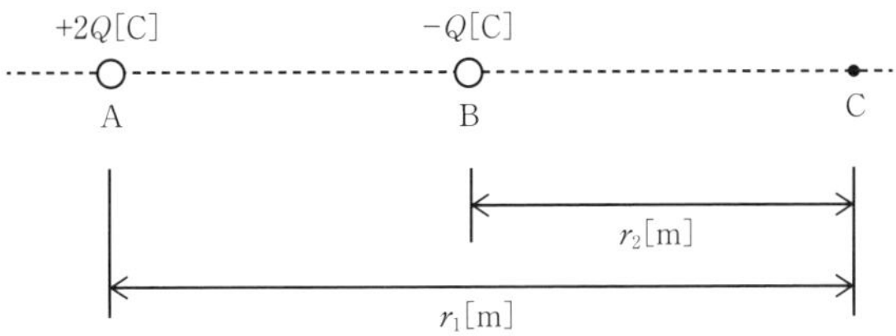

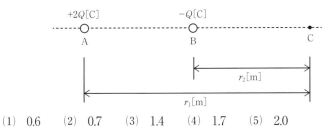

(1) 0.6　(2) 0.7　(3) 1.4　(4) 1.7　(5) 2.0

---

3 真空中において，図のようにx軸上の点A (4,0) に点電荷$Q_A=9.0\times10^{-10}$ C，y軸上の点B (0,3) に点電荷$Q_B=-1.6\times10^{-9}$ Cがあるとき，次の(a)及び(b)の問に答えよ。ただし，真空の誘電率は$\varepsilon_0=8.854\times10^{-12}$ F/mとする。

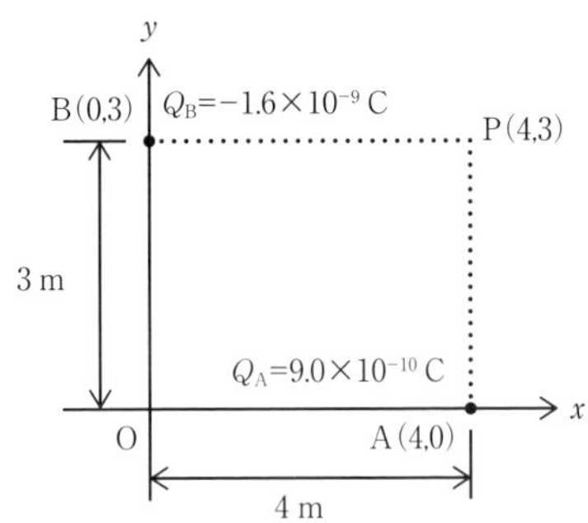

(a) 図中の点P (4,3) の電界Eの大きさ[V/m]及び電位V[V]の組合せとして，最も近いものを次の(1)～(5)のうちから一つ選べ。

	E[V/m]	V[V]
(1)	1.27	0.9
(2)	0	0.9
(3)	1.27	−0.9
(4)	2.54	−0.9
(5)	0	−0.9

(b) 点Oに点電荷Q[C]を置いたところ，点Pでの電位が零となった。このとき，Q[C]の値として，最も近いものを次の(1)～(5)のうちから一つ選べ。

(1) -2.5×10^{-9}　(2) -5.0×10^{-10}　(3) 2.5×10^{-9}
(4) 5.0×10^{-9}　(5) 5.0×10^{-10}

---

4 図のように，真空中に$+Q$[C]に帯電した導体球における電界と電位について考える。次の文章の（ア）～（カ）に当てはまる式をQ，ε_0，a，rを用いて答えよ。ε_0は真空の誘電率[F/m]である。

図は，導体の表面に電荷$+Q$[C]に帯電した半径a[m]の導体球である。この導体球の中心から距離r[m]離れた地点での電界及び電位を考える。まず，$r>a$のとき，電界の大きさは［（ア）］[V/m]であり電位は［（イ）］[V]である。次に，$r=a$のとき，電界の大きさは［（ウ）］[V/m]であり電位は［（エ）］[V]で

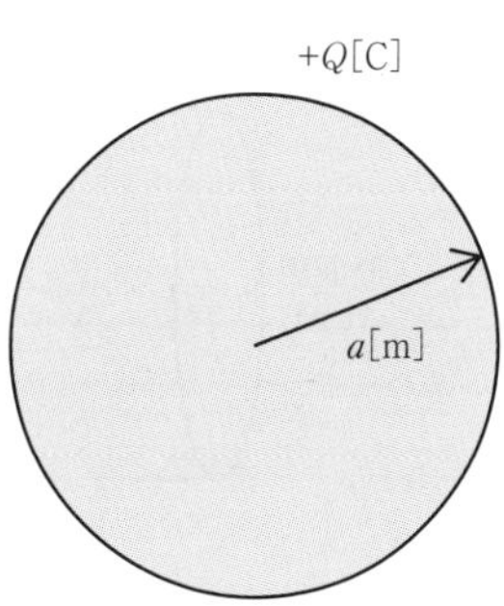

ある。最後に，$r<a$のとき，電界の大きさは［（オ）］[V/m]であり電位は［（カ）］[V]である。

---

5 電気力線に関する記述のうち，誤っているものを次の(1)～(5)のうちから一つ選べ。

(1) 電気力線は電界のようすを仮想的な線で表したものであり，ある電荷から出た電気力線の本数は電荷量の大きさに比例し，電気力線の接線は電界の向きと一致する。

(2) ある電荷から出た電気力線は，電荷が作る等電位面と垂直に交わる。

(3) 電気力線は正の電荷から出て，負の電荷へ入る。

(4) 任意の点における電気力線の密度は，その点の電界の大きさに等しい。

(5) 電気力線は途中で枝分かれしたり，交わったりしないが，同じ正電荷同士から出た電気力線がぶつかり合い，消滅することがある。

---

6 次の文章は，静電界における電束密度及び電界に関する記述である。次の文章の（ア）～（エ）に当てはまる式をΨ，ε_0，ε_r，Aを用いて答えよ。

図は，一様電界が誘電体を通過するときの模式図である。図のように断面積がA [m^2] の筒状物体中を電束Ψ [C] が紙面の左から右向きに通過するとき，真空中の電束密度D_0は［（ア）］[C/m^2]，誘電体中の電束密度D_1は［（イ）］[C/m^2]である。また，真空中の電界の大きさE_0は［（ウ）］[V/m]，誘電体中の電界の大きさE_1は［（エ）］[V/m]である。ただし，筒状物体から漏れ出る電界はなく，真空から誘電体に行く電束は反射しないものとし，真空の誘電率はε_0 [F/m] 及び誘電体の比誘電率はε_rとする。

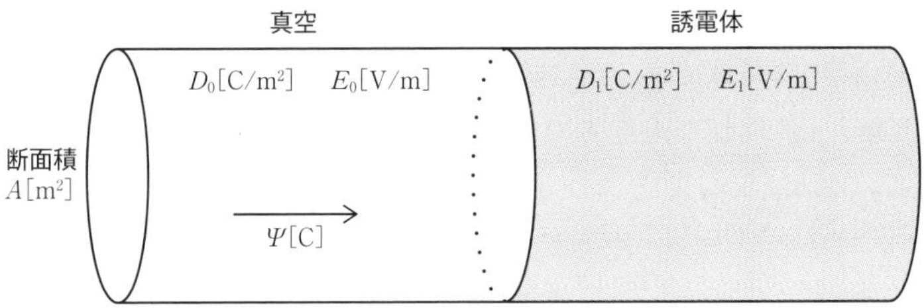

応用問題

1 図のように，真空中に距離a[m]を隔てて，点電荷$+Q$[C]と$-\sqrt{2}\,Q$[C]が置かれている。このとき，対角線上にあるそれぞれの点電荷の$+Q$[C]及び$-\sqrt{2}\,Q$[C]には同じ大きさのクーロン力が働くが，その大きさの組合せとして，正しいものを次の(1)〜(5)のうちから一つ選べ。ただし，真空の誘電率はε_0[F/m]とする。

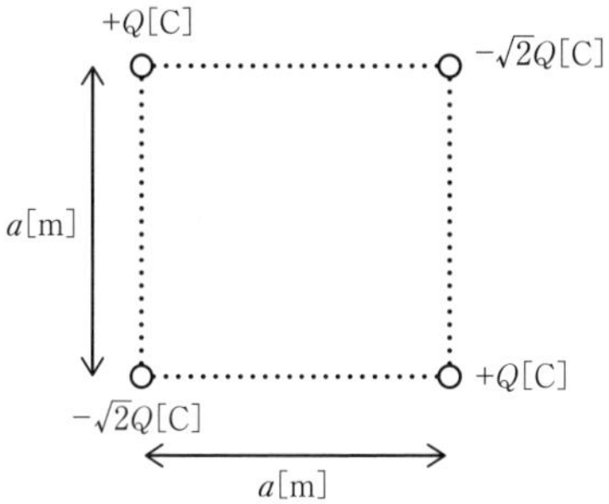

	$+Q$[C]	$-\sqrt{2}\,Q$[C]
(1)	$\dfrac{Q^2}{2\pi\varepsilon_0 a^2}$	$\dfrac{3Q^2}{8\pi\varepsilon_0 a^2}$
(2)	$\dfrac{Q^2}{2\pi\varepsilon_0 a^2}$	$\dfrac{Q^2}{2\pi\varepsilon_0 a^2}$
(3)	$\dfrac{Q^2}{2\pi\varepsilon_0 a^2}$	$\dfrac{Q^2}{4\pi\varepsilon_0 a^2}$
(4)	$\dfrac{3Q^2}{8\pi\varepsilon_0 a^2}$	$\dfrac{3Q^2}{8\pi\varepsilon_0 a^2}$
(5)	$\dfrac{3Q^2}{8\pi\varepsilon_0 a^2}$	$\dfrac{Q^2}{4\pi\varepsilon_0 a^2}$

2 図のように，真空中に $3d$[m] 隔てた点A $(-2d,0)$，点B $(d,0)$ にそれぞれ $-2Q$[C]，Q[C] の点電荷が置かれている。xy 平面上の電荷間を結んだ線分を直径とした円周上の点を点P (x,y) とする。ただし，真空の誘電率は ε_0[F/m] とする。次の(a)及び(b)の問に答えよ。

(a) 点Pでの電界 E[V/m] の大きさとして，正しいものを次の(1)〜(5)のうちから一つ選べ。

(1) $\dfrac{Q}{2\pi\varepsilon_0}\sqrt{\dfrac{4}{(2d+x)^2+y^2}+\dfrac{1}{(d-x)^2+y^2}}$

(2) $\dfrac{Q}{4\pi\varepsilon_0}\sqrt{\dfrac{4}{(2d+x)^2+y^2}+\dfrac{1}{(d-x)^2+y^2}}$

(3) $\dfrac{Q}{2\pi\varepsilon_0}\sqrt{\dfrac{4}{\{(2d+x)^2+y^2\}^2}+\dfrac{1}{\{(d-x)^2+y^2\}^2}}$

(4) $\dfrac{Q}{4\pi\varepsilon_0}\sqrt{\dfrac{4}{\{(2d+x)^2+y^2\}^2}+\dfrac{1}{\{(d-x)^2+y^2\}^2}}$

(5) $\dfrac{Q}{8\pi\varepsilon_0}\sqrt{\dfrac{4}{\{(2d+x)^2+y^2\}^2}+\dfrac{1}{\{(d-x)^2+y^2\}^2}}$

(b) 点Pの電位 V[V] として，正しいものを次の(1)〜(5)のうちから一つ選べ。

(1) $\dfrac{Q}{4\pi\varepsilon_0}\left\{\dfrac{2}{\sqrt{(2d+x)^2+y^2}}-\dfrac{1}{\sqrt{(d-x)^2+y^2}}\right\}$

(2) $\dfrac{Q}{4\pi\varepsilon_0}\left\{\dfrac{1}{\sqrt{(d-x)^2+y^2}}-\dfrac{2}{\sqrt{(2d+x)^2+y^2}}\right\}$

(3) $\dfrac{Q}{4\pi\varepsilon_0}\left\{\dfrac{1}{(d-x)^2+y^2}-\dfrac{2}{(2d+x)^2+y^2}\right\}$

(4) $\dfrac{Q}{4\pi\varepsilon_0}\left\{\dfrac{1}{(2d+x)^2+y^2}-\dfrac{2}{(d-x)^2+y^2}\right\}$

(5) $\dfrac{Q}{4\pi\varepsilon_0}\left\{\dfrac{2}{(2d+x)^2+y^2}-\dfrac{1}{(d-x)^2+y^2}\right\}$

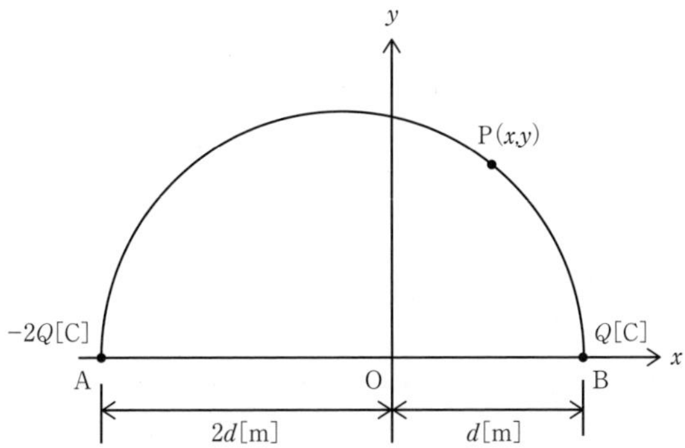

---

3 図は，導体に一様の電荷$+Q$[C]に帯電した半径a[m]の導体球である。この導体球の中心から距離r[m]離れた地点での電界E[V/m]の分布として，正しいものを次の(1)～(5)のうちから一つ選べ。ただし，真空の誘電率はε_0[F/m]とする。

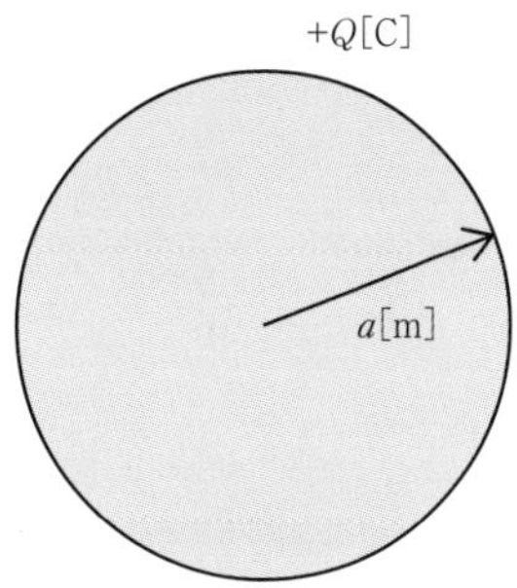

(1)

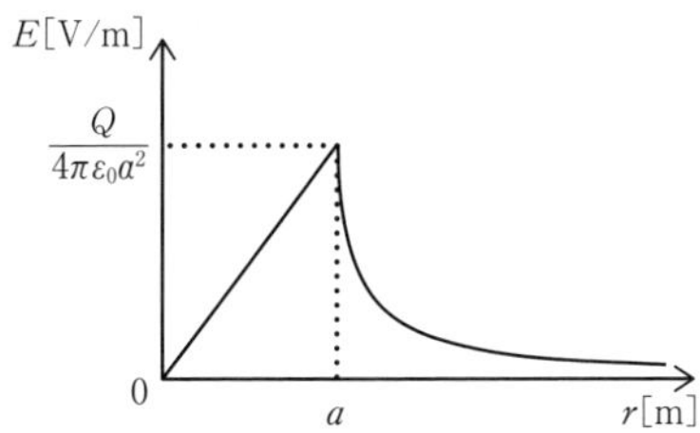

(2)

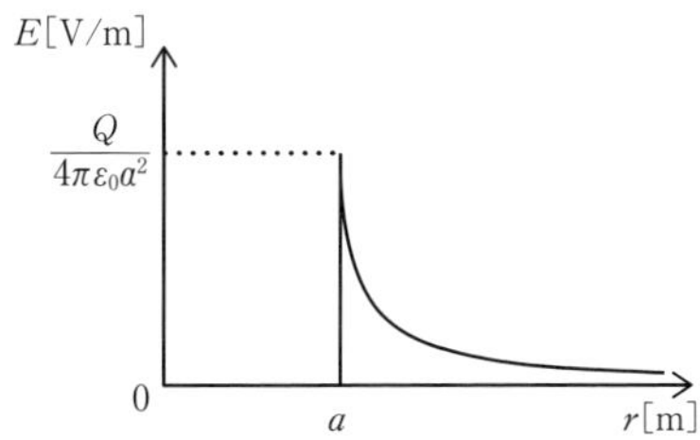

(3)

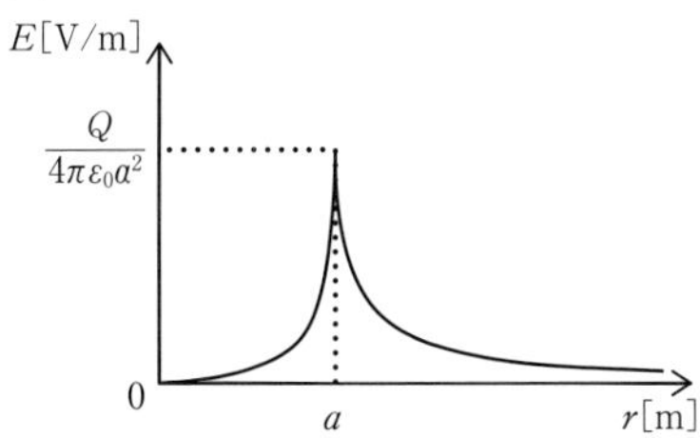

(4)

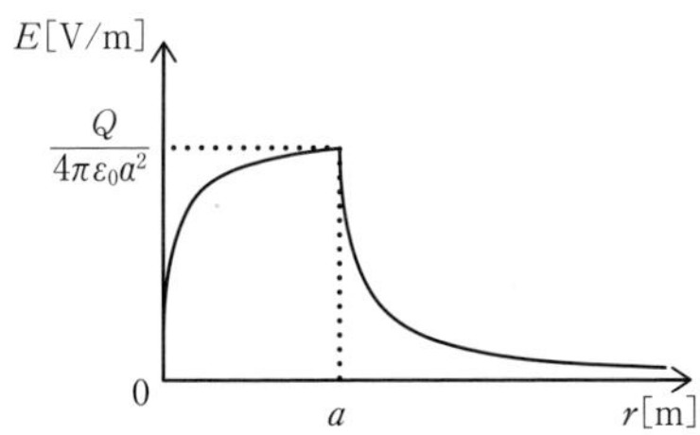

(5)

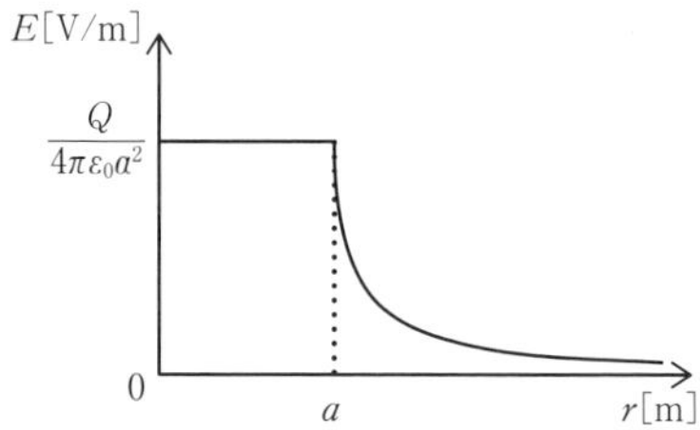

---

4 図のように導体と距離r[m]隔てて点電荷$+Q$[C] がある。このとき，電荷と導体の間に働く力として，最も近いものを次の(1)〜(5)のうちから一つ選べ。ただし，真空の誘電率はε_0[F/m]とする。

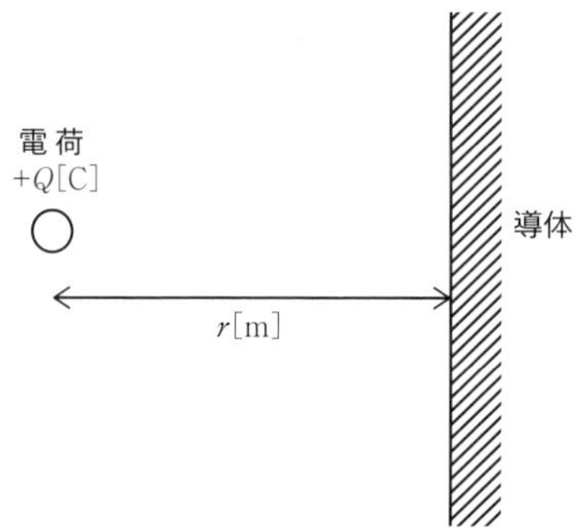

(1) $\dfrac{Q^2}{4\pi\varepsilon_0 r^2}$　(2) $\dfrac{Q^2}{8\pi\varepsilon_0 r^2}$　(3) $\dfrac{Q^2}{12\pi\varepsilon_0 r^2}$　(4) $\dfrac{Q^2}{16\pi\varepsilon_0 r^2}$　(5) $\dfrac{Q^2}{20\pi\varepsilon_0 r^2}$

5 静電界に関する記述として，正しいものを次の(1)～(5)のうちから一つ選べ。

(1) クーロンの法則は静電界における電荷同士に働く力の大きさに関する法則で，電荷間に働く力の大きさは，それぞれの電荷の２乗に比例し，電荷間の距離の２乗に反比例する。

(2) 真空中に電荷を置くとその周りには距離の２乗に反比例した大きさの電界と電位が現れる。

(3) 電気力線は正の電荷から湧き出す仮想の線であり，電気力線同士は互いに反発する。電気力線の本数は誘電率には影響を受けないが，電荷量の大きさには比例する線である。

(4) 任意の点における電気力線の密度は，その点における電界の大きさに等しく，電気力線上の点の接線の向きは電界や電位の向きと一致する。

(5) 真空中に電荷を置いた際，電荷の周りには距離の２乗に反比例した電束密度が現れるが，同じ電荷を誘電体中においた場合にも，電荷の周りには同じ大きさの電束密度が現れる。

2 コンデンサ

（教科書CHAPTER02 SEC04対応）

POINT 1　コンデンサに蓄えられる電荷 (Q[C])

静電容量C[F]のコンデンサに電圧V[V]を印加したときにコンデンサに蓄えられる電荷Q[C]は，次の式で表せる。

$$Q=CV$$

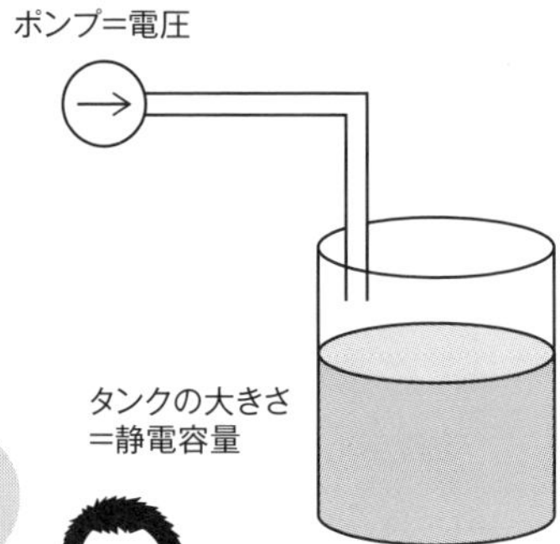

電荷Q[C]を水として考えると，静電容量C[F]はタンク，電圧V[V]はポンプのようなイメージ。

POINT 2　静電容量 (C[F])

静電容量（コンデンサの電荷の蓄えやすさ）C[F]で，真空の誘電率ε_0[F/m]，誘電体の誘電率ε[F/m]及び比誘電率ε_r $(=\frac{\varepsilon}{\varepsilon_0})$，極板の面積$A$[m^2]，極板間の距離$l$[m]とすると，次の通りとなる。

$$C=\frac{\varepsilon A}{l}=\frac{\varepsilon_0\varepsilon_r A}{l}$$

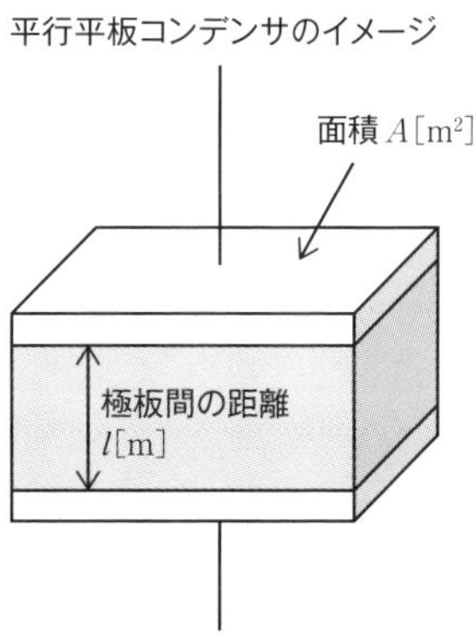

面積が大きくなれば，たくさんの電荷が蓄えられ，極板間の距離が長くなると引き付け合う力が弱くなるイメージ。

POINT 3　平行平板コンデンサ内の電界の大きさ（E［V/m］）

図のような静電容量C［F］の平行平板コンデンサに，電圧V［V］を加えたとき，コンデンサ内部での電界の大きさE［V/m］は，次の式で表せる。

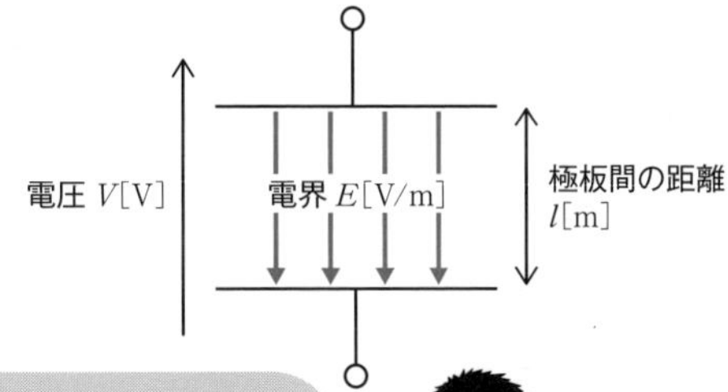

電圧 V[V]
電界 E[V/m]
極板間の距離
l[m]

$$E=\frac{V}{l}$$

水の流れでいうと，電圧は高低差，電界は勾配と考えると分かりやすい。

POINT 4　誘電分極

誘電体（絶縁体）に電界をかけると，原子レベルで電界が偏る現象。
電界の向きに打ち消すような電界が現れるため，誘電体内では電界が弱くなる。

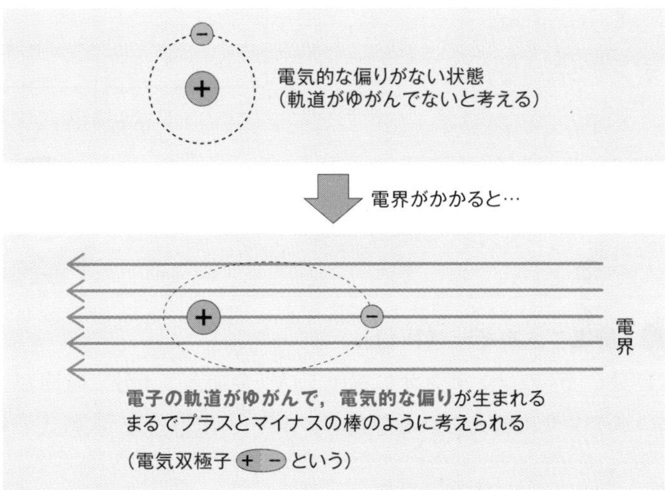

電気的な偏りがない状態
（軌道がゆがんでないと考える）
電界がかかると…
電界
電子の軌道がゆがんで，電気的な偏りが生まれる
まるでプラスとマイナスの棒のように考えられる
（電気双極子 + − という）

POINT 5　コンデンサの並列合成静電容量

複数のコンデンサ$C_1, C_2, \cdots, C_n$を並列接続したときの合成静電容量C_0[F]は，

$$C_0=C_1+C_2+\cdots+C_n$$

となる。

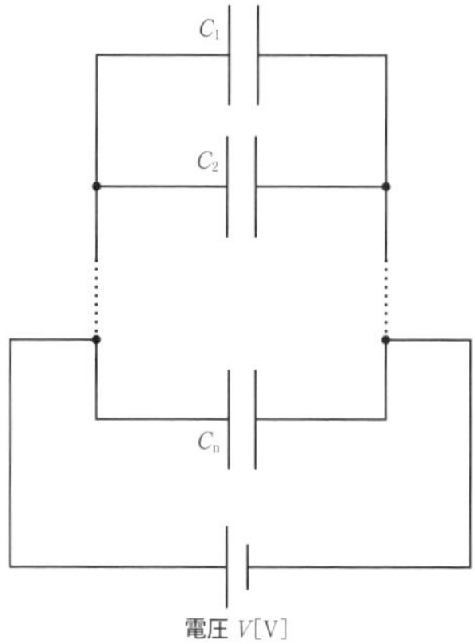

POINT 6　コンデンサの直列合成静電容量

複数のコンデンサ$C_1, C_2, \cdots, C_n$を直列接続したときの合成静電容量C_0[F]は，

$$C_0=\frac{1}{\frac{1}{C_1}+\frac{1}{C_2}+\cdots+\frac{1}{C_n}}$$

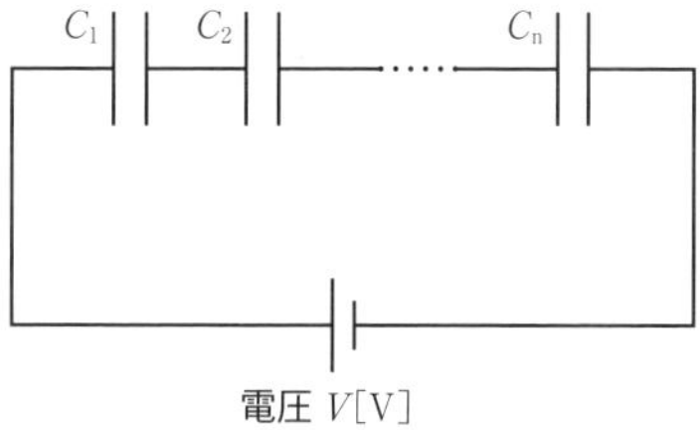

コンデンサ2個の場合は，

$$C_0=\frac{1}{\frac{1}{C_1}+\frac{1}{C_2}}=\frac{C_1 C_2}{C_1+C_2}$$

と計算可能。

合成抵抗の計算と並列と直列が逆になることに注意！

POINT 7　静電エネルギー（W[J]）

静電容量C[F]のコンデンサに電圧V[V]を加え，十分に時間が経ったとき，コンデンサに蓄えられる静電エネルギーW[J]は，次の式で表せる。

$$W=\frac{1}{2}CV^2=\frac{1}{2}QV=\frac{Q^2}{2C}$$

上式は，$Q=CV$の関係を使えば，

$$W=\frac{1}{2}CV^2=\frac{1}{2}CV\cdot V=\frac{1}{2}QV=\frac{1}{2}Q\cdot\frac{Q}{C}=\frac{Q^2}{2C}$$

と互いに変形可能なので，全て覚える必要はない。

確認問題

1 以下の問に答えよ。 P.48~50 POINT 1 ~ 7

(1) 静電容量C=2 mFのコンデンサに電圧V=5 Vを印加したときにコンデンサに蓄えられる電荷Q[C]を求めよ。

(2) あるコンデンサにV=200 Vを印加したとき，コンデンサにはQ=8×10^{-3} Cの電荷が蓄えられた。このコンデンサの静電容量C[μF]を求めよ。

(3) 真空中に面積A=2.0 m^2，極板間の距離l=5 mの平行平板コンデンサがある。このコンデンサの静電容量C[μF]を求めよ。ただし，真空の誘電率はε_0=8.85×10^{-12} F/mとする。

(4) (3)のコンデンサに比誘電率ε_r=4の誘電体を挿入した場合，コンデンサの静電容量C[μF]はいくらになるか。

(5) 静電容量C=8 μF の平行平板コンデンサにV=5 Vを加えたとき，コンデンサ内部の電界の大きさE[V/m]を求めよ。ただし，コンデンサの面積A=0.5 m^2，極板間の距離l=0.01 mとする。

(6) 静電容量C=3 mFのコンデンサに電圧V=500 Vを印加したときにコンデンサに蓄えられる電荷Q[C]及び静電エネルギーW[J]を求めよ。

(7) 比誘電率ε_r=7.5の誘電体を挿入した面積A=0.15 m^2，極板間の距離l=0.2 mの平行平板コンデンサがある。このコンデンサに電圧V=20 Vを印加したときにコンデンサに蓄えられる電荷Q[C]を求めよ。ただし，真空の誘電率はε_0=8.85×10^{-12} F/mとする。

(8) 面積A=0.15 m^2，極板間の距離l=0.2 mの平行平板コンデンサに電圧V=250 Vを印加したところ，コンデンサにQ=6.0×10^{-4} Cの電荷が蓄えられた。このコンデンサの誘電率ε[F/m]及び比誘電率ε_rを求めよ。ただし，真空の誘電率はε_0=8.85×10^{-12} F/mとする。

(9) 平行平板コンデンサに電圧を加え，十分経過したとき，コンデンサ内部の電界はE=3.0×10^4 V/mであった。その後電源を切り離し，このコンデンサに比誘電率ε_r=2.5の誘電体を満たしたとき，内部の電界[V/m]はいくらになるか。

(10) コンデンサの面積A=0.2 m^2，極板間の距離l=1 mのコンデンサに電圧V=300 Vを加え，十分経過した。このコンデンサに蓄えられる電荷Q[C]及び静電エネルギーW[J]を求めよ。ただし，真空の誘電率はε_0=8.85×10^{-12} F/mとする。

---

2 次の図における端子a-b間の合成静電容量を求めよ。 P.50 POINT 5 6

(1)

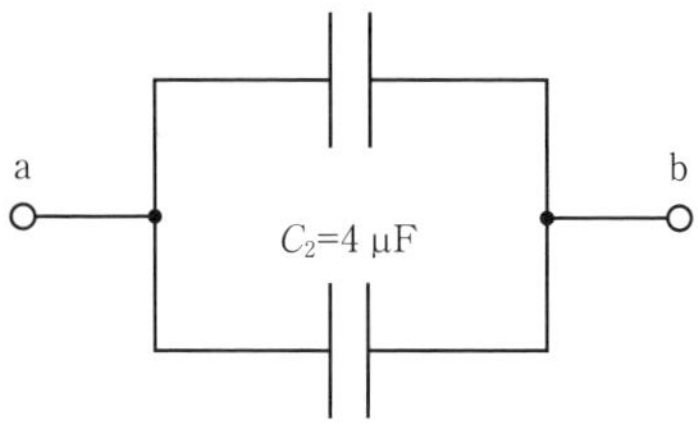

(2)

(3)

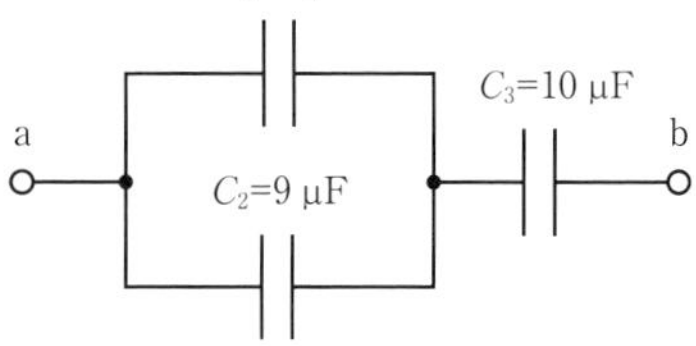

(4)

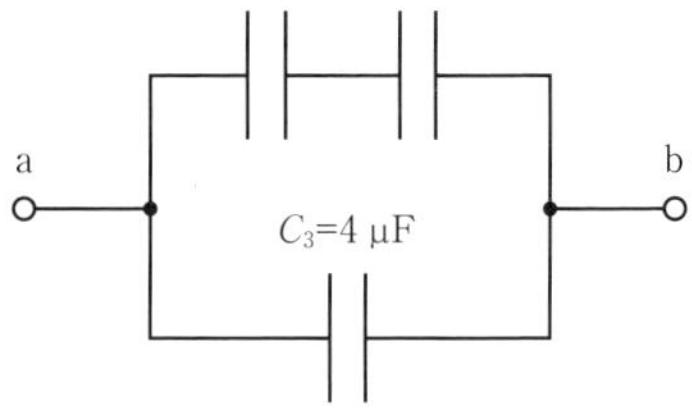

(5)

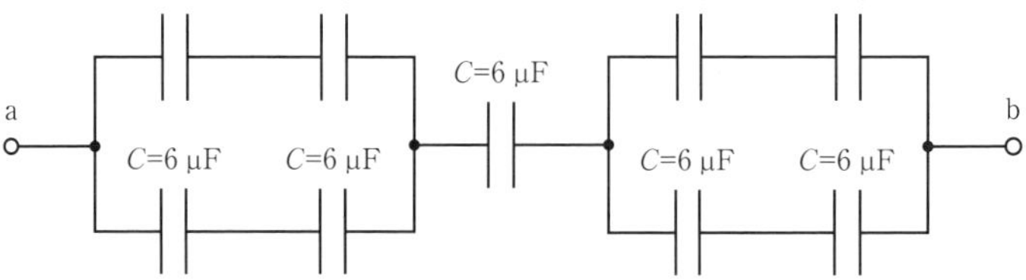

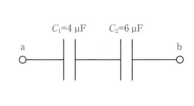

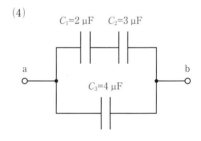

❸ 次の回路において，各コンデンサに加わる電圧の大きさ[V]，蓄えられる電荷量[C]，蓄えられる静電エネルギー[J]をそれぞれ求めよ。

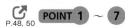

P.48, 50 POINT 1 ～ 7

(1)

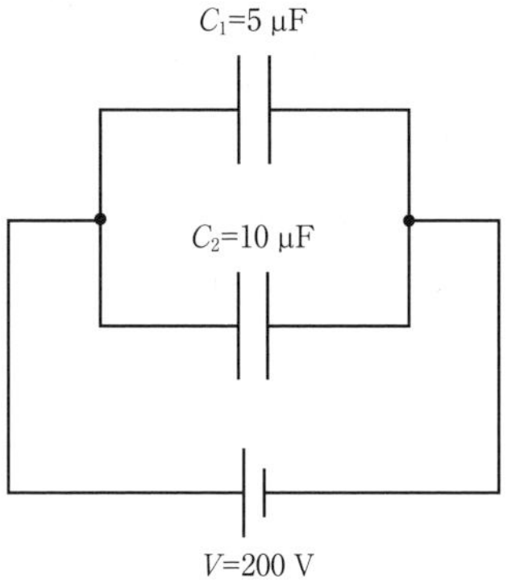

(2)

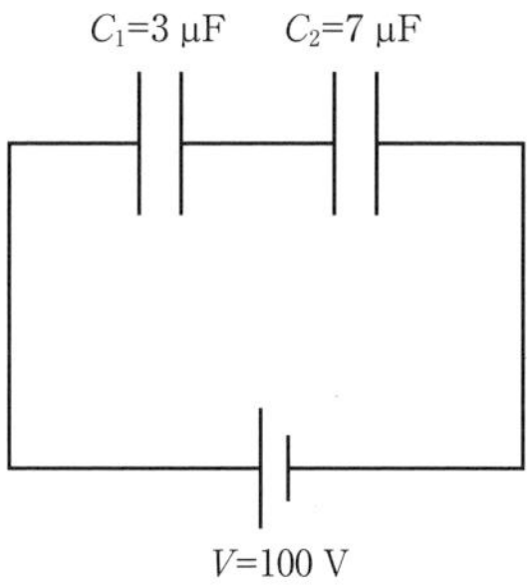

(3)

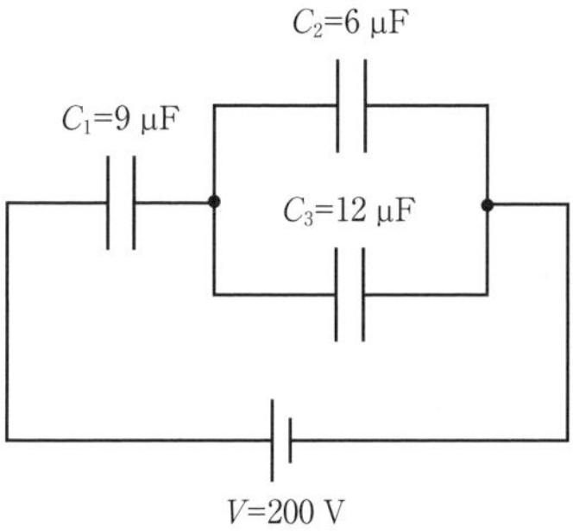

基本問題

1 平行平板コンデンサに誘電体を挿入し電圧を加えると，誘電体内には一様な電界が発生する。このとき，誘電体内の原子中の［（ア）］に電界の向きと［（イ）］に力がかかり，誘電体内に外部電界を［（ウ）］電界が発生する。この現象を［（エ）］という。

上記の記述中の空白箇所（ア），（イ），（ウ）及び（エ）に当てはまる組合せとして，正しいものを次の(1)〜(5)のうちから一つ選べ。

	（ア）	（イ）	（ウ）	（エ）
(1)	電子	逆向き	打ち消す	誘電分極
(2)	電子	同じ向き	打ち消す	誘電分極
(3)	電子	逆向き	強める	静電誘導
(4)	中性子	同じ向き	強める	誘電分極
(5)	中性子	逆向き	強める	静電誘導

2 図のように静電容量C_A=4 μF及びC_B=6 μFのコンデンサを並列接続及び直列接続し，V=200 Vを印加したとき，直列接続のときにC_Aに蓄えられる電荷Q_1[C]と並列接続のときにC_Bに蓄えられる電荷Q_2[C]の比$\frac{Q_1}{Q_2}$として，正しいものを次の(1)〜(5)のうちから一つ選べ。

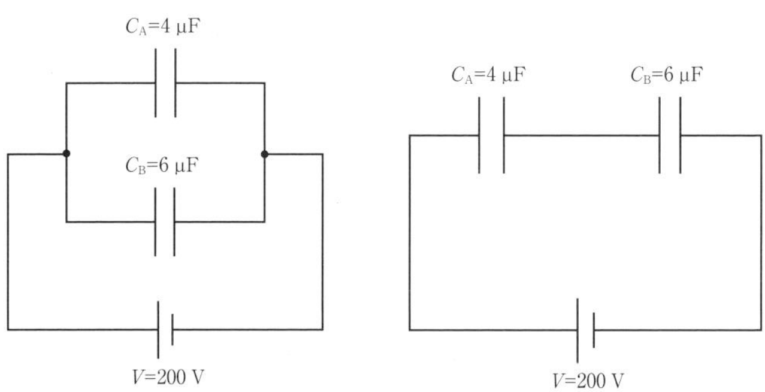

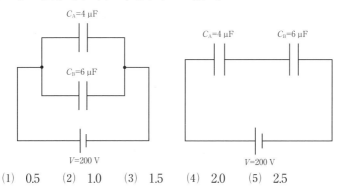

(1) 0.5　(2) 1.0　(3) 1.5　(4) 2.0　(5) 2.5

3 図のように，面積A[m^2]，長さl[m]の平行平板コンデンサに面積$\frac{A}{2}$[m^2]，長さl[m]，比誘電率$\varepsilon_r=2$の誘電体を挿入した。このとき，コンデンサの静電容量[F]は誘電体挿入前の静電容量の何倍になったか。正しいものを次の(1)〜(5)のうちから一つ選べ。

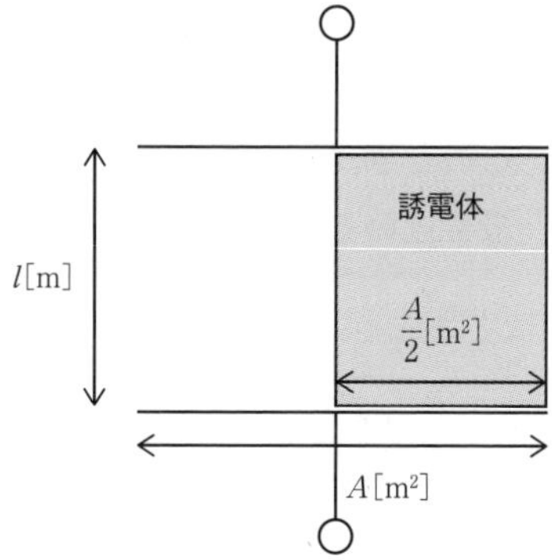

(1) 1.0　(2) 1.3　(3) 1.5
(4) 1.8　(5) 2.0

---

4 図のように，面積A[m^2]，長さl[m]の平行平板コンデンサに面積A[m^2]，長さ$\frac{l}{2}$[m]，比誘電率$\varepsilon_r=2$の誘電体を挿入した場合，コンデンサの静電容量[F]は誘電体挿入前の静電容量の何倍になるか。最も近いものを次の(1)〜(5)のうちから一つ選べ。

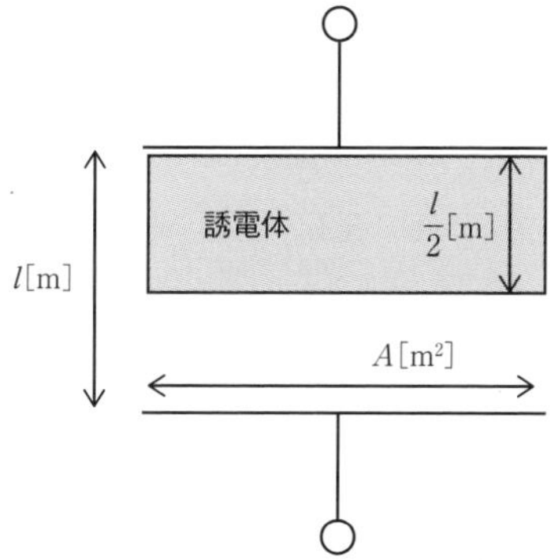

(1) 0.5　(2) 0.8　(3) 1.0
(4) 1.3　(5) 1.5

---

5 問題**4**と同条件において，図のように誘電体のかわりに導体を挿入した場合，静電容量[F]は導体挿入前の静電容量の何倍になるか。最も近いものを次の(1)〜(5)のうちから一つ選べ。

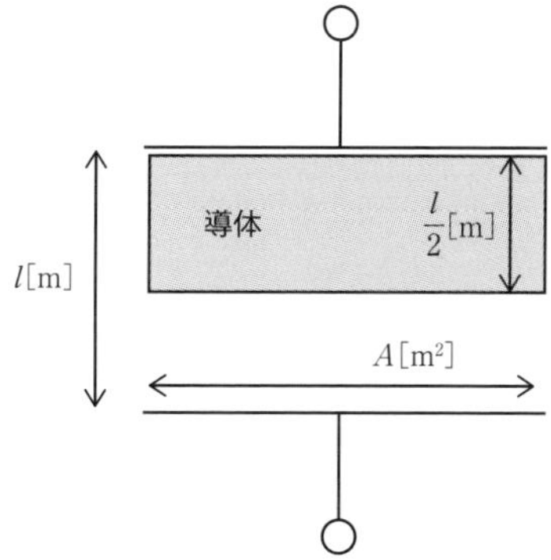

(1) 1.0　(2) 1.5　(3) 2.0
(4) 2.5　(5) 3.0

6 図のように静電容量C_1=100 μF及びC_2=200 μFのコンデンサがある。このコンデンサを(a)並列接続で，(b)直列接続で，電源電圧V=200 Vを印加した。このとき，(a)と(b)のコンデンサに蓄えられる静電エネルギーの差[J]として最も近いものを次の(1)~(5)のうちから一つ選べ。

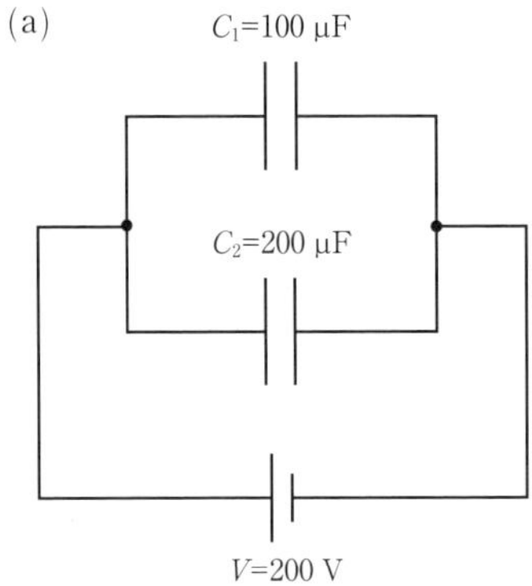

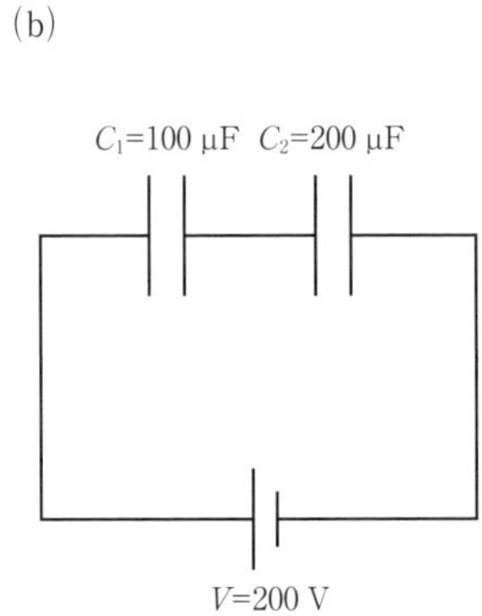

(1) 3.2　(2) 4.7　(3) 6.4　(4) 7.8　(5) 9.3

応用問題

1 図のように，面積A[m^2]，長さl[m]の平行平板コンデンサに同面積で長さ$\frac{3}{4}l$[m]，比誘電率$\varepsilon_r=4$の誘電体を挿入し，電圧V[V]を印加した。このときの誘電体と真空の境界面の電位をV_0[V]とする。$\frac{V_0}{V}$として，最も近いものを次の(1)～(5)のうちから一つ選べ。

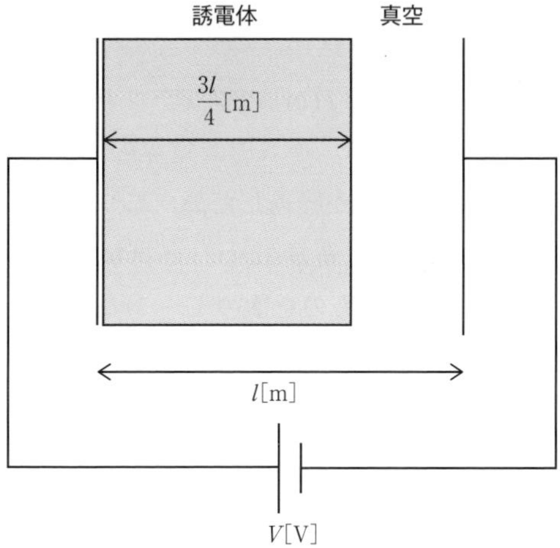

(1)　0.25　　(2)　0.43　　(3)　0.50　　(4)　0.57　　(5)　0.75

---

2 図のように面積A[m^2]，長さl[m]の平行平板コンデンサに，(a)(b)の誘電体をそれぞれ挿入した。このとき，(a)(b)各コンデンサの静電容量[F]は元のコンデンサの静電容量の何倍となるか。正しいものを次の(1)～(5)のうちから一つ選べ。

(a)　面積$\frac{A}{2}$[m^2]，長さl[m]，比誘電率ε_r

(1)　$\frac{\varepsilon_r+1}{2}$　　(2)　$\frac{\varepsilon_r-1}{2}$　　(3)　$\frac{\varepsilon_r+1}{4}$

(4)　$\frac{\varepsilon_r-1}{4}$　　(5)　$\frac{2}{\varepsilon_r-1}$

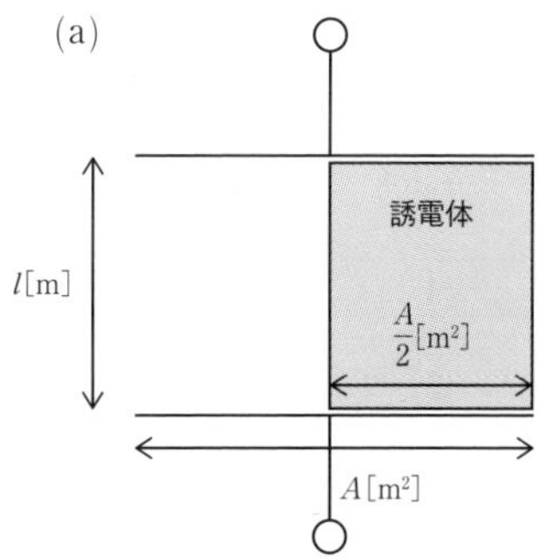

(b) 面積A[m^2]，長さ$\frac{l}{2}$[m]，比誘電率ε_r

(1) $\varepsilon_r - 1$　(2) $\frac{2}{\varepsilon_r + 1}$　(3) $\frac{1}{\varepsilon_r + 1}$

(4) $\frac{2\varepsilon_r}{\varepsilon_r + 1}$　(5) $\frac{2\varepsilon_r}{2\varepsilon_r + 1}$

(b)

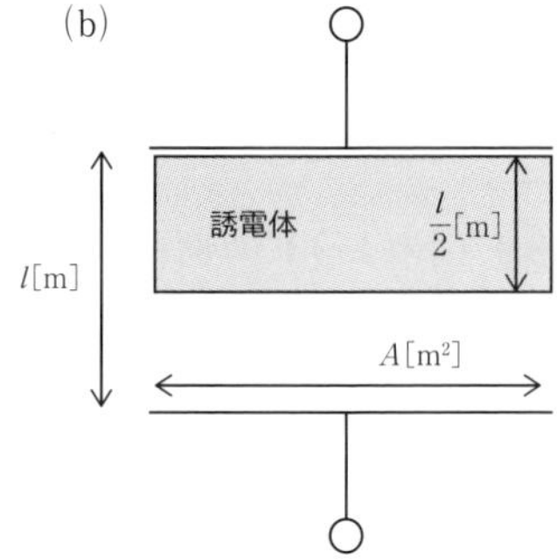

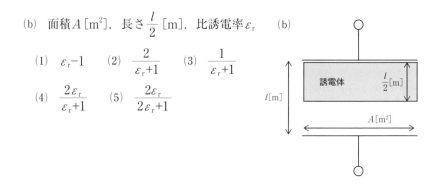

3 図のように面積A[m^2]，長さl[m]のコンデンサ1と，面積$2A$[m^2]，長さ$\frac{l}{2}$[m]のコンデンサ2がある。それぞれ電界の大きさがE[V/m]になるように電圧を印加し，十分時間が経過した後，二つのコンデンサを並列に接続した。このとき，移動した電荷量ΔQ[C]と抵抗で消費したエネルギーΔW[J]の組合せとして，正しいものを次の(1)〜(5)のうちから一つ選べ。ただし，真空の誘電率はε_0[F/m]とする。

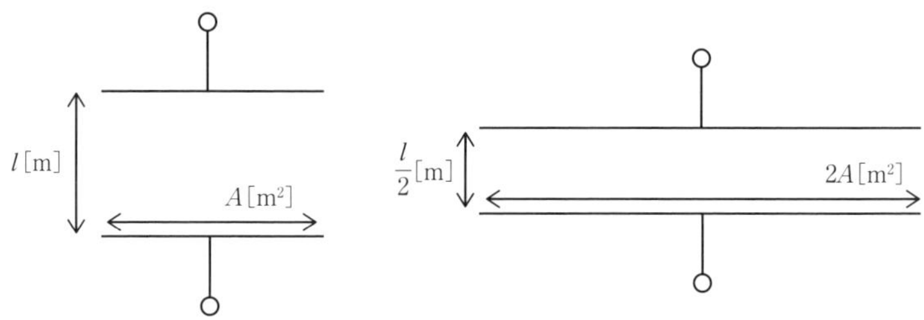

コンデンサ1　　コンデンサ2

	ΔQ	ΔW
(1)	$0.4\varepsilon_0 AE$	$0.1\varepsilon_0 AE^2 l$
(2)	$0.4\varepsilon_0 AE$	$0.2\varepsilon_0 AE^2 l$
(3)	$0.4\varepsilon_0 AE$	$0.4\varepsilon_0 AE^2 l$
(4)	$0.2\varepsilon_0 AE$	$0.1\varepsilon_0 AE^2 l$
(5)	$0.2\varepsilon_0 AE$	$0.2\varepsilon_0 AE^2 l$

CHAPTER **03**

電磁力

磁石による磁力，電流により発生する磁界，電磁力や電磁誘導などの内容が出題されます。右ねじの法則，フレミングの左手・右手の法則，計算問題からさまざまな定理を理解しているかを問う問題など，問題を多く解きしっかりと理解しましょう。

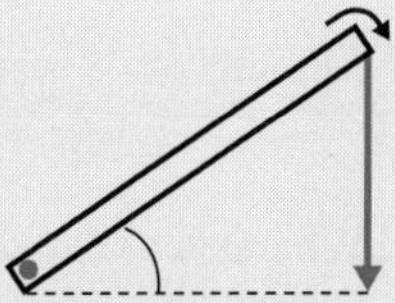

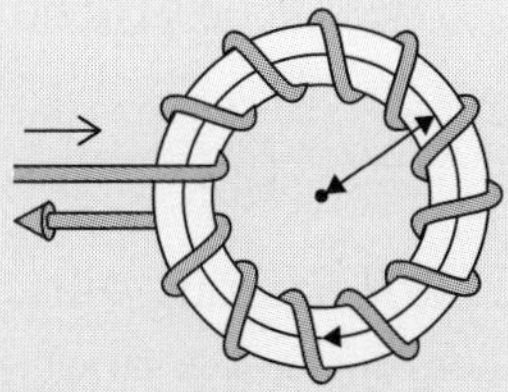

CHAPTER 03 電磁力

1 磁界と電磁力

（教科書CHAPTER03 SEC01～02対応）

POINT 1 磁気に関するクーロンの法則

距離r[m]離れた２つの点磁荷m_1[Wb]，m_2[Wb]の間に働く力の大きさF[N]は，空間の透磁率をμ[H/m]とすると，次の式で表せる。

$$F=\frac{m_1 m_2}{4\pi \mu r^2}$$

電荷の場合のクーロンの法則における静電力の式と全く同じ形となる。

真空の場合は真空の透磁率$\mu_0=4\pi\times10^{-7}$ H/mとなるため，$\frac{1}{4\pi\mu_0}\fallingdotseq6.33\times10^4=k_m$として，次の式でも表せる。

$$F=6.33\times10^4\times\frac{m_1 m_2}{r^2}=k_m\frac{m_1 m_2}{r^2}$$

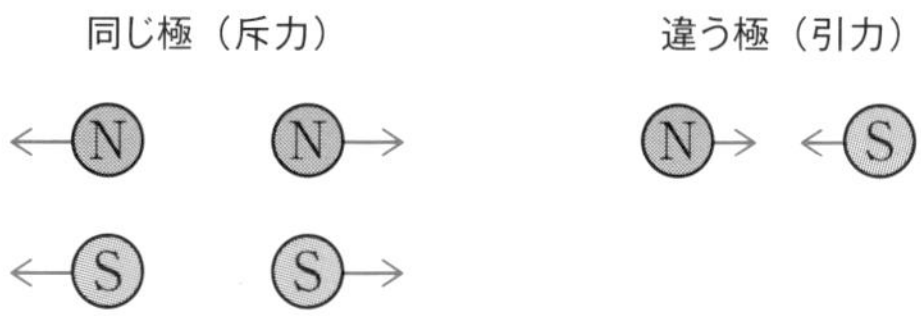

POINT 2 点磁荷による磁界の強さ（H[A/m]）

点磁荷m[Wb]がr[m]離れた1 Wbあたりに働く磁界の強さH[A/m]

$$H=\frac{m}{4\pi\mu r^2}$$

磁界H[A/m]の中に磁荷m[Wb]を置いたときの磁力の大きさF[N]は，次の式で表せる。

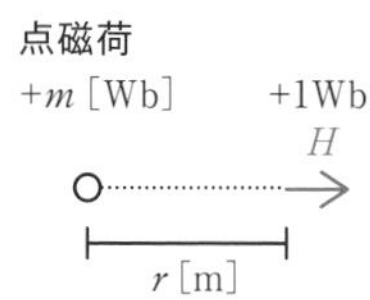

$$F=mH$$

POINT 3　磁力線

N極から出てS極に吸い込まれるという磁界の向きを表した仮想の線を磁力線と呼ぶ。磁荷 m [Wb] から出る磁力線の本数 N [本] は，次の式で表せる。

$$N=\frac{m}{\mu}$$

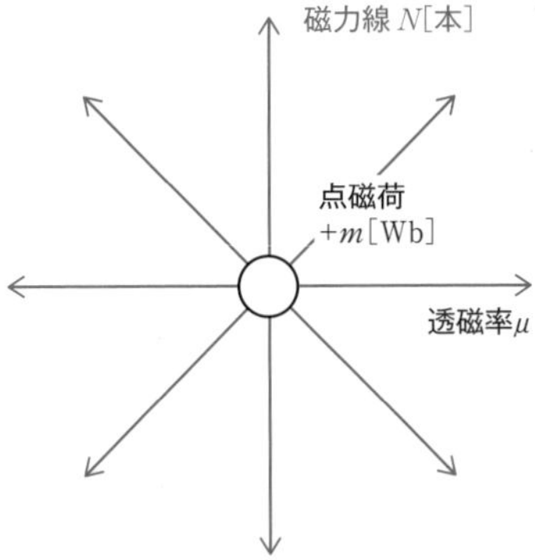

【磁力線のルール】電気力線と考え方は同じ

・N極から出て，S極に吸い込まれる。

・枝分かれしたり，交わったりしない。

・磁力線の接線の向きと，その点の磁界の向きは一致する。

POINT 4　磁束と磁束密度

磁力線…透磁率を考慮したもの $N=\frac{m}{\mu}$

磁束 ϕ [Wb]…透磁率を考慮しないもの $\phi=m$ [Wb]

磁束密度 B [Wb/m^2 または T]…単位面積あたりの磁束

$$B=\frac{\phi}{A}$$

磁束密度 B [Wb/m^2] と磁界の強さ H [A/m] の関係は，次の式で表せる。

$$B=\mu H=\mu_r \mu_0 H$$

ただし，μ_r は比透磁率，μ_0 は真空の透磁率。

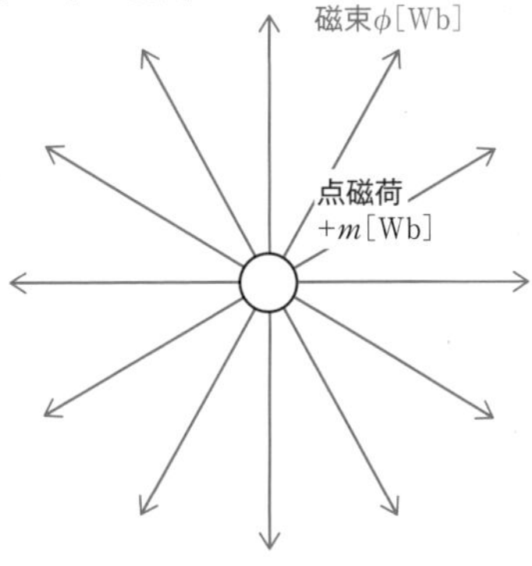

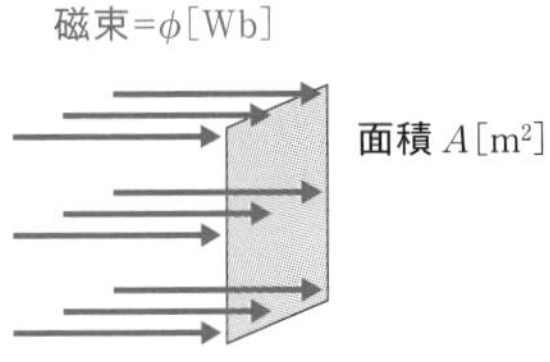

問題編　CHAPTER 03　電磁力 1

POINT 5　右ねじの法則

電流が流れる向きを右ねじの進む向きに合わせると，右ねじを回す向きが磁界の向きになる。

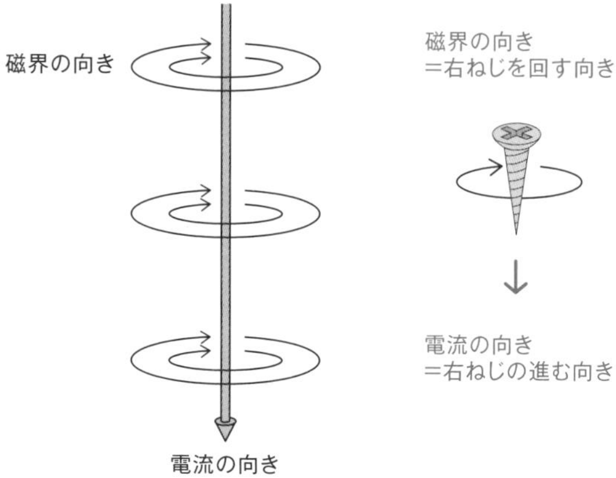

POINT 6　直線状導体の周りの磁界の大きさ

無限に長い直線状導体に電流I[A]が流れているとき，導体からr[m]離れた地点の磁界の大きさH[A/m]は，次の式で表せる。

$$H=\frac{I}{2\pi r}$$

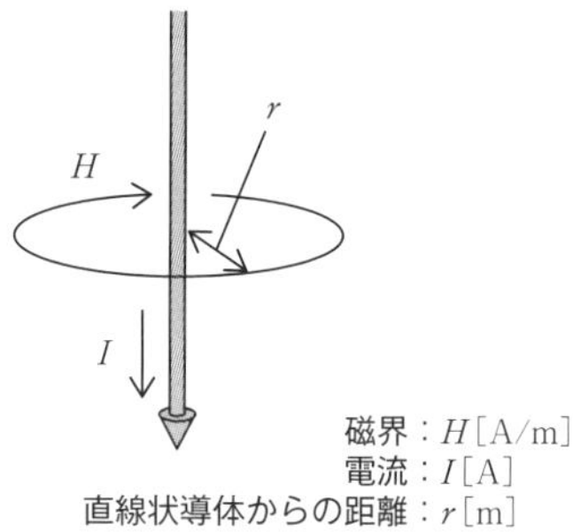

POINT 7　円形コイルの中心の磁界の大きさ

半径r[m]で巻数がNの円形コイルに電流I[A]が流れているとき，中心部分の磁界の強さH[A/m]は，次の式で表せる。

$$H=\frac{NI}{2r}$$

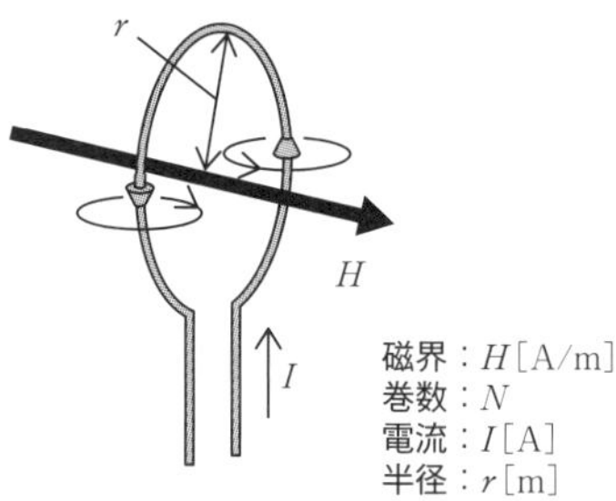

POINT 8　環状コイルの内部の磁界

半径r[m]で平均磁路長が$l=2\pi r$[m]，巻数がNの環状コイルに電流I[A]が流れているとき，環状コイル内部の磁界の強さH[A/m]は，次の式で表せる。

$$H=\frac{NI}{l}=\frac{NI}{2\pi r}$$

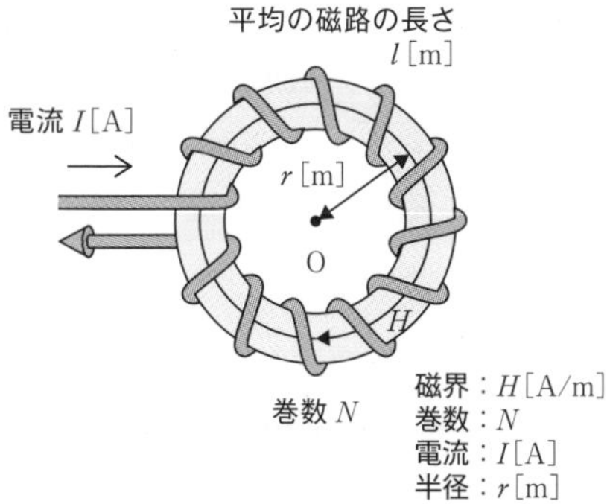

POINT 9　細長いコイルの中心部の磁界

1mあたりの巻数がN_0の無限長ソレノイドに電流I[A]が流れているとき，コイルの内部の磁界の強さH[A/m]は，次の式で表せる。

$$H=N_0 I$$

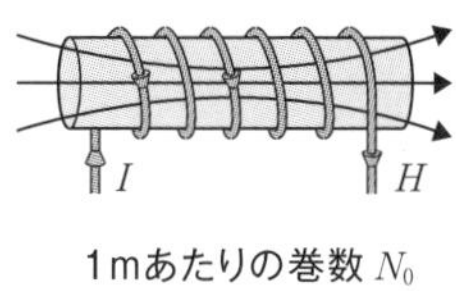

POINT 10　ビオ・サバールの法則

電流が流れている導体の微小区間Δl[m]に流れる電流I[A]がr[m]離れた場所（なす角θ）に作る磁界の強さΔH[A/m]は，次の式で表せる。

$$\Delta H=\frac{I\Delta l}{4\pi r^2}\sin\theta$$

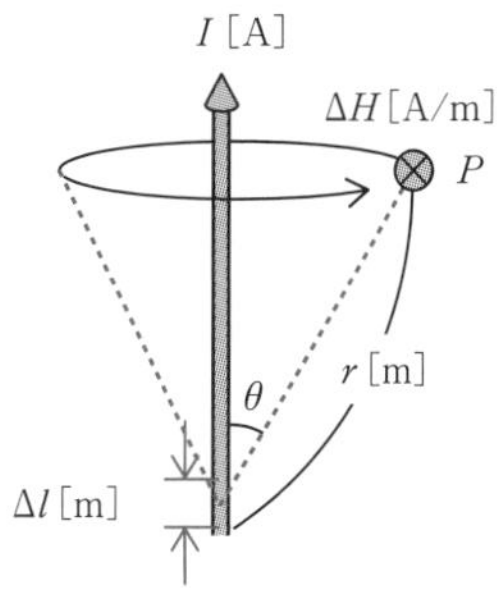

POINT 11　フレミングの左手の法則

図のように左手を開いて，中指を電流の向き，人差し指を磁界（磁束密度）の向きに合わせると，親指の向きが電磁力の向きになる。

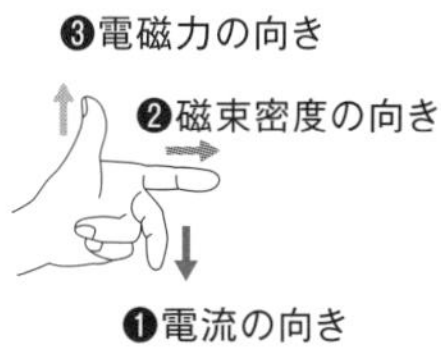

覚え方：中指から「電磁力（中指→人差し指→親指）」で覚える。

POINT 12　電磁力の大きさ（F[N]）

図のように，磁束密度B[T]の磁界中に，電流I[A]を流した導体を置くと，フレミングの左手の法則により，導体には電磁力F[N]が働く。

(1)　磁束密度と電流の向きが垂直な場合

$$F=BIl$$

(2)　磁束密度と電流の角度がθの場合

$$F=BIl\sin\theta$$

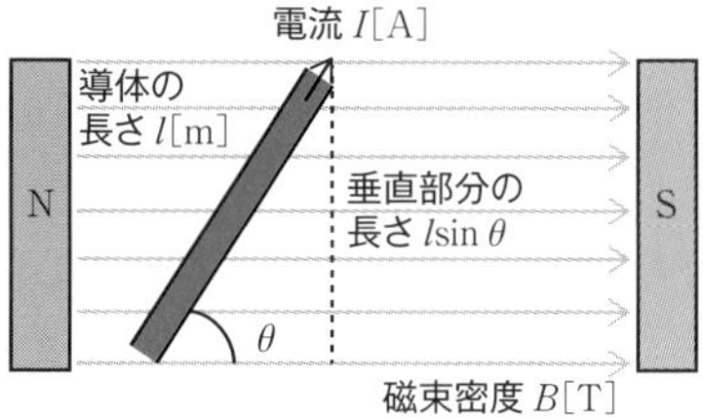

POINT 13　平行導体間に働く力の大きさ（f[N/m]）

図のように，距離r[m]を置いた平行導体に電流I_a[A]，I_b[A]が流れているとすると，それぞれの導体に働く1 mあたりの力の大きさf[N/m]は，

$$f=\frac{\mu I_a I_b}{2\pi r}=\frac{\mu_0\mu_r I_a I_b}{2\pi r}$$

I_aとI_bが同じ向き　→　引き合う

I_aとI_bが逆向き　→　反発し合う

この公式は覚えるのではなく導き出せるようになることが重要。

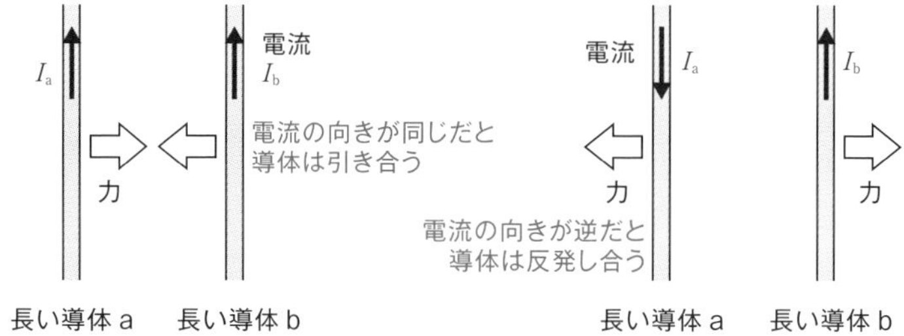

POINT 14　**コイルに働くトルクの大きさ T[N・m]**

磁束密度B[T]の磁界中に，長さl[m]，幅がD[m]，巻数が1のコイルに電流I[A]を流したとき，コイルには電磁力F[N]が生じる。よって，コイルに働くトルクの大きさT[N・m]は，次の式で表せる。

$$T=FD\cos\theta=BIlD\cos\theta$$

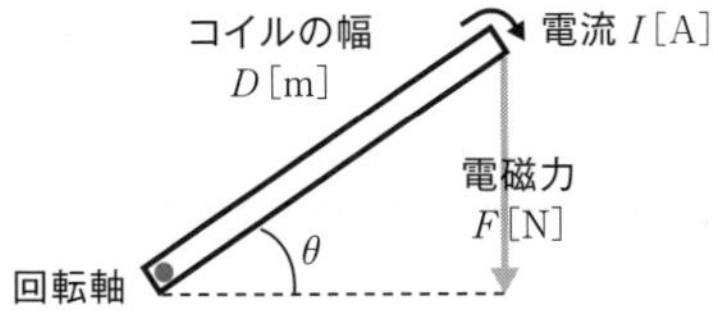

確認問題

1 以下の問に答えよ。 P.60~65 POINT 1 ~ 14

(1) 真空中に点磁荷 $m_1=3.5\times10^{-3}$ Wb，$m_2=4.0\times10^{-2}$ Wb が距離 $r=2.0$ m を隔ててあるとき，この点磁荷間に働く力の大きさ F[N] を求めよ。ただし，真空の透磁率は $\mu_0=4\pi\times10^{-7}$ H/m とする。

(2) 比透磁率 $\mu_r=3$ の空間中に点磁荷 $m=5.0\times10^{-3}$ Wb があるとき，この点磁荷から距離 $r=5.0$ m 離れた場所での磁界の強さ H[A/m] を求めよ。

また，$r=5.0$ m 離れた同じ場所に点磁荷 $m'=-3.0\times10^{-2}$ Wb を置いたとき，点磁荷間に働く力の大きさ F[N] を求めよ。ただし，真空の透磁率は $\mu_0=4\pi\times10^{-7}$ H/m とする。

(3) 真空中に点磁荷 $m=2.0\times10^{-4}$ Wb があるとき，この点磁荷から発生する磁力線の本数 N[本] と磁束 ϕ[Wb] を求めよ。ただし，真空の透磁率は $\mu_0=4\pi\times10^{-7}$ H/m とする。

(4) (3)の条件において距離 $r=4.0$ m 離れた場所での磁束密度 B[μT] 及び磁界の強さ H[A/m] を求めよ。

(5) 真空中の面積 $A=0.3$ m^2 の平面上を垂直に磁束 $\phi=4.2\times10^{-6}$ Wb であるとき，磁束密度 B[μT] 及び磁界の強さ H[A/m] の値を求めよ。ただし，真空の透磁率は $\mu_0=4\pi\times10^{-7}$ H/m とする。

(6) 真空中にある無限に長い直線状導体に電流 $I=12$ A が流れているとき，導体から $r=1.2$ m 離れた地点の磁界の強さ H[A/m] 及び磁束密度の大きさ B[μT] を求めよ。ただし，真空の透磁率は $\mu_0=4\pi\times10^{-7}$ H/m とする。

(7) 真空中に半径 $r=3$ m で巻数が $N=15$ の円形コイルがあり，コイルに電流 $I=2$ A が流れているとき，中心部分の磁界の強さ H[A/m] を求めよ。ただし，真空の透磁率は $\mu_0=4\pi\times10^{-7}$ H/m とする。

(8) 透磁率 $\mu=0.25$ H/m，断面積 $S=0.1$ m^2，平均磁路長 $l=0.8$ m の環状鉄心に巻数が $N=50$ のコイルを巻き，コイルに電流 $I=3$ A を流したとき，鉄心内の磁界の強さ H[A/m] 及び磁束密度の大きさ B[Wb/m^2] を求めよ。ただし，漏れ磁束はないものとする。

(9) 1 mあたりの巻数がN_0=40の無限長ソレノイドに電流I=2.0 Aが流れているとき，コイルの内部の磁界の強さH[A/m]を求めよ。

(10) 一様磁界中に磁界の向きに直角に長さl=1.5 mの導体を置き，そこにI=20 Aを流したとき，導体に働く力の大きさF[N]を求めよ。ただし，磁界の強さ$H=2.0\times10^4$ A/m，真空の透磁率は$\mu_0=4\pi\times10^{-7}$ H/mとする。また，導体を磁界の向きに平行に置いたときの力の大きさF'[N]を求めよ。

(11) 真空中の同一平面上に無限に長い直線状の平行導体2本を距離l=0.5 m離して置き，反対向きにI=12 Aを流したとき，導体間に働く力の向き（斥力もしくは引力）と1 mあたりに働く力の大きさf[N/m]を求めよ。ただし，真空の透磁率は$\mu_0=4\pi\times10^{-7}$ H/mとする。

---

2 次の文章の空欄に入る語句または数式を答えよ。

P.60~65 POINT 1 3 5 10 11

(1) 空間中に二つの点磁荷を置いたとき，その二つの点磁荷がN極同士もしくはS極同士であれば［（ア）］力が，N極とS極であれば［（イ）］力が働く。電磁気学では一般にN極を［（ウ）］として取り扱う。いま，点磁荷を距離r[m]隔てて置いたとき，この点磁荷間に働く力の大きさは，点磁荷の距離の［（エ）］乗に［（オ）］して減少する。

(2) 磁力線は［（カ）］極から出て［（キ）］極に吸い込まれる仮想の線で磁荷に比例し，［（ク）］に反比例する。任意の点での磁力線の接線の向きは［（ケ）］の向きと一致する。

(3) 電流の流れる向きを［（コ）］の進む向きと合わせると，［（コ）］を回す向きが［（サ）］の向きになるという法則を［（コ）］の法則という。

(4) フレミングの左手の法則は，左手を開いて，中指を［（シ）］の向き，人差し指を［（ス）］の向きに合わせると，親指が［（セ）］の向きになるという法則である。

(5) ［（ソ）］の法則は電流が流れている導体の微小区間Δl[m]に流れる電流I[A]がr[m]離れている場所（なす角θ）に作る磁界の大きさΔH[A/m]が，ΔH=［（タ）］となる法則である。

❸ 下図において，導体に働く電磁力の大きさと向きを答えよ。

P.64~65 POINT 11 12

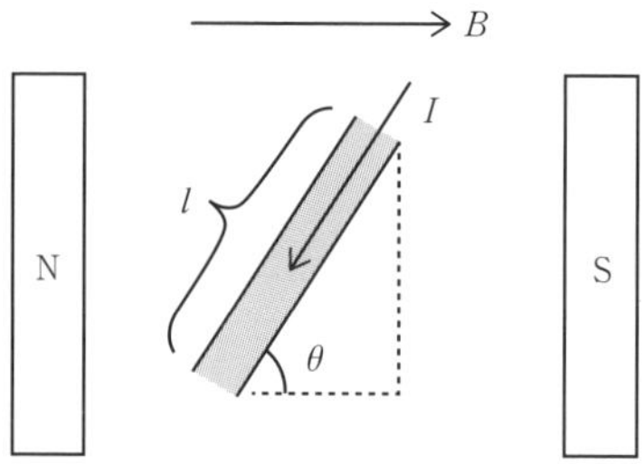

❹ 次の図において，F=5.0 N，D=0.5 m，θ=30° であるとき，導体に働くトルクの大きさT[N・m]を答えよ。

P.65 POINT 14

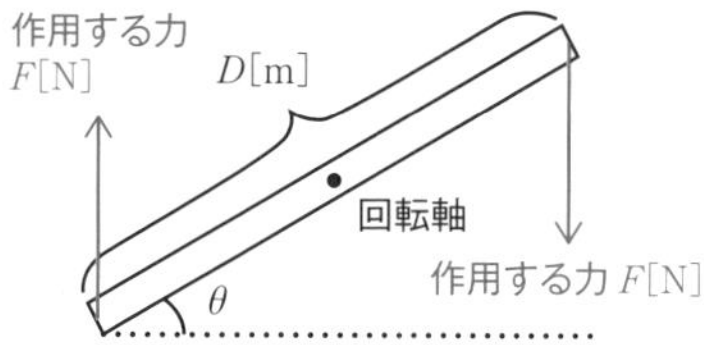

❺ 次の文章の（ア）～（オ）の空欄に入る語句を答えよ。

P.61~64 POINT 4 6 11 13

図のように，平行導体間に働く力の大きさF[N]を求める。まず，導体Aを流れる電流I_a[A]により導体Bの地点で発生する磁界の大きさH[A/m]は，H=（ア）となるので，その磁束密度B[T]は，B=（イ）となり，その向きは図の（ウ）の向きである。したがって，1 mあたりの電磁力の大きさF[N/m]を求めると，F=（エ）であり，その向きは図の（オ）となる。ただし，真空の透磁率をμ_0[H/m]とする。

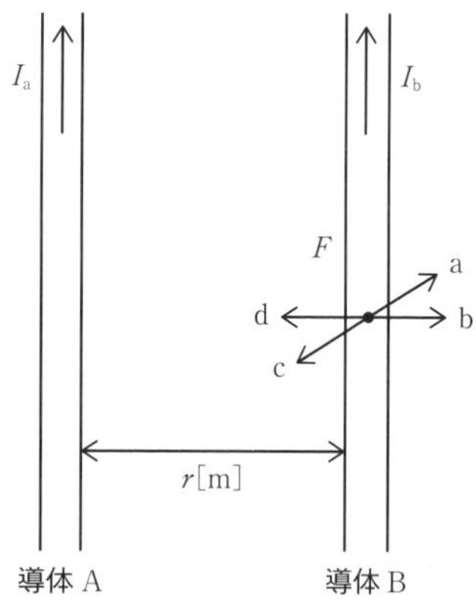

❻ 次の図における磁界の大きさH[A/m]及び向き（a又はb）を答えよ。

P.63~64 POINT 6 ~ 9

(1)

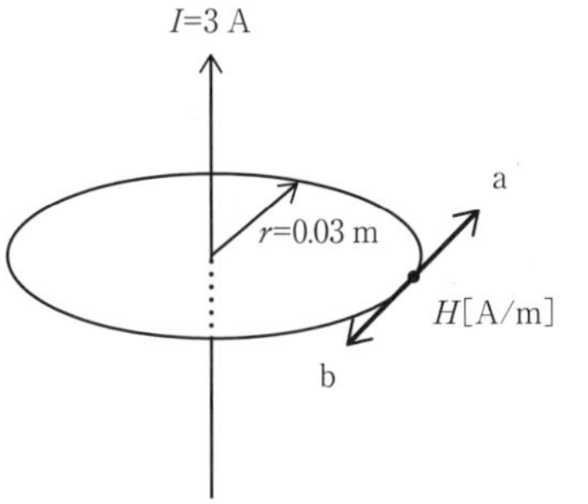

(2)

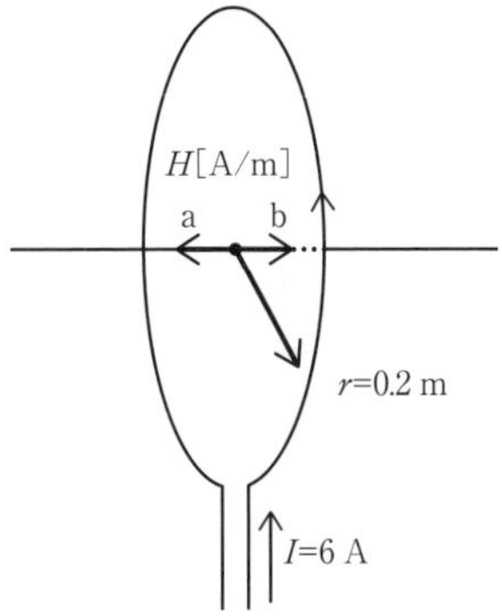

(3)

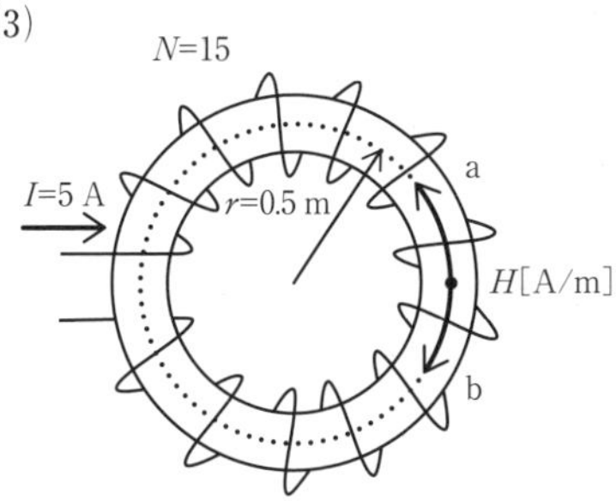

(4)

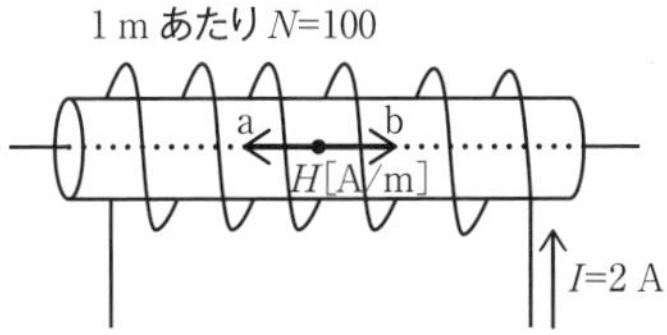

基本問題

1 図のように真空中の座標上の点O (0,0)，点A (a,0)，点B (0,2a) にそれぞれ点磁荷$+m$[Wb]，$+m$[Wb]，$-2m$[Wb]を配置した。このとき，点Oの点磁荷にかかる力の大きさF[N]と力の向きの組合せとして，正しいものを次の(1)〜(5)のうちから一つ選べ。ただし，真空の透磁率はμ_0[H/m]とする。

	力の大きさ	向き
(1)	$\dfrac{\sqrt{5}\,m^2}{8\pi\mu_0 a^2}$	a
(2)	$\dfrac{\sqrt{5}\,m^2}{4\pi\mu_0 a^2}$	b
(3)	$\dfrac{\sqrt{5}\,m^2}{4\pi\mu_0 a^2}$	c
(4)	$\dfrac{\sqrt{5}\,m^2}{4\pi\mu_0 a^2}$	a
(5)	$\dfrac{\sqrt{5}\,m^2}{8\pi\mu_0 a^2}$	b

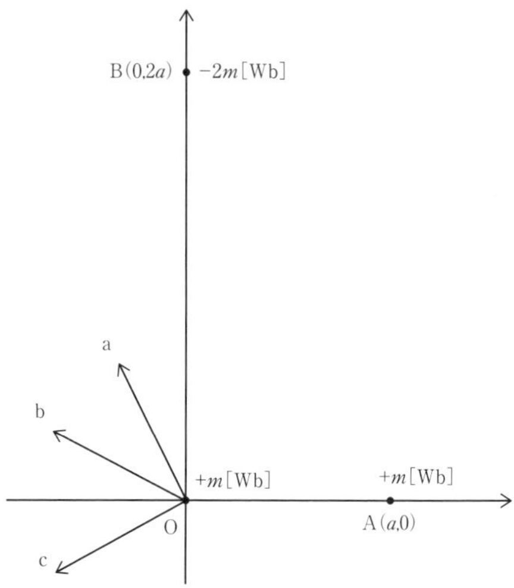

2 図のように真空の座標上の点A ($-a$,0)，点B (a,0) に点磁荷$+m$[Wb]，$-m$[Wb]を配置したとき，y軸上の点P (0,b) (b>0) の磁界の大きさとして，正しいものを次の(1)〜(5)のうちから一つ選べ。ただし，真空の透磁率をμ_0[H/m]とする。

(1) $\dfrac{ma}{2\pi\mu_0(a^2+b^2)^{\frac{3}{2}}}$　(2) $\dfrac{ma}{4\pi\mu_0(a^2+b^2)^{\frac{3}{2}}}$

(3) $\dfrac{ma}{2\pi\mu_0(a^2+b^2)^{\frac{1}{2}}}$　(4) $\dfrac{mb}{2\pi\mu_0(a^2+b^2)^{\frac{3}{2}}}$

(5) $\dfrac{mb}{4\pi\mu_0(a^2+b^2)^{\frac{3}{2}}}$

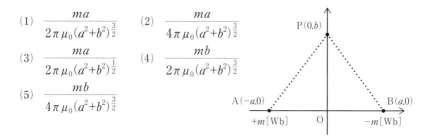

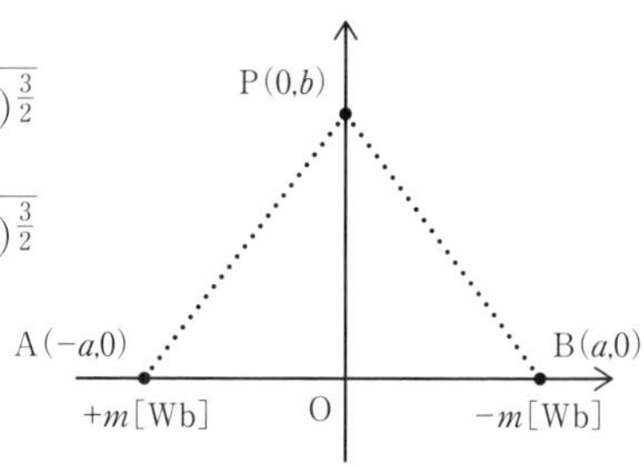

3 図のように，一部分が点Oを中心とする半径0.3 mの扇形となっている線状導体がある。点Oの磁界の強さは，ビオ・サバールの法則を用いて導出することができる。点Oの磁束密度の大きさB[μT]として，最も近いものを次の(1)～(5)のうちから一つ選べ。ただし，真空の透磁率は$\mu_0=4\pi\times10^{-7}$ H/mとする。

(1) 3.1　(2) 6.3　(3) 8.6　(4) 10.8　(5) 12.5

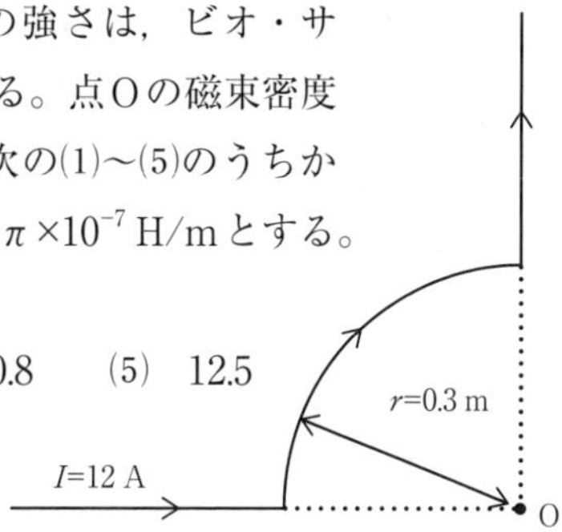

---

4 次の文章は磁界中の電磁力に関する記述である。

図のように磁束密度B[T]の磁界の方向に対してθの角度に直線状導体を置き，電流I[A]を図の向きに流したとき，導体に働く電磁力は (ア) [N]であり，その向きは (イ) となる。電磁力が最大となるのはθ= (ウ) [rad]のときであり，最小となるのはθ= (エ) [rad]のときである。

上記の記述中の空白箇所(ア)，(イ)，(ウ)及び(エ)に当てはまる組合せとして，正しいものを次の(1)～(5)のうちから一つ選べ。

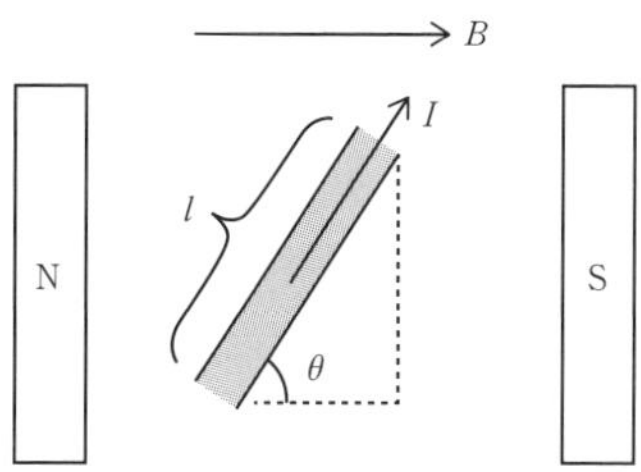

	(ア)	(イ)	(ウ)	(エ)
(1)	$BIl\sin\theta$	紙面の裏から表	$\frac{\pi}{2}$	0
(2)	$BIl\cos\theta$	紙面の表から裏	0	$\frac{\pi}{2}$
(3)	$BIl\sin\theta$	紙面の表から裏	$\frac{\pi}{2}$	0
(4)	$BIl\cos\theta$	紙面の裏から表	0	$\frac{\pi}{2}$
(5)	$BIl\cos\theta$	紙面の表から裏	$\frac{\pi}{2}$	0

5 次の文章は平行導体に電流を流したときに働く電磁力に関する記述である。

真空中に平行に置いた細長い導体に平行に同じ大きさで同方向の電流を流したとき，導体に働く力の大きさは電流の大きさの［（ア）］乗に比例する。もし，片方の電流を逆向きにすると，その働く力の大きさは［（イ）］，向きは［（ウ）］となる。電流の大きさが2 A，導体間の距離を5 mとしたとき，導体の1 mあたりに働く力の大きさは［（エ）］[N/m]となる。ただし，真空の透磁率を$4\pi\times10^{-7}$ H/mとする。

上記の記述中の空白箇所（ア），（イ），（ウ）及び（エ）に当てはまる組合せとして，正しいものを次の(1)〜(5)のうちから一つ選べ。

	（ア）	（イ）	（ウ）	（エ）
(1)	2	小さくなり	同じ向き	3.2×10^{-7}
(2)	2	変わらず	逆向き	3.2×10^{-7}
(3)	1	小さくなり	逆向き	1.6×10^{-7}
(4)	1	変わらず	同じ向き	3.2×10^{-7}
(5)	2	変わらず	逆向き	1.6×10^{-7}

応用問題

1 図のように，xy平面上の点A $(-a,0)$ 及び点B $(a,0)$ を通るようにxy平面に垂直に無限長導体を置き，電流I[A]を反対向きに流した。このとき，y軸上の点P $(0,a)$ における磁界の強さ[A/m]及び向きの組合せとして，正しいものの組合せを次の(1)～(5)のうちから一つ選べ。

	磁界の強さ	向き
(1)	$\dfrac{I}{2\pi a}$	a
(2)	$\dfrac{I}{2\pi a}$	b
(3)	$\dfrac{I}{2\sqrt{2}\pi a}$	b
(4)	$\dfrac{I}{2\sqrt{2}\pi a}$	a
(5)	$\dfrac{I}{2\sqrt{2}\pi a}$	c

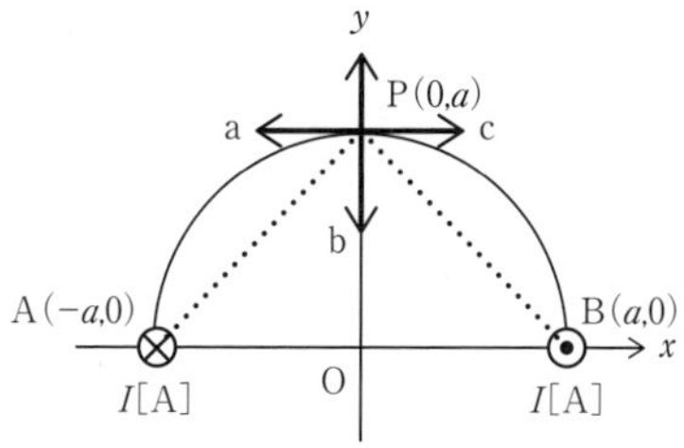

2 導体に働く力の大きさの記述a～dについて，正しいものの組合せを次の(1)～(5)のうちから一つ選べ。

a　フレミングの左手の法則は左手を開いて，中指を電流の向き，人差し指を磁界（磁束密度）の向きに合わせると，親指の向きが電磁力の向きになるという法則である。

b　ある直線導体と平行に磁界を加え，電流を流すと，双方の直角方向に力が働く。

c　2本の長い導体を平行に置き，同じ向きに電流を流すと，導体は引き合い，逆向きに電流を流すと，導体は反発し合う。

d　磁束密度B=2.0 Tの磁界の方向に対して60°の角度に直線状の3 mの導体を置き，これに50 Aの直流電流を流したときに導体に働く力の大きさは150 Nである。

(1)　a,b　　(2)　a,c　　(3)　a,b,d　　(4)　a,c,d　　(5)　b,c,d

3 図の円形コイル及び環状コイルに発生する磁界の強さH[A/m]が等しかったとき，流れる電流の比$\dfrac{I_1}{I_2}$として，正しいものを次の(1)〜(5)のうちから一つ選べ。

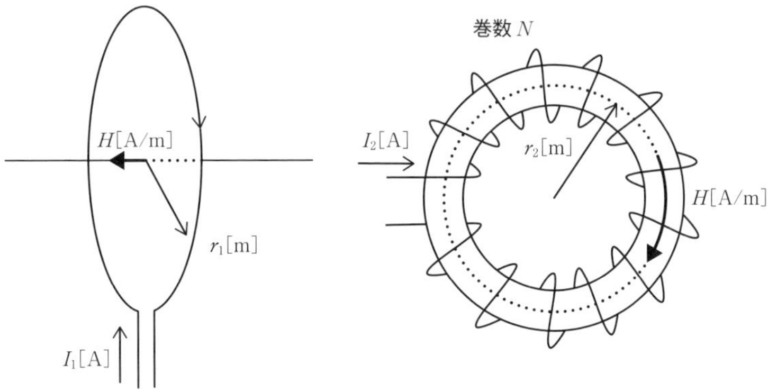

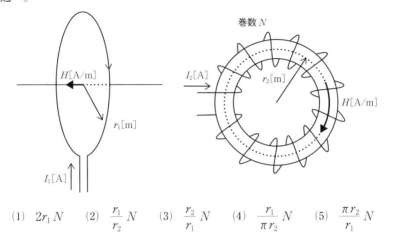

(1) $2r_1 N$　(2) $\dfrac{r_1}{r_2}N$　(3) $\dfrac{r_2}{r_1}N$　(4) $\dfrac{r_1}{\pi r_2}N$　(5) $\dfrac{\pi r_2}{r_1}N$

---

4 次の文章は真空中の電子の運動に関する記述である。フレミングの左手の法則は導体に働く力の大きさに関する法則であるが，電流が電子の流れである以上，この法則は電子に対しても同様に作用する。

下図のように真空中の電子が速度vで等速運動している。ここで，磁界を図のように紙面の表から裏向きにかけたところ，電子には紙面の［（ア）］向きの力が働く。その後，電子はフレミングの左手の法則に沿って［（イ）］の円運動をし，磁界の大きさを大きくすると，円運動の半径の大きさは［（ウ）］なる。

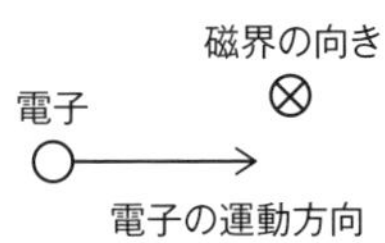

上記の記述中の空白箇所（ア），（イ）及び（ウ）に当てはまる組合せとして，正しいものを次の(1)〜(5)のうちから一つ選べ。

	(ア)	(イ)	(ウ)
(1)	上から下	右回り	大きく
(2)	下から上	左回り	大きく
(3)	上から下	左回り	小さく
(4)	上から下	右回り	小さく
(5)	下から上	左回り	小さく

5 図のように，空間のy軸を軸として回転するコイルがある。空間には一定の磁束B=0.5 Tの平等磁界が$+z$方向に働いている。コイルの巻数N=20，コイルの各辺の長さがa=0.3 m，b=0.5 mであり，コイルに電流I=30 Aを流し，コイルの面とxy平面とのなす角θが30°になったとき，コイルに働くトルクの大きさT[N・m]として，最も近いものを次の(1)～(5)のうちから一つ選べ。

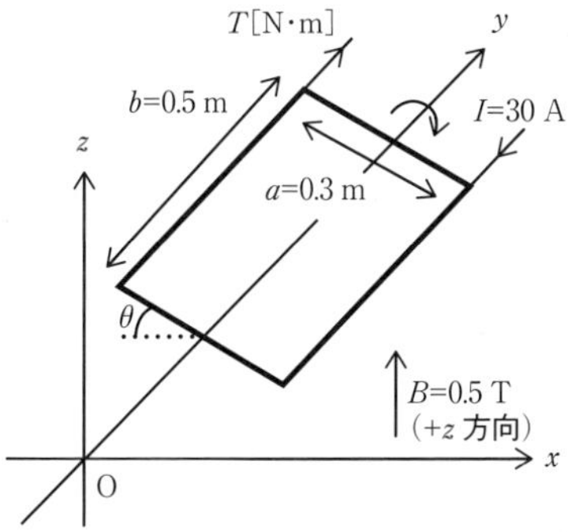

(1) 11.3　(2) 19.5　(3) 22.5　(4) 38.9　(5) 45.0

問題編 CHAPTER 03 電磁力 1

2 電磁誘導とインダクタンス

(教科書CHAPTER03 SEC03～05対応)

POINT 1　磁気回路のオームの法則

$NI=R_m\phi$

起磁力	: $F_m=NI$ [A]	電気回路の電圧に対応
磁束	: ϕ [Wb]	電気回路の電流に対応
磁気抵抗	: R_m [H^{-1}]	電気回路の抵抗に対応

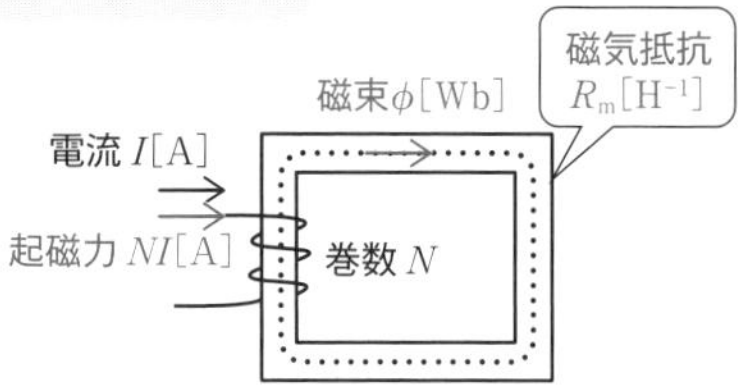

POINT 2　磁気抵抗 (R_m [H^{-1}])

磁束の通りにくさを磁気抵抗 R_m [H^{-1}] といい，次の式で表せる。

$$R_m=\frac{l}{\mu A}=\frac{l}{\mu_r\,\mu_0\,A}$$

μ_r は比透磁率で，$\mu=\mu_r\,\mu_0$

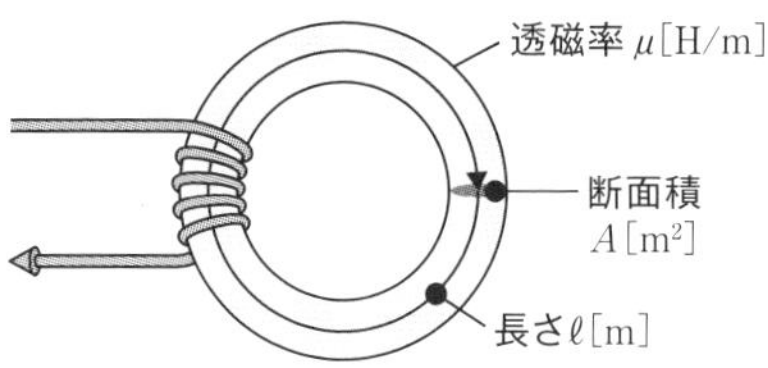

合成磁気抵抗も電気回路と同様に求めることが可能。

POINT 3　ヒステリシス曲線

磁性体の磁力を強めたり弱めたりすると，$B=\mu H$ の関係を持つ直線ではなく，図のようなヒステリシス曲線を描く。

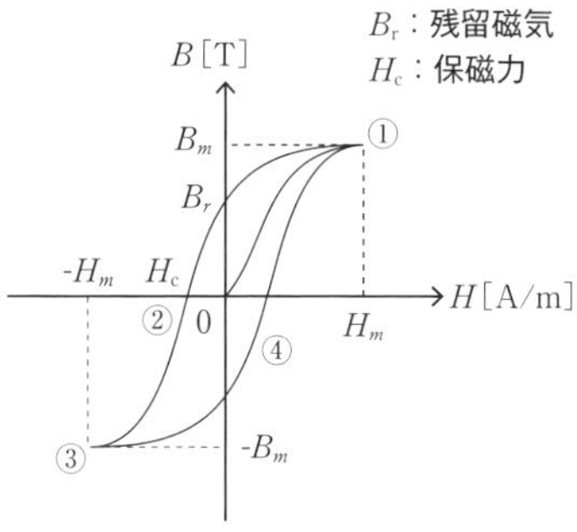

① 磁気飽和により$B=\mu H$にはならない
② 磁化力を弱めて行っても，磁気が残るため，磁束密度の下がりが遅れる
③ さらに反対向きの磁気を加えると同様に磁気飽和する
④ 反対向きも同様の事象が起こる
⑤ ②～④を繰り返す

POINT 4 電磁誘導に関するファラデーの法則

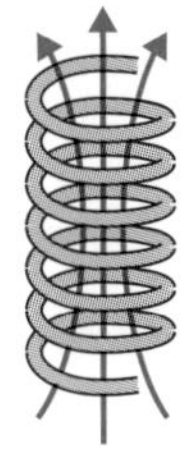

誘導起電力e[V]の大きさが，コイルを貫く磁束ϕ[Wb]の単位時間Δt[s]あたりの変化$\Delta\phi$[Wb]に比例するという法則。

$$e=-N\frac{\Delta\phi}{\Delta t}$$

上式において，Nはコイルの巻数であり，－は誘導起電力の向きがコイル内の磁束変化を妨げる向きに生じることを意味する。（レンツの法則）

POINT 5 フレミングの右手の法則

誘導起電力の向きを調べる法則で，親指を導体の運動方向（速度），人指し指を磁界（磁束密度）の向きに合わせると，中指は誘導起電力の向きになるという法則。

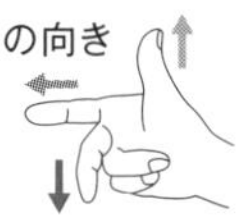

覚え方：中指から「電磁速」で覚える。

POINT 6 導体の移動による誘導起電力

導体が磁束ϕ[Wb]と角度θの向きに移動したときの誘導起電力e[V]。磁束密度をB[T]，導体の長さをl[m]，導体の速度をv[m/s]とすると，

$$e=Blv\sin\theta$$

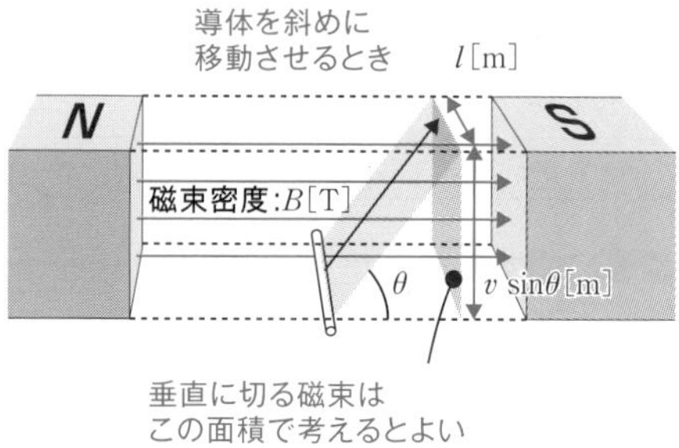

導体を斜めに
移動させるとき
l[m]
N
S
磁束密度:B[T]
θ
v sinθ[m]
垂直に切る磁束は
この面積で考えるとよい

POINT 7 自己インダクタンス(L[H])

コイルに流れる電流I[A]が変化すると，電流によって生じていた磁界H[A/m]が変化し，さらに磁界H[A/m]が変化することでコイルを貫く磁束ϕ[Wb]が変化して，コイルには誘導起電力e[V]が発生する。したがって，ファラデーの電磁誘導の法則は単位時間Δt[s]あたりの電流I[A]の変化にも適用でき，その比例定数を自己インダクタンスL[H]と呼ぶ。

$$e=-N\frac{\Delta\phi}{\Delta t}=-L\frac{\Delta I}{\Delta t}$$

また，この式より，以下の関係が導き出される。

$$N\phi=LI$$

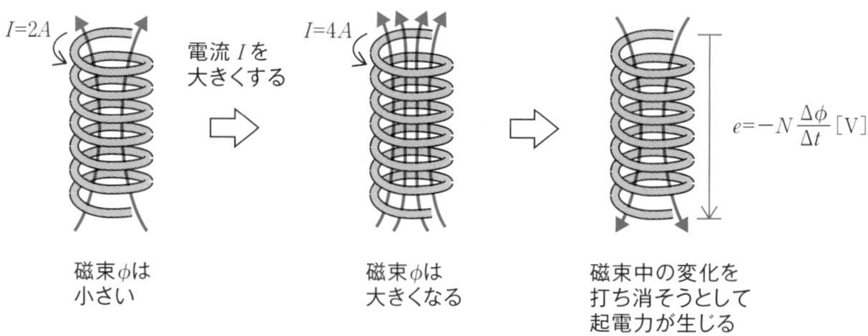

I=2A
電流 I を
大きくする
I=4A
e=−N Δφ/Δt [V]
磁束φは
小さい
磁束φは
大きくなる
磁束中の変化を
打ち消そうとして
起電力が生じる

POINT 8 相互インダクタンス (M[H])

図においてコイル1の電流I_1[A]が変化すると，コイル1を磁束ϕ_1[Wb]が変化する。図のように隣接している等の理由でコイル1の磁束の変化によりコイル2の磁束ϕ_{12}[Wb]が変化すると，コイル2にも誘導起電力e_2[V]が発生する。この誘導起電力e_2[V]は相互誘導起電力と呼ばれ，コイル1の単位時間Δt[s]あたりの電流変化に比例し，その比例定数を相互インダクタンスM[H]と呼ぶ。

$$e_2=-N_2\frac{\Delta\phi_{12}}{\Delta t}=-M\frac{\Delta I_1}{\Delta t}$$

コイル1及びコイル2の自己インダクタンスをL_1[H]及びL_2[H]とすると，相互インダクタンスM[H]は漏れ磁束の度合いを表す結合係数kを用いて，次の式で表せる。

$$M=k\sqrt{L_1 L_2}$$

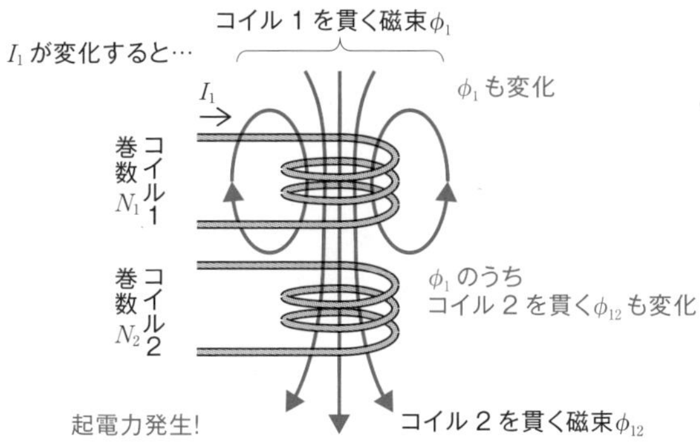

POINT 9 和動接続と差動接続

(1) 和動接続

コイル1及びコイル2の作る磁束が同じ向きであったときの合成自己インダクタンスL[H]は，それぞれの自己インダクタンスをL_1[H]及びL_2[H]，相互インダクタンスをM[H]とすると，次の式で表せる。

$$L=L_1+L_2+2M$$

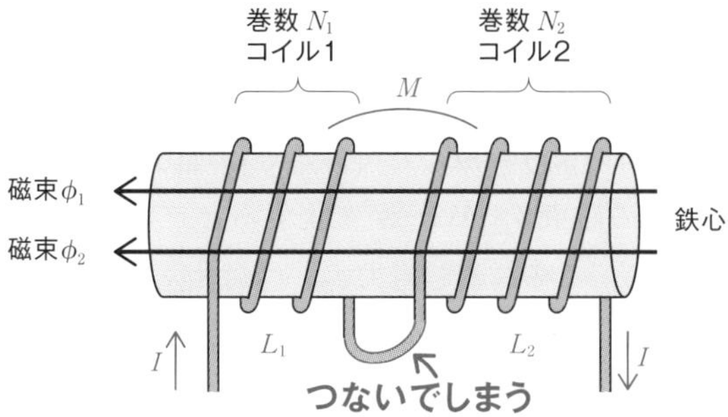

(2) 差動接続

コイル１及びコイル２の作る磁束が逆向きであったときの合成自己インダクタンスL[H]は，それぞれの自己インダクタンスをL_1[H]及びL_2[H]，相互インダクタンスをM[H]とすると，次の式で表せる。

$$L=L_1+L_2-2M$$

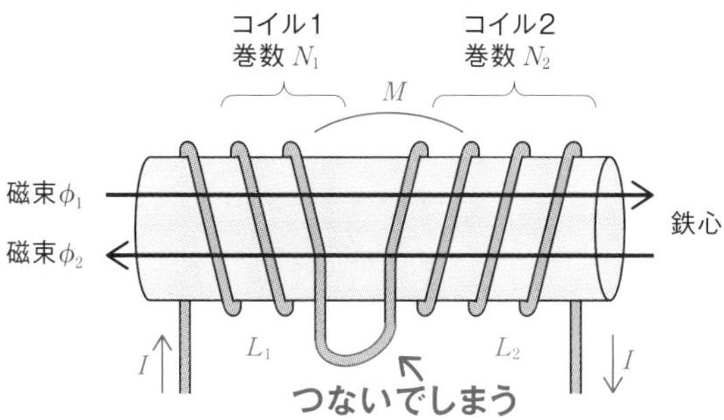

POINT 10　コイルに蓄えられる電磁エネルギー（W[J]）

自己インダクタンスL[H]のコイルに電流I[A]を流し，十分に時間が経ったとき，コイルに蓄えられる電磁エネルギーW[J]は，次の式で表せる。

$$W=\frac{1}{2}LI^2$$

☑ 確認問題

1 次の磁気回路における空欄の値を求めよ。 P.76 POINT 1

(1)

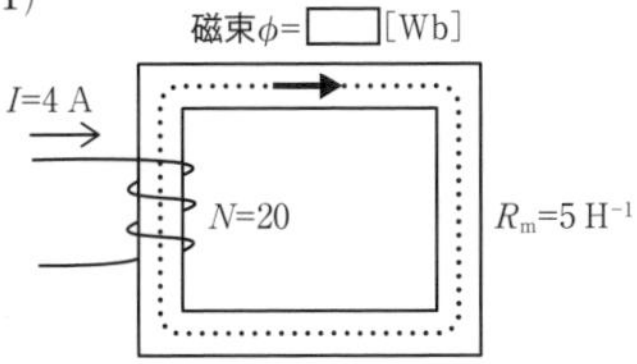

(2)

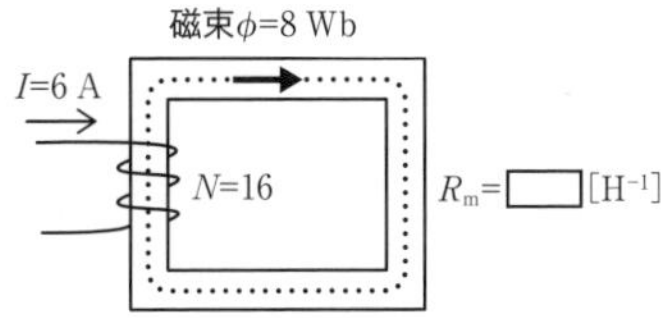

(3)

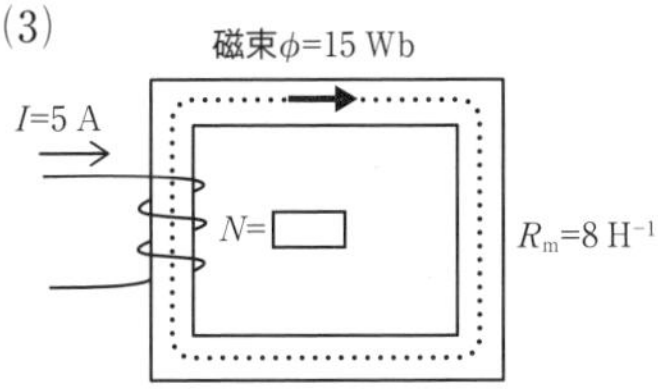

(4)

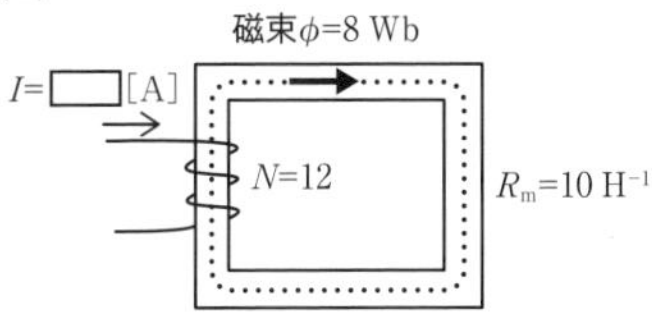

---

2 次の磁気回路の合成磁気抵抗[H^{-1}]を求めよ。ただし，各回路とも漏れ磁束は無視できるものとし，真空の透磁率は$\mu_0=4\pi\times10^{-7}$[H/m]とする。 P.76 POINT 2

(1)

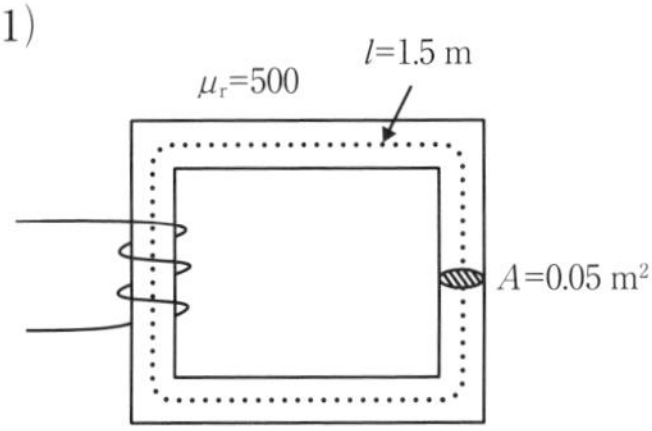

(2)

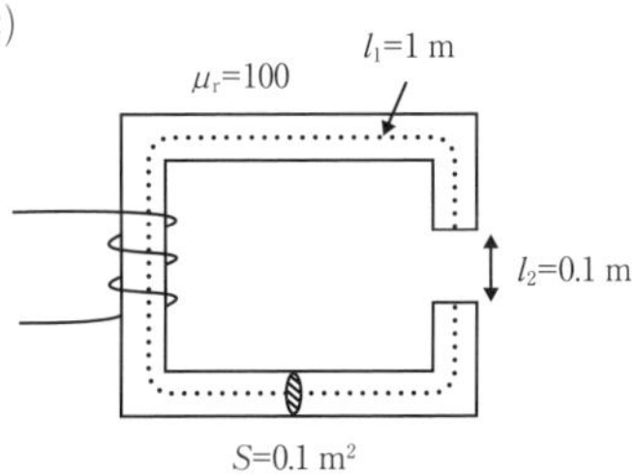

(3)

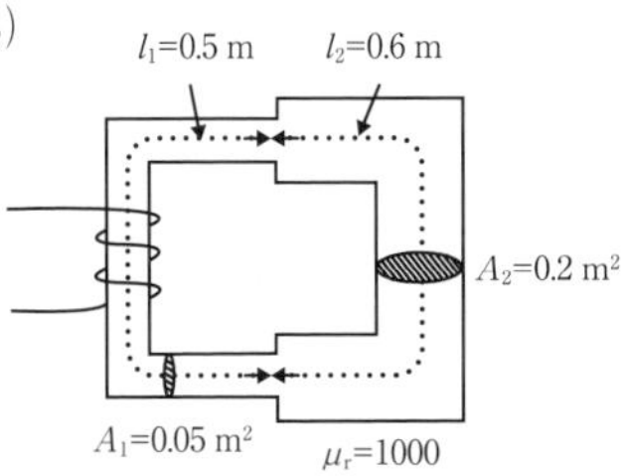

(4)

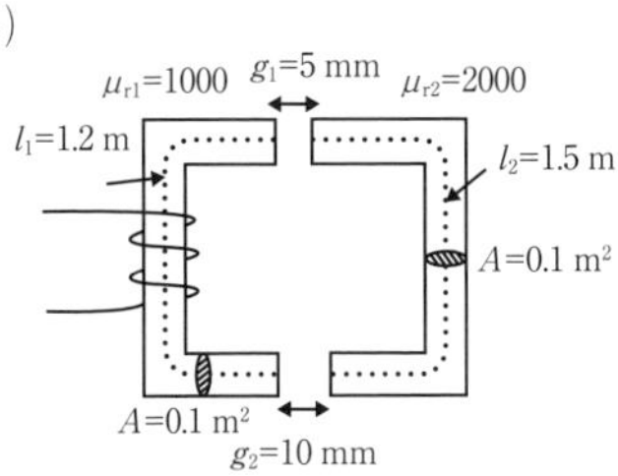

❸ 次の文章の（ア）～（オ）に入る語句を答えよ。 P.76 POINT 3

図は磁性体の特性に関するものである。図の横軸は［（ア）］，縦軸は［（イ）］であり，初期状態である点aの位置から［（ア）］を大きくしていくと磁気飽和が起こり，点bで最大値となる。その後，［（ア）］を小さくしていき，零になっても［（イ）］が残っている点cの状態となる。これを［（ウ）］と呼び，その後［（ア）］を逆方向に大きくしていくと点dで横軸と交わる。この点を［（エ）］と呼ぶ。さらに大きくしていくと同じような波形を描き点eで磁気飽和が起こり，以後これを繰り返す。この一周りする曲線を［（オ）］と言う。

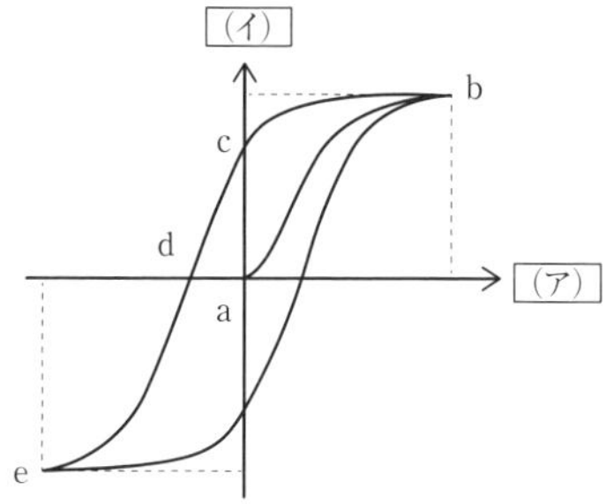

---

❹ 次の各回路において，コイルを通過する磁束を変化させたら，図の向きに誘導電流I[A]が流れた。0.2秒の間に磁束が0.5 Wbから1.7 Wbに変化したとき，誘導起電力e[V]の大きさと磁束の変化した方向をそれぞれ求めよ。

P.77 POINT 4

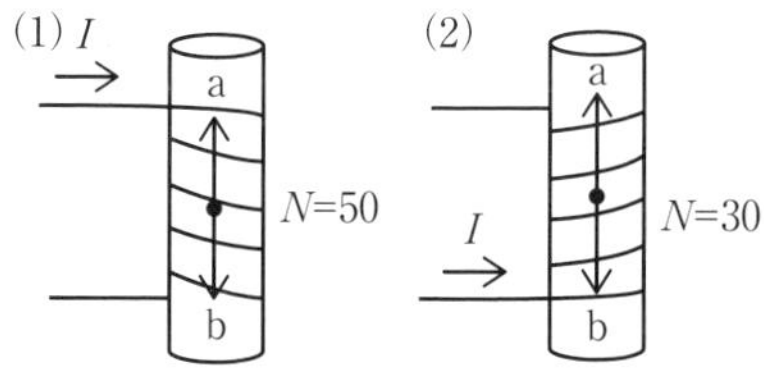

❺ 図のように一様磁界中を導体棒が速度v=1.5 m/sで通過するとき，導体棒に発生する誘導起電力e[V]の大きさと向きを答えよ。ただし，導体棒が磁界内を通過する長さはl=2.0 mとし，磁束密度はB=0.5 Tとする。

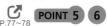

P.77~78 POINT 5 6

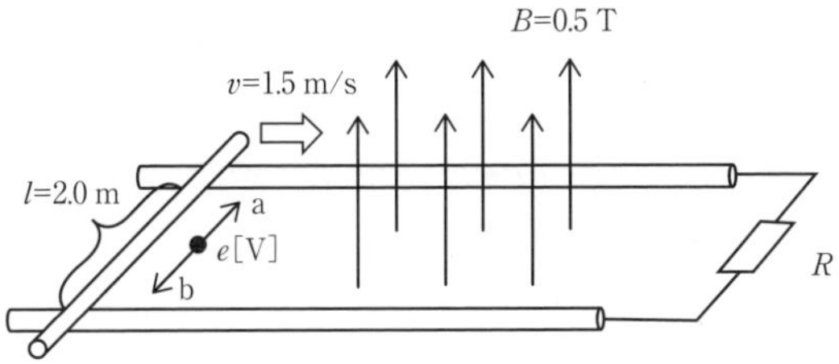

---

❻ 次の問に答えよ。

P.78 POINT 7

(1) 巻数N=20のコイルを流れる電流を0.2秒間に0.8 A変化させたところ，誘導起電力eが10 V発生した。このとき，このコイルの自己インダクタンスL[H]の値を求めよ。

(2) 巻数N=30のコイルを流れる電流を0.1秒間に0.5 A変化させたところ，コイルを貫く磁束ϕが50 mWb変化した。このとき，このコイルの自己インダクタンスL[H]の値を求めよ。

(3) 巻数N=10のコイルを流れる電流を0.1秒間に0.5 Aずつ変化させたところ，1秒毎にコイルを貫く磁束ϕが0.7 Wbずつ変化した。このとき，このコイルの自己インダクタンスL[H]の値を求めよ。

❼ 次の各回路において，コイル１の自己インダクタンスがL_1=10 mH，コイル２の自己インダクタンスがL_2=8 mH，相互インダクタンスがM=4 mHであるとき，合成インダクタンスL [mH] を求めよ。 P.79~80 POINT 9

(1)

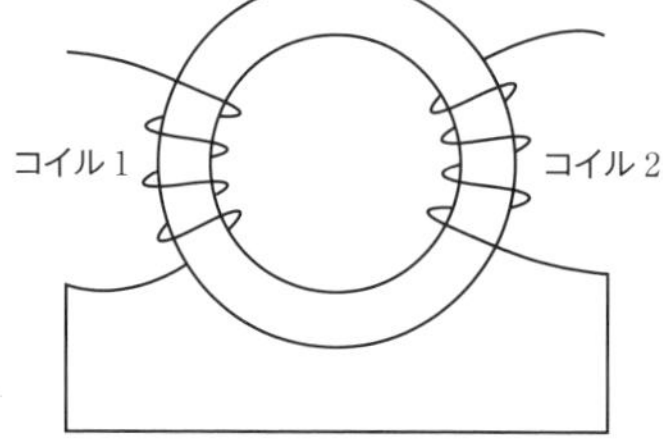

(2)

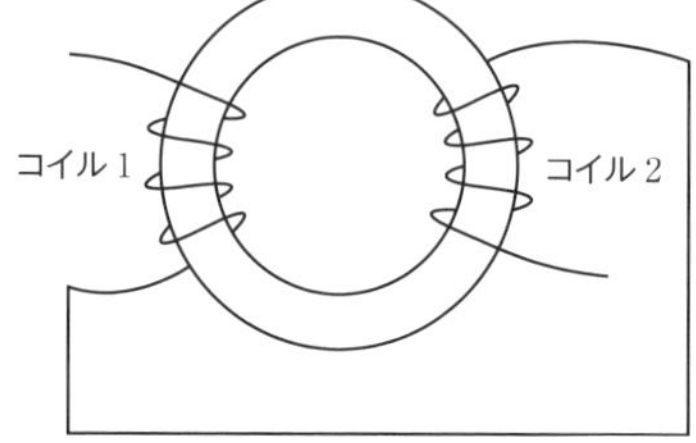

(3)

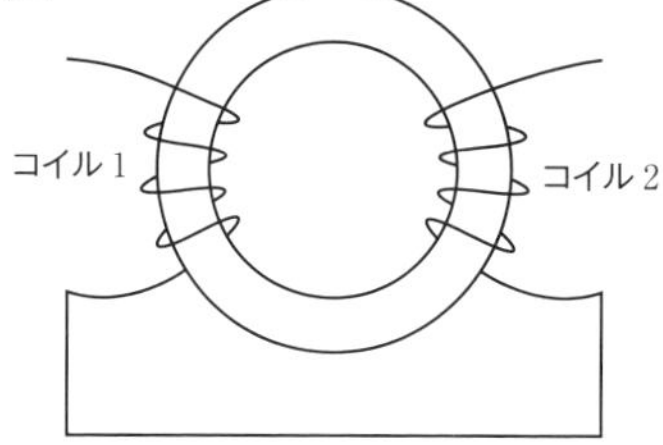

(4)

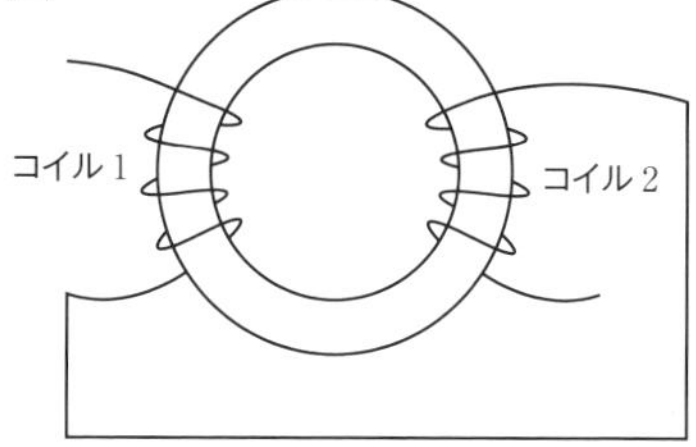

---

❽ 次の文章の（ア）～（オ）に当てはまる値を答えよ。 P.78, 80 POINT 7 10

巻数が50，インダクタンスが6 mHのコイルに電流10 Aを流したとき，コイル内の磁束は［（ア）］mWbであり，コイルに蓄えられる電磁エネルギーは［（イ）］Jとなる。流れる電流を2倍にするとコイルの鎖交磁束は［（ウ）］倍に，電磁エネルギーは［（エ）］倍となる。

基本問題

1 図のように半径r[m]の環状鉄心に巻数Nのコイルを巻付けた環状ソレノイドがある。鉄心の透磁率はμ[H/m]，断面積はA[m^2]とするとき，次の(a)～(c)の問に答えよ。

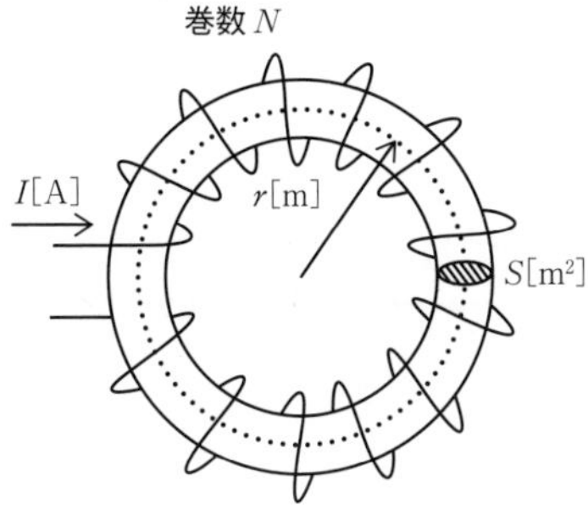

(a) 鉄心の磁気抵抗R_m[H^{-1}]として，正しいものを次の(1)～(5)のうちから一つ選べ。

(1) $\dfrac{2\pi r}{\mu A}$　(2) $\dfrac{2\pi\mu r}{A}$　(3) $2\pi\mu rA$　(4) $\dfrac{\mu A}{2\pi r}$　(5) $\dfrac{A}{2\pi\mu r}$

(b) 電流I[A]を流したときの，コイル内の磁束ϕ[Wb]として，正しいものを次の(1)～(5)のうちから一つ選べ。

(1) $\dfrac{NIA}{2\pi\mu r}$　(2) $\dfrac{\mu NIA}{2\pi r}$　(3) $\dfrac{NI}{2\pi\mu rA}$

(4) $\dfrac{2\pi rNI}{\mu A}$　(5) $\dfrac{2\pi r\mu NI}{A}$

(c) 自己インダクタンスL[H]として，正しいものを次の(1)～(5)のうちから一つ選べ。

(1) $\dfrac{\mu NA}{2\pi rI}$　(2) $\dfrac{\mu A}{2\pi r}$　(3) $\dfrac{\mu NA}{2\pi r}$　(4) $\dfrac{\mu N^2A}{2\pi r}$　(5) $\dfrac{\mu N^2A}{2\pi rI}$

2 次の文章は磁化現象に関する記述である。

磁界H[A/m]と磁束密度B[T]が比例関係を持たず，閉ループを描くものを （ア） と呼ぶ。右図はその例であり，その閉ループで囲まれた面積は実際に磁性体に蓄えられ，最終的に熱として放出されるエネルギーであり，（イ） と呼ばれている。永久磁石に向いているのは図の （ウ） が大きい磁性体である。

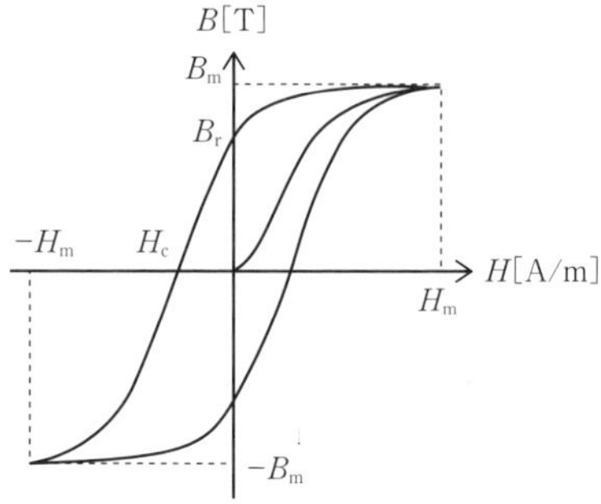

上記の記述中の空白箇所（ア），（イ）及び（ウ）に当てはまる組合せとして，正しいものを次の(1)〜(5)のうちから一つ選べ。

	（ア）	（イ）	（ウ）
(1)	カテナリー曲線	渦電流損	H_c
(2)	ヒステリシス曲線	渦電流損	B_r
(3)	カテナリー曲線	誘電体損	H_c
(4)	ヒステリシス曲線	ヒステリシス損	H_c
(5)	カテナリー曲線	渦電流損	B_r

3 図のように一様磁界H=4.8×10^5 A/m中に長さl=0.5 mの導体棒が磁界に対して直角に置かれている。図のように磁界の向きに対して30°の向きに速度v=3.7 m/sで運動しているとき，導体棒に発生する誘導起電力eの大きさ[V]として，最も近いものを次の(1)～(5)のうちから一つ選べ。ただし，空間内は真空とし，真空の透磁率はμ_0=4 π×10^{-7} H/mとする。

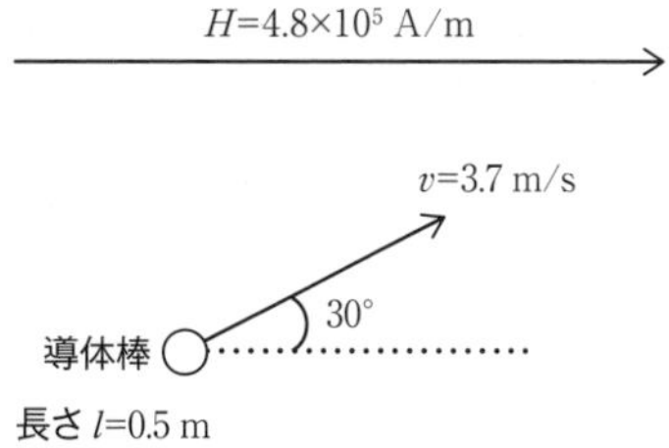

(1) 0.12　(2) 0.32　(3) 0.56　(4) 0.97　(5) 1.1

---

4 自己インダクタンスがL_1=50 mH及びL_2=8 mHのコイルがある。これらのコイルを(a)和動接続，(b)差動接続したときの合成インダクタンスL[mH]として，最も近いものを次の(1)～(5)のうちから一つずつ選べ。ただし，結合係数は0.8とする。

(1) 26　(2) 42　(3) 58　(4) 74　(5) 90

---

5 図のように自己インダクタンスL_1=18 mHのコイル1と自己インダクタンスL_2=32 mHのコイル2があり，図のように結合したとき，コイル全体として蓄えられるエネルギーの大きさW[J]として正しいものを次の(1)～(5)のうちから一つ選べ。ただし，漏れ磁束はないものとする。

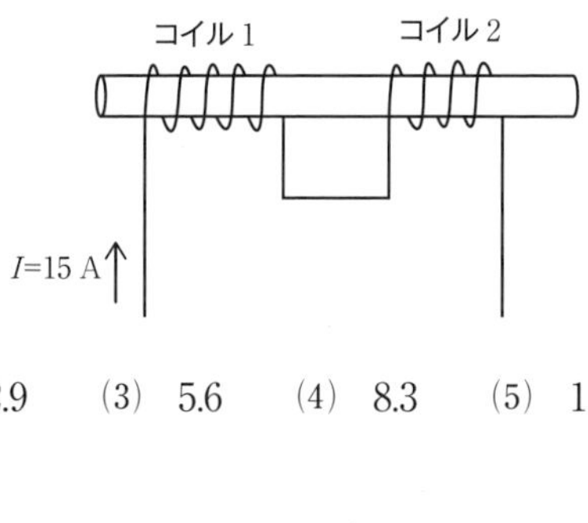

(1) 0.2　(2) 2.9　(3) 5.6　(4) 8.3　(5) 11.0

問題編
CHAPTER 03
電磁力 2

応用問題

1 図のように鉄心の断面積A=0.1 m^2，磁路の平均長さl=500 mm，エアギャップg=2 mmの磁気回路がある。この磁気回路において，巻数N=150のコイルに電流I=20 Aを流したとき，エアギャップの磁界の強さH[A/m]として最も近いものを次の(1)〜(5)のうちから一つ選べ。ただし，漏れ磁束はなく，鉄心の透磁率μ_r=1000，真空の透磁率はμ_0=4π×10^{-7} H/mとする。

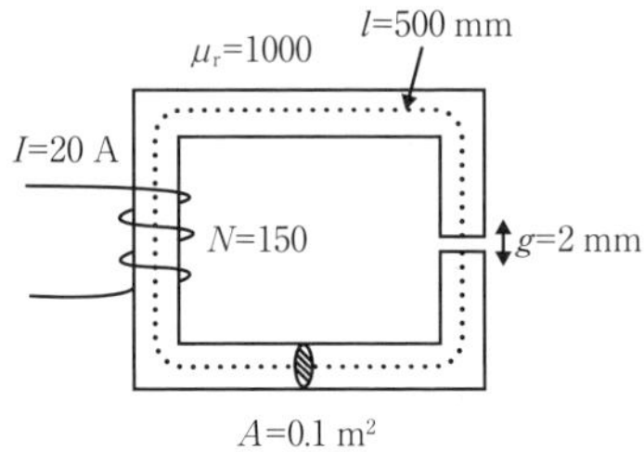

(1) 8.0×10^5　(2) 1.2×10^6　(3) 2.4×10^6
(4) 6.0×10^6　(5) 8.0×10^6

---

2 磁性体の磁化特性に関する記述として，誤っているものを次の(1)〜(5)のうちから一つ選べ。

(1) 横軸に磁界の大きさ，縦軸に磁束密度をとり，両者の関係をグラフに示したものはBH曲線と呼ばれる。

(2) 磁界の大きさと磁束密度が比例せず，磁束密度が飽和する現象を磁気飽和という。

(3) ヒステリシスループにおいて，ループで囲まれた面積の大きさとヒステリシス損の大きさは比例する。

(4) 強磁性体とは，磁化されやすい物質のことであり，鉄やニッケル等がある。

(5) ヒステリシスループで囲まれた面積が大きい物質は，一般に保磁力も大きくなるため，永久磁石や電磁石に用いられる鉄心等に適している。

3 図に示す長さl[m]の導体を磁束密度B[T]の一様磁界中のy=0の点で導体を離したところ，重力加速度g[m/s^2]で落下した。このときy=a[m]の地点での導体の誘導起電力eの大きさ[V]として，正しいものを次の(1)〜(5)のうちから一つ選べ。

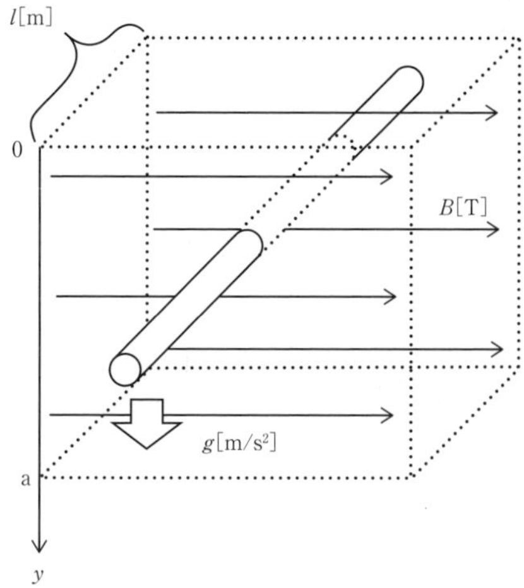

(1) $2gaBl$　(2) $\sqrt{ga}Bl$

(3) $\sqrt{2ga}Bl$　(4) $2\sqrt{ga}Bl$

(5) $\dfrac{Bl}{\sqrt{ga}}$

---

4 図に示すような巻数Nのコイルの自己インダクタンスの大きさを求めたところ，L_1[H]であった。また，同じ鉄心に巻数3Nのコイルを巻き，自己インダクタンスの大きさを求めたところL_2[H]となった。このとき，$\dfrac{L_2}{L_1}$の値として，最も近いものを次の(1)〜(5)のうちから一つ選べ。ただし，漏れ磁束はないものとする。

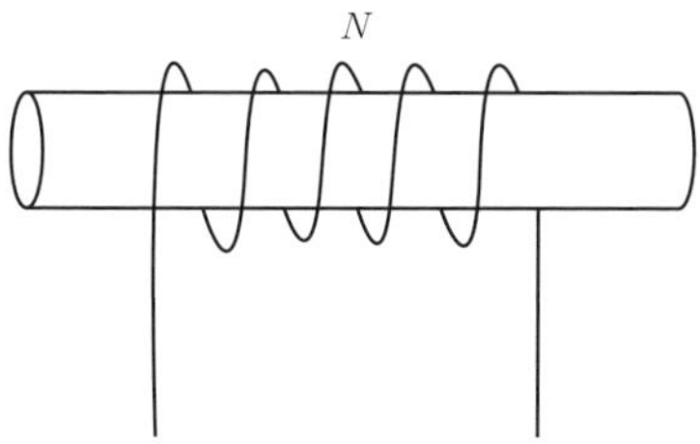

(1) 1.7　(2) 2.0　(3) 3.0　(4) 6.0　(5) 9.0

5 鉄心に巻数Nのコイル1を巻いたところ，自己インダクタンスがL_1[H]であった。このとき，次の(a)及び(b)の問に答えよ。ただし，漏れ磁束はないものとする。

(a) 同じ鉄心に巻数10 Nのコイル2を巻いた場合の自己インダクタンスL_2[H]はいくらになるか。最も近いものを次の(1)～(5)のうちから一つ選べ。

(1) 0.5 L_1　(2) 3.3 L_1　(3) 10 L_1　(4) 20 L_1　(5) 100 L_1

(b) 同じ鉄心にコイル1及びコイル2を図のように取り付けると全体の合成インダクタンスはいくらになるか。最も近いものを次の(1)～(5)のうちから一つ選べ。

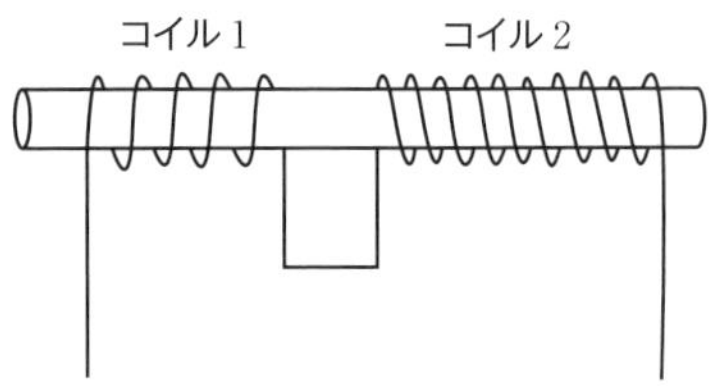

(1) 5 L_1　(2) 12 L_1　(3) 81 L_1　(4) 101 L_1　(5) 121 L_1

---

6 図のように，磁路の長さl=0.8 m，断面積A=0.05 m^2，透磁率μ_r=2000の鉄心に巻数N=50のコイルを巻き付け，電流I=2.5 Aを流した。このとき，コイルに蓄えられるエネルギーの大きさ[J]として，最も近いものを次の(1)～(5)のうちから一つ選べ。ただし，真空の透磁率は$\mu_0=4\pi\times10^{-7}$[H/m]とする。

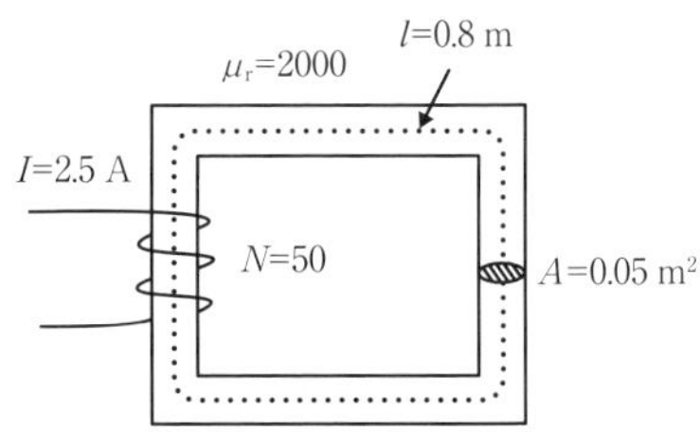

(1) 1.2　(2) 3.6　(3) 8.3　(4) 11.4　(5) 14.4

CHAPTER 04

交流回路

基本的な内容からやや発展的な内容まで非常に幅広く出題されます。発展的な問題は計算量が多く，三平方の定理を利用した平方根の２乗の計算などをできるようにする必要があります。問題を繰り返し解くことで，計算力を身につけましょう。

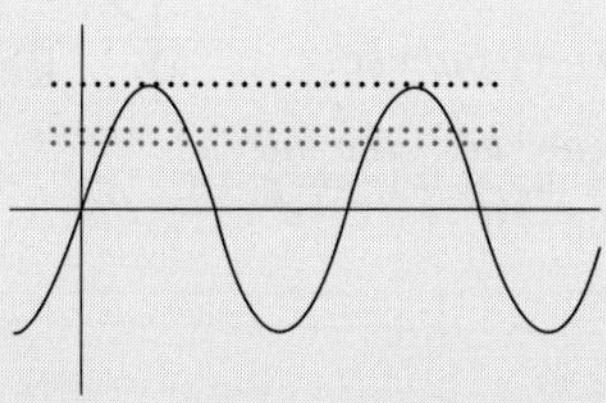

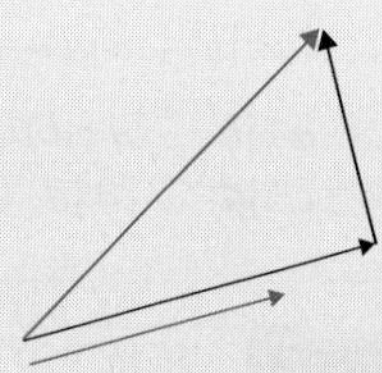

CHAPTER 04

交流回路

1 RLC回路の計算

（教科書CHAPTER04 SEC01～03対応）

POINT 1 正弦波交流

交流起電力の基本式（瞬時値）

$$e=E_m \sin(\omega t+\phi)=E_m \sin(2\pi ft+\phi)$$

E_m：最大値［V］

ω：角周波数 $\left(=2\pi f=\dfrac{2\pi}{T}\right)$［rad/s］

t：時刻または経過時間［s］

ϕ：初期位相［rad］

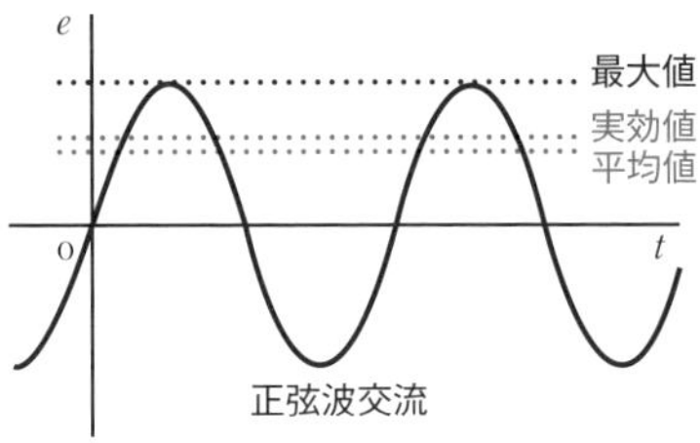

平均値：$E_{av}=\dfrac{2}{\pi}E_m$，実効値：$E=\dfrac{E_m}{\sqrt{2}}$

POINT 2 複素数

(1) 虚数の定義

$$j\times j=-1$$

(2) 複素数の四則演算

$$(a+jb)\pm(c+jd)=(a\pm c)+j(b\pm d)$$

$$(a+jb)(c+jd)=(ac-bd)+j(ad+bc)$$

$$\frac{a+jb}{c+jd}=\frac{(a+jb)(c-jd)}{(c+jd)(c-jd)}=\frac{ac+bd}{c^2+d^2}+j\frac{bc-ad}{c^2+d^2}$$

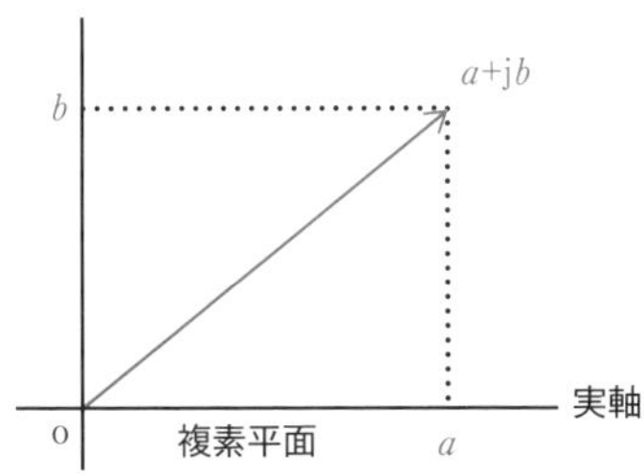

POINT 3 抵抗とリアクタンス

(1) 抵抗 R［Ω］

$$\dot{I}=\frac{\dot{V}}{R}$$

電流は電圧と同相

抵抗 R における電圧と電流の位相

(2) 誘導性リアクタンス X_L［Ω］

$$jX_L = j\omega L = j2\pi fL$$

$$\dot{I} = \frac{\dot{V}}{j\omega L}$$

電流は電圧より90°遅れる

X_L［Ω］ ：誘導リアクタンス

ω［rad/s］：角周波数

L［H］ ：インダクタンス

ω［Hz］ ：周波数

誘導性リアクタンス
X_Lにおける
電圧と電流の位相

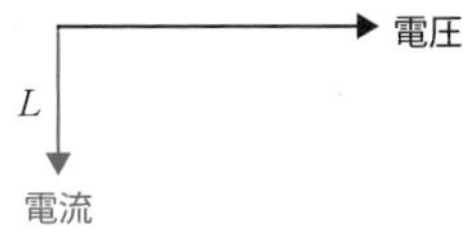

(3) 容量性リアクタンス X_C［Ω］

$$-jX_C = \frac{1}{j\omega C} = \frac{1}{j2\pi fC}$$

$$\dot{I} = j\omega C\dot{V}$$

電流は電圧より90°進む

C［F］：静電容量

容量性リアクタンス
X_Cにおける
電圧と電流の位相

POINT 4 *RL* 直列回路

$$\dot{Z} = R + j\omega L$$

$$|\dot{Z}| = Z = \sqrt{R^2 + (\omega L)^2}$$

$$\dot{I} = \frac{\dot{V}}{\dot{Z}}$$

Z［Ω］：インピーダンス

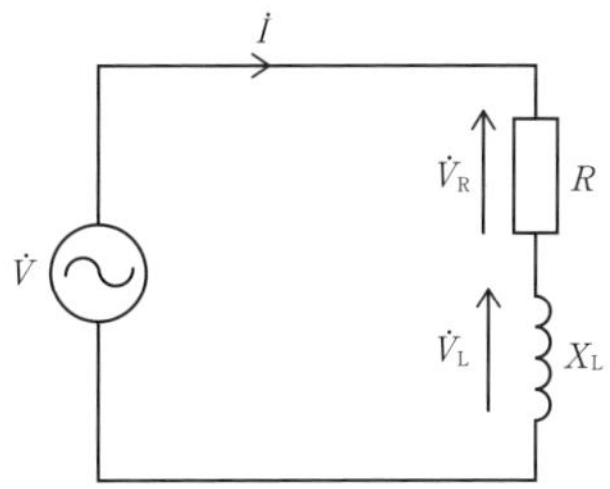

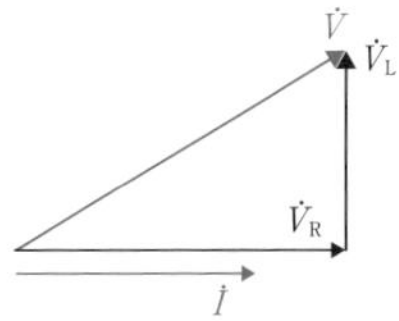

POINT 5 *RC* 直列回路

$$\dot{Z} = R + \frac{1}{j\omega C}$$

$$|\dot{Z}| = Z = \sqrt{R^2 + \left(\frac{1}{\omega C}\right)^2}$$

$$\dot{I} = \frac{\dot{V}}{\dot{Z}}$$

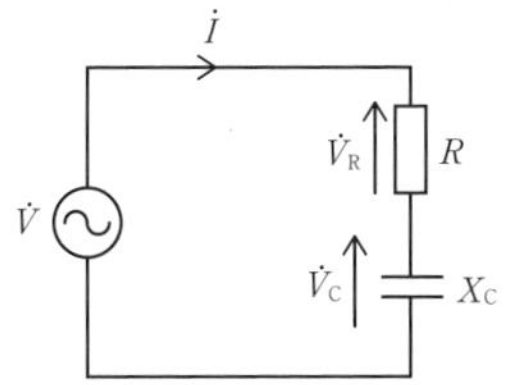

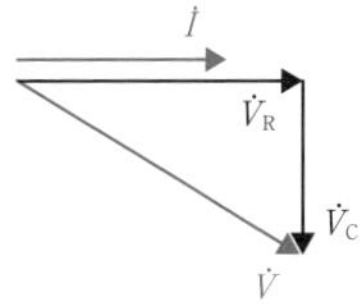

POINT 6　*RLC*直列回路

$$\dot{Z}=R+j\omega L+\frac{1}{j\omega C}$$
$$=R+j\left(\omega L-\frac{1}{\omega C}\right)$$
$$|\dot{Z}|=Z=\sqrt{R^2+\left(\omega L-\frac{1}{\omega C}\right)^2}$$
$$\dot{I}=\frac{\dot{V}}{\dot{Z}}$$

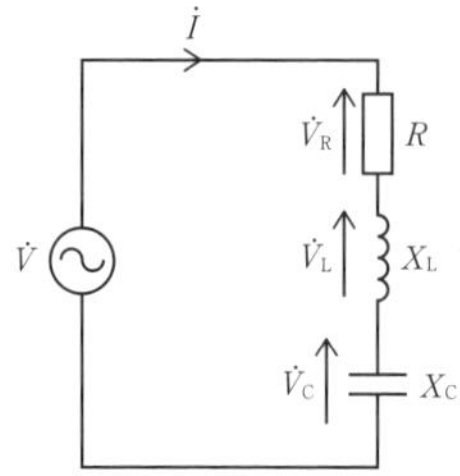

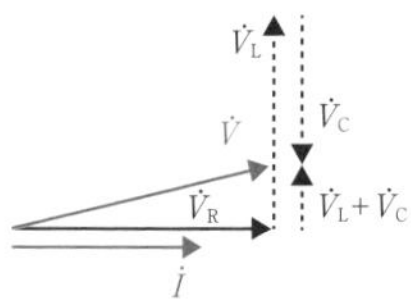

POINT 7　*RL*並列回路

$$\dot{Y}=\frac{1}{R}+\frac{1}{j\omega L}=\frac{1}{\dot{Z}}$$
$$|\dot{Y}|=Y=\sqrt{\left(\frac{1}{R}\right)^2+\left(\frac{1}{\omega L}\right)^2}$$
$$\dot{I}=\dot{V}\dot{Y}$$

Y[S]：アドミタンス

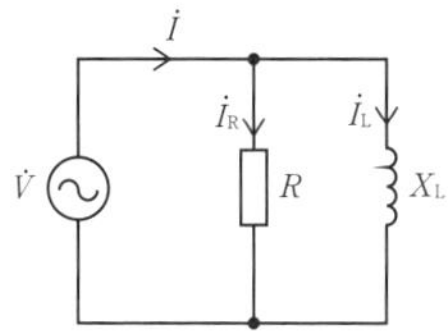

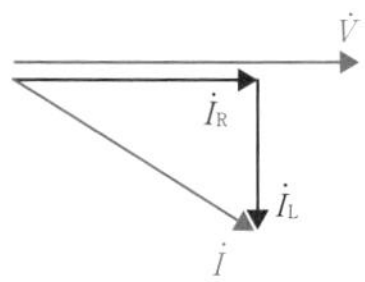

POINT 8　*RC*並列回路

$$\dot{Y}=\frac{1}{R}+j\omega C=\frac{1}{\dot{Z}}$$
$$|\dot{Y}|=Y=\sqrt{\left(\frac{1}{R}\right)^2+(\omega C)^2}$$
$$\dot{I}=\dot{V}\dot{Y}$$

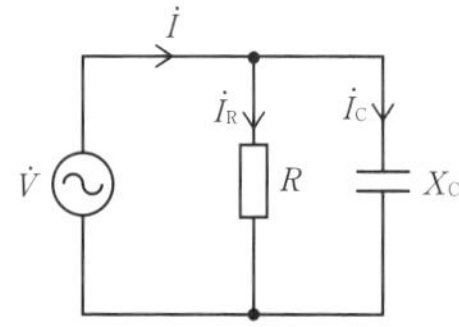

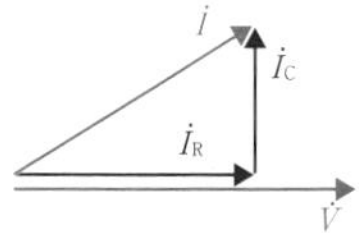

POINT 9　*RLC* 並列回路

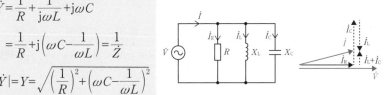

$$\dot{Y}=\frac{1}{R}+\frac{1}{\mathrm{j}\omega L}+\mathrm{j}\omega C$$

$$=\frac{1}{R}+\mathrm{j}\left(\omega C-\frac{1}{\omega L}\right)=\frac{1}{\dot{Z}}$$

$$|\dot{Y}|=Y=\sqrt{\left(\frac{1}{R}\right)^2+\left(\omega C-\frac{1}{\omega L}\right)^2}$$

$$\dot{I}=\dot{V}\dot{Y}$$

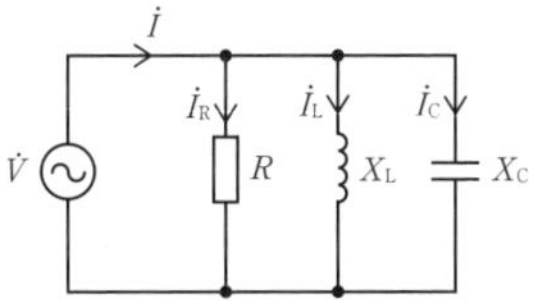

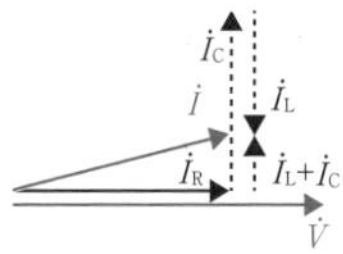

POINT 10　直列共振

RLC 直列回路において X_L と X_C が等しくなるとき，インピーダンス $\dot{Z}$ は，

$$\dot{Z}=R+\mathrm{j}\left(\omega L-\frac{1}{\omega C}\right)=R$$

となり，$|\dot{Z}|$ は最小の値となり，電圧と電流が同相となる。

また，$\omega L-\dfrac{1}{\omega C}=0$，$\omega=2\pi f$ の関係から，共振角周波数 ω と共振周波数 f は次の式で表せる。

$$\omega=\frac{1}{\sqrt{LC}}\qquad f=\frac{1}{2\pi\sqrt{LC}}$$

POINT 11　並列共振

RLC 並列回路において，X_L と X_C が等しくなるとき，アドミタンス $\dot{Y}$ は，

$$\dot{Y}=\frac{1}{R}+\mathrm{j}\left(\omega C-\frac{1}{\omega L}\right)=\frac{1}{R}$$

となり，$|\dot{Y}|$ は最小の値（インピーダンスの大きさ $|\dot{Z}|$ は最大）となり，電圧と電流が同相となる。また，$\omega C-\dfrac{1}{\omega L}=0$，$\omega=2\pi f$ の関係から，共振角周波数 ω と共振周波数 f は次の式で表せる。

$$\omega=\frac{1}{\sqrt{LC}}\qquad f=\frac{1}{2\pi\sqrt{LC}}$$

確認問題

1 瞬時値が次の各式で示される電圧又は電流の平均値，実効値，角速度[rad/s]，周波数[Hz]，周期[s]を有効数字3桁で求めよ。 P.92 POINT 1

(1) $e=100\sin 20t$

(2) $e=100\sqrt{2}\sin 10\pi t$

(3) $i=5\pi\sin\left(20t+\dfrac{\pi}{4}\right)$

(4) $i=0.2\cos\left(80t+\dfrac{\pi}{8}\right)$

---

2 次の(1)～(4)の各図の空欄に当てはまる値を求めよ。

P.93～95 POINT 4 6 8 9

(1)

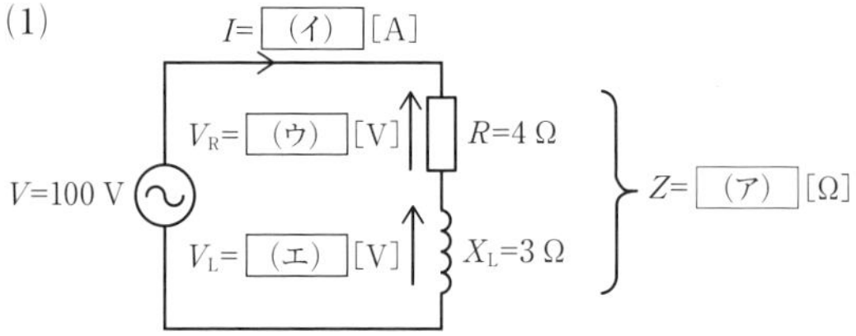

(2)

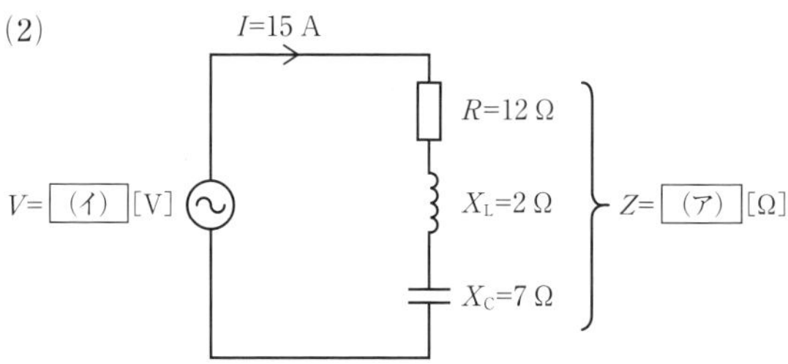

(3)

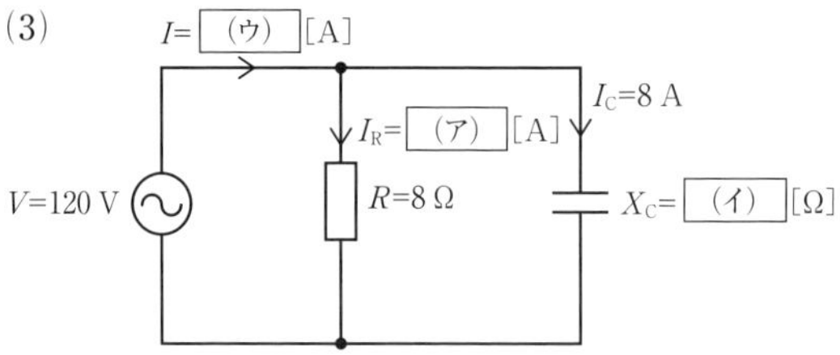

(4)

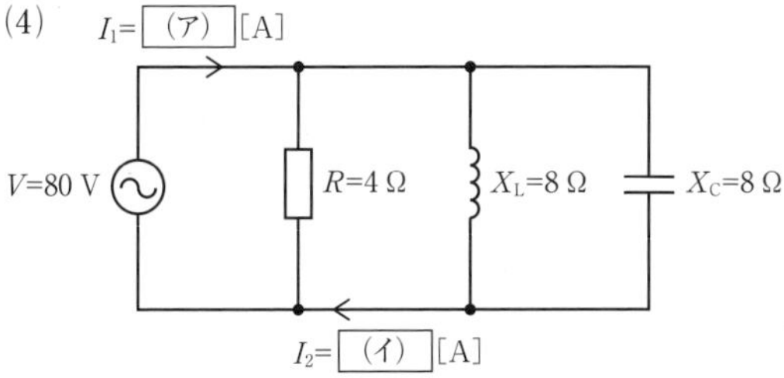

---

❸ 次の問に答えよ。 P.94~95 POINT 6 11

(1) インダクタンスが3 mHのコイルと静電容量が3 mFのコンデンサがある。このコイルとコンデンサを直列に接続し50 Hzと60 Hzで使用した場合，それぞれの合成リアクタンスの大きさはいくらになるか。

(2) インダクタンスが3 mHのコイルと静電容量が3 mFのコンデンサがある。このコイルとコンデンサを並列に接続した時の共振角周波数[rad/s]と共振周波数[Hz]の値を求めよ。

---

❹ 次の図に示す電流$\dot{I}$[A]に当てはまる数値及びそれぞれの電流の大きさI[A]を求めよ。ただし，電源の電圧を基準とする。 P.94 POINT 5 7

(1)

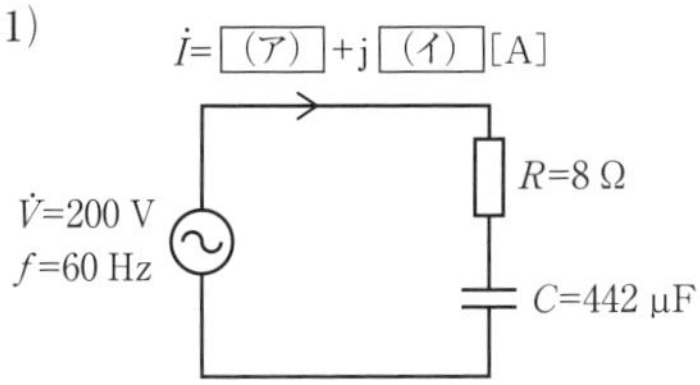

(2)

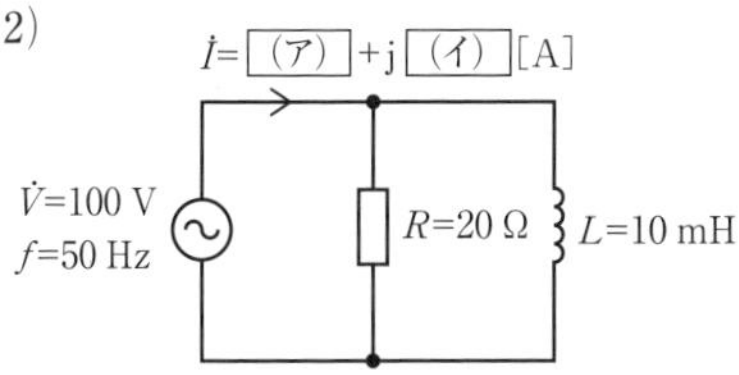

❺ 次の図に示す回路において，電源の周波数が，(a) 1 Hzの時，(b) 100 Hzのとき，(c) 10 kHzの時の回路を流れる電流の大きさI[A]を求めよ。

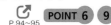

P.94~95 POINT 6 9

(1)

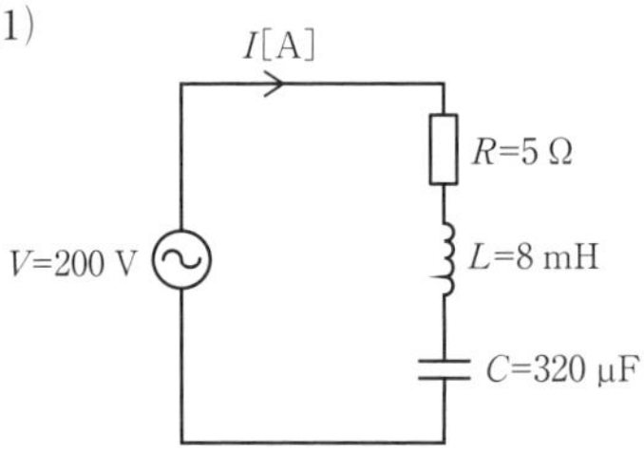

(2)

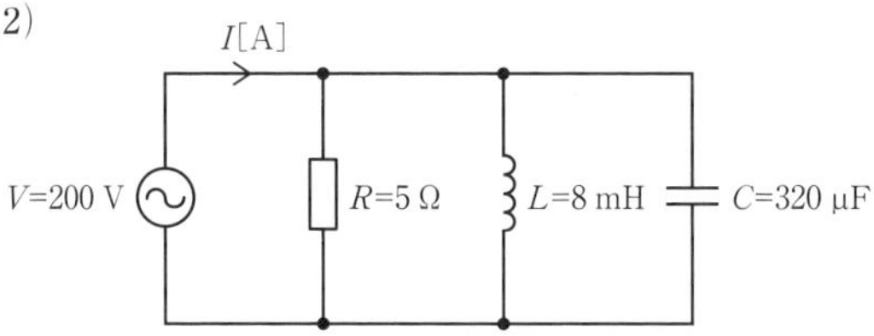

基本問題

1 交流回路に関する記述として，誤っているものを次の(1)~(5)のうちから一つ選べ。

(1) 正弦波交流において，最大値がE_mであるとき，平均値は$\dfrac{2}{\pi}E_m$，実効値は$\dfrac{E_m}{\sqrt{2}}$となる。

(2) 正弦波交流の電流の瞬時値は$i=I_m\sin(\omega t+\theta)$で表すことができ，$\theta$を初期位相と呼ぶ。$\theta$は遅れ位相の時マイナス，進み位相の時プラスとなる。

(3) 交流回路にリアクトルを接続すると，電圧は電流より進み位相，コンデンサを接続すると，電圧は電流より遅れ位相となる。

(4) 直列のRLC交流回路において，インピーダンスが最大となる周波数を共振周波数と言い，共振周波数fは，$f=\dfrac{1}{2\pi\sqrt{LC}}$で求められる。

(5) 共振周波数になると，電源の電圧と電流の位相はほぼ等しくなる。

---

2 図1の回路に電圧の瞬時値が$v=100\sqrt{2}\sin 10t$[V]となる電圧をかけたところ，図2のような波形が現れた。次の問に答えよ。

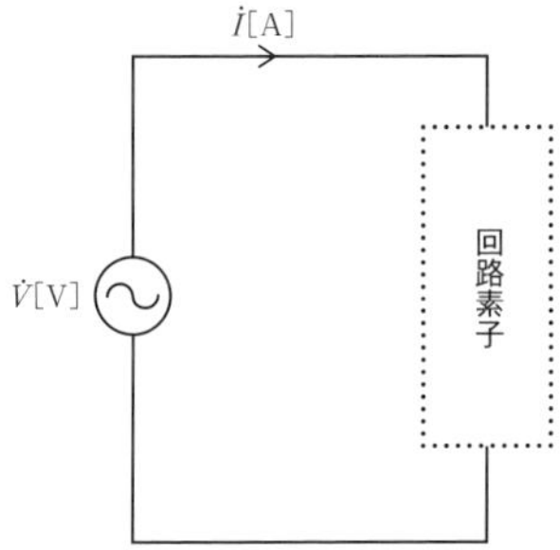

図1

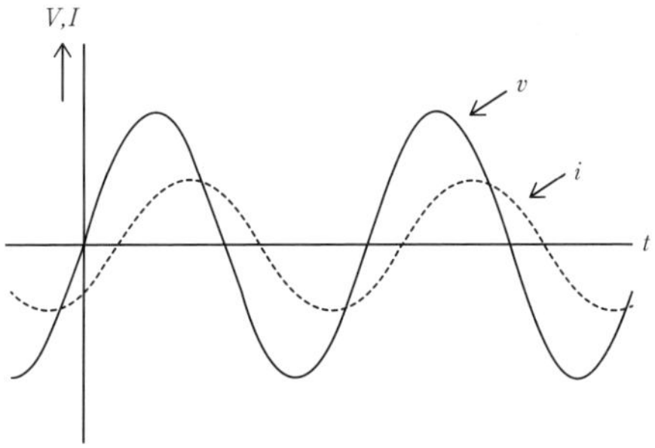

図2

(a) この電圧の実効値 V[V] として，最も近いものを次の(1)〜(5)のうちから一つ選べ。

(1) 90　(2) 100　(3) 110　(4) 120　(5) 130

(b) 図1の回路素子に当てはまる素子の組合せとして，正しいものを次の(1)〜(5)のうちから一つ選べ。

(1) コイル　(2) コンデンサ　(3) 抵抗とコイル
(4) 抵抗とコンデンサ　(5) コイルとコンデンサ

(c) 図1の回路の電流の平均値が22 Aである時，この回路素子のインピーダンスの大きさ [Ω] として，最も近いものを次の(1)〜(5)のうちから一つ選べ。

(1) 1　(2) 2　(3) 3　(4) 4　(5) 5

---

3 図の回路において，$R=\sqrt{3}\,\omega L$ である時，インダクタンス L にかかる電圧 V_L[V] として，正しいものを次の(1)〜(5)のうちから一つ選べ。

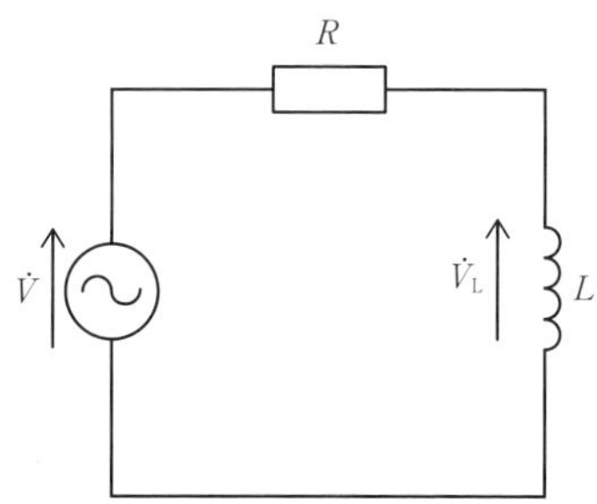

(1) $\dfrac{V}{\sqrt{3}}$　(2) $\dfrac{V}{2}$　(3) $\dfrac{V}{\sqrt{2}}$

(4) $\dfrac{\sqrt{3}}{2}V$　(5) V

4 図のようなRLC並列回路について，以下の(a)〜(d)の問に答えよ。

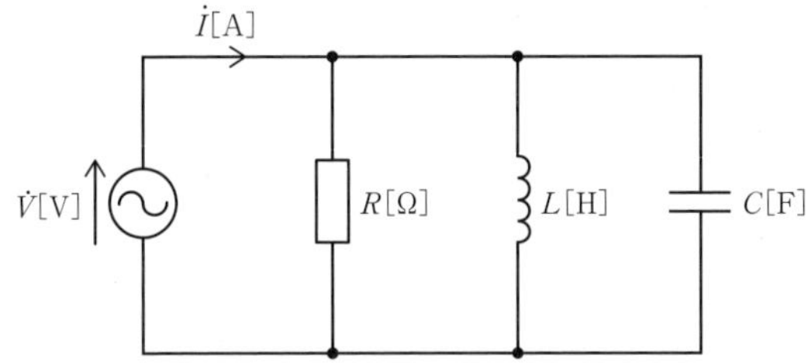

(a) 回路の合成アドミタンス$\dot{Y}$[S]として，正しいものを次の(1)〜(5)のうちから一つ選べ。

(1) $\dfrac{1}{R}+\mathrm{j}\left(\omega C-\dfrac{1}{\omega L}\right)$　(2) $R+\mathrm{j}\left(\omega C-\dfrac{1}{\omega L}\right)$　(3) $\dfrac{1}{R}+\mathrm{j}\left(\omega L-\dfrac{1}{\omega C}\right)$

(4) $\dfrac{1}{R}+\mathrm{j}\left(\dfrac{1}{\omega L}-\omega C\right)$　(5) $R+\mathrm{j}\left(\omega L-\dfrac{1}{\omega C}\right)$

(b) 回路の合成リアクタンスX[Ω]として，正しいものを次の(1)〜(5)のうちから一つ選べ。(難易度高め)

(1) $\omega L-\dfrac{1}{\omega C}$　(2) $\dfrac{\omega L}{\omega^2 LC-1}$　(3) $\dfrac{\omega L}{1-\omega^2 LC}$

(4) $\dfrac{\omega LR^2(\omega LC-1)}{(\omega L)^2+R^2(\omega LC-1)^2}$　(5) $\dfrac{\omega LR^2(1-\omega^2 LC)}{(\omega L)^2+R^2(1-\omega^2 LC)^2}$

(c) $\omega L=\dfrac{1}{\omega C}$のとき，電源を流れる電流$I$[A]の大きさとして，正しいものを次の(1)〜(5)のうちから一つ選べ。

(1) $\dfrac{V}{R}$　(2) $\left(\omega C-\dfrac{1}{\omega L}\right)V$　(3) $\left(\omega C+\dfrac{1}{\omega L}\right)V$

(4) $\left(\dfrac{1}{R}+2\omega C\right)V$　(5) $\sqrt{\dfrac{1}{R^2}+4\omega^2 C^2}\ V$

(d) $R=\omega L=\dfrac{2}{\omega C}$の時，電流と電圧の位相差$\theta$[rad]として，正しいものを次の(1)～(5)のうちから一つ選べ。

(1) 0　(2) $\dfrac{\pi}{6}$　(3) $\dfrac{\pi}{4}$　(4) $\dfrac{\pi}{3}$　(5) $\dfrac{\pi}{2}$

応用問題

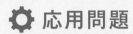

1 ある回路にて，電源の電圧と電流の瞬時値が，$e=200\sin\left(\omega t+\frac{\pi}{4}\right)$ [V]，$i=100\cos\left(\omega t-\frac{\pi}{6}\right)$ [A] であった。この時，次の問に答えよ。

(a) 電流と電圧の実効値の組合せとして，最も近いものを次の(1)～(5)のうちから一つ選べ。

	電流	電圧
(1)	63.7	127
(2)	63.7	141
(3)	70.7	127
(4)	70.7	141
(5)	100	200

(b) 回路のインピーダンス $\dot{Z}$ [Ω] として，正しいものを次の(1)～(5)のうちから一つ選べ。

(1) 1.4　(2) 2.0　(3) 2.4　(4) 2.8　(5) 4.0

(c) e と i の位相差 [rad] として，正しいものを次の(1)～(5)のうちから一つ選べ。

(1) $\frac{\pi}{12}$　(2) $\frac{\pi}{6}$　(3) $\frac{5\pi}{12}$　(4) $\frac{7\pi}{12}$　(5) $\frac{11\pi}{12}$

2 図の回路において，スイッチを閉じる前，力率$\cos\theta_1=\dfrac{1}{2}$であった。その後，スイッチを閉じ，十分経過したところ，力率$\cos\theta_2=\dfrac{1}{\sqrt{2}}$となった。このとき，コンデンサのリアクタンス$X_C$［Ω］を表す式として，正しいものを次の(1)～(5)のうちから一つ選べ。

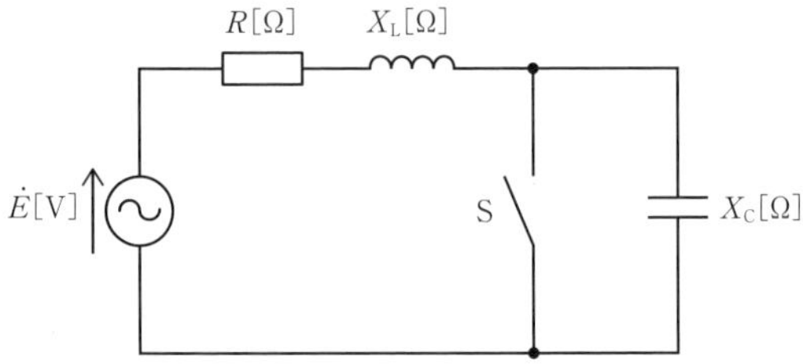

(1)　0.7R　　(2)　1.2R　　(3)　1.7R　　(4)　2.2R　　(5)　2.7R

---

3 図の回路において，$e_1=100\sqrt{2}\sin\left(\omega t+\dfrac{\pi}{3}\right)$［V］及び$e_2=100\sqrt{2}\sin\left(3\omega t-\dfrac{\pi}{2}\right)$［V］，$R$=8 Ω，$L$=3 mHであるとき，$L$の端子電圧の実効値$V_L$［V］として，最も近いものを次の(1)～(5)のうちから一つ選べ。ただし，周波数は50 Hzとする。

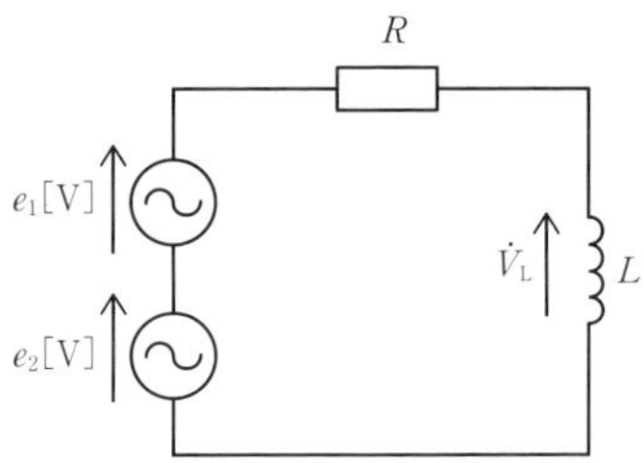

(1)　19　　(2)　25　　(3)　30　　(4)　35　　(5)　46

---

4 図の回路において，次の(a)及び(b)の問に答えよ。ただし，電源の角周波数はω［rad/s］とする。

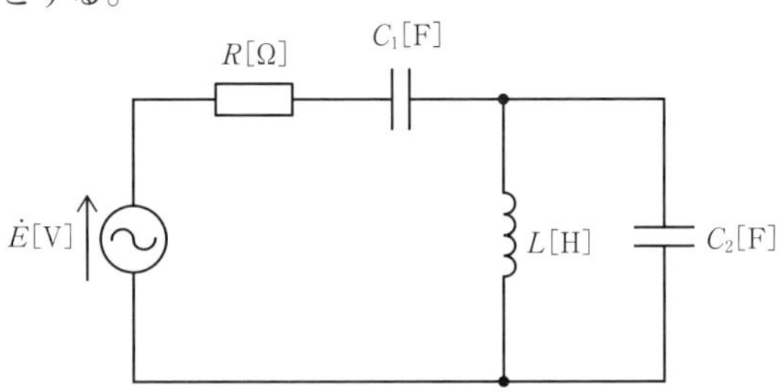

(a) 回路の合成インピーダンスとして，正しいものを次の(1)～(5)のうちから一つ選べ。

(1) $R-\mathrm{j}\dfrac{\omega^2 L(C_1+C_2)-1}{\omega C_1(1-\omega^2 LC_2)}$　(2) $R-\mathrm{j}\dfrac{1-\omega^2 L(C_1+C_2)}{\omega C_1(1-\omega^2 LC_2)}$

(3) $R-\mathrm{j}\dfrac{1-\omega^2 L(C_1+C_2)}{\omega C_1(\omega^2 LC_2-1)}$　(4) $R-\mathrm{j}\dfrac{\omega^2 L(C_1+C_2)-1}{\omega C_2(1-\omega^2 LC_1)}$

(5) $R-\mathrm{j}\dfrac{1-\omega^2 L(C_1+C_2)}{\omega C_2(1-\omega^2 LC_1)}$

(b) 並列共振角周波数及び直列共振角周波数の組合せとして，正しいものを次の(1)～(5)のうちから一つ選べ。

	並列共振角周波数	直列共振角周波数
(1)	$\dfrac{1}{\sqrt{LC_2}}$	$\dfrac{1}{\sqrt{L(C_1+C_2)}}$
(2)	$\dfrac{1}{\sqrt{LC_1}}$	$\dfrac{1}{\sqrt{L(C_1+C_2)}}$
(3)	$\dfrac{1}{\sqrt{LC_2}}$	$\dfrac{1}{\sqrt{LC_1}}$
(4)	$\dfrac{1}{\sqrt{L(C_1+C_2)}}$	$\dfrac{1}{\sqrt{LC_1}}$
(5)	$\dfrac{1}{\sqrt{L(C_1+C_2)}}$	$\dfrac{1}{\sqrt{LC_2}}$

2 交流回路の電力

（教科書CHAPTER04 SEC04～SEC05対応）

POINT 1　皮相電力，有効電力，無効電力

皮相電力 S（単位：V・A）

$S=VI$

有効電力 P（単位：W）

$P=VI\cos\theta$

無効電力 Q（単位：var）

$Q=VI\sin\theta$

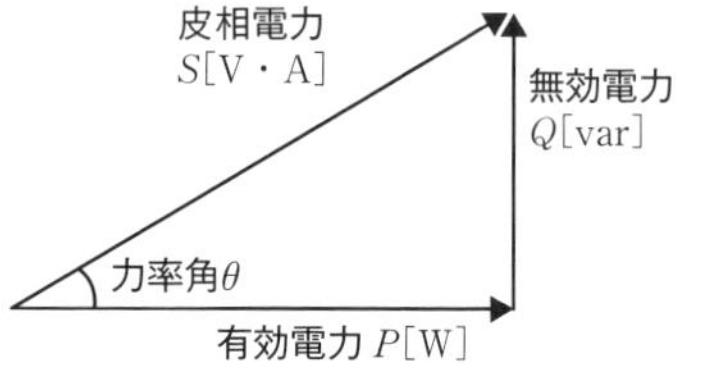

$\cos\theta=\dfrac{P}{S}$ を力率，θ を力率角と呼ぶ。

POINT 2　インピーダンスと力率

ポイント１の通り，$\cos\theta=\dfrac{P}{S}$ が力率であるが，回路計算をする場合，

$S=ZI^2$

$P=RI^2$

$Q=XI^2$

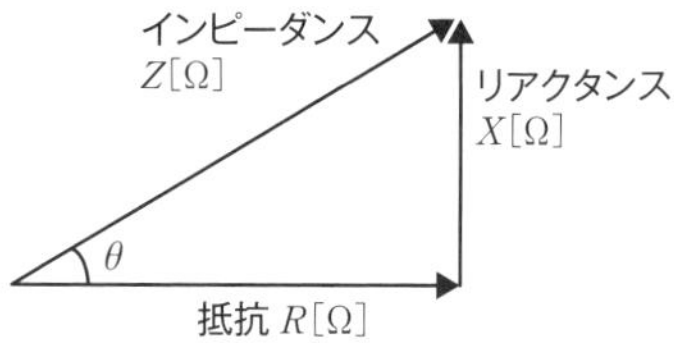

の関係があるため，

$$\cos\theta=\frac{P}{S}=\frac{R}{Z}$$

を使用することも多い。

POINT 3 極座標表示

極座標表示では複素数の絶対値と偏角で表示する。例えば，インピーダンス$\dot{Z}=R+\mathrm{j}X$であれば，

$$\dot{Z}=|\dot{Z}|\angle\theta$$

と表示する。

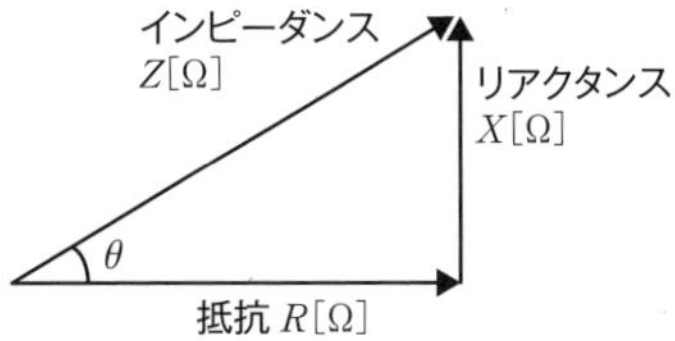

極座標を複素数表示に変換するためには，

$$\dot{Z}=|\dot{Z}|\ (\cos\theta+\mathrm{j}\ \sin\theta)$$

で変換する。例えば，上式の場合，

$$\begin{aligned}\dot{Z}&=|\dot{Z}|\ \cos\theta+\mathrm{j}\ |\dot{Z}|\ \sin\theta\\&=R+\mathrm{j}X\end{aligned}$$

と変換可能。

確認問題

❶ 次の問に答えよ。 P.106~107 POINT 1 ~ 3

⑴ 電圧が100 Vの単相交流電源に負荷を繋いだら，電流が50 A流れ，力率が0.8であった。この時，皮相電力[kV・A]，有効電力[kW]，無効電力[kvar]の大きさをそれぞれ求めよ。

⑵ あるインピーダンスを電源に接続したところ，有効電力がP=36 kW，無効電力がQ=15 kvarであった。このインピーダンスの力率$\cos\theta$を求めよ。

⑶ $\dot{V}$=100+j50 Vの電源にある負荷を繋いだところ，$\dot{I}$=20+j15 Aの電流が流れた。この負荷のインピーダンス$\dot{Z}$[Ω]を複素数表示で求めよ。また，このインピーダンスで消費される電力の大きさ[kW]を求めよ。

⑷ $20\angle\frac{\pi}{4}$ Vの電源にある負荷を繋いだところ，電流値が$10\angle-\frac{\pi}{6}$ Aとなった。負荷の大きさ[Ω]を極座標表示で求めよ。

⑸ 複素数表示で$\dot{Z}=10\sqrt{3}+\mathrm{j}10$ Ωの負荷があるとき，この負荷のインピーダンスの大きさ，および力率を求めよ。また，このインピーダンスを極座標表示で示せ。

❷ 次の各回路において電源から流れる電流の大きさ，力率，電源が供給する皮相電力，有効電力，無効電力の大きさをそれぞれ求めよ。 P.106 POINT 1

(1)

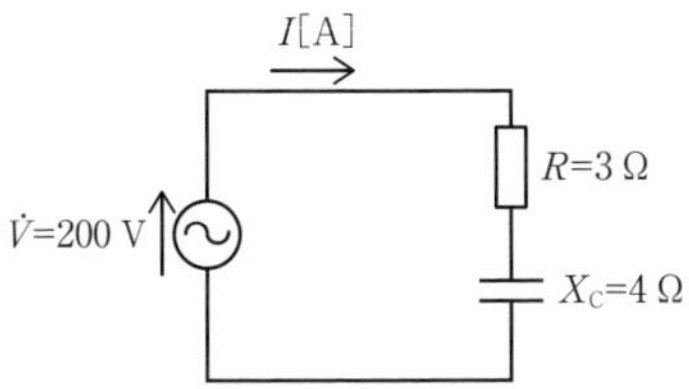

(2)

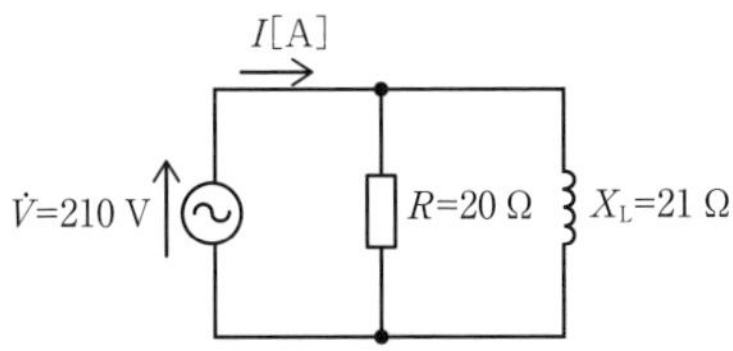

(3)

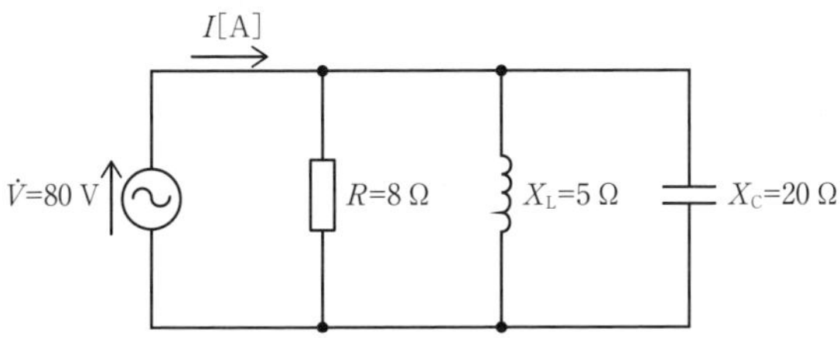

基本問題

1 次の回路において，スイッチSを閉じたところ，電源から供給される皮相電力が2倍となった。このとき，コイルのリアクタンスωLの大きさとして，正しいものを次の(1)~(5)のうちから一つ選べ。

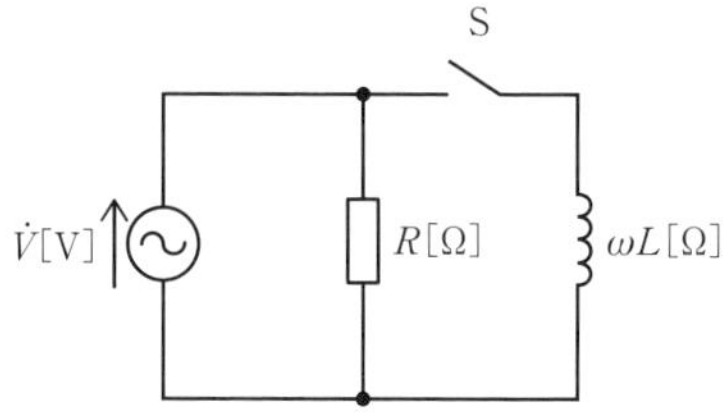

(1) $\dfrac{R}{3}$　(2) $\dfrac{R}{\sqrt{3}}$　(3) R　(4) $\sqrt{3}\,R$　(5) $3R$

---

2 100 Vの電源に接続されている誘導性の負荷$\dot{Z}$=5+j5$\sqrt{3}$ Ωに並列にコンデンサを接続したところ，力率角が$\dfrac{\pi}{3}$rad（遅れ）から$\dfrac{\pi}{6}$rad（遅れ）に改善された。この時，コンデンサが供給した電力Q_C[var]として，最も近いものを次の(1)~(5)のうちから一つ選べ。

(1) 290　(2) 350　(3) 420　(4) 500　(5) 580

応用問題

1 図のような回路において，当初スイッチS_1及びS_2は閉じているものとする。このとき，(a)及び(b)の問に答えよ。

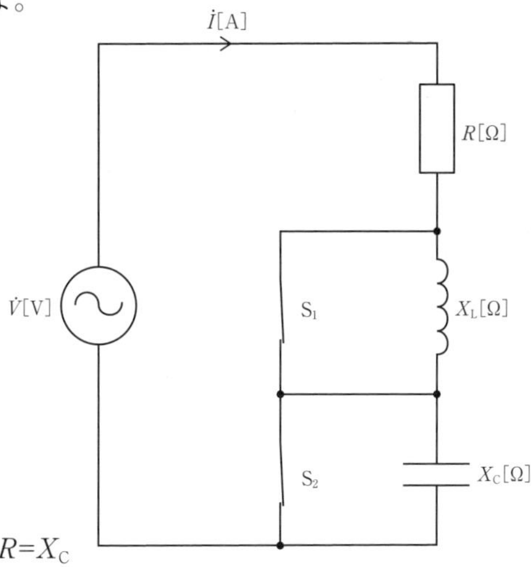

(a) スイッチS_1を開くと力率は$\frac{\sqrt{3}}{2}$になり，その後スイッチS_2を開いたら力率は再び$\frac{\sqrt{3}}{2}$になった。この時，R[Ω]，X_L[Ω]，X_C[Ω]の大小関係として，正しいものを次の(1)～(5)から一つ選べ。

(1) $X_L<R<X_C$　(2) $X_L<R=X_C$
(3) $R<X_L=X_C$　(4) $X_C<X_L<R$
(5) $X_C=X_L<R$

(b) (a)の状態において回路の無効電力がQ[var]であるとき，有効電力の大きさP[W]を表す式として，正しいものを次の(1)～(5)のうちから一つ選べ。

(1) $\frac{Q}{3}$　(2) $\frac{Q}{\sqrt{3}}$　(3) Q　(4) $\sqrt{3}\,Q$　(5) $3\,Q$

2 図のような回路において，電源電圧が $\dot{V}=100\sqrt{2}\angle\frac{\pi}{4}$ V，電流が $\dot{I}=4+j3$ A で表されるとする。このとき，(a)及び(b)の問に答えよ。

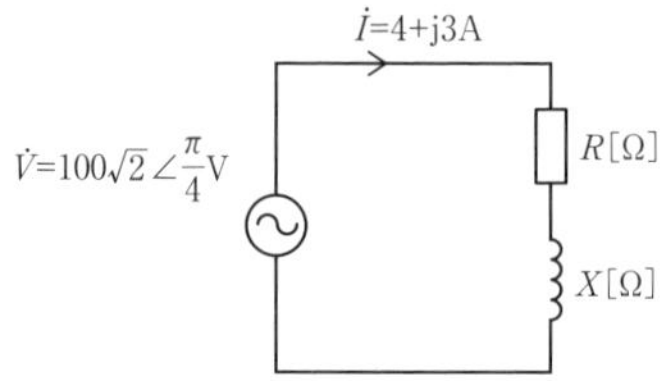

(a) 抵抗 R[Ω]とリアクタンス X[Ω]の組合せとして，正しいものを次の(1)～(5)のうちから一つ選べ。

	抵抗	リアクタンス
(1)	4	4
(2)	4	28
(3)	25	4
(4)	28	4
(5)	28	28

(b) この回路の皮相電力 S[V・A]と力率の組合せとして，最も近いものを次の(1)～(5)のうちから一つ選べ。

	皮相電力	力率
(1)	707	0.99
(2)	707	0.14
(3)	700	0.99
(4)	700	0.14
(5)	100	0.14

CHAPTER **05**

三相交流回路

単相回路の発展的な内容で，回路図がやや複雑になりB問題で出題されることが多い分野です。結線方法や三相交流の計算は，電力・機械科目の基本となるので，問題を繰り返し解き，よく理解しましょう。

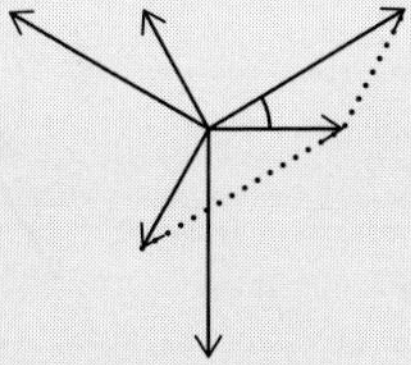

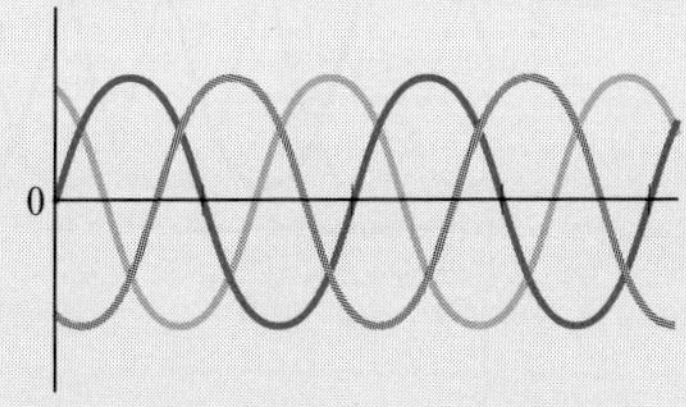

CHAPTER 05

三相交流回路

1 三相交流回路

（教科書CHAPTER05 対応）

POINT 1　三相交流回路

$\dfrac{2}{3}\pi$ radずつずらした正弦波交流波形を三相交流と呼ぶ。電験の場合，三相をa相，b相，c相として，a相を基準とし，

$$e_a=\sqrt{2}E\sin\omega t$$

$$e_b=\sqrt{2}E\sin\left(\omega t-\frac{2}{3}\pi\right)$$

$$e_c=\sqrt{2}E\sin\left(\omega t-\frac{4}{3}\pi\right)$$

とする場合が多い。また，極座標表示として，

$$\dot{E}_a=E\angle 0,\ \dot{E}_b=E\angle-\frac{2}{3}\pi,\ \dot{E}_c=E\angle-\frac{4}{3}\pi$$

とする問題も出題される。

三相交流の波形

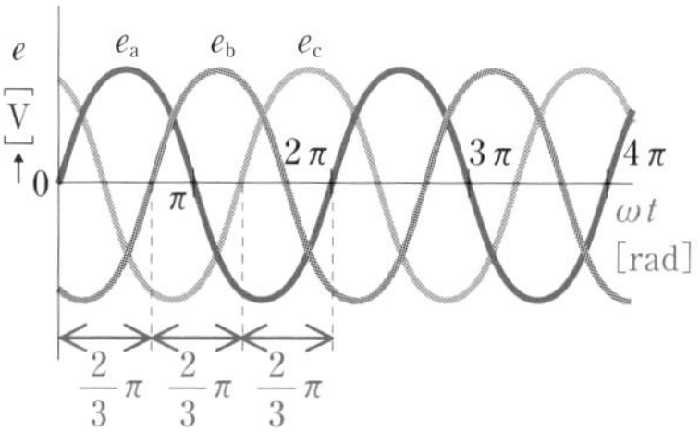

三相交流のベクトル図

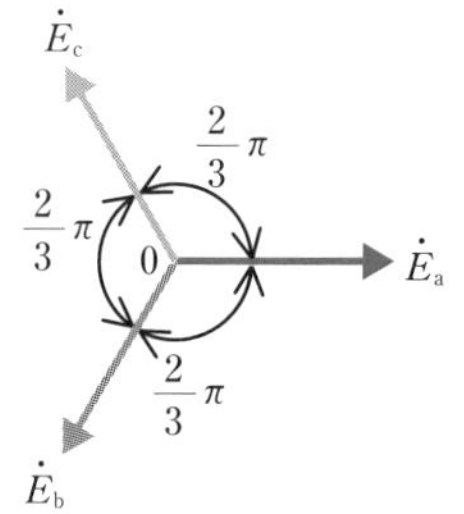

POINT 2 Y結線とΔ結線

(1) Y結線

相電圧　：$\dot{E}_a$（基準），$\dot{E}_b$，$\dot{E}_c$

線間電圧：$\dot{V}_{ab}=\dot{E}_a-\dot{E}_b$，$\dot{V}_{bc}=\dot{E}_b-\dot{E}_c$，$\dot{V}_{ca}=\dot{E}_c-\dot{E}_a$

相電圧と線間電圧の位相差は$\dfrac{\pi}{6}$rad，線間電圧の大きさVは相電圧Eの$\sqrt{3}$倍

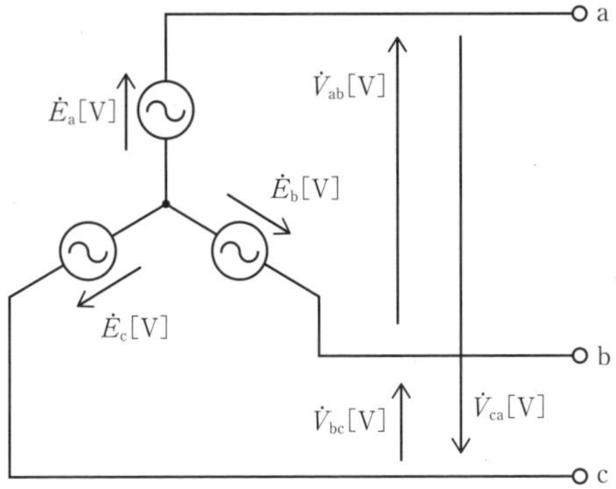

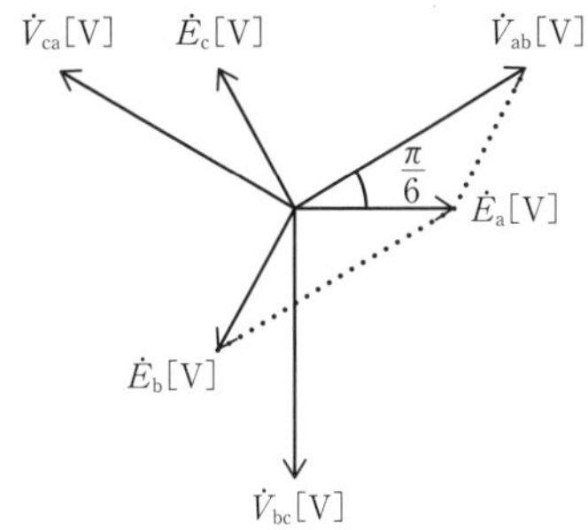

(2) Δ結線

相電圧　：$\dot{E}_a$（基準），$\dot{E}_b$，$\dot{E}_c$

線間電圧：$\dot{V}_{ab}=\dot{E}_a$，$\dot{V}_{bc}=\dot{E}_b$，$\dot{V}_{ca}=\dot{E}_c$

相電圧と線間電圧の位相差はなく等しい

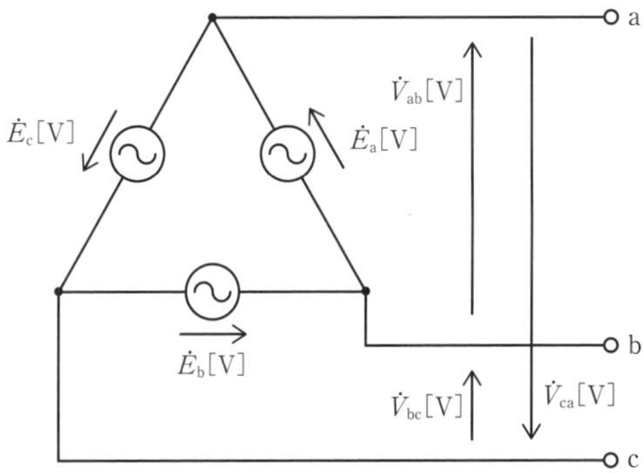

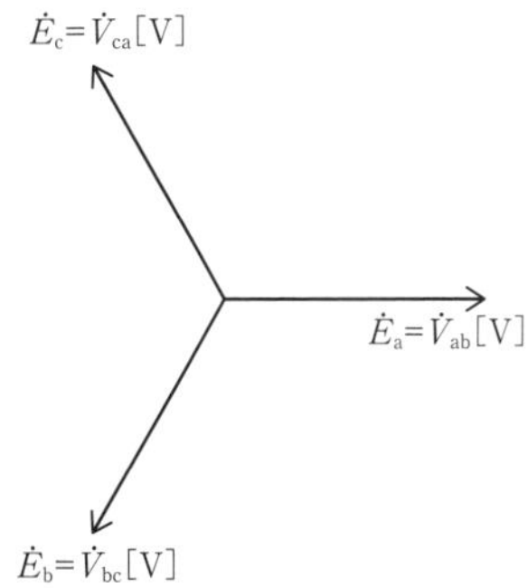

POINT 3　Y－Y接続

$\dot{I}_a=\frac{\dot{E}_a}{\dot{Z}}$, $\dot{I}_b=\frac{\dot{E}_b}{\dot{Z}}$, $\dot{I}_c=\frac{\dot{E}_c}{\dot{Z}}$

線電流と相電流は等しい。

三相電力P［W］

$P=3EI\cos\theta$

$=\sqrt{3}\ VI\cos\theta$

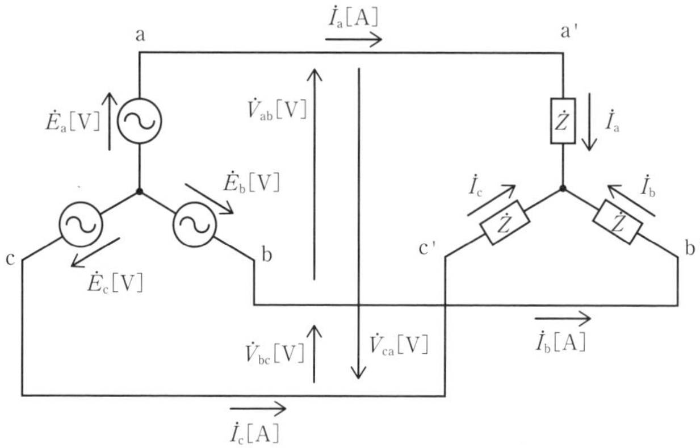

POINT 4　Δ－Δ接続

$\dot{I}_{ab}=\frac{\dot{E}_a}{\dot{Z}}$, $\dot{I}_{bc}=\frac{\dot{E}_b}{\dot{Z}}$, $\dot{I}_{ca}=\frac{\dot{E}_c}{\dot{Z}}$

$\dot{I}_a=\dot{I}_{ab}-\dot{I}_{ca}$

$\dot{I}_b=\dot{I}_{bc}-\dot{I}_{ab}$

$\dot{I}_c=\dot{I}_{ca}-\dot{I}_{bc}$

相電流と線電流の位相差は$\frac{\pi}{6}$rad，線電流I_lの大きさは相電流I_pの$\sqrt{3}$倍

三相電力P［W］

$P=\sqrt{3}\ VI_l\cos\theta$

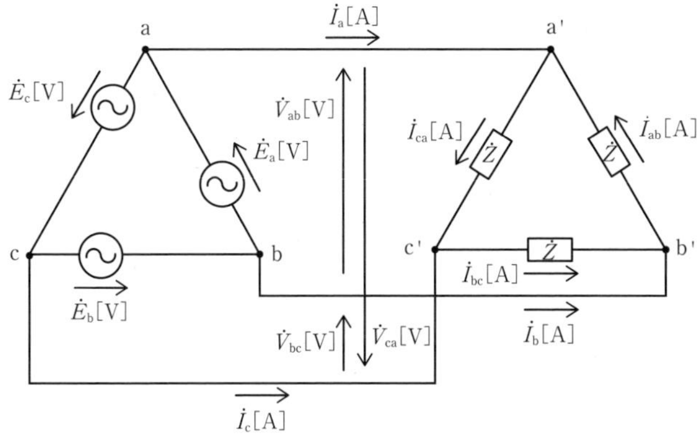

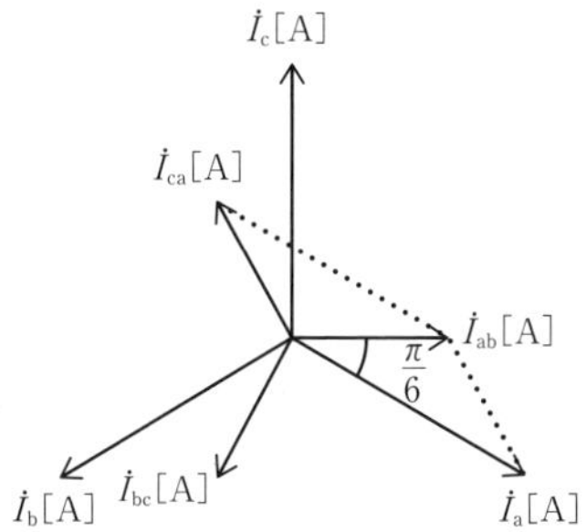

POINT 5 Δ−Y 変換とY−Δ変換

① Δ−Y 変換

$$\dot{Z}_a=\frac{\dot{Z}_{ab}\dot{Z}_{ca}}{\dot{Z}_{ab}+\dot{Z}_{bc}+\dot{Z}_{ca}},\quad \dot{Z}_b=\frac{\dot{Z}_{bc}\dot{Z}_{ab}}{\dot{Z}_{ab}+\dot{Z}_{bc}+\dot{Z}_{ca}},\quad \dot{Z}_c=\frac{\dot{Z}_{ca}\dot{Z}_{bc}}{\dot{Z}_{ab}+\dot{Z}_{bc}+\dot{Z}_{ca}}$$

② Y−Δ 変換

$$\dot{Z}_{ab}=\frac{\dot{Z}_a\dot{Z}_b+\dot{Z}_b\dot{Z}_c+\dot{Z}_c\dot{Z}_a}{\dot{Z}_c},\quad \dot{Z}_{bc}=\frac{\dot{Z}_a\dot{Z}_b+\dot{Z}_b\dot{Z}_c+\dot{Z}_c\dot{Z}_a}{\dot{Z}_a},\quad \dot{Z}_{ca}=\frac{\dot{Z}_a\dot{Z}_b+\dot{Z}_b\dot{Z}_c+\dot{Z}_c\dot{Z}_a}{\dot{Z}_b}$$

平衡三相である場合は,

$\dot{Z}_{\Delta}=3\dot{Z}_{Y}$（三種の問題はほぼ平衡三相）

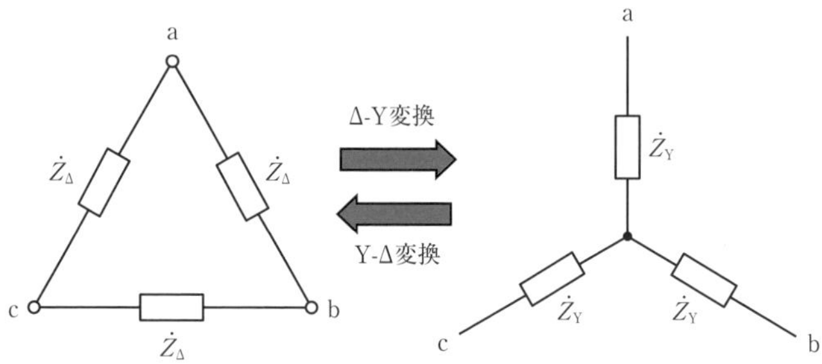

POINT 6　**V 結線**

相電圧　：$\dot{E}_{a}$（基準），$\dot{E}_{b}$

線間電圧：$\dot{V}_{ab}=\dot{E}_{a}$，$\dot{V}_{bc}=\dot{E}_{b}$，$\dot{V}_{ca}=-\dot{E}_{a}-\dot{E}_{b}$

特性はΔ結線とほぼ同じである。

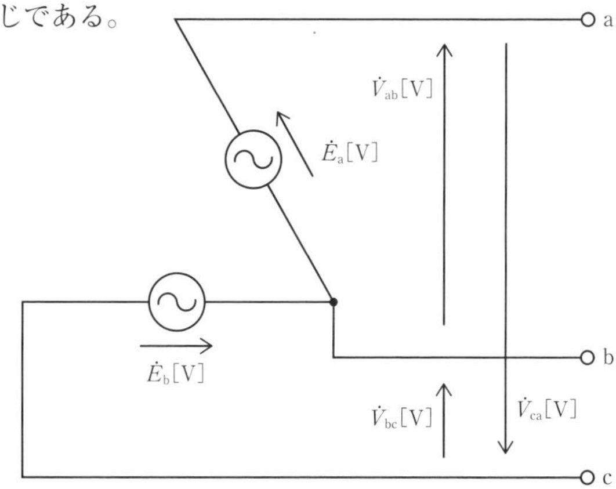

確認問題

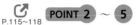

1 次の問に答えよ。 P.115~118 POINT 2 ~ 5

(1) 線間電圧 $\dot{V}_{ab}=100\angle 0$[V] のY形対称三相電源があるとき，この電源の相電圧 $\dot{E}_a$[V]，$\dot{E}_b$[V]，$\dot{E}_c$[V] の大きさ及び位相[rad]を求めよ。ただし，相順はa→b→cの順とする。

(2) 相電圧の大きさが $E=100$ V のΔ形対称三相電源に，一相あたりの抵抗値が5 Ωのム形平衡三相負荷を接続した。このとき，線電流の大きさ[A]を求めよ。

(3) Y結線で電圧が200 Vの対称三相電源にY結線の平衡三相負荷が接続されている。三相のうち，一相の負荷に流れる電流の大きさを測定したところ15 Aであった。力率が0.6であるとすると，この負荷に電源から供給される有効電力[kW]及び無効電力[kvar]の大きさをそれぞれ求めよ。

(4) Y結線に接続されているコイル $L_Y=6$ mHをΔ結線に等価変換したとき，インダクタンスの大きさ L_Δ[mH]を求めよ。

(5) Y結線に接続されているコンデンサ $C_Y=9$ μFをΔ結線に等価変換したとき，静電容量の大きさ C_Δ[μF]を求めよ。

(6) Δ結線で接続されている負荷 $\dot{Z}_\Delta=6+j3$ ΩをY結線に等価変換したとき，負荷 $\dot{Z}_Y$[Ω]を求めよ。

❷ 次の各回路において線電流の大きさ，力率，電源が供給する皮相電力，有効電力，無効電力の大きさをそれぞれ求めよ。

P.117~118 POINT 5

(1)

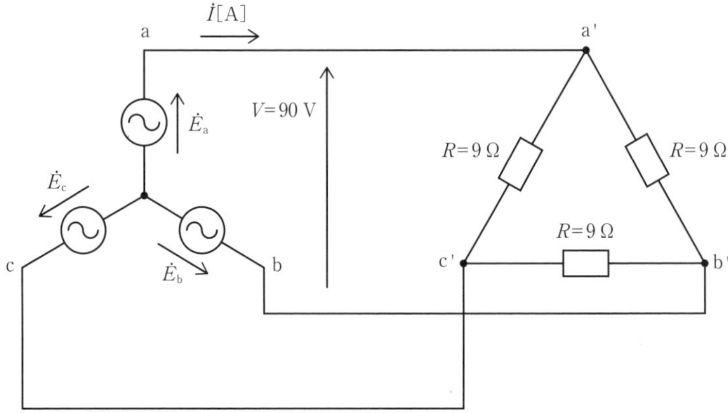

(2)

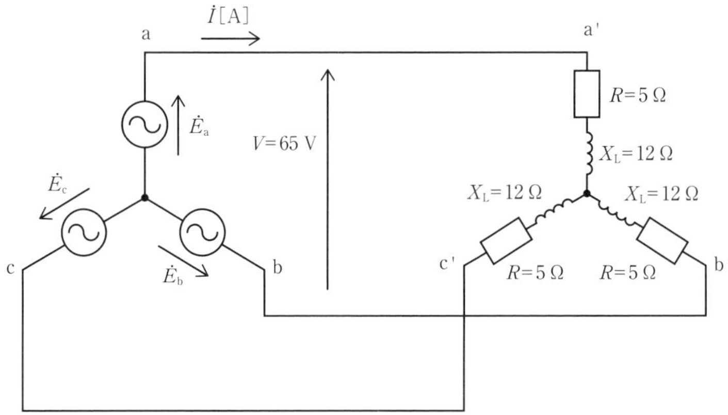

(3)

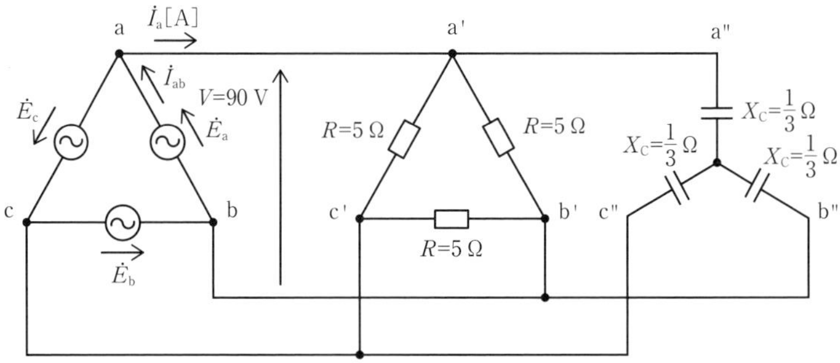

基本問題

1 交流回路に関する記述として，誤っているものを次の(1)〜(5)のうちから一つ選べ。

(1) 抵抗で消費する電力を有効電力，消費されない電力を無効電力と呼ぶ。また，有効電力と無効電力のベクトル和を皮相電力と呼ぶ。

(2) 交流回路における力率$\cos\theta$は，有効電力がP[kW]，無効電力がQ[kvar]であるとき，

$$\cos\theta=\frac{P}{\sqrt{P^2+Q^2}}$$

で求められる。

(3) 平衡三相交流回路において，負荷に供給される線間電圧がV[V]，線電流がI[A]で力率が$\cos\theta$であるとき，負荷に供給される電力P[kW]は，

$$P=\sqrt{3}\ VI\cos\theta\times10^{-3}$$

となる。

(4) Y−Y接続の平衡三相交流回路において，線電流と相電流の大きさと位相は等しく，線間電圧は相電圧の$\sqrt{3}$倍であり，位相は線間電圧の方が相電圧よりも$\frac{\pi}{6}$rad進みとなる。

(5) Δ−Δ接続の平衡三相交流回路において，線間電圧と相電圧の大きさと位相は等しく，線電流は相電流の$\sqrt{3}$倍であり，位相は線電流の方が相電流よりも$\frac{\pi}{6}$rad進みとなる。

2 図のように線間電圧V=100 Vの三相交流電源に抵抗R=4 Ωと誘導性リアクタンスX=3 Ωの直列平衡三相負荷が接続されている。このとき，次の(a)～(c)の問に答えよ。

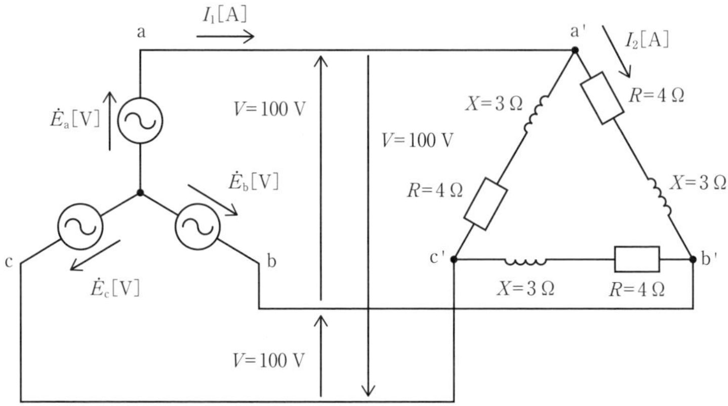

(a) 線路を流れる線電流の大きさI_1[A]として，最も近いものを次の(1)～(5)のうちから一つ選べ。

(1) 20　(2) 25　(3) 30　(4) 35　(5) 40

(b) 負荷を流れる相電流の大きさI_2[A]として，最も近いものを次の(1)～(5)のうちから一つ選べ。

(1) 20　(2) 30　(3) 40　(4) 50　(5) 60

(c) 三相負荷で消費される電力P[kW]として，最も近いものを次の(1)～(5)のうちから一つ選べ。

(1) 1.6　(2) 3.6　(3) 4.8　(4) 6.0　(5) 8.3

3 図のように相電圧の大きさE=100 Vの三相交流電源に抵抗$R=5\sqrt{3}$ Ωと容量性リアクタンスX=5 Ωの直列平衡三相負荷が接続されている。このとき，次の(a)～(c)の問に答えよ。

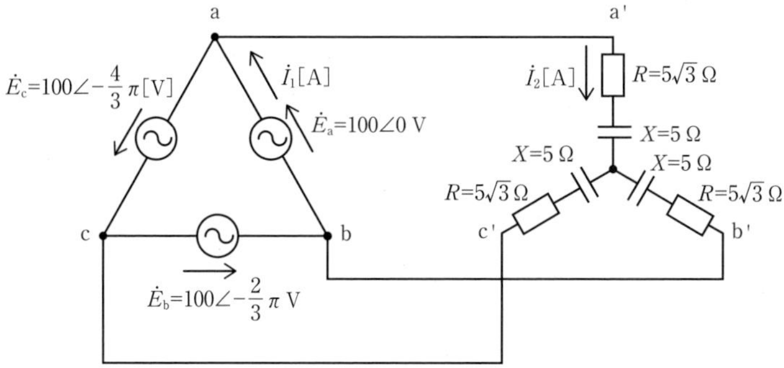

(a) 電源を流れる相電流の大きさI_1[A]として，最も近いものを次の(1)～(5)のうちから一つ選べ。

(1) 3.3　(2) 5.8　(3) 10　(4) 17　(5) 30

(b) 負荷を流れる線電流の大きさI_2[A]として，最も近いものを次の(1)～(5)のうちから一つ選べ。

(1) 3.3　(2) 5.8　(3) 10　(4) 17　(5) 30

(c) 三相負荷で消費される電力P[kW]として，最も近いものを次の(1)～(5)のうちから一つ選べ。

(1) 0.50　(2) 0.87　(3) 1.5　(4) 2.6　(5) 4.5

応用問題

1 交流回路に関する記述として，正しいものを次の(1)～(5)のうちから一つ選べ。

(1) 共振状態にあるRLC直列回路において，電源の周波数を上げると負荷は容量性になり進み電流が流れ，周波数を下げると負荷は誘導性になり，遅れ電流が流れる。

(2) RLC直列回路において，インピーダンスは$\dot{Z}=R+\mathrm{j}X$で力率は$\cos\theta=\dfrac{Z}{R}$となる。

(3) 瞬時値が$e=E_m\sin\omega t$［V］の電源を負荷に繋いだところ，電流の瞬時値が$i=I_m\sin(\omega t+\phi)$［A］であった。このときの負荷の消費電力は$\dfrac{E_m I_m}{2}\cos\phi$［W］である。

(4) 三相交流において，電源が対称三相で，負荷が平衡三相である場合，中性線に電流が流れる。

(5) V結線は，その名の通りV字形をした結線方法である。V結線はΔ結線やY結線で１電源が故障した際にも利用できる。

---

2 図のようなブリッジ回路において，検流計の電流値を測定したところ，0 Aであった。このとき，次の(a)及び(b)の問に答えよ。

(a) 抵抗R_x［Ω］とコイルのインダクタンスL_x［mH］の組合せとして，最も近いものを次の(1)～(5)のうちから一つ選べ。

	R_x	L_x
(1)	18	1.25
(2)	18	0.83
(3)	12	0.83
(4)	12	1.25
(5)	12	1.00

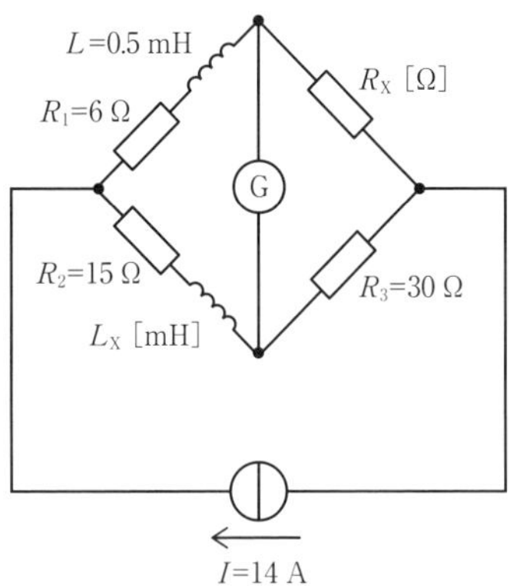

(b) 回路の消費電力[kW]として，最も近いものを次の(1)〜(5)のうちから一つ選べ。

(1) 1.26　(2) 2.52　(3) 3.56　(4) 5.16　(5) 5.44

---

3 図のように，抵抗R=8 Ω，コイルL=50 mH，コンデンサC[mF]からなる平衡三相回路に電圧V=85 Vの対称三相交流電源を接続した回路がある。ただし，電源の角周波数ω=300 rad/sである。このとき，次の(a)〜(c)の問に答えよ。

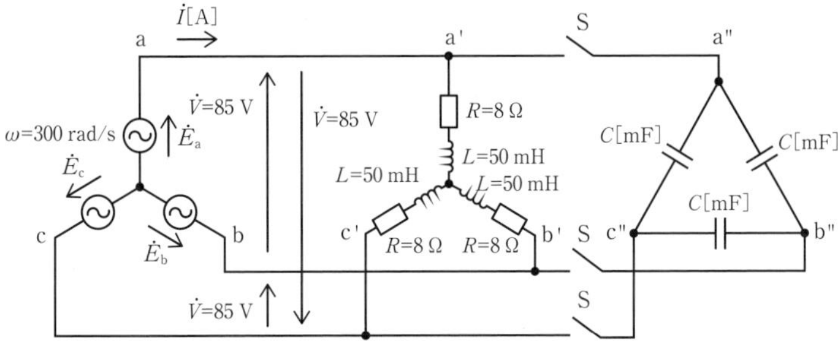

(a) スイッチSを閉じる前，負荷で消費される電力の大きさ[W]として，最も近いものを次の(1)〜(5)のうちから一つ選べ。

(1) 70　(2) 140　(3) 200　(4) 400　(5) 600

(b) スイッチSを閉じる前，負荷に供給される皮相電力の大きさ[V・A]として，最も近いものを次の(1)〜(5)のうちから一つ選べ。

(1) 150　(2) 295　(3) 425　(4) 625　(5) 1275

(c) スイッチSを閉じた後，力率が0.8（遅れ）となった。このときのコンデンサから供給される無効電力の大きさ[var]として，最も近いものを次の(1)〜(5)のうちから一つ選べ。

(1) 145　(2) 225　(3) 275　(4) 425　(5) 525

CHAPTER 06

過渡現象とその他の波形

通常の回路計算は定常状態における計算がほとんどですが，過渡現象はスイッチ投入時などの過渡状態に関する問題が出題されます。電験三種で出題されるのは１問程度で，計算問題はほとんど出題されない分野です。

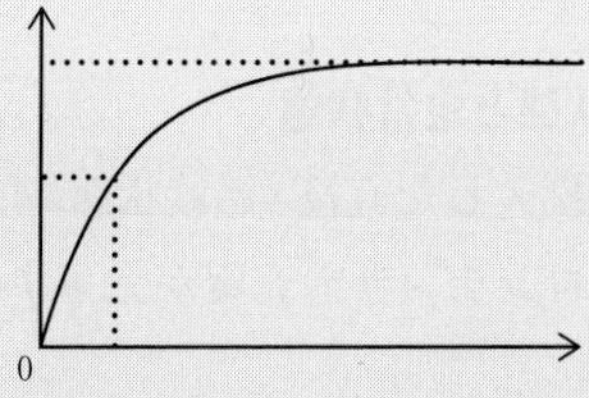

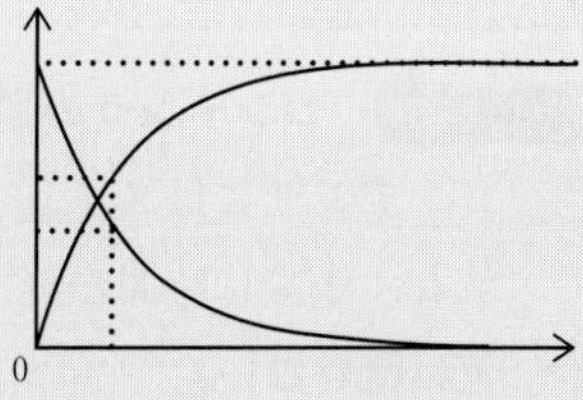

CHAPTER

06 過渡現象とその他の波形

1 過渡現象

（教科書CHAPTER06対応）

POINT 1 過渡現象

スイッチを投入した直後 →過渡状態

スイッチを投入し，十分時間が経過した後→定常状態

POINT 2 コイルの過渡状態と定常状態

コイルにはスイッチを投入した直後（過渡状態）において電流が流れず，十分に時間が経ち，コイルにエネルギーが蓄えられる（定常状態）と電流はよく流れる。

過渡状態→開放

定常状態→短絡

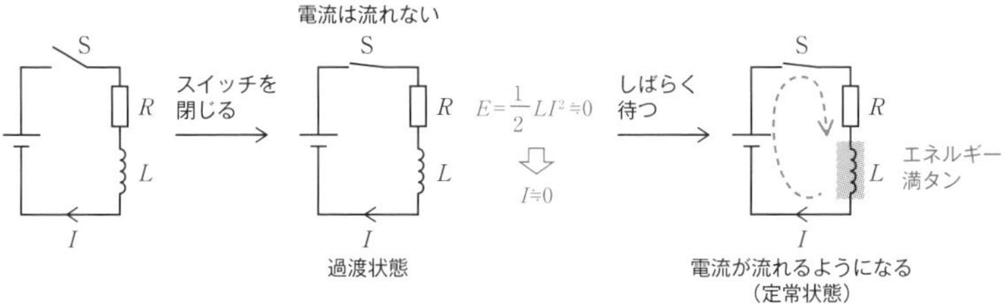

POINT 3 コンデンサの過渡状態と定常状態

コンデンサにはスイッチを投入した直後（過渡状態）において電流がよく流れ，十分に時間が経ち，コンデンサの充電が完了する（定常状態）と電流は流れない。

過渡状態→短絡

定常状態→開放

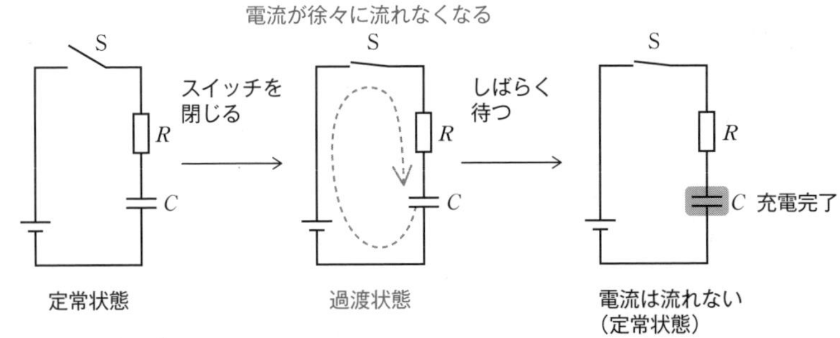

POINT 4 *RL* 直列回路

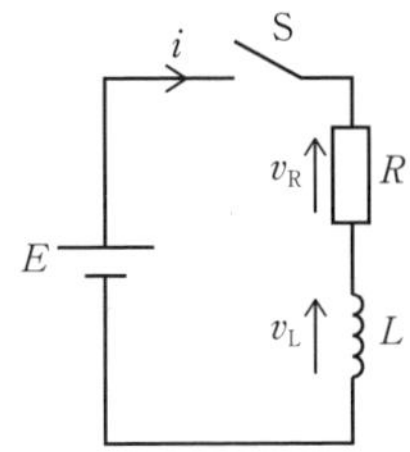

図のようなRL直列回路において，抵抗Rの端子電圧v_Rと電流iの変化は次のようなグラフになる。$\tau=\dfrac{L}{R}$を時定数と呼び，電流iの値が定常状態に対し63.2%変化するまでの時間となる。

電験三種では時定数と波形を記憶しておくこと。

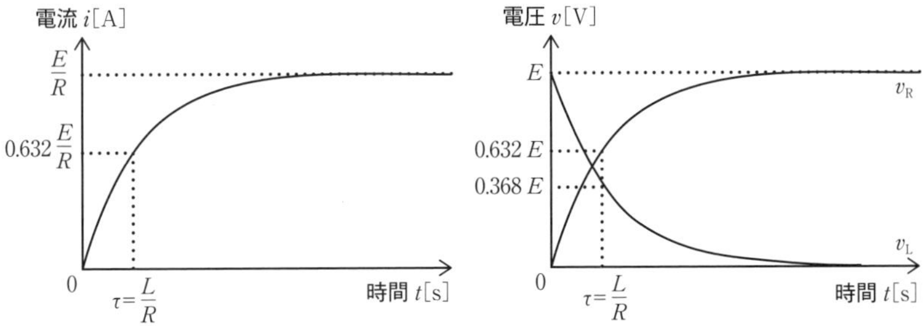

POINT 5　RC直列回路

図のようなRC直列回路において，コンデンサCの端子電圧v_Cと電流iの変化は次のグラフのようになる。$\tau=RC$を時定数と呼び，コンデンサの端子電圧v_Cの値が定常状態に対し63.2%変化するまでの時間となる。

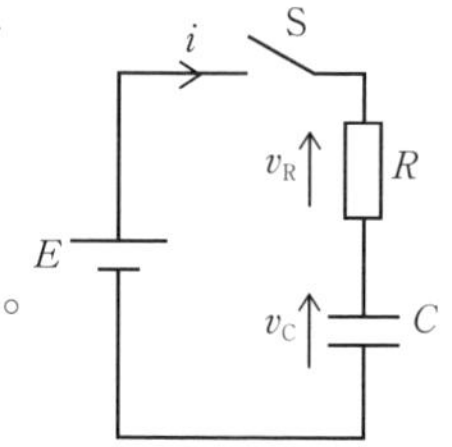

電験三種では時定数と波形を記憶しておくこと。

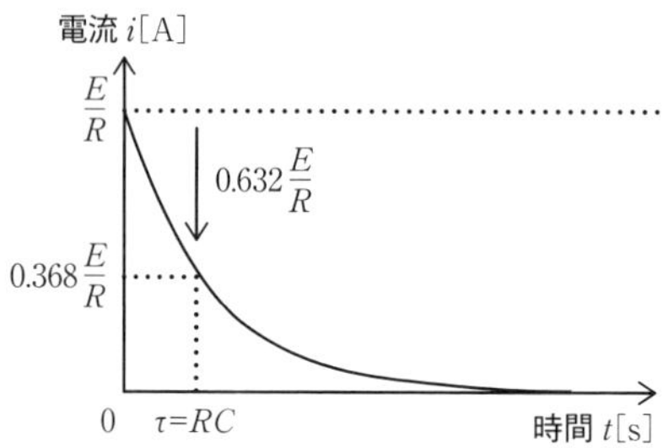

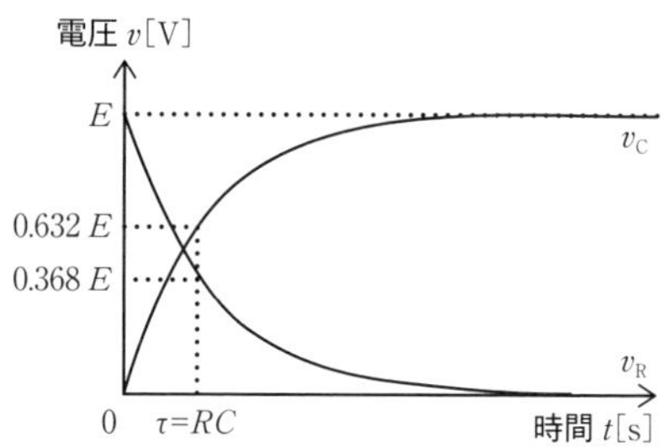

☑ 確認問題

1 以下の文章の（ア）～（エ）にあてはまる語句を答えよ。

P.128～130 POINT 1 ～ 3

コイルやコンデンサが接続された回路においてスイッチをオン・オフすることで電圧の変化が発生した際，電流が落ち着くまでの現象を［（ア）］現象と呼ぶ。［（ア）］現象では，電圧変化が始まって徐々に変化していく状態を［（ア）］状態，十分に時間が経過し，電圧と電流が落ち着いた状態を［（イ）］状態と呼ぶ。

RL 直列回路においては，［（ア）］状態のとき，*L* のインピーダンスは［（ウ）］，［（イ）］状態のとき，*L* のインピーダンスは［（エ）］と考え，*RC* 直列回路においては，［（ア）］状態のとき，*C* のインピーダンスは［（エ）］，［（イ）］状態のとき，*C* のインピーダンスは［（ウ）］と考える。

---

2 次の(a)及び(b)の問に答えよ。

P.128～130 POINT 2 ～ 5

(a) 図のような *RL* 直列回路において，t=0 でスイッチSを閉じたとき，i，v_R，v_L の初期値（スイッチSを入れた直後）及び最終値（スイッチSを入れ，十分時間が経過した後）の値を答えよ。

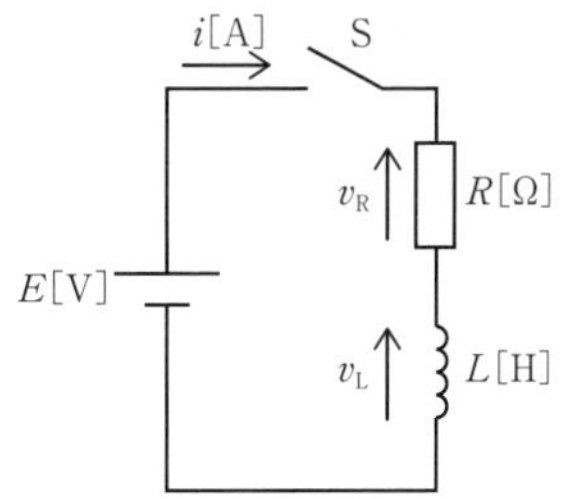

(b) 図のような *RC* 直列回路において，t=0 でスイッチSを閉じたとき，i，v_R，v_C の初期値（スイッチSを入れた直後）及び最終値（スイッチSを入れ，十分時間が経過した後）の値を答えよ。

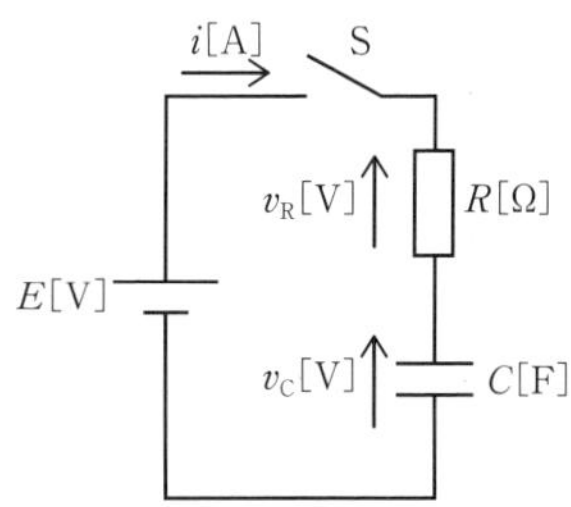

3 次の(a)及び(b)の問に答えよ。

P.128~130 POINT 2 ~ 5

(a) 図のような RL 直列回路において，t=0 でスイッチSを閉じたとき，i，v_R，v_L の各波形の変化を示したものを(1)~(4)のうちから選べ。また，この回路の時定数 τ を答えよ。

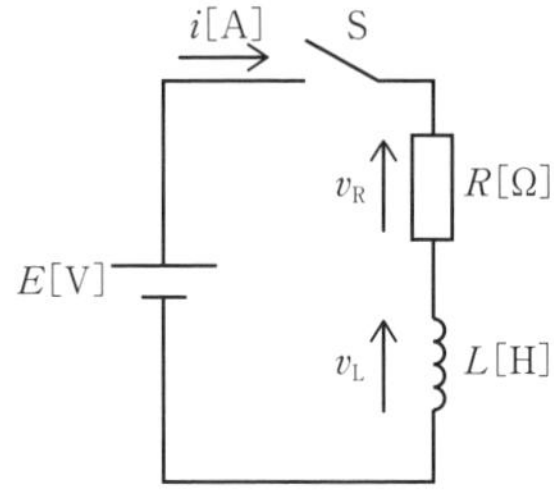

(b) 図のような RC 直列回路において，t=0 でスイッチSを閉じたとき，i，v_R，v_C の各波形の変化を示したものを(1)~(4)のうちから選べ。また，この回路の時定数 τ を答えよ。

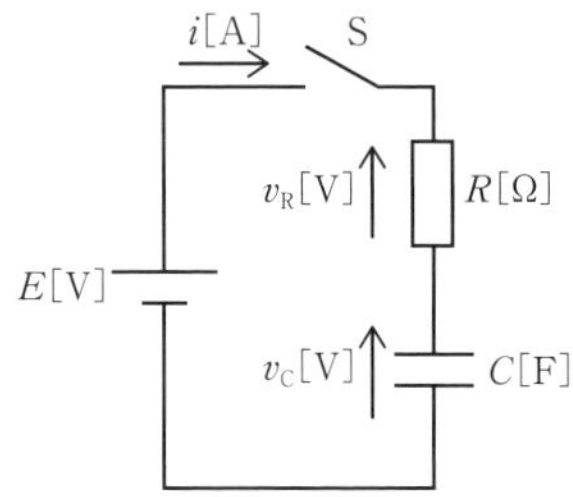

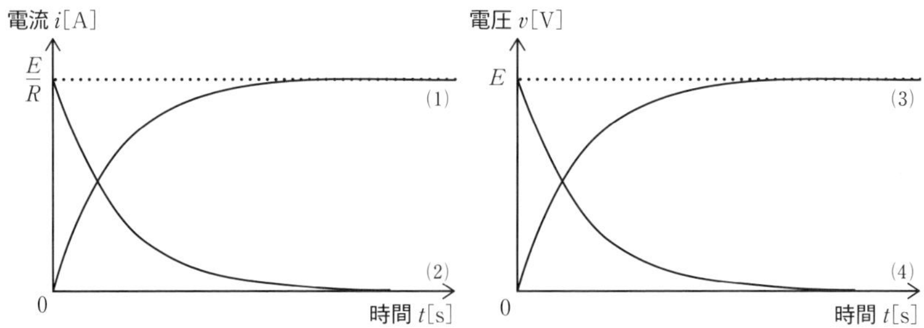

基本問題

1 図のような回路において，t=0でスイッチSを投入した。スイッチSを閉じた瞬間の電流値$I(0)$[A]とスイッチSを閉じて十分時間が経過したときの電流値$I(\infty)$[A]の組合せとして，正しいものを次の(1)~(5)のうちから一つ選べ。

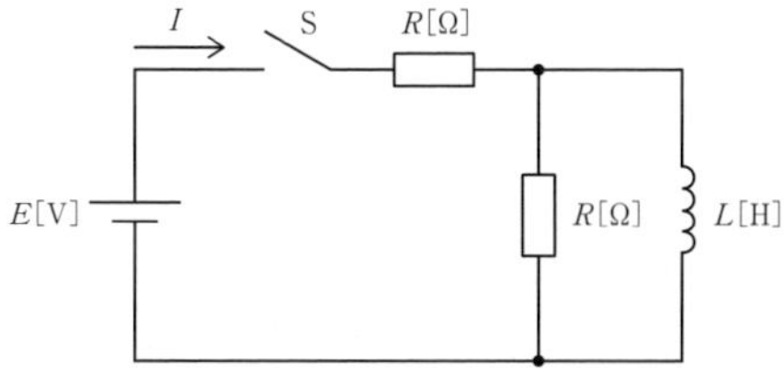

	$I(0)$	$I(\infty)$
(1)	$\dfrac{E}{2R}$	$\dfrac{E}{2R}$
(2)	$\dfrac{E}{2R}$	$\dfrac{E}{R}$
(3)	$\dfrac{E}{R}$	$\dfrac{2E}{R}$
(4)	$\dfrac{E}{R}$	$\dfrac{E}{R}$
(5)	$\dfrac{2E}{R}$	$\dfrac{2E}{R}$

2 図のような回路において，最初t=0でスイッチS_1を閉じ，十分時間が経過した後S_1を開き，$t=t_1$でスイッチS_2を閉じた。このとき，コンデンサの電圧v_C[V]の波形として，正しいものを次の(1)~(5)のうちから一つ選べ。

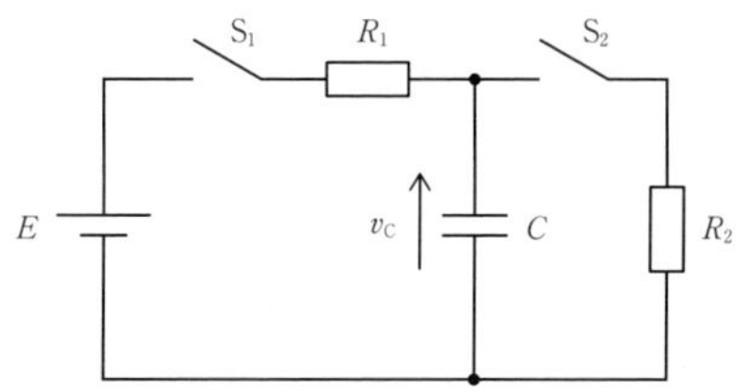

(1)
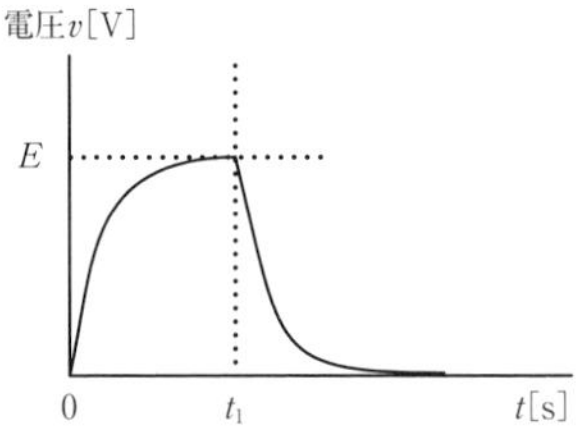

(2)
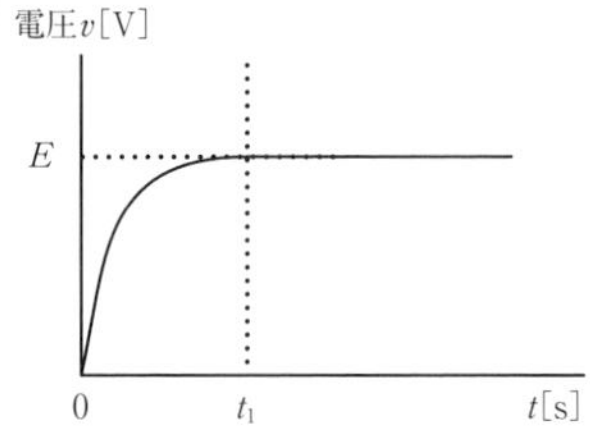

(3)
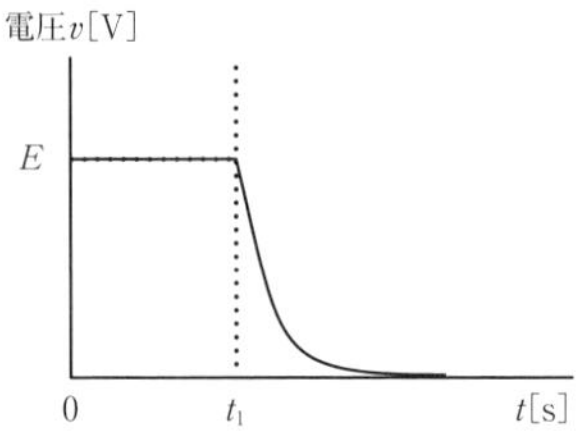

(4)
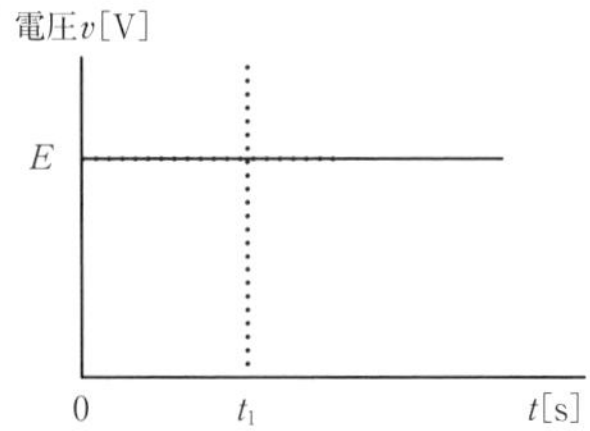

(5)
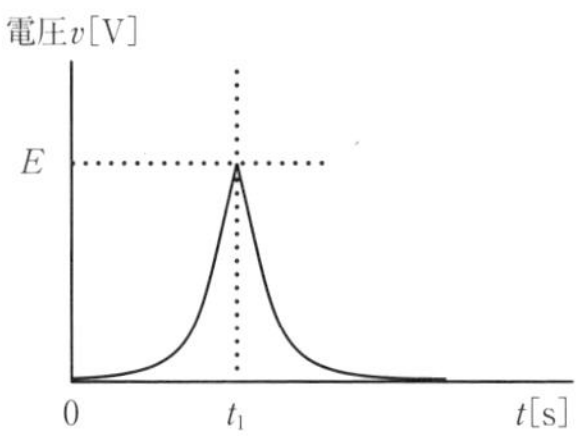

---

3 RC直列回路の過渡現象に関する記述として，誤っているものを次の(1)～(5)のうちから一つ選べ。ただし，コンデンサの初期電荷は零，スイッチSは最初開いているものとする。

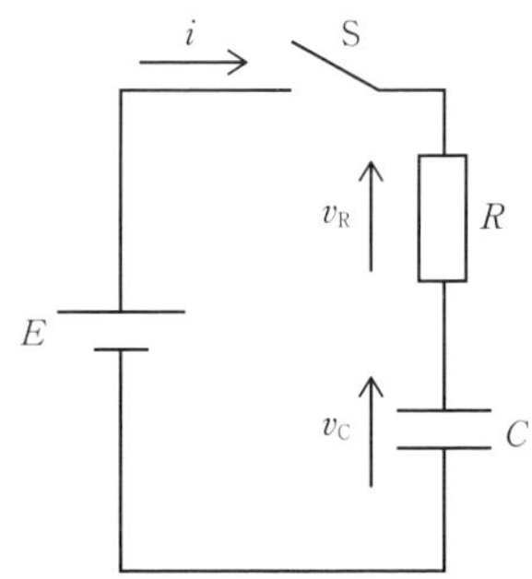

(1) スイッチを閉じた瞬間のコンデンサCの端子電圧v_Cは零である。

(2) スイッチを閉じ，十分時間が経過した後，回路には電流が流れない。

(3) スイッチを閉じた瞬間の抵抗Rの端子電圧v_RはEである。

(4) この回路の時定数はコンデンサの静電容量Cに反比例する。

(5) この回路における時定数とはコンデンサの電圧v_Cが約0.632Eとなったときの時間である。

応用問題

1 図のような回路において，時刻 $t=t_1$ [s] でスイッチ S_1 を閉じ，十分時間が経過した後，$t=t_2$ [s] でスイッチ S_2 を閉じた。このとき，コンデンサに蓄えられる電荷 Q [C] を示す波形として，正しいものを次の(1)〜(5)のうちから一つ選べ。ただし，コンデンサの初期電荷は零とする。

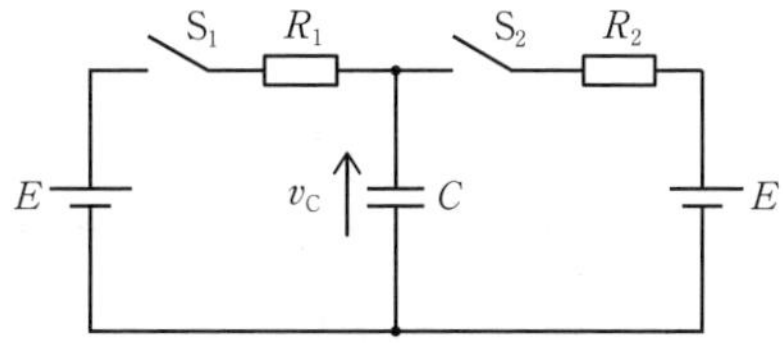

(1)

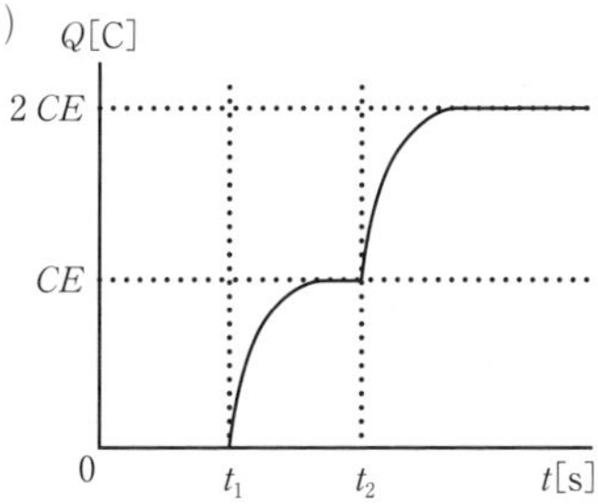

(2)

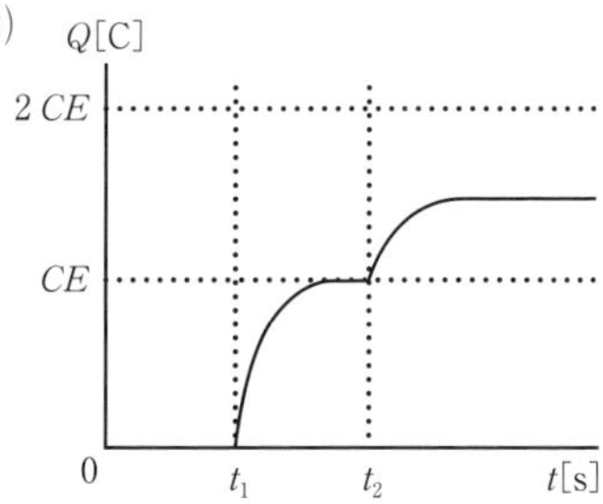

(3)

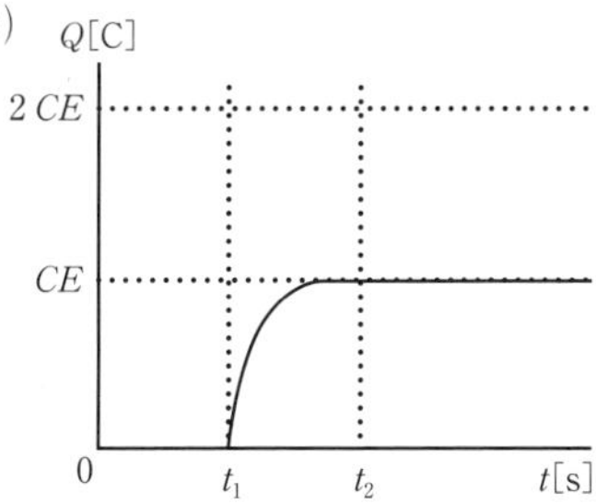

(4)

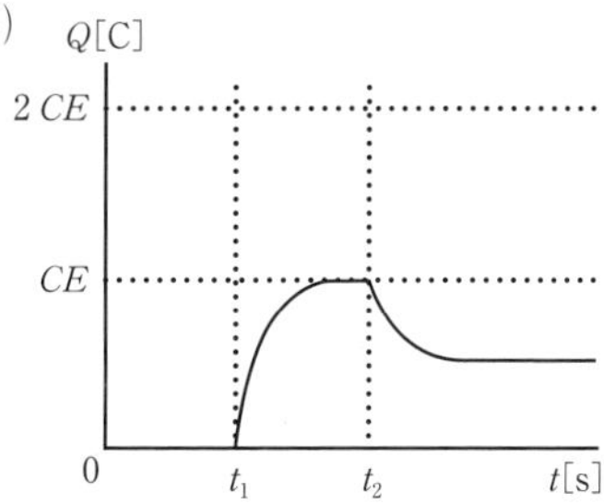

(5)

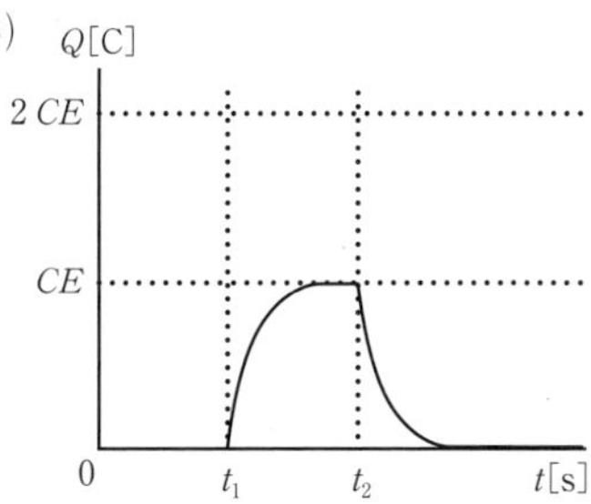

2 図1～3のような回路の過渡現象において，各回路の時定数を小さい順に並べたものとして，正しいものを次の(1)～(5)のうちから一つ選べ。

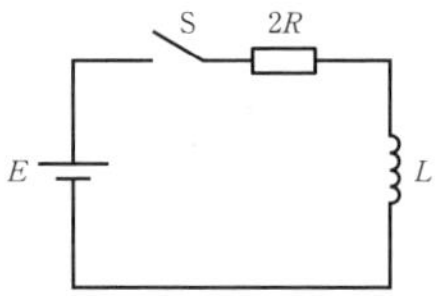

図1

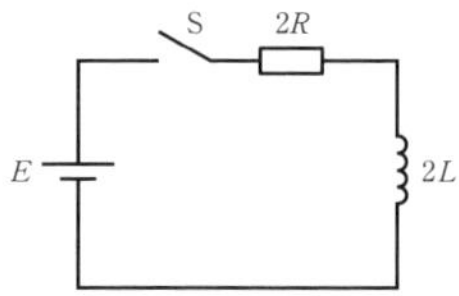

図2

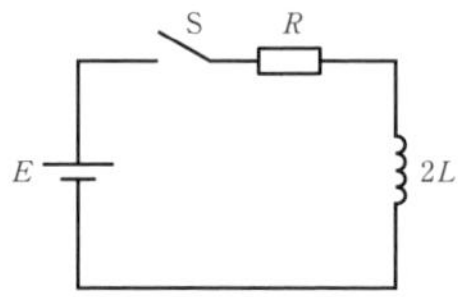

図3

(1) 図1＜図2＜図3

(2) 図2＜図1＜図3

(3) 図2＜図3＜図1

(4) 図3＜図2＜図1

(5) 図3＜図1＜図2

CHAPTER 07

電子理論

半導体や半導体素子の原理，真空電子理論や電子回路，そしてその計算問題と多岐にわたり出題されます。電験三種では５問程度と比較的多く出題され，知識を問う問題が比較的多く出題される分野です。

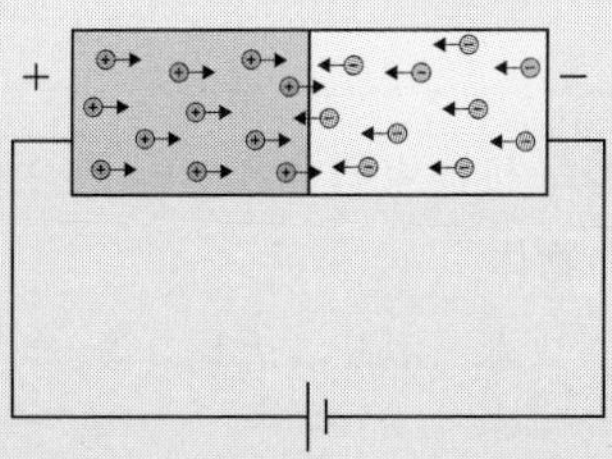

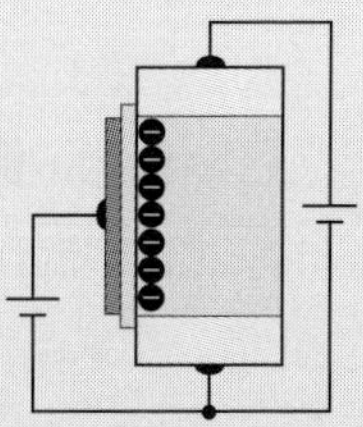

CHAPTER 07

電子理論

1 半導体,ダイオード,トランジスタ

（教科書CHAPTER07 SEC01～03対応）

POINT 1　導体，半導体，絶縁体

(1)導体…自由電子を持っていて，電流をよく流す物体。温度が上がると電気抵抗率が大きくなる。（電流が流れにくくなる）

例　金，銀，銅，鉄等の金属

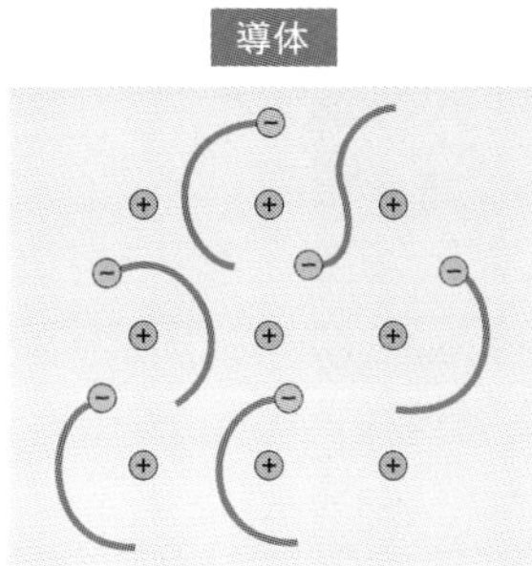

(2)半導体…温度が上がると電子－正孔対ができ，電流が流れる物体。

例　シリコン，ゲルマニウム等

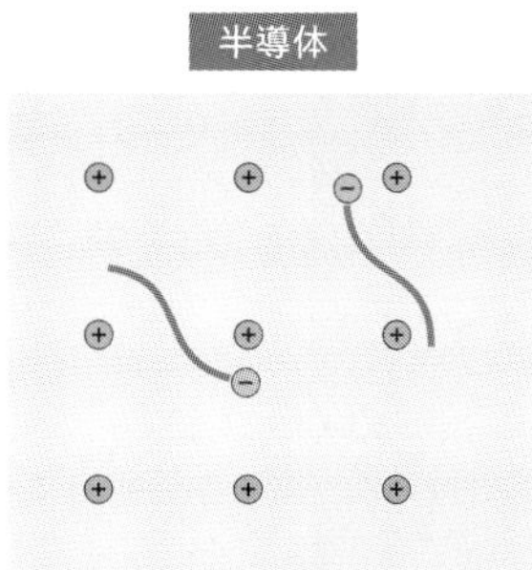

(3)絶縁体…電子が原子核に束縛されていて，電流が流れにくい物体。

例　空気，ガラス，ゴム，ポリエチレン等

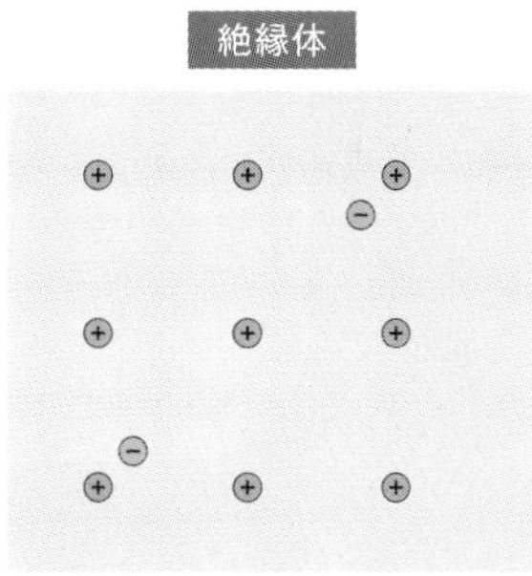

POINT 2　真性半導体と不純物半導体

(1)　真性半導体…不純物を含まない，純度が非常に高い半導体。シリコン，ゲルマニウム等。

(2)　不純物半導体…電子が余るもしくは足りない状態にして，真性半導体より電気を流れやすくした半導体。

①　n形半導体

・真性半導体に，V族の元素（電子が１個あまる元素，例えばリン）を微量加えた半導体。

・余った電子が自由電子となり，電流が流れる。自由電子を作るために混入する不純物をドナーと呼ぶ。

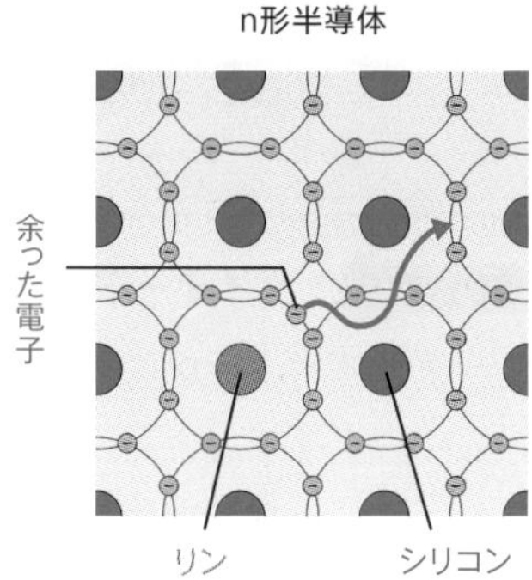

②　p形半導体

・真性半導体に，Ⅲ族の元素（電子が１個足りない元素）を微量加えた半導体。

・電子が足りないため，そこを埋め込むように電子が移動し，まるで，正の電荷（正孔）が動くように電流が流れる。

・正孔を作るために混入する不純物をアクセプタと呼ぶ。

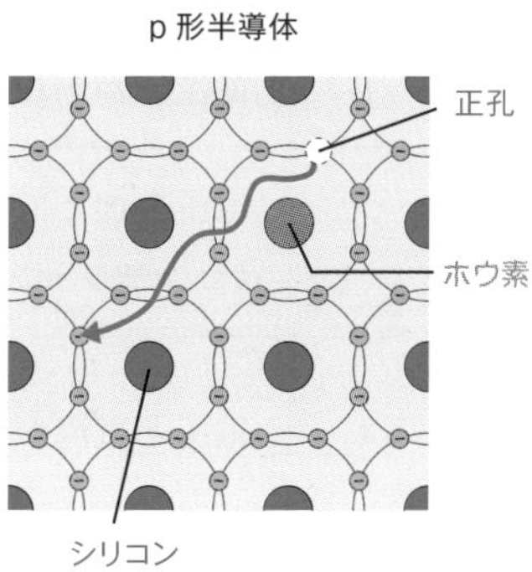

POINT 3　多数キャリヤと少数キャリヤ

・キャリヤ…半導体中の電子や正孔のこと

n形半導体	多数キャリヤ：電子	少数キャリヤ：正孔
p形半導体	多数キャリヤ：正孔	少数キャリヤ：電子

POINT 4　pn接合

pn接合…p形半導体とn形半導体の面している部分

→pn接合の接合面では，電子と正孔の移動が起こり，キャリヤが存在しない空乏層ができる。

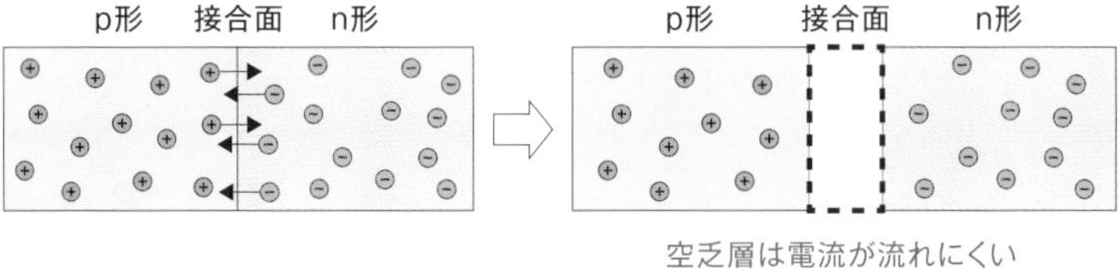

POINT 5　ダイオード

ダイオード…p形半導体とn形半導体を接合した素子（図１）。

→ダイオードには順方向には電流を流しやすく，逆方向には電流を流しにくい整流作用がある（図２）。

領域	特性	用途
①	電流にかかわらず電圧が一定	定電圧ダイオード
②	電圧を加えても電流が流れない （コンデンサのような役割）	可変容量ダイオード
③	電圧と電流がほぼ比例する	発光ダイオード レーザーダイオード

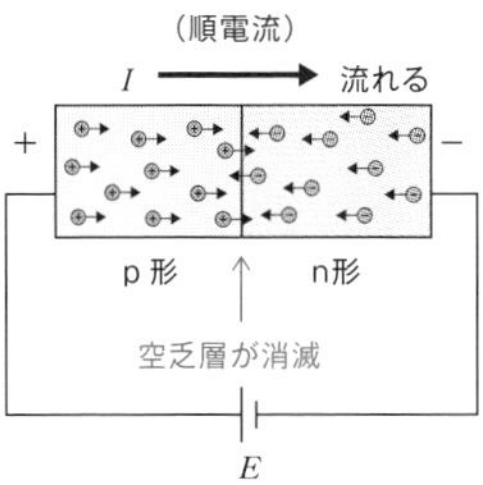

図１

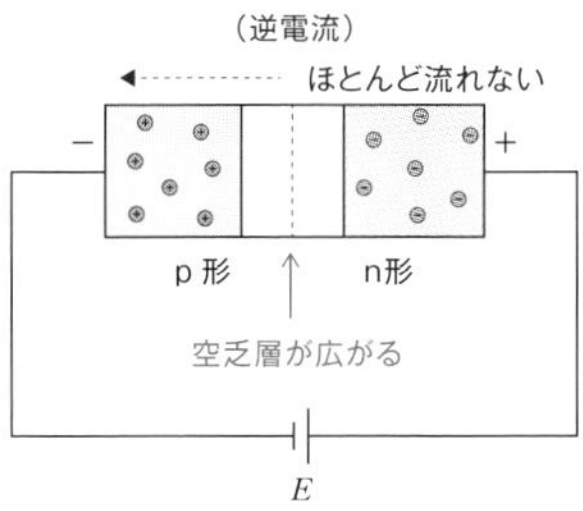

図２

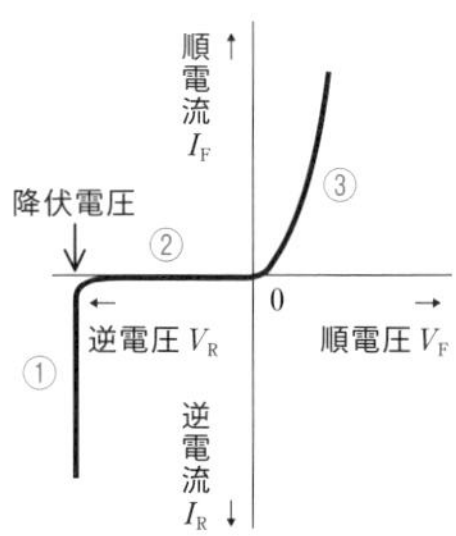

POINT 6 バイポーラトランジスタ

バイポーラトランジスタ…p形半導体とn形半導体をサンドイッチ構造にした素子

モデル図

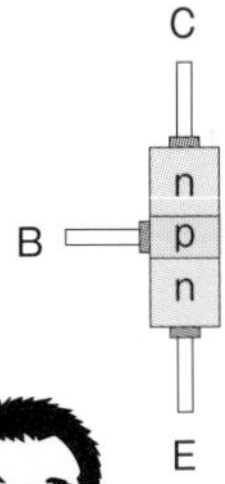

図記号

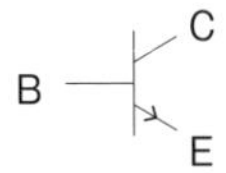

矢印は電流をイメージ

構造にはnpn形トランジスタとpnp形トランジスタがあるが，電験ではnpn形の方が出題されやすいので，npn形トランジスタを基本として覚えておくと良い。

3端子の構造で，真ん中（図のp）から出ている端子がB（ベース），上下から出ている端子がC（コレクタ）とE（エミッタ）となる。

【動作原理】

1．ベース電流を流している状態で，コレクターエミッタ間に電圧を加えると，コレクターエミッタ間が導通する。（ON状態）

2．ベース電流を流さないと，コレクターエミッタ間に電圧をかけても導通しない。（OFF状態）

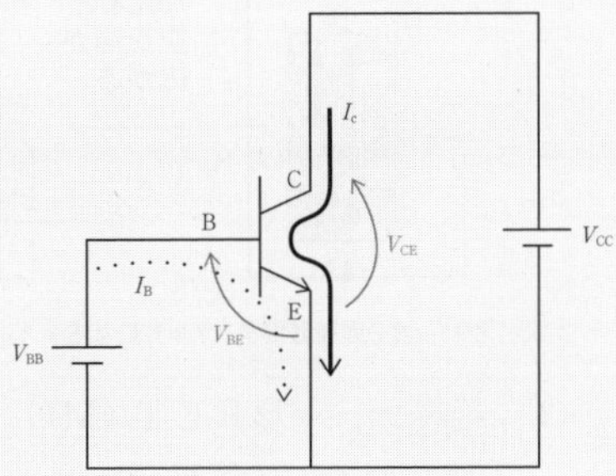

トランジスタがON状態のとき，エミッタ電流I_Eはベース電流I_Bとコレクタ電流I_Cとの合計になるが，ベース電流I_Bが非常に小さいため，コレクタ電流I_Cとエミッタ電流I_Eはほぼ等しいと考える。
また，この素子における電流の増幅率h_{FE}は$h_{FE}=\dfrac{I_C}{I_B}$となる。

POINT 7 電界効果トランジスタ（ＦＥＴ）

・基本的に３端子であり，ｐ形半導体とｎ形半導体を接合するという意味でバイポーラトランジスタと働きは似ているが，そのメカニズムと端子の名称が違う。

・端子はＧ（ゲート），Ｓ（ソース），Ｄ（ドレーン）となる。

(1) 接合形FET

・逆方向のゲート電圧 V_{GS} を加えることで空乏層を広げ，キャリヤの通路（チャネル）の幅を調整する。

・ゲート電圧 V_{GS} が大きくなると空乏層が広がり，ドレーン電流 I_D が流れにくくなる。

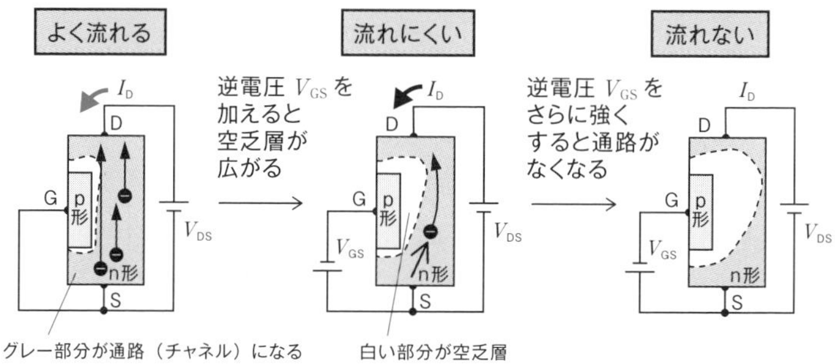

(2) 絶縁ゲート形ＦＥＴ（ＭＯＳＦＥＴ）

・ゲート電圧 V_{GS} を加えると V_{GS} にｐ形半導体のゲート側に電子が引き寄せられて，ｎ形半導体のようになる。ｎ形半導体の通路を通りドレーン電流 I_D が流れる。

・ゲート電圧 V_{GS} が大きくなるとｎ形領域が広がり，ドレーン電流 I_D が流れやすくなる。

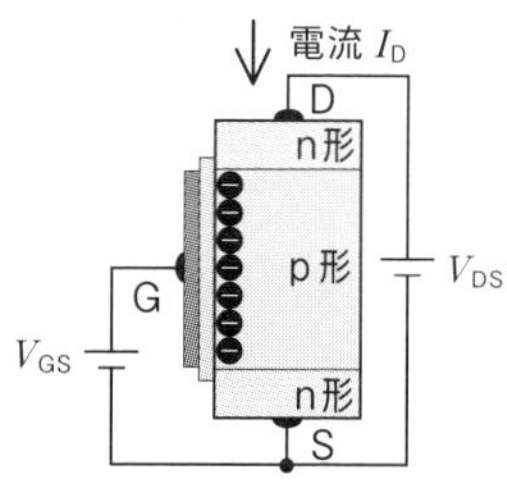

上記はエンハンスメント形の説明で，さらに，あらかじめチャネルを作っておき，ゲート電圧によってチャネルを制御するデプレッション形もある。

POINT 8 増幅度と利得

(1) 増幅度

電圧増幅度　$A_v=\dfrac{V_o}{V_i}$（入力電圧 V_i と出力電圧 V_o の比）

電流増幅度　$A_i=\dfrac{I_o}{I_i}$（入力電流 I_i と出力電流 I_o の比）

電力増幅度　$A_p=\dfrac{P_o}{P_i}=A_v A_i$（入力 P_i と出力 P_o の比）

(2) 利得

電圧利得　$G_v=20\log_{10}A_v$

電流利得　$G_i=20\log_{10}A_i$

電力利得　$G_p=10\log_{10}A_p$

〔対数の基本公式（数学）〕

$10^B=A$ のとき，$B=\log_{10}A$

$\log_{10}A+\log_{10}B=\log_{10}AB$

$\log_{10}A-\log_{10}B=\log_{10}\dfrac{A}{B}$

$\log_{10}A^k=k\log_{10}A$

問題編 CHAPTER 07 電子理論 1

確認問題

❶ 以下の文章の（ア）～（エ）にあてはまる語句を答えよ。 P.138 POINT 1

金属のように自由電子を持っていて，電流が流れやすい物体を［（ア）］といい，ゴム等のように電流が流れにくい物体を［（イ）］と呼ぶ。［（ウ）］は［（ア）］と［（イ）］の中間的な性質を持ち，通常時は電流を流さないが，温度が［（エ）］と電子－正孔対ができ，電流が流れるようになる。

---

❷ 以下の文章の（ア）～（カ）にあてはまる語句を答えよ。 P.139 POINT 2

シリコンやゲルマニウムのようなⅣ族の元素のみでできる不純物を含まない半導体を［（ア）］半導体という。［（ア）］半導体にリンやヒ素等の［（イ）］族の元素やホウ素やガリウム等の［（ウ）］族の元素をドープした半導体を［（エ）］半導体という。

［（エ）］半導体のうち，［（イ）］族の元素をドープしたものを［（オ）］形半導体，［（ウ）］族の元素をドープしたものを［（カ）］形半導体という。

---

❸ 以下の文章の（ア）～（エ）にあてはまる語句を答えよ。 P.139 POINT 3

n形半導体の多数キャリヤは［（ア）］で，少数キャリヤは［（イ）］である。半導体に電界（電圧）を加えるとドリフト電流と呼ばれる電流が流れるが，［（ア）］の動く向きはドリフト電流の流れる向きと［（ウ）］向きであり，［（イ）］の動く向きはドリフト電流の流れる向きと［（エ）］向きである。

---

❹ 以下の文章の（ア）～（エ）にあてはまる語句を答えよ。

P.140 POINT 4 5

p形半導体とn形半導体がくっついた構造を［（ア）］と呼ぶ。［（ア）］の接合面では電子と正孔の移動が起こり，［（イ）］と呼ばれる薄い層ができる。順電圧を加えると［（イ）］は［（ウ）］なり半導体は導通し，逆電圧を加えると［（イ）］は［（エ）］なり半導体は導通しにくくなる。

5 以下の文章の（ア）～（エ）にあてはまる語句を答えよ。 P.140 POINT 5

p形半導体とn形半導体を接合した素子をダイオードと呼ぶ。ダイオードは２端子素子であり，p形半導体側の端子を（ア），n形半導体側の端子を（イ）という。ダイオードは順電圧を加えると電流が流れ，逆電圧を加えると電流が流れない，いわゆる（ウ）作用があるが，電流が流れるのは（ア）と（イ）のうち（エ）の端子を電源のプラス側と接続して電流を流した場合である。

---

6 以下の文章の（ア）～（エ）にあてはまる語句を答えよ。 P.141 POINT 6

バイポーラトランジスタは３端子素子であるが，その３端子の名称は（ア），（イ），（ウ）である。npnトランジスタでは，（ア）端子はp形半導体，（イ），（ウ）端子はn形半導体にある。npnのサンドイッチ構造で最も薄い層は（エ）形半導体の層である。

---

7 以下の文章の（ア）～（エ）にあてはまる語句を答えよ。 P.141 POINT 6

図のような（ア）接地回路では（イ）－（ア）間と（ウ）－（ア）間に電圧をかけ，（イ）電流を流すと（ウ）電流が流れトランジスタはＯＮ状態となるが，このうち（エ）電流を流すのをやめるとトランジスタはＯＦＦ状態となる。

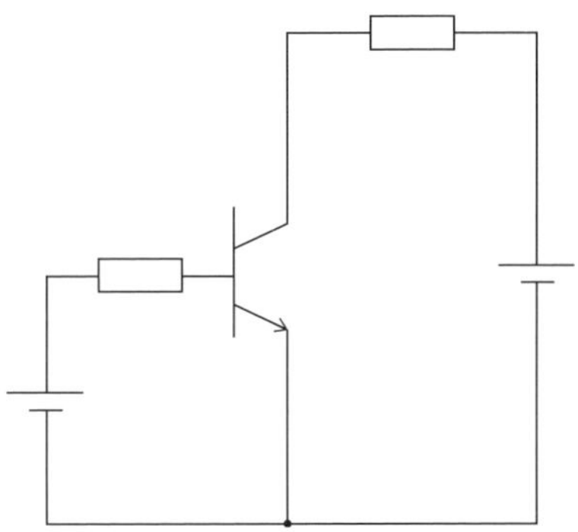

---

8 以下の文章の（ア）～（ウ）にあてはまる語句を答えよ。 P.141 POINT 6

エミッタ接地のバイポーラトランジスタではベース端子にはベース電流I_Bが，コレクタ端子にはコレクタ電流I_Cが，エミッタ端子にはエミッタ電流I_Eが流れる。このうち，（ア）電流は他の電流と比較して小さいため無視できると仮定すると，残りの二つの電流はほぼ等しいと考えることができる。エミッタ接地回路における電流増幅率は（イ）で計算され，上述の内容より，その値は（ウ）値であることがわかる。

❾ 以下の文章の（ア）～（オ）にあてはまる語句を答えよ。 P.142 POINT 7

電界効果トランジスタ（FET）には［（ア）］形と［（イ）］形があり，それぞれpチャネル形とnチャネル形がある。3端子素子が基本であり，その端子の名称は［（ウ）］，［（エ）］，［（オ）］である。

---

❿ 以下の文章の（ア）～（エ）にあてはまる語句を答えよ。 P.142 POINT 7

接合形電界効果トランジスタは［（ア）］方向のゲート電圧を加えることで，接合面にできる［（イ）］を広げキャリヤの流れる幅を調整する。ゲート電圧を大きくすると，ドレーン電流は［（ウ）］なり，ドレーン－ソース間電圧を大きくすると，ドレーン電流は［（エ）］という特性がある。

⓫ 以下の文章の（ア）～（ウ）にあてはまる語句を答えよ。 P.142 POINT 7

npn構造の絶縁ゲート形FETについて，ゲート電圧に［（ア）］の電圧を加えると，p形半導体内の［（イ）］が引き寄せられ，ドレーン－ソース間が導通する。したがって，［（ア）］の電圧を大きくするとドレーン電流は［（ウ）］なる。

⓬ 以下の文章のうち，正しいものには○，誤っているものには×をつけよ。

P.138～143 POINT 1 ～ 7

(1) 電線で使われる銅等の金属は温度が高くなると電流が流れやすくなる。

(2) シリコン等の真性半導体は純度が98％程度の純度が高い半導体である。

(3) 真性半導体は温度が高くなると電子－正孔対ができ，電流が流れるようになる。

(4) 不純物半導体のうち，n形半導体は，ホウ素等のⅢ族の元素をドープした半導体である。

(5) p形半導体にドープされている不純物をアクセプタと呼ぶ。

(6) p形半導体とn形半導体を接合すると，その境界部分に絶縁層という層が現れる。

(7) ダイオード素子のうち，可変容量ダイオードは逆電圧の定電圧特性を利用した素子である。

(8) ダイオードは順方向には電流を流すが，逆方向にもわずかであるが電流を流す。

⑼ ダイオードに逆方向に電圧を加え，ある一定以上の電圧になると，電圧に比例した電流が流れるようになる。この電圧をツェナー電圧（降伏電圧）という。

⑽ 発光ダイオードは材質によってその発光する色が変わり，例えばGaAsであれば赤色，GaNであれば青色に発光する。

⑾ pnpバイポーラトランジスタをONさせるためには，ベース－エミッタ間には正の電圧を加える必要がある。

⑿ ON状態におけるバイポーラトランジスタのベース－エミッタ間電圧はほぼ一定であると考える。

⒀ エミッタ接地回路における電流増幅率はほぼ1である。

⒁ 接合形FETはゲート電圧に逆方向の電圧を加えるが，電圧を大きくすると，ドレーン電流は小さくなる。

⒂ MOSFETはドレーン－ソース間電圧を変化させてドレーン電流を調整する素子である。

基本問題

1 半導体に関する記述として，誤っているものを次の(1)〜(5)のうちから一つ選べ。

(1) 真性半導体に微量の5価の元素を加えたものをn形半導体といい，加えた不純物をドナーとよぶ。

(2) p形半導体の少数キャリヤは電子である。

(3) 金属の電気伝導度は温度が上がると小さくなるが，半導体の電気伝導度は温度が上がると大きくなる。

(4) 真性半導体は不純物半導体に比べ純度が高いため，電流が流れやすい。

(5) 真性半導体における自由電子と正孔の数は同じである。

---

2 半導体のpn接合に関する記述として，誤っているものを次の(1)〜(5)のうちから一つ選べ。

(1) pn接合における接合面付近ではn形半導体からp形半導体へ電子が，p形半導体からn形半導体へ正孔が移動するため，接合面に反転層が現れる。

(2) pn接合した素子にダイオードがあるが，ダイオードは順方向に電圧を加えると電流が流れ，逆方向に加えると電流が流れにくいため，整流作用がある。

(3) 発光ダイオードはpn接合の接合部を利用した発光素子である。

(4) レーザーダイオードはダイオードにおける順方向特性を利用した素子である。

(5) ツェナーダイオードはダイオードにおける逆方向特性を利用した素子である。

3 トランジスタに関する記述として，誤っているものを次の(1)～(5)のうちから一つ選べ。

(1) バイポーラトランジスタはnpnもしくはpnpのサンドイッチ構造をした素子である。

(2) 電界効果トランジスタには接合形とMOS形があり，接合形のゲート－ソース間は逆電圧が加えられる。

(3) バイポーラトランジスタは電流で制御する素子，電界効果トランジスタは電圧で制御する素子である。

(4) バイポーラトランジスタにおいて，ベース電流を流し，コレクタとエミッタ間に電圧を加えるとコレクタ－エミッタ間に電流が流れる。

(5) エミッタ接地回路におけるベース－エミッタ間電圧はコレクタ－エミッタ間電圧より大きい。

---

4 半導体を利用した素子に関する記述として，誤っているものを次の(1)～(5)のうちから一つ選べ。

(1) 発光ダイオード（LED）は，順方向の電圧を加えた場合に発光する素子で，電球に比べ消費電力が少ない特徴がある。

(2) 発光ダイオード（LED）にはヒ化ガリウム，リン化ガリウム，窒化ガリウムを利用した素子がある。

(3) 可変容量ダイオードは，半導体のpn接合に逆電圧を加える素子である。逆電圧の大きさを大きくしていくと，静電容量は大きくなる。

(4) トランジスタには電圧や電流の増幅作用やスイッチング作用があるため，パワーエレクトロニクス素子として利用されている。

(5) 電界効果トランジスタの一つであるMOSFETはスイッチング素子として利用されている。

5 図のような回路において，電圧 V[V] の大きさを変化させていったときの電流－電圧特性として，正しいものを次の(1)～(5)のうちから一つ選べ。ただし，電圧 V 及び電流 I の向きは矢印の方向を正とする。

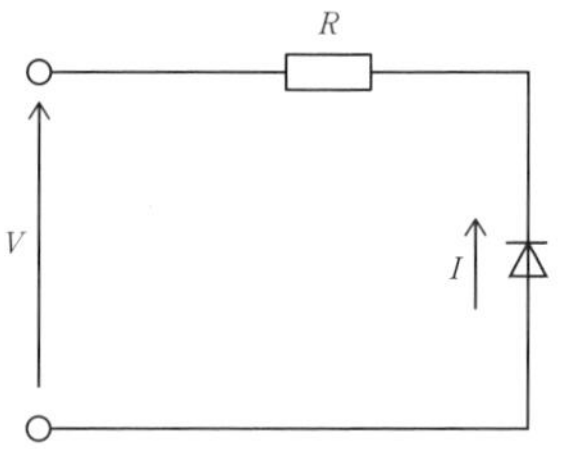

(1)

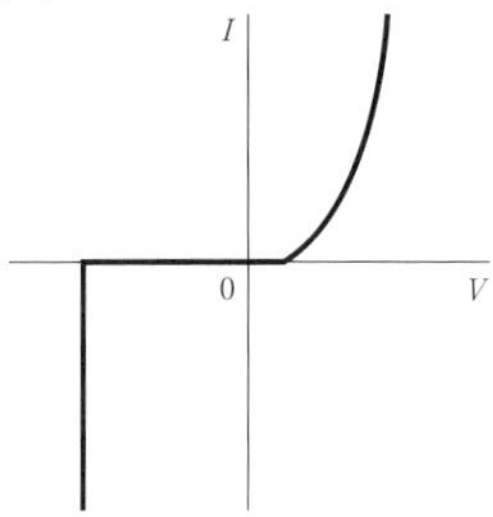

(2)

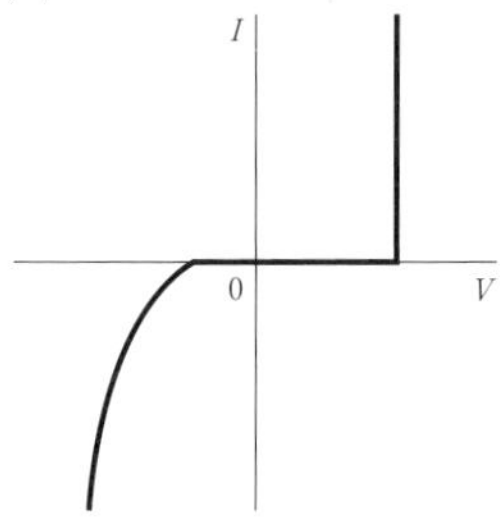

(3)

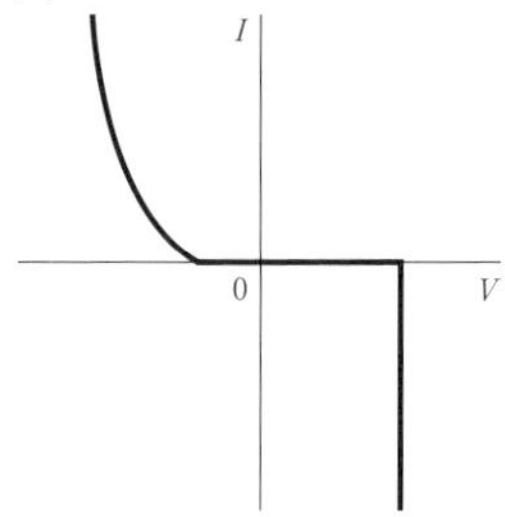

(4)

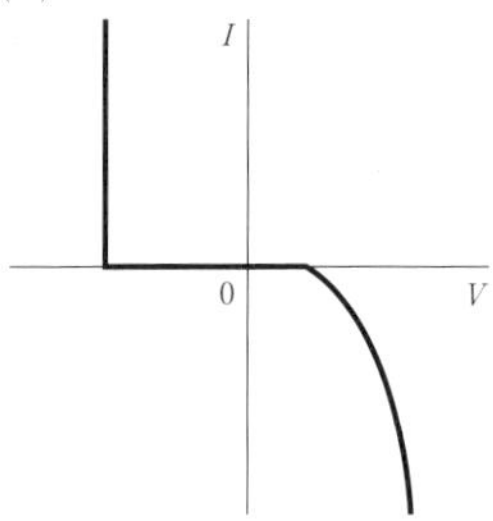

(5)

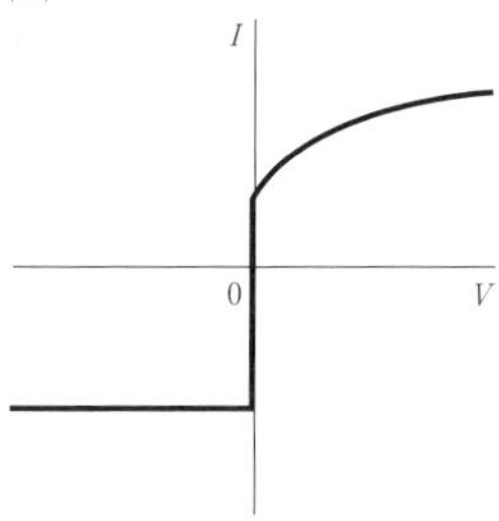

6 図はバイポーラトランジスタを利用した電流帰還バイアス回路である。次の(a)～(c)の問に答えよ。

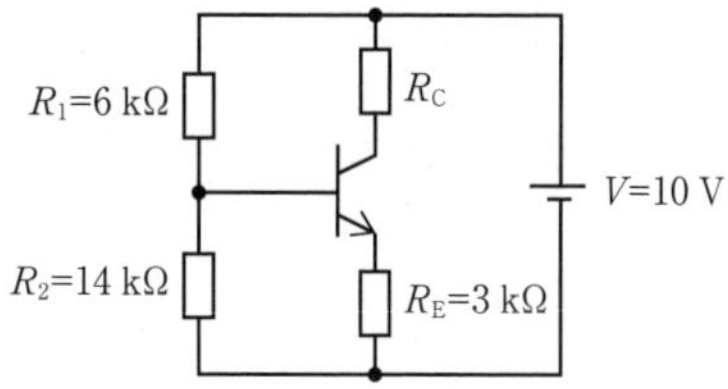

(a) ベース端子の電位［V］として，最も近いものを次の(1)～(5)のうちから一つ選べ。

(1) 6　(2) 7　(3) 8　(4) 9　(5) 10

(b) ベース－エミッタ間電圧を0.7 Vとしたとき，エミッタに流れる電流の大きさ［mA］として，最も近いものを次の(1)～(5)のうちから一つ選べ。

(1) 1.4　(2) 1.8　(3) 2.1　(4) 2.4　(5) 2.8

(c) コレクタに流れる電流の大きさ［mA］として，最も近いものを次の(1)～(5)のうちから一つ選べ。ただし，ベース電流は十分に小さく無視できるものとする。

(1) 1.4　(2) 1.8　(3) 2.1　(4) 2.4　(5) 2.8

応用問題

1 順電圧を加えることで使用するダイオードの組合せとして，正しいものを次の(1)～(5)のうちから一つ選べ。

(1) 可変容量ダイオード，定電圧ダイオード，LED
(2) PINダイオード，LD，LED
(3) ホトダイオード，PINダイオード，定電圧ダイオード
(4) LD，ホトダイオード，LED
(5) ホトダイオード，PINダイオード，可変容量ダイオード

---

2 半導体に関する記述として，誤っているものを次の(1)～(5)のうちから一つ選べ。

(1) 真性半導体は，周期表のⅣ族にあるシリコンやゲルマニウムの純度を99.9%以上にしたものである。
(2) 周期表のⅣ族にある元素である炭素やスズ，鉛は半導体ではない。
(3) 真性半導体に微量のリンやヒ素等の元素を加えたものをn形半導体という。
(4) n形半導体の多数キャリヤをドナー，p形半導体の多数キャリヤをアクセプタという。
(5) n形半導体の少数キャリヤと，p形半導体の多数キャリヤは同じである。

---

3 次の文章はトランジスタについて述べたものである。

トランジスタには［（ア）］制御形のバイポーラトランジスタ，［（イ）］制御形の電界効果トランジスタがある。電界効果トランジスタは［（ウ）］形と［（エ）］形に分類でき，さらに［（エ）］形はデプレッション形と［（オ）］形に分類できる。

上記の記述中の空白箇所（ア），（イ），（ウ），（エ）及び（オ）に当てはまる組合せとして，正しいものを次の(1)〜(5)のうちから一つ選べ。

	（ア）	（イ）	（ウ）	（エ）	（オ）
(1)	電圧	電流	接合	MOS	エンハンスメント
(2)	電圧	電流	接合	MOS	ユニポーラ
(3)	電流	電圧	接合	MOS	エンハンスメント
(4)	電流	電圧	MOS	接合	ユニポーラ
(5)	電圧	電流	MOS	接合	エンハンスメント

4 図はバイポーラトランジスタの［ （ア） ］接地増幅回路である。信号回路の入力電圧をv_i[V]，出力電圧をv_o[V]とすると，電流増幅度は［ （イ） ］，電圧増幅度は大きい。

入力電圧に対して，出力電圧は［ （ウ） ］となり，その電圧増幅度が100であるとき，電圧利得は［ （エ） ］[dB]となる。

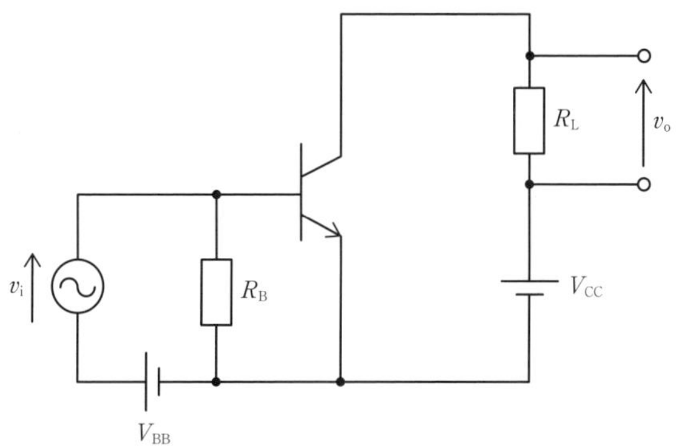

上記の記述中の空白箇所（ア），（イ），（ウ）及び（エ）に当てはまる組合せとして，正しいものを次の(1)〜(5)のうちから一つ選べ。

	(ア)	(イ)	(ウ)	(エ)
(1)	コレクタ	大きく	同位相	40
(2)	ベース	大きく	同位相	20
(3)	エミッタ	大きく	逆位相	40
(4)	コレクタ	小さく	逆位相	20
(5)	エミッタ	小さく	同位相	20

5 図1はMOSFETを使用した回路図であり，図2は本問におけるMOSFETの静特性である。回路の各値は図1の通りとする。次の(a)～(c)の問に答えよ。

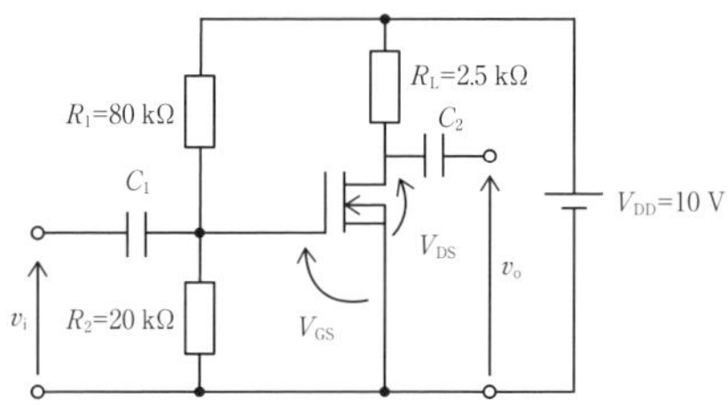

図1

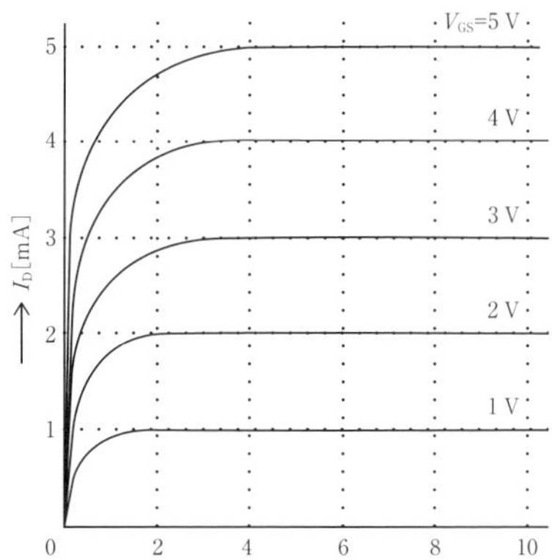

図2

(a) ゲート－ソース間電圧 V_{GS} の大きさ[V]として，最も近いものを次の(1)～(5)のうちから一つ選べ。

(1) 1.0　(2) 2.0　(3) 3.0　(4) 4.0　(5) 5.0

(b) ドレーン電流I_Dの大きさ[mA]として，最も近いものを次の(1)～(5)のうちから一つ選べ。

(1) 1.0　(2) 2.0　(3) 3.0　(4) 4.0　(5) 5.0

(c) この回路の電圧利得G_vの大きさ[dB]として，最も近いものを次の(1)～(5)のうちから一つ選べ。ただし，電圧利得G_vは$G_v=20\log_{10}\dfrac{V_o}{V_i}$で与えられ，$\log_{10}2=0.301$，$\log_{10}3=0.477$とする。

(1) 2.0　(2) 4.0　(3) 6.0　(4) 8.0　(5) 10.0

2 電子の運動と整流回路

(教科書CHAPTER07 SEC04～05対応)

POINT 1 半波整流回路

ダイオードの順方向のみ電流を流す特性から，交流電圧の正の部分のみを取り出す回路。

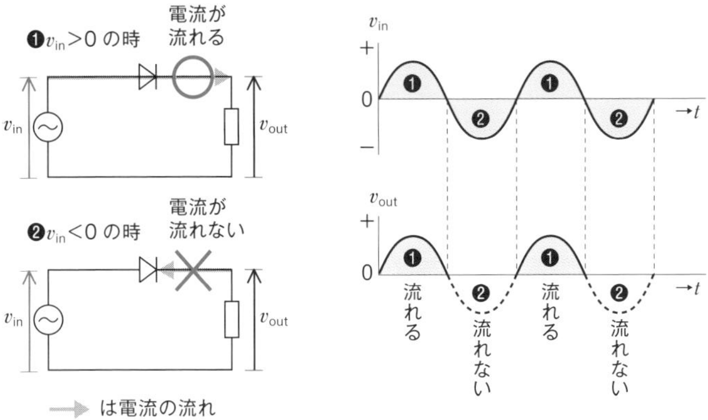

POINT 2 ブリッジ全波整流回路

ダイオードでブリッジ回路を構成し，交流電圧の正と負の両方の部分を，正の電圧として取り出す回路。交流を直流に変換する際に使用する。

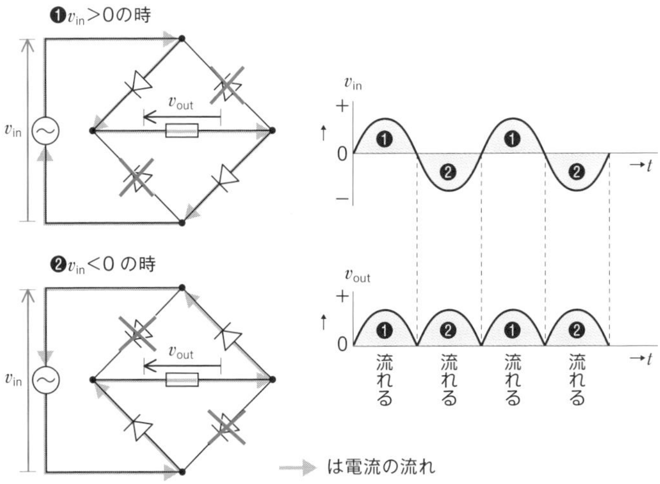

POINT 3　増幅度と利得（再掲）

①　増幅度

電圧増幅度　$A_v=\dfrac{V_o}{V_i}$（入力電圧 V_i と出力電圧 V_o の比）

電流増幅度　$A_i=\dfrac{I_o}{I_i}$（入力電流 I_i と出力電流 I_o の比）

電力増幅度　$A_p=\dfrac{P_o}{P_i}=A_v A_i$（入力 P_i と出力 P_o の比）

②　利得

電圧利得　$G_v=20\log_{10}A_v$ [dB]

電流利得　$G_i=20\log_{10}A_i$ [dB]

電力利得　$G_p=10\log_{10}A_p$ [dB]

〔対数の基本公式（数学）〕

$10^B=A$ のとき，$B=\log_{10}A$（定義）

$\log_{10}A+\log_{10}B=\log_{10}AB$

$\log_{10}A-\log_{10}B=\log_{10}\dfrac{A}{B}$

$\log_{10}A^k=k\log_{10}A$

POINT 4　演算増幅器（ＯＰアンプ）

反転入力と非反転入力の２つの入力から１つの出力を取り出す増幅器。

理想的な演算増幅器は以下のような特徴がある。

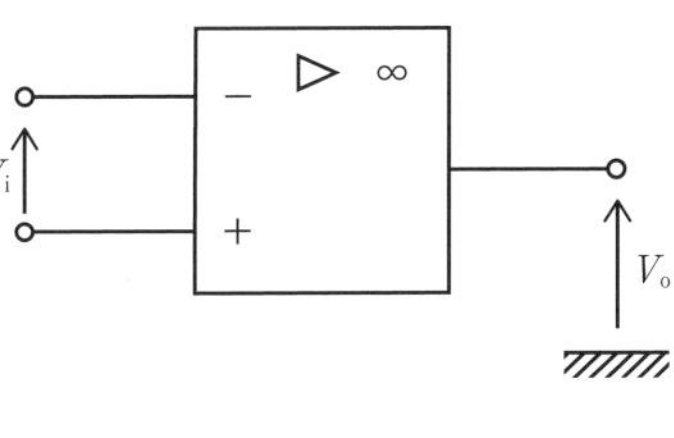

1．電圧増幅度と電流増幅度が∞

2．入力インピーダンスが∞

3．出力インピーダンスが0

結果，入力端子の間では，電位差がほぼ零（仮想短絡）となり，入力の電流は零となる。

演算増幅器は内容を覚えるよりも，実際の問題で解けるようにする。

POINT 5　電子が電界から受ける力

図のように，平等電界$E=\dfrac{V}{d}$[V/m]の電界中に電荷$-e$[C]の電子を置いたとき，電子には以下の力F[N]が加わる。（復習：電磁気）

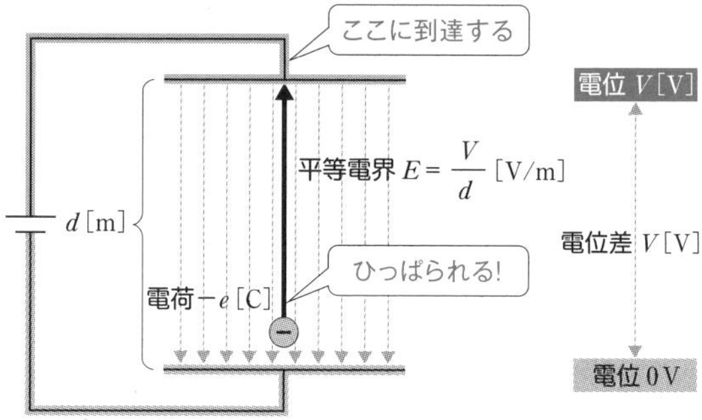

$$F=eE=\frac{eV}{d}$$

電子の質量をm[kg]とすると，加速度a[m/s^2]は，運動方程式より，

$$F=ma=\frac{eV}{d}$$

$$a=\frac{eV}{md}$$

POINT 6　電子の運動におけるエネルギー保存の法則

図のように平行平板コンデンサの下端において電子$-e$[C]に電圧V[V]が加わっているとき，電子の持つ位置エネルギーU[J]は，次の式で表せる。

$$U=eV$$

同じ電子が平行平板コンデンサの上端に到達したとき，電子の速度がv[m/s]になっていたとすると，電子の持つ運動エネルギーK[J]は，電子の質量をm[kg]とすると，

$$K=\frac{1}{2}mv^2$$

エネルギー保存の法則より，両エネルギーは等しいので，

$$eV=\frac{1}{2}mv^2$$

❶位置エネルギー $U=eV$ [J]（図 1）　❷運動エネルギー $K=\frac{1}{2}mv^2$ [J]（図 2）

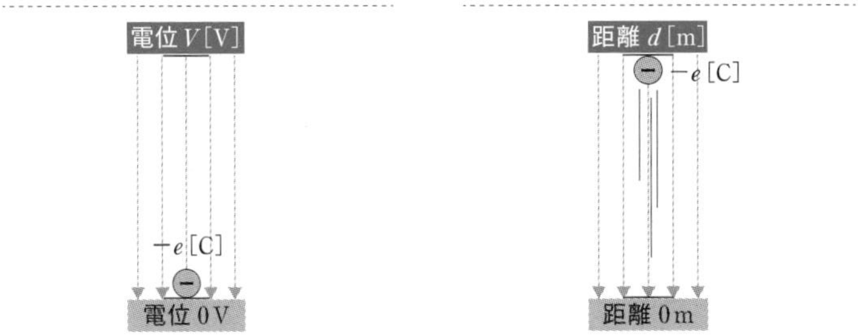

エネルギー保存の法則より❶＝❷

POINT 7　ローレンツ力

電荷$-e$[C]の電子が磁束密度B[T]の磁界中を速度v[m/s]で運動するとき，電子に加わる力の大きさF[N]は，フレミングの左手の法則（電子の動く向きは電流の向きと逆）により，

$$F=evB$$

となる。これをローレンツ力という。

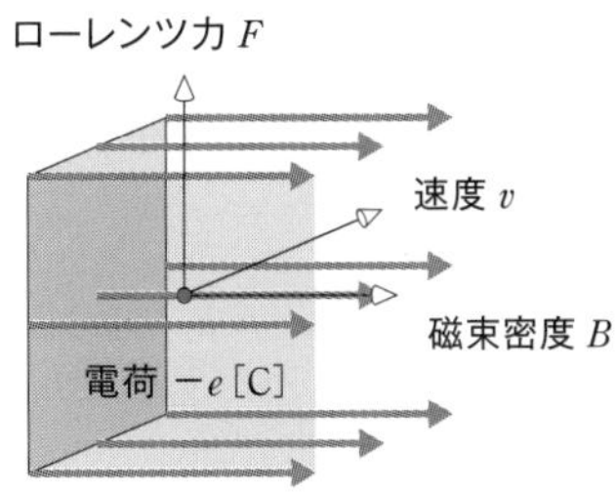

POINT 8　サイクロトロン運動

一様な磁界中に電子が垂直に入射すると，速度の方向と垂直に一定のローレンツ力が働く。ローレンツ力は常に中心に向かう向心力となって，電子は円運動をする。これをサイクロトロン運動という。

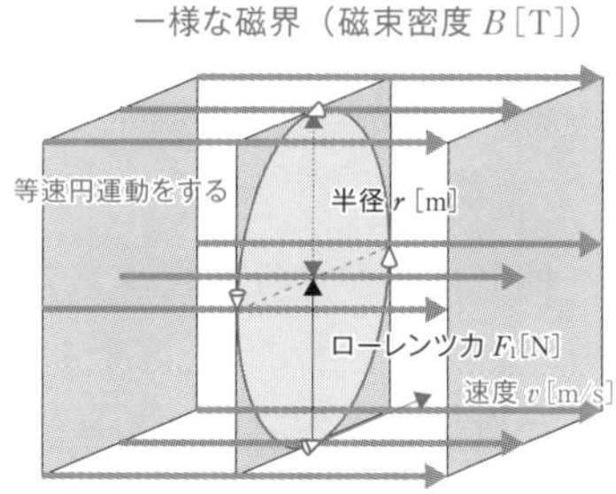

電子に働くローレンツ力 F_1[N] は，

$$F_1=evB$$

であり，円運動の公式（高校の力学）より，中心から遠ざかろうとする遠心力 F_2[N] は，

$$F_2=\frac{mv^2}{r}$$

となるので，両者が等しいことから，回転半径 r[m] は次の式で表せる。

$$evB=\frac{mv^2}{r}$$

$$r=\frac{mv}{eB}$$

確認問題

1 以下の(a)〜(d)の回路において，入力v_iに正弦波交流（解答群(1)のような波形の電圧）を流したときの出力v_oの波形として，最も近いものを解答群の中から選べ。

P.156 POINT 1 2

(a)

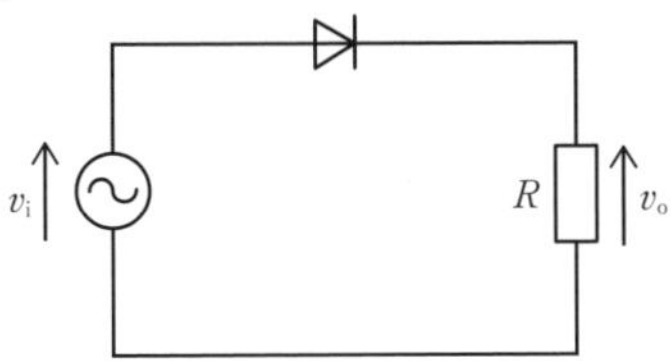

(b)

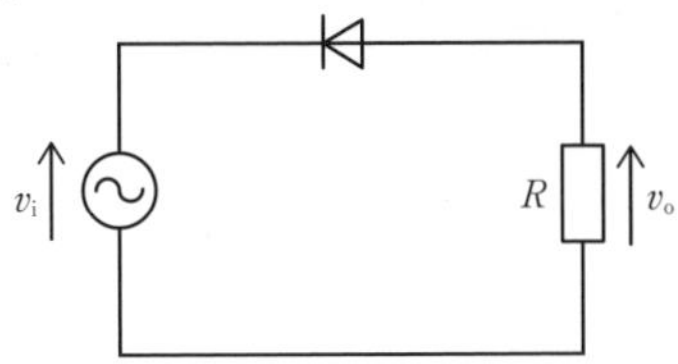

(c)

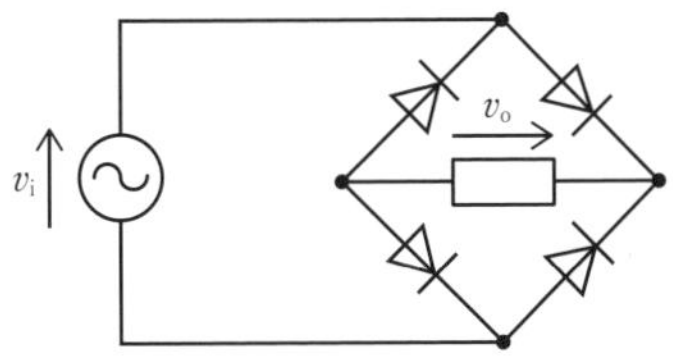

(d)

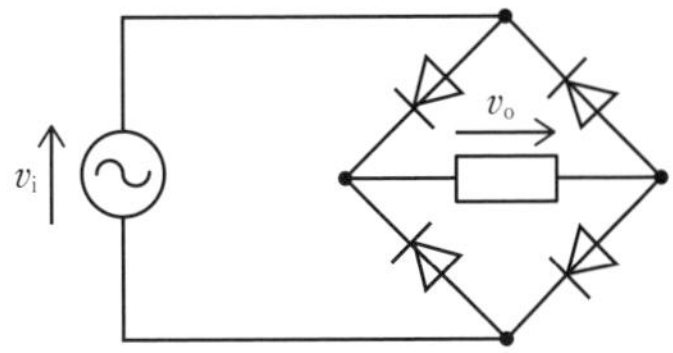

〔解答群〕

(1)

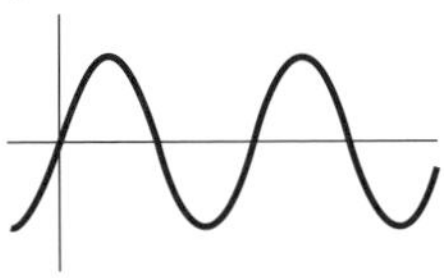

(2)

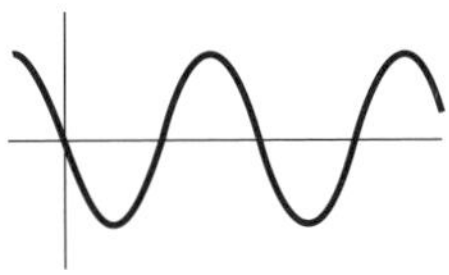

(3)

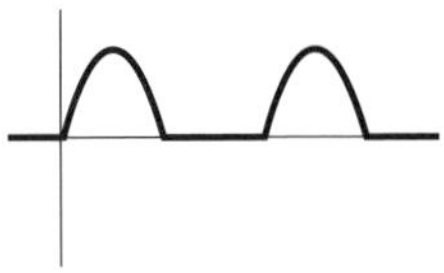

(4)

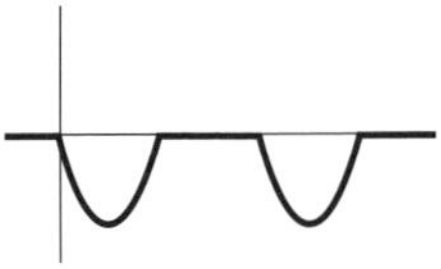

(5)

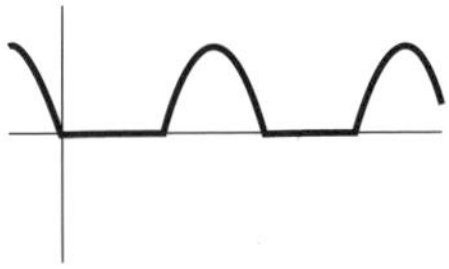

(6)

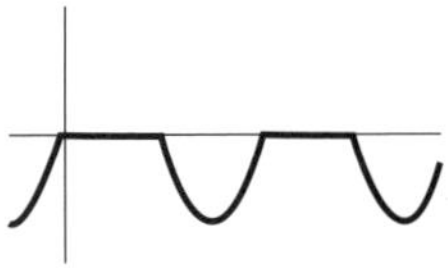

(7)

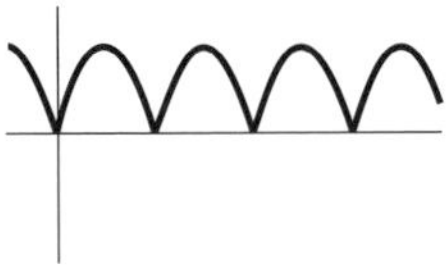

(8)

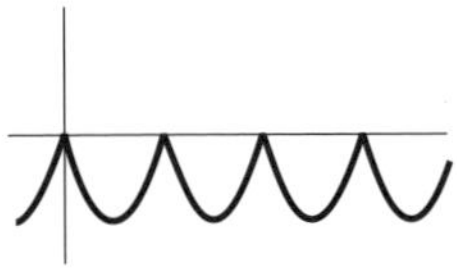

❷ 入力電圧 V_i[V] と出力電圧 V_o[V] 及び入力電流 I_i[A] と出力電流 I_o[A] が以下のように与えられているとき，電圧増幅度 A_v，電圧利得 G_v，電流増幅度 A_i，電流利得 G_i，電力増幅度 A_p，電力利得 G_p の値を求めよ。ただし，$\log_{10} 2=0.301$，$\log_{10} 3=0.477$ とする。

P.157 POINT 3

(1) $V_i=1$ V，$V_o=10$ V，$I_i=1$ A，$I_o=1$ A

(2) $V_i=10$ V，$V_o=60$ V，$I_i=1$ A，$I_o=20$ A

(3) $V_i=100$ V，$V_o=500$ V，$I_i=10$ A，$I_o=30$ A

(4) $V_i=5$ V，$V_o=75$ V，$I_i=5$ A，$I_o=30$ A

---

❸ 次の演算増幅器を用いた回路において，出力電圧，電圧増幅度及び電圧利得の値を求めよ。ただし，$\log_{10} 2=0.301$，$\log_{10} 3=0.477$ とする。

P.157 POINT 4

(a)

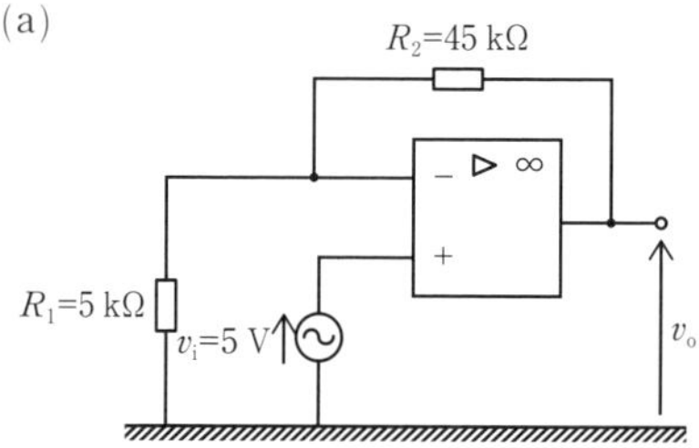

(b)

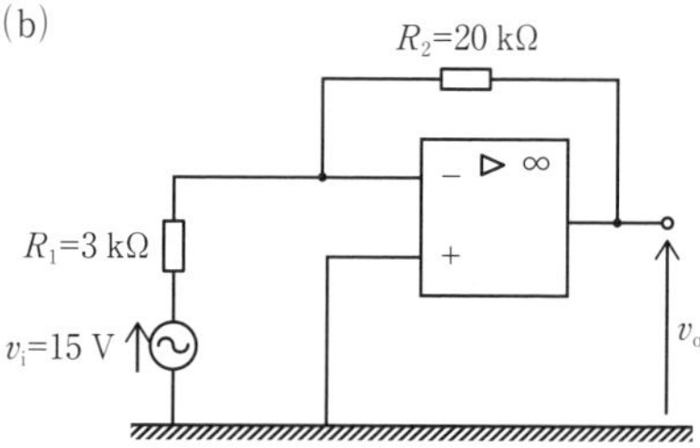

---

❹ 次の文章の（ア）～（エ）にあてはまる語句又は式を答えよ。

P.158 POINT 5

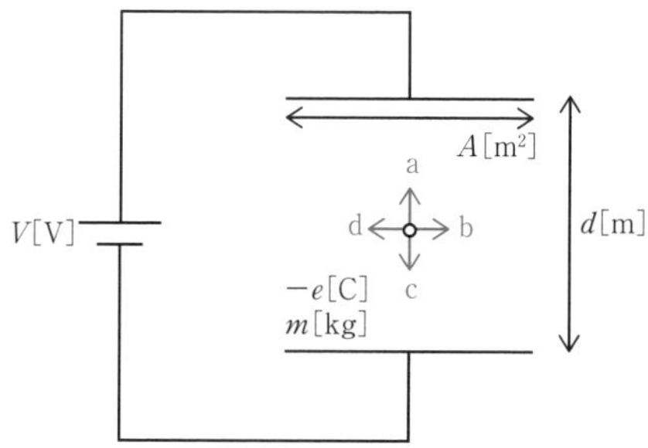

図のように面積 A[m^2]，極板間の距離 d[m] を隔てた平行平板コンデンサを電源 V[V] につなぎ，コンデンサの間に，質量 m[kg]，電荷 $-e$[C] の電子を置いた。このとき，コンデンサ内の電界が一様であるとすると，コンデンサ内の電界の大きさは［（ア）］[V/m] であるため，電子に加わる力の大きさは［（イ）］[N] であり，力の向きは図のa～dのうち，［（ウ）］の向きとなる。また，電子の加速度の大きさは，［（エ）］[m/s^2] となる。

5 次の文章の（ア）～（エ）にあてはまる式を答えよ。 P.159 POINT 6

問題**4**と同じ平行平板コンデンサの下端に電子を置いた場合を考える。このとき電子が持っている位置エネルギーは［（ア）］[J]，運動エネルギーは［（イ）］[J]である。電子に力が加わり，コンデンサの上端まで到達すると電子の速度はv[m/s]となった。このとき，位置エネルギーは［（ウ）］[J]，運動エネルギーは［（エ）］[J]となる。

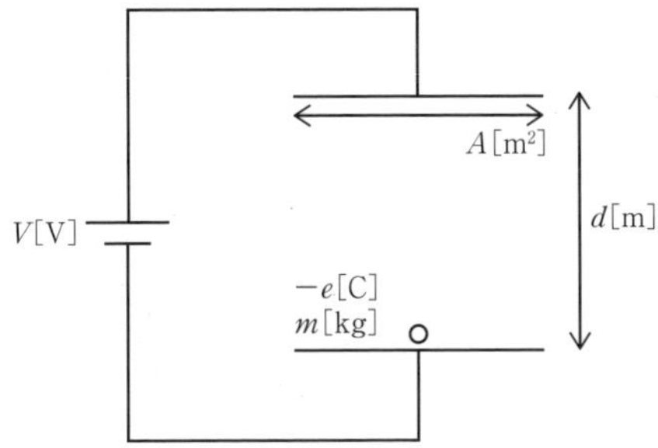

---

6 次の文章の（ア）～（エ）にあてはまる語句又は式を答えよ。 P.159 POINT 7

図のように，質量m[kg]，電荷$-e$[C]の電子が図の左から速度v[m/s]で入射してきた。そこに，磁束密度の大きさB[T]が一定の一様な磁界が紙面の奥から手前にかかったとするとき，電子にかかる力の大きさは［（ア）］[N]であり，電子の動く向きは図のa～cのうち，［（イ）］の向きとなる。この電子はその後円運動を始めるが，その速度は［（ウ）］[m/s]であり，回転半径は［（エ）］[m]である。

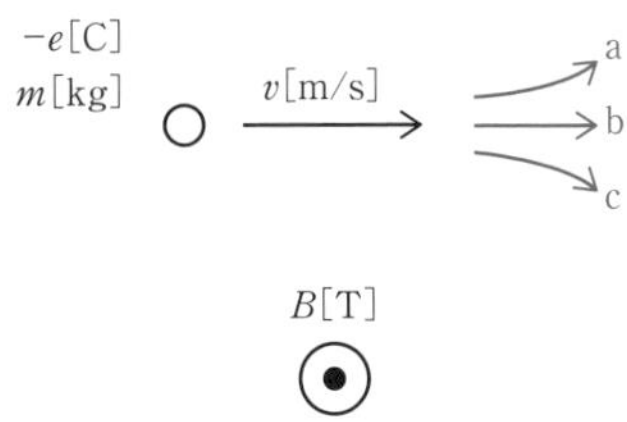

基本問題

1 図の(a)及び(b)の回路において，入力v_iに正弦波交流を流したときの出力v_oの波形として，最も近いものを解答群の中から選べ。ただし，入力電圧は，解答群(1)のような波形の電圧である。

(a)

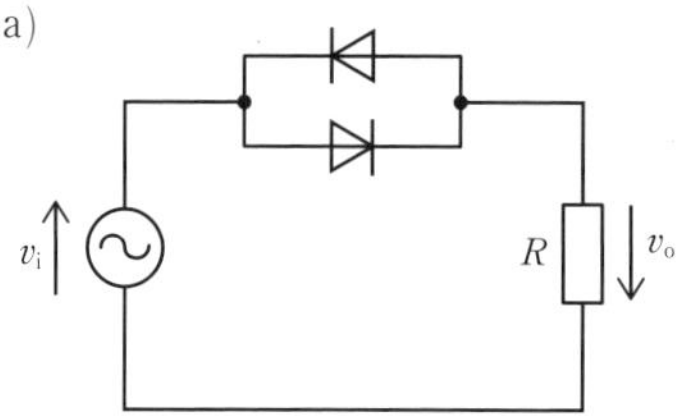

(b)

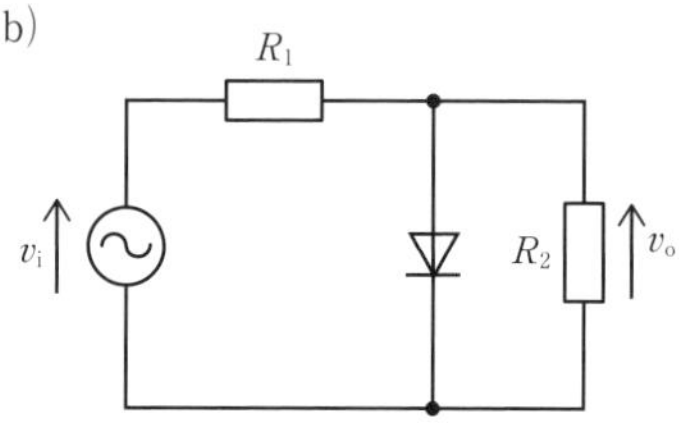

〔解答群〕

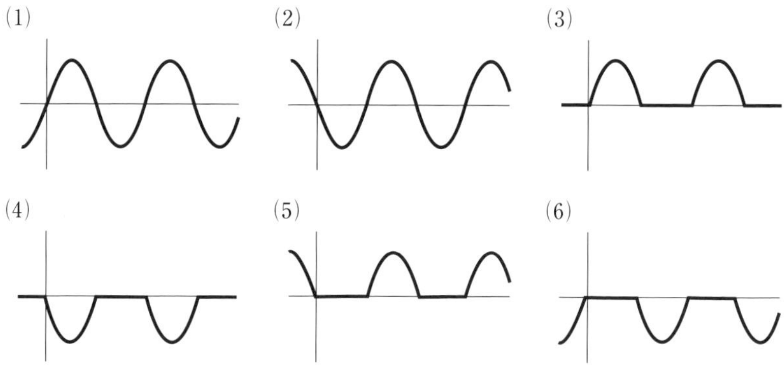

2 図のような回路において，入力の直流電圧V[V]を変化させたとき，V[V]と抵抗R[Ω]を流れる電流I[A]の関係を示した図として，正しいものを次の(1)〜(5)のうちから一つ選べ。

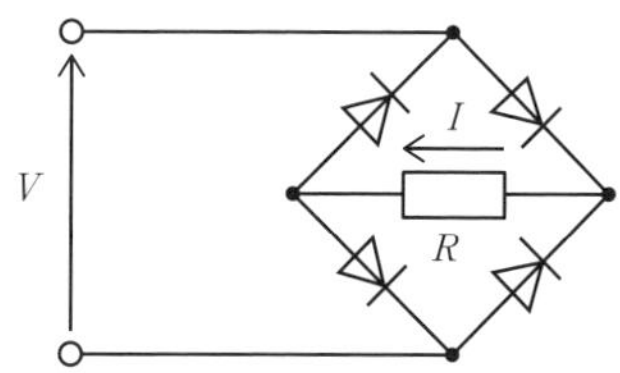

(1)

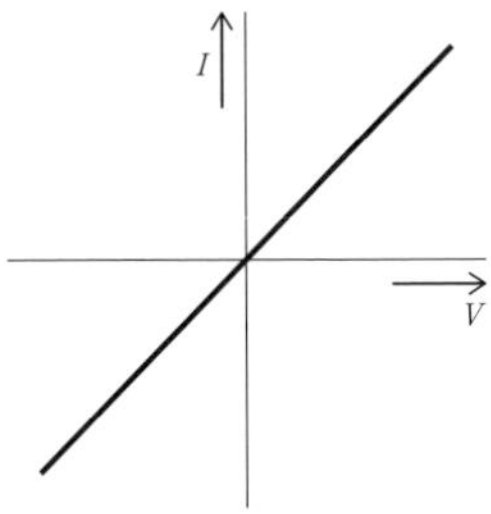

(2)

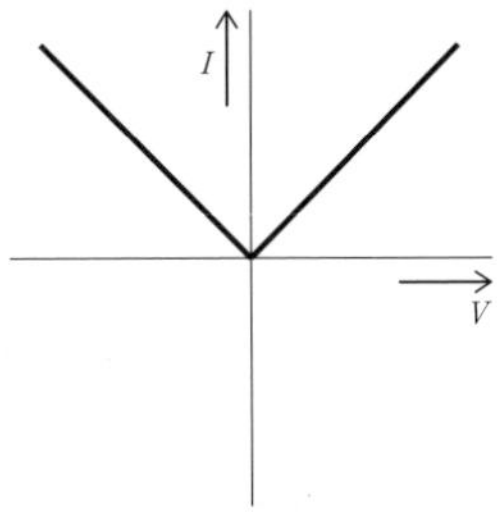

(3)

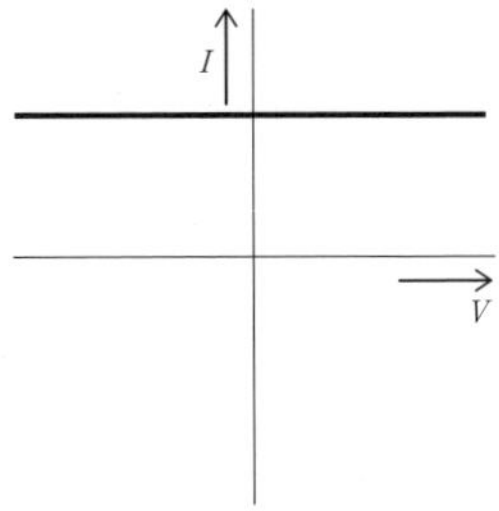

(4)

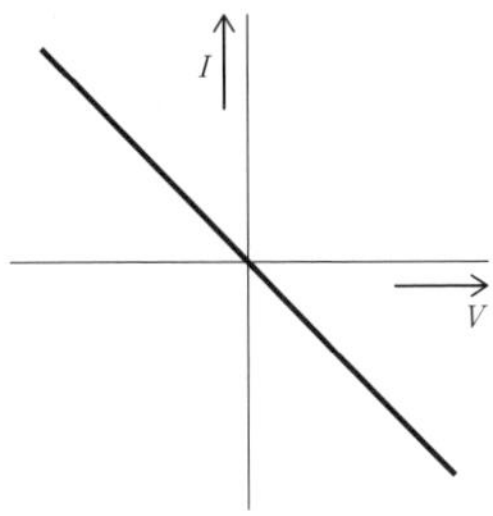

(5)

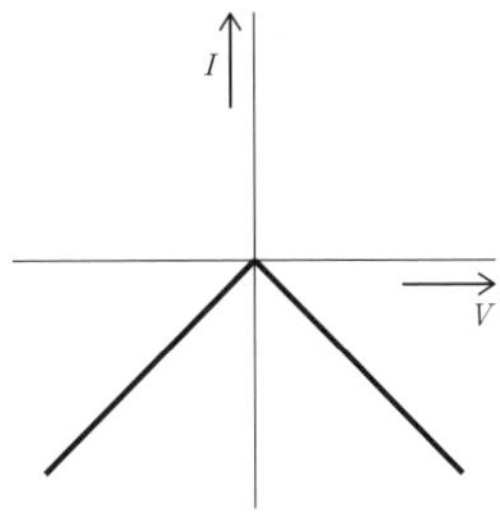

---

3 次の(a)及び(b)の問に答えよ。

(a) 図の演算増幅器を用いた回路における電圧増幅度$\dfrac{v_o}{v_i}$として最も近いものを次の(1)〜(5)のうちから一つ選べ。

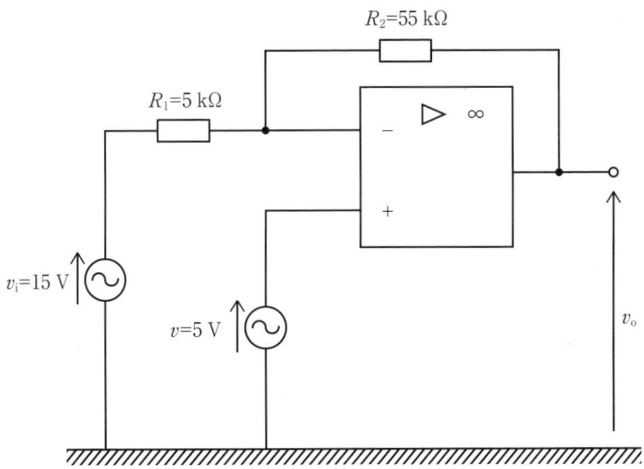

(1) −21　(2) −7　(3) 0　(4) 7　(5) 21

(b) 図の演算増幅器を用いた回路における電圧利得として最も近いものを次の(1)〜(5)のうちから一つ選べ。ただし，$\log_{10} 2=0.301$，$\log_{10} 3=0.477$ とする。

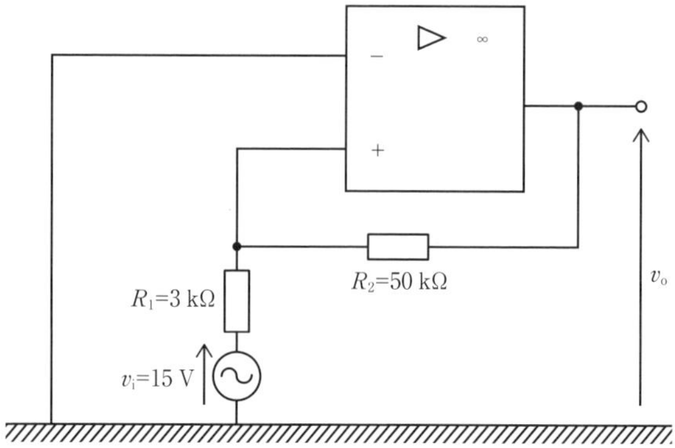

(1) 12　(2) 15　(3) 18　(4) 21　(5) 24

---

4 図のように，極板間隔d[m]，各極板の長さがl[m]，極板間の電位差V[V]の平行平板コンデンサがあり，コンデンサ内の電界の大きさはE[V/m]で一様であり，端効果はないものとする。

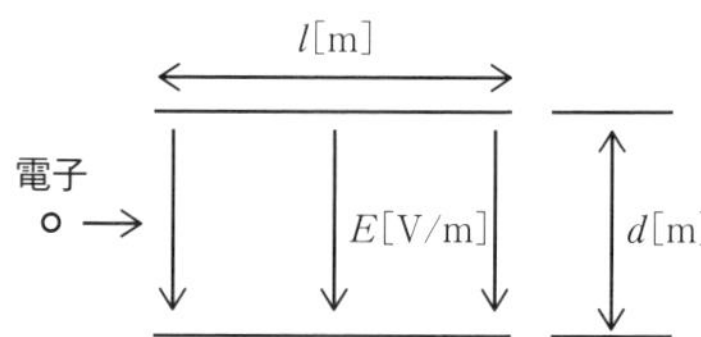

今，図の左側から質量m[kg]，電荷$-e$[C]の電子が極板の中央の高さから速度v[m/s]で入射してきた。

このとき，電子は電界E[V/m]により図の［（ア）］の向きに曲げられ，その力の大きさは［（イ）］[N]である。このとき，運動方程式より，加速度の大きさは［（ウ）］[m/s^2]となる。

また，電子が平行平板コンデンサ間を通過する時間は［（エ）］[s]である。

上記の記述中の空白箇所（ア），（イ），（ウ）及び（エ）に当てはまる組合せとして，正しいものを次の(1)〜(5)のうちから一つ選べ。

	(ア)	(イ)	(ウ)	(エ)
(1)	上から下	eE	$\dfrac{eE}{m}$	$\dfrac{l}{v}$
(2)	上から下	eV	$\dfrac{eV}{m}$	$\dfrac{d}{v}$
(3)	上から下	eE	$\dfrac{eE}{m}$	$\dfrac{d}{v}$
(4)	下から上	eV	$\dfrac{eV}{m}$	$\dfrac{l}{v}$
(5)	下から上	eE	$\dfrac{eE}{m}$	$\dfrac{l}{v}$

5 図のように，磁束密度がB[T]の一様な磁界中を電子が等速円運動している。電子の質量はm[kg]，電荷は$-e$[C]とする。次の(a)及び(b)の問に答えよ。

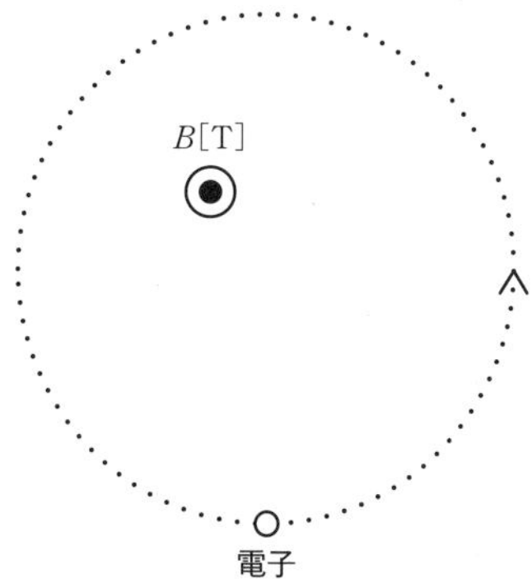

(a) この円運動の周期T[s]として，正しいものを次の(1)～(5)のうちから一つ選べ。

(1) $\dfrac{m}{eB}$　(2) $\dfrac{eB}{m}$　(3) $\dfrac{2\pi m}{eB}$　(4) $\dfrac{m}{2\pi eB}$　(5) $\dfrac{2\pi eB}{m}$

(b) この円運動の角周波数ω [rad/s]として，正しいものを次の(1)～(5)のうちから一つ選べ。

(1) $\dfrac{m}{eB}$　(2) $\dfrac{eB}{m}$　(3) $\dfrac{2\pi m}{eB}$　(4) $\dfrac{m}{2\pi eB}$　(5) $\dfrac{2\pi eB}{m}$

応用問題

1 図のように，全波整流回路の入力に実効値E[V]の正弦波交流とE[V]の直流電源を接続した。

このとき，出力v_0[V]の波形として，最も近いものを次の(1)～(5)のうちから一つ選べ。

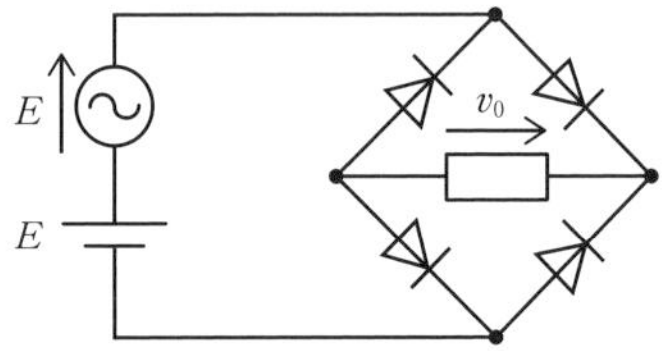

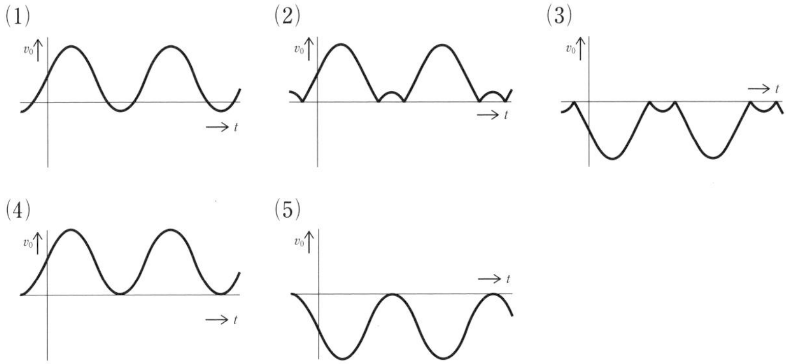

2 理想的な演算増幅器に関する記述として，誤っているものを次の(1)～(5)のうちから一つ選べ。

(1) 電圧増幅度及び電圧利得が∞である。

(2) 出力波形にノイズがない。

(3) 入力端子間電圧は零として計算を行う。

(4) 交流専用の増幅器で，周波数も∞Hzまで増幅器として利用できる。

(5) 入力インピーダンスは∞で，出力インピーダンスは零である。

3 図のように面積A[m^2]，極板間の距離d[m]を隔てた平行平板コンデンサを電源V[V]につなぎ，コンデンサの下端に，質量m[kg]，電荷$-e$[C]の電子を置いた。ただし，コンデンサ内の電界は一様であるとする。次の(a)～(c)の問に答えよ。

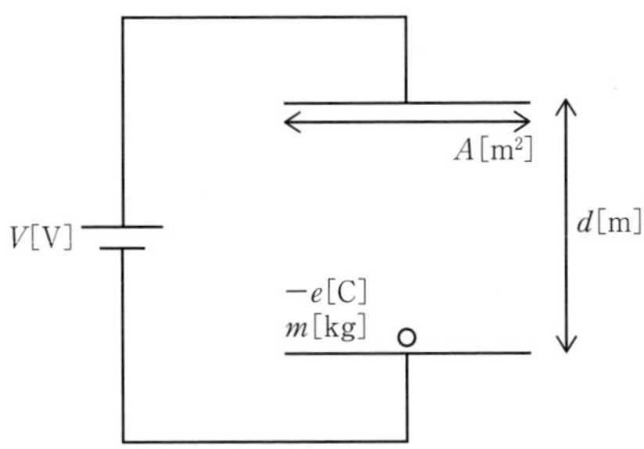

(a) 電子に加わる加速度の大きさa[m/s^2]として，正しいものを次の(1)～(5)のうちから一つ選べ。

(1) $\dfrac{md}{eV}$　(2) $\dfrac{eV}{md}$　(3) $\dfrac{2\pi md}{eV}$　(4) $\dfrac{emd}{2\pi V}$　(5) $\dfrac{2\pi V}{emd}$

(b) 電子がコンデンサの上端に到達したときの速度v_1[m/s] として，正しいものを次の(1)～(5)のうちから一つ選べ。

(1) $\sqrt{\dfrac{eV}{2m}}$　(2) $\dfrac{eV}{m}$　(3) $\sqrt{\dfrac{eV}{m}}$　(4) $\dfrac{2eV}{m}$　(5) $\sqrt{\dfrac{2eV}{m}}$

(c) 電子がコンデンサの中央の位置に到達したときの速度v_2[m/s] として，正しいものを次の(1)～(5)のうちから一つ選べ。

(1) $\sqrt{\dfrac{eV}{2m}}$　(2) $\dfrac{eV}{m}$　(3) $\sqrt{\dfrac{eV}{m}}$　(4) $\dfrac{2eV}{m}$　(5) $\sqrt{\dfrac{2eV}{m}}$

4 図のように，極板間隔d[m]，各極板の長さがl[m]の平行平板コンデンサがある。コンデンサ内の電界の大きさはE[V/m]で一様であり，端効果はないものとする。

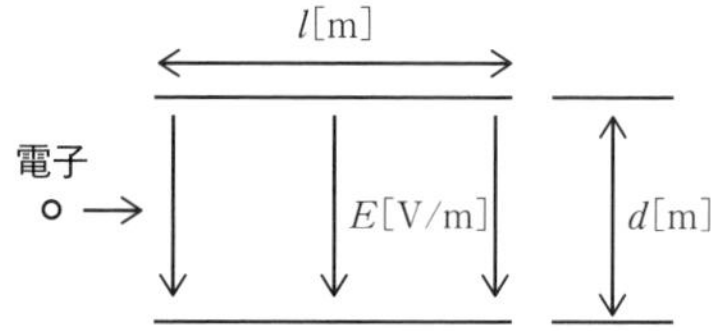

今，図の左側から質量m[kg]，電荷$-e$[C]の電子が極板の中央の高さから速度v[m/s]で入射してきた。このとき，次の(a)～(c)の問に答えよ。

(a) 電界E[V/m]による電子の加速度の大きさ[m/s²]として，正しいものを次の(1)～(5)のうちから一つ選べ。

(1) $\dfrac{eE}{m}$　(2) eE　(3) meE　(4) $\dfrac{eE}{md}$　(5) $\dfrac{eE}{d}$

(b) 電子が極板に当たらずに通過するための条件として，正しいものを次の(1)～(5)のうちから一つ選べ。

(1) $d>\dfrac{2eEl}{mv}$　(2) $d>\dfrac{eEl}{mv}$　(3) $d>\dfrac{2eEl^2}{mv^2}$

(4) $d>\dfrac{eEl^2}{2mv^2}$　(5) $d>\dfrac{eEl^2}{mv^2}$

(c) 電子が極板に当たらずに通過したと仮定したとき，極板を出た後の電子の速度v_0[m/s]として，正しいものを次の(1)～(5)のうちから一つ選べ。

(1) $\dfrac{\sqrt{v^2+\left(\dfrac{eEl}{mv}\right)^2}}{2}$　(2) $\sqrt{\dfrac{v^2+\left(\dfrac{eEl}{mv}\right)^2}{2}}$　(3) $\sqrt{v^2+\left(\dfrac{eEl}{mv}\right)^2}$

(4) $\sqrt{2v^2+\left(\dfrac{eEl}{mv}\right)^2}$　(5) $2\sqrt{v^2+\left(\dfrac{eEl}{mv}\right)^2}$

5 図のように，磁束密度がB[T]の一様な磁界中を電子が磁界となす角θ[rad]の向きに電子が速度v[m/s]で飛び出したとする。電子の質量はm[kg]，電荷は$-e$[C]とする。次の(a)及び(b)の問に答えよ。

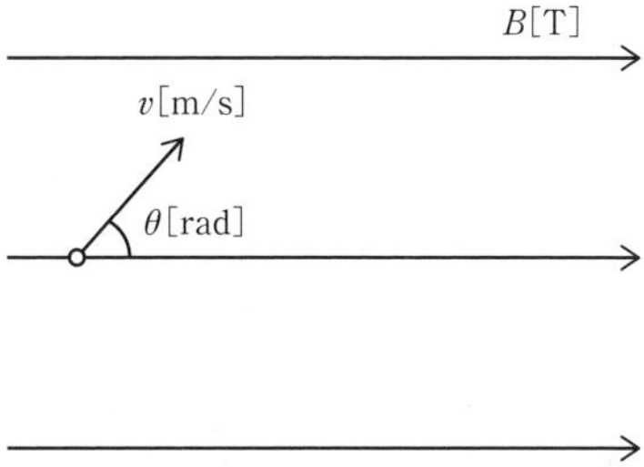

(a) このとき，電子のらせん運動をするが，その円運動成分の周期T[s]として，正しいものを次の(1)～(5)のうちから一つ選べ。

(1) $\dfrac{2\pi m}{eB}$　(2) $\dfrac{2\pi m \sin\theta}{eB}$　(3) $\dfrac{2\pi m \cos\theta}{eB}$

(4) $\dfrac{2\pi m}{eB \sin\theta}$　(5) $\dfrac{2\pi m}{eB \cos\theta}$

(b) (a)のT[s]後の電子の位置と元の電子の位置との距離r[m]として，正しいものを次の(1)～(5)のうちから一つ選べ。

(1) $\dfrac{2\pi mv \cos^2\theta}{eB}$　(2) $\dfrac{2\pi mv}{eB \tan\theta}$　(3) $\dfrac{2\pi mv \cos\theta}{eB}$

(4) $\dfrac{\pi mv \sin 2\theta}{eB}$　(5) $\dfrac{2\pi mv}{eB}$

CHAPTER 08

電気測定

電気計器の種類やその原理，回路計算を組み合わせた問題が出題されます。電気計器の名称，原理，特徴など覚えることが多い分野です。近年は３問程度出題されていますが，年によっては出題されない場合もあります。

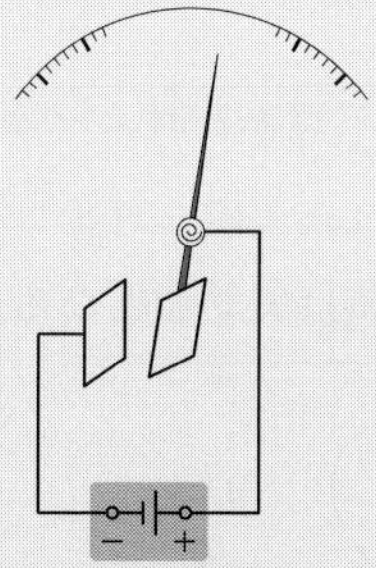

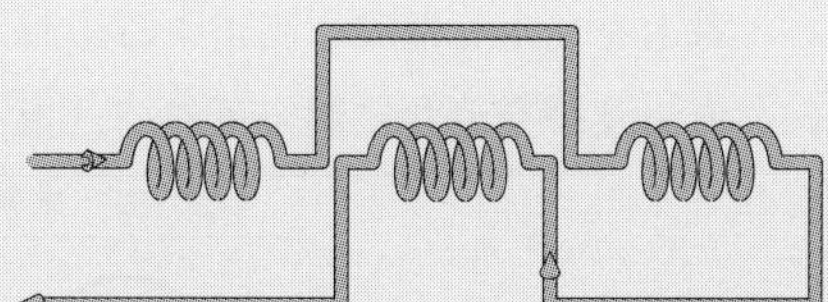

CHAPTER

08 電気測定

1 電気測定

（教科書CHAPTER08 対応）

POINT 1 **永久磁石可動コイル形計器**

永久磁石で磁束密度B[T]を一定とし，コイルに加わる電磁力$F=BIl$の大きさが電流の値に比例することを利用して，電流の値を測定する。針が元に戻る力は渦巻き状のぜんまいばね等を使う。

直流用で，指示値は平均値となる。

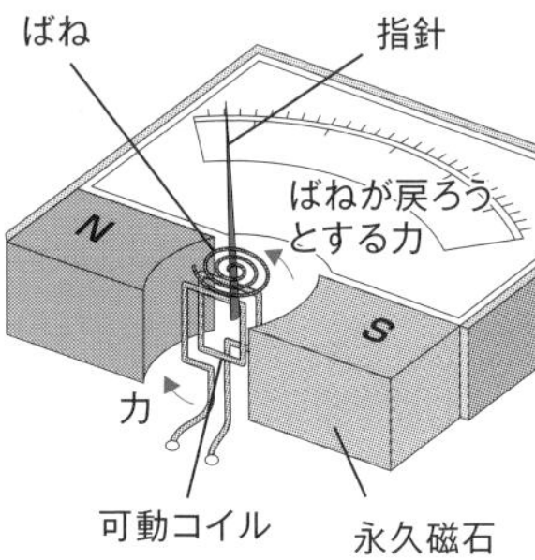

POINT 2 **整流形計器**

永久磁石可動コイル形計器に整流器を組合せ，交流を整流して電流を測定する。

交流用で，指示値は平均値となる。

POINT 3 **熱電対形計器**

測定する電流を熱線に通し，その温度上昇からゼーベック効果を利用して起電力を発生し電流を測定する。測定は永久磁石可動コイル形計器を用いる。

直流及び交流共に測定可能で，指示値は実効値となる。

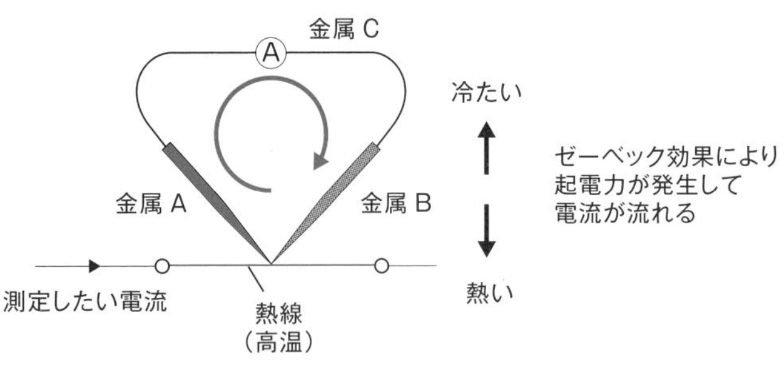

ゼーベック効果…異なる２種類の金属を接合した熱電対の一方を加熱して温度差をつけると，起電力が発生し電流が流れる現象。

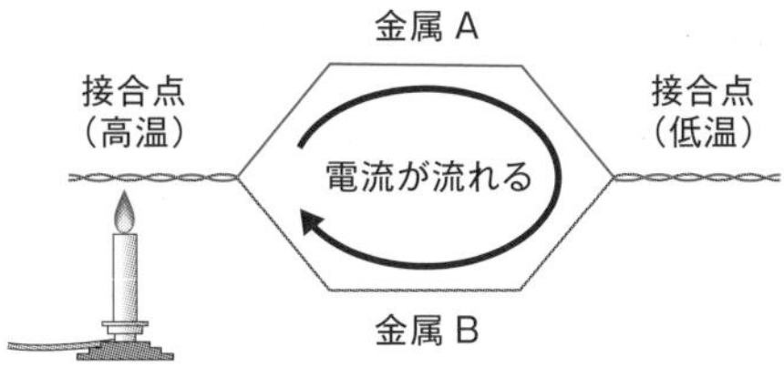

熱電対の加熱された側ともう一方の
接合点の温度差により電流が流れる

POINT 4　可動鉄片形計器

２つの鉄片の片方を固定し，もう片方は指針と共に動けるようにして，コイルに電流が流れると右ねじの法則により両方の鉄片が同じ方向に磁化することで，発生する反発力を利用して電流を測定する。

電流の向きが変わっても磁化する方向が同じなので，つねに反発力が発生する。

交流用で，指示値は実効値となる。

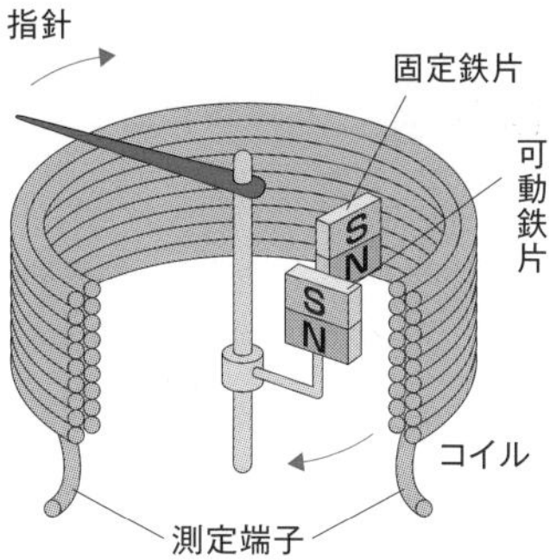

POINT 5　電流力計形計器

永久磁石可動コイル形計器の永久磁石の代わりに，コイルに電流を流し電磁石を作り電流を測定する。

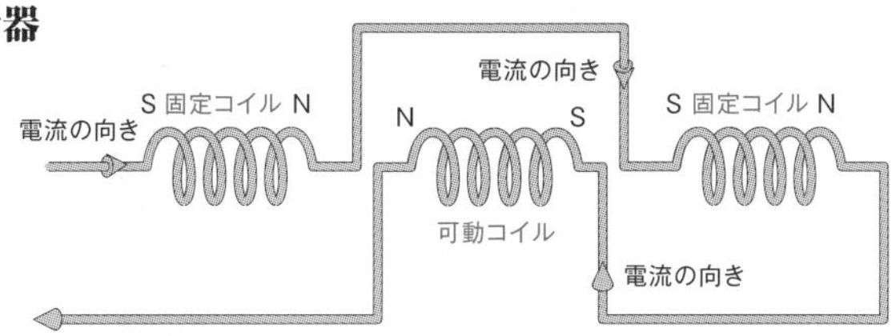

図の中央の可動コイルと左右の固定コイルが反発力となるように回路を構成する。

直流及び交流共に測定可能で，指示値は実効値となる。

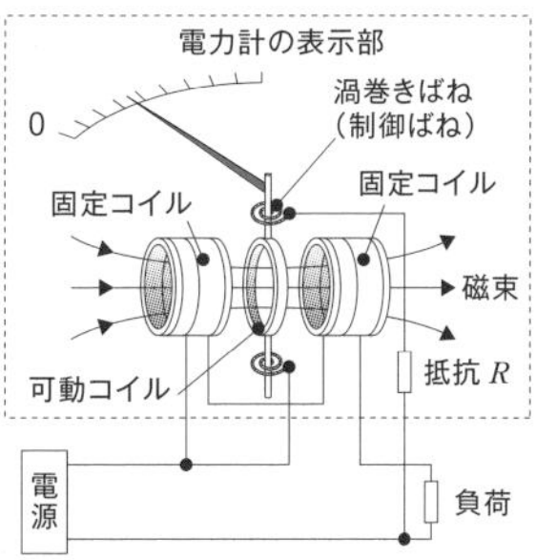

POINT 6　静電形計器

図のように，電極板に電圧を加えると電荷が蓄えられ，その電極板間に静電力が生じる。この静電力を利用して電圧を測定する計器。
直流及び交流共に測定可能で，指示値は実効値となる。

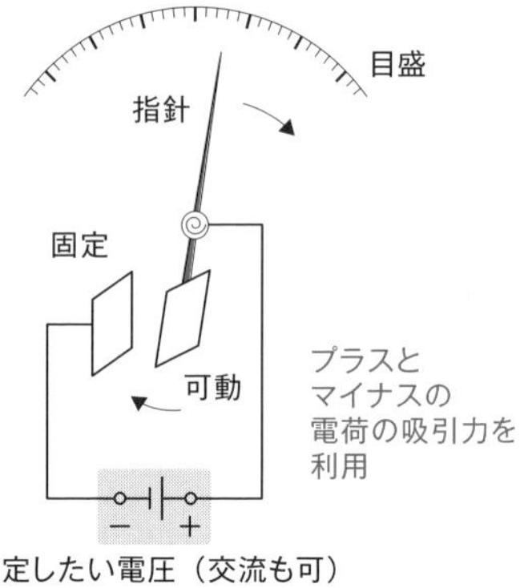

POINT 7　分流器と倍率器

① 分流器

電流計に並列に接続した抵抗器。
電流計の測定範囲を超えた電流を測定したい場合に利用する。
分流器の倍率 m は図の $\dfrac{I}{I_a}$ で定義され，分流の法則より分流器の抵抗値 R_s は次の式で表せる。

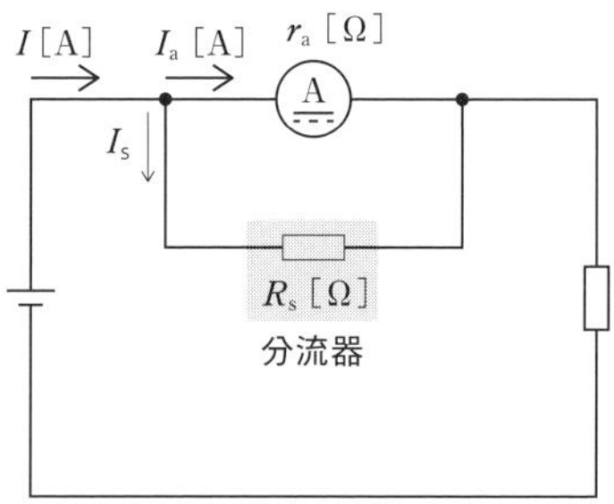

$$R_s = \frac{r_a}{m-1}$$

② 倍率器

電圧計に直列に接続した抵抗器。
電圧計の測定範囲を超えた電圧を測定したい場合に利用。
倍率器の倍率 m は図の $\dfrac{V}{V_v}$ で定義され，分圧の法則より倍率器の抵抗値 R_m は次の式で表せる。

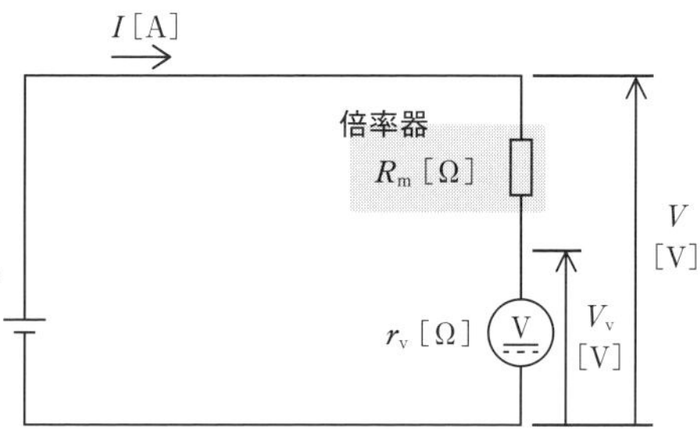

$$R_m = r_v(m-1)$$

POINT 8　抵抗値の測定

①　電圧降下法

電圧計と電流計を利用して，オームの法則から抵抗値を求める。計器の内部抵抗による誤差が大きくなる。

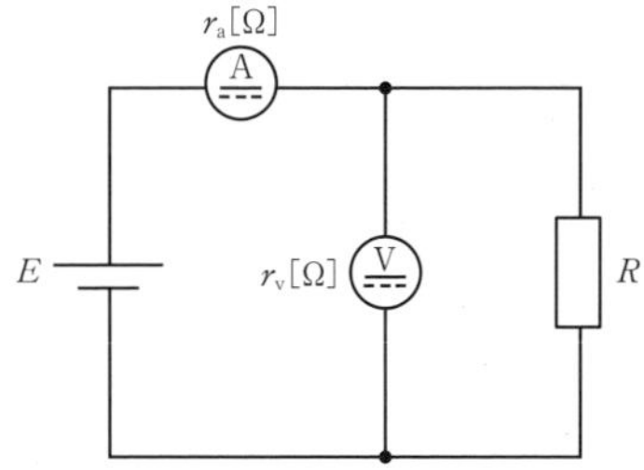

②　ホイートストンブリッジによる測定

ホイートストンブリッジを使用し，図のR_3を可変抵抗として接続し，ブリッジの平衡条件から目的の抵抗R_xの大きさを求める。電圧降下法と比べて精密に抵抗を測定可能。

〔ブリッジの平衡条件〕

$$R_x=\frac{R_2}{R_1}R_3$$

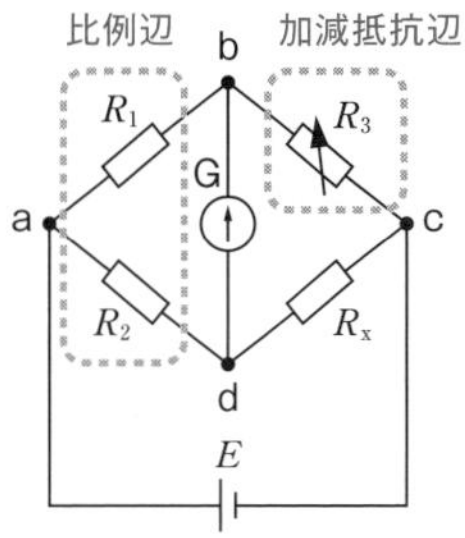

POINT 9　電力の測定

直流及び交流電力を測定する方法は，①直接測定法，②間接測定法がある。直接測定法は POINT8 電圧降下法により電圧と電流から電力を求める方法である。間接測定法は，三電圧計法，三電流計法，一電力計法，二電力計法等がある。

本書では，近年電験三種本試験で出題されたことがある二電力計法を取り扱う。

〔二電力計法〕

図のように2つの単相電力計を接続すると，2つの電力計の指示値の和が三相有効電力となり，指示値の差の$\sqrt{3}$倍が三相無効電力となる。

2つの電力計の指示する電力をP_1，P_2とすると，有効電力P，無効電力Qは次のとおり。

有効電力$P=P_1+P_2$　無効電力$Q=\sqrt{3}\,(P_2-P_1)$

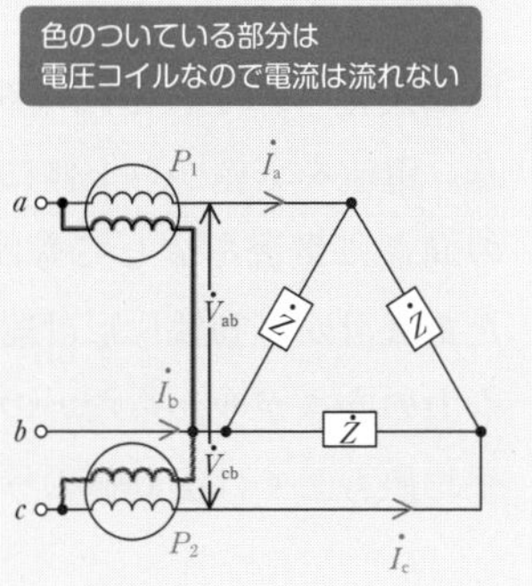

確認問題

1 次の文章の（ア）～（ウ）にあてはまる語句を答えよ。 P.174 POINT 1

永久磁石形可動コイル形計器は，コイルに電流を流すと電磁力がそれぞれのコイルの直角の方向に働くという［（ア）］の法則を利用した計器である。この計器は直流もしくは交流のうち［（イ）］用の計器であり，その指示値は平均値もしくは実効値のうち［（ウ）］である。

---

2 次の文章の（ア）～（ウ）にあてはまる語句を答えよ。 P.174 POINT 2

永久可動コイル形計器に整流器を組合せ，交流を整流して電流を測定する計器を［（ア）］という。この計器は直流もしくは交流のうち［（イ）］用の計器であり，その指示値は平均値もしくは実効値のうち［（ウ）］である。

---

3 次の文章の（ア）～（ウ）にあてはまる語句を答えよ。 P.174 POINT 3

異なる２種類の金属を接合した［（ア）］の一方を加熱して温度差をつけると，起電力が発生し電流が流れる現象を［（イ）］という。［（ア）］形計器はこの原理を利用した計器であり，温度を電流値に換算するため，直流及び交流共に測定可能で，その指示値は平均値もしくは実効値のうち［（ウ）］である。

---

4 次の文章の（ア）～（エ）にあてはまる語句を答えよ。 P.175 POINT 4

図のように，コイルに二つの鉄片を入れ電流を上から下に流した場合，鉄片は磁化されそれぞれの鉄片の上側は［（ア）］極，下側は［（イ）］極となる。電流を下側から上側に流した場合，極は逆になる。したがって，どちらの向きに電流を流しても鉄片間には［（ウ）］力が働く。この原理を利用した電流計が可動鉄片形計器である。可動鉄片形計器は電流の向きが変わっても力の向きが変わらないので，直流及び交流共に測定可能で，その指示値は平均値もしくは実効値のうち［（エ）］である。

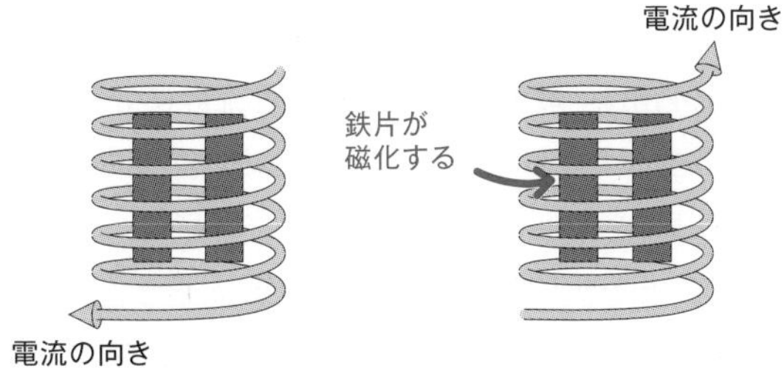

❺ 次の文章の（ア）～（オ）にあてはまる語句を答えよ。 P.175 POINT 5

電流力計形計器の原理は図のように3つのコイルを用い，図のように接続したときにコイル③に現れる力を利用したものである。図の矢印の向きに電流を流したとき，コイル①とコイル③には引力と斥力のうち［（ア）］力が働き，コイル②とコイル③には［（イ）］力が働く。電流の向きを逆にすると，各コイルの磁化は逆向きになり，コイル①とコイル③には［（ウ）］力が働き，コイル②とコイル③に［（エ）］力が働く。この原理により電流力計形計器は直流及び交流共に測定可能となり，その指示値は平均値もしくは実効値のうち［（オ）］である。

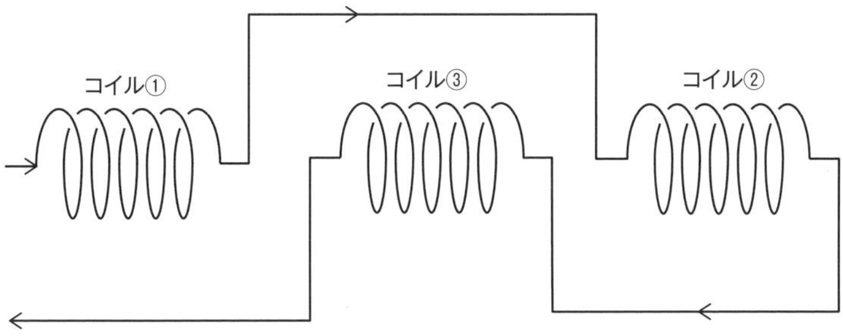

❻ 次の文章の（ア）～（ウ）にあてはまる語句を答えよ。 P.176 POINT 6

静電形計器は2枚の電極板のうち1枚を可動形とし，電極に電圧を加えた際に生じる［（ア）］力を利用して電圧を測定する機器である。直流は測定［（イ）］，交流は測定可能でありその指示値は［（ウ）］値となる。

7 次の問に答えよ。 P.176 POINT 7

(1) 内部抵抗4 mΩ，最大目盛が5 Aの電流計に分流器を接続して，25 Aまで測定できるようにしたい。そのために必要な分流器の抵抗値[mΩ]の値を求めよ。

(2) 内部抵抗5 kΩの電圧計に115 kΩの抵抗器を直列に接続したところ，最大120 Vまで測定できるようになった。電圧計の最大目盛の値[V]を求めよ。

(3) 内部抵抗20 mΩ，最大目盛が15 Aの電流計に1 mΩの分流器を接続したときの測定可能電流の最大値[A]及び分流器の倍率を求めよ。

(4) 内部抵抗2 kΩ，最大目盛が1 Vの電圧計を最大20 Vまで測定可能とするための倍率器の抵抗値[kΩ]を求めよ。

---

8 図のようにR=10 Ωの抵抗に電源を接続し，抵抗に直列に電流計，並列に電圧計を接続したところ，電流計の指示値が9.85 A，電圧計の指示値が100 Vとなった。 P.177 POINT 8

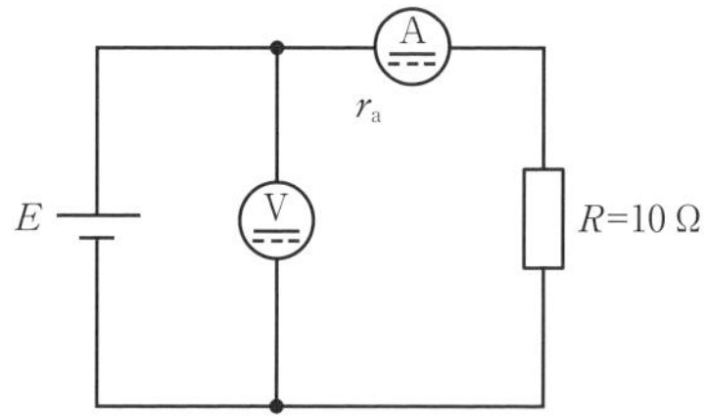

(a) 電圧計の内部抵抗は十分に大きいとして，電流計の内部抵抗r_aの値[Ω]を求めよ。

(b) この測定による電流の誤差率[%]を求めよ。ただし，誤差率は真値をT，測定値をMとしたとき，$\dfrac{M-T}{T}\times 100$[%]で求められ，真値は各計器を取り外した場合の抵抗を流れる電流の値とする。

---

9 未知の抵抗R_x[Ω]を求めるため，図のように回路を接続した。検流計の値が0 Aとなったとき，可変抵抗の値はR=6 Ωであった。このとき，未知の抵抗R_x[Ω]を求めよ。 P.177 POINT 9

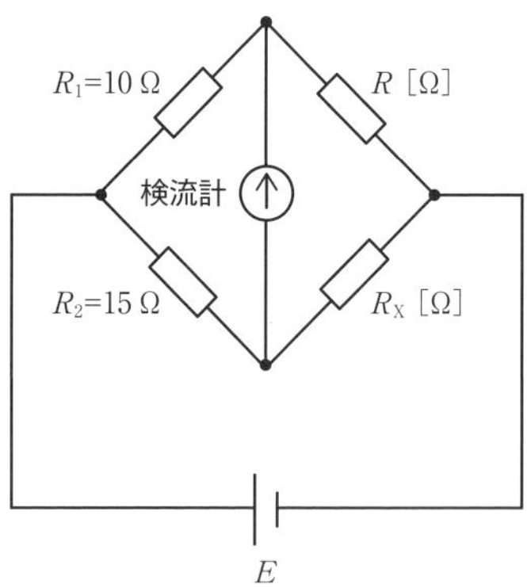

基本問題

1 以下の各計器について，主に交流のみで測定する計器として，正しいものを次の(1)～(5)のうちから一つ選べ。

(1) 電流力計形計器
(2) 可動鉄片形計器
(3) 熱電対形計器
(4) 永久磁石可動コイル形計器
(5) 静電形計器

---

2 図のように2個の電源及び抵抗を並列に接続し，電流値を測定したところ，電流値は5 Aを示した。電流計の内部抵抗r_aの大きさ[Ω]として，最も近いものを次の(1)～(5)のうちから一つ選べ。

(1) 2　(2) 3
(3) 4　(4) 5
(5) 6

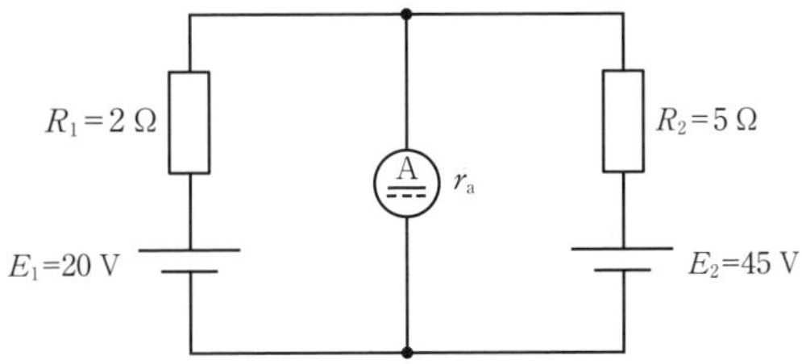

---

3 次の文章は電流計の測定範囲拡大について述べたものである。

図のように内部抵抗r_a=50 mΩの電流計があり，最大目盛が1 Aと5 Aからなる多重範囲電流計を作った。1 A端子を使用して測定する場合，分流器の抵抗は（ア）[mΩ]であり，分流器の倍率は（イ）である。5 A端子を使用して測定する場合，分流器の抵抗は（ウ）[mΩ]であり，分流器の倍率は（エ）である。

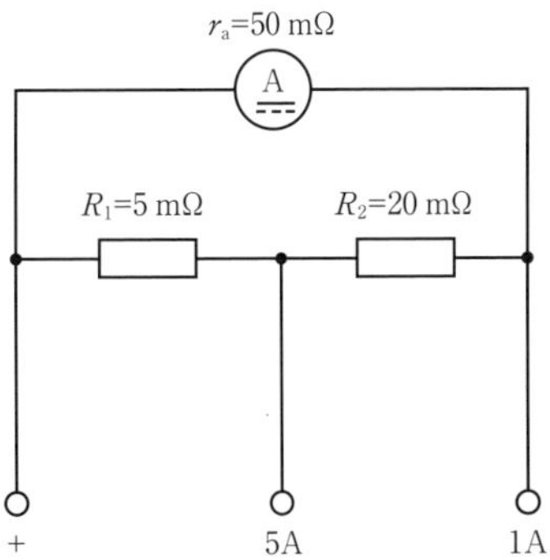

上記の記述中の空白箇所（ア），（イ），（ウ）及び（エ）に当てはまる組合せとして，正しいものを次の(1)〜(5)のうちから一つ選べ。

	（ア）	（イ）	（ウ）	（エ）
(1)	25	3	5	15
(2)	25	2	5	14
(3)	25	3	25	15
(4)	50	2	25	14
(5)	50	2	50	14

応用問題

1 図のように，電圧降下法により，抵抗での消費電力を求めるため，内部抵抗r_v[Ω]の電圧計を並列に接続し，さらに内部抵抗r_a[Ω]の電流計を直列に接続した。このとき，消費電力の誤差率[%]として正しいものを次の(1)～(5)のうちから一つ選べ。

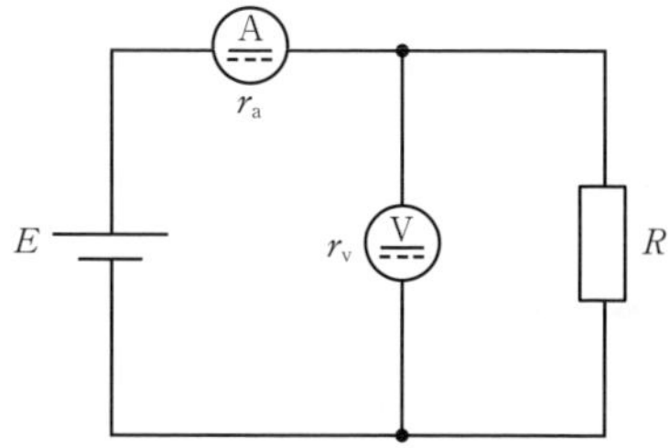

(1) $\dfrac{R}{r_a}\times100$　(2) $\dfrac{r_a+R}{r_a}\times100$　(3) $\dfrac{R}{r_v}\times100$

(4) $\dfrac{r_v+R}{r_v}\times100$　(5) $\dfrac{r_v+R}{r_a}\times100$

---

2 図1及び図2のような回路に可動コイル形電流計A_1及び整流形電流計A_2を使用したときの電流計の電流値[A]として，正しいものの組合せを次の(1)～(5)のうちから一つ選べ。ただし，交流電圧は実効値とし，電流計の内部抵抗及び磁気飽和は無視できるものとする。

	図1 A_1	図1 A_2	図2 A_1	図2 A_2
(1)	10	10	0	10
(2)	10	10	0	9
(3)	0	0	0	10
(4)	10	10	10	9
(5)	0	0	10	10

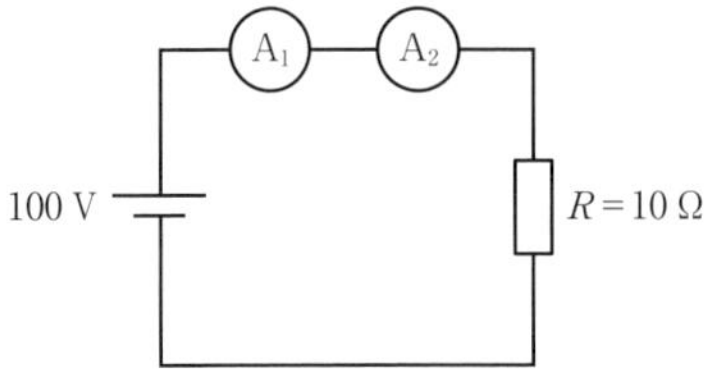

図1

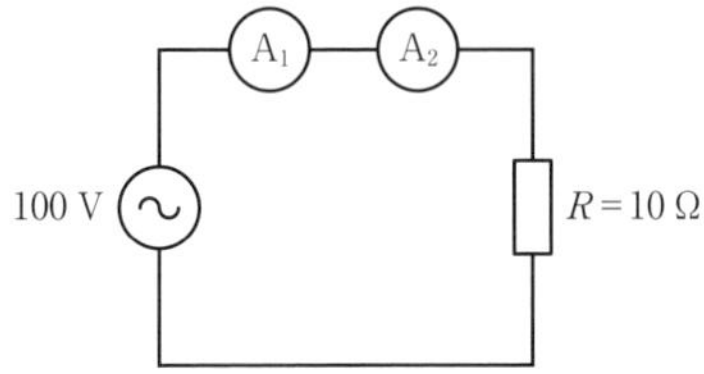

図2

---

3 図のように，電源電圧が200 Vの対称三相交流電源から三相平衡負荷に供給する電力を二電力計法で測定した。2台の電力計の測定値がW_1=150 WとW_2=350 Wであったとき，有効電力P[W]と無効電力Q[var]の組合せとして，最も近いものを次の(1)～(5)のうちから一つ選べ。ただし，相順はa→b→cとする。

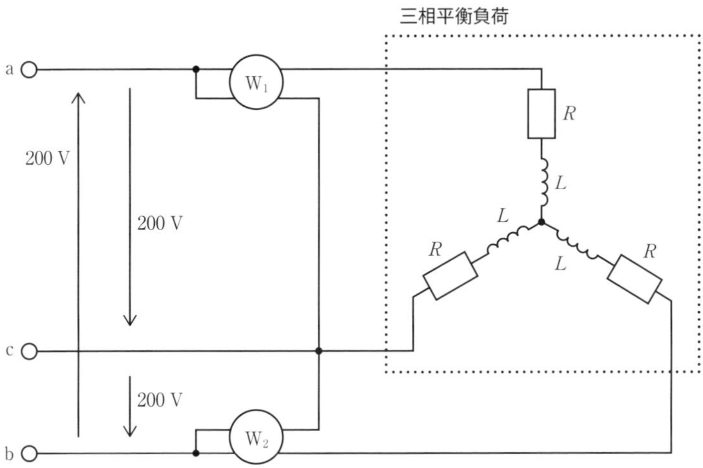

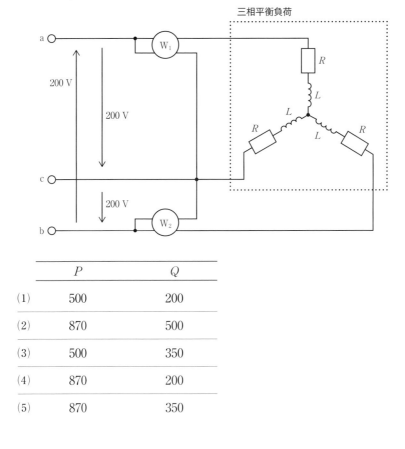

	P	Q
(1)	500	200
(2)	870	500
(3)	500	350
(4)	870	200
(5)	870	350

［著者紹介］

尾上　建夫（おのえ　たけお）

名古屋大学大学院修了後，電力会社及び化学メーカーにて火力発電所の運転・保守等を経験し，2019年よりTAC電験三種講座講師。自身のブログ「電験王」では電験の過去問解説を無料で公開し，受験生から絶大な支持を得ている。保有資格は，第一種電気主任技術者，第一種電気工事士，エネルギー管理士，大気一種公害防止管理者，甲種危険物取扱者，一級ボイラー技士等。

● 装　　丁　エイブルデザイン
● イラスト　エイブルデザイン（酒井　智夏）
● 編集協力　TAC出版開発グループ

みんなが欲しかった！ 電験三種 理論の実践問題集

2021年5月25日　初　版　第1刷発行
2022年12月5日　　　　　第3刷発行

著　　者　尾　上　建　夫
発 行 者　多　田　敏　男
発 行 所　TAC株式会社　出版事業部（TAC出版）

〒101-8383
東京都千代田区神田三崎町3-2-18
電 話 03（5276）9492（営業）
FAX 03（5276）9674
https://shuppan.tac-school.co.jp

組　　版　株式会社　エイブルデザイン
印　　刷　株式会社　ワコープラネット
製　　本　株式会社　常川製本

ISBN 978-4-8132-8866-4
N.D.C. 540.79

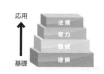

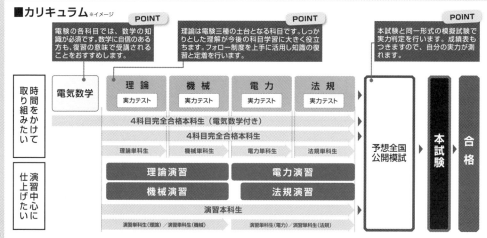

TAC出版

(2021年7月現在)

書籍のご購入は

1 全国の書店、大学生協、ネット書店で

2 TAC各校の書籍コーナーで

資格の学校TACの校舎は全国に展開!
校舎のご確認はホームページにて

資格の学校TAC ホームページ
https://www.tac-school.co.jp

3 TAC出版書籍販売サイトで

CYBER BOOK STORE TAC出版書籍販売サイト

TAC 出版 で 検索

24時間
ご注文
受付中

https://bookstore.tac-school.co.jp/

新刊情報をいち早くチェック!

たっぷり読める立ち読み機能

学習お役立ちの特設ページも充実!

TAC出版書籍販売サイト「サイバーブックストア」では、TAC出版および早稲田経営出版から刊行されている、すべての最新書籍をお取り扱いしています。
また、無料の会員登録をしていただくことで、会員様限定キャンペーンのほか、送料無料サービス、メールマガジン配信サービス、マイページのご利用など、うれしい特典がたくさん受けられます。

サイバーブックストア会員は、特典がいっぱい! (一部抜粋)

通常、1万円(税込)未満のご注文につきましては、送料・手数料として500円(全国一律・税込)頂戴しておりますが、1冊から無料となります。

専用の「マイページ」は、「購入履歴・配送状況の確認」のほか、「ほしいものリスト」や「マイフォルダ」など、便利な機能が満載です。

メールマガジンでは、キャンペーンやおすすめ書籍、新刊情報のほか、「電子ブック版TACNEWS(ダイジェスト版)」をお届けします。

書籍の発売を、販売開始当日にメールにてお知らせします。これなら買い忘れの心配もありません。

書籍の正誤に関するご確認とお問合せについて

書籍の記載内容に誤りではないかと思われる箇所がございましたら、以下の手順にてご確認とお問合せをしてくださいますよう、お願い申し上げます。
なお、正誤のお問合せ以外の**書籍内容に関する解説および受験指導などは、一切行っておりません。**
そのようなお問合せにつきましては、お答えいたしかねますので、あらかじめご了承ください。

1 「Cyber Book Store」にて正誤表を確認する

TAC出版書籍販売サイト「Cyber Book Store」のトップページ内「正誤表」コーナーにて、正誤表をご確認ください。

CYBER BOOK STORE TAC出版書籍販売サイト

URL:https://bookstore.tac-school.co.jp/

2 1の正誤表がない、あるいは正誤表に該当箇所の記載がない ⇒ 下記①、②のどちらかの方法で文書にて問合せをする

★ご注意ください★

お電話でのお問合せは、お受けいたしません。
①、②のどちらの方法でも、お問合せの際には、「お名前」とともに、
「対象の書籍名(○級・第○回対策も含む)およびその版数(第○版・○○年度版など)」
「お問合せ該当箇所の頁数と行数」
「誤りと思われる記載」
「正しいとお考えになる記載とその根拠」
を明記してください。
なお、回答までに1週間前後を要する場合もございます。あらかじめご了承ください。

① ウェブページ「Cyber Book Store」内の「お問合せフォーム」より問合せをする

【お問合せフォームアドレス】

https://bookstore.tac-school.co.jp/inquiry/

② メールにより問合せをする

【メール宛先　TAC出版】

syuppan-h@tac-school.co.jp

※土日祝日はお問合せ対応をおこなっておりません。
※正誤のお問合せ対応は、該当書籍の改訂版刊行月末日までといたします。

乱丁・落丁による交換は、該当書籍の改訂版刊行月末日までといたします。なお、書籍の在庫状況等により、お受けできない場合もございます。
また、各種本試験の実施の延期、中止を理由とした本書の返品はお受けいたしません。返金もいたしかねますので、あらかじめご了承くださいますようお願い申し上げます。

TACにおける個人情報の取り扱いについて
■お預かりした個人情報は、TAC(株)で管理させていただき、お問合せへの対応、当社の記録保管にのみ利用いたします。お客様の同意なしに業務委託先以外の第三者に開示、提供することはございません(法令等により開示を求められた場合を除く)。その他、個人情報保護管理者、お預かりした個人情報の開示等及びTAC(株)への個人情報の提供の任意性については、当社ホームページ(https://www.tac-school.co.jp)をご覧いただくか、個人情報に関するお問い合わせ窓口(E-mail:privacy@tac-school.co.jp)までお問合せください。

(2022年7月現在)

★セパレートBOOKの作りかた★

白い厚紙から，表紙のついた冊子を取り外します。

※解答編表紙と白い厚紙が，のりで接着されています。乱暴に扱いますと，破損する危険性がありますので，丁寧に抜きとるようにしてください。

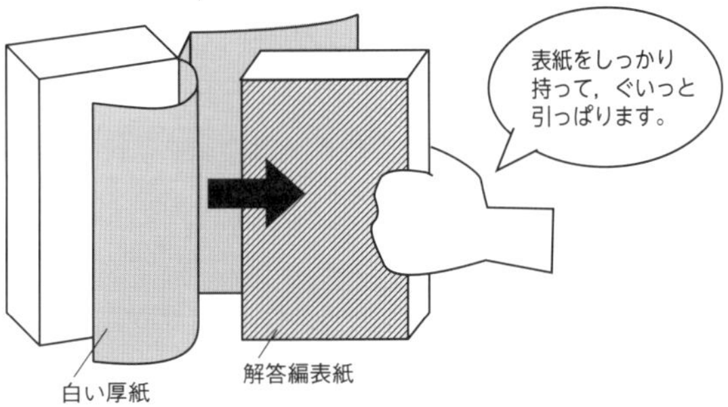
表紙をしっかり
持って，ぐいっと
引っぱります。
白い厚紙
解答編表紙

※抜きとるさいの損傷についてのお取替えはご遠慮願います。

みんなが欲しかった！

電験三種 理論の実践問題集

解答編

TAC出版
TAC PUBLISHING Group

理論

解答編

Index

CHAPTER 01 直流回路

1 オームの法則と合成抵抗 …… 4
2 キルヒホッフの法則と重ね合わせの理 …… 15
3 複雑な電気回路と電力 …… 37

CHAPTER 02 静電気

1 クーロンの法則，電界と電位 …… 68
2 コンデンサ …… 91

CHAPTER 03 電磁力

1 磁界と電磁力 …… 118
2 電磁誘導とインダクタンス …… 142

CHAPTER 04 交流回路

1 *RLC* 回路の計算 …… 162
2 交流回路の電力 …… 187

CHAPTER 05 三相交流回路

1 三相交流回路 …… 202

CHAPTER 06 過渡現象とその他の波形

1 過渡現象 224

CHAPTER 07 電子理論

1 半導体，ダイオード，トランジスタ 236
2 電子の運動と整流回路 258

CHAPTER 08 電気測定

1 電気測定 288

解答

CHAPTER 01

直流回路

1 オームの法則と合成抵抗

確認問題

1 次の(1)~(3)において，それぞれの電荷に加わる力は斥力もしくは引力のどちらか。

(1) ⊖　⊖　(2) ⊖　⊕　(3) ⊕　⊕

解答 (1) 斥力 (2) 引力 (3) 斥力

POINT 1 電荷

引き合う力を引力，反発し合う力を斥力と呼ぶ。

同符号 → 斥力

異符号 → 引力

2 次の問に答えよ。

(1) 10秒の間に3Cの電荷が流れたときの電流値を求めよ。

(2) 30秒間1Aの電流を流したときに流れた電荷量を求めよ。

(3) ある時間0.2Aの電流を流したところ全体で1.7Cの電荷が流れた。電流を流した時間はどれだけか。

解答 (1) 0.3 A (2) 30 C (3) 8.5 s

(1) $I=\dfrac{Q}{t}$ なので，

$$I=\frac{3}{10}=0.3\ \text{A}$$

(2) $Q=It$ なので，

$$Q=1\times 30=30\ \text{C}$$

(3) $t=\dfrac{Q}{I}$ なので，

$$t=\frac{1.7}{0.2}=8.5\ \text{s}$$

POINT 2 電流

$I=\dfrac{Q}{t}$ の両辺に t を加えると，$Q=It$ となり，さらに両辺を I で割ると，$t=\dfrac{Q}{I}$ となることを利用して求める。

3 次の(1)~(4)の回路において，回路を流れる電流 I の値を求めよ。

POINT 7 オームの法則

POINT 8 合成抵抗

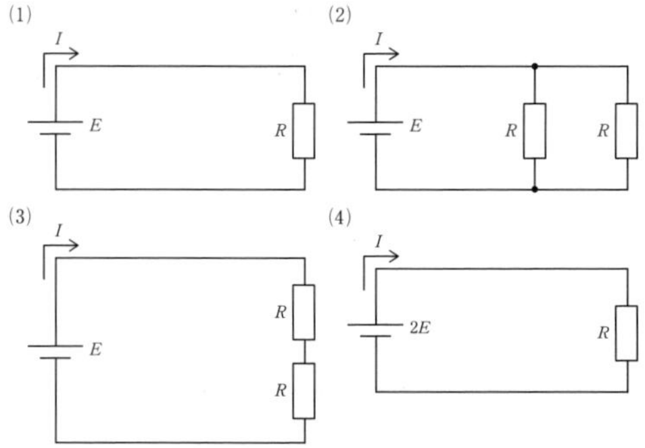

解答 (1) $\dfrac{E}{R}$ (2) $\dfrac{2E}{R}$ (3) $\dfrac{E}{2R}$ (4) $\dfrac{2E}{R}$

(1) オームの法則より，

$$I=\frac{E}{R}$$

(2) 2つの抵抗の合成抵抗R_0は，

$$R_0=\frac{R\times R}{R+R}=\frac{R}{2}$$

よって，回路を流れる電流Iは，

$$I=\frac{E}{R_0}$$

$$=\frac{E}{\frac{R}{2}}$$

$$=\frac{2E}{R}$$

(3) 2つの抵抗の合成抵抗R_0は，

$$R_0=R+R=2R$$

よって，回路を流れる電流Iは，

$$I=\frac{E}{R_0}$$

$$=\frac{E}{2R}$$

(4) オームの法則より，

$$I=\frac{2E}{R}$$

抵抗には電源の電圧がそのまま加わるので，POINT7 で解説したオームの法則の式に$V=E$を代入する。

二つの抵抗が同じ場合は並列の合成抵抗は半分となることは覚えておいた方が良い。

$\dfrac{E}{\frac{R}{2}}=E\div\dfrac{R}{2}=E\times\dfrac{2}{R}=\dfrac{2E}{R}$

となるが，分母の分母は分子になることを知っておく。

直列の合成抵抗は単純な和となる。

4 次の(1)~(4)の回路において，各抵抗に加わる電圧及び流れる電流の値を求めよ。

(1)

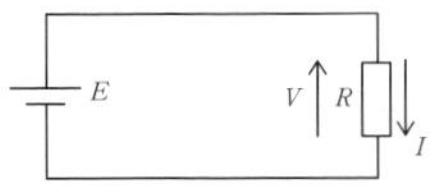

(2)

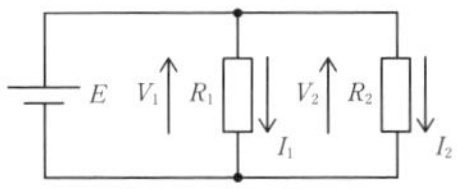

(3)

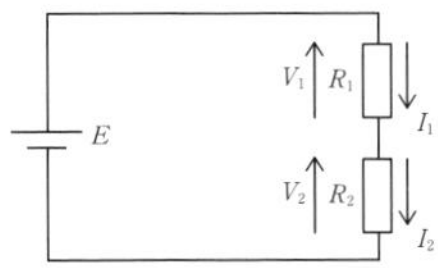

(4)

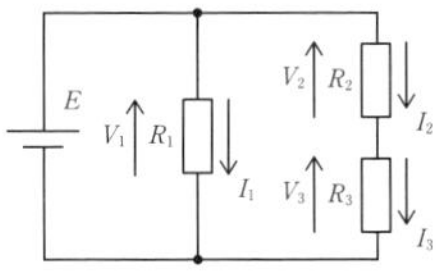

解答 (1) $V=E \quad I=\dfrac{E}{R}$

(2) $V_1=V_2=E \quad I_1=\dfrac{E}{R_1} \quad I_2=\dfrac{E}{R_2}$

(3) $V_1=\dfrac{R_1E}{R_1+R_2} \quad V_2=\dfrac{R_2E}{R_1+R_2} \quad I_1=I_2=\dfrac{E}{R_1+R_2}$

(4) $V_1=E \quad V_2=\dfrac{R_2E}{R_2+R_3} \quad V_3=\dfrac{R_3E}{R_2+R_3}$

$I_1=\dfrac{E}{R_1} \quad I_2=\dfrac{E}{R_2+R_3} \quad I_3=\dfrac{E}{R_2+R_3}$

(1) 抵抗Rに加わる電圧は電源電圧Eとなる。

したがって，$V=E$。

抵抗を流れる電流Iはオームの法則より，

$$I=\frac{E}{R}$$

(2) 抵抗の電圧降下はいずれも電源電圧Eと等しいので，$V_1=V_2=E$。

オームの法則より，それぞれの抵抗R_1及びR_2に流れる電流I_1及びI_2の大きさは，

$$I_1=\frac{V_1}{R_1}$$
$$=\frac{E}{R_1}$$

$$I_2=\frac{V_2}{R_2}$$
$$=\frac{E}{R_2}$$

POINT 7 オームの法則

POINT 9 分圧の法則，分流の法則

導線で繋がっている箇所はすべて同電位であるため，並列の場合はすべての抵抗に同電圧が加わる。
電流の値は合成抵抗を導出してから POINT9 分流の法則で求めてもよいが計算量は左記の方法の方が少なくなる。

(3)　R_1とR_2の合成抵抗R_0は，

$$R_0 = R_1 + R_2$$

よって，回路を流れる各電流I_1，I_2は，

$$I_1 = I_2 = \frac{E}{R_0}$$

$$= \frac{E}{R_1 + R_2}$$

また，分圧の法則より，R_1及びR_2に加わる電圧V_1及びV_2は，

$$V_1 = \frac{R_1 E}{R_1 + R_2}$$

$$V_2 = \frac{R_2 E}{R_1 + R_2}$$

(4)　抵抗R_1に加わる電圧は電源電圧Eとなる。

したがって，$V_1 = E$。

抵抗R_2とR_3に加わる電圧の合計は電源電圧Eとなる。したがって，分圧の法則よりそれぞれの抵抗に加わる電圧V_2及びV_3は，

$$V_2 = \frac{R_2 E}{R_2 + R_3}$$

$$V_3 = \frac{R_3 E}{R_2 + R_3}$$

また，オームの法則よりR_1，R_2及びR_3を流れる電流I_1，I_2及びI_3は，

$$I_1 = \frac{V_1}{R_1} = \frac{E}{R_1}$$

$$I_2 = \frac{V_2}{R_2}$$

$$= \frac{1}{R_2} \times \frac{R_2 E}{R_2 + R_3}$$

$$= \frac{E}{R_2 + R_3}$$

$$I_3 = \frac{V_3}{R_3}$$

$$= \frac{1}{R_3} \times \frac{R_3 E}{R_2 + R_3}$$

$$= \frac{E}{R_2 + R_3}$$

直列回路の場合は回路から流れ出る電流や流れ込む電流がないため，回路に流れる電流がすべて等しくなる。

注目　(2)と(3)の複合的な問題。

抵抗R_1と抵抗R_2,R_3の合成抵抗には電源電圧Eが加わる。

電圧，電流，抵抗のうち二つの値が分かったら，オームの法則でもう一つの値を導き出せるので，他の方法で二つの値を導き出すことを考える。

基本問題

1 次の各回路において，スイッチSが開いているとき，スイッチSが閉じているときそれぞれの回路を流れる電流の値の組み合わせとして正しいものを次の(1)～(5)のうちから一つ選べ。

(a)

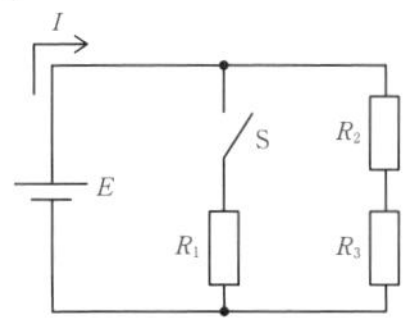

	Sが開いているとき	Sが閉じているとき
(1)	$\dfrac{E}{R_2+R_3}$	$\dfrac{(R_1+R_2+R_3)E}{R_1(R_2+R_3)}$
(2)	$\dfrac{E}{R_2+R_3}$	$\dfrac{R_1(R_2+R_3)E}{R_1+R_2+R_3}$
(3)	$\dfrac{E}{R_2R_3}$	$\dfrac{R_1(R_2+R_3)E}{R_1+R_2+R_3}$
(4)	$\dfrac{(R_2+R_3)E}{R_2R_3}$	$\dfrac{(R_1+R_2+R_3)E}{R_1(R_2+R_3)}$
(5)	$\dfrac{(R_2+R_3)E}{R_2R_3}$	$\dfrac{R_1(R_2+R_3)E}{R_1+R_2+R_3}$

(b)

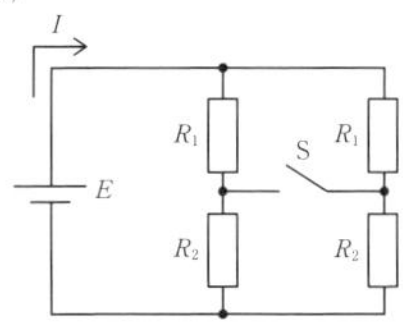

	Sが開いているとき	Sが閉じているとき
(1)	$\dfrac{E}{2(R_1+R_2)}$	$\dfrac{E}{R_1+R_2}$
(2)	$\dfrac{2E}{R_1+R_2}$	$\dfrac{E}{R_1+R_2}$
(3)	$\dfrac{E}{2(R_1+R_2)}$	$\dfrac{2E}{R_1+R_2}$
(4)	$\dfrac{2E}{R_1+R_2}$	$\dfrac{E}{2(R_1+R_2)}$
(5)	$\dfrac{2E}{R_1+R_2}$	$\dfrac{2E}{R_1+R_2}$

POINT 7 オームの法則

POINT 8 合成抵抗

POINT 9 分圧の法則，分流の法則

解答 (a)(1) (b)(5)

(a) **①スイッチSが開いているとき**

R_1には電流が流れないので，電源を出た電流は全てR_2及びR_3を流れる。

R_2とR_3の合成抵抗R_{23}は，

$$R_{23}=R_2+R_3$$

よって，回路を流れる電流Iは，

$$I=\frac{E}{R_{23}}$$

$$=\frac{E}{R_2+R_3}$$

②スイッチSが閉じているとき

R_1とR_2及びR_3は並列接続されているので，全体の合成抵抗R_0は，

$$R_0=\frac{R_1R_{23}}{R_1+R_{23}}$$

$$=\frac{R_1(R_2+R_3)}{R_1+R_2+R_3}$$

よって，回路を流れる電流Iは，

$$I=\frac{E}{R_0}$$

$$=\frac{(R_1+R_2+R_3)E}{R_1(R_2+R_3)}$$

以上から，解答は(1)となる。

(b) **①スイッチSが開いているとき**

R_1とR_2の合成抵抗R_{12}は，

$$R_{12}=R_1+R_2$$

であり，回路はR_{12}同士の並列であるから，回路全体の合成抵抗R_0は，

$$R_0=\frac{R_{12}R_{12}}{R_{12}+R_{12}}$$

$$=\frac{R_{12}}{2}$$

$$=\frac{R_1+R_2}{2}$$

よって，回路を流れる電流Iは，

注目 スイッチSが開いているときは，確認問題❹(3)と同じ回路，スイッチを閉じているときは確認問題❹(4)と同じであることを理解する。最初は図に描いても良い。

丁寧に計算すると，

$$\frac{E}{R_0}=E\div R_0$$

$$=E\div\frac{R_1(R_2+R_3)}{R_1+R_2+R_3}$$

$$=E\times\frac{R_1+R_2+R_3}{R_1(R_2+R_3)}$$

となる。

スイッチSを開いているときは(a)のスイッチSを閉じているときと似たような回路であることに注目する。

$$I=\frac{E}{R_0}$$

$$=\frac{E}{\frac{R_1+R_2}{2}}$$

$$=\frac{2E}{R_1+R_2}$$

②スイッチSが閉じているとき

R_1の下流の電位は変わらないので，スイッチSを閉じてもスイッチSには電流は流れない。

よって，電流Iは$\dfrac{2E}{R_1+R_2}$と求められる。

以上から，解答は(5)。

スイッチSを閉じたときは各場所の電位に注意する。水の流れのように考えればどちらのR_1も同じ電流が流れるため，スイッチ両端の電位差（水位差）がないことがわかる。

2 図において，電源の－端子の電位を0 Vとする。このとき以下の各値を求めよ。

POINT 5 電圧と電位

POINT 9 分圧の法則，分流の法則

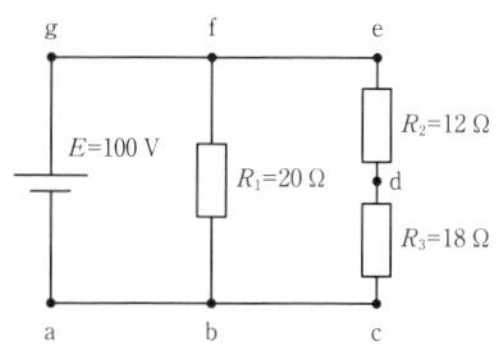

(1) 各点の電位 V_a，V_b，V_c，V_d，V_e，V_f，V_g

(2) d-e間の電位差 V_{de}（eからみたdの電位）

(3) R_2とR_3の合成抵抗R_{23}

(4) R_1，R_2，R_3の合成抵抗R_0

(5) 電源を流れる電流I

(6) R_1，R_2，R_3のそれぞれを流れる電流I_1，I_2，I_3

解答 (1) $V_a=V_b=V_c=0$ V　$V_d=60$ V

$V_e=V_f=V_g=100$ V

(2) -40 V　(3) 30 Ω　(4) 12 Ω

(5) 8.33 A　(6) $I_1=5$A　$I_2=I_3=3.33$ A

(1) 電源の－端子が0 Vなので，

$V_a=V_b=V_c=0$ V

電源Eが100 Vなので，

$V_e=V_f=V_g=100$ V

分圧の法則より，

注目 確認問題❹(4)と同様の回路である。

$$V_d = \frac{R_3}{R_2+R_3}E$$

$$= \frac{18}{12+18} \times 100$$

$$= 60\ \mathrm{V}$$

(2)　$V_e = 100$ V，$V_d = 60$ V なので，e から見た d の電位 V_{de} は，

$$V_{de} = V_d - V_e$$

$$= 60 - 100$$

$$= -40\ \mathrm{V}$$

(3)　R_2 と R_3 の合成抵抗 R_{23} は，

$$R_{23} = R_2 + R_3$$

$$= 12 + 18$$

$$= 30\ \Omega$$

(4)　(3)の解答を利用すると，回路全体の合成抵抗 R_0 は，

$$R_0 = \frac{R_1 R_{23}}{R_1+R_{23}}$$

$$= \frac{20 \times 30}{20+30}$$

$$= 12\ \Omega$$

(5)　電源を流れる電流 I は合成抵抗 $R_0 = 12\ \Omega$ であるから，

$$I = \frac{E}{R_0}$$

$$= \frac{100}{12}$$

$$\fallingdotseq 8.33\ \mathrm{A}$$

(6)　R_1 を流れる電流 I_1 は，オームの法則より，

$$I_1 = \frac{E}{R_1}$$

$$= \frac{100}{20}$$

$$= 5\ \mathrm{A}$$

同様に R_2，R_3 のそれぞれを流れる電流 I_2，I_3 は，

$$I_2 = I_3 = \frac{E}{R_{23}}$$

$$= \frac{100}{30}$$

$$\fallingdotseq 3.33\ \mathrm{A}$$

V_{de} とした場合，e点から見たd点の電位となる。したがって100 Vから見た60 Vの値となる。

注目 符号に注意!

全体の合成抵抗が求められたので，回路を流れる電流は確認問題❹(1)と同様に求めることができる。

注目 電験では何も指定がなければ有効数字は原則3桁とし，4桁目を四捨五入する。

8.333…　→　8.33
↑四捨五入

並列回路なので R_1 には電源電圧 E がそのまま加わる。

R_2，R_3 は直列なので，その合成抵抗に電源電圧 E が加わり，どちらも同じ電流が流れる。

応用問題

1 図1の回路において電源を流れる電流が12 A，図2の回路において電源を流れる電流が50 Aであったとき，抵抗R_1とR_2の大きさとして正しいものを次の(1)～(5)の中から一つ選べ。

ただし，$R_1<R_2$とする。

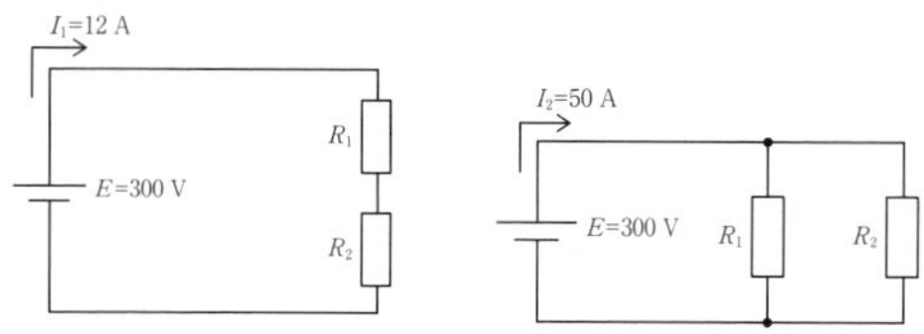

図1　　図2

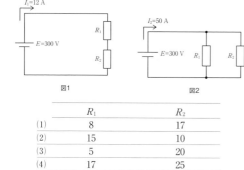

	R_1	R_2
(1)	8	17
(2)	15	10
(3)	5	20
(4)	17	25
(5)	10	15

注目 図1，図2共に，電源の電圧と電流が分かっていることに注目する。

解答 (5)

図1において，直列の合成抵抗がR_1+R_2なので，オームの法則より，

$$R_1+R_2=\frac{E}{I_1}$$

$$=\frac{300}{12}$$

$$=25\ \Omega \quad \cdots①$$

図2において並列合成抵抗が$\frac{R_1R_2}{R_1+R_2}$なので，

$$\frac{R_1R_2}{R_1+R_2}=\frac{E}{I_2}$$

$$\frac{R_1R_2}{25}=\frac{300}{50}$$

$$R_1R_2=150 \quad \cdots②$$

ここで，①及び②を連立方程式で解くと，①より，

$$R_2=25-R_1$$

であるから，これを②に代入すると，

電圧と電流が分かれば，オームの法則により，回路全体の合成抵抗が求められ，

図1は $\frac{300}{12}=25\ \Omega$

図2は $\frac{300}{50}=6\ \Omega$

であることがわかる。

連立方程式では分数にしない方がより計算は容易になることが多い。したがって，この問題の場合は①を整理して②に代入した方が速く計算できる。

$$R_1(25-R_1)=150$$
$$25R_1-R_1^2=150$$
$$R_1^2-25R_1+150=0$$
$$(R_1-10)(R_1-15)=0$$
$$R_1=10,15$$

以上から，R_1とR_2の組み合わせは$R_1<R_2$なので，$R_1=10\,\Omega$ ，$R_2=15\,\Omega$ と求められる。

よって，解答は(5)。

注目 $R_1<R_2$とあるので，その時点で選択肢(2)は除外できる。きちんと問題文を読んでおくと良い。

2 図のような回路において，スイッチSを開いたとき及び閉じたときの電流の値として正しいものを次の(1)～(5)のうちから一つ選べ。

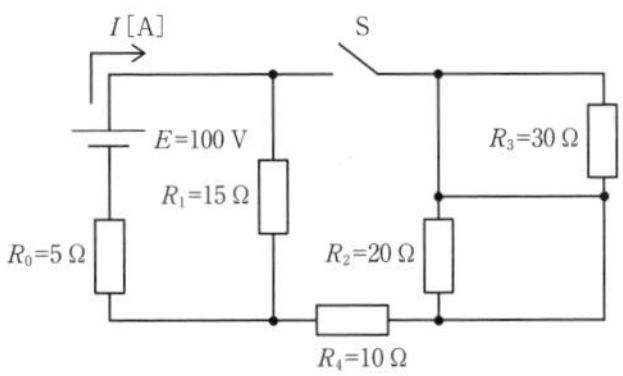

	Sが開いたとき	Sが閉じたとき
(1)	26.7	9.1
(2)	5.0	7.2
(3)	5.0	9.1
(4)	26.7	7.2
(5)	5.0	5.9

注目 本問のように回路が複雑である場合には，基本的には複雑な計算させる問題である可能性は極めて低い。
したがって，スイッチSを閉じたときには電流がどのように流れるか十分に検討してから解くと良い。

解答 (3)

スイッチSが開いているとき，電源から出た電流Iは，R_1及びR_0を通り電源に戻る。

したがって，電流Iの大きさは，

$$I=\frac{E}{R_1+R_0}$$
$$=\frac{100}{15+5}$$
$$=5.0\text{ A}$$

スイッチSが閉じているとき，抵抗R_2及びR_3の両端は導線で接続されているので同電位となり電流は流れず，電流は下図のように流れる。

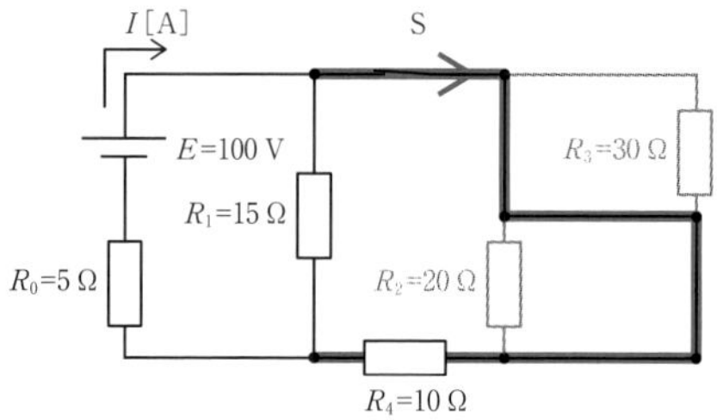

これより，R_1 と R_4 の合成抵抗 R_{14} は，

$$R_{14}=\frac{R_1R_4}{R_1+R_4}$$

$$=\frac{15\times10}{15+10}$$

$$=6\,\Omega$$

したがって，電流 I の大きさは，

$$I=\frac{E}{R_{14}+R_0}$$

$$=\frac{100}{6+5}$$

$$\fallingdotseq 9.1\text{ A}$$

よって，解答は(3)。

スイッチを閉じたときは，左図のようになり，R_1とR_4の抵抗が並列になっている単純な回路であることが分かる。
試験の際は，回路を答案用紙の余白に書き直して整理すると良い。

2 キルヒホッフの法則と重ね合わせの理

確認問題

1 次の問に答えよ。

(1) 断面積が30 mm^2の硬アルミ線の長さ200 mの電気抵抗[Ω]を求めよ。ただし，アルミの電気抵抗率は2.82×10^{-8} Ω・mとする。

(2) (1)の条件において，硬アルミ線の導電率[S/m]を求めよ。

(3) 断面積が38 mm^2で1 kmあたりの銅線の抵抗が0.484 Ωであるとき，この銅線の抵抗率[Ω・m]及び導電率[S/m]を求めよ。

解答 (1) 0.188 Ω　(2) 3.55×10^{7} S/m

(3) 抵抗率：1.84×10^{-8} Ω・m

導電率：5.44×10^{7} S/m

(1) $R=\dfrac{\rho l}{A}$ に各値を代入すると，

$$R=\frac{2.82\times10^{-8}\times200}{30\times10^{-6}}$$

$$=0.188\,\Omega$$

(2) 抵抗率ρと導電率σの間には，

$$\rho=\frac{1}{\sigma}\quad\Leftrightarrow\quad\sigma=\frac{1}{\rho}$$

の関係があるので，

$$\sigma=\frac{1}{2.82\times10^{-8}}$$

$$\fallingdotseq3.55\times10^{7}\,\text{S/m}$$

(3) $R=\dfrac{\rho l}{A}$ を抵抗率ρについて整理すると，

$$\rho=\frac{RA}{l}$$

となるので，各値を代入すると，

$$\rho=\frac{0.484\times38\times10^{-6}}{1000}$$

$$\fallingdotseq1.8392\times10^{-8}\rightarrow1.84\times10^{-8}\,\Omega\cdot\text{m}$$

POINT 1 抵抗率と導電率

$R=\dfrac{\rho l}{A}$ [Ω]

$1\text{mm}^2=1\text{mm}\times1\text{mm}$

$=1\times10^{-3}\text{m}\times1\times10^{-3}\text{m}$

$=1\times10^{-6}\text{m}^2$

$R=\dfrac{\rho l}{A}$

の両辺に$\dfrac{A}{l}$を掛ければ，

$\dfrac{RA}{l}=\rho$

となる。

また，抵抗率 ρ と導電率 σ の間には，

$$\sigma = \frac{1}{\rho}$$

の関係があるので，

$$\sigma = \frac{1}{1.8392 \times 10^{-8}}$$

$$\fallingdotseq 5.4371 \times 10^{7} \rightarrow 5.44 \times 10^{7}\ \mathrm{S/m}$$

2 次の回路の［　　　］に当てはまる数値を答えよ。

(1)

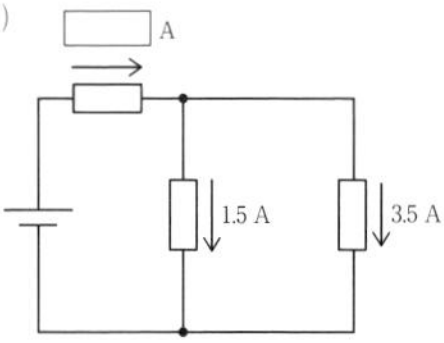

(2)

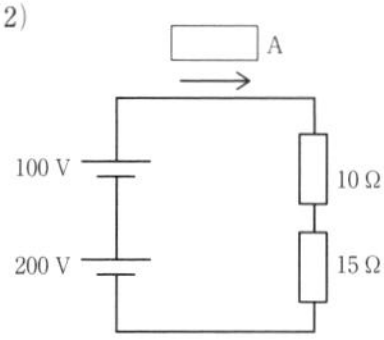

(3)

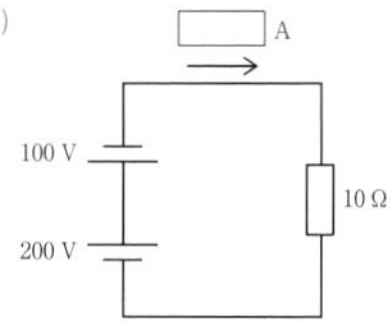

(4)

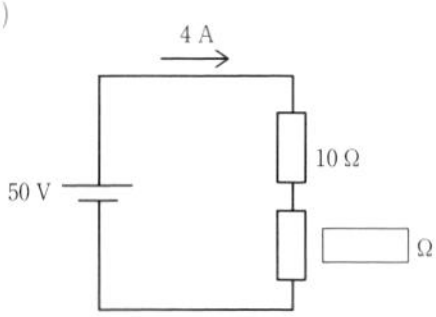

(5)

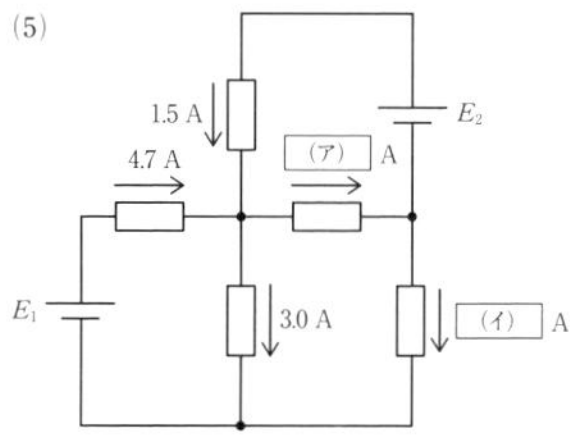

(6)

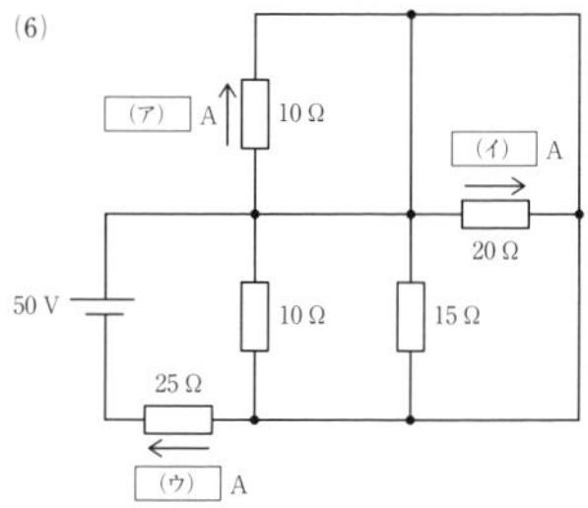

解答　(1)　5.0　　(2)　12　　(3)　10

(4)　2.5　　(5)　(ア) 3.2　(イ) 1.7

(6)　(ア) 0　(イ) 0　(ウ) 2.0

(1)　キルヒホッフの第一法則より，求める電流の大きさは，

$$1.5 + 3.5 = 5.0\ \mathrm{A}$$

(2)　回路を流れる電流を I とすると，キルヒホッフの第二法則より，

$$100 + 200 = 10I + 15I$$

$$300 = (10 + 15)I$$

$$300 = 25I$$

$$I = 12\ \mathrm{A}$$

(3)　回路を流れる電流を I とすると，キルヒホッフ

POINT 2 キルヒホッフの法則

キルヒホッフの第一法則
（流れ込む電流の和）
＝（流れ出る電流の和）

キルヒホッフの第二法則
（起電力の総和）
＝（電圧降下の総和）

の第二法則より，

$$200-100=10I$$
$$100=10I$$
$$I=10\text{ A}$$

(4) 求める抵抗の大きさをRとすると，キルヒホッフの第二法則より，

$$50=10\times4+R\times4$$
$$50=40+4R$$
$$10=4R$$
$$R=2.5\,\Omega$$

(5) （ア）の電流値をI_1とすると，キルヒホッフの第一法則より，

$$4.7+1.5=3.0+I_1$$
$$I_1=3.2\text{ A}$$

（イ）の電流値をI_2とする。E_2を流れる電流が1.5 Aであるから，キルヒホッフの第一法則より，

$$I_1=1.5+I_2$$
$$3.2=1.5+I_2$$
$$I_2=1.7\text{ A}$$

(6)

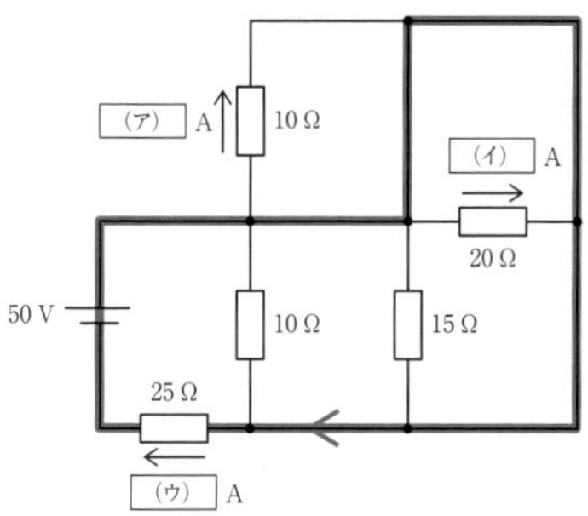

上の図のように，回路で電流が流れるのは図に示した箇所のみとなる。

したがって，（ア），（イ）は0 A。

（ウ）に流れる電流Iはキルヒホッフの第二法則より，

$$50=25I$$
$$I=2.0\text{ A}$$

逆向きの100 Vは－100 Vと考える。

合成抵抗の方法を用いて解いても良い。

（ア）の左側の回路が交わる部分についてキルヒホッフの第一法則を適用する。

（イ）の導出には2通りの方法があり，解答は(イ)の上側の回路が交わる点で考えているが，3.0 Aの下の交点でキルヒホッフの第一法則を適用しても導出できる。

注目 一見難しそうな回路は電流が流れない部分がないか最初に確認するのがポイント。

3 次の回路について，a-b 間を短絡した場合と開放した場合の電流の値をそれぞれ求めよ。

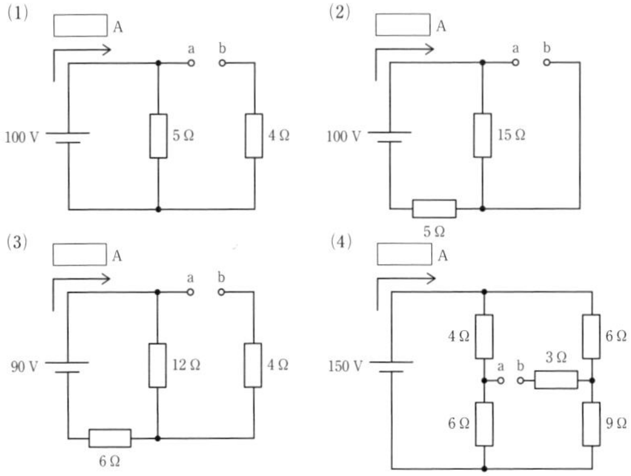

解答　(1)　短絡時　45　開放時　20

(2)　短絡時　20　開放時　5

(3)　短絡時　10　開放時　5

(4)　短絡時　25　開放時　25

(1)　短絡時は 5 Ω と 4 Ω の抵抗の並列回路となるので，並列合成抵抗は，

$$\frac{4\times5}{4+5}=\frac{20}{9}\ \Omega$$

よって，求める電流はオームの法則より，

$$\frac{100}{\frac{20}{9}}=\frac{100\times9}{20}$$

$$=45\ \mathrm{A}$$

開放時は 4 Ω の抵抗には電流が流れないので，求める電流はオームの法則より，

$$\frac{100}{5}=20\ \mathrm{A}$$

(2)　短絡時は 15 Ω の抵抗は短絡されるので電流が流れない。したがって，求める電流はオームの法則より，

$$\frac{100}{5}=20\ \mathrm{A}$$

開放時には 15 Ω の抵抗にも電流が流れる。したがって，キルヒホッフの第二法則より，求める

POINT 3 短絡と開放

短絡時と開放時の回路を描くとイメージがつきやすい。特に開放時は余計な部分（ここでいう4Ωの抵抗）を描かない方が分かりやすい。

注目 短絡時がポイントの問題。

電流をIとすると，

$$100 = 15I + 5I$$

$$100 = 20I$$

$$I = 5\ \text{A}$$

(3)　短絡時はすべての抵抗に電流が流れる。したがって，12 Ωと4 Ωの抵抗の並列合成抵抗は，

$$\frac{12\times 4}{12+4}=3\ \Omega$$

となるので，全体の合成抵抗は，

$$3+6=9\ \Omega$$

よって，求める電流はオームの法則より，

$$\frac{90}{9}=10\ \text{A}$$

開放時は12 Ωと6 Ωの直列接続の回路となるので，直列合成抵抗は，

$$12+6=18\ \Omega$$

よって，求める電流はオームの法則より，

$$\frac{90}{18}=5\ \text{A}$$

(4)　開放時，a点の電圧V_a及びb点の電圧V_bは，分圧の法則より，

$$V_a=\frac{6}{4+6}\times 150$$

$$=90\ \text{V}$$

$$V_b=\frac{9}{6+9}\times 150$$

$$=90\ \text{V}$$

となるから，V_aとV_bには電位差がないので短絡しても電流が流れない。

したがって，短絡時も開放時も電流値は変わらない。開放時の回路の合成抵抗は，

$$\frac{(4+6)\times(6+9)}{(4+6)+(6+9)}=6\ \Omega$$

となるので，求める電流はオームの法則より，

$$\frac{150}{6}=25\ \text{A}$$

(4)のような回路をブリッジ回路と呼び，電験三種では中間部（ここでいう3 Ωの抵抗）の部分に電流が流れない平衡状態と呼ばれるパターンが多い。
平衡状態は左側と右側の抵抗の割り算をそれぞれ行い同じであれば，平衡状態と判断できる。例えば本問では，

$$\frac{4}{6}=\frac{6}{9}$$

が成立するので平衡状態と言える。

4 次の回路の［　　　］に当てはまる数値を答えよ。

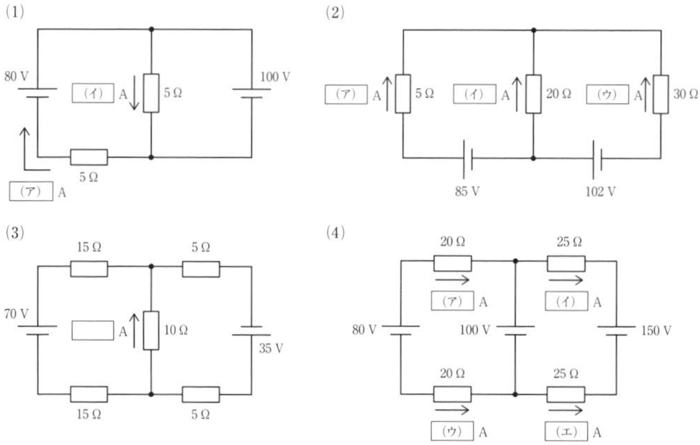

解答 (1) (ア) − 4.0　(イ) 20

(2) (ア) 7.4　(イ) −2.4　(ウ) −5.0

(3) 0.5

(4) (ア) − 0.5　(イ) − 1.0

(ウ) 0.5　(エ) 1.0

POINT 4 重ね合わせの理

(1)

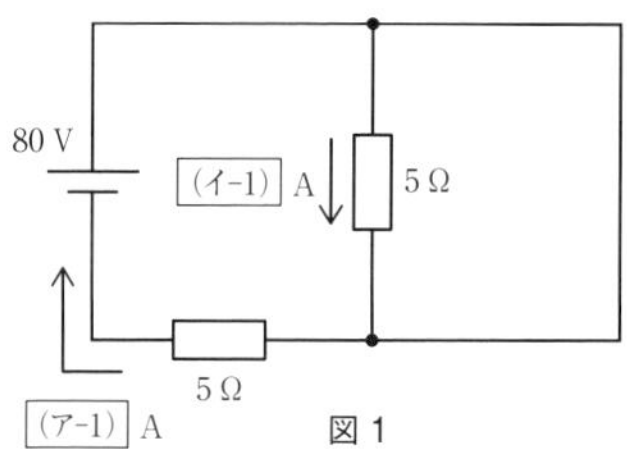

図 1

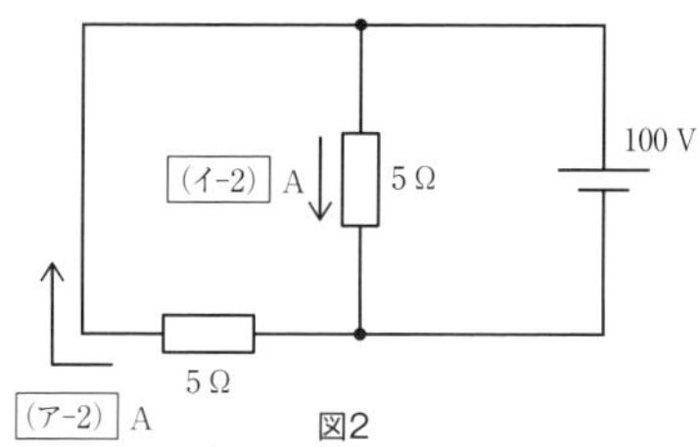

図2

重ね合わせの理を用いて，回路を電源ごとに分けて考えると，回路図は図 1 及び図 2 のように分けられる。

図1においては，(イ-1) の電流が流れる抵抗は短絡されるので電流は流れない。(ア-1) の電流の大きさはオームの法則より，

$$\frac{80}{5} = 16\ \text{A}\quad(\text{上向き})$$

図2においては，各抵抗にそれぞれ100 Vが加わるので，電流の大きさは，電流の向きに注意すると，

$$(\text{ア-2})\ -\frac{100}{5} = -20\ \text{A}\ (\text{下向き})$$

重ね合わせの理を用いるときに，電源（電圧源）は短絡する。100 Vの電源を短絡するときの回路をイメージできるかが最大のポイント。

基本的に，電流や電圧の向きは矢印の向きを正とする。

(イ-2) $\dfrac{100}{5}=20$ A

よって，図１と図２を合成すると，

(ア) $16-20=-4.0$ A

(イ) $0+20=20$ A

(2)

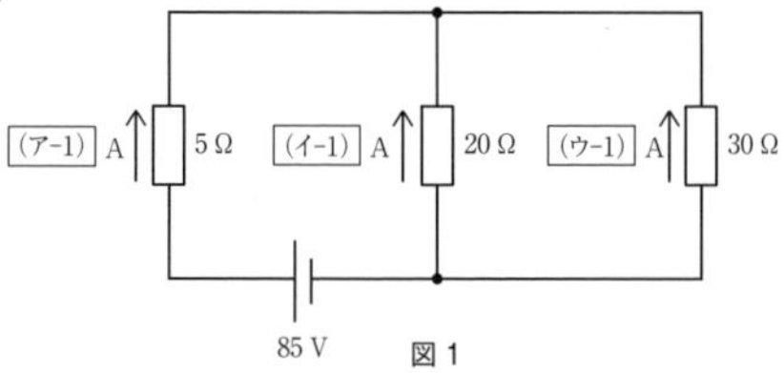

図１

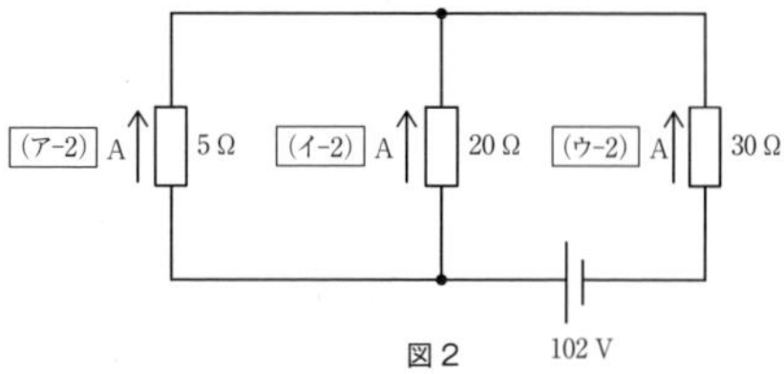

図２

重ね合わせの理を用いて，回路を電源ごとに分けて考えると，回路図は図１及び図２のように分けられる。

図1より，20 Ωと30 Ωの抵抗の並列合成抵抗は，

$$\frac{20\times30}{20+30}=12\ \Omega$$

となるので，全体の合成抵抗は，

$$12+5=17\ \Omega$$

よって，電源を流れる電流はオームの法則より，

$$\frac{85}{17}=5.0\ \text{A}$$

(ア-1) は電源の電流がそのまま流れるので5.0 Aとなる。

(イ-1) 及び(ウ-1) の電流の大きさは分流の法則より，

(イ-1) $\dfrac{30}{20+30}\times5.0=3.0$ A (下向き)

(ウ-1) $\dfrac{20}{20+30}\times5.0=2.0$ A (下向き)

同様に図２についても考える。

図2より，5 Ωと20 Ωの抵抗の並列合成抵抗は，

$$\frac{5\times20}{5+20}=4\ \Omega$$

となるので，全体の合成抵抗は，

電流の向きには十分に注意する。最初は分解したときの回路を描き，85 Vのときはどちらの向きに電流が流れ，102 Vのときはどちらの向きに電流が流れるか考える。

$4 + 30 = 34\ \Omega$

よって，電源を流れる電流はオームの法則より，

$\dfrac{102}{34} = 3.0\ \text{A}$（左向き）

（ウ -2）は電源の電流がそのまま流れるので
3.0A（下向き）となる。

（ア -2）及び（イ -2）の電流の大きさは分流の法則より，

（ア -2）$\dfrac{20}{5+20} \times 3.0 = 2.4\ \text{A}$（上向き）

（イ -2）$\dfrac{5}{5+20} \times 3.0 = 0.6\ \text{A}$（上向き）

よって，図1と図2を合成すると，電流の向きは上向きが正であるから，電流の向きに注意すると，

（ア）$5.0 + 2.4 = 7.4\ \text{A}$

（イ）$-3.0 + 0.6 = -2.4\ \text{A}$

（ウ）$-2.0 - 3.0 = -5.0\ \text{A}$

キルヒホッフの第一法則より，
（ア）+（イ）+（ウ）$= 7.4 - 2.4 - 5.0$
$= 0\ \text{A}$
となっていることを確認する。

(3)

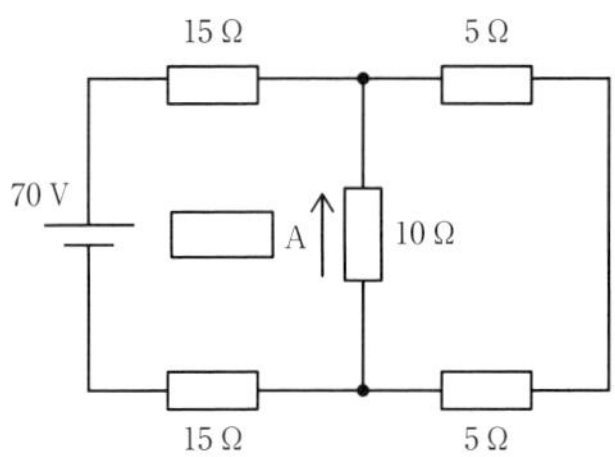

図１

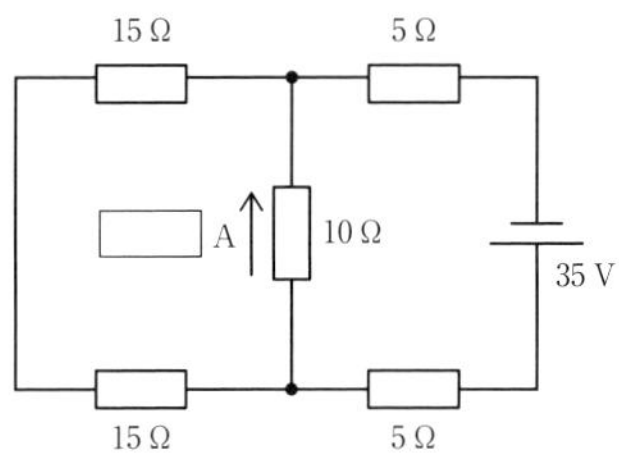

図2

重ね合わせの理を用いて，回路を電源ごとに分けて考えると，回路図は図1及び図2のように分けられる。

図1より，5 Ωと5 Ωの直列合成抵抗は，

$5 + 5 = 10\ \Omega$

10 Ωも合わせた並列合成抵抗は，

$\dfrac{10 \times 10}{10 + 10} = 5\ \Omega$

となるので，全体の合成抵抗は，

$15 + 5 + 15 = 35\ \Omega$

注目 35 Vの電源の向きに注意すること。

同じ大きさの抵抗の並列合成抵抗は半分となることを知っておくと良い。

したがって，電源を流れる電流はオームの法則より，

$$\frac{70}{35}=2.0\ \mathrm{A}$$

よって，10 Ωを流れる電流の大きさは，分流の法則より，

$$\frac{10}{10+10}\times 2.0=1.0\ \mathrm{A}\ （下向き）$$

同様に図2についても考える。

図2より，15 Ωと15 Ωの直列合成抵抗は，

$$15+15=30\ \Omega$$

10 Ωも合わせた並列合成抵抗は，

$$\frac{30\times 10}{30+10}=7.5\ \Omega$$

全体の合成抵抗は，

$$5+7.5+5=17.5\ \Omega$$

したがって，電源を流れる電流はオームの法則より，

$$\frac{35}{17.5}=2.0\ \mathrm{A}$$

よって，10 Ωを流れる電流の大きさは，分流の法則より，

$$\frac{30}{30+10}\times 2.0=1.5\ \mathrm{A}\ （上向き）$$

したがって，図1と図2を合成すると，電流の向きは上向きが正であるから，電流の向きに注意すると，

$$-1.0+1.5=0.5\ \mathrm{A}$$

分流の法則を適用する際には，10 Ωの上の点において分流するので，その配下の抵抗について適用する。そのことをこの問題でよく理解しておく。

(4)

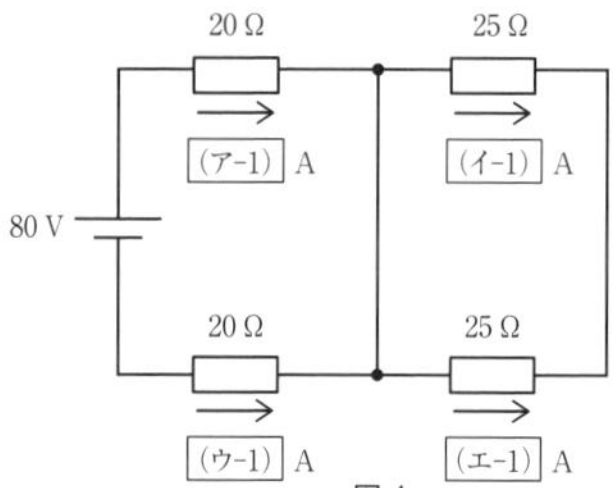

図 1

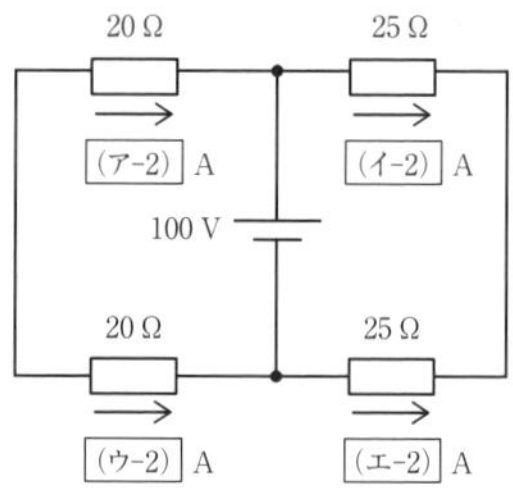

図 2

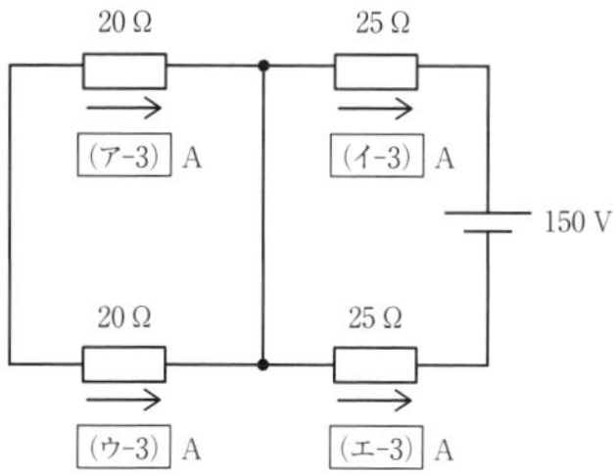

図 3

重ね合わせの理を用いて，回路を電源ごとに分けて考えると，回路図は図１，図２及び図３のように分けられる。

図1より，回路中央が短絡されているので，(イ-1) 及び (エ-1) の電流はゼロとなる。

したがって，回路の合成抵抗は，

$$20+20=40\ \Omega$$

電源を流れる電流はオームの法則より，

$$\frac{80}{40}=2.0\ \mathrm{A}$$

よって，図1における各電流は，電流の向きに注意すると，

(ア-1) 2.0 A　(イ-1) 0 A　(ウ-1) − 2.0 A
(エ-1) 0 A

図２より，20 Ω と 20 Ω，25 Ω と 25 Ω の合成抵抗はそれぞれ，

$$20+20=40\ \Omega$$

$$25+25=50\ \Omega$$

となるので，回路全体の合成抵抗は，

注目 若干面倒かもしれないが，必ず分解した回路図を描くこと。

図１の回路図を描かないと 80 Vの電源だけのとき，25 Ω の二つの抵抗が短絡されることを見逃してしまうので注意。

$$\frac{40 \times 50}{40+50}=\frac{200}{9}\ \Omega$$

よって，電源を流れる電流はオームの法則より，

$$\frac{100}{\frac{200}{9}}=4.5\ \text{A}$$

分流の法則より（ア-2）及び（イ-2）の電流の大きさは，それぞれ，

（ア-2）$\frac{50}{40+50} \times 4.5=2.5$ A（左向き）

（イ-2）$\frac{40}{40+50} \times 4.5=2.0$ A（右向き）

よって，図２における各電流は，電流の向きに注意すると，

（ア-2）－2.5 A　（イ-2）2.0 A

（ウ-2）2.5 A　（エ-2）－2.0 A

図3より，回路中央が短絡されているので，（ア-3）及び（ウ-3）の電流はゼロとなる。

したがって，回路の合成抵抗は，

$25+25=50\ \Omega$

電源を流れる電流はオームの法則より，

$$\frac{150}{50}=3.0\ \text{A}$$

よって，図３における各電流は，電流の向きに注意すると，

（ア-3）0 A　（イ-3）－3.0 A

（ウ-3）0 A　（エ-3）3.0 A

以上から，各電流の値は，

（ア）$2.0-2.5+0=-0.5$ A

（イ）$0+2.0-3.0=-1.0$ A

（ウ）$-2.0+2.5+0=0.5$ A

（エ）$0-2.0+3.0=1.0$ A

小数で求めても良いが，抵抗値の場合後で割り算をする場合も多いので敢えて分数のまま計算するのも手である。

（ア）の電流はそのまま（ウ）として流れ，（イ）の電流はそのまま（エ）として利用する。

注目 この最後の計算はミスしやすいので向きや大きさを整理して慎重に行う。

基本問題

1 次の回路の端子a-b間を(1)開放した場合，(2)短絡した場合，(3) 5 Ωの抵抗を接続した場合の15 Ωの抵抗に流れる電流の大きさをそれぞれ求めよ。

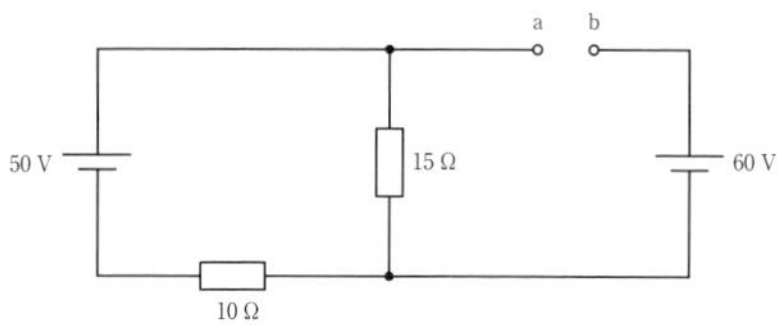

解答 (1)　2.0 A　(2)　4.0 A　(3)　3.09 A

(1)　開放した場合15 Ωの抵抗には60 Vの電源の電圧は加わらないので，50 Vの電源と10 Ωと15 Ωの直列抵抗の回路となる。

よって，15 Ωの抵抗を流れる電流の大きさは，オームの法則より，

$$\frac{50}{10+15}=2.0\ \text{A}$$

(2)

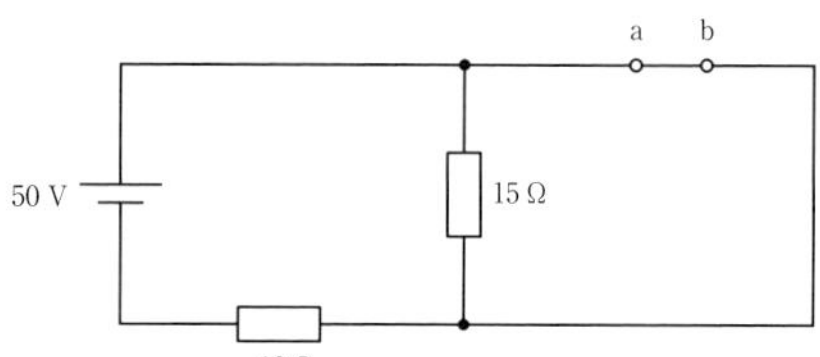

図 1

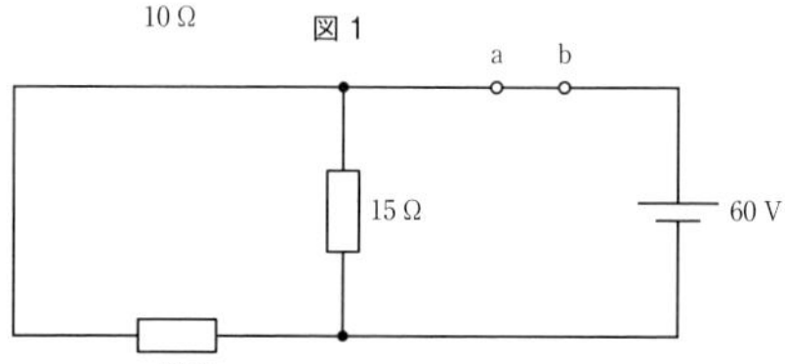

図 2

短絡した場合は，重ね合わせの理で求める。

重ね合わせの理を用いて，回路を電源ごとに分けて考えると，回路図は図1及び図2のように分けられる。

図1においては，15 Ωの抵抗は短絡されるの

注目 (3)の有効数字の取り方に注意して導出すること。
わからない場合は確認問題④を復習するとよい。

で電流は流れない。

図２においては，15 Ωの抵抗には60 Vの電圧が加わるので15 Ωの抵抗に流れる電流はオームの法則より，

$$\frac{60}{15}=4.0\ \mathrm{A}$$

(3)

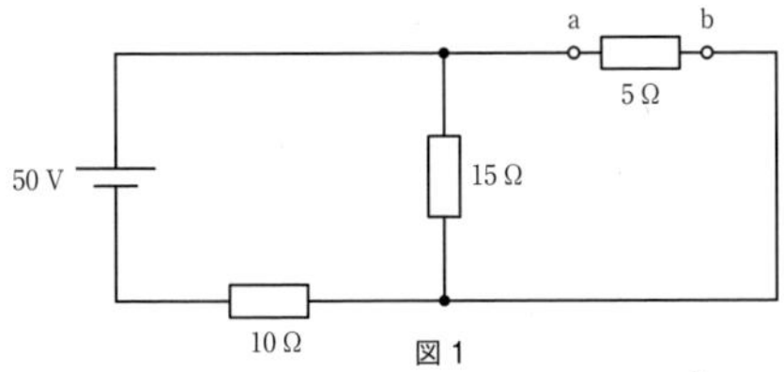

図１

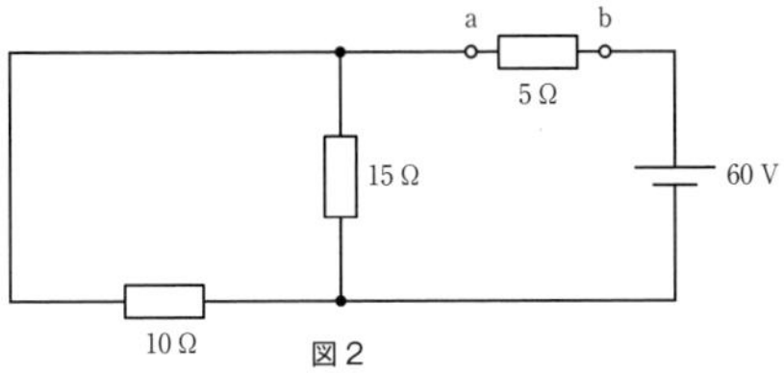

図２

5 Ωの抵抗を接続した場合は，重ね合わせの理で求める。

重ね合わせの理を用いて，回路を電源ごとに分けて考えると，回路図は図１及び図２のように分けられる。

図1において，5 Ωと15 Ωの並列合成抵抗は，

$$\frac{5\times 15}{5+15}=3.75\ \Omega$$

回路全体の合成抵抗は，

$$3.75+10=13.75\ \Omega$$

電源を流れる電流はオームの法則より，

$$\frac{50}{13.75}\fallingdotseq 3.6364\ \mathrm{A}$$

したがって，分流の法則より15 Ωの抵抗に流れる電流の大きさは，

$$\frac{5}{5+15}\times 3.6364=0.9091\ \mathrm{A}$$

図2も同様に，10 Ωと15 Ωの並列合成抵抗は，

$$\frac{10\times15}{10+15}=6\ \Omega$$

回路全体の合成抵抗は，

$$6+5=11\ \Omega$$

電源を流れる電流はオームの法則より，

$$\frac{60}{11}\fallingdotseq 5.4545\ \mathrm{A}$$

したがって，分流の法則より 15 Ωの抵抗に流れる電流の大きさは，

$$\frac{10}{10+15}\times5.4545=2.1818\ \mathrm{A}$$

以上から，二つの電源を接続したときの15 Ωの抵抗に流れる電流の大きさは，

$$0.9091+2.1818=3.0909\ \mathrm{A}\ \rightarrow\ 3.09\ \mathrm{A}$$

2 次の回路において，図１及び図２におけるR_0に流れる電流の大きさIについて，正しいものの組合せを次の(1)～(5)のうちから一つ選べ。

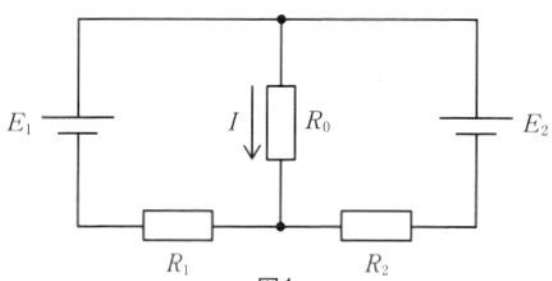

図1

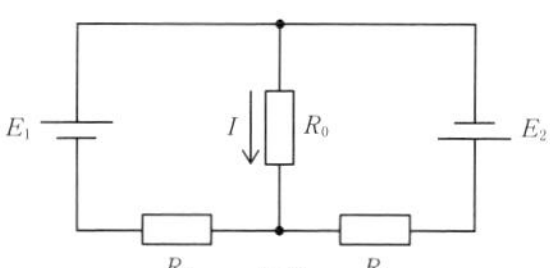

図2

	図1	図2
(1)	$\dfrac{R_1E_1+R_2E_2}{R_0R_1+R_1R_2+R_2R_0}$	$\dfrac{R_1E_1-R_2E_2}{R_0R_1+R_1R_2+R_2R_0}$
(2)	$\dfrac{R_1E_1+R_2E_2}{R_0R_1+R_1R_2+R_2R_0}$	$\dfrac{R_2E_2-R_1E_1}{R_0R_1+R_1R_2+R_2R_0}$
(3)	$\dfrac{R_1E_2+R_2E_1}{R_0R_1+R_1R_2+R_2R_0}$	$\dfrac{R_1E_2-R_2E_1}{R_0R_1+R_1R_2+R_2R_0}$
(4)	$\dfrac{R_1E_2+R_2E_1}{R_0R_1+R_1R_2+R_2R_0}$	$\dfrac{R_2E_1-R_1E_2}{R_0R_1+R_1R_2+R_2R_0}$
(5)	$\dfrac{R_1E_2+R_2E_1}{R_0R_1+R_1R_2+R_2R_0}$	$\dfrac{R_1E_1-R_2E_2}{R_0R_1+R_1R_2+R_2R_0}$

解答 (4)

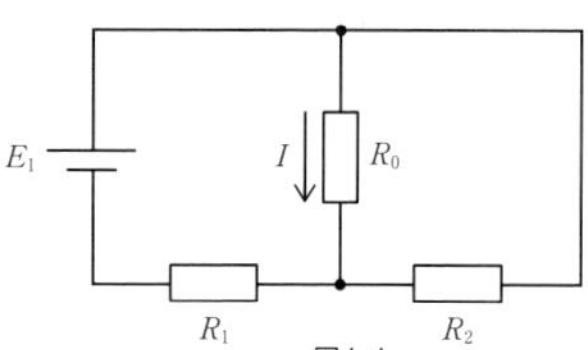

図1-1

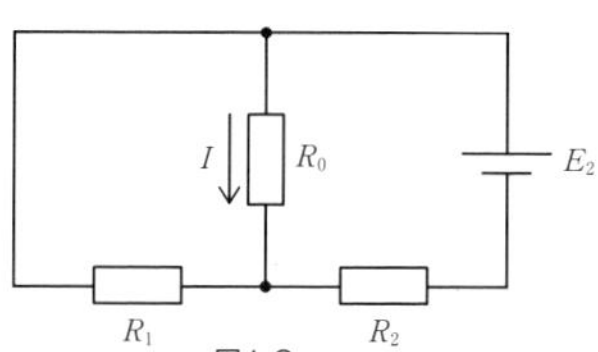

図1-2

重ね合わせの理を用いて，回路を電源ごとに分けて考えると，図1の回路は図1－1と図1－2のように分けられる。

図1－1において，R_0とR_2の並列合成抵抗R_{02}は，

$$R_{02}=\frac{R_0R_2}{R_0+R_2}$$

回路全体の合成抵抗Rは，

$$\begin{aligned}R&=R_1+R_{02}\\&=R_1+\frac{R_0R_2}{R_0+R_2}\\&=\frac{R_1(R_0+R_2)+R_0R_2}{R_0+R_2}\\&=\frac{R_0R_1+R_1R_2+R_2R_0}{R_0+R_2}\end{aligned}$$

図1－1において電源E_1を流れる電流I_1はオームの法則より，

$$\begin{aligned}I_1&=\frac{E_1}{R}\\&=E_1\div\frac{R_0R_1+R_1R_2+R_2R_0}{R_0+R_2}\\&=\frac{R_0+R_2}{R_0R_1+R_1R_2+R_2R_0}E_1\end{aligned}$$

したがって，分流の法則より，図1－1における電流Iは，

$$\begin{aligned}I'&=\frac{R_2}{R_0+R_2}I_1\\&=\frac{R_2}{R_0+R_2}\cdot\frac{R_0+R_2}{R_0R_1+R_1R_2+R_2R_0}E_1\\&=\frac{R_2}{R_0R_1+R_1R_2+R_2R_0}E_1\end{aligned}$$

図1－2については，図1－1の結果より，E_1にE_2を代入し，R_1とR_2を入れ替えれば求められるので，

$$I''=\frac{R_1}{R_0R_1+R_1R_2+R_2R_0}E_2$$

したがって，二つの電源を接続したときの電流Iは，

$$I=\frac{R_2}{R_0R_1+R_1R_2+R_2R_0}E_1+\frac{R_1}{R_0R_1+R_1R_2+R_2R_0}E_2$$

記号を用いる場合も数字で計算するときと同様の手順で行う。

抵抗の場合は割り算をすることが多いので，分母･分子にさらに分数が含まれない形にした方がよい。

試験本番までには一行目から三行目まで直接導出できるようにしておくスピードが必要。

R_0+R_2が約分される。

回路の類似性に注目することも試験本番では早く解くコツとなる。

$$= \frac{R_1E_2 + R_2E_1}{R_0R_1 + R_1R_2 + R_2R_0}$$

図2については，E_2を$-E_2$にすれば良いので，

$$I = \frac{R_2E_1 - R_1E_2}{R_0R_1 + R_1R_2 + R_2R_0}$$

以上より，解答は(4)。

$E_2 \to -E_2$に置き換えれば良いことが回路を見て分かれば，選択肢は(1)もしくは(4)の二択となる。このようなテクニックを演習で身に着け本番を迎えれば非常に大きな武器となる。

応用問題

1 次の回路の（ア）～（エ）に当てはまる数値をそれぞれ答えよ。

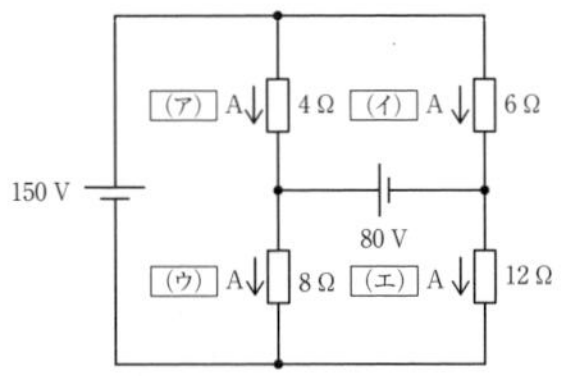

注目 まず，確認問題❸(4)と同様に回路の平衡状態を確認することが重要。図2への描き換えはよく回路をイメージして理解すること。

解答 （ア）4.50 A　（イ）16.3 A　（ウ）16.5 A
（エ）4.33 A

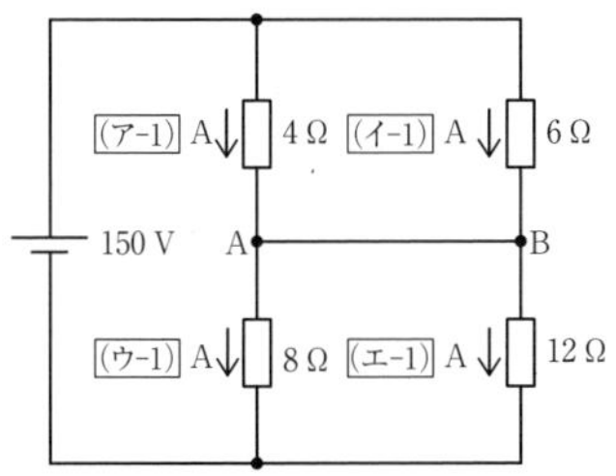

図1

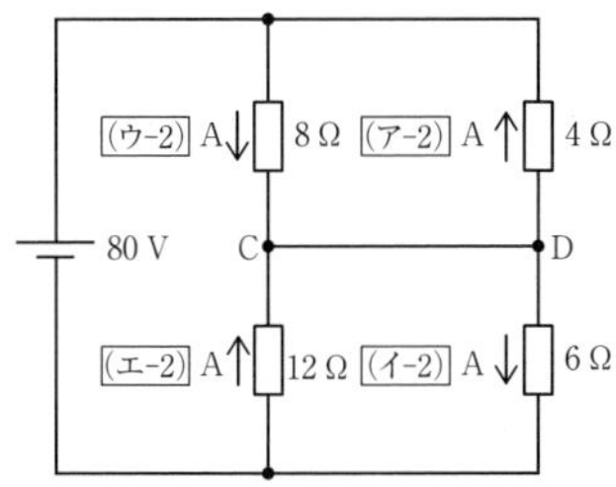

図2

重ね合わせの理を用いて，回路を電源ごとに分けて考える。150 Vのときの回路図は図1のようになり，80 Vの回路図は電源の配置を描き換えると図2のようになる。

図1において，4 Ωの抵抗と6 Ωの抵抗の並列合成抵抗は，

$$\frac{4\times6}{4+6}=2.4\ \Omega$$

8 Ωの抵抗と12 Ωの抵抗の並列合成抵抗は，

$$\frac{8\times12}{8+12}=4.8\ \Omega$$

したがって，回路全体の合成抵抗は，

$$2.4+4.8=7.2\ \Omega$$

よって，電源を流れる電流の大きさは

$$\frac{150}{7.2}\fallingdotseq20.833\ \text{A}$$

ここで，4 Ωと8 Ωの抵抗の比と6 Ωと12 Ωの抵抗の比はどちらも1：2で等しいので，A-B間の電位は等しい。よって，分流の法則より，それぞれの抵抗に流れる電流は，

(ア-1)(ウ-1) $\dfrac{6+12}{(4+8)+(6+12)}\times 20.833 \fallingdotseq 12.500$ A

(イ-1)(エ-1) $\dfrac{4+8}{(4+8)+(6+12)}\times 20.833 \fallingdotseq 8.333$ A

同様に図2も求める。

図2において，4 Ωの抵抗と8 Ωの抵抗の並列合成抵抗は，

$$\frac{4\times 8}{4+8} \fallingdotseq 2.6667\ \Omega$$

となり，6 Ωの抵抗と12 Ωの抵抗の並列合成抵抗は，

$$\frac{6\times 12}{6+12} = 4\ \Omega$$

となるので，回路全体の合成抵抗は，

$$2.6667 + 4 = 6.6667\ \Omega$$

よって，電源を流れる電流の大きさは

$$\frac{80}{6.6667} \fallingdotseq 12.000\ \text{A}$$

ここで，8 Ωと12 Ωの抵抗の比と4 Ωと6 Ωの抵抗の比はどちらも2：3で等しいので，C-Dの電位は等しい。よって，分流の法則より，それぞれの抵抗に流れる電流は，

(ア-2)（イ-2） $\dfrac{8+12}{(8+12)+(4+6)}\times 12.000 \fallingdotseq 8.000$ A

(ウ-2)（エ-2） $\dfrac{4+6}{(8+12)+(4+6)}\times 12.000 \fallingdotseq 4.000$ A

以上から，それぞれの電流値は，電流の向きに注意して，

(ア) $12.500 - 8.0000 = 4.50$ A

(イ) $8.333 + 8.0000 \fallingdotseq 16.3$ A

(ウ) $12.500 + 4.0000 \fallingdotseq 16.5$ A

(エ) $8.333 - 4.0000 = 4.33$ A

A-B間の電位が等しいということは短絡しても開放しても良いということ。この回路の場合開放した方が計算がしやすいのでそちらを採用している。

ここで間違うとここまでの苦労が水の泡となる。試験本番ではここの＋と－を間違えたものを誤答とする選択肢も多い。

2 次の図において，端子電圧 V_1，V_2 及び V_3 の大小関係を表す式として，最も適切なものを次の(1)〜(5)の中から一つ選べ。

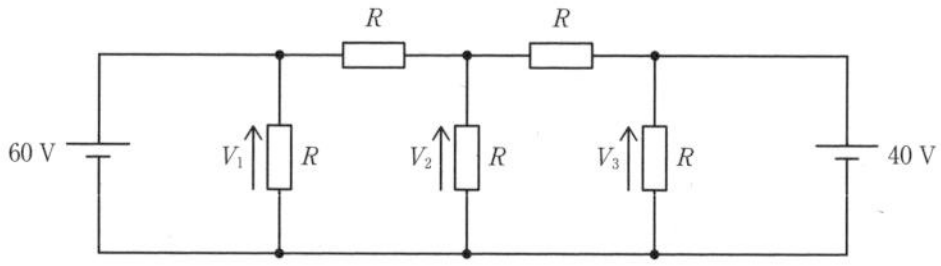

(1) $V_1 > V_2 > V_3$　(2) $V_1 > V_3 > V_2$
(3) $V_2 > V_1 > V_3$　(4) $V_3 > V_1 > V_2$
(5) $V_3 > V_2 > V_1$

解答 (2)

重ね合わせの理を用いて，回路を電源ごとに分けて考える。60 Vのときの回路図は図1のようになり，40 Vの回路図は図2のようになる。

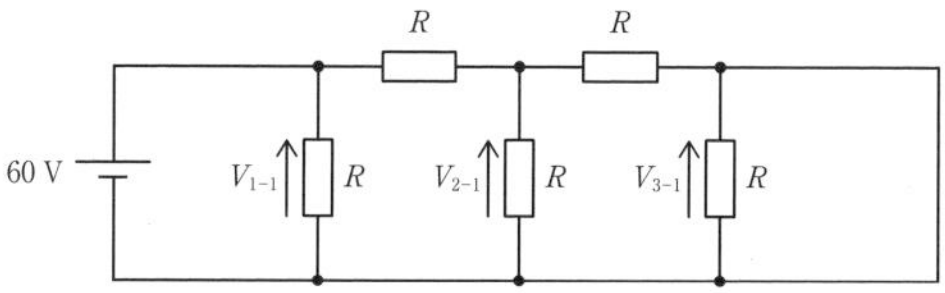

図1

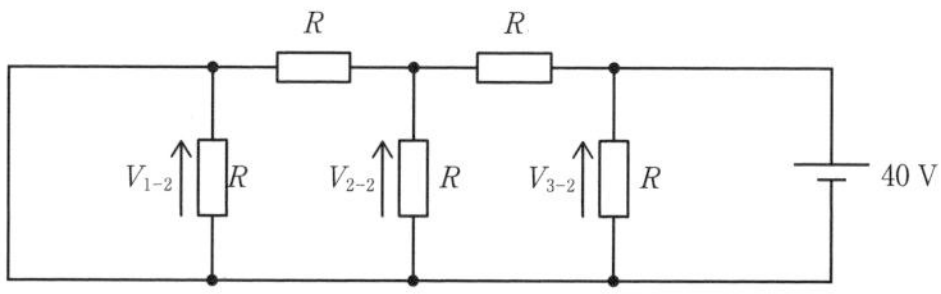

図2

図1においては電源に最も近い抵抗には電源の電圧がそのまま V_{1-1} に加わるので，

$$V_{1-1} = 60\ \text{V}$$

V_{3-1} は短絡されているので，

$$V_{3-1} = 0\ \text{V}$$

図1において，V_{3-1} が加わっている抵抗は短絡されているので無視すると図1－1のように整理できる。図1－1の通り，各部の合成抵抗を R_1，R_2，R_3 とすると，

$$R_1 = \frac{R \times R}{R + R} = \frac{R}{2}$$

まず左側が60 Vで右側が40 Vで真ん中の抵抗群がすべて同じなので，$V_1 > V_3$ と予想する。この時点で(4)と(5)の選択肢が除外される。

ここの並列合成抵抗から電流を求める部分が最も時間がかかる所。試験では時間管理が問われるのでできるだけ速く計算できるように日常から練習しておく。

$$R_2 = R + R_1 = R + \frac{R}{2} = \frac{3}{2}R$$

$$R_3 = \frac{R \times R_2}{R + R_2} = \frac{R \times \frac{3}{2}R}{R + \frac{3}{2}R} = \frac{3}{5}R$$

となるので，60 Vの電源を流れる電流Iは，

$$I = \frac{60}{R_3}$$

$$= \frac{60}{\frac{3}{5}R}$$

$$= \frac{100}{R}$$

よって，分流の法則より，電圧 V_{2-1}が加わっている抵抗に流れる電流の大きさI_{2-1}は，

$$I_{2-1} = \frac{R}{R + R_2} \times \frac{R}{R + R} I$$

$$= \frac{R}{R + \frac{3}{2}R} \times \frac{R}{R + R} \times \frac{100}{R}$$

$$= \frac{20}{R}$$

電圧 V_{2-1}は，

$$V_{2-1} = RI_{2-1}$$

$$= R \times \frac{20}{R} = 20 \text{ V}$$

この回路においてV_{2-1}として60Vの$\frac{1}{3}$が加わることを理解しておくと解くのが速くなる。

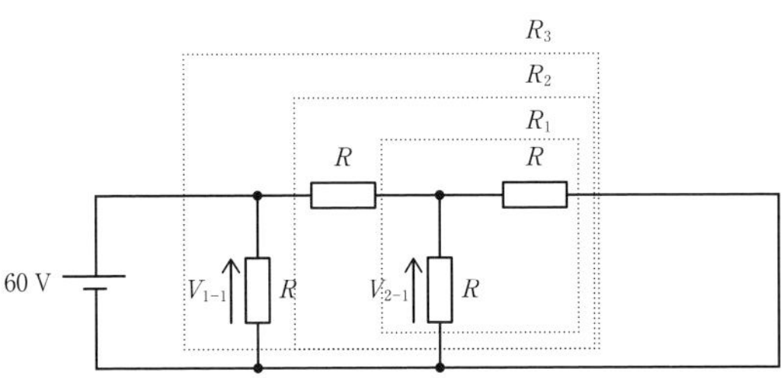

図1-1

図２においても，V_{2-2}は40 Vの$\frac{1}{3}$の電圧となるので，

$$V_{2-2} = \frac{40}{3} \doteqdot 13.333 \text{ V}$$

となり，V_{1-2}が加わっている抵抗は短絡されてい

るので，

$V_{3-2}=0\ \text{V}$

また，V_{3-2}には40 Vの電圧がそのまま加わっているので，

$V_{3-2}=40\ \text{V}$

したがって，図1と図2の電圧を合算すると，

$V_1=60\ \text{V}$

$V_2=20+13.33\fallingdotseq 33.3\ \text{V}$

$V_3=40\ \text{V}$

となり，$V_1>V_3>V_2$

よって，解答は(2)。

3 次の図において，Rを流れる電流Iの大きさが0 Aとなった。このとき，E_1及びE_2の比$\dfrac{E_1}{E_2}$として正しいものを次の(1)～(5)の中から一つ選べ。

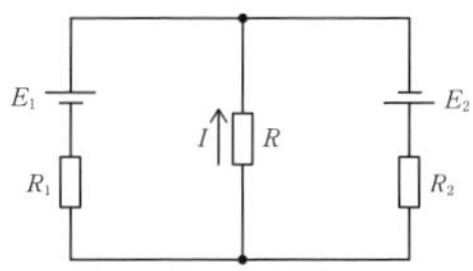

(1) $\dfrac{R_1}{R_2}$　(2) $\dfrac{R_2}{R_1}$　(3) $\dfrac{R+R_1}{R+R_2}$　(4) $\dfrac{R+R_2}{R+R_1}$

(5) 1

注目 基本問題 **2** の図2と回路は同じであることを理解する。

解答 (1)

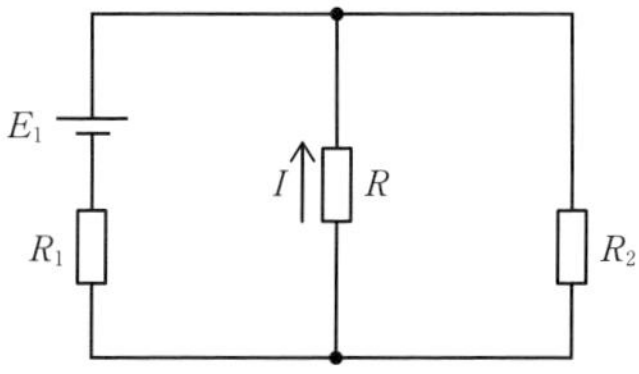

図 1

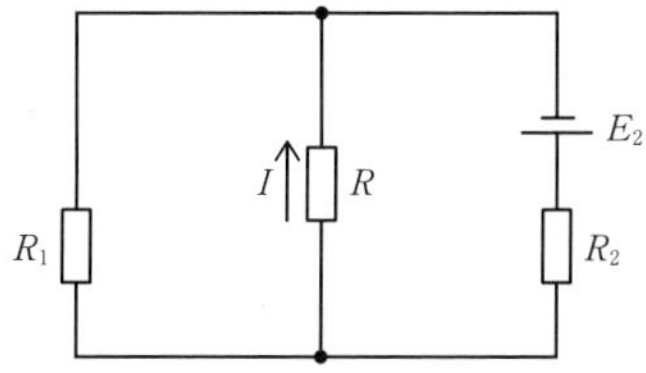

図 2

重ね合わせの理を用いて，回路を電源ごとに分けて考える。E_1のみ存在する回路図は図１のようになり，E_2のみ存在する回路図は図２のようになる。

図１において，RとR_2の並列合成抵抗R_2'は，

$$R_2'=\frac{RR_2}{R+R_2}$$

次項で記載の「ミルマンの定理」を用いればもっと速く解くことも可能であるが，ここでは重ね合わせの理を用いて説明する。

となり，回路全体の合成抵抗R_0は，

$$R_0 = R_1 + R_2{}'$$
$$= R_1 + \frac{RR_2}{R+R_2}$$
$$= \frac{R_1(R+R_2)+RR_2}{R+R_2}$$
$$= \frac{RR_1+R_1R_2+R_2R}{R+R_2}$$

電源E_1を流れる電流I_1はオームの法則より，

$$I_1 = \frac{E_1}{R_0}$$
$$= E_1 \div \frac{RR_1+R_1R_2+R_2R}{R+R_2}$$
$$= \frac{R+R_2}{RR_1+R_1R_2+R_2R}E_1$$

したがって，分流の法則より電流Iは，電流の向きに注意すると，

$$I' = -\frac{R_2}{R+R_2}I_1$$
$$= -\frac{R_2}{R+R_2}\cdot\frac{R+R_2}{RR_1+R_1R_2+R_2R}E_1$$
$$= -\frac{R_2}{RR_1+R_1R_2+R_2R}E_1$$

同様に図２について電流Iを求めると，

電流の向きに注意すること

$$I'' = \frac{R_1}{RR_1+R_1R_2+R_2R}E_2$$

図１と図２の電流を合算すると，

$$I = \frac{R_1E_2}{RR_1+R_1R_2+R_2R} - \frac{R_2E_1}{RR_1+R_1R_2+R_2R}$$

となるので，$I=0$となる条件は，

$$\frac{R_1E_2}{RR_1+R_1R_2+R_2R} - \frac{R_2E_1}{RR_1+R_1R_2+R_2R} = 0$$
$$R_1E_2 - R_2E_1 = 0$$
$$R_1E_2 = R_2E_1$$
$$\frac{E_1}{E_2} = \frac{R_1}{R_2}$$

この計算の一行目から二行目は零に何を掛けても零であることを利用して，両辺に
$RR_1+R_1R_2+R_2R$
を掛けている。

よって，解答は(1)。

3 複雑な電気回路と電力

確認問題

1 以下の問に答えよ。

(1) 起電力$E=100$ V，内部抵抗$r=0.5$ Ω の電源に抵抗$R=9.5$ Ω を接続したときに，回路に流れる電流の大きさI[A] を求めよ。

(2) 内部抵抗$r=0.1$ Ω である電源に抵抗$R=1.5$ Ω の抵抗を接続したところ，回路には$I=5.0$ A の電流が流れた。この電源の起電力の大きさE[V] を求めよ。

(3) 起電力$E=220$ V の電源に$R=25$ Ω の抵抗を接続したところ，回路には$I=8.0$ A の電流が流れた。この電源の内部抵抗の大きさr[Ω] を求めよ。

(4) 起電力$E=100$ V の電源の端子を短絡して，電流値を測定したところ150 Aの電流が流れた。この電源の内部抵抗の大きさr[Ω] を求めよ。

(5) 起電力$E=100$ V の電源の端子を開放したときに内部抵抗$r=0.1$ Ω に加わる電圧の大きさと電流の大きさはいくらか。

POINT 1 直流電源の内部抵抗

解答 (1) 10 A　(2) 8.0 V　(3) 2.5 Ω
(4) 0.667 Ω　(5) 電圧0 V　電流0 A

(1) 題意に沿って回路図を描くと下図のようになる。
図より，回路を流れる電流の大きさIは，

$$I=\frac{E}{r+R}=\frac{100}{0.5+9.5}=10\text{ A}$$

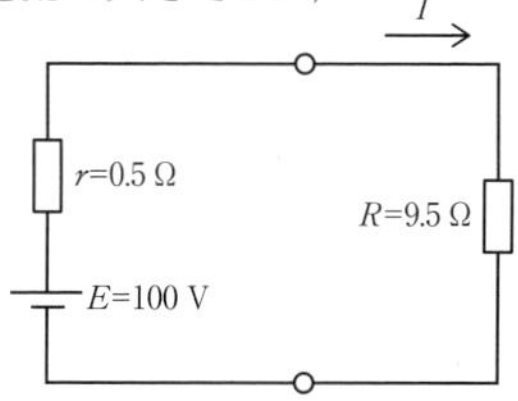

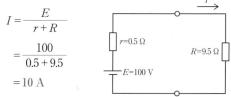

(1)～(3)はキルヒホッフの第二法則により求めればよい。

(2) 題意に沿って回路図を描くと下図のようになる。
図より，電源の起電力の大きさEは，

$$E=(r+R)I=(0.1+1.5)\times5.0=8.0\text{ V}$$

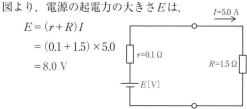

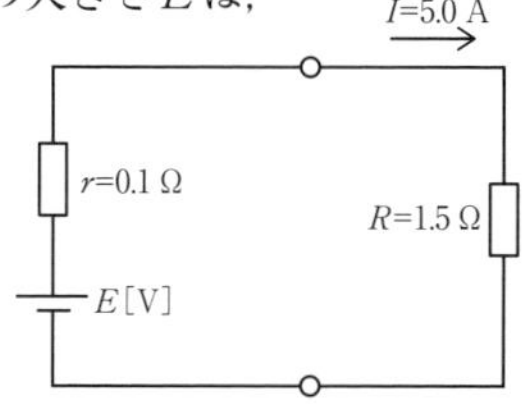

(3) 題意に沿って回路図を描くと下図のようになる。図より，回路方程式を立てて解くと，

$$E=(r+R)I$$

$$r=\frac{E-RI}{I}$$

$$=\frac{220-25\times8.0}{8.0}$$

$$=2.5\ \Omega$$

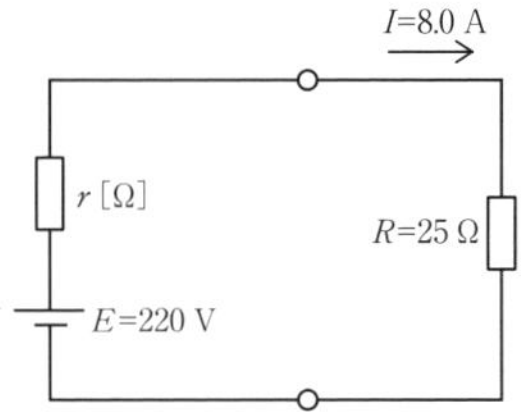

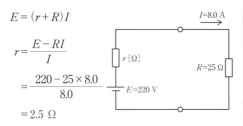

(4) 題意に沿って回路図を描くと下図のようになる。図より，回路方程式を立てて解くと，

$$r=\frac{E}{I}$$

$$=\frac{100}{150}$$

$$\fallingdotseq 0.667\ \Omega$$

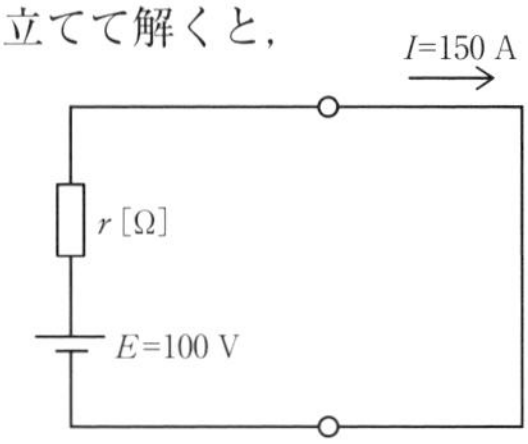

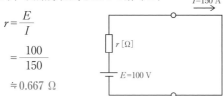

短絡した場合には内部抵抗rのみに電圧が加わるため，非常に大きな電流が流れることを理解する。

(5) 電源の端子を開放した図は下図のようになる。このとき回路には電流が流れないので，内部抵抗rでの電圧降下もない。したがって，電圧は0 V，電流は0 Aとなる。

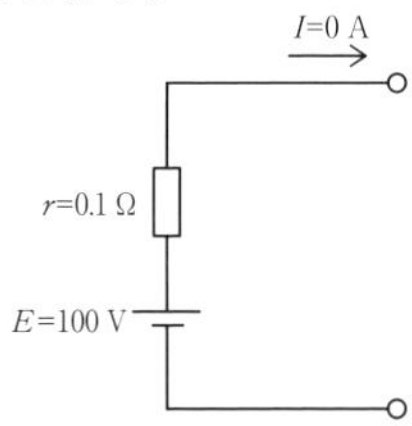

回路図を描くと一目瞭然であるが，回路図を描かないと一見内部抵抗に全電圧が加わると勘違いしやすい。
どんな問題も基本は回路図を描くようにすること。

2 次の回路において，抵抗を流れる電流の大きさI_Rを求めよ。

POINT 2 定電圧源と定電流源

(1)

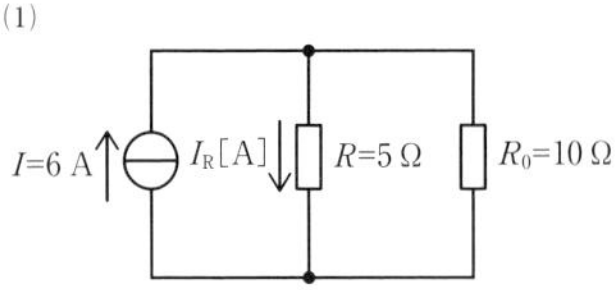

(2)

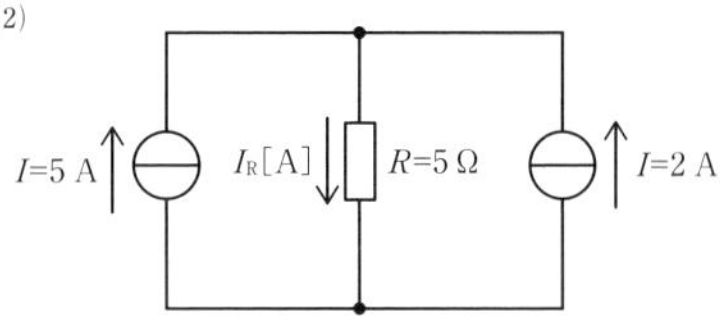

解答 (1) 4 A (2) 7 A

(1) 分流の法則より，

$$I_R = \frac{R_0}{R+R_0}I$$

$$= \frac{10}{5+10} \times 6$$

$$= 4\ \mathrm{A}$$

(2) 重ね合わせの理により，電源ごとに回路を分けると電流源は開放すればよいので，下図のようになる。

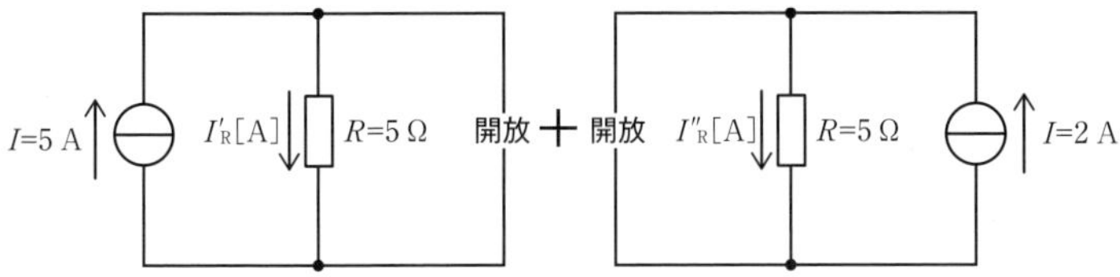

よって，左図においてはRを流れる電流は5 A，右図においてはRを流れる電流は2 Aとなるので，その合計は，

$$I_R = 5 + 2$$

$$= 7\ \mathrm{A}$$

3 次の（ア）～（カ）の空欄に入る数式を求めよ。

POINT 3 テブナンの定理

(1) 下図において，端子a-bから電源側をみたときの抵抗は［（ア）］であり，端子a-bの開放電圧は［（イ）］であるため，テブナンの定理を用いれば，スイッチSを入れたとき抵抗Rに流れる電流の大きさは［（ウ）］である。

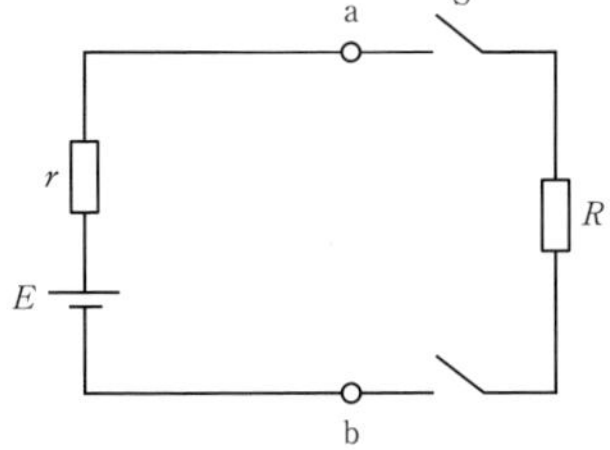

(2) 下図において，端子a-bから電源側をみたときの抵抗は［（エ）］Ωであり，端子a-bの開放電圧は［（オ）］Vであるため，テブナンの定理を用いれば，スイッチSを入れたとき外部抵抗に流れる電流の大きさは［（カ）］Aである。

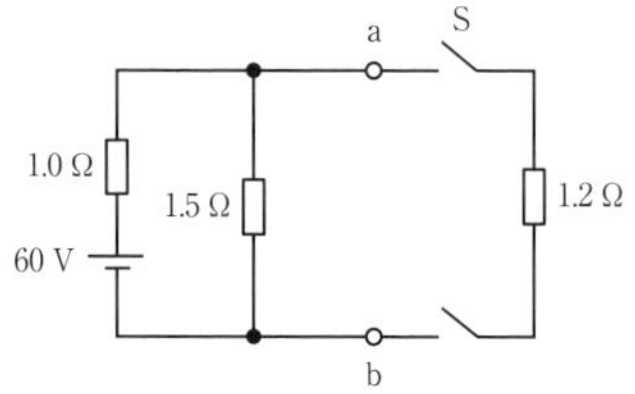

解答 （ア）r （イ）E （ウ）$\dfrac{E}{r+R}$ （エ）0.6
（オ）36 （カ）20

（ア）端子a-bから電源側を見た抵抗は，電源Eは短絡して考えればよいので，rとなる。

（イ）端子a-bの開放電圧は電源電圧がそのまま印加されるので，Eとなる。

（ウ）テブナンの定理を用いると，回路に流れる電流の大きさIは，

$$I=\frac{E}{r+R}$$

（エ）端子a-bから電源側を見た合成抵抗は，電源を短絡すると，1.0 Ωと1.5 Ωの抵抗の並列合成抵抗であるから，

$$\frac{1.0\times1.5}{1.0+1.5}=0.6\ \Omega$$

（オ）端子a-bの開放電圧は，端子a-bの左側の回路における1.5 Ωの抵抗に加わる電圧の大きさであるから，分圧の法則より，

$$\frac{1.5}{1.0+1.5}\times60=36\ \text{V}$$

（カ）テブナンの定理より，外部抵抗に流れる電流の大きさは，

$$\frac{36}{0.6+1.2}=20\ \text{A}$$

合成抵抗を求める場合は並列回路になり，開放電圧を求める場合は直列回路として扱うことに注意する。

電源を短絡した場合，各抵抗の両端の電圧は等しくなるので並列。

ここで内部抵抗を忘れるミスが非常に多い。要注意。

4 図の回路における端子a-b間を流れる電流Iの大きさを，(1)と(2)を用いてそれぞれ求めよ。

(1) 重ね合わせの理

(2) テブナンの定理及びミルマンの定理

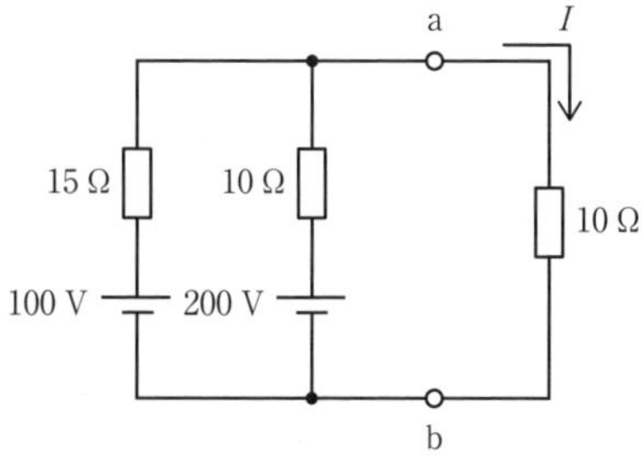

POINT 3 テブナンの定理

POINT 4 ミルマンの定理

注目 重ね合わせの理，ミルマンの定理のどちらを用いても結果が同じになることを確認する問題。

計算量の違いを感じて本番にどう臨むか考える。計算に自信があれば，ミルマンの定理を知らなくても十分に合格圏内に入る。

解答 (1)10 A　(2)10 A

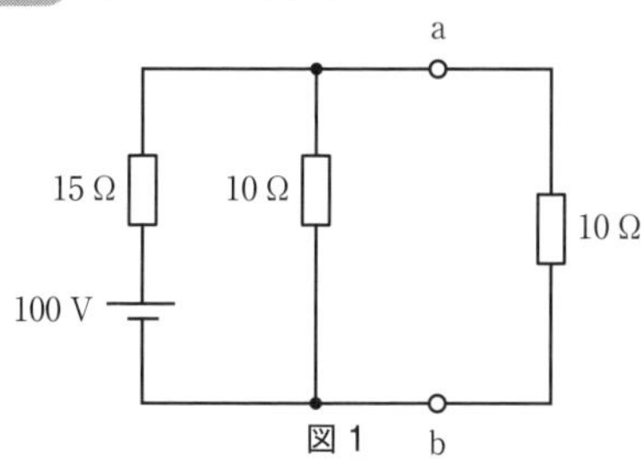

図1

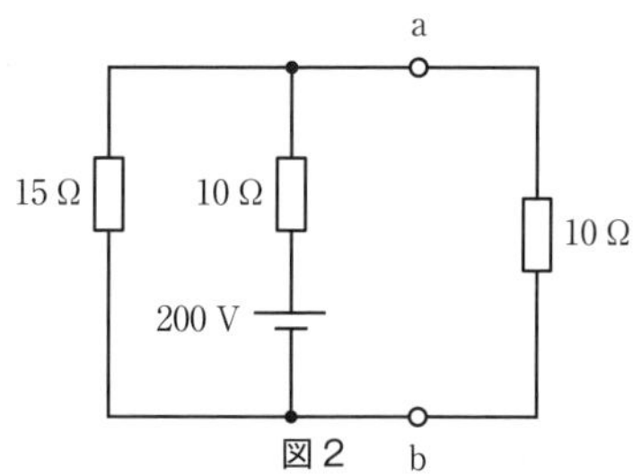

図2

(1) 重ね合わせの理を用いて，回路を電源毎に分けて考えると，回路図は図1及び図2のように分けられる。

図1において，10 Ωと10 Ωの抵抗の並列合成抵抗は，

$$\frac{10\times10}{10+10}=5\ \Omega$$

となるので，回路全体の合成抵抗は，

$$15+5=20\,\Omega$$

したがって，電源を流れる電流は，

$$\frac{100}{20}=5\ \text{A}$$

分流の法則より端子a-b間を流れる電流の大きさは，

$$\frac{10}{10+10}\times5=2.5\ \text{A}$$

次に図2において，15 Ωと10 Ωの抵抗の並列合成抵抗は，

$$\frac{15\times10}{15+10}=6\ \Omega$$

回路全体の合成抵抗は，

$$6+10=16\ \Omega$$

したがって，電源を流れる電流は，

$$\frac{200}{16}=12.5\ \mathrm{A}$$

分流の法則より端子a-b間を流れる電流の大きさは，

$$\frac{15}{15+10}\times12.5=7.5\ \mathrm{A}$$

以上から，100 Vと200 Vの電源を合わせた回路の端子a-b間を流れる電流の大きさは，

$$2.5+7.5=10\ \mathrm{A}$$

(2) ミルマンの定理より，端子a-bの開放電圧V_0は，

$$V_0=\frac{\dfrac{100}{15}+\dfrac{200}{10}}{\dfrac{1}{15}+\dfrac{1}{10}}$$

$$=\frac{\dfrac{1000+3000}{150}}{\dfrac{10+15}{150}}$$

$$=\frac{4000}{25}$$

$$=160\ \mathrm{V}$$

また，端子a-bから電源側を見た合成抵抗rは，

$$r=\frac{15\times10}{15+10}=6\ \Omega$$

テブナンの定理より，外部抵抗10 Ωを接続したときの電流の大きさは，

$$\frac{V_0}{r+10}=\frac{160}{6+10}=10\ \mathrm{A}$$

ミルマンの定理の方が圧倒的に計算量が少ないが，複雑な分数の計算が必ず必要になるので，得意なやり方を見つけると良い。

5 図において，抵抗$r=5\ \Omega$に電流が流れなかったとき，抵抗Rの大きさ[Ω]を求めよ。また，そのときに電源に流れる

電流の大きさ[A]を求めよ。

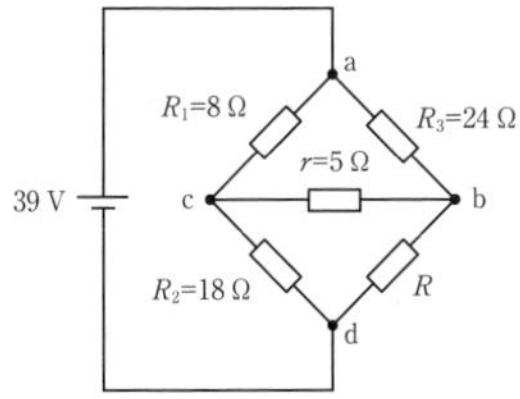

解答 $R=54\ \Omega$, 2.0 A

題意より, $r=5\ \Omega$ に電流が流れないので, このブリッジ回路は平衡状態である。したがって,

$$R_1R=R_2R_3$$
$$8R=18\times24$$
$$R=54\ \Omega$$

次にこの回路の合成抵抗R'は,
$r=5\ \Omega$ を開放して考えれば良いので,

$$R'=\frac{(R_1+R_2)(R_3+R)}{(R_1+R_2)+(R_3+R)}$$
$$=\frac{(8+18)\times(24+54)}{(8+18)+(24+54)}$$
$$=\frac{26\times78}{26+78}$$
$$=19.5\ \Omega$$

よって, 電源を流れる電流の大きさは,

$$\frac{39}{19.5}=2.0\ \text{A}$$

POINT 5 ブリッジの平衡条件

平衡状態の場合は開放しても短絡しても結果は同じになる。したがって$r=5\Omega$ という情報自体が不要である。

この問題では計算量が減るため, まず直列合成抵抗を求めてから並列合成抵抗を求めているが, ブリッジ部分を短絡, つまり$r=0$としたときの並列合成抵抗を求めてから直列合成抵抗を求めても結果は同じになる。

6 次の回路を左の図から右の図に書き換えたとき, 各抵抗の値を求めよ。

(1)

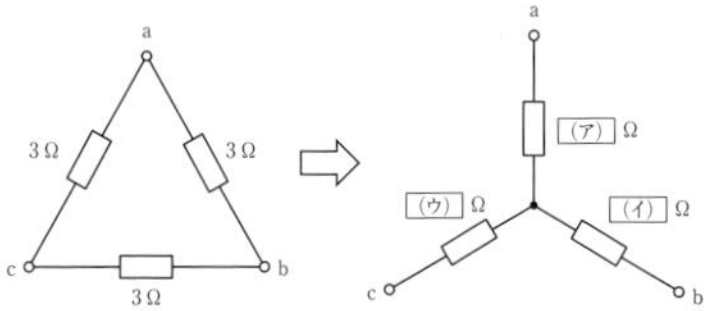

(2)

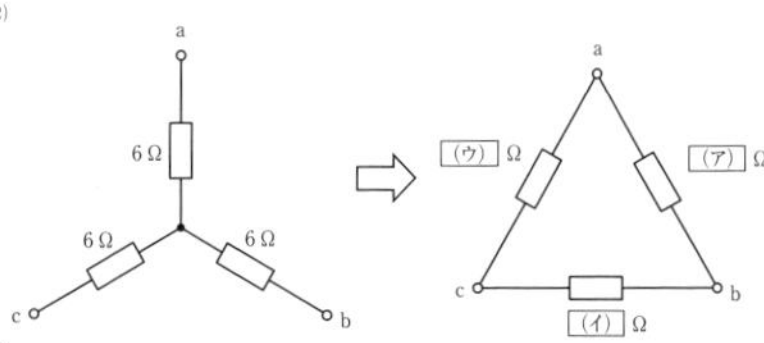

(3)

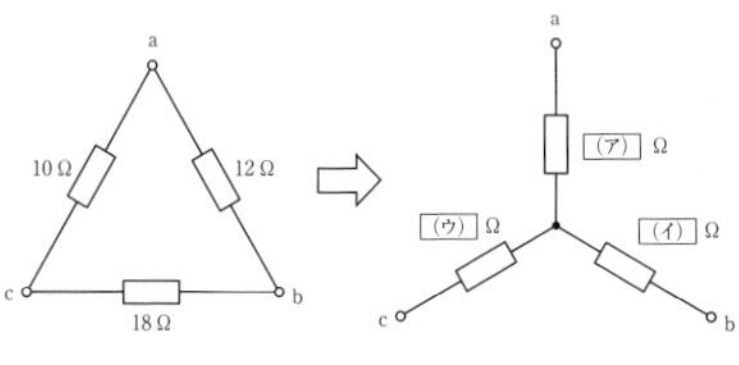

(4)

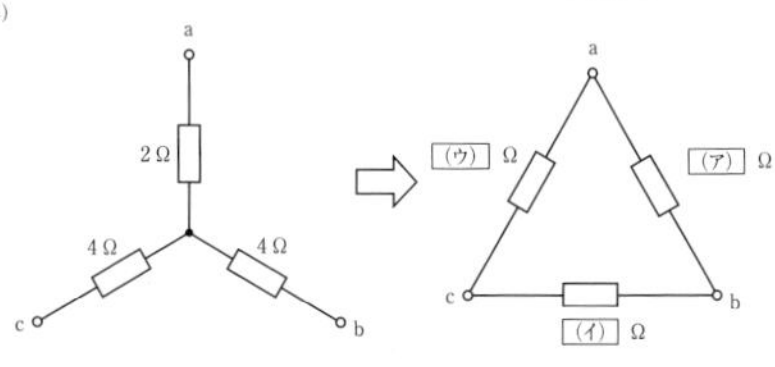

解答 (1) （ア）1 （イ）1 （ウ）1
(2) （ア）18 （イ）18 （ウ）18
(3) （ア）3 （イ）5.4 （ウ）4.5
(4) （ア）8 （イ）16 （ウ）8

(1) 図は三相平衡回路であるから，Δ－Y変換をするとき，各抵抗は$\frac{1}{3}$倍すればよい。したがって，すべて1 Ωとなる。

(2) 図は三相平衡回路であるから，Y－Δ変換をするとき，各抵抗は3倍すればよい。したがって，すべて6×3=18 Ωとなる。

(3) 図は三相不平衡負荷であるから，「POINT5 Δ-Y変換とY-Δ変換」に沿って，各値を代入すると，

（ア）
$$R_a=\frac{r_{ab}r_{ca}}{r_{ab}+r_{bc}+r_{ca}}$$
$$=\frac{12\times10}{12+18+10}$$
$$=3\ \Omega$$

（イ）
$$R_b=\frac{r_{bc}r_{ab}}{r_{ab}+r_{bc}+r_{ca}}$$
$$=\frac{18\times12}{12+18+10}$$
$$=5.4\ \Omega$$

（ウ）
$$R_c=\frac{r_{ca}r_{bc}}{r_{ab}+r_{bc}+r_{ca}}$$
$$=\frac{10\times18}{12+18+10}$$
$$=4.5\ \Omega$$

(4) 図は三相不平衡負荷であるから，「POINT5 Δ-Y変換とY-Δ変換」に沿って，各値を代入すると，

（ア）
$$r_{ab}=\frac{R_aR_b+R_bR_c+R_cR_a}{R_c}$$
$$=\frac{2\times4+4\times4+4\times2}{4}$$
$$=8\ \Omega$$

POINT 6 Δ－Y変換とY－Δ変換

注目 電験三種の場合はあまり不平衡のΔ－Y変換は出題されないが，(3)や(4)の計算で慣れておくと，公式を覚えやすい。

(3)とは逆にY-Δ変換では抵抗値が必ず大きくなっており，合計が，

$$8+16+8=32$$

で元の合計である10 Ωの約3倍になっている。

（イ）$r_{bc}=\dfrac{R_aR_b+R_bR_c+R_cR_a}{R_a}$

$=\dfrac{2\times4+4\times4+4\times2}{2}$

$=16\ \Omega$

（ウ）$r_{ca}=\dfrac{R_aR_b+R_bR_c+R_cR_a}{R_b}$

$=\dfrac{2\times4+4\times4+4\times2}{4}$

$=8\ \Omega$

POINT 7 ～ 9 電力，電力量，ジュール熱

7 次の問に答えよ。

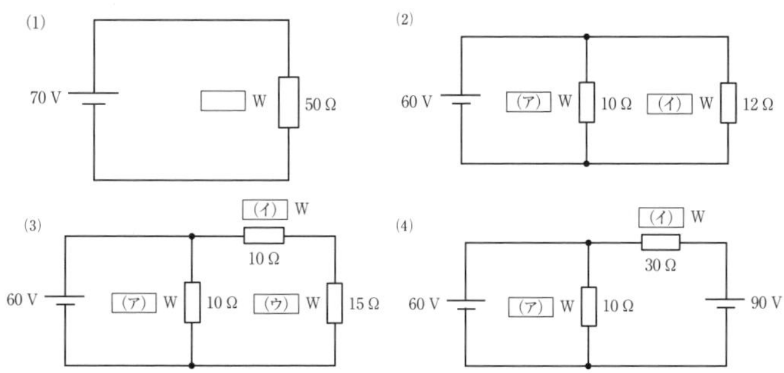

(a)　(1)～(4)の各回路における抵抗の消費電力を求めよ。
(b)　(1)～(2)の各回路において，1分間運転したときの電源の供給した電力量[W・s]をそれぞれ求めよ。
(c)　(3)～(4)の各回路について，1時間運転したときの各抵抗で消費されるエネルギー［kJ］をそれぞれ求めよ。

注目 消費電力の公式

$P=VI$

$P=RI^2$

$P=\dfrac{V^2}{R}$

はいずれも使いこなせるように練習しておく。

解答　(a)　(1)　98　(2)　（ア）360　（イ）300
(3)　（ア）360　（イ）57.6　（ウ）86.4
(4)　（ア）360　（イ）30

(1)　消費電力Pは，

$$P=\frac{V^2}{R}$$

なので，$V=70$ V，$R=50\ \Omega$を代入すると，

$$P=\frac{70^2}{50}$$

$= 98\ \mathrm{W}$

(2) 並列回路なので，どちらの抵抗にも加わる電圧は60 Vである。したがって，各抵抗の消費電力は，

（ア）$P = \dfrac{V^2}{R}$

$= \dfrac{60^2}{10}$

$= 360\ \mathrm{W}$

（イ）$P = \dfrac{V^2}{R}$

$= \dfrac{60^2}{12}$

$= 300\ \mathrm{W}$

(3) 並列回路なので，（ア）には60 Vの電圧が加わる。また，（イ）と（ウ）には分圧の法則より，

（イ）$\dfrac{10}{10+15} \times 60 = 24\ \mathrm{V}$

（ウ）$\dfrac{15}{10+15} \times 60 = 36\ \mathrm{V}$

の電圧がそれぞれ加わるので，各抵抗の消費電力は，

（ア）$P = \dfrac{V^2}{R}$

$= \dfrac{60^2}{10}$

$= 360\ \mathrm{W}$

（イ）$P = \dfrac{V^2}{R}$

$= \dfrac{24^2}{10}$

$= 57.6\ \mathrm{W}$

（ウ）$P = \dfrac{V^2}{R}$

$= \dfrac{36^2}{15}$

$= 86.4\ \mathrm{W}$

並列回路の場合は各抵抗に同電圧がかかるので，

$P = \dfrac{V^2}{R}$

を使うパターンが圧倒的に多い。

(イ)，(ウ)を求める際に分圧の法則を利用した方が計算が速い。
最初は合成抵抗から電流を求めても良いが，試験日までにはより速く計算できるようにマスターしておくこと。

(4)

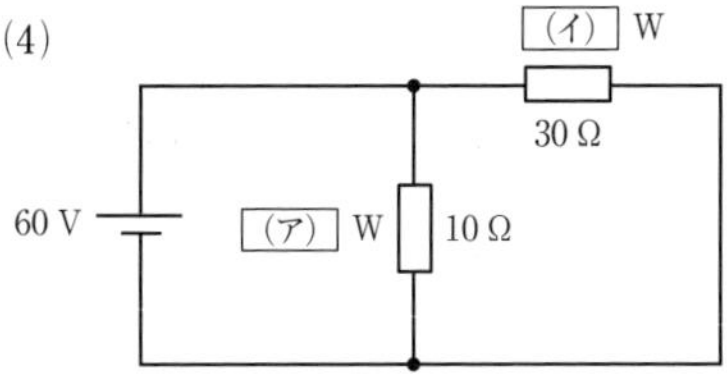

図 1

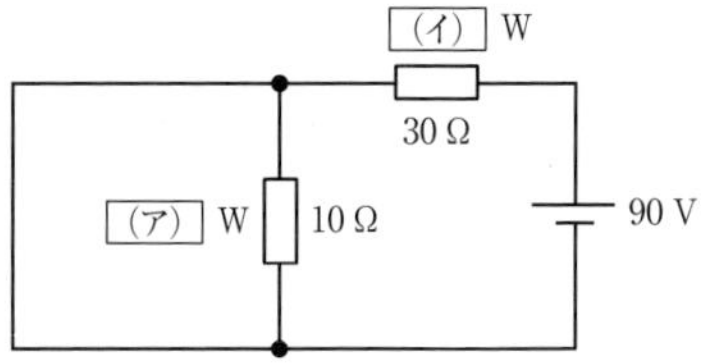

図 2

重ね合わせの理を用いて，回路を電源ごとに分けて考えると，回路図は図 1 及び図 2 のように分けられる。

図 1 において，10 Ω と 30 Ω の抵抗にはどちらも 60 V の電圧が加わるので，それぞれの抵抗を流れる電流 I'_{10} [A] 及び I'_{30} [A] は，

$$I'_{10} = \frac{60}{10} = 6\ \mathrm{A}$$

$$I'_{30} = \frac{60}{30} = 2\ \mathrm{A}$$

図 2 において，10 Ω の抵抗は短絡されるので電流は流れない。また，30 Ω の抵抗には 90 V の電圧が加わるので，30 Ω の抵抗を流れる電流 I''_{30} [A] は，

$$I''_{30} = \frac{90}{30} = 3\ \mathrm{A}$$

したがって，二つの電源を合わせたとき，それぞれの抵抗を流れる電流 I_{10} [A] 及び I_{30} [A] は，

$$I_{10} = I'_{10} = 6\ \mathrm{A}$$

$$I_{30} = I''_{30} - I'_{30}$$
$$= 3 - 2$$
$$= 1\ \mathrm{A}$$

よって，それぞれの抵抗での消費電力は，

(ア) $P = RI_{10}{}^2$

$$= 10 \times 6^2$$
$$= 360\ \mathrm{W}$$

重ね合わせの理と組み合わせた問題である。重ね合わせの理を利用する場合は，必ず回路図を描いてミスのないように注意する。

（イ） $P = RI_{30}^2$

$= 30 \times 1^2$

$= 30\ \mathrm{W}$

解答 (b) (1) 5880 W・s (2) 39600 W・s

(1)

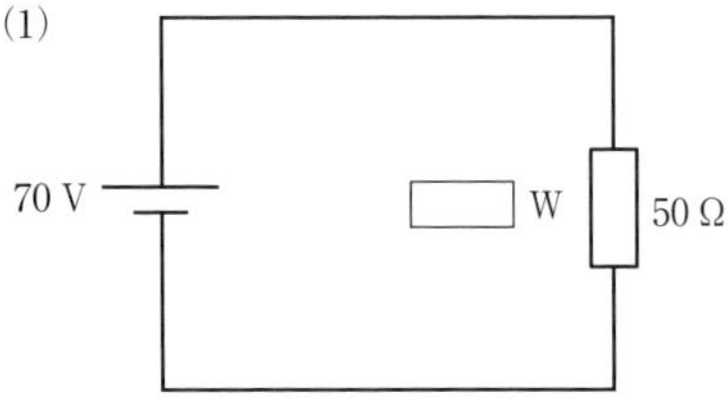

(2)

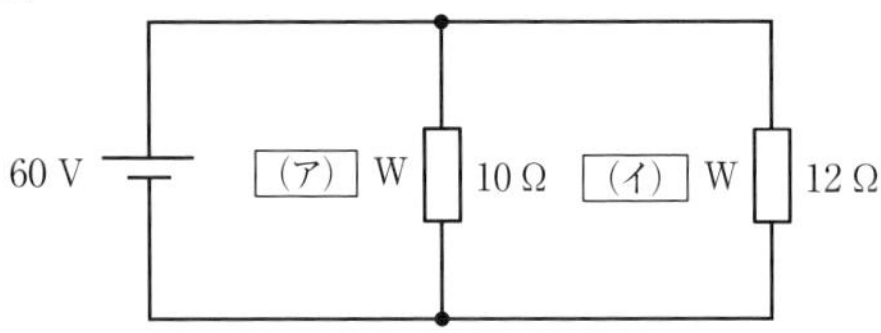

(1)の回路においては，電源で供給した電力が全て抵抗で消費されるので，電源の供給電力は98 Wである。

したがって，1分間運転したときに電源が供給した電力量［W・s］は，

$98 \times 60 = 5880\ \mathrm{W \cdot s}$

(2)の回路においては，各抵抗で消費した消費電力はすべて電源から供給されるので，電源の供給電力は，

$360 + 300 = 660\mathrm{W}$

したがって，1分間運転したときに電源が供給した電力量［W・s］は，

$660 \times 60 = 39600\ \mathrm{W \cdot s}$

各抵抗の消費電力量を導出して，最後に足し合わせても良いが，全体の合計が電源の供給した電力量であることを利用している。
電源からの電力量と抵抗での消費電力量が変わらないことをエネルギー保存の法則と呼ぶ。

解答 (c) (3) (ア) 1296 kJ (イ) 207 kJ
(ウ) 311 kJ
(4) (ア) 1296 kJ (イ) 108 kJ

(3)

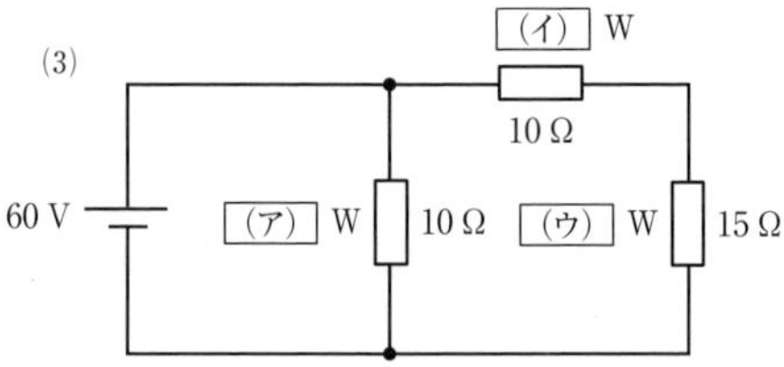

(4)

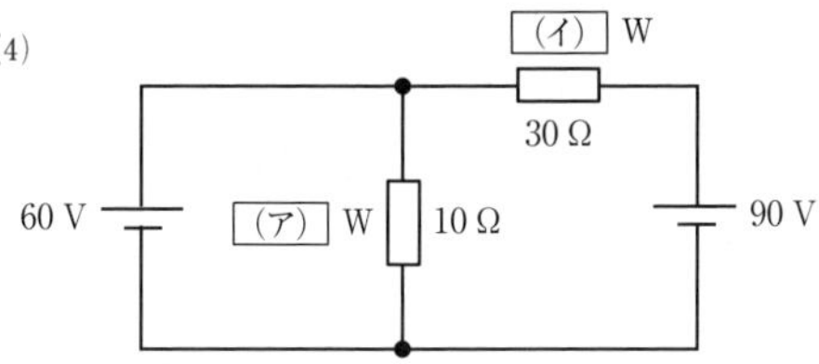

(3) 各抵抗での消費電力は(ア)360 W,(イ)57.6 W,(ウ)86.4 Wなので,1時間=3600秒で消費されるエネルギーは,

(ア) $360 \times 3600 = 1296000$ J = 1296 kJ

(イ) $57.6 \times 3600 = 207360$ J ≒ 207 kJ

(ウ) $86.4 \times 3600 = 311040$ J ≒ 311 kJ

(4) 各抵抗での消費電力は(ア)360 W,(イ)30 Wなので,1時間=3600秒で消費されるエネルギーは,

(ア) $360 \times 3600 = 1296000$ J = 1296 kJ

(イ) $30 \times 3600 = 108000$ J = 108 kJ

1時間=60分
1分=60秒
なので,
1時間=3600秒
は頭に入れておく。

基本問題

1 図において，外部抵抗を接続する前のa-b間の開放電圧は125 Vであった。次に15 Ωの外部抵抗を接続したところ，この外部抵抗を流れる電流の大きさが8 Aとなった。このとき，電源電圧Eの大きさと内部抵抗rの大きさの組合せとして，正しいものを次の(1)〜(5)のうちから一つ選べ。

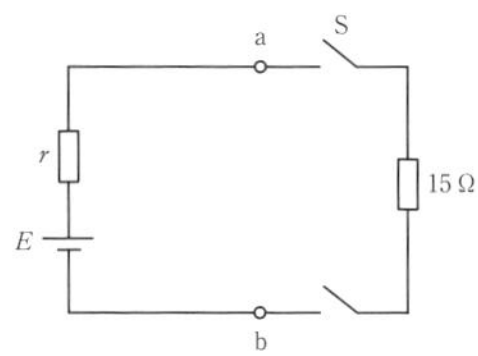

	電源電圧E	内部抵抗r
(1)	125	0.5
(2)	245	0.5
(3)	125	0.6
(4)	245	0.6
(5)	245	0.7

解答 (3)

外部抵抗を接続する前のa-b間の開放電圧は，回路に電流が流れないため，電源の電圧がそのまま端子a-bに加わる。したがって，

$E=125$ V

外部抵抗を接続した後の回路方程式は，

$E=(r+R)I$

となるので，上式をrについて整理し，各値を代入すると，

$(r+R)I=E$

$$r+R=\frac{E}{I}$$

注目 電源の電圧が開放電圧となることについては，確認問題**3**(1)を確認すること。

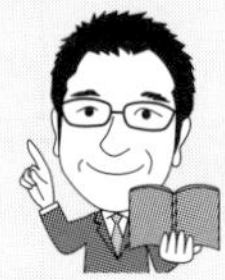

キルヒホッフの法則を用いて解いているが，テブナンの定理でも全く同じ式となる。

$$r=\frac{E}{I}-R$$

$$=\frac{125}{8}-15$$

$$=0.625 \rightarrow 0.6\ \Omega$$

2 次の回路において，抵抗$R=15\,\Omega$を流れる電流の大きさとして正しいものを次の(1)〜(5)のうちから一つ選べ。

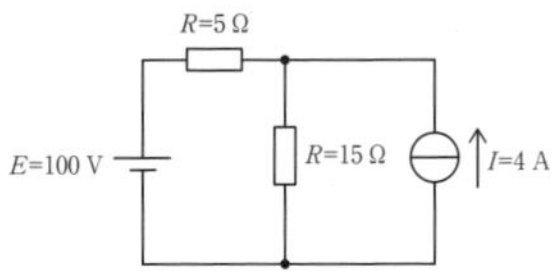

(1) 5　(2) 6　(3) 7　(4) 8　(5) 9

解 答 (2)

重ね合わせの理を用いると，電圧源は短絡，電流源は開放するから，回路は下図のようになる。

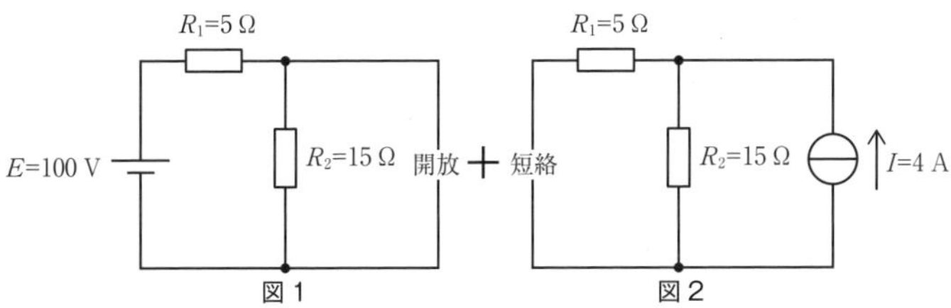

図1　図2

図1において，R_2=15 Ω を流れる電流の大きさI_1 [A] は，

$$I_1=\frac{E}{R_1+R_2}$$

$$=\frac{100}{5+15}$$

$$=5\ \mathrm{A}$$

となり，図2において，R_2=15 Ω を流れる電流の大きさI_2 [A] は，分流の法則より，

$$I_2=\frac{R_1}{R_1+R_2}I$$

POINT 2 定電圧源と定電流源

$$= \frac{5}{5+15} \times 4$$

$$= 1 \text{ A}$$

以上より，R_2=15 Ω を流れる電流の大きさ I_0 [A] は，

$$I_0 = I_1 + I_2 = 5 + 1$$

$$= 6 \text{ A}$$

3 次の回路において，電源電圧 E と $2R$ の抵抗の端子電圧 V との比 $\dfrac{E}{V}$ として，正しいものを次の(1)～(5)のうちから一つ選べ。

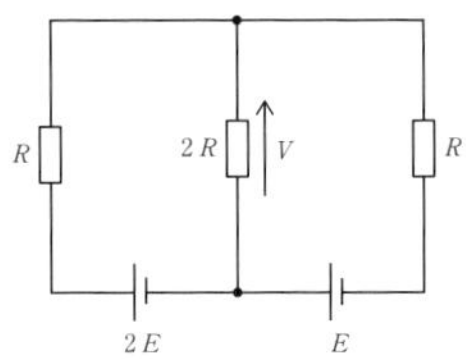

(1) 0.4　(2) 0.8　(3) 1.2　(4) 2.0
(5) 2.5

解答 (5)

ミルマンの定理より，電圧 V の大きさは，

$$V = \frac{\dfrac{2E}{R} + \dfrac{0}{2R} - \dfrac{E}{R}}{\dfrac{1}{R} + \dfrac{1}{2R} + \dfrac{1}{R}}$$

$$= \frac{\dfrac{E}{R}}{\dfrac{2+1+2}{2R}}$$

$$= \frac{2E}{5}$$

となるので，E と V の比 $\dfrac{E}{V}$ は，

$$V = \frac{2E}{5}$$

$$\frac{E}{V} = \frac{5}{2} = 2.5$$

ミルマンの定理を用いる際，右側の電源は左側と符号が逆になり，$-E$となることに注意。

本問のように比を取る問題では正答となるものの逆数となる $\dfrac{V}{E}$ = 0.4という選択肢を入れていることが多くあるので注意すること。

4 次の回路について，$2R$の抵抗を流れる電流の大きさとして，正しいものを次の(1)~(5)のうちから一つ選べ。

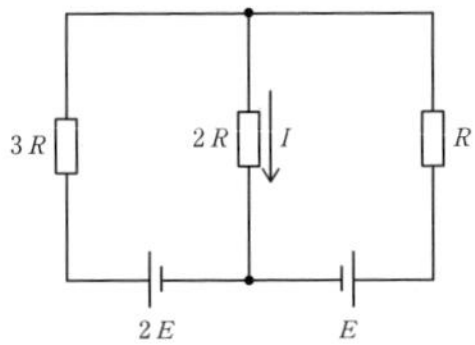

(1) $\dfrac{E}{11R}$　(2) $\dfrac{5E}{11R}$　(3) $\dfrac{5E}{8R}$　(4) $\dfrac{8E}{5R}$

(5) $\dfrac{11E}{5R}$

解答 (2)

テブナンの定理により求める。$2R$の抵抗を切り離したときの開放電圧V_0はミルマンの定理より，

$$V_0=\frac{\dfrac{2E}{3R}+\dfrac{E}{R}}{\dfrac{1}{3R}+\dfrac{1}{R}}$$

$$=\frac{\dfrac{5E}{3R}}{\dfrac{4}{3R}}$$

$$=\frac{5E}{4}$$

切り離した点から電源側を見た合成抵抗r_0は，

$$r_0=\frac{3R\times R}{3R+R}$$

$$=\frac{3R}{4}$$

よって，テブナンの定理より電流Iは，

$$I=\frac{V_0}{r_0+2R}$$

$$=\frac{\dfrac{5E}{4}}{\dfrac{3R}{4}+2R}$$

もちろん計算に自信があれば，重ね合わせの理を用いて解いても良い。

$$=\frac{\frac{5E}{4}}{\frac{11R}{4}}$$

$$=\frac{5E}{11R}$$

5 次の回路について，電源を流れる電流の大きさとして，最も近いものを次の(1)～(5)のうちから一つ選べ。

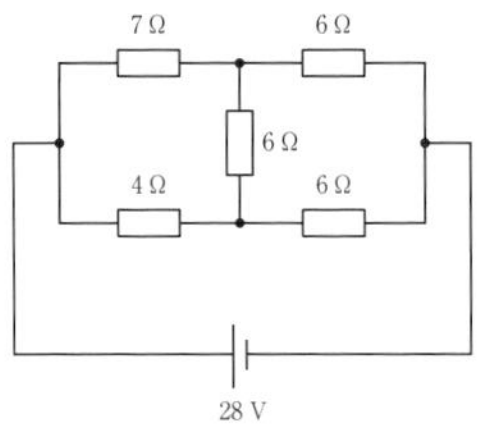

(1) 2.0　(2) 3.0　(3) 4.0　(4) 5.0　(5) 6.0

注目 この問題のような場合，
① 平衡条件を満たしているか
② 満たしていない場合すべて同じ大きさの抵抗が見つからないかを探す。本問の場合②となる。電験三種では不平衡回路の出題は極めて少ないため，たいていどちらかで解くことができる。

解答 (4)

回路図の右側のΔ接続をΔ－Y変換すると，図1のようになり，さらに直列の抵抗を合成すると，図2のようになる。

したがって，回路全体の合成抵抗は

$$\frac{9\times6}{9+6}+2=5.6\ \Omega$$

よって，電源を流れる電流の大きさは，

$$\frac{28}{5.6}=5.0\ \mathrm{A}$$

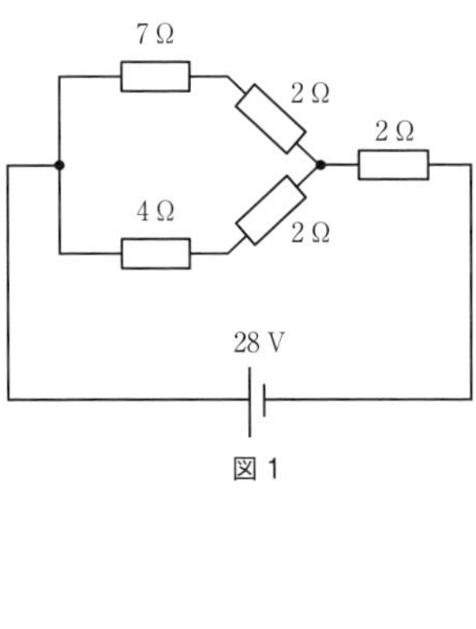

図1

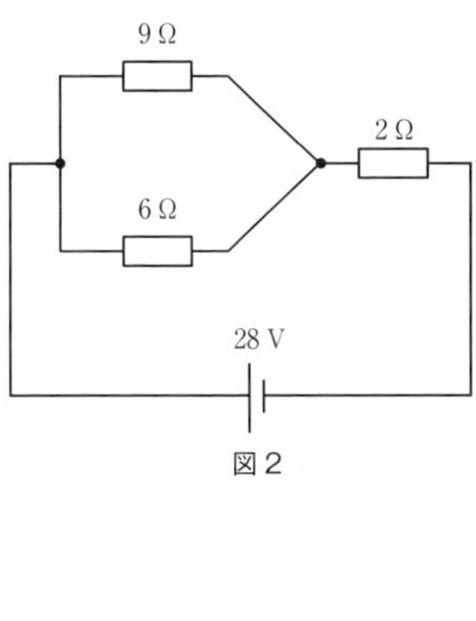

図2

6 次の回路において，抵抗Rでの消費電力が675 Wであるとき，次の(a)及び(b)の問に答えよ。

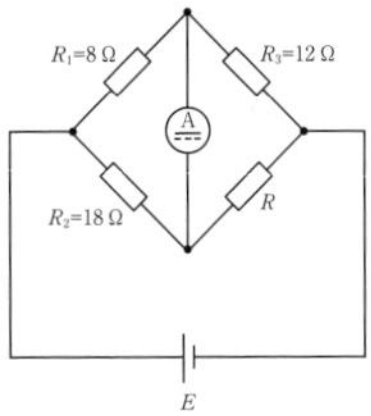

(a) 電源Eの電圧の大きさ[V]として正しいものを次の(1)～(5)のうちから一つ選べ。ただし，回路の電流計には電流が観測されなかったものとする。

(1) 200　(2) 225　(3) 250　(4) 275　(5) 300

(b) 24時間運転したときの電源の消費電力量[kW・h]の値として，最も近いものを次の(1)～(5)のうちから一つ選べ。

(1) 46　(2) 57　(3) 64　(4) 79　(5) 88

解答 (a) (2)　(b) (5)

(a) 回路の電流計で電流が観測されなかったので，このブリッジ回路は平衡条件を満たしている。したがって，

$$R_1R = R_2R_3$$
$$8R = 18 \times 12$$
$$R = 27\ \Omega$$

抵抗Rでの消費電力が675 Wであるので，抵抗Rを流れる電流の大きさI_Rは，

$$P = RI_R^2$$
$$I_R^2 = \frac{P}{R}$$
$$I_R = \sqrt{\frac{P}{R}}$$
$$= \sqrt{\frac{675}{27}}$$
$$= 5\ \text{A}$$

よって，キルヒホッフの法則より，電源電圧E

の大きさを求めると，

$$E = (R_2 + R)I_R$$
$$= (18 + 27) \times 5$$
$$= 225\ \text{V}$$

(b)　R_1及びR_3を流れる電流I_1は，キルヒホッフの法則より，

$$E = (R_1 + R_3)I_1$$
$$I_1 = \frac{E}{R_1 + R_3}$$
$$= \frac{225}{8 + 12}$$
$$= 11.25\ \text{A}$$

となるので，電源を流れる電流Iは，

$$I = I_1 + I_R$$
$$= 11.25 + 5$$
$$= 16.25\ \text{A}$$

電源の消費電力P［W］は，

$$P = VI$$
$$= 225 \times 16.25$$
$$= 3656.25\ \text{W}$$　となる。

よって，24時間運転したときの電源の消費電力量W［kW・h］は，

$$W = Pt$$
$$= 3656.25 \times 24$$
$$= 87750\ \text{W・h}$$
$$\fallingdotseq 88\ \text{kW・h}$$

注目　本問の解答では正確な計算をするため，有効数字を4桁以上で計算しているが，本試験時は3桁で十分に計算できることが多いので，試験本番では3桁を原則として計算するとよい。

応用問題

1 次の抵抗とスイッチSを組み合わせた回路において，スイッチSを投入した前後にて回路を流れる電流の大きさはともに25 Aであった。このとき，R_1とR_2の組合せとして，最も近いものを次の(1)〜(5)のうちから一つ選べ。

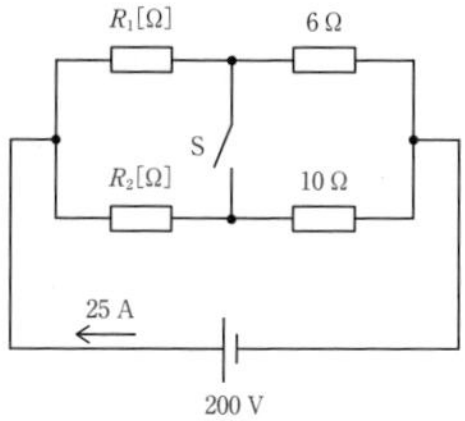

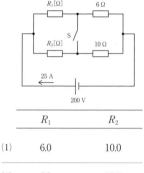

	R_1	R_2
(1)	6.0	10.0
(2)	6.3	10.5
(3)	6.8	11.3
(4)	7.5	12.5
(5)	8.2	13.7

解答 (3)

スイッチ投入前後で回路を流れる電流の大きさが変わらないので，この回路は平衡状態であることがわかる。したがって，

$$10R_1 = 6R_2 \quad \cdots ①$$

の関係がある。また，200 Vの電源を流れる電流が25 Aなので，合成抵抗は，$\dfrac{200}{25} = 8\ \Omega$である。また，ブリッジ回路の平衡条件が成り立つことから，回路の合成抵抗を求めると，

$$\frac{(R_1+6)(R_2+10)}{(R_1+6)+(R_2+10)} = 8$$

$$\frac{R_1R_2+10R_1+6R_2+60}{R_1+R_2+16} = 8$$

スイッチ投入時に電流が流れない，電源の電流が変わらない等違う表現が使われることがあるが，ブリッジ回路で「**スイッチ投入前後で電流に変化がない＝平衡状態である**」ということである。

$$R_1R_2+10R_1+6R_2+60=8(R_1+R_2+16)$$

$$R_1R_2+10R_1+6R_2+60=8R_1+8R_2+128$$

$$R_1R_2+2R_1-2R_2-68=0 \quad \cdots ②$$

となる。①より，

$$R_1=\frac{3}{5}R_2$$

であるので，これを②に代入すると，

$$\frac{3}{5}{R_2}^2+\frac{6}{5}R_2-2R_2-68=0$$

$$3{R_2}^2-4R_2-340=0$$

$$R_2=\frac{2\pm\sqrt{2^2+1020}}{3}$$

$$=\frac{2\pm 32}{3}$$

$$\fallingdotseq 11.3,\ -10(\text{不適})$$

また，これを①に代入すると，

$$R_1=\frac{3}{5}R_2$$

$$=\frac{3}{5}\times 11.3$$

$$\fallingdotseq 6.8\,\Omega$$

二次方程式を解く際は，まず分数をなくすことが基本。

[解の公式]

$$ax^2+bx+c=0$$

$$x=\frac{-b\pm\sqrt{b^2-4ac}}{2a}$$

もしくはbが偶数($b=2b'$)の場合，

$$ax^2+2b'x+c=0$$

$$x=\frac{-b'\pm\sqrt{b'^2-ac}}{a}$$

抵抗値はマイナスの値にはならないことに注意。

2 次の回路において，次の(a)及び(b)の問に答えよ。

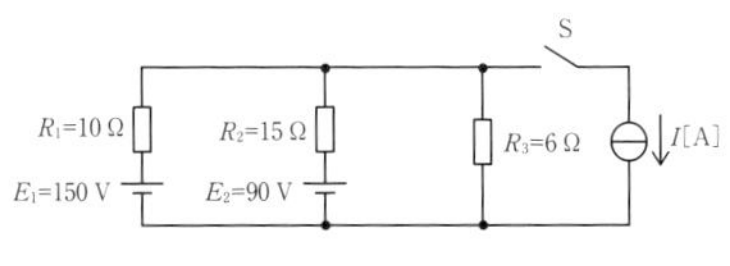

(a) スイッチSを開いているとき，抵抗R_3=6 Ω を流れる電流の大きさ[A]として，最も近いものを次の(1)～(5)のうちから一つ選べ。

(1) 5.2 (2) 6.5 (3) 7.8 (4) 8.9 (5) 10.5

(b) スイッチSを閉じたとき，抵抗R_3=6 Ω を流れる電流の大きさが0 Aとなった。このとき，電流源の電流の大きさ[A]として，最も近いものを次の(1)～(5)のうちから一つ選べ。

(1) 11 (2) 16 (3) 21 (4) 40 (5) 56

解答 (a) (5) (b) (3)

(a) ミルマンの定理より，R_3=6 Ω の両端にかかる電圧 V_{R3}[V] は，

$$V_{R3}=\frac{\frac{E_1}{R_1}+\frac{E_2}{R_2}}{\frac{1}{R_1}+\frac{1}{R_2}+\frac{1}{R_3}}$$

$$=\frac{\frac{150}{10}+\frac{90}{15}}{\frac{1}{10}+\frac{1}{15}+\frac{1}{6}}$$

$$=\frac{15+6}{\frac{3+2+5}{30}}$$

$$=\frac{21}{\frac{1}{3}}$$

$$=21\times 3$$

$$=63\ \text{V}$$

よって，R_3=6 Ω を流れる電流 I_{R3}[A] は，

$$I_{R3}=\frac{V_{R3}}{R_3}$$

$$=\frac{63}{6}$$

$$=10.5\ \text{A}$$

(b) スイッチSを閉じた後について，重ね合わせの理により回路を電流源とそれ以外の回路に分けると，下図のようになる。

キルヒホッフの法則，重ね合わせの理，電圧源から電流源への等価変換等解法は多数ある。最終的に答えが合っていればどの方法で解いても良い。

重ね合わせの理により，電流源を考えないときは，(a)の解答をそのまま使用できる。

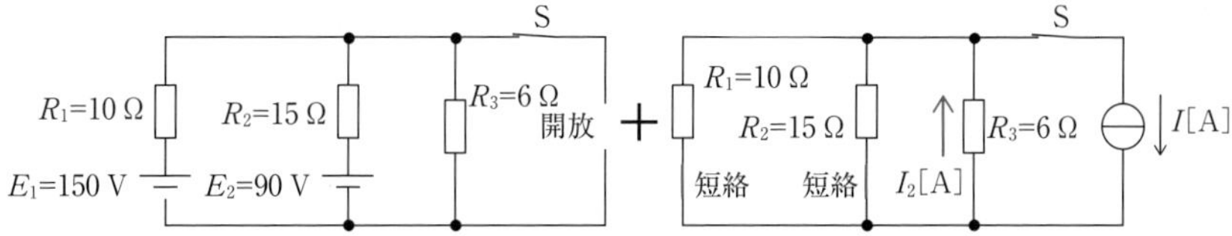

図1　　図2

図1において，R_3=6 Ω を流れる電流I_1[A] は，(a)で求めた電流となるので，

$$I_1 = 10.5\ \mathrm{A}$$

また，題意より，R_3=6 Ω を流れる電流が0 A となるので，図2の回路でR_3を流れる電流I_2は，

$$I_2 = 10.5\ \mathrm{A} \quad \cdots①$$

図2において，R_1=10 Ω，R_2=15 Ω の並列合成抵抗R_{12}[Ω] は，

$$R_{12} = \frac{R_1R_2}{R_1+R_2}$$

$$= \frac{10\times15}{10+15}$$

$$=6\ \Omega$$

となり，分流の法則より，

$$I_2 = \frac{R_{12}}{R_{12}+R_3}I$$

$$= \frac{6}{6+6}I = \frac{1}{2}I \quad \cdots②$$

よって，①及び②より，

$$\frac{1}{2}I = 10.5$$

$$I = 21\ \mathrm{A}$$

3 次の図のa-e間の合成抵抗の値［Ω］として，最も近いものを次の(1)～(5)のうちから一つ選べ。

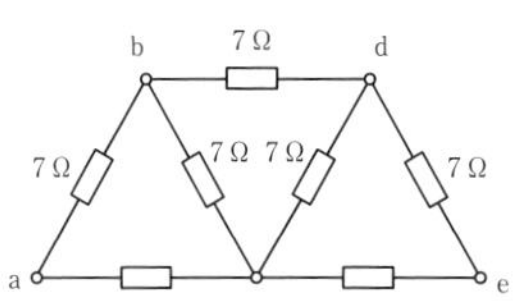

(1) 8　(2) 9　(3) 10　(4) 11　(5) 12

注目 Δ-Y変換を用いなくても，もちろん解くことができるが，非常に時間がかかり現実的ではない。

解答 (1)

端子a-b-c及び端子c-d-eのΔ結線をΔ-Y変換すると，図1のようになる。

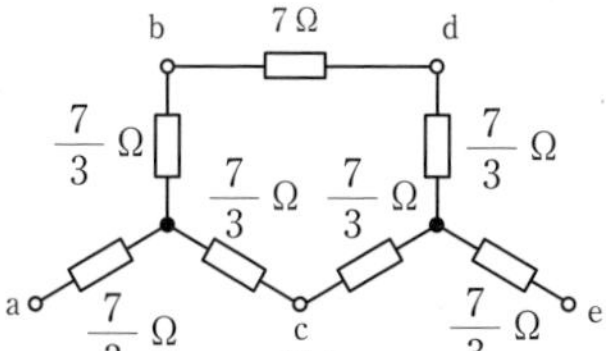

図1

図1において，直列の合成抵抗はそれぞれ，

$$\frac{7}{3}+7+\frac{7}{3}=\frac{35}{3}$$

$$\frac{7}{3}+\frac{7}{3}=\frac{14}{3}$$

であるので，図2のように整理される。

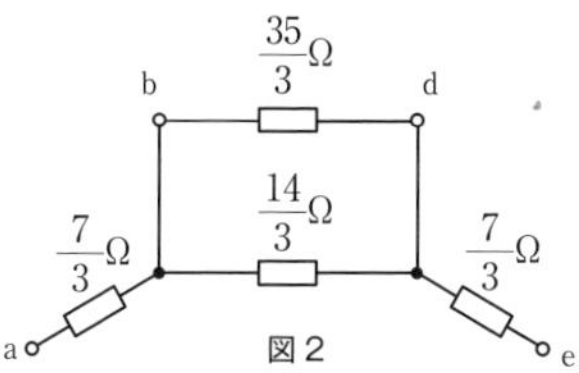

図2

図2より，全体の合成抵抗は，

$$\frac{7}{3}+\frac{\frac{35}{3}\times\frac{14}{3}}{\frac{35}{3}+\frac{14}{3}}+\frac{7}{3}=\frac{7}{3}+\frac{10}{3}+\frac{7}{3}$$

$$=8\ \Omega$$

合成抵抗の計算の場合，敢えて小数にせず分数のまま計算することで奇麗に計算される場合もある。

4 次の回路における電源の供給電力[kW]として，最も近いものを次の(1)～(5)のうちから一つ選べ。

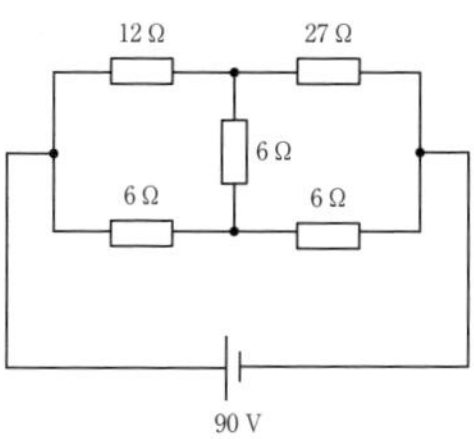

(1) 0.9　(2) 9　(3) 90　(4) 900　(5) 9000

解答 (1)

6 Ωの三つの抵抗で構成される回路をY-Δ変換すると，図1のようになる。

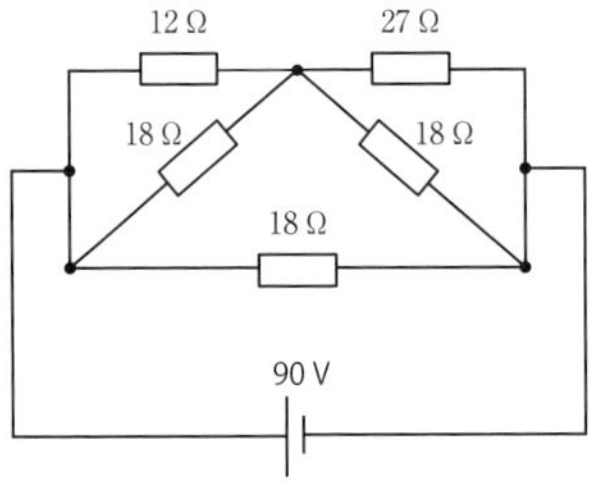

図1

図1において，12 Ωと18 Ω及び27 Ωと18 Ωの並列合成抵抗はそれぞれ，

$$\frac{12\times18}{12+18}=7.2\ \Omega$$

$$\frac{27\times18}{27+18}=10.8\ \Omega$$

となるので，回路は図2のように変形できる。

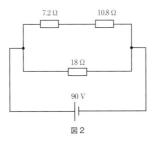

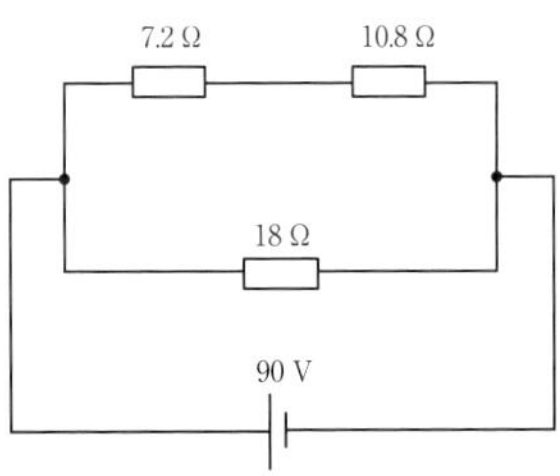

図2

図2における合成抵抗は，

$$\frac{(7.2+10.8)\times18}{(7.2+10.8)+18}=9\ \Omega$$

となるので，電源の供給電力[kW]の大きさは，

$$\frac{90^2}{9}=900\ \mathrm{W}=0.9\ \mathrm{kW}$$

注目 もちろん不平衡のΔ-Y変換を用いて解いても良い。

今回求める電力の大きさは[kW]である。本番でも単位には十分に注意する。

5 図1の回路において，負荷に供給される電流Iの値が25 Aであった。電源の電圧E_1及びE_2を求めるため，図2のように回路を繋ぎ変えたところ負荷に供給される電流が50 Aであった。このとき，電源E_1及びE_2の電圧の組合せ［V］として，最も近いものを次の(1)～(5)のうちから一つ選べ。

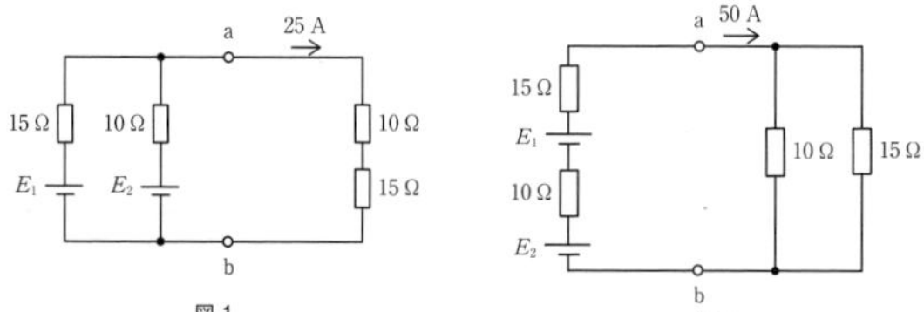

図1　図2

	E_1	E_2
(1)	1025	25
(2)	1525	25
(3)	1025	525
(4)	775	525
(5)	775	775

テブナンの定理を用いるときに電源側を見た合成抵抗を考慮することを忘れずに。これを忘れると(1)を選択してしまう。

解答　(5)

図1において，ミルマンの定理により，端子a-bの開放電圧は，

$$\frac{\frac{E_1}{15}+\frac{E_2}{10}}{\frac{1}{15}+\frac{1}{10}}=\frac{\frac{10E_1+15E_2}{150}}{\frac{25}{150}}$$

$$=\frac{10E_1+15E_2}{25}$$

$$=\frac{2E_1+3E_2}{5}$$

であり，端子a-bから電源側を見た合成抵抗は，

$$\frac{10\times15}{10+15}=6\ \Omega$$

テブナンの定理より，回路を流れる電流の間には，

$$\frac{\frac{2E_1+3E_2}{5}}{6+(10+15)}=25$$

この問題も重ね合わせの理を用いて解いても良い。

$$\frac{2E_1+3E_2}{5\times 31}=25$$

$$2E_1+3E_2=3875 \quad \cdots①$$

の関係が成立する。

また，図２において，キルヒホッフの法則により回路方程式を立てると，

$$E_1+E_2=\left(10+15+\frac{15\times 10}{15+10}\right)\times 50$$

$$E_1+E_2=1550 \quad \cdots②$$

が成立する。①－②×２より，

$$E_2=3875-1550\times 2$$
$$=775\ \mathrm{V}$$

となり，これを②に代入すると

$$E_1+775=1550$$
$$E_1=775\ \mathrm{V}$$

6 次の回路において，5 Ωの抵抗で消費される電力の値[W]として，最も近いものを次の(1)～(5)のうちから一つ選べ。

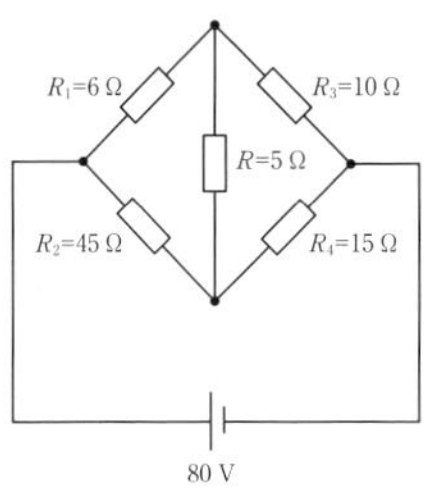

(1) 5.0　(2) 11　(3) 25　(4) 75　(5) 180

解答 (2)

テブナンの定理により求めるため，図１のように抵抗Rの抵抗を開放する。

本問の場合はテブナンの定理を用いるのが，最も良い方法である。
過去問にも出題されたことがあるパターンなので，理解しておく。

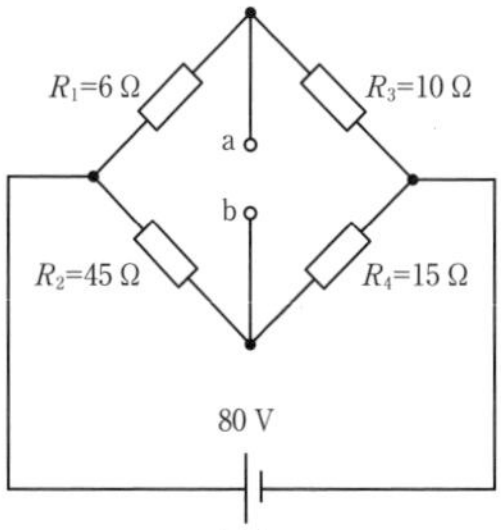

図１

図１においてa点及びb点の各電位 V_a 及び V_b は，電源の右側の電位を０Ｖとすると

$$V_a=\frac{R_3}{R_1+R_3}\times 80$$
$$=\frac{10}{6+10}\times 80$$
$$=50\ \mathrm{V}$$

$$V_b=\frac{R_4}{R_2+R_4}\times 80$$
$$=\frac{15}{45+15}\times 80$$
$$=20\ \mathrm{V}$$

となるので，開放電圧 V_{ab} は，

$$V_{ab}=V_a-V_b$$
$$=50-20$$
$$=30\ \mathrm{V}$$

次に端子a-bから見た合成抵抗を求めるため，回路を変形すると，図２のようになる。

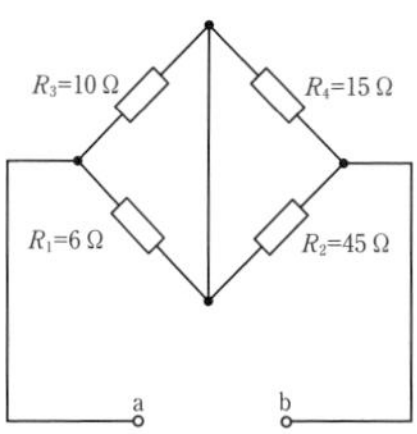

図２

端子a-bから見た合成抵抗を導出することが，本問の最大のポイント。前章重ね合わせの理でも応用問題❶で扱っているので，わからない場合は，もう一度復習してみると良い。

図2より合成抵抗R_{ab}は，

$$R_{ab}=\frac{R_1R_3}{R_1+R_3}+\frac{R_2R_4}{R_2+R_4}$$

$$=\frac{6\times 10}{6+10}+\frac{45\times 15}{45+15}$$

$$=3.75+11.25$$

$$=15\,\Omega$$

となるので，テブナンの定理により抵抗Rに流れる電流の大きさIを求めると，

$$I=\frac{V_{ab}}{R_{ab}+R}$$

$$=\frac{30}{15+5}$$

$$=1.5\text{ A}$$

したがって，抵抗Rで消費される電力Pは，

$$P=RI^2$$

$$=5\times 1.5^2$$

$$=11.25\rightarrow 11\text{ W}$$

解答

CHAPTER 02

静電気

1 クーロンの法則，電界と電位

確認問題

1 以下の問に答えよ。

(1) 真空中に電荷$Q_1=2\times10^{-4}$ C，$Q_2=-3\times10^{-5}$ Cが距離$r=2$ mの距離を隔ててあるとき，その電荷間に働く力の大きさF[N]を求めよ。ただし，真空の誘電率は$\varepsilon_0=8.854\times10^{-12}$ F/mとする。

(2) 真空中に電荷$Q=4\times10^{-8}$ Cの電荷があるとき，この電荷から距離$r=4$ m離れた場所での電界の大きさE[N/C]を求めよ。ただし，真空の誘電率は$\varepsilon_0=8.854\times10^{-12}$ F/mとする。

(3) 真空中に電荷$Q=-5\times10^{-8}$ Cの電荷があるとき，この電荷から距離$r=10$ m離れた場所での電位V[V]を求めよ。ただし，真空の誘電率は$\varepsilon_0=8.854\times10^{-12}$ F/mとする。

(4) A点の電位が$V_a=2$ V，B点の電位が$V_b=-7$ Vであるとき，A点とB点の電位差V_{ab}[V]を求めよ。ただし，電位差V_{ab}[V]はB点を基準としたA点の電位である。

(5) $E=4\times10^5$ V/mの電界中に$Q=5\times10^{-6}$ Cの電荷を置いたとき，電荷に加わる力の大きさF[N]を求めよ。

(6) 誘電体中に電荷$Q=1.2\times10^{-6}$ Cを置いたとき，電気力線の本数N[本]と電束Ψ[C]の値を求めよ。ただし，誘電体の比誘電率は$\varepsilon_r=1.5$，真空の誘電率は$\varepsilon_0=8.854\times10^{-12}$ F/mとする。

(7) 真空中の面積$A=0.5$ m^{2}の平面上を電束$\Psi=1.0\times10^{-8}$ Cが通過したとするとき，電束密度D[C/m^2]と電界E[V/m]の値を求めよ。ただし，真空の誘電率は$\varepsilon_0=8.854\times10^{-12}$ F/mとする。

(8) 誘電体中の電束密度Dが2.0×10^{-6} C/m^2，電界Eが4.0×10^4 V/mであるとき，この誘電体の誘電率ε[F/m]及び比誘電率ε_rを求めよ。ただし，真空の誘電率は$\varepsilon_0=8.854\times10^{-12}$ F/mとする。

解答 (1) 13.5 N (2) 22.5 N/C (3) −44.9 V
(4) 9 V (5) 2.0 N
(6) 電気力線：9.04×10^4 本 電束：1.2×10^{-6} C
(7) 電束密度：2.0×10^{-8} C/m^2
電界：2260 V/m
(8) 誘電率：5.0×10^{-11} F/m 比誘電率：5.65

(1) クーロンの法則にしたがって各値を代入すると，電荷間に働く力の大きさF[N]は，

$$F=\frac{Q_1 Q_2}{4\pi\varepsilon_0 r^2}$$
$$=\frac{2\times10^{-4}\times3\times10^{-5}}{4\times3.1416\times8.854\times10^{-12}\times2^2}$$
$$≒13.5\text{ N}$$

(2) $$E=\frac{Q}{4\pi\varepsilon_0 r^2}$$

であるから，各値を代入すると，

$$E=\frac{4\times10^{-8}}{4\times3.1416\times8.854\times10^{-12}\times4^2}$$
$$≒22.5\text{ N/C}$$

(3) $$V=\frac{Q}{4\pi\varepsilon_0 r}$$

であるから，各値を代入すると，

$$V=\frac{-5\times10^{-8}}{4\times3.1416\times8.854\times10^{-12}\times10}$$
$$≒-44.9\text{ V}$$

(4) 電位差V_{ab}[V]はB点を基準としたA点の電位であるから，

$$V_{ab}=V_a-V_b$$
$$=2-(-7)$$
$$=9\text{ V}$$

(5) 電界E[V/m]の中に電荷Q[C]を置いたときに働く力の大きさF[N]は，

$$F=QE$$

となるので，

$$F=5\times10^{-6}\times4\times10^5$$

POINT 1 クーロンの法則

π=3.141592…は基本的に試験では数値は与えられない。

POINT 2 電界の強さ

POINT 3 電位

POINT 2 電界の強さ

$=2.0\ \mathrm{N}$

(6)　電気力線の本数N[本]は，

$$N=\frac{Q}{\varepsilon}$$

$$=\frac{Q}{\varepsilon_0\,\varepsilon_r}$$

であるから，各値を代入すると，

$$N=\frac{1.2\times10^{-6}}{8.854\times10^{-12}\times1.5}$$

$$\fallingdotseq 9.04\times10^4\ 本$$

電束Ψ[C]は電荷Q[C]と同じ大きさなので，

$$\Psi=Q$$

$$=1.2\times10^{-6}\ \mathrm{C}$$

(7)　電束密度D[C/m^2]は，

$$D=\frac{\Psi}{A}$$

であるから，各値を代入すると，

$$D=\frac{1.0\times10^{-8}}{0.5}=2.0\times10^{-8}\ \mathrm{C/m^2}$$

また，真空中の電束密度D[C/m^2]と電界E[V/m]には，

$$D=\varepsilon_0 E$$

の関係があるので，

$$E=\frac{D}{\varepsilon_0}$$

$$=\frac{2.0\times10^{-8}}{8.854\times10^{-12}}$$

$$\fallingdotseq 2260\ \mathrm{V/m}$$

(8)　電束密度D[C/m^2]と電界E[V/m]には，

$$D=\varepsilon E=\varepsilon_0\,\varepsilon_r E$$

の関係があるので，

$$\varepsilon=\frac{D}{E}$$

$$=\frac{2.0\times10^{-6}}{4.0\times10^4}$$

$$=5.0\times10^{-11}\ \mathrm{F/m}$$

POINT 6 電気力線

POINT 7 電束と電束密度

POINT 7 電束と電束密度

POINT 7 電束と電束密度

$$\varepsilon_r = \frac{\varepsilon}{\varepsilon_0}$$
$$= \frac{5.0\times10^{-11}}{8.854\times10^{-12}}$$
$$\fallingdotseq 5.65$$

2 次の（ア）～（ウ）の空欄に入る語句を答えよ。

POINT 4 静電誘導

図のように，真空中に負に帯電した物体Aがある。この物体Aに金属棒Bを近づけると金属棒Bの1側には［（ア）］の電荷が現れる。また，反対側である2側には［（イ）］の電荷が現れる。この現象を［（ウ）］と呼ぶ。

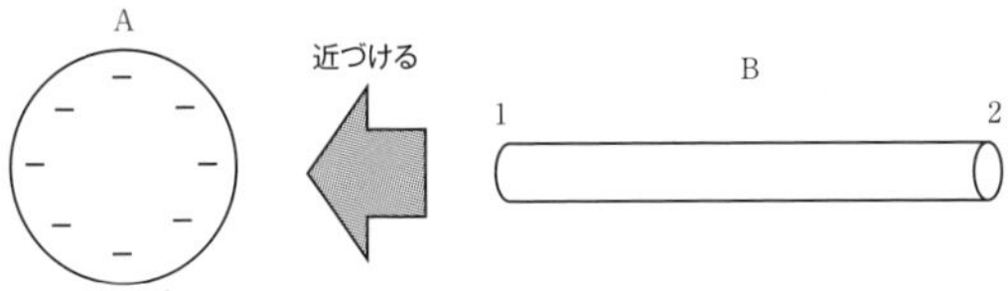

解答 （ア）正（+）（イ）負（−）（ウ）静電誘導

3 次の（ア）～（カ）の空欄にあてはまる語句または数式を答えよ。

POINT 2 電界の強さ
POINT 4 静電誘導

図1のように真空中の中空導体の中に点電荷Q[C]を入れた場合について，点電荷からの距離をr[m]とすると，$r<a$の電界の強さは［（ア）］[V/m]，$a\leqq r\leqq b$の電界の強さは［（イ）］[V/m]，$b<r$の電界の強さは［（ウ）］[V/m]となる。また，図2のように外部導体を接地した場合は，$r<a$の電界の強さは［（エ）］[V/m]，$a\leqq r\leqq b$の電界の強さは［（オ）］[V/m]，$b<r$の電界の強さは［（カ）］[V/m]となる。

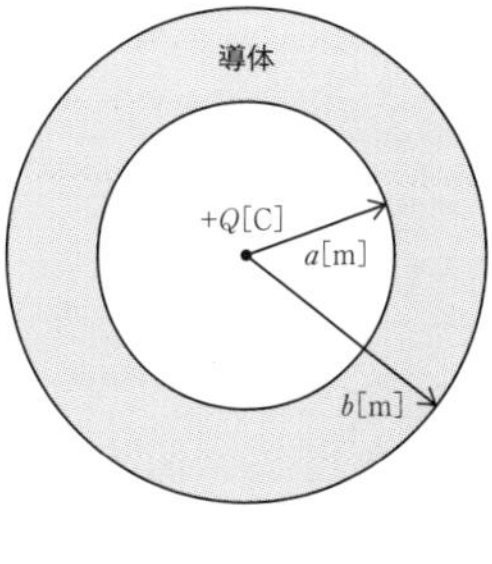

図1

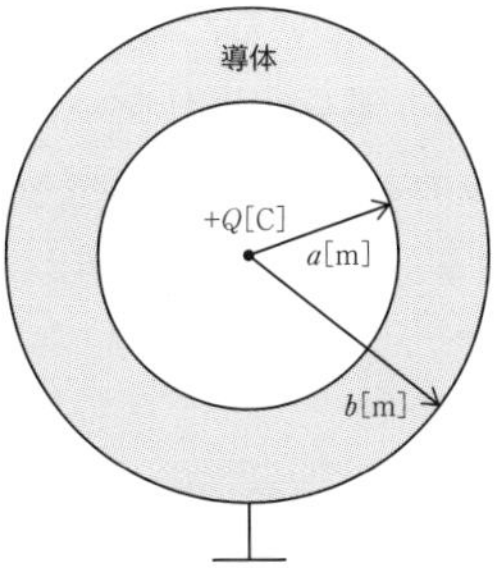

図2

解答 （ア）$\dfrac{Q}{4\pi\varepsilon_0 r^2}$　（イ）0　（ウ）$\dfrac{Q}{4\pi\varepsilon_0 r^2}$

（エ）$\dfrac{Q}{4\pi\varepsilon_0 r^2}$　（オ）0　（カ）0

図１及び図２の各状態における電界の様子（電気力線）を図1−1及び図2−1に示す。

閉曲面の内側に電荷がなければ電界も発生しない。

図１においては静電誘導により導体の内側には−の電荷が現れ，反対側である導体の外側には＋の電荷が現れる。また導体内は同電位であるため，電気力線はない。したがって，図1−1のようになる。

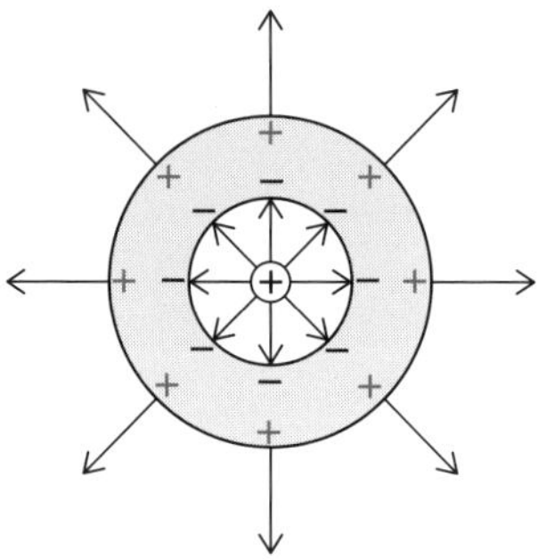

図1−1

図1−1より，各部の電界Eは，

（ア）$r<a$のとき，$E=\dfrac{Q}{4\pi\varepsilon_0 r^2}$

（イ）$a\leqq r\leqq b$のとき，$E=0$

（ウ）$b<r$のとき，$E=\dfrac{Q}{4\pi\varepsilon_0 r^2}$

次に図２において導体の内側の電荷には−の電荷が現れるが，導体の外側は接地されているため，＋の電荷が接地線を通じてなくなり電荷が現れない。したがって，電気力線は$r<a$のときは図１と全く同じであるが，$b<r$はなくなる。したがって，図2−1のようになる。

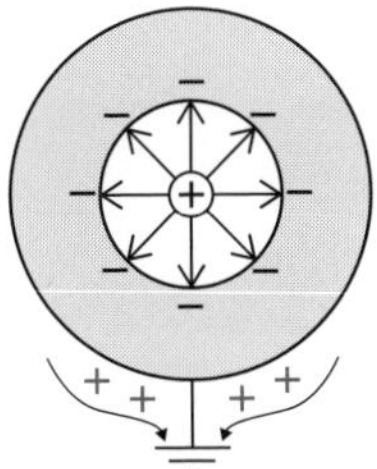

図2−1

図2−1より，各部の電界Eは，

（エ）$r<a$のとき，$E=\dfrac{Q}{4\pi\varepsilon_0 r^2}$

（オ）$a\leqq r\leqq b$のとき，$E=0$

（カ）$b<r$のとき，$E=0$

4 電気力線について次の（ア）～（カ）の空欄に入る語句を答えよ。ただし，真空の誘電率はε_0[F/m]とする。

電気力線は［（ア）］の電荷から出て，［（イ）］の電荷に吸い込まれる。真空中の電荷Q[C]から出る電気力線の本数は［（ウ）］本であり，その接線の向きは［（エ）］の向きと一致する。［（ア）］の電荷から出た電気力線は導体に対して［（オ）］に出入りするため，［（ア）］の電荷を導体に近づけたときの電気力線の様子は次の図［（カ）］のようになる。

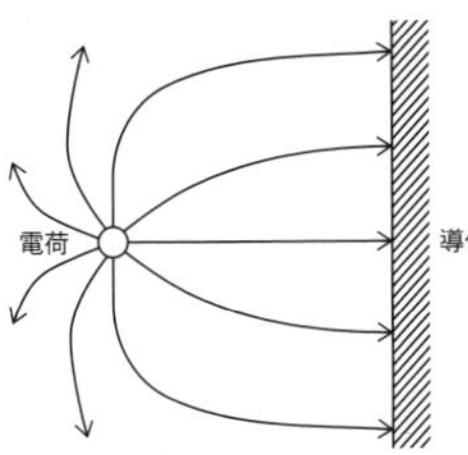

図1

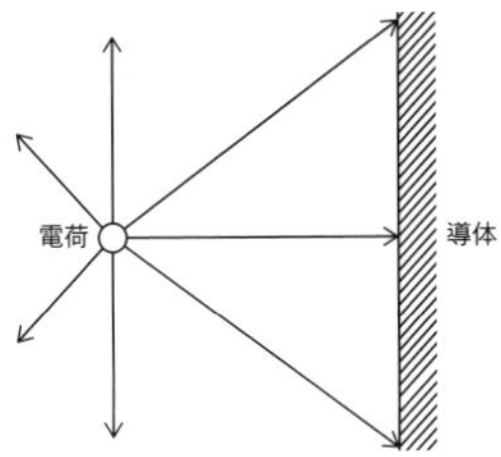

図2

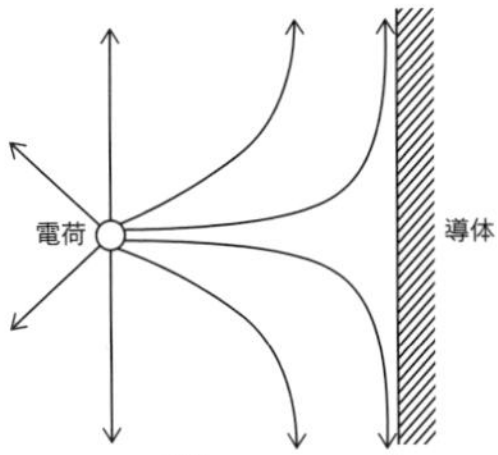

図3

POINT 6 電気力線

解答 （ア）正　（イ）負　（ウ）$\dfrac{Q}{\varepsilon_0}$

（エ）電界　（オ）垂直　（カ）1

（オ）導体の表面は同電位であり，等電位面と電気力線は垂直に交わる特徴があるため，導体には垂直に入射する。

5 真空中に図のように点Oに点電荷$+Q$[C]がある。このとき，真空の誘電率をε_0[F/m]とすると，距離r[m]離れた点Aに点電荷が作る電界の大きさは［（ア）］[V/m]で向きは図の［（イ）］である。また，点Aの電位は［（ウ）］[V]，点Bの電位は［（エ）］[V]であるため点A−B間の電位差（Bから見たAの電位）は［（オ）］[V]である。

POINT 2 電界の強さ

POINT 3 電位

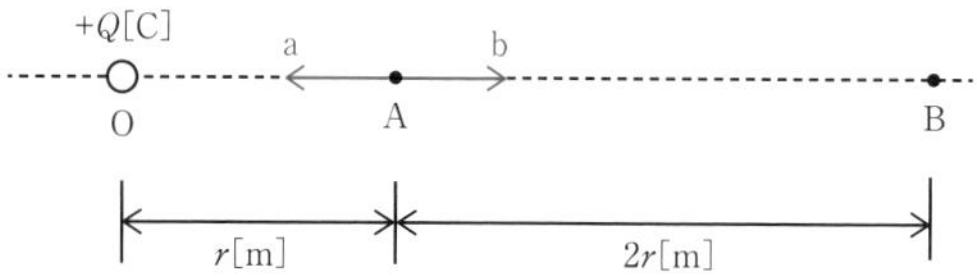

解答 （ア）$\dfrac{Q}{4\pi\varepsilon_0 r^2}$　（イ）b　（ウ）$\dfrac{Q}{4\pi\varepsilon_0 r}$

（エ）$\dfrac{Q}{12\pi\varepsilon_0 r}$　（オ）$\dfrac{Q}{6\pi\varepsilon_0 r}$

（エ）点Bでの電位をV_Bとすると，

$$V_B=\frac{Q}{4\pi\varepsilon_0(3r)}$$
$$=\frac{Q}{12\pi\varepsilon_0 r}$$

（オ）点Aでの電位をV_Aとすると，点A−B間の電位差V_{AB}は，

$$V_{AB}=V_A-V_B$$
$$=\frac{Q}{4\pi\varepsilon_0 r}-\frac{Q}{12\pi\varepsilon_0 r}$$
$$=\frac{3Q}{12\pi\varepsilon_0 r}-\frac{Q}{12\pi\varepsilon_0 r}$$
$$=\frac{2Q}{12\pi\varepsilon_0 r}$$
$$=\frac{Q}{6\pi\varepsilon_0 r}$$

基本問題

1 真空中に図のような配置で各点電荷がある。このとき，点Aの電荷にかかる力の大きさ[N]として，最も近いものを次の(1)〜(5)のうちから一つ選べ。ただし，真空の誘電率は$\varepsilon_0=8.854\times10^{-12}$ F/mとする。

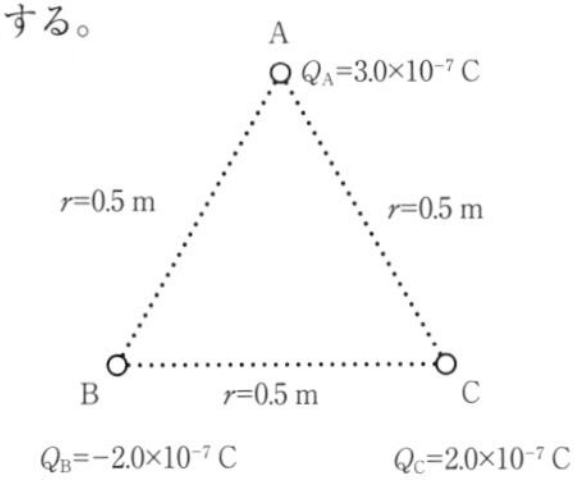

(1) 2.16×10^{-3}
(2) 2.16×10^{-2}
(3) 4.31×10^{-3}
(4) 4.31×10^{-2}
(5) 8.63×10^{-3}

注目 電験三種の問題で電荷2個のみの単純な問題はまず出題されないので，本問のベクトル合成を基本として計算の方法を習得しよう。

解答 (1)

クーロンの法則より，点電荷Q_AとQ_Bの間に働く力の大きさF_{AB}[N]は，

$$F_{AB}=\frac{Q_A Q_B}{4\pi\varepsilon_0 r^2}$$
$$=\frac{3.0\times10^{-7}\times2.0\times10^{-7}}{4\times3.1416\times8.854\times10^{-12}\times0.5^2}$$
$$\fallingdotseq2.16\times10^{-3}\text{ N}$$

点電荷Q_AとQ_Cの間に働く力の大きさF_{AC}[N]は，

$$F_{AC}=\frac{Q_A Q_C}{4\pi\varepsilon_0 r^2}$$
$$=\frac{3.0\times10^{-7}\times2.0\times10^{-7}}{4\times3.1416\times8.854\times10^{-12}\times0.5^2}$$
$$\fallingdotseq2.16\times10^{-3}\text{ N}$$

F_{AB}は引力，F_{AC}は斥力であるため，右図のようになる。

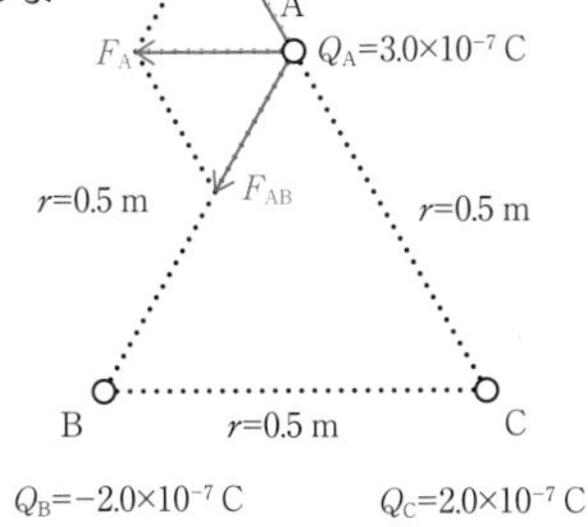

試験本番でも，問題図に力のベクトルを記載するとイメージしやすくなる。

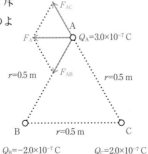

したがって，点電荷Q_Aにかかる力の大きさF_A[N]はF_{AB}とF_{AC}のベクトル合成となり，三角形ABCは正三角形なので，その大きさは等しい。

よって，

$F_A \fallingdotseq 2.16\times10^{-3}$ N

2 真空中において，図のように直線上の点Aに+2Q[C]，点Bに−Q[C]の点電荷を配置したとき，点Cにおける電界の強さが0となった。このとき，$\dfrac{r_1}{r_2}$の値として，最も近いものを次の(1)～(5)のうちから一つ選べ。ただし，真空の誘電率はε_0[F/m]とする。

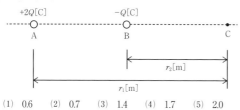

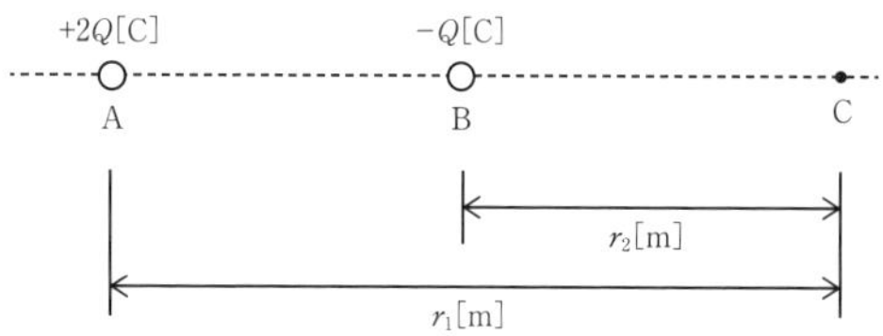

(1) 0.6　(2) 0.7　(3) 1.4　(4) 1.7　(5) 2.0

注目 電界か電位かをきちんと見分けること。

解答 (3)

点Aの電荷による点Cの電界の強さE_A[V/m]は，

$$E_A=\frac{2Q}{4\pi\varepsilon_0 r_1^2}$$

$$=\frac{Q}{2\pi\varepsilon_0 r_1^2}\text{[V/m](右向き)}$$

となり，点Bの電荷による点Cの電界の強さE_B[V/m]は，

$$E_B=\frac{Q}{4\pi\varepsilon_0 r_2^2}\text{[V/m](左向き)}$$

題意より，$E_A=E_B$であるから，

$$\frac{Q}{2\pi\varepsilon_0 r_1^2}=\frac{Q}{4\pi\varepsilon_0 r_2^2}$$

$$\frac{1}{r_1^2}=\frac{1}{2r_2^2}$$

$$\frac{r_1^2}{r_2^2}=2$$

$$\frac{r_1}{r_2}\fallingdotseq 1.4$$

$r_1>0$, $r_2>0$以上なので，$\dfrac{r_1}{r_2}>0$の条件となる。

3 真空中において，図のようにx軸上の点A (4,0) に点電荷 Q_A=9.0×10^{-10} C，y 軸上の点B (0,3) に点電荷 Q_B=−1.6×10^{-9} Cがあるとき，次の(a)及び(b)の問に答えよ。ただし，真空の誘電率は ε_0=8.854×10^{-12} F/mとする。

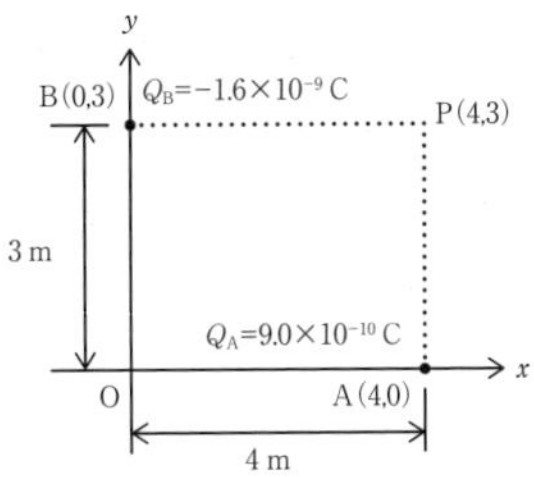

(a) 図中の点P (4,3) の電界Eの大きさ[V/m]及び電位V [V]の組合せとして，最も近いものを次の(1)～(5)のうちから一つ選べ。

	E[V/m]	V[V]
(1)	1.27	0.9
(2)	0	0.9
(3)	1.27	−0.9
(4)	2.54	−0.9
(5)	0	−0.9

(b) 点Oに点電荷Q[C]を置いたところ，点Pでの電位が零となった。このとき，Q[C]の値として，最も近いものを次の(1)～(5)のうちから一つ選べ。

(1) −2.5×10^{-9}　(2) −5.0×10^{-10}　(3) 2.5×10^{-9}
(4) 5.0×10^{-9}　(5) 5.0×10^{-10}

解答 (a) (3)　(b) (5)

(a) 点Aの電荷 Q_A[C]による点Pの電界の強さ E_A [V/m]および電位 V_A[V]は，

$$E_A=\frac{Q_A}{4\pi\varepsilon_0 r^2}$$

$$=\frac{9.0\times10^{-10}}{4\times3.1416\times8.854\times10^{-12}\times3^2}$$

$$\fallingdotseq 0.89877\ \text{V/m}\ (\text{上向き})$$

$$V_A=\frac{Q_A}{4\pi\varepsilon_0 y}$$

電界はベクトル量（大きさと向き），電位はスカラー量（大きさのみ）であることを理解しているかが重要なポイント。

$$=\frac{9.0\times10^{-10}}{4\times3.1416\times8.854\times10^{-12}\times3}$$

$$\fallingdotseq 2.6963\ \mathrm{V}$$

となり，点Bの電荷 Q_B［C］による点Pの電界の強さ E_B［V/m］および電位 V_B［V］は，

$$E_B=\frac{Q_B}{4\pi\varepsilon_0 r^2}$$

$$=\frac{1.6\times10^{-9}}{4\times3.1416\times8.854\times10^{-12}\times4^2}$$

$$\fallingdotseq 0.89877\ \mathrm{V/m}\ （左向き）$$

$$V_B=-\frac{Q_B}{4\pi\varepsilon_0 x}$$

$$=-\frac{1.6\times10^{-9}}{4\times3.1416\times8.854\times10^{-12}\times4}$$

$$\fallingdotseq -3.5951\ \mathrm{V}$$

よって，それぞれを合わせた点Pの電界の大きさ E_P 及び電位 V_P は，

$$E_P=\sqrt{{E_A}^2+{E_B}^2}$$

$$=\sqrt{0.89877^2+0.89877^2}$$

$$\fallingdotseq 1.27\ \mathrm{V/m}$$

$$V_P=V_A+V_B$$

$$=2.6963-3.5951$$

$$=-0.8988\rightarrow-0.9\ \mathrm{V}$$

電界はマイナスは向きが変わるという意味で，電位はマイナスの値をとる。

電界は上向きと左向きで90°違うので，三平方の定理で求める。

電位はスカラー量なので単純な和もしくは差演算で求める。

(b)　点Oと点Pの距離 $\overline{\mathrm{OP}}$ は三平方の定理より，

$$\overline{\mathrm{OP}}=\sqrt{4^2+3^2}=5\ \mathrm{m}$$

となる。また，問題文と(a)の解答より，電荷 Q の作る電位 V_O は0.8988 Vとなる。したがって，

$$V_O=\frac{Q}{4\pi\varepsilon_0\overline{\mathrm{OP}}}$$

$$Q=4\pi\varepsilon_0\overline{\mathrm{OP}}V_O$$

$$=4\times3.1416\times8.854\times10^{-12}\times5\times0.8988$$

$$\fallingdotseq 5.0\times10^{-10}\ \mathrm{C}$$

3:4:5の直角三角形は非常によく出題されるので知っておいた方が良い。

4 図のように，真空中に$+Q$[C]に帯電した導体球における電界と電位について考える。次の文章の（ア）～（カ）に当てはまる式をQ，ε_0，a，rを用いて答えよ。ε_0は真空の誘電率[F/m]である。

図は，導体の表面に電荷$+Q$[C]に帯電した半径a[m]の導体球である。この導体球の中心から距離r[m]離れた地点での電界及び電位を考える。まず，$r>a$のとき，電界の大きさは［（ア）］[V/m]であり電位は［（イ）］[V]である。次に，$r=a$のとき，電界の大きさは［（ウ）］[V/m]であり電位は［（エ）］[V]である。最後に，$r<a$のとき，電界の大きさは［（オ）］[V/m]であり電位は［（カ）］[V]である。

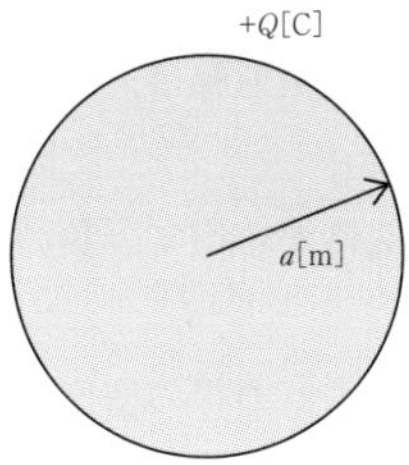

解答 （ア）$\dfrac{Q}{4\pi\varepsilon_0 r^2}$　（イ）$\dfrac{Q}{4\pi\varepsilon_0 r}$　（ウ）$\dfrac{Q}{4\pi\varepsilon_0 a^2}$

（エ）$\dfrac{Q}{4\pi\varepsilon_0 a}$　（オ）0　（カ）$\dfrac{Q}{4\pi\varepsilon_0 a}$

(オ) 導体表面に電荷が分布しているため，導体の内部には電荷がない。したがって，導体内部の電界は0となる。

(カ) 導体内部の電界がないため，導体内部の電位はすべて等しくなる。したがって，$\dfrac{Q}{4\pi\varepsilon_0 a}$[V]となる。

5 電気力線に関する記述のうち，誤っているものを次の(1)～(5)のうちから一つ選べ。

(1) 電気力線は電界のようすを仮想的な線で表したものであり，ある電荷から出た電気力線の本数は電荷の大きさに比例し，電気力線の接線は電界の向きと一致する。

(2) ある電荷から出た電気力線は，電荷が作る等電位面と垂直に交わる。

(3) 電気力線は正の電荷から出て，負の電荷へ入る。

(4) 任意の点における電気力線の密度は，その点の電界の大きさに比例する。

(5) 電気力線は途中で枝分かれしたり，交わったりしない

注目 応用問題の❸では球全体に分布しているが，本問では「導体の表面に」と記載されている。この文言は重要。

が，同じ正電荷同士から出た電気力線がぶつかり合い，消滅することがある。

解答 (5)

(1) 正しい。電気力線は電界の状態を仮想的な線で表したものであり，ある電荷から出た電気力線の本数は電荷の大きさに比例し（$N=\dfrac{Q}{\varepsilon}$），電気力線の接線は電界の向きと一致する。

(2) 正しい。ある電荷から出た電気力線は，電荷が作る等電位面と垂直に交わる。

(3) 正しい。電気力線は正の電荷から出て，負の電荷に入る。

(4) 正しい。任意の点における電気力線の密度は，その電界の大きさに比例する。

(5) 誤り。電気力線は途中で枝分かれしたり，交わったりしない。また，同じ正電荷同士から出た電気力線がぶつかり合い，消滅することもない。

POINT 6 電気力線

(5)の文章は一見正しそうに見えるが，正電荷同士から出た電気力線は，その中間点でほぼ直角に曲がり，消滅することはない。

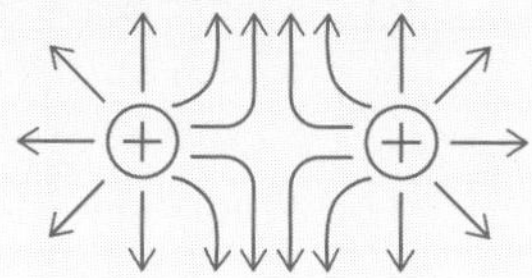

6 次の文章は，静電界における電束密度及び電界に関する記述である。次の文章の（ア）～（エ）に当てはまる式をΨ，ε_0，ε_r，Aを用いて答えよ。

図は，一様電界が誘電体を通過するときの模式図である。図のように断面積がA[m^2]の筒状物体中を電束Ψ[C]が紙面の左から右向きに通過するとき，真空中の電束密度D_0は［（ア）］[C/m^2]，誘電体中の電束密度D_1は［（イ）］[C/m^2]である。また，真空中の電界の大きさE_0は［（ウ）］[V/m]，誘電体中の電界の大きさE_1は［（エ）］[V/m]である。ただし，筒状物体から漏れ出る電界はなく，真空から誘電体に行く電束は反射しないものとし，真空の誘電率はε_0[F/m]及び誘電体の比誘電率はε_rとする。

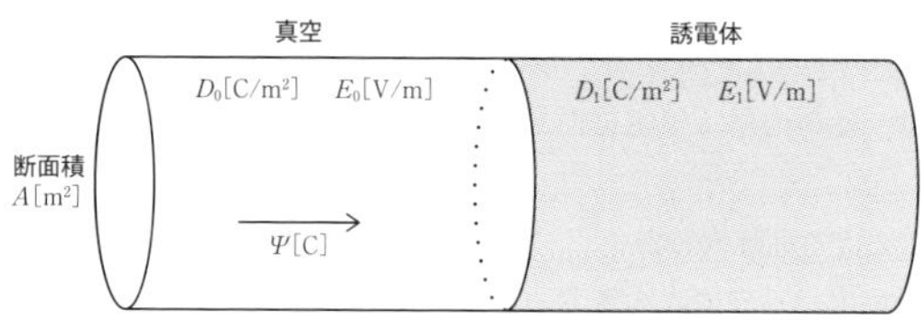

注目 電荷量＝電束という考え方は，機械科目の光の分野でも応用できる概念なので理解しておくこと。

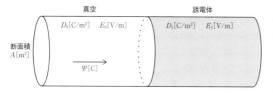

解答 （ア）$\dfrac{\Psi}{A}$ （イ）$\dfrac{\Psi}{A}$ （ウ）$\dfrac{\Psi}{\varepsilon_0 A}$ （エ）$\dfrac{\Psi}{\varepsilon_0 \varepsilon_r A}$

（ア）（イ）

電束密度Dは，単位面積当たりの電束であり，真空中，誘電体中に関わらず，

$$D=\frac{\Psi}{A}$$

となる。

（ウ）（エ）

電束密度D［C/m^2］と電界E［V/m］には，

$$D=\varepsilon E=\varepsilon_0 \varepsilon_r E$$

の関係があるので，真空中においては，

$$E_0=\frac{D_0}{\varepsilon_0}=\frac{\Psi}{\varepsilon_0 A}$$

となり，誘電体中においては，

$$E_1=\frac{D_1}{\varepsilon_0 \varepsilon_r}=\frac{\Psi}{\varepsilon_0 \varepsilon_r A}$$

となる。

応用問題

1 図のように，真空中に距離a[m]を隔てて，点電荷$+Q$[C]と$-\sqrt{2}Q$[C]が置かれている。このとき，対角線上にあるそれぞれの点電荷の$+Q$[C]及び$-\sqrt{2}Q$[C]には同じ大きさのクーロン力が働くが，その大きさの組合せとして，正しいものを次の(1)～(5)のうちから一つ選べ。ただし，真空の誘電率はε_0[F/m]とする。

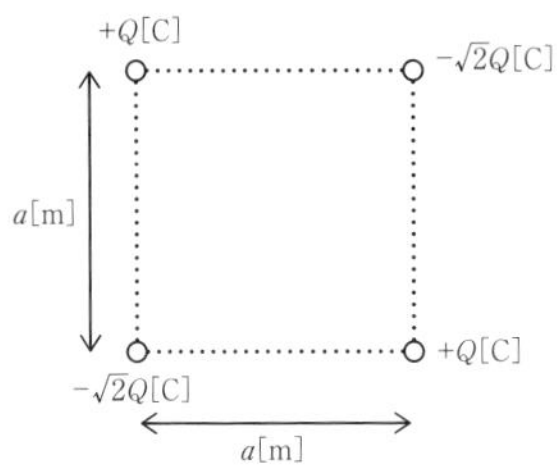

	$+Q$[C]	$-\sqrt{2}Q$[C]
(1)	$\dfrac{Q^2}{2\pi\varepsilon_0 a^2}$	$\dfrac{3Q^2}{8\pi\varepsilon_0 a^2}$
(2)	$\dfrac{Q^2}{2\pi\varepsilon_0 a^2}$	$\dfrac{Q^2}{2\pi\varepsilon_0 a^2}$
(3)	$\dfrac{Q^2}{2\pi\varepsilon_0 a^2}$	$\dfrac{Q^2}{4\pi\varepsilon_0 a^2}$
(4)	$\dfrac{3Q^2}{8\pi\varepsilon_0 a^2}$	$\dfrac{3Q^2}{8\pi\varepsilon_0 a^2}$
(5)	$\dfrac{3Q^2}{8\pi\varepsilon_0 a^2}$	$\dfrac{Q^2}{4\pi\varepsilon_0 a^2}$

注目 本問程度が電験三種で問われる一番易しいレベルのクーロンの法則と思って良い。
クーロンの法則のみを使用して解けるほど易しい問題はまず電験では出題されない。

解答 (5)

$+Q$[C]と$-\sqrt{2}Q$[C]に働く力を示すと下図のようになる。

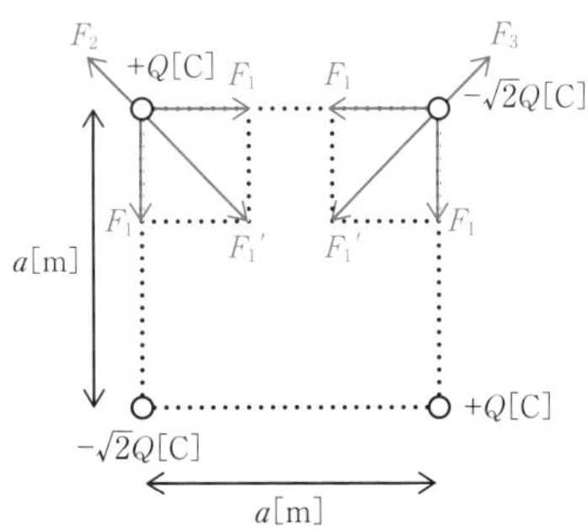

①+Q[C]に働く力

$+Q$[C]と$-\sqrt{2}Q$[C]には引力が働き，その距離はa[m]であるから，その力の大きさをF_1[N]とすると，

$$F_1=\frac{Q\cdot\sqrt{2}Q}{4\pi\varepsilon_0 a^2}$$

$$=\frac{\sqrt{2}Q^2}{4\pi\varepsilon_0 a^2}$$

図より各電荷には水平方向と垂直方向の力が働くため，それらを合成した力の大きさF_1'[N]は，

$$F_1'=\sqrt{F_1^2+F_1^2}$$
$$=\sqrt{2}F_1$$
$$=\sqrt{2}\times\frac{\sqrt{2}Q^2}{4\pi\varepsilon_0 a^2}$$
$$=\frac{Q^2}{2\pi\varepsilon_0 a^2}$$

また，$+Q$[C]同士には斥力が働き，その距離は$\sqrt{2}a$ [m]なので，その力の大きさをF_2[N]とすると，

$$F_2=\frac{Q^2}{4\pi\varepsilon_0(\sqrt{2}a)^2}$$
$$=\frac{Q^2}{8\pi\varepsilon_0 a^2}$$

F_1'とF_2は互いに逆向きなので，$+Q$[C]に働く力はその合成となり，

$$F_1'-F_2=\frac{Q^2}{2\pi\varepsilon_0 a^2}-\frac{Q^2}{8\pi\varepsilon_0 a^2}$$
$$=\frac{3Q^2}{8\pi\varepsilon_0 a^2}\text{[N]}$$

②$-\sqrt{2}Q$[C]に働く力

$+Q$[C]のときと同様に$+Q$[C]と$-\sqrt{2}Q$[C]には引力が働き，その大きさは，$F_1'=\frac{Q^2}{2\pi\varepsilon_0 a^2}$[N]となる。また，$-\sqrt{2}Q$[C]同士には斥力が働き，その距離は$\sqrt{2}a$[m]なので，その力の大きさを$F_3$とすると，

$$F_3=\frac{(\sqrt{2}Q)^2}{4\pi\varepsilon_0(\sqrt{2}a)^2}$$
$$=\frac{Q^2}{4\pi\varepsilon_0 a^2}$$

F_1'とF_3は互いに逆向きなので，$-\sqrt{2}Q$[C]に働く力はその合成となり，

$$F_1'-F_3=\frac{Q^2}{2\pi\varepsilon_0 a^2}-\frac{Q^2}{4\pi\varepsilon_0 a^2}$$
$$=\frac{Q^2}{4\pi\varepsilon_0 a^2}\text{[N]}$$

直角二等辺三角形の辺の長さの関係が1:1:√2であることを知っておくと便利。

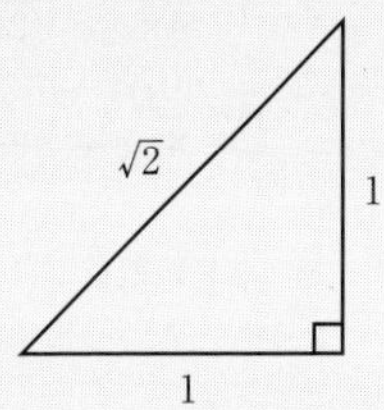

2 図のように，真空中に$3d$[m]隔てた点A$(-2d,0)$，点B$(d,0)$にそれぞれ$-2Q$[C]，Q[C]の点電荷が置かれている。xy平面上の電荷間を結んだ線分を直径とした円周上の点を点P(x,y)とする。ただし，真空の誘電率はε_0[F/m]とする。次の(a)及び(b)の問に答えよ。

(a) 点Pでの電界E[V/m]の大きさとして，正しいものを次の(1)～(5)のうちから一つ選べ。

(1) $\dfrac{Q}{2\pi\varepsilon_0}\sqrt{\dfrac{4}{(2d+x)^2+y^2}+\dfrac{1}{(d-x)^2+y^2}}$

(2) $\dfrac{Q}{4\pi\varepsilon_0}\sqrt{\dfrac{4}{(2d+x)^2+y^2}+\dfrac{1}{(d-x)^2+y^2}}$

(3) $\dfrac{Q}{2\pi\varepsilon_0}\sqrt{\dfrac{4}{\{(2d+x)^2+y^2\}^2}+\dfrac{1}{\{(d-x)^2+y^2\}^2}}$

(4) $\dfrac{Q}{4\pi\varepsilon_0}\sqrt{\dfrac{4}{\{(2d+x)^2+y^2\}^2}+\dfrac{1}{\{(d-x)^2+y^2\}^2}}$

(5) $\dfrac{Q}{8\pi\varepsilon_0}\sqrt{\dfrac{4}{\{(2d+x)^2+y^2\}^2}+\dfrac{1}{\{(d-x)^2+y^2\}^2}}$

(b) 点Pの電位V[V]として，正しいものを次の(1)～(5)のうちから一つ選べ。

(1) $\dfrac{Q}{4\pi\varepsilon_0}\left\{\dfrac{2}{\sqrt{(2d+x)^2+y^2}}-\dfrac{1}{\sqrt{(d-x)^2+y^2}}\right\}$

(2) $\dfrac{Q}{4\pi\varepsilon_0}\left\{\dfrac{1}{\sqrt{(d-x)^2+y^2}}-\dfrac{2}{\sqrt{(2d+x)^2+y^2}}\right\}$

(3) $\dfrac{Q}{4\pi\varepsilon_0}\left\{\dfrac{1}{(d-x)^2+y^2}-\dfrac{2}{(2d+x)^2+y^2}\right\}$

(4) $\dfrac{Q}{4\pi\varepsilon_0}\left\{\dfrac{1}{(2d+x)^2+y^2}-\dfrac{2}{(d-x)^2+y^2}\right\}$

(5) $\dfrac{Q}{4\pi\varepsilon_0}\left\{\dfrac{2}{(2d+x)^2+y^2}-\dfrac{1}{(d-x)^2+y^2}\right\}$

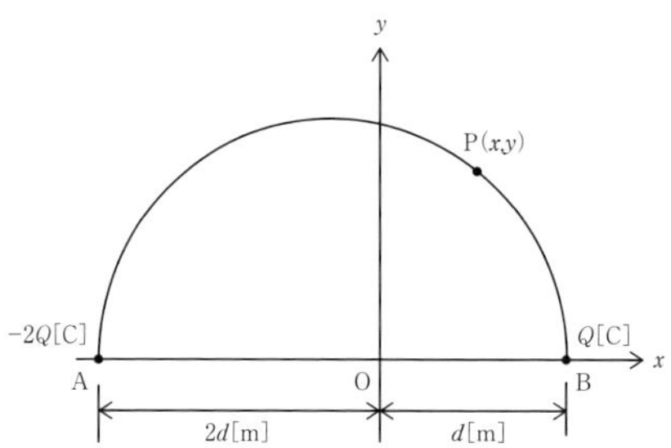

解答 (a) (4)　(b) (2)

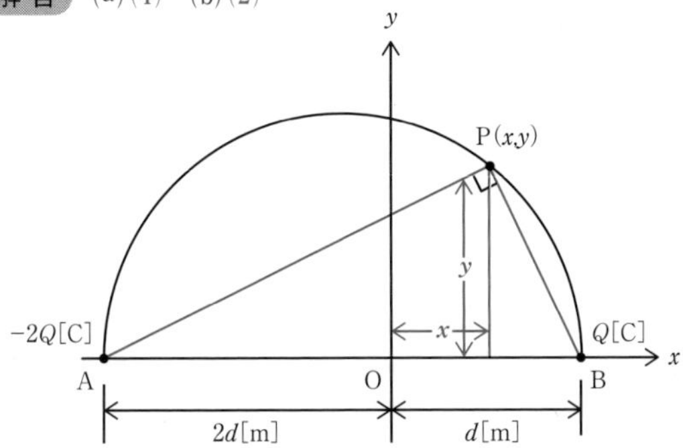

(a)　上図のように点Pは円周上の点のため，∠APBは90°となる。点Aから点Pまでの距離AP，及び点Bから点Pまでの距離BPは，三平方の定理より，

$$AP=\sqrt{(2d+x)^2+y^2}$$

$$BP=\sqrt{(d-x)^2+y^2}$$

となるので，点A上の−2Q[C]による点Pの電界E_A[V/m]及び点B上の+Q[C]による点Pの電界E_B[V/m]の大きさは，

$$E_A=\frac{2Q}{4\pi\varepsilon_0 AP^2}$$

$$=\frac{2Q}{4\pi\varepsilon_0\{(2d+x)^2+y^2\}}$$

$$E_B=\frac{Q}{4\pi\varepsilon_0 BP^2}$$

$$=\frac{Q}{4\pi\varepsilon_0\{(d-x)^2+y^2\}}$$

となる。E_AとE_Bのなす角は直角なので，それを合成した電界の大きさEは，

$$E=\sqrt{{E_A}^2+{E_B}^2}$$

$$=\sqrt{\left[\frac{2Q}{4\pi\varepsilon_0\{(2d+x)^2+y^2\}}\right]^2+\left[\frac{Q}{4\pi\varepsilon_0\{(d-x)^2+y^2\}}\right]^2}$$

$$=\frac{Q}{4\pi\varepsilon_0}\sqrt{\left[\frac{2}{\{(2d+x)^2+y^2\}}\right]^2+\left[\frac{1}{\{(d-x)^2+y^2\}}\right]^2}$$

$$=\frac{Q}{4\pi\varepsilon_0}\sqrt{\frac{4}{\{(2d+x)^2+y^2\}^2}+\frac{1}{\{(d-x)^2+y^2\}^2}}$$

円周上の点と頂点を結ぶ線分APとBPは直角であることを知っておくことが重要。

ここの演算では分配法則

$$ab+ac=a(b+c)$$

と，二乗のルートが

$$\sqrt{\left(\frac{Q}{4\pi\varepsilon_0}\right)^2}=\frac{Q}{4\pi\varepsilon_0}$$

と，なることを使用している。

(b)　点A上の$-2Q$[C]による点Pの電位V_A[V]及び点B上の$+Q$[C]による点Pの電位V_B[V]は,

$$V_A=-\frac{2Q}{4\pi\varepsilon_0 \mathrm{AP}}$$

$$=-\frac{2Q}{4\pi\varepsilon_0\sqrt{(2d+x)^2+y^2}}$$

$$V_B=\frac{Q}{4\pi\varepsilon_0 \mathrm{BP}}$$

$$=\frac{Q}{4\pi\varepsilon_0\sqrt{(d-x)^2+y^2}}$$

よって，点Pの電位Vの大きさは,

$$V=V_A+V_B$$

$$=-\frac{2Q}{4\pi\varepsilon_0\sqrt{(2d+x)^2+y^2}}+\frac{Q}{4\pi\varepsilon_0\sqrt{(d-x)^2+y^2}}$$

$$=\frac{Q}{4\pi\varepsilon_0}\left\{\frac{1}{\sqrt{(d-x)^2+y^2}}-\frac{2}{\sqrt{(2d+x)^2+y^2}}\right\}$$

3 図は，導体に一様の電荷$+Q$[C]に帯電した半径a[m]の導体球である。この導体球の中心から距離r[m]離れた地点での電界E[V/m]の分布として，正しいものを次の(1)〜(5)のうちから一つ選べ。ただし，真空の誘電率はε_0[F/m]とする。

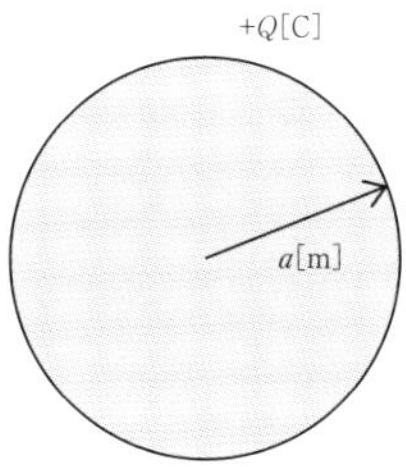

注目　導体内に一様の電荷があるところがポイント。表面ではない。

(1)

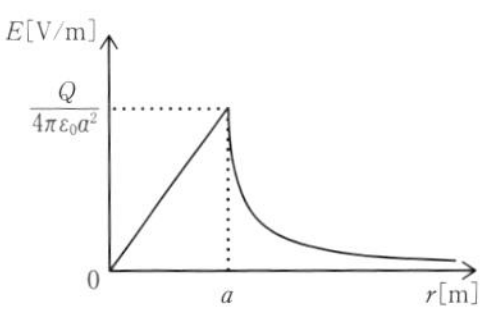

(2)

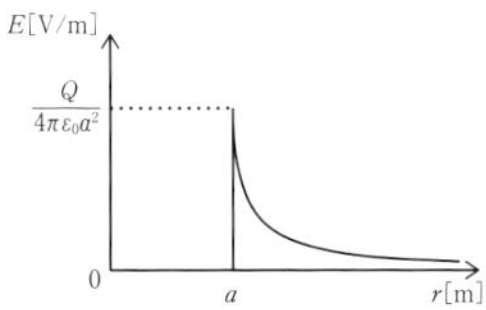

(3)

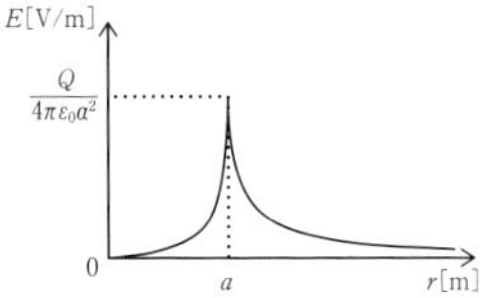

(4)

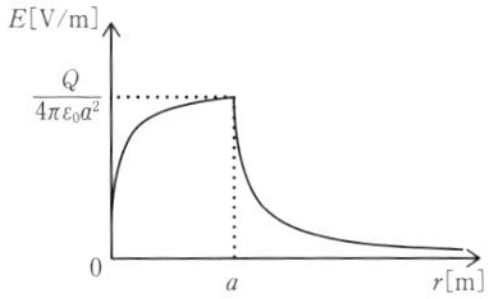

(5)

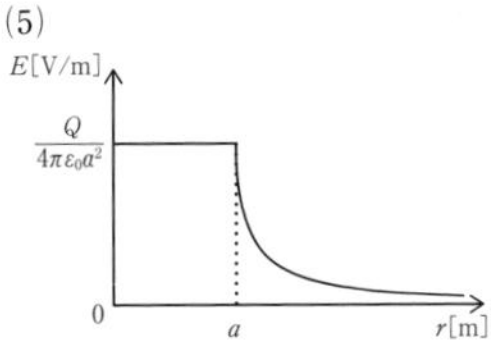

解答 (1)

$a<r$のとき，電界Eは，

$$E=\frac{Q}{4\pi\varepsilon_0 r^2}$$

となり，Eはr^2に反比例する。

$r=a$のとき，電界Eは，

$$E=\frac{Q}{4\pi\varepsilon_0 a^2}$$

$r<a$のとき，内部の電荷Q'は，

$$Q'=\frac{\frac{4}{3}\pi r^3}{\frac{4}{3}\pi a^3}Q$$

$$=\frac{r^3}{a^3}Q$$

となるので，電界Eは，

$$E=\frac{Q'}{4\pi\varepsilon_0 r^2}$$

$$=\frac{1}{4\pi\varepsilon_0 r^2}\times\frac{r^3}{a^3}Q$$

$$=\frac{rQ}{4\pi\varepsilon_0 a^3}$$

となり，Eはrに比例する。

したがって，解答は(1)。

球の体積の公式

$$V=\frac{4}{3}\pi r^3$$

で，半径rの球の中にどれだけ電荷の量があるかを求めている。

4 図のように導体と距離r[m]隔てて点電荷$+Q$[C]がある。このとき，電荷と導体の間に働く力として，最も近いものを次の(1)～(5)のうちから一つ選べ。ただし，真空の誘電率はε_0[F/m]とする。

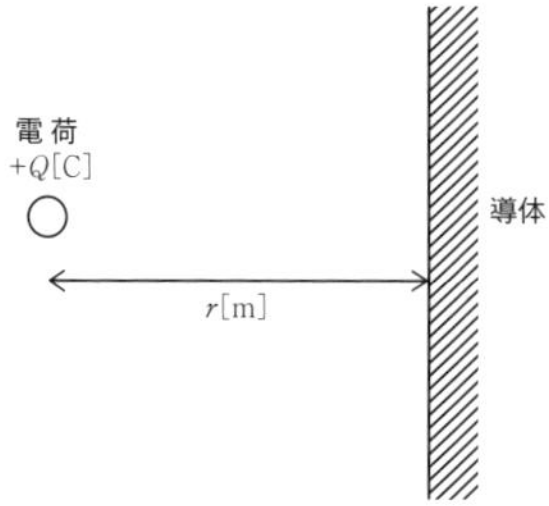

(1) $\dfrac{Q_2}{4\pi\varepsilon_0 r^2}$　(2) $\dfrac{Q_2}{8\pi\varepsilon_0 r^2}$　(3) $\dfrac{Q_2}{12\pi\varepsilon_0 r^2}$

(4) $\dfrac{Q_2}{16\pi\varepsilon_0 r^2}$　(5) $\dfrac{Q_2}{20\pi\varepsilon_0 r^2}$

解答 (4)

電荷と導体にそれぞれ働くクーロン力は，距離が2倍の逆の電荷があるときと同じ大きさの力が働く。

したがって，下図のように仮想の電荷$-Q$[C]が電荷$+Q$[C]から$2r$[m]離れた位置にある場合を想定すると，電荷と導体に働く力F[N]は，

$$F=\frac{Q^2}{4\pi\varepsilon_0(2r)^2}$$

$$=\frac{Q^2}{16\pi\varepsilon_0 r^2}\,[\mathrm{N}]$$

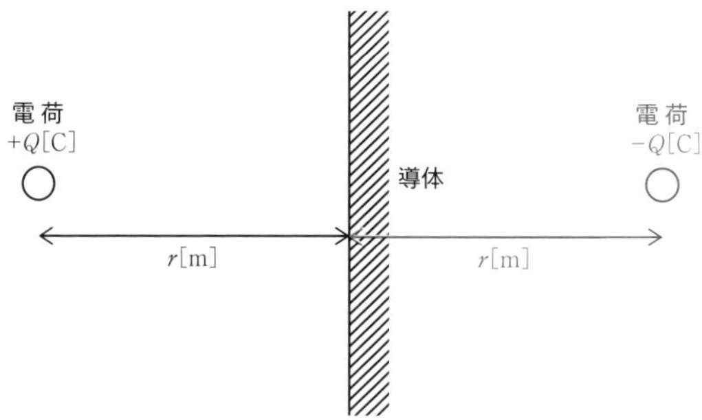

注目 導体と交わる電気力線の問題である。確認問題**4**の問題を見れば，なぜ内部に$-Q$[C]を置けば良いのか想像がつく。

5 静電界に関する記述として，正しいものを次の(1)〜(5)のうちから一つ選べ。

(1) クーロンの法則は静電界における電荷同士に働く力の大きさに関する法則で，電荷間に働く力の大きさは，それぞれの電荷の2乗に比例し，電荷間の距離の2乗に反比例する。

(2) 真空中に電荷を置くとその周りには距離の2乗に反比例した大きさの電界と電位が現れる。

(3) 電気力線は正の電荷から湧き出す仮想の線であり，電気力線同士は互いに反発する。電気力線の本数は誘電率には影響を受けないが，電荷量の大きさには比例する線である。

(4) 任意の点における電気力線の密度は，その点における電界の大きさに等しく，電気力線上の点の接線の向きは電界や電位の向きと一致する。

(5) 真空中に電荷を置いた際，電荷の周りには距離の2乗に反比例した電束密度が現れるが，同じ電荷を誘電体中においた場合にも，電荷の周りには同じ大きさの電束密度が現れる。

注目 正しいものを選択する問題は誤ったものを選択する問題より難しい。
一つ一つよく見て，関係性をよく理解しておくこと。電験でも本問と同様な問題は非常によく出題される。

解答 (5)

(1) 誤り。クーロンの法則は静電界における電荷同士に働く力の大きさに関する法則で，電荷間に働く力の大きさは，それぞれの電荷に比例し，電荷間の距離の2乗に反比例する。

$$F=\frac{Q_1 Q_2}{4\pi\varepsilon r^2}$$

クーロン力は電荷に比例する。

(2) 誤り。真空中に電荷を置くとその周りには距離の2乗に反比例した大きさの電界が現れる。このとき，電位は距離に反比例する。

$$E=\frac{Q}{4\pi\varepsilon_0 r^2}$$

$$V=\frac{Q}{4\pi\varepsilon_0 r}$$

電位は距離に反比例する。

(3) 誤り。電気力線は正の電荷から湧き出す仮想の線であり，電気力線同士は互いに反発する。電気力線の本数は，誘電率には反比例し，電荷の大きさには比例する線である。

電気力線の本数は誘電率に反比例する。

$$N=\frac{Q}{\varepsilon}\,[本]$$

(4)　誤り。任意の点における電気力線の密度は，その電界の大きさに等しく，電気力線の接線の向きは電界の向きと一致するが，電位の向きとは一致しない。

(5)　正しい。真空中に電荷を置いた際，電荷の周りには距離の２乗に反比例した電束密度が現れるが，同じ電荷を誘電体中においた場合にも，電荷の周りには同じ大きさの電束密度が現れる。

電位はそもそも向きを持つベクトル量ではなくスカラー量である。

$E=\frac{Q}{4\pi\varepsilon_0 r^2}$ 及び $D=\varepsilon_0 E$ より，$D=\frac{Q}{4\pi r^2}$ となり，電束密度 D は誘電率に影響なく，距離の2乗に反比例する。

2 コンデンサ

確認問題

1 以下の問に答えよ。

(1) 静電容量C=2 mFのコンデンサに電圧V=5 Vを印加したときにコンデンサに蓄えられる電荷Q[C]を求めよ。

(2) あるコンデンサにV=200 Vを印加したとき，コンデンサには$Q=8\times10^{-3}$ Cの電荷が蓄えられた。このコンデンサの静電容量C[μF]を求めよ。

(3) 真空中に面積A=2.0 m^2，極板間の距離l=5 mの平行平板コンデンサがある。このコンデンサの静電容量C[μF]を求めよ。ただし，真空の誘電率は$\varepsilon_0=8.85\times10^{-12}$ F/mとする。

(4) (3)のコンデンサに比誘電率ε_r=4の誘電体を挿入した場合，コンデンサの静電容量C[μF]はいくらになるか。

(5) 静電容量C=8 μF の平行平板コンデンサにV=5 Vを加えたとき，コンデンサ内部の電界の大きさE[V/m]を求めよ。ただし，コンデンサの面積A=0.5 m^2，極板間の距離l=0.01 mとする。

(6) 静電容量C=3 mFのコンデンサに電圧V=500 Vを印加したときにコンデンサに蓄えられる電荷Q[C]及び静電エネルギーW[J]を求めよ。

(7) 比誘電率ε_r=7.5の誘電体を挿入した面積A=0.15 m^2，極板間の距離l=0.2 mの平行平板コンデンサがある。このコンデンサに電圧V=20 Vを印加したときにコンデンサに蓄えられる電荷Q[C]を求めよ。ただし，真空の誘電率は$\varepsilon_0=8.85\times10^{-12}$ F/mとする。

(8) 面積A=0.15 m^2，極板間の距離l=0.2 mの平行平板コンデンサに電圧V=250 Vを印加したところ，コンデンサに$Q=6.0\times10^{-4}$ Cの電荷が蓄えられた。このコンデンサの誘電率ε[F/m]及び比誘電率ε_rを求めよ。ただし，真空の誘電率は$\varepsilon_0=8.85\times10^{-12}$ F/mとする。

(9) 平行平板コンデンサに電圧を加え，十分経過したとき，コンデンサ内部の電界は$E=3.0\times10^4$ V/mであった。その後電源を切り離し，このコンデンサに比誘電率ε_r=2.5の誘電体を満たしたとき，内部の電界はいくらになるか。

(10) コンデンサの面積A=0.2 m^2，極板間の距離l=1 mのコ

ンデンサに電圧 V=300 V を加え，十分経過した。このコンデンサに蓄えられる電荷 Q[C] 及び静電エネルギー W[J] を求めよ。ただし，真空の誘電率は $\varepsilon_0=8.85\times10^{-12}$ F/m とする。

解答 (1) 1.0×10^{-2} C　(2) 40 μF
(3) 3.54×10^{-6} μF　(4) 1.42×10^{-5} μF
(5) 500 V/m　(6) 1.5 C　375 J
(7) 9.96×10^{-10} C
(8) $\varepsilon=3.2\times10^{-6}$ F/m　$\varepsilon_r=3.62\times10^{5}$
(9) 1.2×10^{4} V/m
(10) 5.31×10^{-10} C，7.97×10^{-8} J

(1) 静電容量 C=2 mF のコンデンサに電圧 V=5 V を印加したときにコンデンサに蓄えられる電荷 Q[C] は，

POINT 1 コンデンサに蓄えられる電荷

$$Q=CV$$
$$=2\times10^{-3}\times5$$
$$=1.0\times10^{-2}\ \text{C}$$

(2) $Q=CV$ を変形すると，

POINT 1 コンデンサに蓄えられる電荷

$$C=\frac{Q}{V}$$
$$=\frac{8\times10^{-3}}{200}$$
$$=4\times10^{-5}\ \text{F}$$
$$=40\times10^{-6}\ \text{F}=40\ \mu\text{F}$$

(3) 真空中における静電容量 C[μF] は，

POINT 2 静電容量

$$C=\frac{\varepsilon_0 A}{l}$$
$$=\frac{8.85\times10^{-12}\times2.0}{5}$$
$$=3.54\times10^{-12}\ \text{F}=3.54\times10^{-6}\ \mu\text{F}$$

(4) 誘電体中における静電容量 C[μF] は，

POINT 2 静電容量

$$C=\frac{\varepsilon_0\varepsilon_r A}{l}$$
$$=\frac{8.85\times10^{-12}\times4\times2.0}{5}$$

$=1.416\times10^{-11}\ \mathrm{F}\fallingdotseq1.42\times10^{-5}\ \mu\mathrm{F}$

(5) 平行平板コンデンサに，電圧V[V]を加えたとき，コンデンサ内部での電界の大きさE[V/m]は，

$$E=\frac{V}{l}$$
$$=\frac{5}{0.01}$$
$$=500\ \mathrm{V/m}$$

(6) 静電容量C=3 mFのコンデンサに電圧V=500 Vを加えたときにコンデンサに蓄えられる電荷Q[C]は，

$$Q=CV$$
$$=3\times10^{-3}\times500$$
$$=1500\times10^{-3}$$
$$=1.5\ \mathrm{C}$$

また，蓄えられる静電エネルギーW[J]は，

$$W=\frac{1}{2}CV^2$$
$$=\frac{1}{2}\times3\times10^{-3}\times500^2$$
$$=375\ \mathrm{J}$$

(7) 誘電体中における静電容量C[F]は，

$$C=\frac{\varepsilon_0\varepsilon_r A}{l}$$
$$=\frac{8.85\times10^{-12}\times7.5\times0.15}{0.2}$$
$$\fallingdotseq4.9781\times10^{-11}\ \mathrm{F}$$

よって，蓄えらえる電荷Q[C]は，

$$Q=CV$$
$$=4.9781\times10^{-11}\times20$$
$$\fallingdotseq9.96\times10^{-10}\ \mathrm{C}$$

(8) $Q=CV$を変形すると，

$$C=\frac{Q}{V}$$
$$=\frac{6.0\times10^{-4}}{250}=0.024\times10^{-4}=2.4\times10^{-6}\ \mathrm{F}$$

POINT 3 平行平板コンデンサ内の電界の大きさ

POINT 1 コンデンサに蓄えられる電荷

POINT 7 静電エネルギー

POINT 1 コンデンサに蓄えられる電荷

POINT 2 静電容量

POINT 1 コンデンサに蓄えられる電荷

POINT 2 静電容量

また，$C=\dfrac{\varepsilon A}{l}$ より，

$$\varepsilon=\frac{Cl}{A}$$

$$=\frac{2.4\times10^{-6}\times0.2}{0.15}$$

$$=3.2\times10^{-6}\ \mathrm{F/m}$$

$\varepsilon_r=\dfrac{\varepsilon}{\varepsilon_0}$ の関係より，

$$\varepsilon_r=\frac{3.2\times10^{-6}}{8.85\times10^{-12}}$$

$$\fallingdotseq0.362\times10^{6}$$

$$=3.62\times10^{5}$$

(9)　誘電体挿入前にコンデンサに加わった電圧 V[V] は，極板間の距離を l[m] とすると，

$$V=El$$

$$=3.0\times10^{4}\,l$$

となるので，蓄えられる電荷 Q[C] は，誘電体挿入前の静電容量を C[F] とすると，

$$Q=CV$$

$$=3.0\times10^{4}\,Cl$$

次に，誘電体挿入後の静電容量を C'[F] とすると，比誘電率 $\varepsilon_r=2.5$ であるから，

$$C'=\varepsilon_r C$$

$$=2.5C$$

また，蓄えられている電荷量は変化しないので，誘電体挿入後の電圧 V'[V] は，

$$V'=\frac{Q}{C'}$$

$$=\frac{3.0\times10^{4}\,Cl}{2.5\,C}$$

$$=1.2\times10^{4}\,l$$

よって，電界の大きさ E'[V/m] は，

$$E'=\frac{V'}{l}$$

誘電体の誘電率と比誘電率の関係 $\varepsilon=\varepsilon_0\,\varepsilon_r$ は覚えておくこと。

POINT 1 コンデンサに蓄えられる電荷

POINT 2 静電容量

POINT 3 平行平板コンデンサ内の電界の大きさ

誘電体の静電容量は，

$$C=\frac{\varepsilon_0\,\varepsilon_r A}{l}=\varepsilon_r\cdot\frac{\varepsilon_0 A}{l}$$

となるので，真空の ε_r 倍となる。

$$=\frac{1.2\times10^4 l}{l}$$

$$=1.2\times10^4\ \mathrm{V/m}$$

［別解］誘電体挿入前の電束密度D[C/m^2]は，真空の誘電率をε_0[F/m]とすると，

$$D=\varepsilon_0 E$$

$$=3.0\times10^4\ \varepsilon_0$$

誘電体挿入前後で電束密度D[C/m^2]は変わらないので，誘電体挿入後の電束密度D[C/m^2]と電界E'[V/m]の関係より，

$$D=\varepsilon_0\varepsilon_r E'$$

$$E'=\frac{D}{\varepsilon_0\varepsilon_r}$$

$$=\frac{3.0\times10^4\ \varepsilon_0}{\varepsilon_0\times2.5}$$

$$=1.2\times10^4\ \mathrm{V/m}$$

⑽ 真空中における静電容量C[F]は，

$$C=\frac{\varepsilon_0 A}{l}$$

$$=\frac{8.85\times10^{-12}\times0.2}{1}$$

$$=1.77\times10^{-12}\ \mathrm{F}$$

よって，このコンデンサに蓄えられる電荷Q[C]は，

$$Q=CV$$

$$=1.77\times10^{-12}\times300$$

$$=5.31\times10^{-10}\ \mathrm{C}$$

また，蓄えられる静電エネルギーW[J]は，

$$W=\frac{1}{2}CV^2$$

$$=\frac{1}{2}\times1.77\times10^{-12}\times300^2$$

$$\fallingdotseq7.97\times10^{-8}\ \mathrm{J}$$

平行平板コンデンサにおいて，電束密度D[C/m^2]は一定であることは計算上非常に便利なので，知っておくと良い。

POINT 1 コンデンサに蓄えられる電荷

POINT 2 静電容量

POINT 7 静電エネルギー

② 次の図における端子a–b間の合成静電容量を求めよ。

(1)

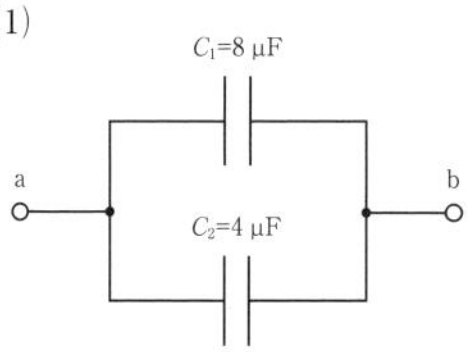

(2)

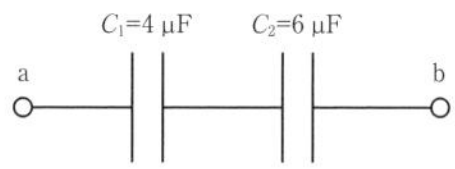

(3)

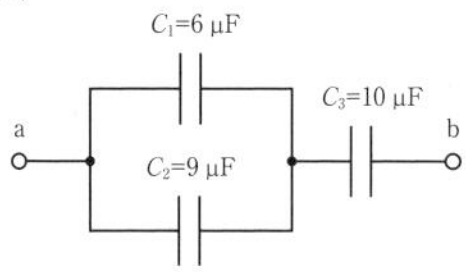

(4)

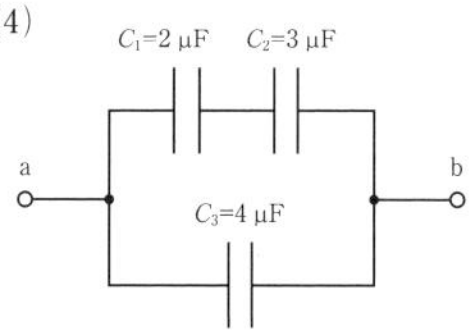

(5)

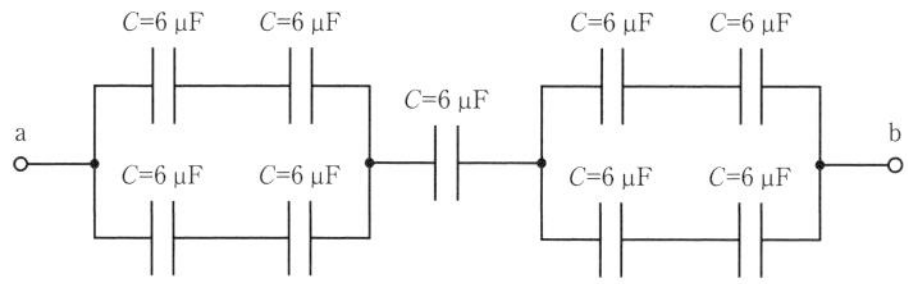

解答 (1) 12 μF　(2) 2.4 μF　(3) 6 μF
(4) 5.2 μF　(5) 2 μF

(1) 端子a–b間の合成静電容量C_0[μF]は並列の合成静電容量の式を用いて,

$$C_0=C_1+C_2$$
$$=8+4$$
$$=12\ \mu F$$

POINT 5 コンデンサの並列合成静電容量

(2) 端子a–b間の合成静電容量C_0[μF]は直列の合成静電容量の式を用いて,

$$C_0=\frac{C_1C_2}{C_1+C_2}$$
$$=\frac{4\times6}{4+6}$$
$$=2.4\ \mu F$$

POINT 6 コンデンサの直列合成静電容量

(3) C_1とC_2の合成静電容量C_{12}[μF]は並列の合成静電容量の式を用いて,

$$C_{12}=C_1+C_2$$
$$=6+9$$

この問題で,並列と直列どちらを先に計算すれば良いかパターンを覚えておく。回路のパターンはこれが基本でほとんどの回路に応用が利くと考えて良い。

$=15\ \mu F$

よって，端子a−b間の合成静電容量C_0[μF]はC_{12}とC_3の直列の合成静電容量なので，

$$C_0=\frac{C_{12}C_3}{C_{12}+C_3}$$

$$=\frac{15\times10}{15+10}$$

$$=6\ \mu F$$

(4)　C_1とC_2の合成静電容量C_{12}[μF]は直列の合成静電容量なので，

$$C_{12}=\frac{C_1C_2}{C_1+C_2}$$

$$=\frac{2\times3}{2+3}$$

$$=1.2\ \mu F$$

よって，端子a−b間の合成静電容量C_0[μF]はC_{12}とC_3の並列の合成静電容量なので，

$$C_0=C_{12}+C_3$$

$$=1.2+4$$

$$=5.2\ \mu F$$

(5)

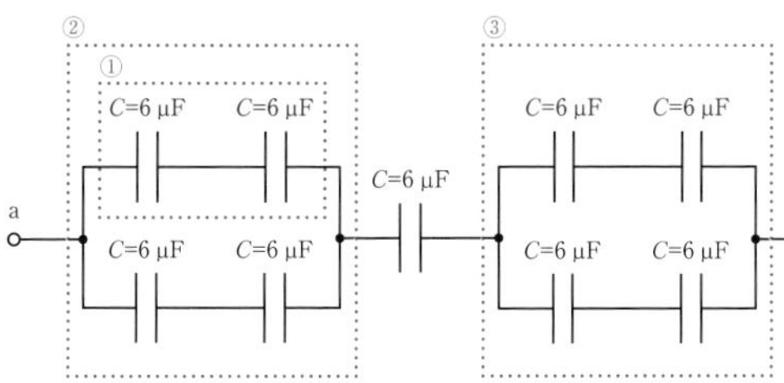

図1の①〜③の各領域について合成静電容量を求める。

① 2つの$C=6\ \mu F$の直列合成静電容量なので，その大きさC_1[μF]は，

$$C_1=\frac{C^2}{C+C}$$

$$=\frac{6^2}{6+6}$$

解答では丁寧に合成静電容量を求めているが，同容量のコンデンサ2つの合成静電容量は，並列の場合は2倍，直列の場合は半分になることを知っていると便利である。

$=3\ \mu F$

となる。

② 2つの$C_1=3\ \mu F$の並列合成静電容量なので，その大きさC_2[μF]は，

$C_2=C_1+C_1$

$=3+3$

$=6\ \mu F$

③ 左側の②と同じなので，$C_2=6\ \mu F$となる。

以上から，全体の合成静電容量C_0[μF]は，直列の合成静電容量の式を用いて，

$$C_0=\frac{1}{\frac{1}{C_2}+\frac{1}{C}+\frac{1}{C_2}}$$

$$=\frac{1}{\frac{1}{6}+\frac{1}{6}+\frac{1}{6}}$$

$=2\ \mu F$

3 次の回路において，各コンデンサに加わる電圧の大きさ[V]，蓄えられる電荷量[C]，蓄えられる静電エネルギー[J]をそれぞれ求めよ。

(1)

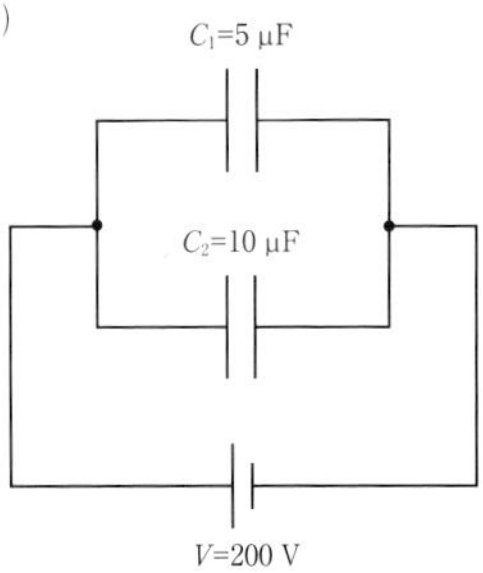

(2)

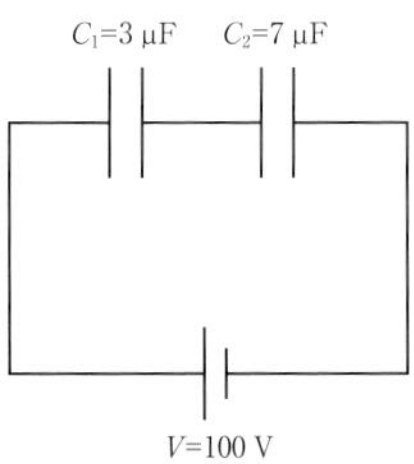

(3)

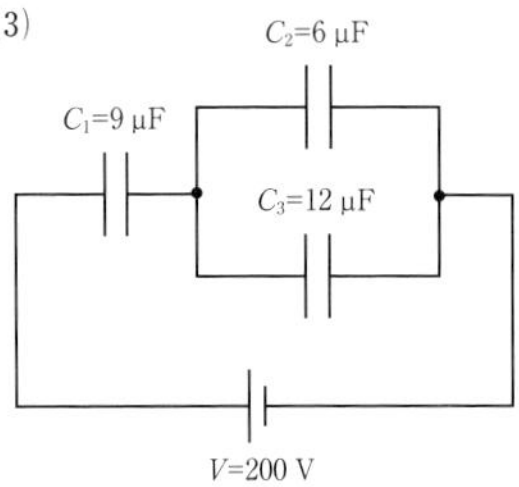

解答 (1) $V_{C1}=200\ \mathrm{V}$ $V_{C2}=200\ \mathrm{V}$ $Q_{C1}=1\times10^{-3}\ \mathrm{C}$

$Q_{C2}=2\times10^{-3}\ \mathrm{C}$ $W_{C1}=0.1\ \mathrm{J}$ $W_{C2}=0.2\ \mathrm{J}$

(2) $V_{C1}=70\ \mathrm{V}$ $V_{C2}=30\ \mathrm{V}$ $Q_{C1}=2.1\times10^{-4}\ \mathrm{C}$

$Q_{C2}=2.1\times10^{-4}\ \mathrm{C}$ $W_{C1}=7.35\times10^{-3}\ \mathrm{J}$

$W_{C2}=3.15\times10^{-3}\ \mathrm{J}$

(3) $V_{C1}=133\ \mathrm{V}$ $V_{C2}=66.7\ \mathrm{V}$

$Q_{C1}=1.2\times10^{-3}\ \mathrm{C}$ $Q_{C2}=4.00\times10^{-4}\ \mathrm{C}$

$Q_{C3}=8.00\times10^{-4}\ \mathrm{C}$ $W_{C1}=0.08\ \mathrm{J}$

$W_{C2}=1.33\times10^{-2}\ \mathrm{J}$ $W_{C3}=2.67\times10^{-2}\ \mathrm{J}$

(1) コンデンサが並列接続されているので，コンデンサC_1及びC_2に加わる電圧V_{C1}及びV_{C2}はともに200 Vとなる。それぞれに蓄えられる電荷Q_{C1}[C]及びQ_{C2}[C]は，

$$Q_{C1}=C_1V_{C1}$$
$$=5\times10^{-6}\times200$$
$$=1\times10^{-3}\ \mathrm{C}$$
$$Q_{C2}=C_2V_{C2}$$
$$=10\times10^{-6}\times200$$
$$=2\times10^{-3}\ \mathrm{C}$$

また，蓄えられる静電エネルギーW_{C1}[J]及びW_{C2}[J]は，

$$W_{C1}=\frac{1}{2}C_1V_{C1}^2$$
$$=\frac{1}{2}\times5\times10^{-6}\times200^2$$
$$=0.1\ \mathrm{J}$$
$$W_{C2}=\frac{1}{2}C_2V_{C2}^2$$
$$=\frac{1}{2}\times10\times10^{-6}\times200^2$$
$$=0.2\ \mathrm{J}$$

注目 並列の場合，両方のコンデンサに加わる電圧が等しい。
直列の場合，両方のコンデンサの電荷が等しい。

POINT 1 コンデンサに蓄えられる電荷

POINT 7 静電エネルギー

(2)　コンデンサが直列接続されているので，コンデンサ C_1 及び C_2 には同じ量の電荷が蓄えられる。C_1 及び C_2 の合成静電容量 C_{12} [μF] は，

$$C_{12}=\frac{C_1 C_2}{C_1+C_2}$$

$$=\frac{3\times7}{3+7}$$

$$=2.1\ \mu\text{F}$$

よって，蓄えられる電荷 Q_{C1} [C] 及び Q_{C2} [C] は，

$$Q_{C1}=Q_{C2}=C_{12}V$$

$$=2.1\times10^{-6}\times100$$

$$=2.1\times10^{-4}\ \text{C}$$

また，電圧 V_{C1} [V] 及び V_{C2} [V] は，

$$V_{C1}=\frac{Q_{C1}}{C_1}$$

$$=\frac{2.1\times10^{-4}}{3\times10^{-6}}$$

$$=0.7\times10^{2}$$

$$=70\ \text{V}$$

$$V_{C2}=\frac{Q_{C2}}{C_2}$$

$$=\frac{2.1\times10^{-4}}{7\times10^{-6}}$$

$$=0.3\times10^{2}$$

$$=30\ \text{V}$$

よって，蓄えられる静電エネルギー W_{C1} [J] 及び W_{C2} [J] は，

$$W_{C1}=\frac{Q_{C1}^{\ 2}}{2C_1}$$

$$=\frac{(2.1\times10^{-4})^2}{2\times3\times10^{-6}}$$

$$=7.35\times10^{-3}\ \text{J}$$

$$W_{C2}=\frac{Q_{C2}^{\ 2}}{2C_2}$$

$$=\frac{(2.1\times10^{-4})^2}{2\times7\times10^{-6}}$$

注目　直列の場合，合成静電容量を求めて，そこに蓄えられる電荷を求めると，両方のコンデンサに蓄えられる電荷が求められる。
この性質を知っておくと計算が速くなる。

コンデンサでも分圧の法則を応用した方法が使用可能。ただし，係数が逆になることに注意する。
本問の場合，

$$V_{C1}=\frac{C_2}{C_1+C_2}V$$

$$=\frac{7}{3+7}\times100$$

$$=70\ \text{V}$$

$$V_{C2}=\frac{C_1}{C_1+C_2}V$$

$$=\frac{3}{3+7}\times100$$

$$=30\ \text{V}$$

$W=\frac{1}{2}CV^2$ でも同じ結果が求められる。

$=0.315\times10^{-2}$

$=3.15\times10^{-3}$ J

(3)　コンデンサ C_2 及び C_3 は並列接続されているので，その合成静電容量 C_{23} [μF] は，

$$C_{23}=C_2+C_3$$
$$=6+12$$
$$=18\ \mu F$$

となり，コンデンサ C_1 及び C_{23} は直列接続されている状態となるので，(2)と同様にコンデンサ C_1 及び C_{23} には同じ量の電荷が蓄えられていると考えることができる。C_1 及び C_{23} の合成静電容量 C_0 [μF] は，

$$C_0=\frac{C_1C_{23}}{C_1+C_{23}}$$
$$=\frac{9\times18}{9+18}$$
$$=6\ \mu F$$

蓄えられる電荷 Q_{C1} [C] 及び Q_{C23} [C] は，

$$Q_{C1}=Q_{C23}=C_0V$$
$$=6\times10^{-6}\times200$$
$$=1.2\times10^{-3}\ C$$

また，電圧 V_{C1} [V] 及び V_{C23} [V] は，

$$V_{C1}=\frac{Q_{C1}}{C_1}$$
$$=\frac{1.2\times10^{-3}}{9\times10^{-6}}$$
$$\fallingdotseq133.33\rightarrow133\ V$$

$$V_{C23}=\frac{Q_{C23}}{C_{23}}$$
$$=\frac{1.2\times10^{-3}}{18\times10^{-6}}$$
$$\fallingdotseq66.667\rightarrow66.7\ V$$

C_2 及び C_3 は並列接続なので，加わる電圧は等しく，電圧 V_{C2} [C] 及び V_{C3} [C] は，

$$V_{C2}=V_{C3}=V_{C23}$$

注目 計算量としては多くなるが，(1)及び(2)を組み合わせた問題である。

$=66.667 \rightarrow 66.7\ \text{V}$

よって，C_2及びC_3に蓄えられる電荷Q_{C2}[C]及びQ_{C3}[C]は，

$$Q_{C2}=C_2 V_{C2}$$
$$=6\times10^{-6}\times66.667$$
$$\fallingdotseq 4.00\times10^{-4}\ \text{C}$$
$$Q_{C3}=C_3 V_{C3}$$
$$=12\times10^{-6}\times66.667$$
$$\fallingdotseq 8.00\times10^{-4}\ \text{C}$$

また，それぞれのコンデンサに蓄えられる静電エネルギーW_{C1}[J]，W_{C2}[J]及びW_{C3}[J]は，

$$W_{C1}=\frac{Q_{C1}{}^2}{2C_1}$$
$$=\frac{(1.2\times10^{-3})^2}{2\times9\times10^{-6}}$$
$$=0.08\ \text{J}$$
$$W_{C2}=\frac{Q_{C2}{}^2}{2C_2}$$
$$=\frac{(4.000\times10^{-4})^2}{2\times6\times10^{-6}}$$
$$\fallingdotseq 1.33\times10^{-2}\ \text{J}$$
$$W_{C3}=\frac{Q_{C3}{}^2}{2C_3}$$
$$=\frac{(8.000\times10^{-4})^2}{2\times12\times10^{-6}}$$
$$\fallingdotseq 2.67\times10^{-2}\ \text{J}$$

基本問題

1 平行平板コンデンサに誘電体を挿入し電圧を加えると，誘電体内には一様な電界が発生する。このとき，誘電体内の原子中の［（ア）］に電界の向きと［（イ）］に力がかかり，誘電体内に外部電界を［（ウ）］電界が発生する。この現象を［（エ）］という。

上記の記述中の空白箇所（ア），（イ），（ウ）及び（エ）に当てはまる組合せとして，正しいものを次の(1)～(5)のうちから一つ選べ。

	（ア）	（イ）	（ウ）	（エ）
(1)	電子	逆向き	打ち消す	誘電分極
(2)	電子	同じ向き	打ち消す	誘電分極
(3)	電子	逆向き	強める	静電誘導
(4)	中性子	同じ向き	強める	誘電分極
(5)	中性子	逆向き	強める	静電誘導

解答 (1)

原子には陽子，中性子，電子があり，陽子は＋の電気，電子は－の電気を持っていて，中性子は電気を持っていない。また，陽子と中性子は質量が同じくらいであるが，電子は質量が陽子や中性子の$\frac{1}{1840}$と小さいため，外部電界により影響を受ける。電子は－であることから，外部電界により力がかかる向きは電界と逆向きであり，陽子と電子の間に外部電界を打ち消す逆向きの電界が発生する。この現象を誘電分極という。

POINT 4 誘電分極

注目 (ア)～(ウ)は単語を覚えるのではなく，図を描いてどうなるかを考えた方が良い。

2 図のように静電容量C_A=4μF及びC_B=6μFのコンデンサを並列接続及び直列接続し，V=200 Vを印加したとき，直列接続のときにC_Aに蓄えられる電荷Q_1[C]と並列接続のときにC_Bに蓄えられる電荷Q_2[C]の比$\dfrac{Q_2}{Q_1}$として，正しいものを次の(1)～(5)のうちから一つ選べ。

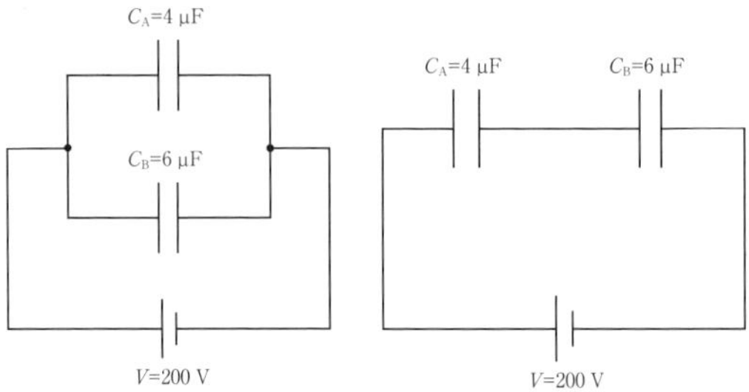

(1) 0.5　(2) 1.0　(3) 1.5　(4) 2.0　(5) 2.5

解答 (5)

①並列接続したとき

並列接続ではC_Bに加わる電圧は200 Vなので，C_Bに蓄えられる電荷Q_2[C]は，

$$Q_2=C_B V$$
$$=6\times10^{-3}\times200$$
$$=1.2\times10^{-3}\ \mathrm{C}$$

並列の場合は両方のコンデンサに200 Vの電圧が加わる。

②直列接続したとき

直列接続したときはC_A及びC_Bには同じ大きさの電荷が蓄えられる。C_AとC_Bの合成静電容量C_{AB}[μF]は，

$$C_{AB}=\frac{C_A C_B}{C_A+C_B}$$
$$=\frac{4\times6}{4+6}$$
$$=2.4\ \mathrm{mF}$$

したがって，C_Aに蓄えられる電荷Q_1[C]は，

$$Q_1=C_{AB} V$$
$$=2.4\times10^{-6}\times200$$
$$=4.8\times10^{-4}\ \mathrm{C}$$

以上より，C_Aに蓄えられる電荷Q_1とC_Bに蓄えら

直列の場合は両方のコンデンサに同じ量の電荷が蓄えられる。
それぞれの電荷量をQ_1[C]，Q_2[C]とし，それぞれの電圧を用いて導出しても良いが，合成静電容量を導出し，そこに蓄えられる電荷量を求めた方が計算は楽である。

れる電荷 Q_2 の比 $\frac{Q_1}{Q_2}$ は,

$$\frac{Q_2}{Q_1}=\frac{1.2\times10^{-3}}{4.8\times10^{-4}}$$

$$=2.5$$

3 図のように，面積 A [m^2]，長さ l [m] の平行平板コンデンサに面積 $\frac{A}{2}$ [m^2]，長さ l [m]，比誘電率 ε_r=2 の誘電体を挿入した。このとき，コンデンサの静電容量 [F] は誘電体挿入前の静電容量の何倍になったか。正しいものを次の(1)〜(5)のうちから一つ選べ。

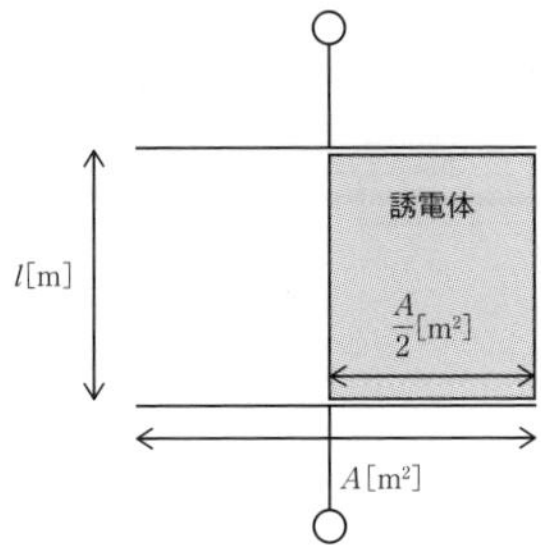

(1) 1.0　(2) 1.3　(3) 1.5　(4) 1.8　(5) 2.0

解答 (3)

誘電体挿入前の静電容量 C_1 [F] は,

$$C_1=\frac{\varepsilon_0 A}{l}$$

である。誘電体挿入後は図のように，面積 $\frac{A}{2}$ [m^2]，長さ l [m] で真空と誘電体のコンデンサが並列接続された形となるので，誘電体挿入後の静電容量 C_2 [F] は,

$$C_2=\frac{\varepsilon_0\frac{A}{2}}{l}+\frac{\varepsilon_0\varepsilon_r\frac{A}{2}}{l}$$

$$=\frac{\varepsilon_0 A}{2l}+\frac{\varepsilon_0\times2\times\frac{A}{2}}{l}$$

$$=\frac{\varepsilon_0 A}{2l}+\frac{\varepsilon_0 A}{l}$$

$$=\frac{3\varepsilon_0 A}{2l}$$

$$=\frac{3}{2}C_1$$

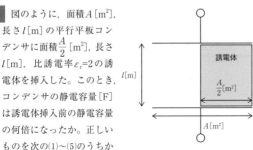

注目 直列，並列関係なく，誘電体部と真空部を分けて考えることが原則。

よって，静電容量は，$\dfrac{3}{2}=1.5$ 倍となる。

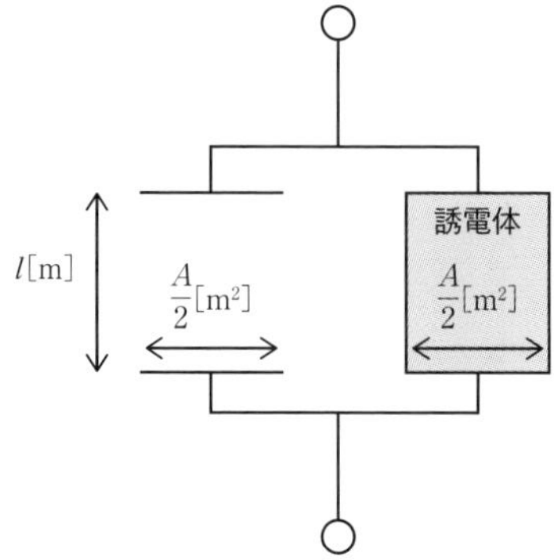

4 図のように，面積 A [m^2]，長さ l [m] の平行平板コンデンサに面積 A [m^2]，長さ $\dfrac{l}{2}$ [m]，比誘電率 $\varepsilon_r=2$ の誘電体を挿入した場合，コンデンサの静電容量 [F] は誘導体挿入前の静電容量の何倍になるか。最も近いものを次の(1)〜(5)のうちから一つ選べ。

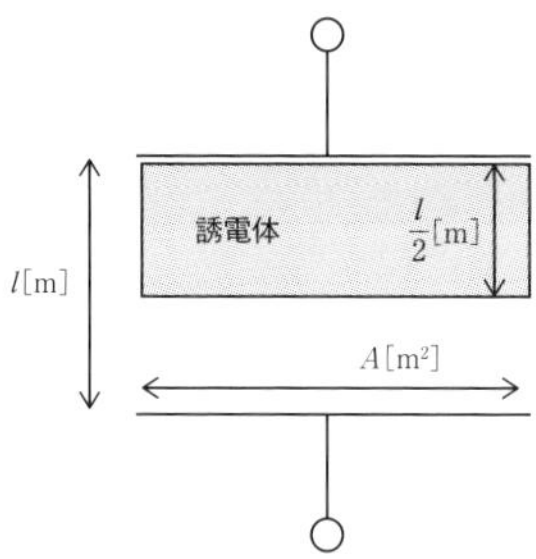

(1) 0.5　(2) 0.8　(3) 1.0　(4) 1.3　(5) 1.5

注目 誘電体を挿入して静電容量が小さくなることはないので，選択肢(1)〜(3)は除外することができる。

解答 (4)

誘電体挿入前の静電容量 C_1 [F] は，

$$C_1=\frac{\varepsilon_0 A}{l}$$

である。誘電体挿入後は図のように，面積 A [m^2]，長さ $\dfrac{l}{2}$ [m] で真空と誘電体のコンデンサが直列接続された形となる。それぞれの静電容量を C_{21} [F] 及び C_{22} [F] とすると，

$$C_{21}=\frac{\varepsilon_0 A}{\frac{l}{2}}$$

$C_{21}=\dfrac{\varepsilon_0 A}{\frac{l}{2}}$ からの計算

$$C_{21}=\frac{\varepsilon_0 A}{\frac{l}{2}}$$
$$=\varepsilon_0 A\div\frac{l}{2}$$
$$=\varepsilon_0 A\times\frac{2}{l}$$
$$=\frac{2\varepsilon_0 A}{l}$$

$$=\frac{2\varepsilon_0 A}{l}$$

$$=2C_1$$

$$C_{22}=\frac{\varepsilon_0\varepsilon_r A}{\frac{l}{2}}$$

$$=\frac{2\varepsilon_0\times2\times A}{l}$$

$$=\frac{4\varepsilon_0 A}{l}$$

$$=4C_1$$

となるので，誘電体挿入後の静電容量C_2[F]は，

$$C_2=\frac{C_{21}C_{22}}{C_{21}+C_{22}}$$

$$=\frac{2C_1\cdot4C_1}{2C_1+4C_1}$$

$$=\frac{4}{3}C_1$$

$$\fallingdotseq1.33\,C_1$$

よって，最も近いのは1.3倍。

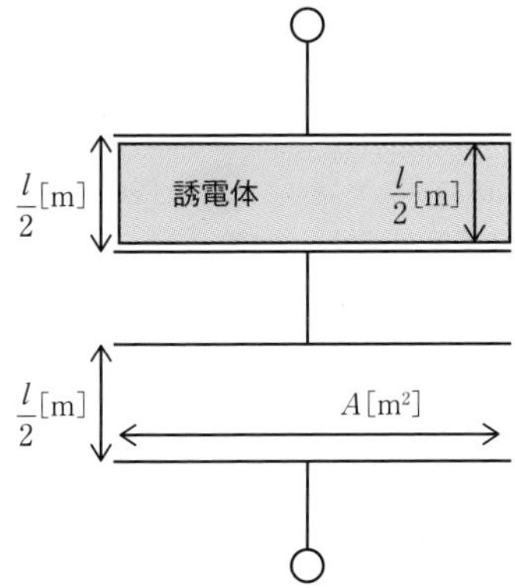

5 問題 **4** と同条件において，図のように誘電体のかわりに導体を挿入した場合，静電容量[F]は導体挿入前の静電容量の何倍になるか。最も近いものを次の(1)～(5)のうちから一つ選べ。

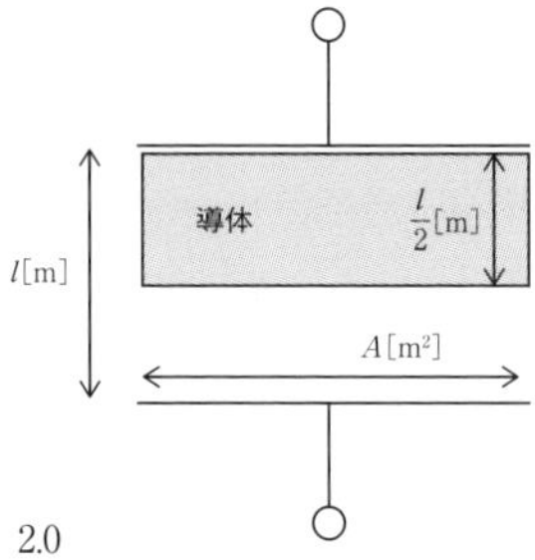

(1) 1.0　(2) 1.5　(3) 2.0
(4) 2.5　(5) 3.0

注目 導体を挿入した場合は，コンデンサ間の距離が短くなると考える。

解答 (3)

導体挿入前の静電容量 C_1[F]は，

$$C_1=\frac{\varepsilon_0 A}{l}$$

導体挿入後は，面積 A[m^2]，長さ $\frac{l}{2}$[m]のコンデンサと同じ静電容量となる。したがって，導体挿入後の静電容量 C_2[F]は，

$$C_2=\frac{\varepsilon_0 A}{\frac{l}{2}}=\frac{2\varepsilon_0 A}{l}=2C_1$$

よって，導体挿入前の**2.0倍**となる。

6 図のように静電容量 C_1=100 μF 及び C_2=200 μF のコンデンサがある。このコンデンサを(a)並列接続で，(b)直列接続で，電源電圧 V=200 V を印加した。このとき，(a)と(b)のコンデンサに蓄えられる静電エネルギーの差[J]として最も近いものを次の(1)～(5)のうちから一つ選べ。

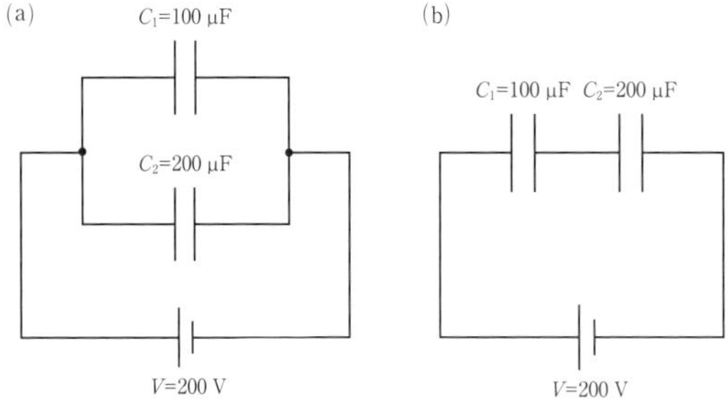

(1) 3.2　(2) 4.7　(3) 6.4　(4) 7.8　(5) 9.3

注目 回路全体に蓄えられる静電エネルギーは，合成静電容量を求め，そこに蓄えられるエネルギーを求めれば良い。

解答 (2)

①並列接続のとき

回路の合成静電容量 C_0［μF］は，

$$C_0=C_1+C_2$$
$$=100+200$$
$$=300\ \mu\text{F}$$

よって，蓄えられる静電エネルギー W_{C0}［J］は，

$$W_{C0}=\frac{1}{2}C_0V^2$$
$$=\frac{1}{2}\times300\times10^{-6}\times200^2$$
$$=6.0\ \text{J}$$

②直列接続のとき

合成静電容量 C_0'［μF］は，

$$C_0'=\frac{C_1C_2}{C_1+C_2}$$
$$=\frac{100\times200}{100+200}$$
$$\fallingdotseq66.667\ \mu\text{F}$$

となるので，蓄えられる静電エネルギー W_{C0}'［J］は，

$$W_{C0}'=\frac{1}{2}C_0'V^2$$
$$=\frac{1}{2}\times66.667\times10^{-6}\times200^2$$
$$\fallingdotseq1.3333\ \text{J}$$

以上より，蓄えられる静電エネルギーの差 ΔW［J］は，

$$\Delta W=W_{C0}-W_{C0}'$$
$$=6.0-1.3333$$
$$=4.6667\rightarrow4.7\ \text{J}$$

応用問題

1 図のように，面積A [m^2]，長さl [m] の平行平板コンデンサに同面積で長さ$\frac{3}{4}l$ [m]，比誘電率ε_r=4の誘電体を挿入し，電圧V [V] を印加した。このときの誘電体と真空の境界面の電位をV_0 [V] とする。$\frac{V_0}{V}$として，最も近いものを次の(1)〜(5)のうちから一つ選べ。

注目 確認問題**1**(9)と同様に電束密度一定であることを利用した方が速く解ける。

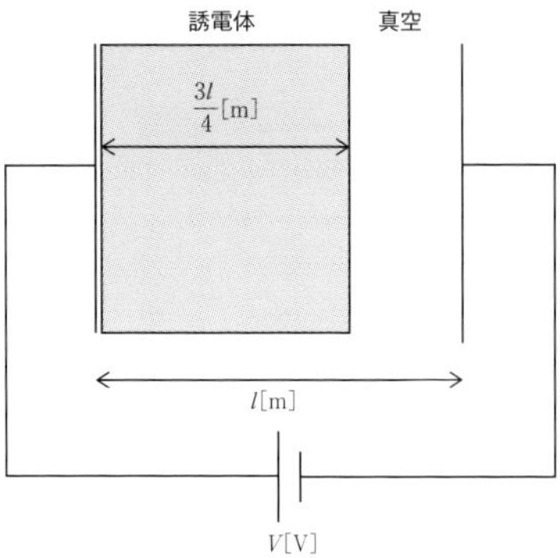

(1) 0.25　(2) 0.43　(3) 0.50　(4) 0.57　(5) 0.75

解答 (4)

コンデンサ内の電束密度は一定であるから，それをD [C/m^2] とすると，誘電体及び真空中の電界E_1 [V/m] 及びE_2 [V/m] は，真空の誘電率をε_0 [F/m] とすると，

$$E_1=\frac{D}{\varepsilon_0\varepsilon_r}=\frac{D}{4\varepsilon_0}$$

$$E_0=\frac{D}{\varepsilon_0}$$

となるので，$E_1=\frac{E_0}{4}$となる。

よって，誘電体中の電圧降下V_1 [V] 及びV_0 [V] は，

$$V_1=E_1\cdot\frac{3}{4}l=\frac{E_0}{4}\cdot\frac{3}{4}l=\frac{3E_0l}{16}$$

$$V_0=E_0\cdot\frac{l}{4}=\frac{E_0l}{4}$$

$V_1+V_0=V$であるから,

$$V_1+V_0=V$$

$$\frac{3E_0 l}{16}+V_0=V$$

$$\frac{3}{4}\cdot\frac{E_0 l}{4}+V_0=V$$

$$\frac{3}{4}V_0+V_0=V$$

$$\frac{7}{4}V_0=V$$

$$\frac{V_0}{V}=\frac{4}{7}\fallingdotseq 0.57$$

2 図のように面積A[m^2],長さl[m]の平行平板コンデンサに,(a)(b)の誘電体をそれぞれ挿入した。このとき,(a)(b)各コンデンサの静電容量[F]は元のコンデンサの静電容量の何倍となるか。正しいものを次の(1)~(5)のうちから一つ選べ。

(a) 面積$\frac{A}{2}$[m^2],長さl[m],比誘電率ε_r

(1) $\frac{\varepsilon_r+1}{2}$ (2) $\frac{\varepsilon_r-1}{2}$

(3) $\frac{\varepsilon_r+1}{4}$ (4) $\frac{\varepsilon_r-1}{4}$

(5) $\frac{2}{\varepsilon_r-1}$

(a)

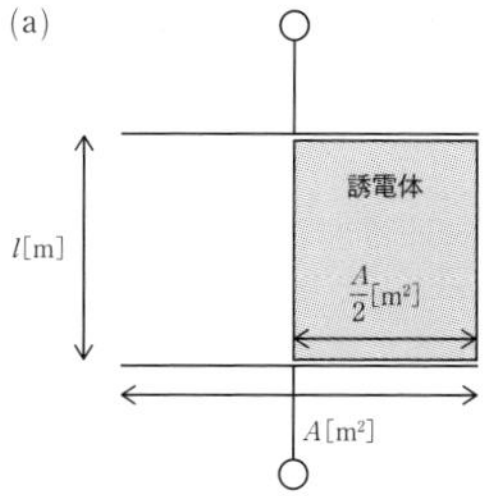

(b) 面積A[m^2],長さ$\frac{l}{2}$[m],比誘電率ε_r

(1) ε_r-1 (2) $\frac{2}{\varepsilon_r+1}$

(3) $\frac{1}{\varepsilon_r+1}$ (4) $\frac{2\varepsilon_r}{\varepsilon_r+1}$

(5) $\frac{2\varepsilon_r}{2\varepsilon_r+1}$

(b)

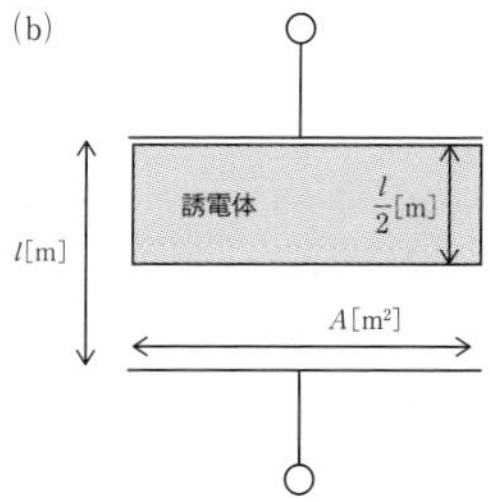

注目 基本問題 3 や 4 のε_rの値が与えられていない応用版である。
ε_r=2を代入すれば基本問題の結果と同じになることを確認する。

解答 (a) (1)　(b) (4)

(a)

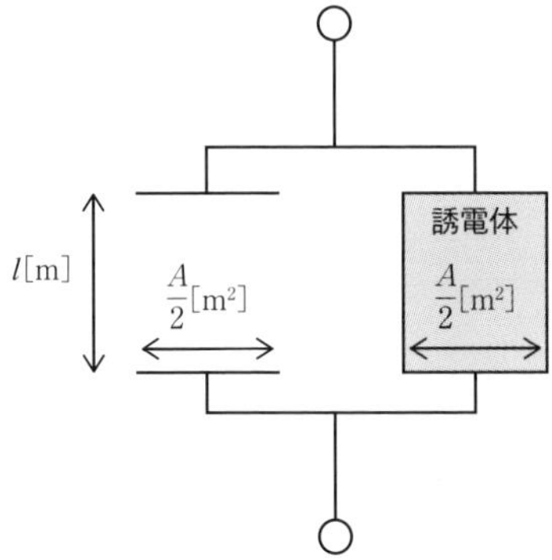

誘電体挿入前の静電容量C_1[F]は真空の誘電率をε_0[F/m]とすると,

$$C_1=\frac{\varepsilon_0 A}{l}$$

である。誘電体挿入後は図のように,面積$\frac{A}{2}$[m^2],長さl[m]で真空と誘電体のコンデンサが並列接続された形となるので,誘電体挿入後の静電容量C_2[F]は,

$$C_2=\frac{\varepsilon_0\frac{A}{2}}{l}+\frac{\varepsilon_0\varepsilon_r\frac{A}{2}}{l}$$

$$=\frac{\varepsilon_0 A}{2l}+\frac{\varepsilon_0\varepsilon_r A}{2l}$$

$$=\frac{\varepsilon_0 A}{2l}(1+\varepsilon_r)$$

$$=\frac{1+\varepsilon_r}{2}\cdot\frac{\varepsilon_0 A}{l}$$

$$=\frac{1+\varepsilon_r}{2}C_1$$

よって,静電容量は$\frac{\varepsilon_r+1}{2}$倍と求められる。

(b)

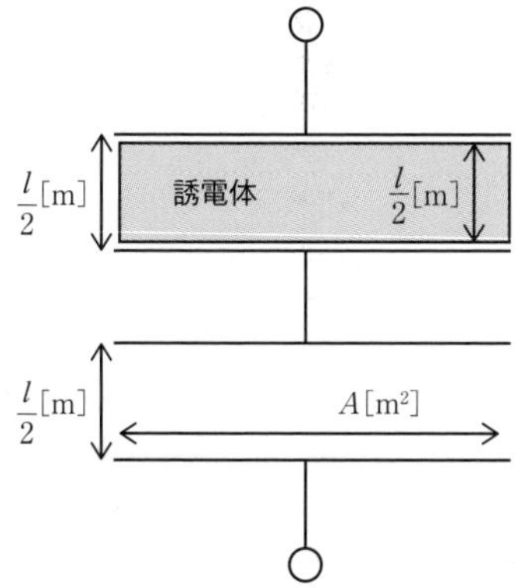

誘電体挿入前の静電容量 C_1[F]は,

$$C_1=\frac{\varepsilon_0 A}{l}$$

である。誘電体挿入後は図のように，面積 A[m^2]，長さ $\frac{l}{2}$[m]で真空と誘電体のコンデンサが直列接続された形となる。それぞれの静電容量を C_{21}[F]及び C_{22}[F]とすると,

$$C_{21}=\frac{\varepsilon_0 A}{\frac{l}{2}}$$

$$=\frac{2\varepsilon_0 A}{l}$$

$$=2C_1$$

$$C_{22}=\frac{\varepsilon_0\,\varepsilon_r A}{\frac{l}{2}}$$

$$=\frac{2\varepsilon_0\,\varepsilon_r A}{l}$$

$$=2\varepsilon_r\frac{\varepsilon_0 A}{l}$$

$$=2\varepsilon_r C_1$$

したがって，誘電体挿入後の静電容量 C_2[F]は,

$$C_2=\frac{C_{21}C_{22}}{C_{21}+C_{22}}$$

$$=\frac{2C_1\cdot 2\varepsilon_r C_1}{2C_1+2\varepsilon_r C_1}$$

$$= \frac{4\varepsilon_r}{2+2\varepsilon_r} C_1$$

$$= \frac{2\varepsilon_r}{1+\varepsilon_r} C_1$$

よって，静電容量は$\dfrac{2\varepsilon_r}{\varepsilon_r+1}$倍となる。

3 図のように面積A[m^2]，長さl[m]のコンデンサ1と，面積$2A$[m^2]，長さ$\dfrac{l}{2}$[m]のコンデンサ2がある。それぞれ電界の大きさがE[V/m]になるように電圧を印加し，十分時間が経過した後，二つのコンデンサを並列に接続した。このとき，移動した電荷量ΔQ[C]と消費したエネルギーΔW[J]の組合せとして，正しいものを次の(1)～(5)のうちから一つ選べ。ただし，真空の誘電率はε_0[F/m]とする。

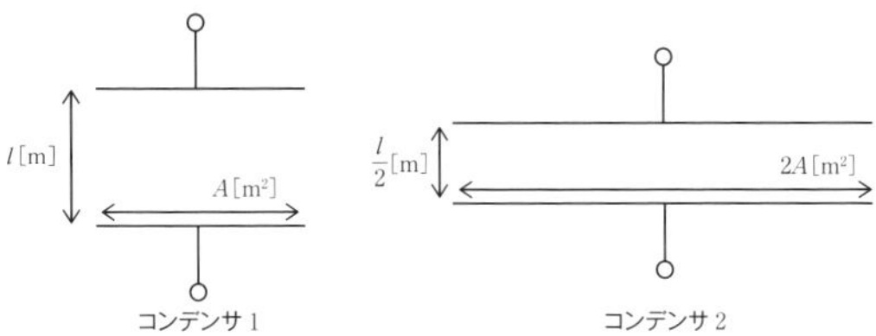

	ΔQ	ΔW
(1)	$0.4\varepsilon_0 AE$	$0.1\varepsilon_0 AE^2 l$
(2)	$0.4\varepsilon_0 AE$	$0.2\varepsilon_0 AE^2 l$
(3)	$0.4\varepsilon_0 AE$	$0.4\varepsilon_0 AE^2 l$
(4)	$0.2\varepsilon_0 AE$	$0.1\varepsilon_0 AE^2 l$
(5)	$0.2\varepsilon_0 AE$	$0.2\varepsilon_0 AE^2 l$

解答 (1)

コンデンサ1の静電容量C_1[F]は，

$$C_1 = \frac{\varepsilon_0 A}{l}$$

コンデンサ2の静電容量C_2[F]は，

$$C_2 = \frac{\varepsilon_0 \cdot 2A}{\dfrac{l}{2}}$$

$$= \frac{4\varepsilon_0 A}{l}$$

それぞれ電界の大きさがE[V/m]になるように

注目 この問題は電験三種の本試験でそのまま出題されてもおかしくない問題である。各ポイントの公式を使いこなすことが必要。

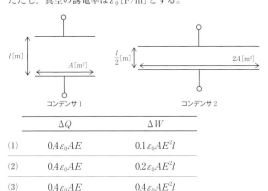

電圧を加えたので，それぞれの電圧 V_1［V］及び V_2［V］は，

$$V_1=El$$

$$V_2=E\cdot\frac{l}{2}$$

$$=\frac{El}{2}$$

したがって，それぞれのコンデンサに蓄えられる電荷 Q_1［C］，Q_2［C］及び蓄えられる静電エネルギー W_1［J］，W_2［J］は，

$$Q_1=C_1V_1$$

$$=\frac{\varepsilon_0 A}{l}\cdot El$$

$$=\varepsilon_0 AE$$

$$Q_2=C_2V_2$$

$$=\frac{4\varepsilon_0 A}{l}\cdot\frac{El}{2}$$

$$=2\varepsilon_0 AE$$

$$W_1=\frac{1}{2}C_1V_1^2$$

$$=\frac{1}{2}\cdot\frac{\varepsilon_0 A}{l}\cdot(El)^2$$

$$=\frac{\varepsilon_0 AE^2 l}{2}$$

$$W_2=\frac{1}{2}C_2V_2^2$$

$$=\frac{1}{2}\cdot\frac{4\varepsilon_0 A}{l}\cdot\left(\frac{El}{2}\right)^2$$

$$=\frac{\varepsilon_0 AE^2 l}{2}$$

並列接続前のそれぞれのコンデンサがもつ電荷 Q［C］及び静電エネルギーの合計 W［J］は，

$$Q=Q_1+Q_2$$

$$=\varepsilon_0 AE+2\varepsilon_0 AE$$

$$=3\varepsilon_0 AE$$

$$W=W_1+W_2$$

$$=\frac{\varepsilon_0 AE^2 l}{2}+\frac{\varepsilon_0 AE^2 l}{2}$$

$$=\varepsilon_0 AE^2 l$$

並列接続後はコンデンサ間を電荷が移動し，接続前後の全体の電荷量は変わらない。並列接続後のそれぞれのコンデンサに蓄えられる電荷を Q_1'[C]，Q_2'[C]とすると，

$$Q_1'+Q_2'=Q=3\varepsilon_0 AE \quad ・・・①$$

そして，それぞれのコンデンサの電位差が V'[V]で等しくなるので，

$$Q_1'=C_1 V'$$

$$=\frac{\varepsilon_0 AV'}{l}$$

$$Q_2'=C_2 V'$$

$$=\frac{4\varepsilon_0 AV'}{l}$$

$$=4Q_1' \quad ・・・②$$

②を①に代入すると，

$$Q_1'+4Q_1'=3\varepsilon_0 AE$$

$$5Q_1'=3\varepsilon_0 AE$$

$$Q_1'=0.6\varepsilon_0 AE \quad ・・・③$$

③を①に代入すると，

$$0.6\varepsilon_0 AE+Q_2'=3\varepsilon_0 AE$$

$$Q_2'=2.4\varepsilon_0 AE$$

したがって，移動した電荷量 ΔQ[C]は，

$$\Delta Q=Q_2'-Q_2$$

$$=2.4\varepsilon_0 AE-2\varepsilon_0 AE$$

$$=0.4\varepsilon_0 AE$$

次に，並列接続後それぞれのコンデンサに蓄えられる静電エネルギー W_1'[J]，W_2'[J]は，

$$W_1'=\frac{Q_1'^2}{2C_1}$$

$$=\frac{(0.6\varepsilon_0 AE)^2}{2\cdot\frac{\varepsilon_0 A}{l}}$$

$$=0.18\varepsilon_0 AE^2 l$$

$$W_2'=\frac{Q_2'^2}{2C_2}$$

$$=\frac{(2.4\varepsilon_0 AE)^2}{2\cdot\frac{4\varepsilon_0 A}{l}}$$

$$=0.72\varepsilon_0 AE^2 l$$

並列接続後の静電エネルギーの合計 W'[J] は,

$$W'=W_1'+W_2'$$

$$=0.18\varepsilon_0 AE^2 l+0.72\varepsilon_0 AE^2 l$$

$$=0.9\varepsilon_0 AE^2 l$$

したがって，コンデンサが消費したエネルギー ΔW[J] は,

$$\Delta W=W-W'$$

$$=\varepsilon_0 AE^2 l-0.9\varepsilon_0 AE^2 l$$

$$=0.1\varepsilon_0 AE^2 l$$

解答

CHAPTER

03 電磁力

1 磁界と電磁力

確認問題

1 以下の問に答えよ。

(1) 真空中に点磁荷m_1=3.5×10^{-3} Wb，m_2=4.0×10^{-2} Wbが距離r=2.0 mを隔ててあるとき，この点磁荷間に働く力の大きさF[N]を求めよ。ただし，真空の透磁率はμ_0=4 π×10^{-7} H/mとする。

(2) 比透磁率μ_r=3の空間中に点磁荷m=5.0×10^{-3} Wbがあるとき，この点磁荷から距離r=5.0 m離れた場所での磁界の強さH[A/m]を求めよ。

また，r=5.0 m離れた同じ場所に点磁荷m'=−3.0×10^{-2} Wbを置いたとき，点磁荷間に働く力の大きさF[N]を求めよ。ただし，真空の透磁率はμ_0=4 π×10^{-7} H/mとする。

(3) 真空中に点磁荷m=2.0×10^{-4} Wbがあるとき，この点磁荷から発生する磁力線の本数N[本]と磁束ϕ[Wb]を求めよ。ただし，真空の透磁率はμ_0=4 π×10^{-7} H/mとする。

(4) (3)の条件において距離r=4.0 m離れた場所での磁束密度B[μT]及び磁界の強さH[A/m]を求めよ。

(5) 真空中の面積A=0.3 m^2の平面上を垂直に磁束ϕ=4.2×10^{-6} Wbであるとき，磁束密度B[μT]及び磁界の強さH[A/m]の値を求めよ。ただし，真空の透磁率はμ_0=4 π×10^{-7} H/mとする。

(6) 真空中にある無限に長い直線状導体に電流I=12 Aが流れているとき，導体からr=1.2 m離れた地点の磁界の強さH[A/m]及び磁束密度の大きさB[μT]を求めよ。ただし，真空の透磁率はμ_0=4 π×10^{-7} H/mとする。

(7) 真空中に半径r=3 mで巻数がN=15の円形コイルがあり，コイルに電流I=2 Aが流れているとき，中心部分の磁界の強さH[A/m]を求めよ。ただし，真空の透磁率はμ_0=4 π×10^{-7} H/mとする。

(8) 透磁率μ=0.25 H/m，断面積S=0.1 m^2，平均磁路長l=0.8 mの環状鉄心に巻数がN=50のコイルを巻き，コイルに電流I=3 Aを流したとき，鉄心内の磁界の強さH[A/m]及び磁束密度の大きさB[Wb/m^2]を求めよ。ただし，漏れ磁束はないものとする。

(9) 1 mあたりの巻数がN_0=40の無限長ソレノイドに電流I=2.0 Aが流れているとき，コイルの内部の磁界の強さH[A/m]を求めよ。

(10) 一様磁界中に磁界の向きに直角に長さl=1.5 mの導体を置き，そこにI=20 Aを流したとき，導体に働く力の大きさF[N]を求めよ。ただし，磁界の強さ$H=2.0\times10^4$ A/m，真空の透磁率は$\mu_0=4\pi\times10^{-7}$ H/mとする。また，導体を磁界の向きに平行に置いたときの力の大きさF'[N]を求めよ。

(11) 真空中の同一平面上に無限に長い直線状の平行導体2本を距離l=0.5 m離して置き，反対向きにI=12 Aを流したとき，導体間に働く力の向き（斥力もしくは引力）と1 mあたりに働く力f[N/m]を求めよ。ただし，真空の透磁率は$\mu_0=4\pi\times10^{-7}$ H/mとする。

解答

(1) 2.22 N
(2) H=4.22 A/m，F=0.127 N
(3) N=159本，$\phi=2.0\times10^{-4}$ Wb
(4) B=0.995 μT，H=0.792 A/m
(5) B=14 μT，H=11.1 A/m
(6) H=1.59 A/m，B=2.00 μT
(7) 5.0 A/m
(8) H=187.5 A/m，B=46.9 Wb/m^2
(9) 80 A/m
(10) 垂直のとき：0.754 N，平行のとき：0 N
(11) 斥力5.76×10^{-5} N/m

(1) 距離r=2.0 m離れた2つの点磁荷$m_1=3.5\times10^{-3}$ Wb，$m_2=4.0\times10^{-2}$ Wbの間に働く力の大きさF[N]は，磁気に関するクーロンの法則より，

$$F=\frac{m_1 m_2}{4\pi\mu_0 r^2}$$
$$=\frac{3.5\times10^{-3}\times4.0\times10^{-2}}{4\pi\times4\pi\times10^{-7}\times2.0^2}$$
$$\fallingdotseq 2.22\text{ N}$$

POINT 1 磁気に関するクーロンの法則

(2)　点磁荷$m=5.0\times10^{-3}$ Wbにより距離$r=5.0$ m離れた地点での磁界の強さH[A/m]は，

$$H=\frac{m}{4\pi\mu_r\mu_0 r^2}$$
$$=\frac{5.0\times10^{-3}}{4\pi\times3\times4\pi\times10^{-7}\times5.0^2}$$
$$\fallingdotseq 4.22\ \mathrm{A/m}$$

磁界$H=4.22$ A/mの中に磁荷$m'=-3.0\times10^{-2}$ Wbを置いたときの磁力の大きさF[N]は，

$$F=m'H$$
$$=3.0\times10^{-2}\times4.22$$
$$\fallingdotseq 0.127\ \mathrm{N}$$

POINT 2　点磁荷による磁界の強さH[A/m]

(3)　磁荷$m=2.0\times10^{-4}$ Wbから出る磁力線の本数N[本]は，

$$N=\frac{m}{\mu_0}$$
$$=\frac{2.0\times10^{-4}}{4\pi\times10^{-7}}$$
$$\fallingdotseq 159\text{本}$$

また，磁束ϕ[Wb]は，

$$\phi=m$$
$$=2.0\times10^{-4}\ \mathrm{Wb}$$

POINT 3　磁力線

POINT 4　磁束と磁束密度

(4)　中心から$r=4.0$ m離れた場所の球の表面積A[m^2]は，

$$A=4\pi r^2$$
$$=4\pi\times4.0^2$$
$$\fallingdotseq 201.06\ \mathrm{m^2}$$

磁束密度B[μT]は，

$$B=\frac{\phi}{A}$$
$$=\frac{2.0\times10^{-4}}{201.06}$$
$$\fallingdotseq 9.9473\times10^{-7}\ \mathrm{T}\rightarrow \mathbf{0.995\ \mu T}$$

磁束密度$B=\mu_0 H$の関係から，磁界の強さH[A/m]は，

POINT 4　磁束と磁束密度

磁界の強さH[A/m]は，

$$H=\frac{m}{4\pi\mu_0 r^2}$$
$$=\frac{2.0\times10^{-4}}{4\pi\times4\pi\times10^{-7}\times4.0^2}$$
$$\fallingdotseq 0.7915\ \mathrm{A/m}$$

でもほぼ同じになることを確認しておくこと。

$$H=\frac{B}{\mu_0}$$
$$=\frac{9.9473\times10^{-7}}{4\pi\times10^{-7}}$$
$$\fallingdotseq 0.792\ \mathrm{A/m}$$

(5) 真空中の面積A=0.3 m^{2}の平面上を磁束ϕ=4.2×10^{-6}［Wb］が垂直に通過したとするとき，磁束密度B［μT］は，

POINT 4 磁束と磁束密度

$$B=\frac{\phi}{A}$$
$$=\frac{4.2\times10^{-6}}{0.3}$$
$$=14\times10^{-6}\ \mathrm{T}=14\ \mu\mathrm{T}$$

磁束密度$B=\mu_0 H$の関係から，磁界の強さH［A/m］は，

$$H=\frac{B}{\mu_0}$$
$$=\frac{14\times10^{-6}}{4\pi\times10^{-7}}$$
$$\fallingdotseq 11.1\ \mathrm{A/m}$$

(6) 導体からr=1.2 m離れた地点の磁界の強さH［A/m］は，

POINT 6 直線状導体の周りの磁界の大きさ

$$H=\frac{I}{2\pi r}$$
$$=\frac{12}{2\pi\times1.2}$$
$$\fallingdotseq 1.5915=1.59\ \mathrm{A/m}$$

磁束密度$B=\mu_0 H$の関係から，磁束密度の大きさB［μT］は，

POINT 4 磁束と磁束密度

$$B=\mu_0 H$$
$$=4\pi\times10^{-7}\times1.5915$$
$$\fallingdotseq 2.00\times10^{-6}\ \mathrm{T}=2.00\ \mu\mathrm{T}$$

(7) 円形コイルにおける中心部の磁界の強さH［A/m］は，

POINT 7 円形コイルの中心の磁界の大きさ

注目 この問題では真空の透磁率は使用しない。与えられているすべての数値を使用するとは限らないので注意すること。

$$H=\frac{NI}{2r}$$

$$=\frac{15\times2}{2\times3}$$

$$=5.0\ \mathrm{A/m}$$

(8) 環状コイル内部の磁界の強さH[A/m]は，

$$H=\frac{NI}{l}$$

$$=\frac{50\times3}{0.8}$$

$$=187.5\ \mathrm{A/m}$$

となるので，磁束密度の大きさB[Wb/m^2]は，

$$B=\mu H$$

$$=0.25\times187.5$$

$$\fallingdotseq46.9\ \mathrm{Wb/m^2}$$

(9) 無限長ソレノイドのコイルの内部の磁界の強さH[A/m]は，

$$H=N_0I$$

$$=40\times2.0$$

$$=80\ \mathrm{A/m}$$

(10) 磁束密度と電流の向きが垂直な場合，導体に働く電磁力F[N]は，

$$F=BIl$$

であるから，$B=\mu_0H$の関係により式を変形し，各値を代入すると，

$$F=\mu_0HIl$$

$$=4\pi\times10^{-7}\times2.0\times10^4\times20\times1.5$$

$$\fallingdotseq0.754\ \mathrm{N}$$

磁束密度と電流の向きが平行な場合，$\sin0=0$であるから，導体を平行に置いた場合，力は発生せず，0 Nとなる。

(11) 平行導体において，反対向きに電流を流しているので，働く力は斥力となり，導体同士に働く1mあたりの力の大きさf[N/m]は，

$$f=\frac{\mu_0I_aI_b}{2\pi l}$$

POINT 8 環状コイルの内部の磁界

POINT 4 磁束と磁束密度

POINT 9 細長いコイルの中心部の磁界

POINT 9 電磁力の大きさ

POINT 4 磁束と磁束密度

POINT 13 平行導体間に働く力の大きさ

$$=\frac{4\pi\times10^{-7}\times12^2}{2\pi\times0.5}$$

$$=5.76\times10^{-5}\ \mathrm{N/m}$$

2 次の文章の空欄に入る語句または数式を答えよ。

(1) 空間中に二つの点磁荷を置いたとき，その二つの点磁荷がN極同士もしくはS極同士であれば［（ア）］力が，N極とS極であれば［（イ）］力が働く。電磁気学では一般にN極を［（ウ）］として取り扱う。いま，点磁荷を距離r[m]隔てて置いたとき，この点磁荷間に働く力の大きさは，点磁荷の距離の［（エ）］乗に［（オ）］して減少する。

(2) 磁力線は［（カ）］極から出て［（キ）］極に吸い込まれる仮想の線で磁荷に比例し，［（ク）］に反比例する。任意の点での磁力線の接線の向きは［（ケ）］の向きと一致する。

(3) 電流の流れる向きを［（コ）］の進む向きと合わせると，［（コ）］を回す向きが［（サ）］の向きになるという法則を［（コ）］の法則という。

(4) フレミングの左手の法則は，左手を開いて，中指を［（シ）］の向き，人差し指を［（ス）］の向きに合わせると，親指が［（セ）］の向きになるという法則である。

(5) ［（ソ）］の法則は電流が流れている導体の微小区間Δl[m]に流れる電流I[A]がr[m]離れている場所（なす角θ）に作る磁界の大きさΔH[A/m]が，$\Delta H=$［（タ）］となる法則である。

解答 (1) （ア）斥 （イ）引 （ウ）正（＋）
（エ）2 （オ）反比例

(2) （カ）N （キ）S
（ク）透磁率 （ケ）磁界

(3) （コ）右ねじ （サ）磁界

(4) （シ）電流 （ス）磁界（磁束密度）
（セ）電磁力

(5) （ソ）ビオ・サバール （タ）$\dfrac{I\Delta l}{4\pi r^2}\sin\theta$

POINT 1 磁気に関するクーロンの法則

POINT 3 磁力線

POINT 5 右ねじの法則

POINT 11 フレミングの左手の法則

POINT 10 ビオ･サバールの法則

3 下図において，導体に働く電磁力の大きさと向きを答えよ。

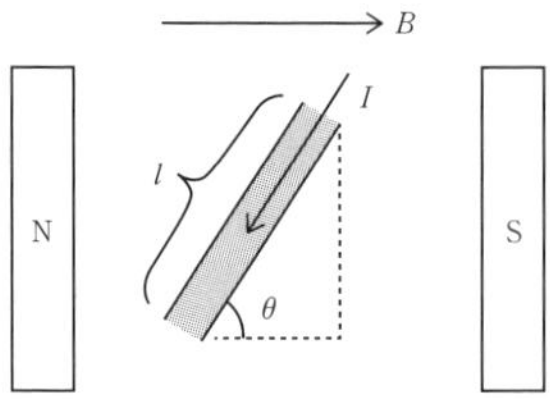

解答 力の大きさ：$F=BIl\sin\theta$，
力の向き：紙面の裏から表

導体に働く電磁力F［N］は，

$$F=BIl\sin\theta$$

である。フレミングの左手の法則に沿って，中指を紙面の下向き，人差し指を紙面の右向きに合わせると，親指は紙面の裏から表側向きになる。

POINT 11 フレミングの左手の法則，

POINT 12 電磁力の大きさ

4 次の図において，$F=5.0$ N，$D=0.5$ m，$\theta=30°$であるとき，導体に働くトルクの大きさT［N・m］を答えよ。

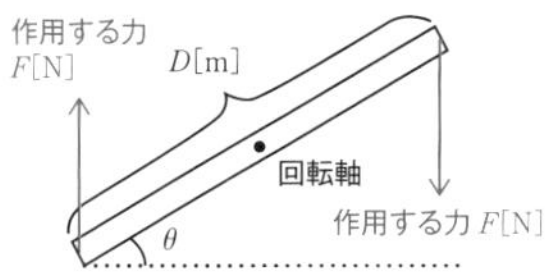

解答 2.17 N・m

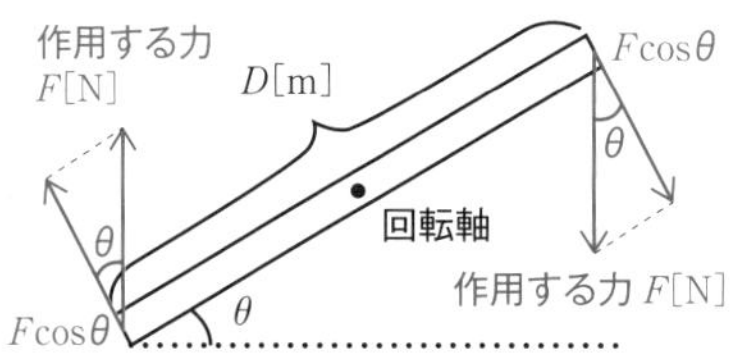

導体に直角に働く力の成分は，$F\cos\theta$であり，回転軸からの距離が$\dfrac{D}{2}$［m］であるから，回転軸に働くトルクの大きさT［N・m］は，

$$T=F\cos\theta\cdot\frac{D}{2}$$

よって，それが2箇所あるので，全体のトルクの

POINT 12 コイルに働くトルクの大きさ

公式を丸暗記するのではなく，トルクの大きさは「長さ×垂直かかる力の大きさ」であることを理解しておくこと。公式丸暗記では応用が利かなくなる。

大きさは,

$$T=F\cos\theta\cdot\frac{D}{2}\times 2$$
$$=FD\cos\theta$$
$$=5.0\times 0.5\times\cos 30°$$
$$=5.0\times 0.5\times\frac{\sqrt{3}}{2}$$
$$\fallingdotseq 2.17\ \mathrm{N\cdot m}$$

解答では$\sqrt{3}\fallingdotseq 1.732$で計算している。$\sqrt{3}\fallingdotseq 1.73$で計算すると2.16 N·mとなる。本試験では最も近い値を選択するケースが多く,厳密な計算はそこまで求められない。

5 次の文章の(ア)~(オ)の空欄に入る語句を答えよ。

図のように,平行導体間に働く力の大きさF[N]を求める。まず,導体Aを流れる電流I_a[A]により導体Bの地点で発生する磁界の大きさH[A/m]は,$H=$ (ア) となるので,その磁束密度B[T]は,$B=$ (イ) となり,その向きは図の (ウ) の向きである。したがって,1 mあたりの電磁力の大きさF[N/m]を求めると,$F=$ (エ) であり,その向きは図の (オ) となる。ただし,真空の透磁率をμ_0[H/m]とする。

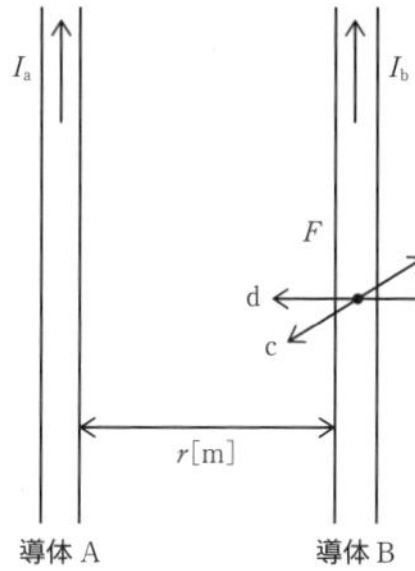

解答 (ア) $\dfrac{I_a}{2\pi r}$ (イ) $\dfrac{\mu_0 I_a}{2\pi r}$ (ウ) a

(エ) $\dfrac{\mu_0 I_a I_b}{2\pi r}$ (オ) d

(ア) 直線状導体Aからr[m]離れた地点の磁界の強さH[A/m]は,

$$H=\frac{I_a}{2\pi r}$$

(イ) $B=\mu_0 H$の関係があるから,

$$B=\mu_0 H$$
$$=\mu_0\cdot\frac{I_a}{2\pi r}$$
$$=\frac{\mu_0 I_a}{2\pi r}$$

(ウ) 右ねじの法則に沿って,電流が流れる向き,

POINT 4 磁束と磁束密度

POINT 6 直線状導体の周りの磁界の大きさ

POINT 11 フレミングの左手の法則

POINT 13 平行導体間に働く力の大きさ

本問のように導出過程が問われた場合,公式を丸暗記していては解けなくなる。したがって,なぜそうなるのかを理解しながら勉強に取り組むこと。

すなわち紙面の下から上に右ねじの進む向きに合わせると，右ねじを回す向き，すなわち図のaが磁界の向きになる。

（エ）1 mあたりの電磁力の大きさf[N/m]は，

$$f=BI_b\cdot 1$$
$$=\frac{\mu_0 I_a I_b}{2\pi r}$$

（オ）フレミングの左手の法則に沿って求めると，中指が紙面の下から上，人差し指が紙面の表から裏（図のa）になるので，親指の向きはdの向きになる。

6 次の図における磁界の大きさH[A/m]及び向き（a又はb）を答えよ。

(1)

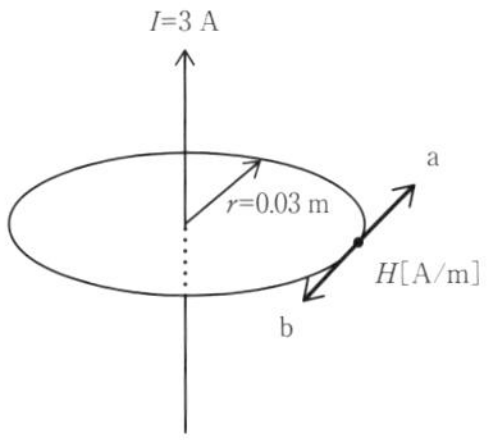

(2)

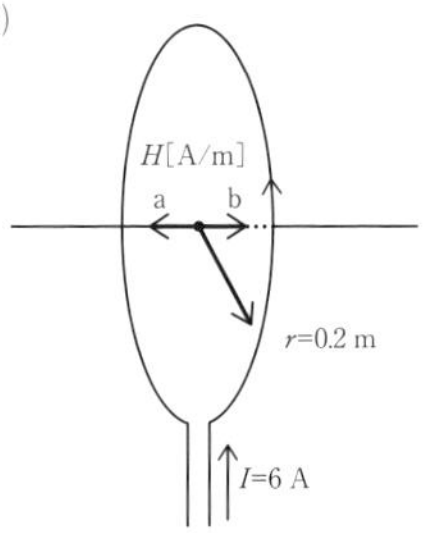

(3)

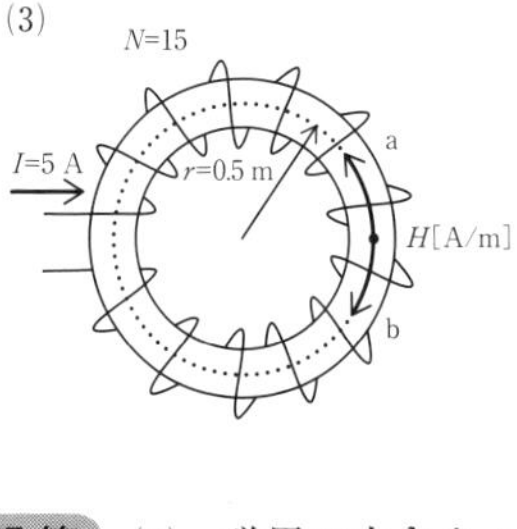

(4)

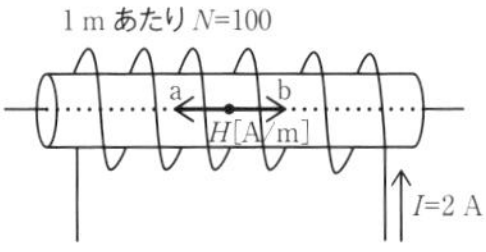

解答 (1)　磁界の大きさ：15.9 A/m，向き：a

(2)　磁界の大きさ：15 A/m，向き：b

(3)　磁界の大きさ：23.9 A/m，向き：b

(4)　磁界の大きさ：200 A/m，向き：a

(1)　導体からr=0.03 m離れた地点の磁界の強さH[A/m]は，

$$H=\frac{I}{2\pi r}$$

POINT 6 直線状導体の周りの磁界の大きさ

$$=\frac{3}{2\pi\times0.03}$$

$$\fallingdotseq 15.9\ \text{A/m}$$

右ねじの法則より，磁界の向きはaとなる。

(2)　半径r=0.2 mの円形コイルにおいて中心部の磁界の強さH[A/m]は，

$$H=\frac{I}{2r}$$

$$=\frac{6}{2\times0.2}$$

$$=15\ \text{A/m}$$

と求められる。右ねじの法則より，磁界の向きはbとなる。

(3)　巻数N=15，半径r=0.5 mの環状コイル内部の磁界の強さH[A/m]は，

$$H=\frac{NI}{2\pi r}$$

$$=\frac{15\times5}{2\pi\times0.5}$$

$$\fallingdotseq 23.9\ \text{A/m}$$

と求められる。右ねじの法則より，磁界の向きはbとなる。

(4)　巻数N_0=100の無限長ソレノイドのコイルの内部の磁界の強さH[A/m]は，

$$H=N_0 I$$

$$=100\times2.0$$

$$=200\ \text{A/m}$$

と求められる。右ねじの法則より，磁界の向きはaとなる。

POINT 7 円形コイルの中心の磁界の大きさ

POINT 8 環状コイルの内部の磁界

POINT 9 細長いコイルの中心部の磁界

基本問題

1 図のように真空中の座標上点O (0,0)，点A (a,0)，点B (0,2a) にそれぞれ点磁荷$+m$[Wb]，$+m$[Wb]，$-2m$[Wb]を配置した。このとき，点Oの点磁荷にかかる力の大きさF [N]と力の向きの組合せとして，正しいものを次の(1)～(5)のうちから一つ選べ。ただし，真空の透磁率はμ_0[H/m]とする。

	力の大きさ	向き
(1)	$\dfrac{\sqrt{5}\,m^2}{8\pi\mu_0 a^2}$	a
(2)	$\dfrac{\sqrt{5}\,m^2}{4\pi\mu_0 a^2}$	b
(3)	$\dfrac{\sqrt{5}\,m^2}{4\pi\mu_0 a^2}$	c
(4)	$\dfrac{\sqrt{5}\,m^2}{4\pi\mu_0 a^2}$	a
(5)	$\dfrac{\sqrt{5}\,m^2}{8\pi\mu_0 a^2}$	b

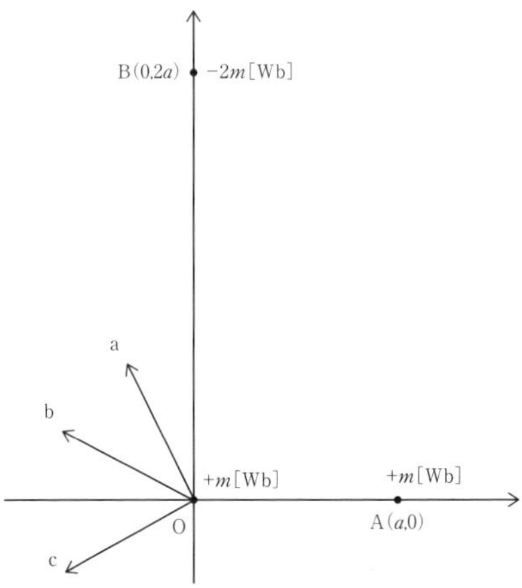

解答 (5)

OA間は＋同士なので斥力，OB間は＋と－なので引力が働く。

OA間に働く力の大きさF_{OA}[N]は，磁気に関するクーロンの法則より，

注目 電荷の場合と同様に考えること。

$$F_{OA}=\frac{m\cdot m}{4\pi\mu_0 a^2}$$
$$=\frac{m^2}{4\pi\mu_0 a^2}$$

同様にOB間に働く力の大きさF_{OB}[N]は,

$$F_{OB}=\frac{m\cdot 2m}{4\pi\mu_0 (2a)^2}$$
$$=\frac{m^2}{8\pi\mu_0 a^2}$$

よって,三平方の定理より,求める力の大きさF[N]は,

$$F=\sqrt{F_{OA}{}^2+F_{OB}{}^2}$$
$$=\sqrt{\left(\frac{m^2}{4\pi\mu_0 a^2}\right)^2+\left(\frac{m^2}{8\pi\mu_0 a^2}\right)^2}$$
$$=\frac{m^2}{8\pi\mu_0 a^2}\sqrt{2^2+1^2}$$
$$=\frac{\sqrt{5}\,m^2}{8\pi\mu_0 a^2}$$

また,下図に示す通り,$F_{OA}=2F_{OB}$であるので,力の向きは図の**b**となる。

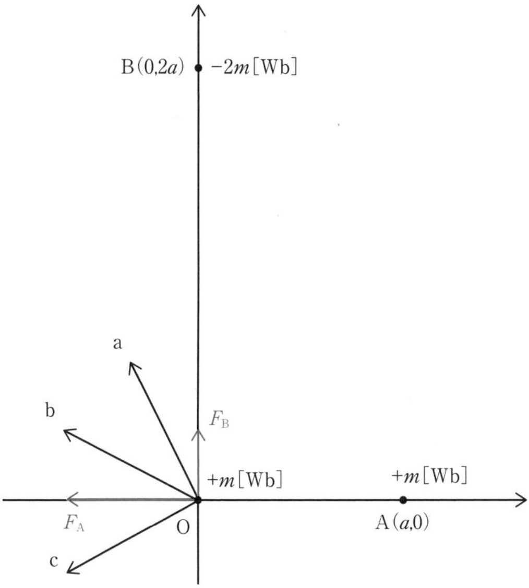

三平方の定理

$$a^2+b^2=c^2$$
$$\rightarrow c=\sqrt{a^2+b^2}$$

は非常によく使用する。

$$\sqrt{\left(\frac{m^2}{4\pi\mu_0 a^2}\right)^2+\left(\frac{m^2}{8\pi\mu_0 a^2}\right)^2}$$

の変形

$$\sqrt{\left(\frac{m^2}{4\pi\mu_0 a^2}\right)^2+\left(\frac{m^2}{8\pi\mu_0 a^2}\right)^2}$$
$$=\sqrt{\left(2\times\frac{m^2}{8\pi\mu_0 a^2}\right)^2+\left(\frac{m^2}{8\pi\mu_0 a^2}\right)^2}$$
$$=\sqrt{2^2\times\left(\frac{m^2}{8\pi\mu_0 a^2}\right)^2+\left(\frac{m^2}{8\pi\mu_0 a^2}\right)^2}$$
$$=\sqrt{\left(\frac{m^2}{8\pi\mu_0 a^2}\right)^2(2^2+1^2)}$$
$$=\sqrt{\left(\frac{m^2}{8\pi\mu_0 a^2}\right)^2}\sqrt{2^2+1^2}$$
$$=\frac{m^2}{8\pi\mu_0 a^2}\sqrt{2^2+1^2}$$

2 図のように真空の座標上の点A $(-a,0)$，点B $(a,0)$ に点磁荷 $+m$ [Wb]，$-m$ [Wb] を配置したとき，y 軸上の点P $(0,b)$ $(b>0)$ の磁界の大きさとして，正しいものを次の(1)～(5)のうちから一つ選べ。ただし，真空の透磁率を μ_0 [H/m] とする。

(1) $\dfrac{ma}{2\pi\mu_0(a^2+b^2)^{\frac{3}{2}}}$ (2) $\dfrac{ma}{4\pi\mu_0(a^2+b^2)^{\frac{3}{2}}}$ (3) $\dfrac{ma}{2\pi\mu_0(a^2+b^2)^{\frac{1}{2}}}$

(4) $\dfrac{mb}{2\pi\mu_0(a^2+b^2)^{\frac{3}{2}}}$ (5) $\dfrac{mb}{4\pi\mu_0(a^2+b^2)^{\frac{3}{2}}}$

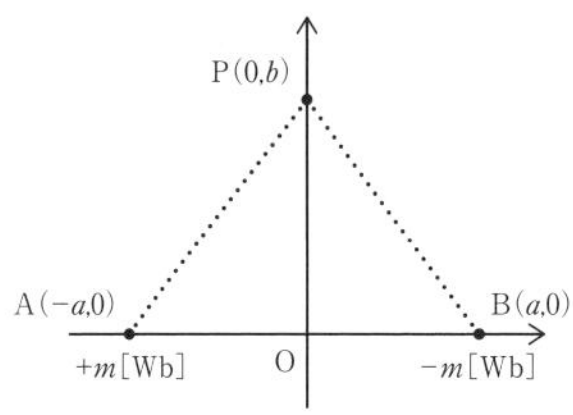

解答 (1)

三平方の定理よりAP及びBP間の長さ r[m] は，

$$r=\sqrt{a^2+b^2}$$

であるから，点Pにおける点Aの磁荷による磁界の強さを H_A [A/m]，点Bの磁荷による磁界の強さを H_B [A/m] とすると，

$$H_A=\frac{m}{4\pi\mu_0 r^2}$$

$$=\frac{m}{4\pi\mu_0(a^2+b^2)}$$

$$H_B=\frac{m}{4\pi\mu_0 r^2}$$

$$=\frac{m}{4\pi\mu_0(a^2+b^2)}$$

となる。各磁界を図示すると下図のようになり，求める磁界の大きさ H[A/m] は，

$$H=H_A\cos\theta\times 2$$

$$=\frac{m}{4\pi\mu_0(a^2+b^2)}\times\frac{a}{\sqrt{a^2+b^2}}\times 2$$

$$=\frac{ma}{2\pi\mu_0(a^2+b^2)^{\frac{3}{2}}}$$

$a^x\times a^y=a^{x+y}$
は基本公式として，知っておく。
本問の場合は，

$(a^2+b^2)\times\sqrt{a^2+b^2}$

$=(a^2+b^2)\times(a^2+b^2)^{\frac{1}{2}}$

$=(a^2+b^2)^{1+\frac{1}{2}}$

$=(a^2+b^2)^{\frac{3}{2}}$

となる。

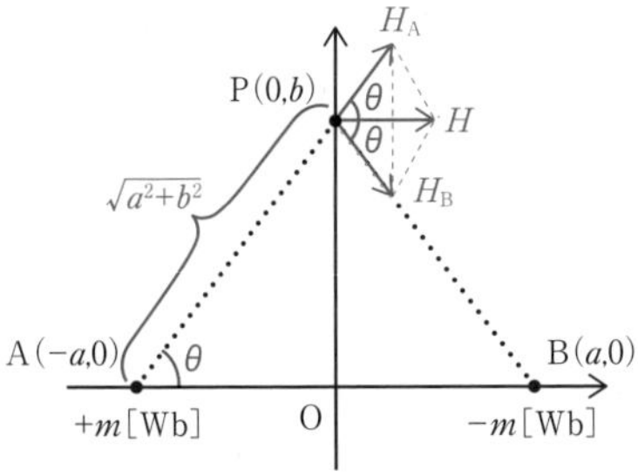

3 図のように，一部分が点Oを中心とする半径0.3 mの扇形となっている線状導体がある。点Oの磁界の強さは，ビオ・サバールの法則を用いて導出することができる。点Oの磁束密度の大きさB[μT]として，最も近いものを次の(1)〜(5)のうちから一つ選べ。ただし，真空の透磁率は$\mu_0=4\pi\times10^{-7}$ H/mとする。

(1) 3.1　(2) 6.3　(3) 8.6
(4) 10.8　(5) 12.5

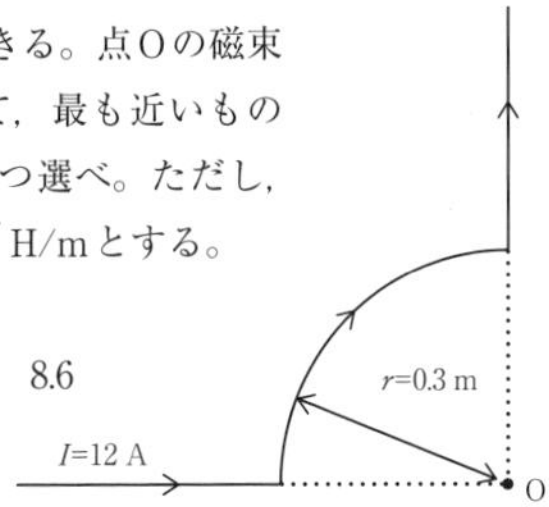

解答 (2)

図の扇状部分の導体の微小区間Δl[m]に関して，ビオ・サバールの法則を適用すると，微小区間Δlの接続と半径方向のなす角が90°であるから，

$$\Delta H=\frac{I\Delta l}{4\pi r^2}\sin\theta$$
$$=\frac{12\times\Delta l}{4\pi\times0.3^2}\sin 90°$$
$$\fallingdotseq 10.610\Delta l$$

磁界に寄与する導線の長さl[m]は，半径r[m]の円の$\frac{1}{4}$であるから，

$$l=\frac{2\pi r}{4}$$
$$=\frac{2\pi\times0.3}{4}$$
$$\fallingdotseq 0.47124 \text{ m}$$

磁界の強さH[A/m]は，

$$H=10.610\times0.47124$$

注目 電験三種でビオ･サバールの法則を使った問題はほぼ角度が90°の問題ばかりであるが，二種以上になると積分計算を使った導出が出題される。今後も見据え，ビオ･サバールの法則の考え方は必ず理解しておくこと。

$\fallingdotseq 4.9999$ A/m

したがって，磁束密度B［μT］は，

$B=\mu_0 H$

$=4\pi\times10^{-7}\times4.9999$

$\fallingdotseq 6.28\times10^{-6}$ T→6.3 μT

［別解］

問題文の図の点Oの磁界の強さは巻数$N=\dfrac{1}{4}$のコイルの中心の磁界であるから，磁界の強さH［A/m］は，

$$H=\frac{NI}{2r}$$

$$=\frac{\frac{1}{4}\times12}{2\times0.3}$$

$$=5.0\ \text{A/m}$$

したがって，磁束密度B［μT］は，

$B=\mu_0 H$

$=4\pi\times10^{-7}\times5.0$

$\fallingdotseq 6.28\times10^{-6}$ T$=6.28$ μT

注目 本番の試験では計算量が少ないので，別解の方法を選択することが望ましい。問題集においては両方の解き方ができるようにしておくこと。

4 次の文章は磁界中の電磁力に関する記述である。

図のように磁束密度B［T］の磁界の方向に対してθの角度に直線状導体を置き，電流I［A］を図の向きに流したとき，導体に働く電磁力は［（ア）］［N］であり，その向きは［（イ）］となる。電磁力が最大となるのは$\theta=$［（ウ）］［rad］のときであり，最小となるのは$\theta=$［（エ）］［rad］のときである。

上記の記述中の空白箇所（ア），（イ），（ウ）及び（エ）に当てはまる組合せとして，正しいものを次の(1)〜(5)のうちから一つ選べ。

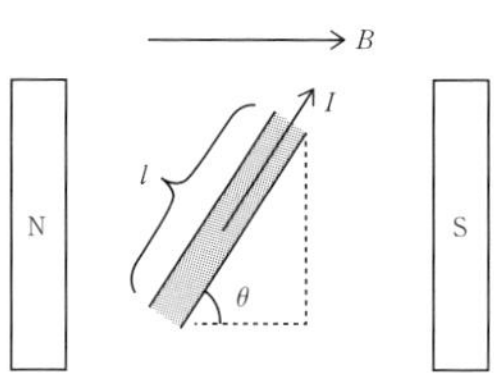

	(ア)	(イ)	(ウ)	(エ)
(1)	$BIl \sin\theta$	紙面の裏から表	$\frac{\pi}{2}$	0
(2)	$BIl \cos\theta$	紙面の表から裏	0	$\frac{\pi}{2}$
(3)	$BIl \sin\theta$	紙面の表から裏	$\frac{\pi}{2}$	0
(4)	$BIl \cos\theta$	紙面の裏から表	0	$\frac{\pi}{2}$
(5)	$BIl \cos\theta$	紙面の表から裏	$\frac{\pi}{2}$	0

解答 (3)

(ア) 電流Iと磁束密度Bのなす角がθであるとき，導体に働く電磁力Fは$F=BIl\sin\theta$となる。

(イ) フレミングの左手の法則に沿って考える。まず，磁界の向きは紙面の左から右であり，電流の向きは磁界との垂直方向成分で考えるため中指は紙面の下から上となる。そうすると，親指は紙面の表から裏向きとなることがわかる。

(ウ) (エ)

(ア) より，$\sin\theta$が最大となるのは，$\theta=\frac{\pi}{2}$ rad (90°) のときで，$\sin\theta$が最小となるのは，$\theta=0$ rad (0°) のときであることが分かる。

電流I[A]と磁束密度B[T]の方向は直角であると電磁力が働く。したがって，電流の垂直成分は$\sin\theta$となる。

$\theta=0$ rad (0°) のときは磁束密度B[T]と平行，$\theta=\frac{\pi}{2}$ rad (90°) のときは磁束密度と垂直になる。

5 次の文章は平行導体に電流を流したときに働く電磁力に関する記述である。

真空中に平行に置いた細長い導体に平行に同じ大きさで同方向の電流を流したとき，導体に働く力の大きさは電流の大きさの［(ア)］乗に比例する。もし，片方の電流を逆向きにすると，その働く力の大きさは［(イ)］，向きは［(ウ)］となる。電流の大きさが2 A，導体間の距離を5 mとしたとき，導体の1 mあたりに働く力の大きさは［(エ)］[N/m] となる。ただし，真空の透磁率を$4\pi\times10^{-7}$ H/mとする。

上記の記述中の空白箇所 (ア)，(イ)，(ウ) 及び (エ) に当てはまる組合せとして，正しいものを次の(1)～(5)のうちから一つ選べ。

	(ア)	(イ)	(ウ)	(エ)
(1)	2	小さくなり	同じ向き	3.2×10^{-7}
(2)	2	変わらず	逆向き	3.2×10^{-7}
(3)	1	小さくなり	逆向き	1.6×10^{-7}
(4)	1	変わらず	同じ向き	3.2×10^{-7}
(5)	2	変わらず	逆向き	1.6×10^{-7}

解答 (5)

(ア) 距離r[m]を置いた平行導体に電流I_a[A], I_b[A]が流れているとすると，それぞれの導体に働く1mあたりの力の大きさf[N/m]は，

$$f=\frac{\mu_0 I_a I_b}{2\pi r}$$

となり，本問においては$I_a=I_b$なので，力の大きさは電流の大きさの2乗に比例する。

(イ) 電流を逆向きにしても，電流の大きさが同じであれば，力の大きさは変わらない。

(ウ) 電流を逆向きにすると，力の向きは引力から斥力に変わるため，逆向きになる。

(エ)

$$f=\frac{\mu_0 I_a I_b}{2\pi r}$$
$$=\frac{4\pi\times10^{-7}\times2\times2}{2\pi\times5}$$
$$=1.6\times10^{-7}\ \mathrm{N/m}$$

(ア)のような問題は分子に電流の2乗がないため，ついつい1乗を選択してしまう。
文章をよく見てミスを防ぐこと。

(イ)は電流が逆方向になるので力は打消しあうのではと錯覚させる問題。きちんと公式の成り立ちを理解していれば間違えない。

真空である場合

$$f=\frac{\mu_0 I_a I_b}{2\pi r}$$
$$=\frac{4\pi\times10^{-7} I_a I_b}{2\pi r}$$
$$=\frac{2\times10^{-7} I_a I_b}{r}$$

となるので，重要公式として挙げている参考書もあるが，この公式自体は暗記不要である。

応用問題

1 図のように，xy平面上の点A $(-a,0)$ 及び点B $(a,0)$ を通るようにxy平面に垂直に無限長導体を置き，電流I[A]を反対向きに流した。このとき，y軸上の点P $(0,a)$ における磁界の強さ[A/m]及び向きの組合せとして，正しいものの組合せを次の(1)~(5)のうちから一つ選べ。

	磁界の強さ	向き
(1)	$\dfrac{I}{2\pi a}$	a
(2)	$\dfrac{I}{2\pi a}$	b
(3)	$\dfrac{I}{2\sqrt{2}\pi a}$	b
(4)	$\dfrac{I}{2\sqrt{2}\pi a}$	a
(5)	$\dfrac{I}{2\sqrt{2}\pi a}$	c

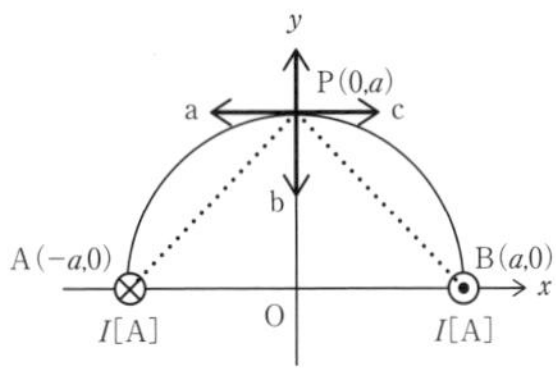

解答 (2)

OAの長さがa，OPの長さもaなので，APの長さは$\sqrt{2}\,a$[m]となる。点Aの電流による点Pの磁界の強さH_A[A/m]は，

$$H_A=\frac{I}{2\pi\cdot\sqrt{2}\,a}$$
$$=\frac{I}{2\sqrt{2}\,\pi a}$$

同様にBPの長さも$\sqrt{2}\,a$[m]となるので，点Bの電流による点Pの磁界の強さH_B[A/m]は，

$$H_B=\frac{I}{2\pi\cdot\sqrt{2}\,a}$$
$$=\frac{I}{2\sqrt{2}\,\pi a}$$

右ねじの法則により，それぞれの磁界の向きは図のようになり，その合成磁界はbの方向になる。H_AとH_Bのなす角は直角であるから，その合成磁界H[A/m]は，

注目 基本問題 **2** の点磁荷の場合と磁界の向きが異なることがポイント。
電流が作る磁界に関しては，右ねじの法則を使用して方向を間違えないように。

1:1:$\sqrt{2}$の直角三角形は知識として知っておく。

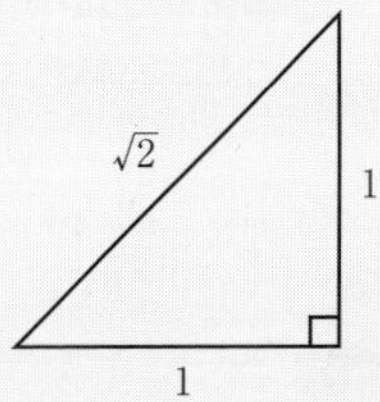

$$H=\sqrt{H_A{}^2+H_B{}^2}$$
$$=\sqrt{2H_A{}^2}$$
$$=\sqrt{2}\,H_A$$
$$=\sqrt{2}\times\frac{I}{2\sqrt{2}\,\pi a}$$
$$=\frac{I}{2\pi a}$$

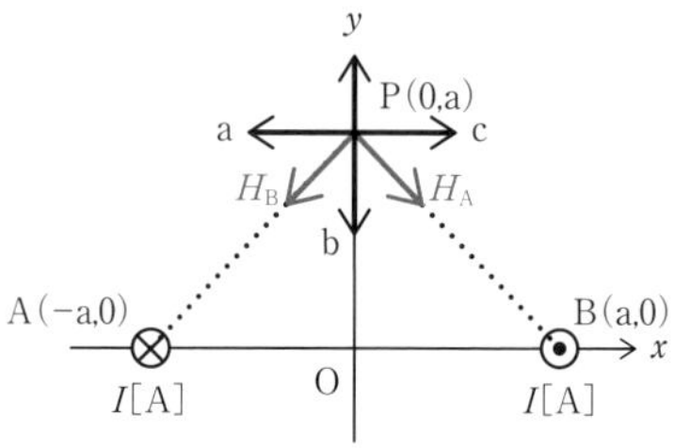

2 導体に働く力の大きさの記述a～dについて，正しいものの組合せを次の(1)～(5)のうちから一つ選べ。

a　フレミングの左手の法則は左手を開いて，中指を電流の向き，人差し指を磁界（磁束密度）の向きに合わせると，親指の向きが電磁力の向きになるという法則である。

b　ある直線導体と平行に磁界を加え，電流を流すと，双方の直角方向に力が働く。

c　2本の長い導体を平行に置き，同じ向きに電流を流すと，導体は引き合い，逆向きに電流を流すと，導体は反発し合う。

d　磁束密度B=2.0 Tの磁界の方向に対して60°の角度に直線状の3 mの導体を置き，これに50 Aの直流電流を流したときに導体に働く力の大きさは150 Nである。

(1)　a,b　　(2)　a,c　　(3)　a,b,d　　(4)　a,c,d　　(5)　b,c,d

解答　(2)

a　正しい。フレミングの左手の法則は左手を開いて，中指を電流の向き，人差し指を磁界（磁束密度）の向きに合わせると，親指の向きが電磁力の向きになるという法則である。

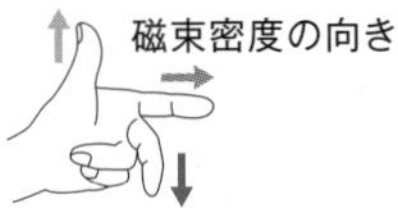

b　誤り。ある直線導体を磁界に直角に置き，電流を流すと，双方の直角方向に力が働く。導体に力が働く条件は直線導体と直角に磁界をかけた場合となる。

c　正しい。2本の長い導体を平行に置き，同じ向きに電流を流すと，導体は引き合い，逆向きに電流を流すと，導体は反発し合う。

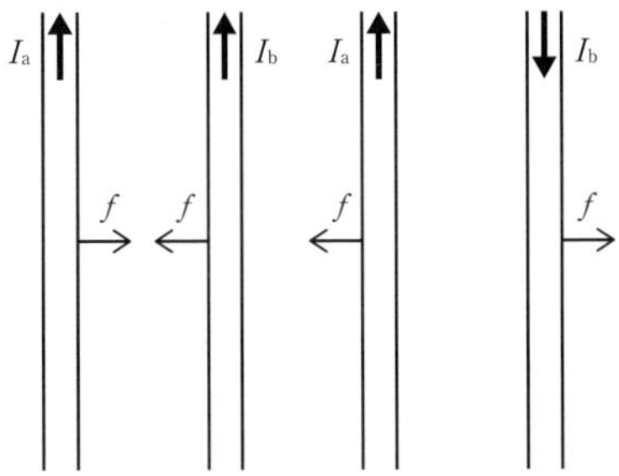

(a) 同じ向きの場合　(b) 逆向きの場合

d　誤り。

B[T]の磁界の方向に対してθ[rad]の角度に直線状のl[m]の導体を置き，これにI[A]の直流電流を流したときに導体に働く力の大きさF[N]は，

$$F = BIl\sin\theta$$
$$= 2.0 \times 50 \times 3 \times \sin 60^\circ$$
$$= 2.0 \times 50 \times 3 \times \frac{\sqrt{3}}{2}$$
$$= 150\sqrt{3}\ \mathrm{N}$$

文章だけだと一見正しい様に見えてしまうので，きちんと計算して確かめること。本問の場合，正しいものの組み合わせのため，dを間違えると他のa~cが全てわかっていても間違えてしまう。

3 図の円形コイル及び環状コイルに発生する磁界の強さH［A/m］が等しかったとき，流れる電流の比$\dfrac{I_1}{I_2}$として，正しいものを次の(1)～(5)のうちから一つ選べ。

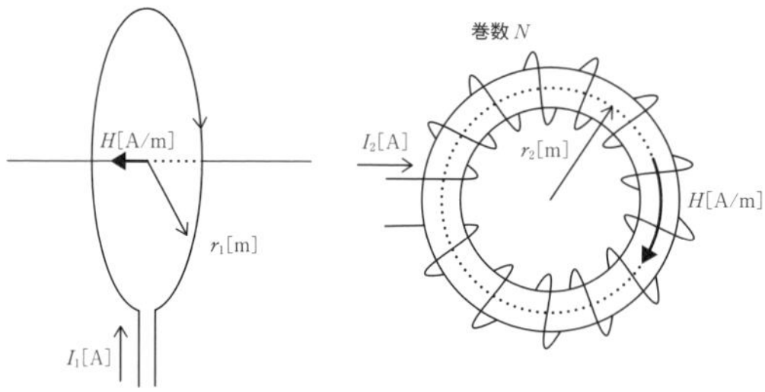

(1)　$2r_1 N$　　(2)　$\dfrac{r_1}{r_2}N$　　(3)　$\dfrac{r_2}{r_1}N$

(4)　$\dfrac{r_1}{\pi r_2}N$　　(5)　$\dfrac{\pi r_2}{r_1}N$

注目 電験三種の本試験ではただ導出せよという問題は少なく，本問のように少し捻りを加えた問題が出題されることが多い。

解答 (4)

図の円形コイルに発生する磁界の強さH_1［A/m］は，

$$H_1=\frac{I_1}{2r_1}$$

環状コイルに発生する磁界の強さH_2［A/m］は，

$$H_2=\frac{NI_2}{2\pi r_2}$$

よって，題意より，それぞれに発生する磁界の強さが等しいので，

$$\frac{I_1}{2r_1}=\frac{NI_2}{2\pi r_2}$$

$$\frac{I_1}{I_2}=\frac{r_1}{\pi r_2}N$$

4 次の文章は真空中の電子の運動に関する記述である。フレミングの左手の法則は導体に働く力の大きさに関する法則であるが，電流が電子の流れである以上，この法則は電子に対しても同様に作用する。

下図のように真空中の電子が速度vで等速運動している。ここで，磁界を図のように紙面の表から裏向きにかけたところ，電子には紙面の[（ア）]向きの力が働く。その後，電子はフレミングの左手の法則に沿って[（イ）]の円運動をし，磁界の大きさを大きくすると，円運動の半径の大きさは[（ウ）]なる。

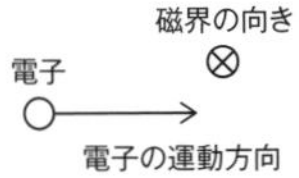

上記の記述中の空白箇所（ア），（イ）及び（ウ）に当てはまる組合せとして，正しいものを次の(1)～(5)のうちから一つ選べ。

	（ア）	（イ）	（ウ）
(1)	上から下	右回り	大きく
(2)	下から上	左回り	大きく
(3)	上から下	左回り	小さく
(4)	上から下	右回り	小さく
(5)	下から上	左回り	小さく

解答 (4)

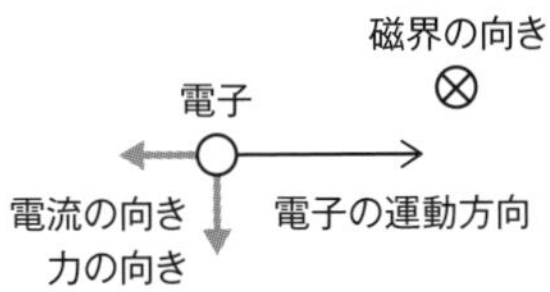

図1

（ア）図1の通り電流の向きは電子の動く向きと逆方向である。左手を開き，電流の向きすなわち紙面の右から左に中指を向け，磁界の向きすなわち紙面の表から裏の向きに人指し指を向けると，親指は紙面の上から下の向きになる。したがって電磁力の向きは上から下の向きとなる。

（イ）図2の通り，フレミングの左手の法則により，電子にはつねに円の中心に向かって力が働く。そして，その運動方向は右回りとなる。

注目 真空中の電子の運動は後の章で出てくる内容であるが，フレミングの左手の法則をきちんと理解していないと真空中の電子の運動は理解できない。

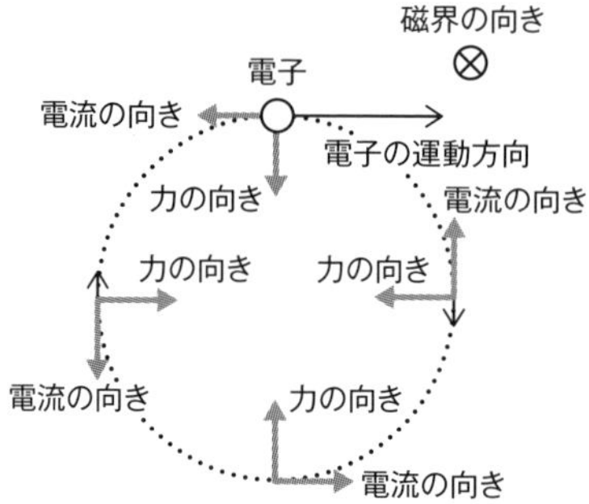

図2

（ウ）磁界の大きさが大きくなると，電子に働く力の大きさが大きくなる。よって，図2より電子の回転に働く力（向心力）が大きくなり，半径回転は小さくなる。

5 図のように，空間のy軸を軸として回転するコイルがある。空間には一定の磁束B=0.5 Tの平等磁界が+z方向に働いている。コイルの巻数N=20，コイルの各辺の長さがa=0.3 m，b=0.5 mであり，コイルに電流I=30 Aを流し，コイルの面とxy平面とのなす角θが30°になったとき，コイルに働くトルクの大きさT[N・m]として，最も近いものを次の(1)〜(5)のうちから一つ選べ。

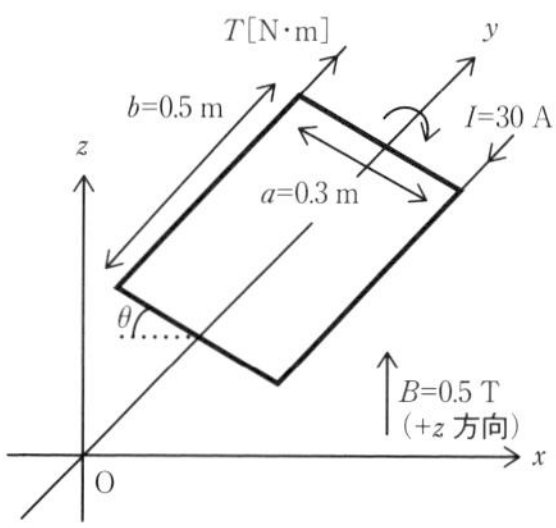

(1)　11.3　　(2)　19.5　　(3)　22.5　　(4)　38.9　　(5)　45.0

注目 この問題は電験に出題されるレベルの難易度の問題と考えてよい。

解答 (3)

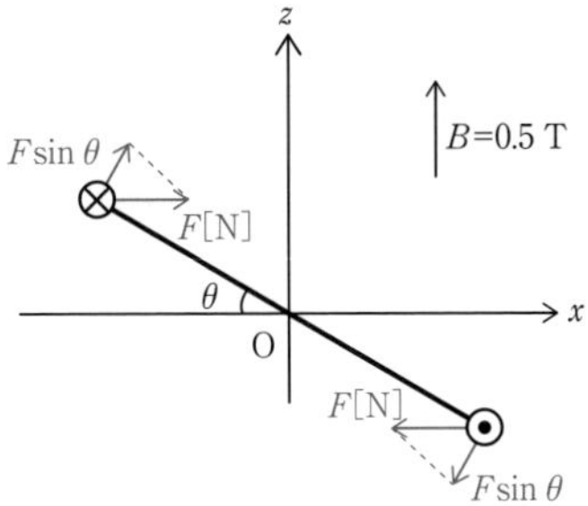

フレミングの左手の法則により，トルクに寄与するのはコイルの長さ b=0.5 m の辺のみである。それぞれの辺に働く力の大きさ F[N] は，

$$F=BNIb$$
$$=0.5\times20\times30\times0.5$$
$$=150\text{ N}$$

b の辺に加わる力のうち，コイルと垂直な成分の大きさは，

$$F\sin\theta=150\times\sin30^\circ$$
$$=150\times0.5$$
$$=75\text{ N}$$

よって，トルクの大きさ T[N・m] は，

$$T=F\sin\theta\cdot\frac{a}{2}\times2$$
$$=F\sin\theta\cdot a$$
$$=75\times0.3=22.5\text{ N・m}$$

トルクに寄与する力の成分が $\sin\theta$ であるところが公式と違う。公式を丸暗記していると $\cos\theta$ としてしまうので，どうして公式が導き出されるかを理解しておくことが重要。

2 電磁誘導とインダクタンス

確認問題

1 次の磁気回路における空欄の値を求めよ。

(1)

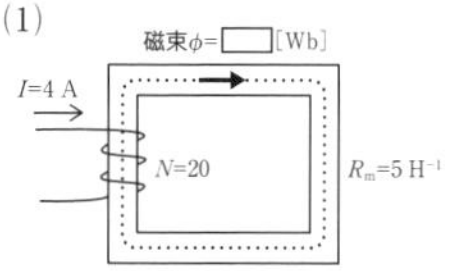

(2)

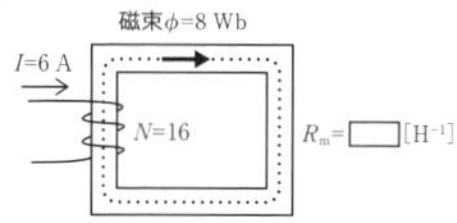

(3)

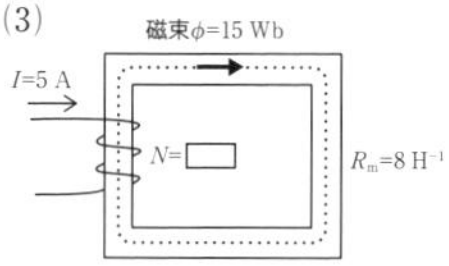

(4)

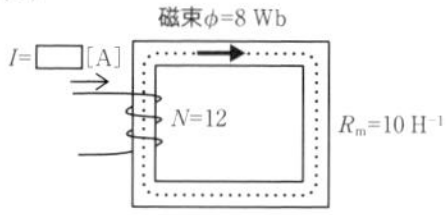

解答 (1) 16　(2) 12　(3) 24　(4) 6.67

(1) 磁気回路のオームの法則より,

$$\phi=\frac{NI}{R_m}$$

$$=\frac{20\times4}{5}$$

$$=16\ \mathrm{Wb}$$

(2) 磁気回路のオームの法則より,

$$R_m=\frac{NI}{\phi}$$

$$=\frac{16\times6}{8}$$

$$=12\ \mathrm{H}^{-1}$$

(3) 磁気回路のオームの法則より,

$$NI=R_m\,\phi$$

$$N=\frac{R_m\,\phi}{I}$$

$$=\frac{8\times15}{5}$$

$$=24$$

(4) 磁気回路のオームの法則より,

POINT 1 磁気回路のオームの法則

$$NI = R_m \phi$$

$$I = \frac{R_m \phi}{N}$$

$$= \frac{10 \times 8}{12}$$

$$\fallingdotseq 6.67 \text{ A}$$

2 次の磁気回路の合成磁気抵抗 $[\mathrm{H}^{-1}]$ を求めよ。ただし，各回路とも漏れ磁束は無視できるものとし，真空の透磁率は $\mu_0 = 4\pi \times 10^{-7}$ [H/m] とする。

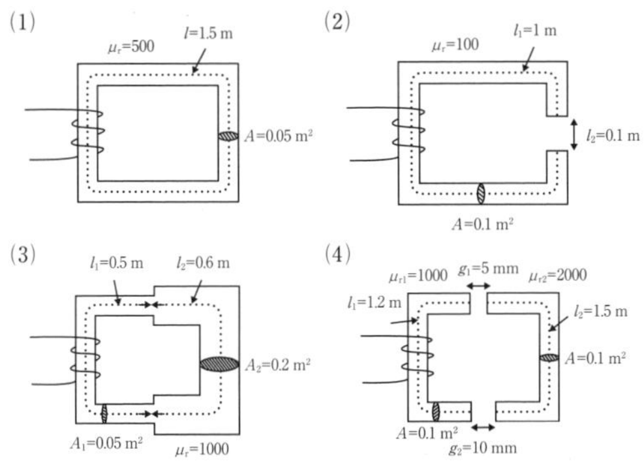

解答 (1)　$4.77 \times 10^4\ \mathrm{H}^{-1}$　(2)　$8.75 \times 10^5\ \mathrm{H}^{-1}$

(3)　$1.03 \times 10^4\ \mathrm{H}^{-1}$　(4)　$1.35 \times 10^5\ \mathrm{H}^{-1}$

(1)　磁気抵抗 $R_m\ [\mathrm{H}^{-1}]$ の大きさは，

$$R_m = \frac{l}{\mu_r \mu_0 A}$$

$$= \frac{1.5}{500 \times 4\pi \times 10^{-7} \times 0.05}$$

$$\fallingdotseq 4.77 \times 10^4\ \mathrm{H}^{-1}$$

(2)　磁気抵抗 $R_m\ [\mathrm{H}^{-1}]$ の大きさは，

$$R_m = \frac{l_1}{\mu_r \mu_0 A} + \frac{l_2}{\mu_0 A}$$

$$= \frac{1}{\mu_0 A}\left(\frac{l_1}{\mu_r} + l_2\right)$$

$$= \frac{1}{4\pi \times 10^{-7} \times 0.1}\left(\frac{1}{100} + 0.1\right)$$

$$\fallingdotseq 8.75 \times 10^5\ \mathrm{H}^{-1}$$

POINT 2 磁気抵抗

電流の直流回路と同様直列の合成磁気抵抗は足し合わせれば良い。

解答編

CHAPTER 03

電磁力 2

(3)　磁気抵抗R_m[H^{-1}]の大きさは，

$$R_m=\frac{l_1}{\mu_r\,\mu_0 A_1}+\frac{l_2}{\mu_r\,\mu_0 A_2}$$

$$=\frac{1}{\mu_r\,\mu_0}\left(\frac{l_1}{A_1}+\frac{l_2}{A_2}\right)$$

$$=\frac{1}{1000\times 4\pi\times 10^{-7}}\left(\frac{0.5}{0.05}+\frac{0.6}{0.2}\right)$$

$$\fallingdotseq 1.03\times 10^{4}\ \mathrm{H}^{-1}$$

(4)　磁気抵抗R_m[H^{-1}]の大きさは，

$$R_m=\frac{l_1}{\mu_{r1}\,\mu_0 A}+\frac{g_1}{\mu_0 A}+\frac{l_2}{\mu_{r2}\,\mu_0 A}+\frac{g_2}{\mu_0 A}$$

$$=\frac{1}{\mu_0 A}\left(\frac{l_1}{\mu_{r1}}+g_1+\frac{l_2}{\mu_{r2}}+g_2\right)$$

$$=\frac{1}{4\pi\times 10^{-7}\times 0.1}\left(\frac{1.2}{1000}+5\times 10^{-3}+\frac{1.5}{2000}+10\times 10^{-3}\right)$$

$$=\frac{1}{4\pi\times 10^{-7}\times 0.1}\times 1.695\times 10^{-2}$$

$$\fallingdotseq 1.35\times 10^{5}\ \mathrm{H}^{-1}$$

できるだけ式を整理してから数値を代入した方が計算が楽になる。

3　次の文章の（ア）～（オ）に入る語句を答えよ。

図は磁性体の特性に関するものである。図の横軸は［（ア）］，縦軸は［（イ）］であり，初期状態である点aの位置から［（ア）］を大きくしていくと磁気飽和が起こり，点bで最大値となる。その後，［（ア）］を小さくしていき，零になっても［（イ）］が残っている点cの状態となる。これを［（ウ）］と呼び，その後［（ア）］を逆方向に大きくしていくと点dで横軸と交わる。この点を［（エ）］と呼ぶ。さらに大きくしていくと同じような波形を描き点eで磁気飽和が起こり，以後これを繰り返す。この一周りする曲線を［（オ）］と言う。

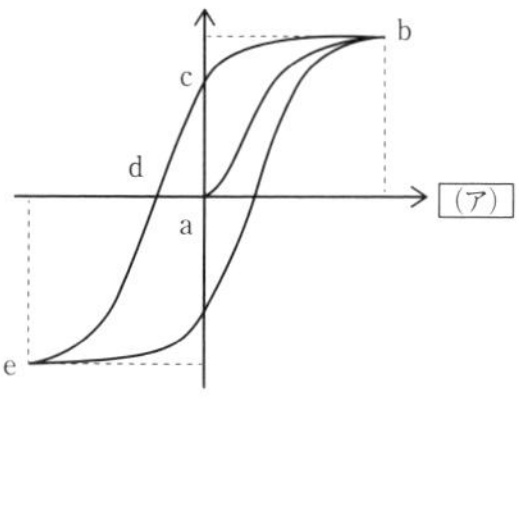

POINT 3　ヒステリシス曲線

ヒステリシス曲線は計算問題が出題されないので，内容を理解しておくことが重要となる項目である。

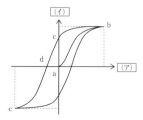

解答 （ア）磁界の強さ （イ）磁束密度
（ウ）残留磁気 （エ）保磁力
（オ）ヒステリシス曲線（ヒステリシスループ）

4 次の各回路において，コイルを通過する磁束を変化させたら，図の向きに誘導電流I［A］が流れた。0.2秒の間に磁束が0.5 Wbから1.7 Wbに変化したとき，誘導起電力e［V］の大きさと磁束の変化した方向をそれぞれ求めよ。

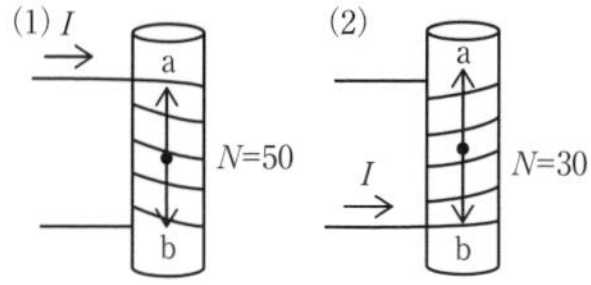

解答 (1) 誘導起電力の大きさ：300 V
磁束の変化した方向：b
(2) 誘導起電力の大きさ：180 V
磁束の変化した方向：b

(1) ファラデーの電磁誘導の法則より，

$$e=-N\frac{\Delta\phi}{\Delta t}$$
$$=-50\times\frac{1.7-0.5}{0.2}$$
$$=-300\text{ V}$$

レンツの法則より，誘導電流が図の向きに流れるためには，磁束の変化は逆方向にならなければならないので，磁束の変化はb方向となる。

(2) ファラデーの電磁誘導の法則より，

$$e=-N\frac{\Delta\phi}{\Delta t}$$
$$=-30\times\frac{1.7-0.5}{0.2}$$
$$=-180\text{ V}$$

レンツの法則より，誘導電流が図の向きに流れるためには，磁束の変化は逆方向にならなければならないので，磁束の変化はb方向となる。

POINT 4 電磁誘導に関するファラデーの法則

公式で出てくる－（マイナス）は誘導起電力の向きを表しているだけなので，大きさだけを解答する場合は－の符号は不要。

5 図のように一様磁界中を導体棒が速度v=1.5 m/sで通過するとき，導体棒に発生する誘導起電力e[V]の大きさと向きを答えよ。ただし，導体棒が磁界内を通過する長さはl=2.0 mとし，磁束密度はB=0.5 Tとする。

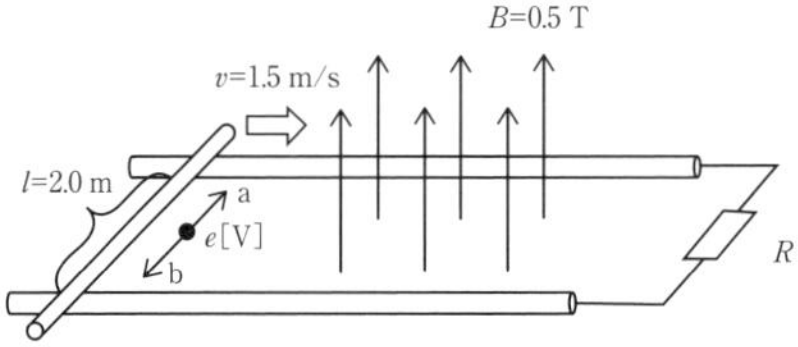

POINT 5 フレミングの右手の法則

POINT 6 導体の移動による誘導起電力

解答 誘導起電力：1.5 V　向き：b

導体の移動による誘導起電力の大きさe[V]は，

$$e=Blv\sin\theta$$

$$=0.5\times2.0\times1.5\times\sin 90^\circ$$

$$=1.5\ \text{V}$$

また，フレミングの右手の法則より，親指を導体の移動方向（右），人指し指を磁界（上）の向きに合わせると，中指は誘導起電力の向きはbとなる。

6 次の問に答えよ。

(1) 巻数N=20のコイルを流れる電流を0.2秒間に0.8 A変化させたところ，誘導起電力eが10 V発生した。このとき，このコイルの自己インダクタンスL[H]の値を求めよ。

(2) 巻数N=30のコイルを流れる電流を0.1秒間に0.5 A変化させたところ，コイルを貫く磁束ϕが50 mWb変化した。このとき，このコイルの自己インダクタンスL[H]の値を求めよ。

(3) 巻数N=10のコイルを流れる電流を0.1秒間に0.5 Aずつ変化させたところ，1秒毎にコイルを貫く磁束ϕが0.7 Wbずつ変化した。このとき，このコイルの自己インダクタンスL[H]の値を求めよ。

POINT 7 自己インダクタンス

注目 似たような問題であるが，(1)～(3)で扱う公式が変わる。いずれの公式も使いこなせるようにしておくこと。

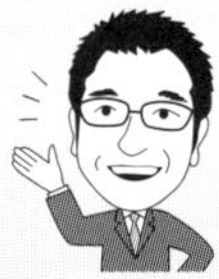

解答 (1) 2.5 H　(2) 3.0 H　(3) 1.4 H

(1) 自己インダクタンスと誘導起電力の関係より，

$$e=L\frac{\Delta I}{\Delta t}$$

$$10=L\times\frac{0.8}{0.2}$$

$$L=2.5\ \mathrm{H}$$

(2) $N\phi=LI$ の関係より，

$$N\phi=LI$$

$$L=\frac{N\phi}{I}$$

$$=\frac{30\times50\times10^{-3}}{0.5}$$

$$=3.0\ \mathrm{H}$$

(3) $e=-N\dfrac{\Delta\phi}{\Delta t}=-L\dfrac{\Delta I}{\Delta t}$ の関係より，

$$N\frac{\Delta\phi}{\Delta t}=L\frac{\Delta I}{\Delta t}$$

$$10\times\frac{0.7}{1}=L\frac{0.5}{0.1}$$

$$L=1.4\ \mathrm{H}$$

7 次の各回路において，コイル1の自己インダクタンスが L_1=10 mH，コイル2の自己インダクタンスが L_2=8 mH，相互インダクタンスが M=4 mHであるとき，合成インダクタンス L［mH］を求めよ。

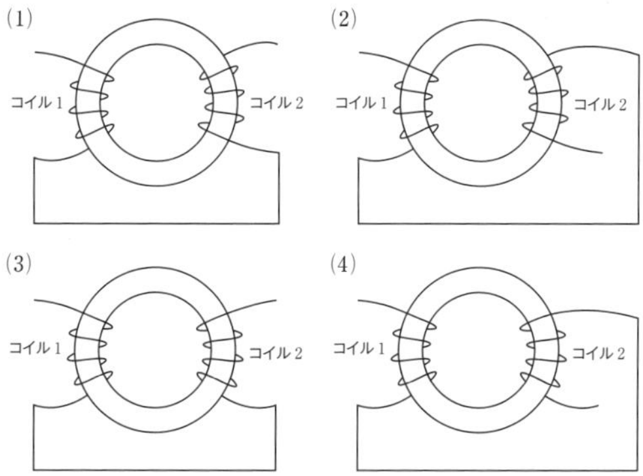

POINT 9 和動接続と差動接続

注目 和動接続か差動接続かは，本解答のように，ある方向に電流を流したとき，磁束がどうなるかで判定する。

解答 (1) 26 mH (2) 10 mH

(3) 10 mH (4) 26 mH

(1)

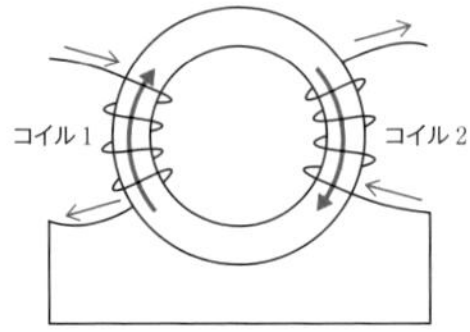

上図の通り，コイル1とコイル2は和動接続であるから，合成インダクタンスL[H]は，

$$L=L_1+L_2+2M$$
$$=10+8+2\times4$$
$$=26\ \mathrm{mH}$$

(2)

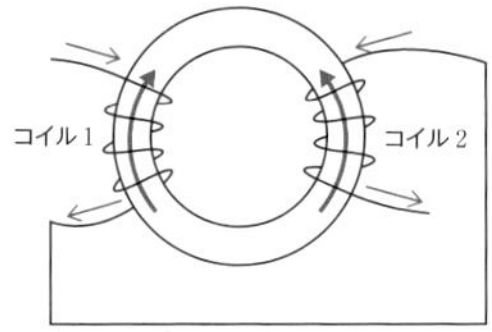

上図の通り，コイル1とコイル2は差動接続であるから，合成インダクタンスL[H]は，

$$L=L_1+L_2-2M$$
$$=10+8-2\times4$$
$$=10\ \mathrm{mH}$$

(3)

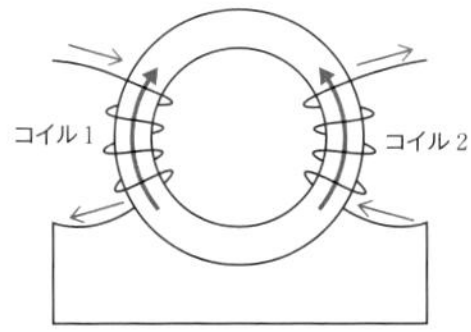

上図の通り，コイル1とコイル2は差動接続であるから，合成インダクタンスL[H]は，

$$L=L_1+L_2-2\mathrm{M}$$
$$=10+8-2\times4$$
$$=10\ \mathrm{mH}$$

(4)

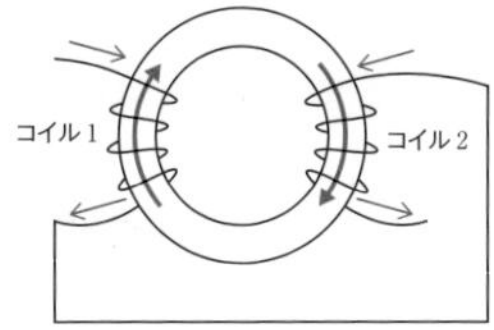

上図の通り，コイル1とコイル2は和動接続であるから，合成インダクタンスL[H]は，

$$L=L_1+L_2+2M$$
$$=10+8+2\times4$$
$$=26\ \mathrm{mH}$$

8 次の文章の（ア）～（オ）に当てはまる値を答えよ。

巻数が50，インダクタンスが6 mHのコイルに電流10 Aを流したとき，コイル内の磁束は［（ア）］mWbであり，コイルに蓄えられる電磁エネルギーは［（イ）］Jとなる。流れる電流を2倍にするとコイルの鎖交磁束は［（ウ）］倍に，電磁エネルギーは［（エ）］倍となる。

POINT 7 自己インダクタンス

POINT 10 コイルに蓄えられる電磁エネルギー

解答 （ア）1.2　（イ）0.3　（ウ）2　（エ）4

（ア）$N\phi=LI$の関係より，

$$\phi=\frac{LI}{N}$$
$$=\frac{6\times10^{-3}\times10}{50}$$
$$=1.2\times10^{-3}\ \mathrm{Wb}\rightarrow 1.2\ \mathrm{mWb}$$

（イ）コイルに蓄えられる電磁エネルギーW[J]は，

$$W=\frac{1}{2}LI^2$$
$$=\frac{1}{2}\times6\times10^{-3}\times10^2$$
$$=0.3\ \mathrm{J}$$

（ウ）$N\phi=LI$の関係があるので，磁束ϕは電流Iに比例する。したがって，2倍となる。

（エ）$W=\frac{1}{2}LI^2$の関係があるので，電磁エネルギーは電流の2乗に比例する。したがって，4倍となる。

基本問題

1 図のように半径r[m]の環状鉄心に巻数Nのコイルを巻付けた環状ソレノイドがある。鉄心の透磁率はμ[H/m]，断面積はA[m^2]とするとき，次の(a)～(c)の問に答えよ。

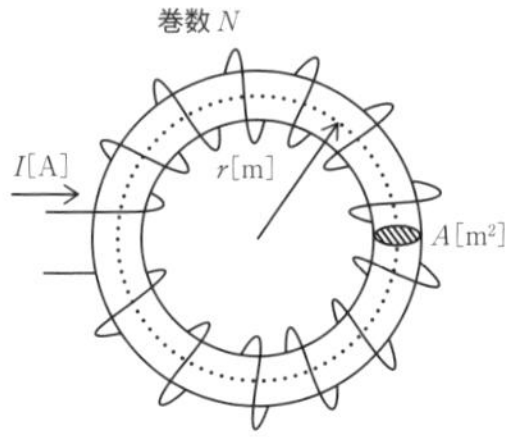

POINT 1 磁気回路のオームの法則

POINT 2 磁気抵抗

POINT 7 自己インダクタンス

(a) 鉄心の磁気抵抗R_m[H^{-1}]として，正しいものを次の(1)～(5)のうちから一つ選べ。

(1) $\dfrac{2\pi r}{\mu A}$　(2) $\dfrac{2\pi\mu r}{A}$　(3) $2\pi\mu rA$

(4) $\dfrac{\mu A}{2\pi r}$　(5) $\dfrac{A}{2\pi\mu r}$

(b) 電流I[A]を流したときの，コイル内の磁束ϕ[Wb]として，正しいものを次の(1)～(5)のうちから一つ選べ。

(1) $\dfrac{NIA}{2\pi\mu r}$　(2) $\dfrac{\mu NIA}{2\pi r}$　(3) $\dfrac{NI}{2\pi\mu rA}$

(4) $\dfrac{2\pi rNI}{\mu A}$　(5) $\dfrac{2\pi r\mu NI}{A}$

(c) 自己インダクタンスL[H]として，正しいものを次の(1)～(5)のうちから一つ選べ。

(1) $\dfrac{\mu NA}{2\pi rI}$　(2) $\dfrac{\mu A}{2\pi r}$　(3) $\dfrac{\mu NA}{2\pi r}$

(4) $\dfrac{\mu N^2A}{2\pi r}$　(5) $\dfrac{\mu N^2A}{2\pi rI}$

解答 (a) (1)　(b) (2)　(c) (4)

(a) 環状ソレノイドの磁路の平均の長さl[m]は，

$$l=2\pi r$$

であるから，磁気抵抗の大きさR_m[H^{-1}]は，

$$R_m=\frac{l}{\mu A}$$

$$=\frac{2\pi r}{\mu A}[\mathrm{H^{-1}}]$$

(b) 磁気回路のオームの法則より，

$$\phi = \frac{NI}{R_m}$$

$$= \frac{NI}{\frac{2\pi r}{\mu A}}$$

$$= \frac{\mu NIA}{2\pi r}\,[\mathrm{Wb}]$$

(c)　$N\phi = LI$の関係より，

$$L = \frac{N\phi}{I}$$

$$= \frac{N}{I} \cdot \frac{\mu NIA}{2\pi r}$$

$$= \frac{\mu N^2 A}{2\pi r}\,[\mathrm{H}]$$

ソレノイドが作る磁界の強さからも同様に導き出すことができる。環状ソレノイドが作る磁界の強さは，

$$H = \frac{NI}{2\pi r}$$

であるから，磁束密度は

$$B = \mu H = \frac{\mu NI}{2\pi r}$$

となり，求める磁束は，

$$\phi = BA = \frac{\mu NIA}{2\pi r}$$

となる。

2　次の文章は磁化現象に関する記述である。

磁界H[A/m]と磁束密度B[T]が比例関係を持たず，閉ループを描くものを［（ア）］と呼ぶ。右図はその例であり，その閉ループで囲まれた面積は実際に磁性体に蓄えられ，最終的に熱として放出されるエネルギーであり，［（イ）］と呼ばれている。永久磁石に向いているのは図の［（ウ）］が大きい磁性体である。

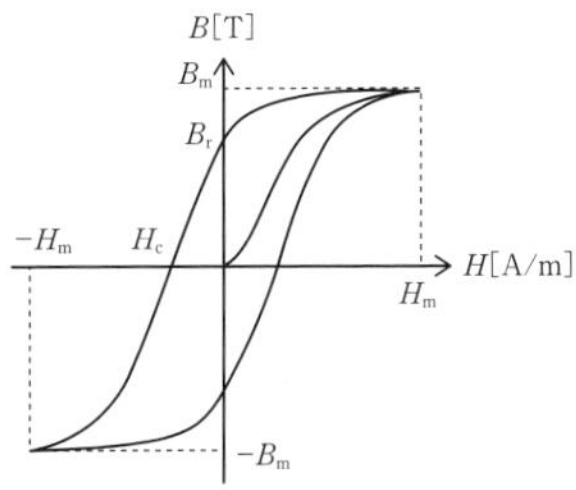

上記の記述中の空白箇所（ア），（イ）及び（ウ）に当てはまる組合せとして，正しいものを次の(1)～(5)のうちから一つ選べ。

	（ア）	（イ）	（ウ）
(1)	カテナリー曲線	渦電流損	H_c
(2)	ヒステリシス曲線	渦電流損	B_r
(3)	カテナリー曲線	誘電体損	H_c
(4)	ヒステリシス曲線	ヒステリシス損	H_c
(5)	カテナリー曲線	渦電流損	B_r

解答　(4)

POINT 3　ヒステリシス曲線

解答編　CHAPTER 03　電磁力 2

3 図のように一様磁界H=4.8×10^5 A/mの中に長さl=0.5 mの導体棒が磁界に対して直角に置かれている。図のように磁界の向きに対して30°の向きに速度v=3.7 m/sで運動しているとき，導体棒に発生する誘導起電力eの大きさ[V]として，最も近いものを次の(1)〜(5)のうちから一つ選べ。ただし，空間内は真空とし，真空の透磁率は$\mu_0=4\pi\times10^{-7}$ H/mとする。

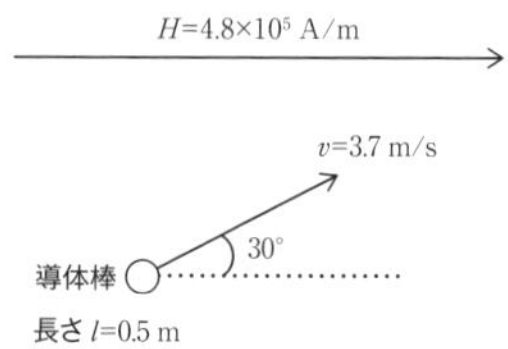

(1) 0.12　(2) 0.32　(3) 0.56　(4) 0.97　(5) 1.1

POINT 6 導体の移動による誘導起電力

解答 (3)

導体棒の速度成分のうち，磁界（磁束密度）の向きに直交する成分は，$v\sin 30°$であるから，誘導起電力e[V]の大きさは，

$$e=Blv\sin 30°$$
$$=\mu_0 Hlv\sin 30°$$
$$=4\pi\times10^{-7}\times4.8\times10^5\times0.5\times3.7\times\frac{1}{2}$$
$$\fallingdotseq 0.56\ \text{V}$$

4 自己インダクタンスがL_1=50 mH及びL_2=8 mHのコイルがある。これらのコイルを(a)和動接続，(b)差動接続したときの合成インダクタンスL[mH]として，最も近いものを次の(1)〜(5)のうちから一つずつ選べ。ただし，結合係数は0.8とする。

(1) 26　(2) 42　(3) 58　(4) 74　(5) 90

POINT 8 相互インダクタンス

POINT 9 和動接続と差動接続

解答 (a) (5)　(b) (1)

結合係数kが0.8であるから，相互インダクタンスM[mH]は，

$$M=k\sqrt{L_1L_2}$$
$$=0.8\times\sqrt{50\times8}$$
$$=0.8\times20$$
$$=16\ \text{mH}$$

(a) 和動接続

合成インダクタンスL[mH]は，

$$L=L_1+L_2+2M$$
$$=50+8+2\times16$$
$$=90\ \text{mH}$$

(b) 差動接続

合成インダクタンスL[mH]は，

$$L=L_1+L_2-2M$$
$$=50+8-2\times16$$
$$=26\ \text{mH}$$

5 図のように自己インダクタンスL_1=18 mHのコイル1と自己インダクタンスL_2=32 mHのコイル2があり，図のように結合したとき，コイル全体として蓄えられるエネルギーの大きさW[J]として正しいものを次の(1)〜(5)のうちから一つ選べ。ただし，漏れ磁束はないものとする。

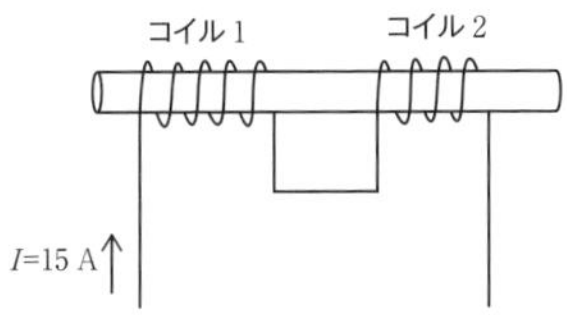

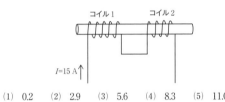

(1) 0.2　(2) 2.9　(3) 5.6　(4) 8.3　(5) 11.0

解答 (5)

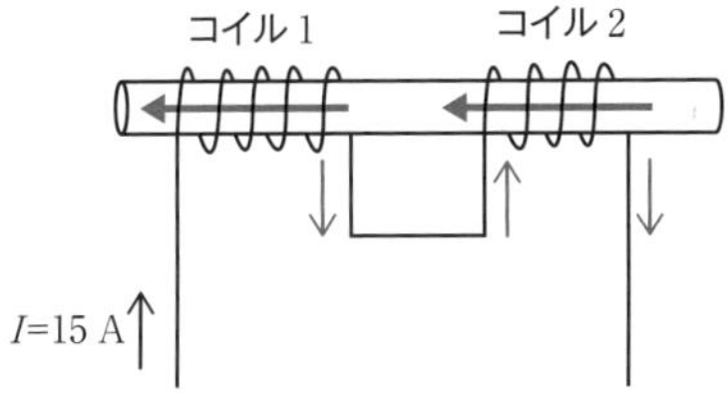

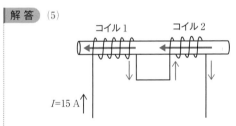

漏れ磁束はないので，結合係数kは1である。したがって，相互インダクタンスM[mH]は，

$$M=\sqrt{L_1 L_2}$$
$$=\sqrt{32\times18}$$
$$=24\ \text{mH}$$

合成インダクタンスは，和動接続であるから，

$$L=L_1+L_2+2M$$

POINT 8 相互インダクタンス

POINT 9 和動接続と差動接続

POINT 10 コイルに蓄えられる電磁エネルギー

注目 本試験においても，漏れ磁束はないという文言で結合係数が1であるとした問題が出題されているので理解しておくこと。

$$=32+18+2\times 24$$

$$=98\ \mathrm{mH}$$

となり，コイル全体として蓄えられるエネルギー大きさW[J]は，

$$W=\frac{1}{2}LI^2$$

$$=\frac{1}{2}\times 98\times 10^{-3}\times 15^2$$

$$\fallingdotseq 11.0\ \mathrm{J}$$

応用問題

1 図のように鉄心の断面積A=0.1 m^2，磁路の平均長さl=500 mm，エアギャップg=2 mmの磁気回路がある。この磁気回路において，巻数N=150のコイルに電流I=20 Aを流したとき，エアギャップの磁界の強さH[A/m]として最も近いものを次の(1)～(5)のうちから一つ選べ。ただし，鉄心の透磁率μ_r=1000，真空の透磁率は$\mu_0=4\pi\times10^{-7}$ H/mとする。

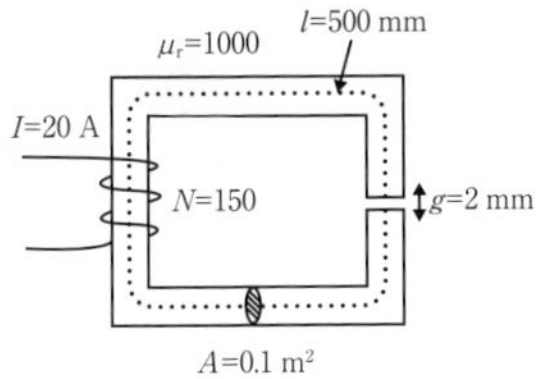

(1) 8.0×10^5　(2) 1.2×10^6　(3) 2.4×10^6
(4) 6.0×10^6　(5) 8.0×10^6

注目 確認問題 **2** と同様に磁気抵抗を求める。

解答 (2)

磁気抵抗R_m[H^{-1}]の大きさは，

$$R_m=\frac{l}{\mu_r\mu_0A}+\frac{g}{\mu_0A}$$
$$=\frac{1}{\mu_0A}\left(\frac{l}{\mu_r}+g\right)$$
$$=\frac{1}{4\pi\times10^{-7}\times0.1}\left(\frac{500\times10^{-3}}{1000}+2\times10^{-3}\right)$$
$$\fallingdotseq 19894\ \mathrm{H^{-1}}$$

磁気回路のオームの法則より磁束ϕ[Wb]の大きさは，

$$\phi=\frac{NI}{R_m}$$
$$=\frac{150\times20}{19894}$$
$$\fallingdotseq 0.15080\ \mathrm{Wb}$$

磁束密度B[T]の大きさは，

$$B=\frac{\phi}{A}$$

$$=\frac{0.15080}{0.1}$$

$$=1.5080\ \mathrm{T}$$

よって，エアギャップの磁界の強さH[A/m]は，

$$H=\frac{B}{\mu_0}$$

$$=\frac{1.5080}{4\pi\times10^{-7}}$$

$$\fallingdotseq1.2\times10^{6}\ \mathrm{A/m}$$

2 磁性体の磁化特性に関する記述として，誤っているものを次の(1)～(5)のうちから一つ選べ。

(1) 横軸に磁界の大きさ，縦軸に磁束密度をとり，両者の関係をグラフに示したものはBH曲線と呼ばれる。

(2) 磁界の大きさと磁束密度が比例せず，磁束密度が飽和する現象を磁気飽和という。

(3) ヒステリシスループにおいて，ループで囲まれた面積の大きさとヒステリシス損の大きさは比例する。

(4) 強磁性体とは，磁化されやすい物質のことであり，鉄やニッケル等がある。

(5) ヒステリシスループで囲まれた面積が大きい物質は，一般に保磁力も大きくなるため，永久磁石や電磁石に用いられる鉄心等に適している。

注目 試験問題では(4)，(5)のように幅広い知識が要求される。テキストに記載のある内容は確実に理解して，選択肢を絞っていくことが重要。

解答 (5)

(1) 正しい。横軸に磁界の大きさ，縦軸に磁束密度をとり，両者の関係をグラフに示したものをBH曲線という。

(2) 正しい。磁界の大きさと磁束密度が比例せず，磁束密度が飽和する現象を磁気飽和という。

(3) 正しい。ヒステリシスループにおいて，ループで囲まれた面積の大きさとヒステリシス損の大きさは比例する。

(4) 正しい。磁界中で物質が磁気を帯びることを磁化と呼び，強磁性体とは，磁化されやすい物質のことであり，鉄やニッケル等がある。

(5) 誤り。ヒステリシスループで囲まれた面積が大

きい物質は，一般に保磁力も大きくなるため，永久磁石には向いている。しかしながら，保磁力が高ければ，ヒステリシス損が大きくなるため，電磁石に用いられる鉄心には向かない。

3 図に示す長さl[m]の導体を磁束密度B[T]の一様磁界中の$y=0$の点で導体を離したところ重力加速度g[m/s^2]で落下した。このとき$y=a$[m]の地点での導体の誘導起電力eの大きさ[V]として，正しいものを次の(1)～(5)のうちから一つ選べ。

(1) $2gaBl$
(2) $\sqrt{ga}Bl$
(3) $\sqrt{2ga}Bl$
(4) $2\sqrt{ga}Bl$
(5) $\dfrac{Bl}{\sqrt{ga}}$

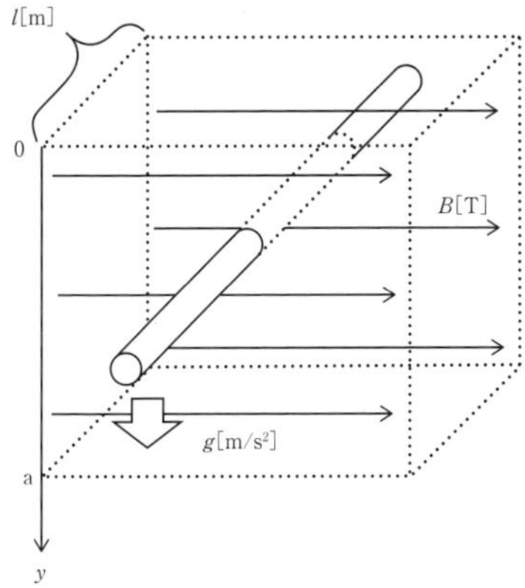

解答 (3)

手を離してからt[s]後の導体の速度v[m/s]及び位置y[m]は，

$$v=gt \quad ・・・①$$

$$y=\frac{1}{2}gt^2 \quad ・・・②$$

①をtについて整理し，②に代入すると，

$$y=\frac{1}{2}g\left(\frac{v}{g}\right)^2$$

$$=\frac{v^2}{2g}$$

$y=a$のときの速度は，

$$a=\frac{v^2}{2g}$$

$$v^2=2ga$$

①，②の式は物体の落下運動における基本式なので覚えておくこと。

電気を扱う上では必ず力学の基本を習得しておく必要がある。電験においても理論科目や機械科目では力学を使用した問題が出題される。

$v=\sqrt{2ga}$

したがって，誘導起電力e［V］

$e=Blv\sin\theta$

$=Bl\sqrt{2ga}\sin 90°$

$=\sqrt{2ga}\,Bl$

4 図に示すような巻数Nのコイルの自己インダクタンスの大きさを求めたところ，L_1［H］であった。また，同じ鉄心に巻数3Nのコイルを巻き，自己インダクタンスの大きさを求めたところL_2［H］となった。このとき，$\frac{L_2}{L_1}$の値として，最も近いものを次の(1)〜(5)のうちから一つ選べ。ただし，漏れ磁束はないものとする。

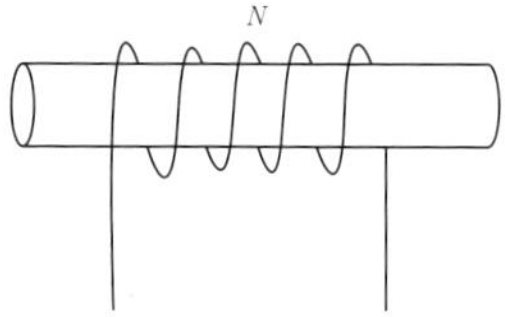

(1) 1.7　(2) 2.0　(3) 3.0　(4) 6.0　(5) 9.0

解答 (5)

$LI=N\phi$の関係より，

$$L=\frac{N\phi}{I}$$

また，磁気回路のオームの法則より，$\phi=\frac{NI}{R_m}$であるから，

$$L=\frac{N}{I}\cdot\frac{NI}{R_m}$$
$$=\frac{N^2}{R_m}$$

よって，自己インダクタンスLは巻数Nの２乗に比例するので，

$$\frac{L_2}{L_1}=\left(\frac{3N}{N}\right)^2$$
$$=9.0$$

$L=\frac{N^2}{R_m}$は公式として扱っている参考書もある。

$L=\frac{N\phi}{I}$だけを見て，LはNに比例すると勘違いしないこと。この誤答を意図した問題が過去問にも出題されている。

5 鉄心に巻数Nのコイル1を巻いたところ，自己インダクタンスがL_1[H]であった。このとき，次の(a)及び(b)の問に答えよ。ただし，漏れ磁束はないものとする。

(a) 同じ鉄心に巻数10 Nのコイル2を巻いた場合の自己インダクタンスL_2[H]はいくらになるか。最も近いものを次の(1)〜(5)のうちから一つ選べ。

(1) 0.5 L_1 (2) 3.3 L_1 (3) 10 L_1 (4) 20 L_1 (5) 100 L_1

(b) 同じ鉄心にコイル1及びコイル2を図のように取り付けると全体の合成インダクタンスはいくらになるか。最も近いものを次の(1)〜(5)のうちから一つ選べ。

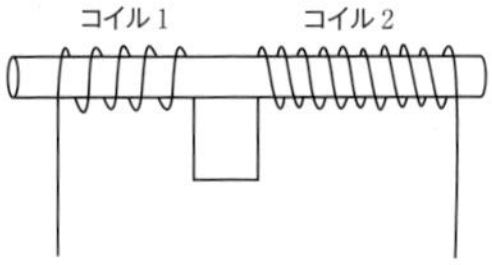

(1) 5 L_1 (2) 12 L_1 (3) 81 L_1 (4) 101 L_1 (5) 121 L_1

注目 様々な公式を扱う総合的な問題で，電験三種の標準レベルと言える問題。自己インダクタンスLは巻数Nの2乗に比例する，漏れ磁束がないので結合係数が1である点，合成インダクタンスの式等，多くの引っ掛けポイントがある問題。

解答 (a) (5)　(b) (3)

(a) 自己インダクタンスLは巻数Nの２乗に比例するので，

$$L_2=\left(\frac{10\,N}{N}\right)^2 L_1$$
$$=100\,L_1$$

(b) 漏れ磁束はないので，相互インダクタンスM[H]は，

$$M=\sqrt{L_1 \cdot L_2}$$
$$=\sqrt{L_1 \cdot 100L_1}$$
$$=\sqrt{100{L_1}^2}$$
$$=10\,L_1$$

また，図の通り，電流が流れたと仮定すると，コイル１とコイル２の作る磁束の向きは逆になるので，このコイルは差動接続であることがわかる。

したがって，合成インダクタンスL[H]は，

$$L=L_1+L_2-2\,M$$
$$=L_1+100\,L_1-2\cdot 10\,L_1$$

$=81\ L_1$

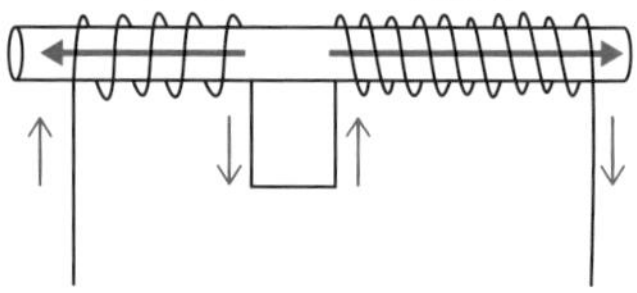

6 図のように，磁路の長さl=0.8 m，断面積A=0.05 m^2，透磁率μ_r=2000の鉄心に巻数N=50のコイルを巻き付け，電流I=2.5 Aを流した。このとき，コイルに蓄えられるエネルギーの大きさ[J]として，最も近いものを次の(1)～(5)のうちから一つ選べ。ただし，真空の透磁率は$\mu_0=4\pi\times10^{-7}$[H/m]とする。

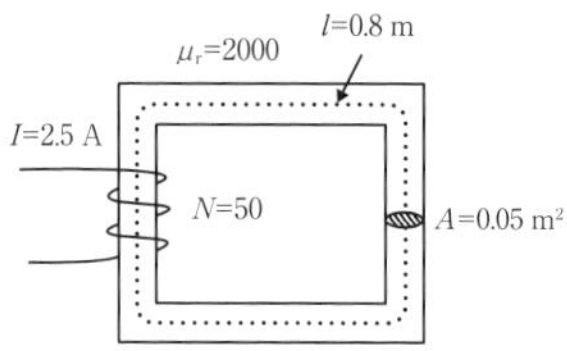

(1) 1.2　(2) 3.6　(3) 8.3　(4) 11.4　(5) 14.4

注目 試験本番までに，この問題にエアギャップが含まれる問題まで解けるようになっているのが理想。

解答 (1)

磁気抵抗R_m[H^{-1}]の大きさは，

$$R_m=\frac{l}{\mu_r\ \mu_0 A}$$

$$=\frac{0.8}{2000\times4\pi\times10^{-7}\times0.05}$$

$$\fallingdotseq 6366\ \mathrm{H}^{-1}$$

また，磁気回路のオームの法則より，

$$\phi=\frac{NI}{R_m}$$

$$=\frac{50\times2.5}{6366}$$

$$\fallingdotseq 0.01964\ \mathrm{Wb}$$

$LI=N\phi$の関係より，

$$L=\frac{N\phi}{I}$$

$$=\frac{50\times0.01964}{2.5}$$

$$=0.3928\ \mathrm{H}$$

よって，コイルに蓄えられるエネルギー W[J] は，

$$W=\frac{1}{2}LI^2$$

$$=\frac{1}{2}\times0.3928\times2.5^2$$

$$\fallingdotseq1.23\ \mathrm{J}\rightarrow1.2\ \mathrm{J}$$

［別解］

磁気抵抗 R_m [H^{-1}] の大きさは，

$$R_\mathrm{m}=\frac{l}{\mu_\mathrm{r}\,\mu_0A}$$

磁気回路のオームの法則より，

$$\phi=\frac{NI}{R_\mathrm{m}}$$

$$=\frac{\mu_\mathrm{r}\,\mu_0ANI}{l}$$

$LI=N\phi$ の関係より，

$$L=\frac{N\phi}{I}$$

$$=\frac{\mu_\mathrm{r}\,\mu_0AN^2}{l}$$

よって，コイルに蓄えられるエネルギー W[J] は，

$$W=\frac{1}{2}LI^2$$

$$=\frac{\mu_\mathrm{r}\,\mu_0AN^2I^2}{2l}$$

$$=\frac{2000\times4\pi\times10^{-7}\times0.05\times50^2\times2.5^2}{2\times0.8}$$

$$\fallingdotseq1.23\ \mathrm{J}$$

注目 可能であれば計算量を減らし，計算間違いを防ぐため，別解のように最後に値を代入し計算するようにする。

解答

CHAPTER 04

交流回路

1 RLC回路の計算

確認問題

1 瞬時値が次の各式で示される電圧又は電流の平均値，実効値，角周波数［rad/s］，周波数［Hz］，周期［s］を有効数字3桁で求めよ。

（1）$e=100\sin 20t$

（2）$e=100\sqrt{2}\sin 10\pi t$

（3）$i=5\pi\ \sin\left(20t+\dfrac{\pi}{4}\right)$

（4）$i=0.2\cos\left(80t+\dfrac{\pi}{8}\right)$

解答

（1）平均値63.7 V　実効値70.7 V
角周波数20.0 rad/s　周波数3.18 Hz
周期0.314 s

（2）平均値90.0 V　実効値100 V
角周波数31.4 rad/s　周波数5.0 Hz
周期0.20 s

（3）平均値10.0 A　実効値11.1 A
角周波数20.0 rad/s　周波数3.18 Hz
周期0.314 s

（4）平均値0.127 A　実効値0.141 A
角周波数80.0 rad/s　周波数12.7 Hz
周期0.0785 s

（1）

①平均値E_{av}

正弦波の平均値E_{av}は，最大値E_mの$\dfrac{2}{\pi}$倍なので，

$$E_{av}=\frac{2}{\pi}E_m$$

POINT 1 正弦波交流

テキスト等の公式を暗記してから問題を解くのではなく，問題を解きながらテキストの公式を“結果的に”覚えていくこと。

$$=\frac{2}{3.1416}\times 100$$

$$\fallingdotseq 63.7\ \mathrm{V}$$

②実効値E

正弦波の実効値Eは，最大値E_mの$\frac{1}{\sqrt{2}}$倍なので，

$$E=\frac{1}{\sqrt{2}}E_m$$

$$=\frac{1}{1.4142}\times 100$$

$$\fallingdotseq 70.7\ \mathrm{V}$$

③角周波数ω

$e=100\sin 20t$の角周波数ω[rad/s] は，

$$\omega=20.0\ \mathrm{rad/s}$$

④周波数f

$\omega=2\pi f$の関係があるから，

$$f=\frac{\omega}{2\pi}$$

$$=\frac{20}{2\times 3.1416}$$

$$\fallingdotseq 3.1831\rightarrow 3.18\ \mathrm{Hz}$$

⑤周期T

$T=\frac{1}{f}$の関係があるから，

$$T=\frac{1}{f}$$

$$=\frac{1}{3.1831}$$

$$\fallingdotseq 0.314\ \mathrm{s}$$

(2)

①平均値E_{av}

正弦波の平均値E_{av}は，最大値E_mの$\frac{2}{\pi}$倍なので，

$$E_{av}=\frac{2}{\pi}E_m$$

$$=\frac{2}{3.1416}\times 100\times 1.4142$$

$$\fallingdotseq 90.0\ \mathrm{V}$$

$\pi=3.141592\cdots\rightarrow 3.1416$
$\sqrt{2}=1.41421356\cdots\rightarrow 1.4142$
$\sqrt{3}=1.7320508\cdots\rightarrow 1.7321$
程度は覚えておくこと。

②実効値E

正弦波の実効値Eは，最大値E_mの$\frac{1}{\sqrt{2}}$倍なので，

$$E=\frac{1}{\sqrt{2}}E_m$$

$$=\frac{1}{\sqrt{2}}\times 100\sqrt{2}$$

$$=100\ \text{V}$$

③角周波数ω

$e=100\sqrt{2}\sin 10\pi t$の角周波数$\omega$[rad/s]は，

$$\omega=10\times 3.1416$$

$$=31.416\rightarrow 31.4\ \text{rad/s}$$

④周波数f

$\omega=2\pi f$の関係があるから，

$$f=\frac{\omega}{2\pi}$$

$$=\frac{10\pi}{2\pi}$$

$$=5.0\ \text{Hz}$$

⑤周期T

$T=\frac{1}{f}$の関係があるから，

$$T=\frac{1}{f}$$

$$=\frac{1}{5.0}$$

$$=0.20\ \text{s}$$

(3)

①平均値I_{av}

正弦波の平均値I_{av}は，最大値I_mの$\frac{2}{\pi}$倍なので，

$$I_{av}=\frac{2}{\pi}I_m$$

$$=\frac{2}{\pi}\times 5\pi$$

$$=10.0\ \text{A}$$

②実効値I

正弦波の実効値Iは，最大値I_mの$\frac{1}{\sqrt{2}}$倍なので，

電流の瞬時値の式

$i=I_m\sin(\omega t+\phi)$の初期位相ϕは，位相差等の位相に関する計算以外，すなわち平均値，実効値，角速度，周波数，周期の計算には一切関係がないことを知っておく。

$$I=\frac{1}{\sqrt{2}}I_m$$

$$=\frac{1}{1.4142}\times 5\times 3.1416$$

$$\fallingdotseq 11.1\ \text{A}$$

③角周波数ω

$i=5\pi\sin\left(20t+\frac{\pi}{4}\right)$の角周波数$\omega$[rad/s]は,

$\omega=20.0\ \text{rad/s}$

④周波数f

$\omega=2\pi f$の関係があるから,

$$f=\frac{\omega}{2\pi}$$

$$=\frac{20}{2\times 3.1416}$$

$$\fallingdotseq 3.1831\rightarrow 3.18\ \text{Hz}$$

⑤周期T

$T=\frac{1}{f}$の関係があるから,

$$T=\frac{1}{f}$$

$$=\frac{1}{3.1831}$$

$$\fallingdotseq 0.314\ \text{s}$$

(4)

cosのグラフもsinのグラフも形は同じなので,sinの場合と同様に考えれば良い。

①平均値I_{av}

正弦波の平均値I_{av}は,最大値I_mの$\frac{2}{\pi}$倍なので,

$$I_{av}=\frac{2}{\pi}I_m$$

$$=\frac{2}{3.1416}\times 0.2$$

$$\fallingdotseq 0.127\ \text{A}$$

②実効値I

正弦波の実効値Iは,最大値I_mの$\frac{1}{\sqrt{2}}$倍なので,

$$I=\frac{1}{\sqrt{2}}I_m$$

$\cos\theta=\sin(\theta+90°)$であるため,(3)同様,位相の計算以外はsinの場合と全く同じと考えて良い。

$$=\frac{1}{1.4142}\times 0.2$$

$$\fallingdotseq 0.141\ \mathrm{A}$$

③角周波数ω

$i=0.2\cos\left(80t+\dfrac{\pi}{8}\right)$の角周波数$\omega$[rad/s]は，

$$\omega=80.0\ \mathrm{rad/s}$$

④周波数f

$\omega=2\pi f$の関係があるから，

$$f=\frac{\omega}{2\pi}$$

$$=\frac{80}{2\times 3.1416}$$

$$\fallingdotseq 12.732\rightarrow 12.7\ \mathrm{Hz}$$

⑤周期T

$T=\dfrac{1}{f}$の関係があるから，

$$T=\frac{1}{f}$$

$$=\frac{1}{12.732}$$

$$\fallingdotseq 0.0785\ \mathrm{s}$$

2 次の(1)～(4)の各図の空欄に当てはまる値を求めよ。

(1)

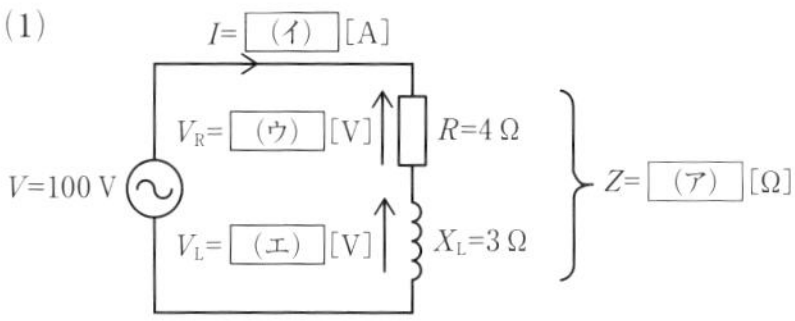

(2)

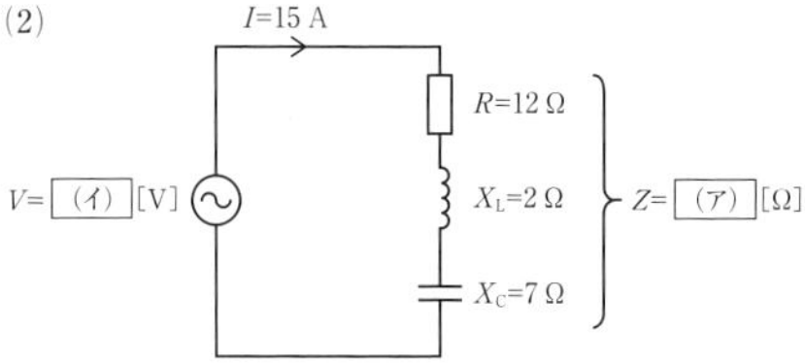

注目 本問ではコイルはリアクタンスの形で表されているので注意する。

(3)

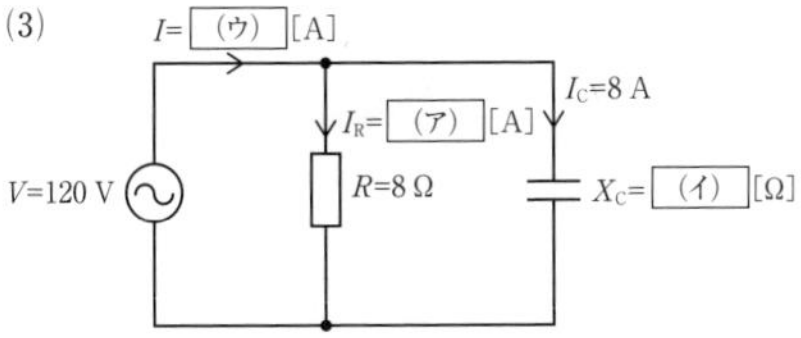

(4)

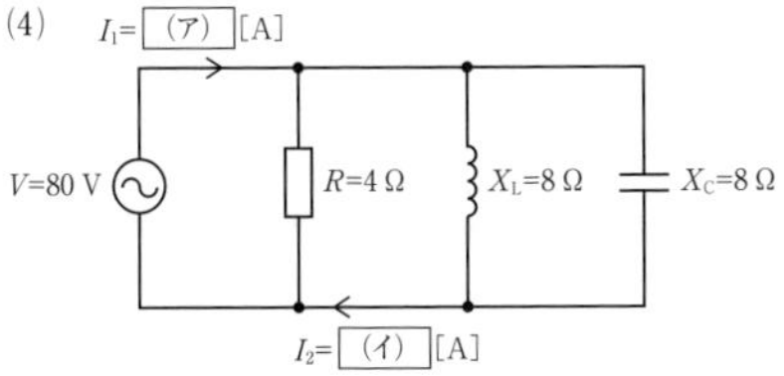

解答　(1)　(ア) 5.0 Ω　(イ) 20 A　(ウ) 80 V
(エ) 60 V

(2)　(ア) 13 Ω　(イ) 195 V

(3)　(ア) 15 A　(イ) 15 Ω　(ウ) 17 A

(4)　(ア) 20 A　(イ) 0 A

(1)

(ア)　$Z=\sqrt{R^2+X_L{}^2}$ であるから，

$$Z=\sqrt{R^2+X_L{}^2}$$
$$=\sqrt{4^2+3^2}$$
$$=5.0\ \Omega$$

(イ)　オームの法則より，

$$I=\frac{V}{Z}$$
$$=\frac{100}{5}$$
$$=20\ \text{A}$$

(ウ)　オームの法則より，

$$V_R=RI$$
$$=4\times20$$
$$=80\ \text{V}$$

(エ)　オームの法則より，

$$V_L=X_L I$$
$$=3\times20$$
$$=60\ \text{V}$$

基本的には(イ)～(エ)のように直流回路での計算公式が交流の計算においても適用可能である。

(2)

（ア） $Z=\sqrt{R^2+(X_L-X_C)^2}$ であるから，

$$Z=\sqrt{R^2+(X_L-X_C)^2}$$
$$=\sqrt{12^2+(2-7)^2}$$
$$=13\ \Omega$$

（イ） オームの法則より，

$$V=ZI$$
$$=13\times 15$$
$$=195\ \text{V}$$

(3)

（ア） 問題の図は並列回路であるため，抵抗 R にかかる電圧は120 Vであるから，オームの法則より，

$$I_R=\frac{V}{R}$$
$$=\frac{120}{8}$$
$$=15\ \text{A}$$

（イ） （ア）と同様にコンデンサにかかる電圧も120 Vであるから，オームの法則より，

$$X_C=\frac{V}{I_C}$$
$$=\frac{120}{8}$$
$$=15\ \Omega$$

（ウ） コンデンサを流れる電流 I_C は，抵抗を流れる電流 I_R より90°進みとなるから，ベクトル図は下図の通りとなる。求める電流 I[A]は三平方の定理より，

$$I=\sqrt{I_R{}^2+I_C{}^2}$$
$$=\sqrt{15^2+8^2}$$
$$=17\ \text{A}$$

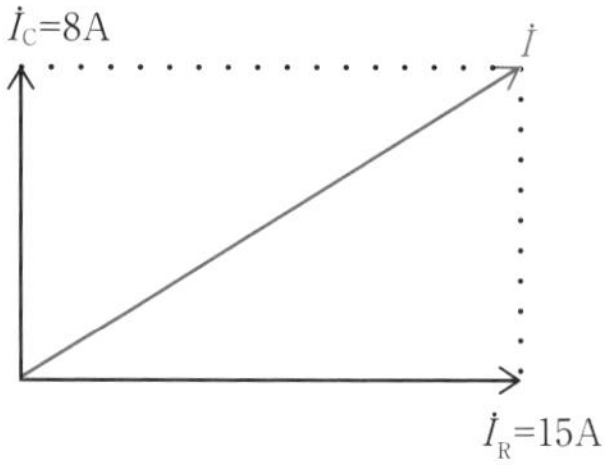

POINT 6 RLC直列回路

誘導性リアクタンスと容量性リアクタンスは逆符号なので，引き算とすること。

POINT 8 RC並列回路

並列回路において，各素子にかかる電圧が電源の電圧と等しくなることは交流回路にも同様に適用可能であり，非常によく使う手法である。

直流回路では単純な足し算で計算するが，交流回路では三平方の定理により導出，すなわちベクトル和とする。

(4)

（ア） $X_L=X_C$ なので，回路は並列共振回路となる。

したがって，電源から流れ出た電流 I_1 は，すべて抵抗 R を流れるので，

$$I_1=\frac{V}{R}$$

$$=\frac{80}{4}$$

$$=20\ \mathrm{A}$$

（イ） $X_L=X_C$ なので，回路は並列共振回路となり，X_L と X_C の合成リアクタンスは無限大となり，並列共振回路には電流は流れない（0 A）。

POINT 9 *RLC*並列回路

POINT 11 並列共振

$X_L=X_C$ である場合，並列合成リアクタンス X は

$$X=\frac{\mathrm{j}X_L\cdot(-\mathrm{j}X_C)}{\mathrm{j}X_L-\mathrm{j}X_C}$$

$$=\frac{X_L X_C}{0}\to\infty$$

となる。

3 次の問に答えよ。

(1) インダクタンスが3 mHのコイルと静電容量が3 mFのコンデンサがある。このコイルとコンデンサを直列に接続し50 Hzと60 Hzで使用した場合，それぞれの合成リアクタンスの大きさはいくらになるか。

(2) インダクタンスが3 mHのコイルと静電容量が3 mFのコンデンサがある。このコイルとコンデンサを並列に接続したときの共振角周波数[rad/s]と共振周波数[Hz]の値を求めよ。

解答 (1) 50Hzのとき：0.119 Ω

60Hzのとき：0.247 Ω

(2) 共振角周波数：333 rad/s,

共振周波数：53.1 Hz

POINT 6 *RLC*直列回路

(1) コイルのリアクタンスは $X_L=2\pi fL$，コンデンサのリアクタンスは $X_C=\dfrac{1}{2\pi fC}$ であるので，その直列合成リアクタンス X は，

$$X=X_L-X_C$$

$$=2\pi fL-\frac{1}{2\pi fC}$$

したがって，50 Hzのとき，

$$X_{50}=2\times3.1416\times50\times3\times10^{-3}$$

$$-\frac{1}{2\times3.1416\times50\times3\times10^{-3}}$$

$$\fallingdotseq 0.94248-1.0610 \fallingdotseq -0.119\ \Omega$$

また，60 Hzのとき，

$$X_{60}=2\times3.1416\times60\times3\times10^{-3}$$

$$-\frac{1}{2\times3.1416\times60\times3\times10^{-3}}$$

$$\fallingdotseq 1.1310-0.88419 \fallingdotseq 0.247\ \Omega$$

(2) 共振角周波数ω[rad/s]は，

$$\omega=\frac{1}{\sqrt{LC}}$$

$$=\frac{1}{\sqrt{3\times10^{-3}\times3\times10^{-3}}}$$

$$=\frac{1}{3\times10^{-3}}$$

$$\fallingdotseq 333\ \text{rad/s}$$

共振周波数f[Hz]は，

$$f=\frac{1}{2\pi\sqrt{LC}}$$

$$=\frac{1}{2\times3.1416\times\sqrt{3\times10^{-3}\times3\times10^{-3}}}$$

$$=\frac{1}{2\times3.1416\times3\times10^{-3}}$$

$$\fallingdotseq 53.1\ \text{Hz}$$

マイナスはコイルを基準としたベクトルの向きなので，大きさは0.119Ωとなる。

POINT 11 並列共振

4 次の図に示す電流$\dot{I}$[A]に当てはまる数値及びそれぞれの電流の大きさI[A]を求めよ。ただし，電源の電圧を基準とする。

(1)

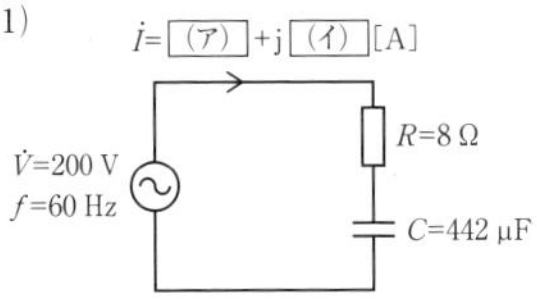

(2)

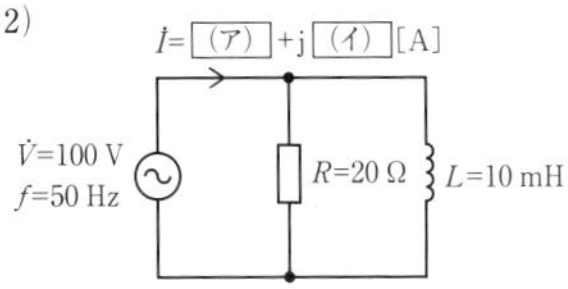

解答 (1) (ア) 16.0 (イ) 12.0 電流の大きさ20.0 A

(2) (ア) 5 (イ) −31.8 電流の大きさ32.2 A

(1) 回路のインピーダンス$\dot{Z}$[Ω]は，

$$\dot{Z}=R+\frac{1}{\mathrm{j}2\pi fC}$$

$$=8+\frac{1}{\mathrm{j}2\times3.1416\times60\times442\times10^{-6}}$$

$$=8-\mathrm{j}6.0013\ \Omega$$

となるので，回路を流れる電流$\dot{I}$[A]は，

$$\dot{I}=\frac{\dot{V}}{\dot{Z}}$$

$$=\frac{200}{8-\mathrm{j}6.0013}$$

$$=\frac{200}{8-\mathrm{j}6.0013}\times\frac{8+\mathrm{j}6.0013}{8+\mathrm{j}6.0013}$$

$$\fallingdotseq\frac{1600+\mathrm{j}1200.3}{64+36.016}$$

$$\fallingdotseq\frac{1600+\mathrm{j}1200.3}{100.02}$$

$$\fallingdotseq16.0+\mathrm{j}12.0\ \mathrm{A}$$

また，電流の大きさI[A]は，

$$I=\sqrt{16.0^2+12.0^2}$$

$$=20.0\ \mathrm{A}$$

(2) 抵抗を流れる電流$\dot{I}_{\mathrm{R}}$[A]は，

$$\dot{I}_{\mathrm{R}}=\frac{\dot{V}}{R}$$

$$=\frac{100}{20}$$

$$=5\ \mathrm{A}$$

となり，コイルを流れる電流$\dot{I}_{\mathrm{L}}$[A]は，

$$\dot{I}_{\mathrm{L}}=\frac{\dot{V}}{\mathrm{j}2\pi fL}$$

$$=\frac{100}{\mathrm{j}2\times3.1416\times50\times10\times10^{-3}}$$

$$\fallingdotseq-\mathrm{j}31.83\ \mathrm{A}$$

よって，電源を流れる電流$\dot{I}$[A]は，

POINT 5 RC直列回路

- $\frac{1}{\mathrm{j}}=\frac{1}{\mathrm{j}}\times\frac{\mathrm{j}}{\mathrm{j}}=\frac{\mathrm{j}}{-1}=-\mathrm{j}$
となることは知っておく。

- 本番の試験ではj6.0013は有効数字3桁j6.00で計算すれば十分である。

POINT 7 RL並列回路

$\dot{I}=\dot{I}_R+\dot{I}_L$

$=5-j31.8$ A

また，電流の大きさI[A]は，

$I=\sqrt{5^2+31.831^2}$

$\fallingdotseq 32.2$ A

5 次の図に示す回路において，電源の周波数が，(a) 1 Hzの時，(b) 100 Hzのとき，(c) 10 kHzの時の回路を流れる電流の大きさI[A]を求めよ。

(1)

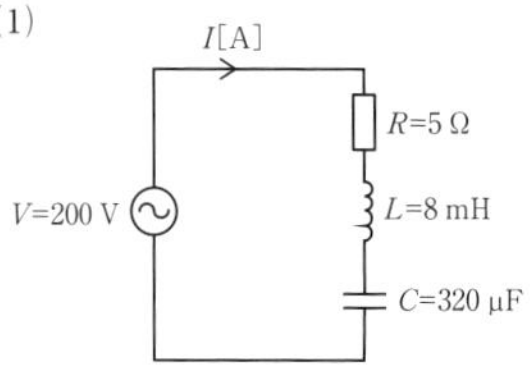

(2)

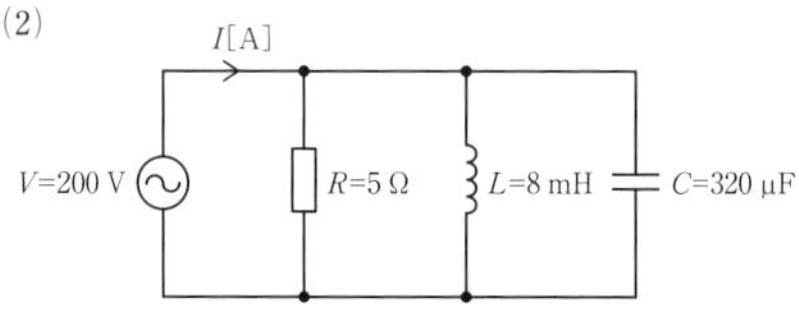

解答 (1) (a) 0.402 A (b) 40.0 A (c) 0.398 A

(2) (a) 3980 A (b) 40.0 A (c) 4020 A

(1) 回路のリアクタンスX[Ω]は，

$$X=2\pi fL-\frac{1}{2\pi fC}$$

$$=0.050266f-\frac{497.36}{f}$$

となるので，この式に各値を代入して，電流の大きさI[A]を求める

(a) 1 Hzのとき

$$X_1=0.050266\times1-\frac{497.36}{1}$$

$$\fallingdotseq 497.4\ \Omega$$

回路のインピーダンスの大きさZ[Ω]は，

$$Z=\sqrt{R^2+X_1^2}$$

$$=\sqrt{5^2+497.36^2}$$

POINT 6 RLC直列回路

試験の際はコンデンサのリアクタンスが支配的であると考え，コンデンサのみの回路と考えて計算すると良い。

$\fallingdotseq 497.39\ \Omega$

よって，電流の大きさI[A]は，

$$I=\frac{V}{Z}$$

$$=\frac{200}{497.39}$$

$\fallingdotseq$**0.402 A**

(b) 100 Hzのとき

$$X_{100}=0.050267\times100-\frac{497.36}{100}$$

$$\fallingdotseq 0.0531\ \Omega$$

回路のインピーダンスの大きさZ[Ω]は，

$$Z=\sqrt{R^2+X_{100}{}^2}$$

$$=\sqrt{5^2+0.0531^2}$$

$$\fallingdotseq 5.000\ \Omega$$

よって，電流の大きさI[A]は，

$$I=\frac{V}{Z}$$

$$=\frac{200}{5.000}$$

$\fallingdotseq$**40.0 A**

(a)と同様，100 Hzのときはほぼリアクタンスは零になると考え，抵抗のみの回路であると考える。

(c) 10 kHzのとき

$$X_{10k}=0.050267\times10000-\frac{497.36}{10000}$$

$$\fallingdotseq 502.67\ \Omega$$

回路のインピーダンスの大きさZ[Ω]は，

$$Z=\sqrt{R^2+X_{10k}{}^2}=\sqrt{5^2+502.67^2}$$

$$\fallingdotseq 502.69\ \Omega$$

よって，電流の大きさI[A]は，

$$I=\frac{V}{Z}$$

$$=\frac{200}{502.69}$$

$\fallingdotseq$**0.398 A**

(a)，(b)と同様，10 kHzのときはほぼコイルのリアクタンスが支配的であると考え計算する。周波数の違いにより，どのような計算となるか違いをよく理解しておくこと。

(2)

(a) 1 Hzのとき

(1)と同様に考えると，電源からの電流はほぼコイルLに流れるので，

$$I=\frac{V}{Z}$$

$$\fallingdotseq\frac{V}{2\pi fL}$$

$$=\frac{200}{2\times3.1416\times1\times8\times10^{-3}}$$

$$\fallingdotseq3980\ \mathrm{A}$$

(b) 100 Hzのとき

(1)と同様に考えると，コンデンサとコイルの合成アドミタンスは非常に小さくなり，電源からの電流はほぼ抵抗Rに流れるので，

$$I=\frac{V}{Z}$$

$$\fallingdotseq\frac{V}{R}$$

$$=\frac{200}{5}$$

$$\fallingdotseq40.0\ \mathrm{A}$$

(c) 10 kHzのとき

(1)と同様に考えると，電源からの電流はほぼコンデンサCに流れるので，

$$I=\frac{V}{Z}$$

$$\fallingdotseq2\pi fCV$$

$$=2\times3.1416\times10\times10^{3}\times320\times10^{-6}\times200$$

$$\fallingdotseq4020\ \mathrm{A}$$

POINT 9 RLC並列回路

(1)と同様にどの素子が支配的かを考える。

基本問題

1 交流回路に関する記述として，誤っているものを次の(1)～(5)のうちから一つ選べ。

(1) 正弦波交流において，最大値がE_mであるとき，平均値は$\frac{2}{\pi}E_m$，実効値は$\frac{E_m}{\sqrt{2}}$となる。

(2) 正弦波交流の電流の瞬時値は$i=I_m\sin(\omega t+\theta)$で表すことができ，$\theta$を初期位相と呼ぶ。$\theta$は遅れ位相のときマイナス，進み位相のときプラスとなる。

(3) 交流回路にリアクトルを接続すると，電圧は電流より進み位相，コンデンサを接続すると，電圧は電流より遅れ位相となる。

(4) 直列のRLC交流回路において，インピーダンスが最大となる周波数を共振周波数と言い，共振周波数fは，$f=\frac{1}{2\pi\sqrt{LC}}$で求められる。

(5) 共振周波数になると，電源の電圧と電流の位相はほぼ等しくなる。

注目 (2)～(4)の文章はいずれも誤答にしやすい問題である。遅れや進みが逆になっているパターンも多くある。
したがって，解答を暗記するのではなく，メカニズムを理解すること。

解答 (4)

(1) 正しい。最大値がE_mであるとき，平均値は$\frac{2}{\pi}E_m$，実効値は$\frac{E_m}{\sqrt{2}}$となる。

(2) 正しい。正弦波交流の電流の瞬時値は$i=I_m\sin(\omega t+\theta)$で表すことができ，$\theta$を位相差と呼ぶ。$\theta$は遅れ位相のときマイナス，進み位相のときプラスとなる。

(3) 正しい。交流回路にリアクトルを接続すると，90°の遅れ電流が流れる。すなわち電圧は電流より進み位相となる。また，コンデンサを接続すると，電流は90°の進み電流が流れる。すなわち，電圧は電流より遅れ位相となる。

(4) 誤り。直列のRLC交流回路において，インピーダンスが最小となる周波数を共振周波数と言い，共振周波数fは，$f=\frac{1}{2\pi\sqrt{LC}}$で求められる。

(5) 正しい。共振周波数になると，電源の電圧と電流の位相はほぼ等しくなる。

2 図1の回路に電圧の瞬時値が$v=100\sqrt{2}\sin 10t$[V]となる電圧をかけたところ，図2のような波形が現れた。次の問に答えよ。

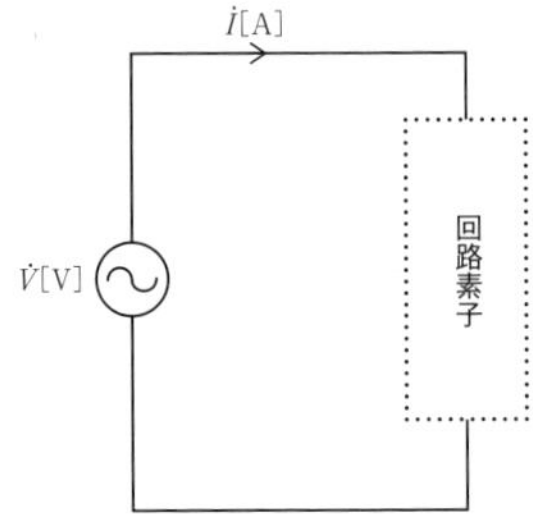

図1

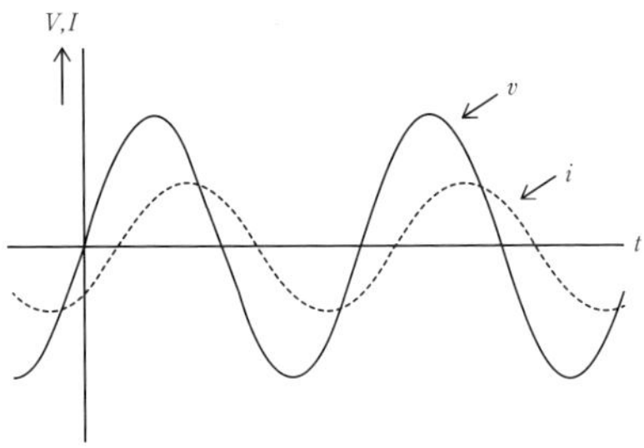

図2

(a) この電圧の実効値V[V]として，最も近いものを次の(1)～(5)のうちから一つ選べ。

(1) 90　(2) 100　(3) 110　(4) 120　(5) 130

(b) 図1の回路素子に当てはまる素子の組合せとして，正しいものを次の(1)～(5)のうちから一つ選べ。

(1) コイル　(2) コンデンサ　(3) 抵抗とコイル
(4) 抵抗とコンデンサ　(5) コイルとコンデンサ

(c) 図1の回路の電流の平均値が22 Aであるとき，この回路素子のインピーダンスの大きさ[Ω]として，最も近いものを次の(1)～(5)のうちから一つ選べ。

(1) 1　(2) 2　(3) 3　(4) 4　(5) 5

解答 (a) (2)　(b) (3)　(c) (4)

(a) 正弦波交流の実効値Vは最大値V_mの$\frac{1}{\sqrt{2}}$倍なので，

$$V=\frac{V_m}{\sqrt{2}}$$
$$=\frac{100\sqrt{2}}{\sqrt{2}}$$
$$=100\ \mathrm{V}$$

(b) 図2より，電流は電圧より遅れ位相であり，90°より遅れていないことがわかる。したがって，回路素子は抵抗とコイルの組合せとなる。

(c) 電流の平均値I_{av}=22 Aなので，最大値I_m[A]は，

$$I_{av}=\frac{2}{\pi}I_m$$
$$I_m=\frac{\pi}{2}I_{av}$$
$$=\frac{3.1416}{2}\times 22$$
$$=34.558\ \mathrm{A}$$

よって，電流の実効値I[A]は，

$$I=\frac{I_m}{\sqrt{2}}$$
$$=\frac{34.558}{\sqrt{2}}$$
$$\fallingdotseq 24.436\ \mathrm{A}$$

したがって，回路のインピーダンスの大きさZ[Ω]は，

$$Z=\frac{V}{I}$$
$$=\frac{100}{24.436}$$
$$\fallingdotseq 4.09\ \Omega$$

よって，最も近いのは(4)。

POINT 1 正弦波交流

図2の原点における値を見ると判断しやすい。vがt=0で零となっているのに対して，iはt>0で零になっている。すなわち，電圧が零になってからしばらくしてiが零になっている。

POINT 1 正弦波交流

インピーダンス値の計算は実効値での計算が原則であるが，正弦波の場合，

$$\frac{V}{I}=\frac{\frac{V_m}{\sqrt{2}}}{\frac{I_m}{\sqrt{2}}}=\frac{V_m}{I_m}$$

となるので，最大値同士で計算してもよい。

3 図の回路において，$R=\sqrt{3}\omega L$であるとき，インダクタンスLにかかる電圧V_L[V]として，正しいものを次の(1)～(5)のうちから一つ選べ。

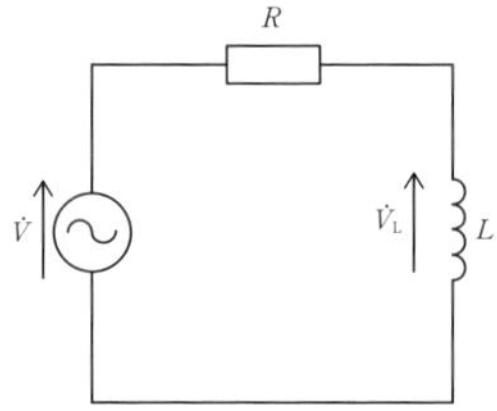

(1) $\dfrac{V}{\sqrt{3}}$　(2) $\dfrac{V}{2}$　(3) $\dfrac{V}{\sqrt{2}}$　(4) $\dfrac{\sqrt{3}}{2}V$　(5) V

解答 (2)

題意に沿ってベクトル図を描くと下図のようになる。これより，この三角形は$1:2:\sqrt{3}$の三角形であることが分かるので，$\theta=30°$となり，$V_L=\dfrac{V}{2}$と求められる。

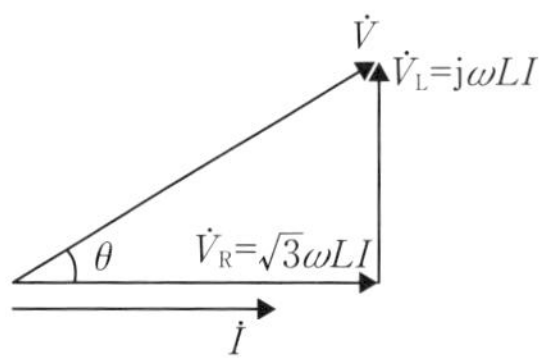

注目 解答のようにベクトル図を描くと正答が導き出しやすくなる。普段から，ベクトル図をスピーディに描けるように習熟しておくこと。

4 図のようなRLC並列回路について，以下の(a)～(d)の問に答えよ。

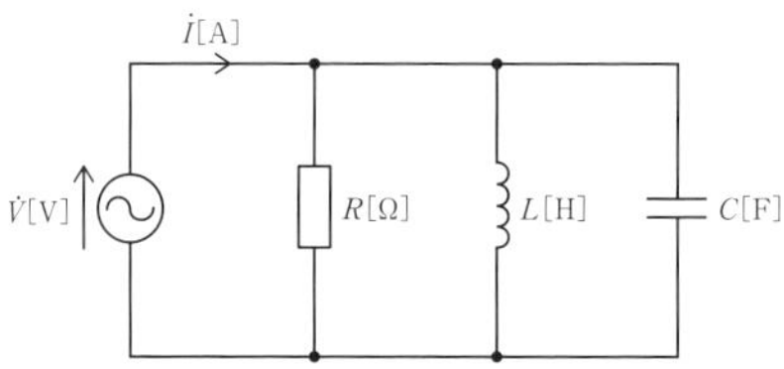

(a) 回路の合成アドミタンス$\dot{Y}$[S]として，正しいものを次の(1)～(5)のうちから一つ選べ。

(1) $\dfrac{1}{R}+\mathrm{j}\left(\omega C-\dfrac{1}{\omega L}\right)$　(2) $R+\mathrm{j}\left(\omega C-\dfrac{1}{\omega L}\right)$

(3) $\dfrac{1}{R}+\mathrm{j}\left(\omega L-\dfrac{1}{\omega C}\right)$　(4) $\dfrac{1}{R}+\mathrm{j}\left(\dfrac{1}{\omega L}-\omega C\right)$

(5) $R+\mathrm{j}\left(\omega L-\dfrac{1}{\omega C}\right)$

(b) 回路の合成リアクタンスX[Ω]として，正しいものを次の(1)〜(5)のうちから一つ選べ。（難易度高め）

(1) $\omega L-\dfrac{1}{\omega C}$　(2) $\dfrac{\omega L}{\omega^2 LC-1}$　(3) $\dfrac{\omega L}{1-\omega^2 LC}$

(4) $\dfrac{\omega LR^2(\omega LC-1)}{(\omega L)^2+R^2(\omega LC-1)^2}$　(5) $\dfrac{\omega LR^2(1-\omega^2 LC)}{(\omega L)^2+R^2(1-\omega^2 LC)^2}$

(c) $\omega L=\dfrac{1}{\omega C}$のとき，電源を流れる電流$I$[A]の大きさとして，正しいものを次の(1)〜(5)のうちから一つ選べ。

(1) $\dfrac{V}{R}$　(2) $\left(\omega C-\dfrac{1}{\omega L}\right)V$　(3) $\left(\omega C+\dfrac{1}{\omega L}\right)V$

(4) $\left(\dfrac{1}{R}+2\omega C\right)V$　(5) $\sqrt{\dfrac{1}{R^2}+4\omega^2 C^2}\ V$

(d) $R=\omega L=\dfrac{2}{\omega C}$の時，電流と電圧の位相差$\theta$[rad]として，正しいものを次の(1)〜(5)のうちから一つ選べ。

(1) 0　(2) $\dfrac{\pi}{6}$　(3) $\dfrac{\pi}{4}$　(4) $\dfrac{\pi}{3}$　(5) $\dfrac{\pi}{2}$

解答　(a) (1)　(b) (5)　(c) (1)　(d) (3)

(a) アドミタンス$\dot{Y}$[S]は，

$$\dot{Y}=\frac{1}{R}+\mathrm{j}\omega C+\frac{1}{\mathrm{j}\omega L}$$
$$=\frac{1}{R}+\mathrm{j}\omega C+\frac{1}{\mathrm{j}\omega L}\times\frac{\mathrm{j}}{\mathrm{j}}$$
$$=\frac{1}{R}+\mathrm{j}\omega C+\frac{\mathrm{j}}{-\omega L}$$
$$=\frac{1}{R}+\mathrm{j}\left(\omega C-\frac{1}{\omega L}\right)$$

(b) インピーダンス$\dot{Z}$[Ω]は$\dot{Z}=\dfrac{1}{\dot{Y}}$であるから，

$$\dot{Z}=\frac{1}{\dot{Y}}$$
$$=\frac{1}{\dfrac{1}{R}+\mathrm{j}\left(\omega C-\dfrac{1}{\omega L}\right)}$$
$$=\frac{1}{\dfrac{1}{R}+\mathrm{j}\left(\omega C-\dfrac{1}{\omega L}\right)}\times\frac{\omega LR}{\omega LR}$$

POINT 9 RLC並列回路

注目 並列回路の合成リアクタンスを求める場合，抵抗分が影響してくることを理解すること。
敢えて難易度高めの問題を設定しているが，抵抗分が含まれていない(1)〜(3)はその時点で除外できると判断可能。

$$=\frac{\omega LR}{\omega L+\mathrm{j}R(\omega^2 LC-1)}$$

$$=\frac{\omega LR}{\omega L+\mathrm{j}R(\omega^2 LC-1)}\times\frac{\omega L-\mathrm{j}R(\omega^2 LC-1)}{\omega L-\mathrm{j}R(\omega^2 LC-1)}$$

$$=\frac{\omega^2 L^2 R-\mathrm{j}\omega LR^2(\omega^2 LC-1)}{(\omega L)^2+R^2(\omega^2 LC-1)^2}$$

$$=\frac{\omega^2 L^2 R+\mathrm{j}\omega LR^2(1-\omega^2 LC)}{(\omega L)^2+R^2(1-\omega^2 LC)^2}$$

となるので，リアクタンスは上式の虚部なので，

$$X=\frac{\omega LR^2(1-\omega^2 LC)}{(\omega L)^2+R^2(1-\omega^2 LC)^2}$$

(c)　$\omega L=\frac{1}{\omega C}$のとき回路は並列共振になるので，電流は全て抵抗を流れる。したがって，電流の大きさI[A]は，

$$I=\frac{V}{R}$$

(d)　R，L，Cを流れる電流I_R，I_L，I_Cは，

$$I_R=\frac{V}{R}$$

$$I_L=\frac{V}{\omega L}=\frac{V}{R}=I_R$$

$$I_C=\omega CV=\frac{2V}{R}=2I_R$$

となるので，ベクトル図は図のようになる。

これより，$\dot{I}$の有効電流と無効電流の大きさはどちらもI_Rとなり等しいので，$\theta=\frac{\pi}{4}$ radとなる。

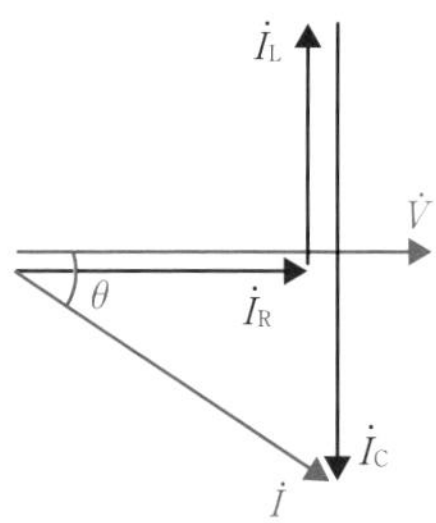

POINT 11 並列共振

$\omega CV=\frac{2V}{R}$の変換

$$R=\frac{2}{\omega C}$$

$$\omega CR=2$$

$$\omega C=\frac{2}{R}$$

であるから，

$$\omega CV=\frac{2V}{R}$$

$\theta=\frac{\pi}{6},\frac{\pi}{4},\frac{\pi}{3}$ radのときの有効電力Pと無効電力Qの関係は理解しておくこと。

$\theta=\frac{\pi}{6}$ radのとき

$P:Q=\sqrt{3}:1$

$\theta=\frac{\pi}{4}$ radのとき

$P:Q=1:1$

$\theta=\frac{\pi}{3}$ radのとき

$P:Q=1:\sqrt{3}$

応用問題

1 ある回路にて，電源の電圧と電流の瞬時値が，$e=200\sin\left(\omega t+\frac{\pi}{4}\right)$[V]，$i=100\cos\left(\omega t-\frac{\pi}{6}\right)$[A]であった。このとき，次の問に答えよ。

(a) 電流と電圧の実効値の組合せとして，最も近いものを次の(1)～(5)のうちから一つ選べ。

	電流	電圧
(1)	63.7	127
(2)	63.7	141
(3)	70.7	127
(4)	70.7	141
(5)	100	200

(b) 回路のインピーダンス$\dot{Z}$[Ω]として，正しいものを次の(1)～(5)のうちから一つ選べ。

(1) 1.4　(2) 2.0　(3) 2.4　(4) 2.8　(5) 4.0

(c) eとiの位相差[rad]として，正しいものを次の(1)～(5)のうちから一つ選べ。

(1) $\frac{\pi}{12}$　(2) $\frac{\pi}{6}$　(3) $\frac{5\pi}{12}$　(4) $\frac{7\pi}{12}$　(5) $\frac{11\pi}{12}$

解答 (a) (4)　(b) (2)　(c) (1)

(a) 実効値は最大値の$\frac{1}{\sqrt{2}}$倍であるから，

$$I=\frac{I_m}{\sqrt{2}}$$

$$=\frac{100}{1.4142}\fallingdotseq 70.7\ \mathrm{A}$$

$$E=\frac{E_m}{\sqrt{2}}$$

$$=\frac{200}{1.4142}\fallingdotseq 141\ \mathrm{V}$$

POINT 1 正弦波交流

誤答の63.7 Vは平均値である。

(b)　オームの法則より，回路のインピーダンス$\dot{Z}$ [Ω]は

$$\dot{Z}=\frac{E}{I}$$
$$=\frac{E_m}{I_m}$$
$$=\frac{200}{100}=2.00\ \Omega$$

(c)　$\cos\theta=\sin\left(\theta+\frac{\pi}{2}\right)$であるから，

$$i=100\cos\left(\omega t-\frac{\pi}{6}\right)$$
$$=100\sin\left(\omega t-\frac{\pi}{6}+\frac{\pi}{2}\right)$$
$$=100\sin\left(\omega t+\frac{\pi}{3}\right)$$

となるので，位相差δ[rad]は，

$$\delta=\frac{\pi}{3}-\frac{\pi}{4}=\frac{\pi}{12}$$

インピーダンス値の計算は実効値での計算が原則であるが，正弦波の場合，

$$\frac{E}{I}=\frac{\frac{E_m}{\sqrt{2}}}{\frac{I_m}{\sqrt{2}}}=\frac{E_m}{I_m}$$

となるので，最大値同士で計算してもよい。

sinとcosの波形をイメージすると$\frac{\pi}{2}$が＋か－か判断しやすい。

$$\cos 0=\sin\frac{\pi}{2}=1$$

なので，sinになおす場合$\frac{\pi}{2}$プラスすることになる。

2　図の回路において，スイッチを閉じる前，力率$\cos\theta_1=\frac{1}{2}$であった。その後，スイッチを閉じ，十分経過したところ，力率$\cos\theta_2=\frac{1}{\sqrt{2}}$となった。このとき，コンデンサのリアクタンス$X_C$[Ω]を表す式として，正しいものを次の(1)～(5)のうちから一つ選べ。

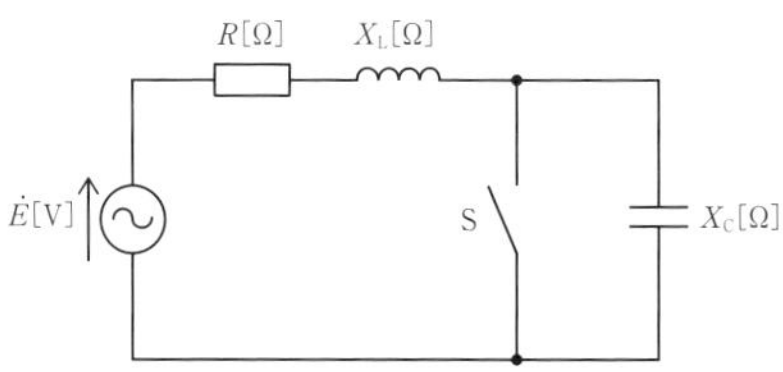

(1)　0.7R　(2)　1.2R　(3)　1.7R　(4)　2.2R　(5)　2.7R

注目　本問の場合，スイッチS投入前後で電源を流れる電流が変わってしまう。
したがって，ベクトル図は分けて考える。

解答　(5)

スイッチS投入前後のベクトル図を次図に示す。スイッチS投入後のベクトル図より，$\cos\theta_2=\frac{1}{\sqrt{2}}$であるから，$\theta_2=\frac{\pi}{4}$となり，$RI_2=X_L I_2$であるので，

$R=X_L$

次に，スイッチS投入前のベクトル図より，$\cos\theta_1=\dfrac{1}{2}$であるから，$\theta_1=\dfrac{\pi}{3}$となり，図より，

$$X_C I_1-X_L I_1=\sqrt{3}\,RI_1$$

であるから，

$$X_C-X_L=\sqrt{3}\,R$$
$$X_C=\sqrt{3}\,R+X_L$$
$$=\sqrt{3}\,R+R$$
$$=(\sqrt{3}+1)R$$
$$\fallingdotseq 2.7\,R$$

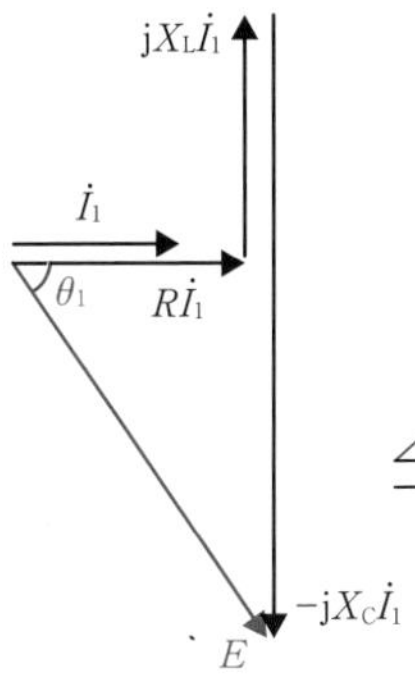

スイッチS投入前

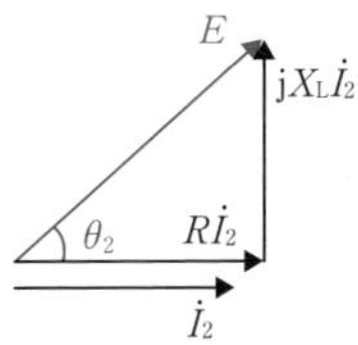

スイッチS投入後

3 図の回路において，$e_1=100\sqrt{2}\sin\left(\omega t+\dfrac{\pi}{3}\right)$[V] 及び $e_2=80\sqrt{2}\sin\left(3\omega t-\dfrac{\pi}{2}\right)$[V]，$R=8\ \Omega$，$L=3\ \mathrm{mH}$であるとき，$L$の端子電圧の実効値$V_L$[V]として，最も近いものを次の(1)～(5)のうちから一つ選べ。ただし，周波数は50 Hzとする。

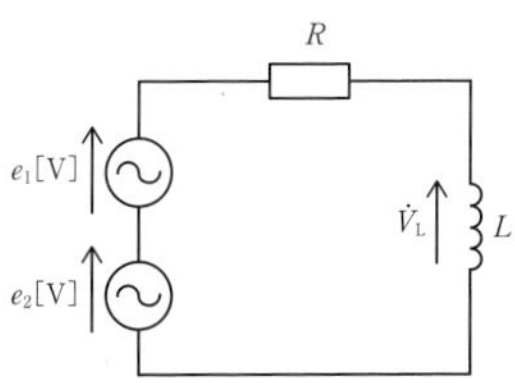

(1)　19　(2)　25　(3)　30　(4)　35　(5)　46

解答 (4)

重ね合わせの理により，Lの端子電圧を求める。

まず，e_1について，e_1の実効値E_1[V]は，

直流回路と同様,重ね合わせの理及び,分圧の法則が適用できる。

$$E_1=\frac{100\sqrt{2}}{\sqrt{2}}=100\ \mathrm{V}$$

となり，回路のインピーダンス$\dot{Z}_1$［Ω］は，

$$\begin{aligned}\dot{Z}_1&=R+\mathrm{j}\omega L\\&=R+\mathrm{j}2\pi fL\\&=8+\mathrm{j}2\times3.1416\times50\times3\times10^{-3}\\&=8+\mathrm{j}0.94248\ \Omega\end{aligned}$$

分圧の法則より，Lの端子電圧V_{L1}［V］は，

$$\begin{aligned}V_{\mathrm{L1}}&=\left|\frac{\mathrm{j}0.94248}{8+\mathrm{j}0.94248}\times100\right|\\&=\frac{0.94248}{\sqrt{8^2+0.94248^2}}\times100\\&\fallingdotseq0.11700\times100\\&=11.700\ \mathrm{V}\end{aligned}$$

次に，e_2について，e_2の実効値E_2［V］は，

$$E_2=\frac{80\sqrt{2}}{\sqrt{2}}=80\ \mathrm{V}$$

回路のインピーダンス$\dot{Z}_2$［Ω］は，

$$\begin{aligned}\dot{Z}_2&=R+\mathrm{j}3\omega L\\&=R+\mathrm{j}3\times2\pi fL\\&=8+\mathrm{j}3\times2\times3.1416\times50\times3\times10^{-3}\\&\fallingdotseq8+\mathrm{j}2.8274\ \Omega\end{aligned}$$

したがって，分圧の法則よりLの端子電圧V_{L2}［V］は，

$$\begin{aligned}V_{\mathrm{L2}}&=\left|\frac{\mathrm{j}2.8274}{8+\mathrm{j}2.8274}\times100\right|\\&=\frac{2.8274}{\sqrt{8^2+2.8274^2}}\times100\\&\fallingdotseq0.33323\times100=33.323\ \mathrm{V}\end{aligned}$$

よって，重ね合わせの理より，求める電圧はベクトル和であるから，

$$\begin{aligned}V_{\mathrm{L}}&=\sqrt{{V_{\mathrm{L1}}}^2+{V_{\mathrm{L2}}}^2}\\&=\sqrt{11.700^2+33.323^2}\fallingdotseq35.3\ \mathrm{V}\end{aligned}$$

本問のように，角周波数が異なる場合，それぞれの電圧は直交性がある（直角である）と考え計算する。直角である理由は，数学の教科書で習熟する計算が必要である。

4 図の回路において，次の(a)及び(b)の問に答えよ。ただし，電源の角周波数はω[rad/s]とする。

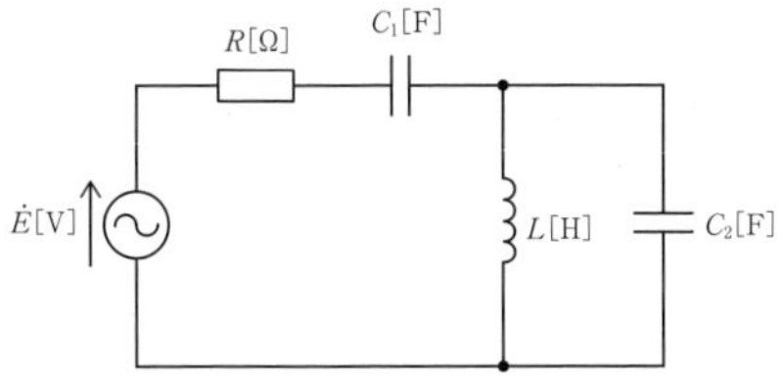

(a) 回路の合成インピーダンスとして，正しいものを次の(1)〜(5)のうちから一つ選べ。

(1) $R-\mathrm{j}\dfrac{\omega^2 L(C_1+C_2)-1}{\omega C_1(1-\omega^2 LC_2)}$　(2) $R-\mathrm{j}\dfrac{1-\omega^2 L(C_1+C_2)}{\omega C_1(1-\omega^2 LC_2)}$

(3) $R-\mathrm{j}\dfrac{1-\omega^2 L(C_1+C_2)}{\omega C_1(\omega^2 LC_2-1)}$　(4) $R-\mathrm{j}\dfrac{\omega^2 L(C_1+C_2)-1}{\omega C_2(1-\omega^2 LC_1)}$

(5) $R-\mathrm{j}\dfrac{1-\omega^2 L(C_1+C_2)}{\omega C_2(1-\omega^2 LC_1)}$

(b) 並列共振角周波数及び直列共振角周波数の組合せとして，正しいものを次の(1)〜(5)のうちから一つ選べ。

	並列共振角周波数	直列共振角周波数
(1)	$\dfrac{1}{\sqrt{LC_2}}$	$\dfrac{1}{\sqrt{L(C_1+C_2)}}$
(2)	$\dfrac{1}{\sqrt{LC_1}}$	$\dfrac{1}{\sqrt{L(C_1+C_2)}}$
(3)	$\dfrac{1}{\sqrt{LC_2}}$	$\dfrac{1}{\sqrt{LC_1}}$
(4)	$\dfrac{1}{\sqrt{L(C_1+C_2)}}$	$\dfrac{1}{\sqrt{LC_1}}$
(5)	$\dfrac{1}{\sqrt{L(C_1+C_2)}}$	$\dfrac{1}{\sqrt{LC_2}}$

解答 (a) (2)　(b) (1)

(a) LとC_2の合成インピーダンス$\dot{Z}_1$[Ω]は，

$$\dot{Z}_1=\frac{\mathrm{j}\omega L\cdot\dfrac{1}{\mathrm{j}\omega C_2}}{\mathrm{j}\omega L+\dfrac{1}{\mathrm{j}\omega C_2}}$$

$$=\frac{\mathrm{j}\omega L}{\mathrm{j}\omega L\cdot\mathrm{j}\omega C_2+1}$$

$$=\frac{\mathrm{j}\omega L}{1-\omega^2 LC_2}$$

よって，回路全体の合成インピーダンス$\dot{Z}$[Ω]は，

$$\dot{Z}=R+\frac{1}{\mathrm{j}\omega C_1}+\dot{Z}_1$$

$$=R-\mathrm{j}\frac{1}{\omega C_1}+\mathrm{j}\frac{\omega L}{1-\omega^2 LC_2}$$

$$=R-\mathrm{j}\frac{(1-\omega^2 LC_2)-\omega L\cdot\omega C_1}{\omega C_1(1-\omega^2 LC_2)}$$

$$=R-\mathrm{j}\frac{1-\omega^2 LC_2-\omega^2 LC_1}{\omega C_1(1-\omega^2 LC_2)}$$

$$=R-\mathrm{j}\frac{1-\omega^2 L(C_1+C_2)}{\omega C_1(1-\omega^2 LC_2)}$$

(b) 並列共振角周波数は$\dot{Z}$の値が最も大きくなる値，すなわち(a)解答式の虚数項の分母$\omega C_1(1-\omega^2 LC_2)$が零になるときの値である。したがって，

$$\omega C_1(1-\omega^2 LC_2)=0$$

$$1-\omega^2 LC_2=0\ (\because \omega\neq 0)$$

$$\omega^2 LC_2=1$$

$$\omega^2=\frac{1}{LC_2}$$

$$\omega=\frac{1}{\sqrt{LC_2}}$$

また，直列共振角周波数は$\dot{Z}$の値が最も小さくなる値，すなわち(a)解答式の虚数項の分子$1-\omega^2 L(C_1+C_2)$が零になるときの値である。したがって，

$$1-\omega^2 L(C_1+C_2)=0$$

$$\omega^2 L(C_1+C_2)=1$$

$$\omega^2=\frac{1}{L(C_1+C_2)}$$

$$\omega=\frac{1}{\sqrt{L(C_1+C_2)}}$$

並列の合成抵抗の計算はインピーダンスにも全く同じように適用可能である。

$$-\mathrm{j}\frac{1}{\omega C_1}+\mathrm{j}\frac{\omega L}{1-\omega^2 LC_2}$$

$$=-\mathrm{j}\frac{(1-\omega^2 LC_2)-\omega L\cdot\omega C_1}{\omega C_1(1-\omega^2 LC_2)}$$

の計算は次のようになる。

$$-\mathrm{j}\frac{1}{\omega C_1}+\mathrm{j}\frac{\omega L}{1-\omega^2 LC_2}$$

$$=-\mathrm{j}\left(\frac{1}{\omega C_1}-\frac{\omega L}{1-\omega^2 LC_2}\right)$$

$$=-\mathrm{j}\left\{\frac{1-\omega^2 LC_2}{\omega C_1(1-\omega^2 LC_2)}-\frac{\omega L\cdot\omega C_1}{\omega C_1(1-\omega^2 LC_2)}\right\}$$

$$=-\mathrm{j}\frac{(1-\omega^2 LC_2)-\omega L\cdot\omega C_1}{\omega C_1(1-\omega^2 LC_2)}$$

POINT 10 直列共振

POINT 11 並列共振

並列共振はLとC_2の共振条件となることを確認する。

2 交流回路の電力

確認問題

1 次の問に答えよ。

(1) 電圧が100 Vの単相交流電源に負荷を繋いだら，電流が50 A流れ，力率が0.8であった。この時，皮相電力[kV・A]，有効電力[kW]，無効電力[kvar]の大きさをそれぞれ求めよ。

(2) あるインピーダンスを電源に接続したところ，有効電力がP=36 kW,無効電力がQ=15 kvarであった。このインピーダンスの力率$\cos\theta$を求めよ。

(3) $\dot{V}$=100+j50 Vの電源にある負荷を繋いだところ，$\dot{I}$=20+j15 Aの電流が流れた。この負荷のインピーダンス$\dot{Z}$[Ω]を複素数表示で求めよ。また，このインピーダンスで消費される電力の大きさ[kW]を求めよ。

(4) $20\angle\frac{\pi}{4}$ Vの電源にある負荷を繋いだところ，電流値が$10\angle-\frac{\pi}{6}$ Aとなった。負荷の大きさ[Ω]を極座標表示で求めよ。

(5) 複素数表示で$\dot{Z}=10\sqrt{3}+\mathrm{j}10$ Ωの負荷があるとき，この負荷のインピーダンスの大きさ，および力率を求めよ。また，このインピーダンスを極座標表示で示せ。

解答

(1) 皮相電力5.0 kV・A　有効電力4.0 kW
無効電力3.0 kvar

(2) 0.923

(3) $\dot{Z}$=4.4−j0.8 Ω　電力の大きさ：2.75 kW

(4) $2\angle\frac{5}{12}\pi$ Ω

(5) Z=20 Ω　$\cos\theta$=0.866　$\dot{Z}=20\angle\frac{\pi}{6}$ Ω

(1) ①皮相電力[kV・A]

皮相電力S[kV・A]は，電圧V[V]と電流I[A]の積なので,

$$S=VI$$
$$=100\times50$$

POINT 1 皮相電力,有効電力,無効電力

$=5000\ \mathrm{V \cdot A} = 5.0\ \mathrm{kV \cdot A}$

②有効電力［kW］

有効電力P［kW］は，電圧V［V］と電流I［A］と力率$\cos\theta$を用いて，

$$P = VI\cos\theta$$

で求められるので，

$$P = 100\times50\times0.8$$
$$= 4000\ \mathrm{W} = 4.0\ \mathrm{kW}$$

③無効電力［kvar］

無効電力Q［kvar］は$S=\sqrt{P^2+Q^2}$の関係より，

$$Q=\sqrt{S^2-P^2}=\sqrt{5.0^2-4.0^2}$$
$$=3.0\ \mathrm{kvar}$$

(2)　力率$\cos\theta$は，

$$\cos\theta=\frac{P}{S}=\frac{P}{\sqrt{P^2+Q^2}}$$

となるので，

$$\cos\theta=\frac{36}{\sqrt{36^2+15^2}}$$
$$=\frac{36}{39}$$
$$\fallingdotseq 0.923$$

(3)　$\dot{Z}=\dfrac{\dot{V}}{\dot{I}}$の関係より，

$$\dot{Z}=\frac{100+\mathrm{j}50}{20+\mathrm{j}15}$$
$$=\frac{100+\mathrm{j}50}{20+\mathrm{j}15}\times\frac{20-\mathrm{j}15}{20-\mathrm{j}15}$$
$$=\frac{(2000+750)+\mathrm{j}(1000-1500)}{400+225}$$
$$=\frac{2750-\mathrm{j}500}{625}$$
$$=4.4-\mathrm{j}0.8\ \Omega$$

$P+\mathrm{j}Q=\dot{V}\bar{\dot{I}}$の関係より，

$$P+\mathrm{j}Q=(100+\mathrm{j}50)(20-\mathrm{j}15)$$
$$=(2000+750)+\mathrm{j}(1000-1500)$$
$$=2750-\mathrm{j}500$$

3:4:5の直角三角形は非常によく出題される関係なので，使いこなせるようにしておくと便利。また，この関係のときの力率0.8も知っておくとよい。

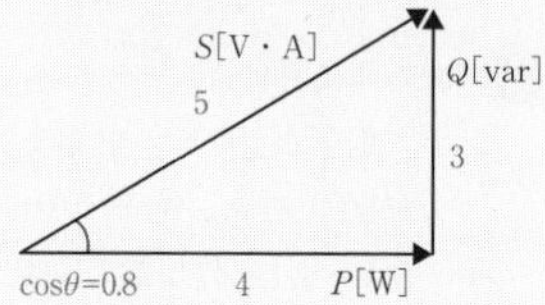

POINT 1 皮相電力，有効電力，無効電力

電験三種の交流の問題では三平方の定理を使った演算が非常によく出題される。

4−1 **POINT 2** 複素数

$P+\mathrm{j}Q=\dot{V}\bar{\dot{I}}$の関係は公式として知っておく。

$\bar{\dot{I}}$の上の記号は共役複素数の記号であり，

$$\overline{a+\mathrm{j}b}=a-\mathrm{j}b$$

となる。

よって，消費される電力は2.75 kWと求められる。

(4) $\dot{Z}=\frac{\dot{V}}{\dot{I}}$の関係より，

$$\dot{Z}=\frac{20\angle\frac{\pi}{4}}{10\angle-\frac{\pi}{6}}=2\angle\left\{\frac{\pi}{4}-\left(-\frac{\pi}{6}\right)\right\}$$

$$=2\angle\frac{5}{12}\pi\ \Omega$$

(5) インピーダンスの大きさZ[Ω]は，

$$Z=\sqrt{R^2+X^2}$$
$$=\sqrt{(10\sqrt{3})^2+10^2}$$
$$=\sqrt{300+100}$$
$$=20\ \Omega$$

また，力率$\cos\theta$は，

$$\cos\theta=\frac{R}{Z}$$
$$=\frac{10\sqrt{3}}{20}$$
$$=\frac{\sqrt{3}}{2}$$
$$\fallingdotseq 0.866$$

ここで，$\cos\theta=\frac{\sqrt{3}}{2}$であるから，

$$\theta=\frac{\pi}{6}\ \text{rad}$$

よって，インピーダンスの極座標表示は，

$$\dot{Z}=20\angle\frac{\pi}{6}\ \Omega$$

POINT 3 極座標表示

極座標表示の演算では割り算のとき位相は引き算，掛け算のとき位相は足し算となる。

POINT 3 極座標表示

本問の直角三角形の1:2:√3の関係は非常によく出題されるパターンである。

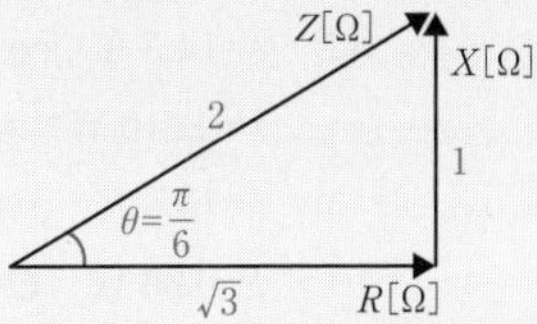

2 次の各回路において電源から流れる電流の大きさ，力率，電源が供給する皮相電力，有効電力，無効電力の大きさをそれぞれ求めよ。

(1)

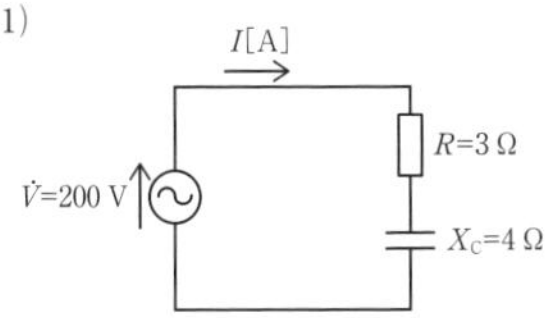

(2)

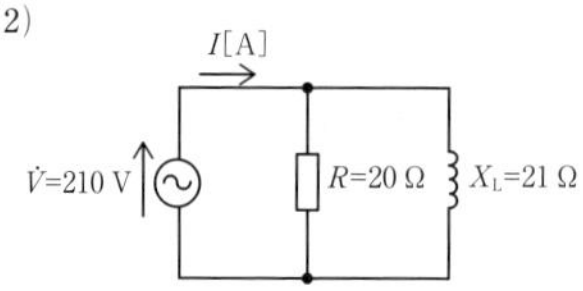

(3)

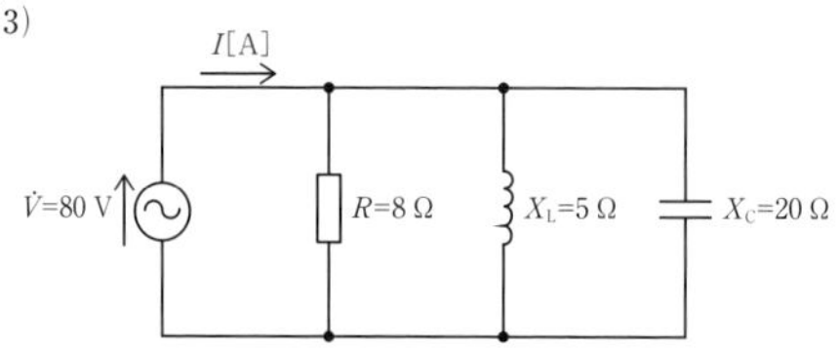

解答 (1) I=40 A　$\cos\theta$=0.6　S=8000 V・A
P=4800 W　Q=6400 var

(2) I=14.5 A　$\cos\theta$=0.724　S=3050 V・A
P=2210 W　Q=2100 var

(3) I=15.6 A　$\cos\theta$=0.640　S=1250 V・A
P=800 W　Q=960 var

(1) 回路のインピーダンス$\dot{Z}$[Ω]は,

$$\dot{Z}=R-\mathrm{j}X_C$$
$$=3-\mathrm{j}4\ \Omega$$

であり，その大きさZ[Ω]は,

$$Z=\sqrt{R^2+X_C{}^2}$$
$$=\sqrt{3^2+4^2}$$
$$=5\ \Omega$$

よって，電源から流れる電流の大きさI[A]は,

$$I=\frac{V}{Z}$$
$$=\frac{200}{5}$$
$$=40\ \mathrm{A}$$

また，力率$\cos\theta$は,

$$\cos\theta=\frac{R}{Z}$$
$$=\frac{3}{5}$$
$$=0.6$$

R=3Ω,X_C=4Ωの時点で, 3:4:5の直角三角形をイメージできると理想。
複雑な√の計算や,電力の計算が不要となる。

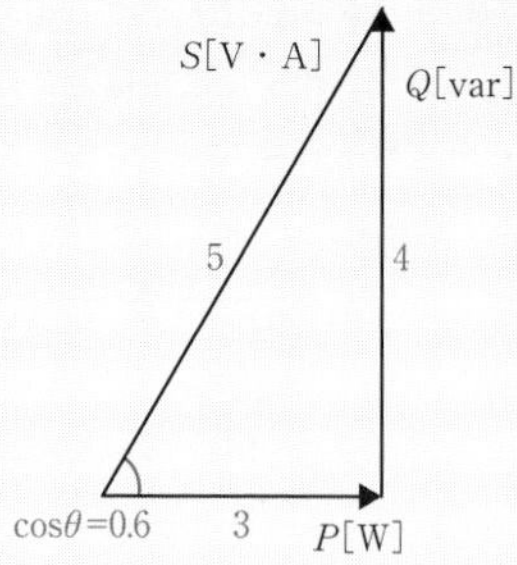

皮相電力S[V・A]，有効電力P[W]及び無効電力Q[var]の大きさは，

$$S=VI$$
$$=200\times40$$
$$=8000\ \text{V・A}$$
$$P=RI^2$$
$$=3\times40^2$$
$$=4800\ \text{W}$$
$$Q=X_C I^2$$
$$=4\times40^2$$
$$=6400\ \text{var}$$

(2) 回路のアドミタンス$\dot{Y}$[S]は，

$$\dot{Y}=\frac{1}{R}+\frac{1}{\mathrm{j}X_L}$$
$$=\frac{1}{20}+\frac{1}{\mathrm{j}21}$$
$$=\frac{1}{20}-\mathrm{j}\frac{1}{21}\ \text{S}$$

電源から流れる電流$\dot{I}$[A]は，

$$\dot{I}=\dot{V}\dot{Y}$$
$$=210\times\left(\frac{1}{20}-\mathrm{j}\frac{1}{21}\right)$$
$$=10.5-\mathrm{j}10\ \text{A}$$

よって，電流の大きさI[A]は，

$$I=\sqrt{10.5^2+10^2}$$
$$=\sqrt{110.25+100}$$
$$=14.5\ \text{A}$$

有効電力P[W]は抵抗で消費される電力であるから，

$$P=\frac{V^2}{R}$$
$$=\frac{210^2}{20}$$
$$=2205\rightarrow2210\ \text{W}$$

無効電力Q[var]はコイルで消費される遅れ無

並列の場合はアドミタンスを扱った演算の方が速くなる。

$P+\mathrm{j}Q=\dot{V}\bar{\dot{I}}$の公式を使っても導出可能。
両方で演算してみて，どちらでも，好きな方で導出すれば良い。

$$P+\mathrm{j}Q=\dot{V}\bar{\dot{I}}$$
$$=210\times(10.5+\mathrm{j}10)$$
$$=2205+\mathrm{j}2100$$

効電力であるから，

$$Q=\frac{V^2}{X_L}$$

$$=\frac{210^2}{21}$$

$$=2100\ \text{var}$$

皮相電力S[V・A]は，有効電力P[W]と無効電力Q[var]のベクトル和であるから，

$$S=\sqrt{P^2+Q^2}$$

$$=\sqrt{2205^2+2100^2}$$

$$=3045 \rightarrow 3050\ \text{V・A}$$

力率$\cos\theta$は，

$$\cos\theta=\frac{P}{S}$$

$$=\frac{2205}{3045}$$

$$\fallingdotseq 0.724$$

(3) 回路のアドミタンス$\dot{Y}$[S]は，

$$\dot{Y}=\frac{1}{R}+\frac{1}{jX_L}+\frac{1}{-jX_C}$$

$$=\frac{1}{8}+\frac{1}{j5}-\frac{1}{j20}$$

$$=\frac{1}{8}+\frac{3}{j20}$$

$$=\frac{1}{8}-j\frac{3}{20}\ \text{S}$$

$\frac{1}{j}=\frac{1}{j}\times\frac{j}{j}=\frac{j}{-1}=-j$
は暗記しておくと良い。

電源から流れる電流$\dot{I}$[A]は，

$$\dot{I}=\dot{V}\dot{Y}$$

$$=80\times\left(\frac{1}{8}-j\frac{3}{20}\right)$$

$$=10-j12\ \text{A}$$

よって，電流の大きさI[A]は，

$$I=\sqrt{10^2+12^2}$$

$$\fallingdotseq 15.6\ \text{A}$$

有効電力P[W]は抵抗で消費される電力であるから，

$$P=\frac{V^2}{R}$$
$$=\frac{80^2}{8}$$
$$=800\ \mathrm{W}$$

無効電力Q[var]はコイルで消費される遅れ無効電力Q_L[var]及びコンデンサで消費される進み無効電力Q_C[var]の差である。それぞれの大きさは，

$$Q_L=\frac{V^2}{X_L}$$
$$=\frac{80^2}{5}$$
$$=1280\ \mathrm{var}$$ (遅れ)

$$Q_C=\frac{V^2}{X_C}$$
$$=\frac{80^2}{20}$$
$$=320\ \mathrm{var}$$ (進み)

無効電力Q[var]は，

$$Q=Q_L-Q_C$$
$$=1280-320$$
$$=960\ \mathrm{var}$$ (遅れ)

皮相電力S[V・A]は，有効電力P[W]と無効電力Q[var]のベクトル和であるから，

$$S=\sqrt{P^2+Q^2}$$
$$=\sqrt{800^2+960^2}$$
$$\fallingdotseq 1249.6 \rightarrow 1250\ \mathrm{V \cdot A}$$

力率$\cos\theta$は，

$$\cos\theta=\frac{P}{S}$$
$$=\frac{800}{1249.6}$$
$$\fallingdotseq 0.640$$

基本問題

1 次の回路において，スイッチSを閉じたところ，電源から供給される皮相電力が2倍となった。このとき，コイルのリアクタンスωLの大きさとして，正しいものを次の(1)～(5)のうちから一つ選べ。

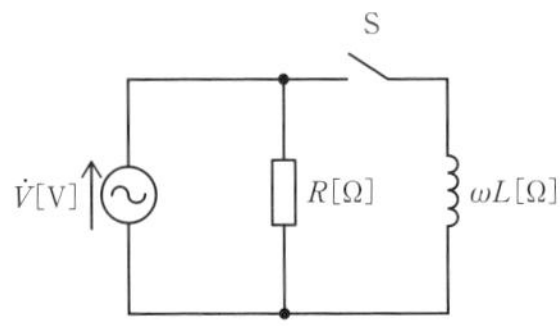

(1) $\dfrac{R}{3}$　(2) $\dfrac{R}{\sqrt{3}}$　(3) R　(4) $\sqrt{3}R$　(5) $3R$

注目 ベクトル図を描いて，イメージをつけることが重要。
ベクトル図より，力率角が$\dfrac{\pi}{3}$で1:2:$\sqrt{3}$の直角三角形であることがわかる。

解答 (2)

スイッチを閉じる前，電源から供給される皮相電力（＝有効電力）S_1は，

$$S_1=\frac{V^2}{R}$$

スイッチを閉じた後，抵抗の消費電力$P_2=\dfrac{V^2}{R}$は変わらず，リアクタンスでの無効電力Q_2は，

$$Q_2=\frac{V^2}{\omega L}$$

となるので，電源から供給される皮相電力S_2のベクトル図は下図のようになる。

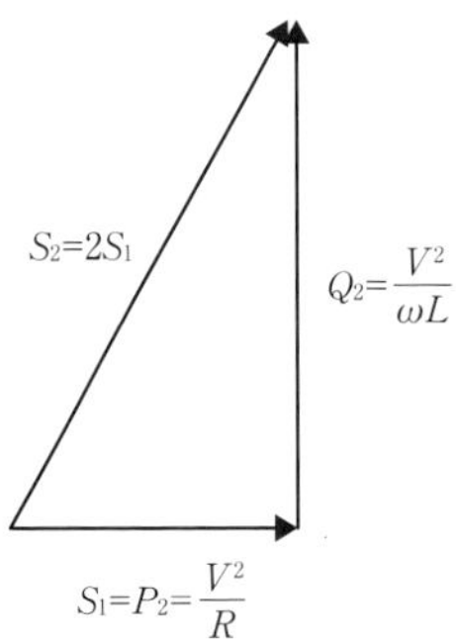

ベクトル図より，三角形が1:2:$\sqrt{3}$の直角三角形であることがわかるので，

$$Q_2=\sqrt{3}P_2$$

$$\frac{V^2}{\omega L}=\sqrt{3}\cdot\frac{V^2}{R}$$

$$\frac{1}{\omega L}=\frac{\sqrt{3}}{R}$$

$$\omega L=\frac{R}{\sqrt{3}}$$

2 100 Vの電源に接続されている誘導性の負荷$\dot{Z}=5+j5\sqrt{3}$ Ωに並列にコンデンサを接続したところ，力率角が$\frac{\pi}{3}$rad（遅れ）から$\frac{\pi}{6}$rad（遅れ）に改善された。このとき，コンデンサが供給した電力Q_C[var]として，最も近いものを次の(1)～(5)のうちから一つ選べ。

(1) 290　(2) 350　(3) 420　(4) 500　(5) 580

解答 (5)

誘導性負荷の大きさZ[Ω]は，

$$Z=\sqrt{R^2+{X_L}^2}$$
$$=\sqrt{5^2+(5\sqrt{3})^2}$$
$$=\sqrt{25+75}$$
$$=10\ \Omega$$

であるから，誘導性負荷を流れる電流I[A]は，

$$I=\frac{100}{Z}$$
$$=\frac{100}{10}$$
$$=10\ \mathrm{A}$$

よって，誘導性負荷の有効電力P[W]及び無効電力Q_L[var]は，

$$P=RI^2$$
$$=5\times10^2$$
$$=500\ \mathrm{W}$$
$$Q_L=X_L I^2$$
$$=5\sqrt{3}\times10^2$$
$$\fallingdotseq 866.03\ \mathrm{var}$$

注目 問題文に回路図が与えられていない場合,空欄に回路図を描いてもよい。
図に示すと式が導き出しやすくなる。

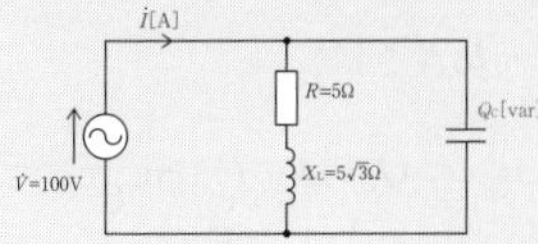

題意に沿ってベクトル図を描くと次図のようになる。

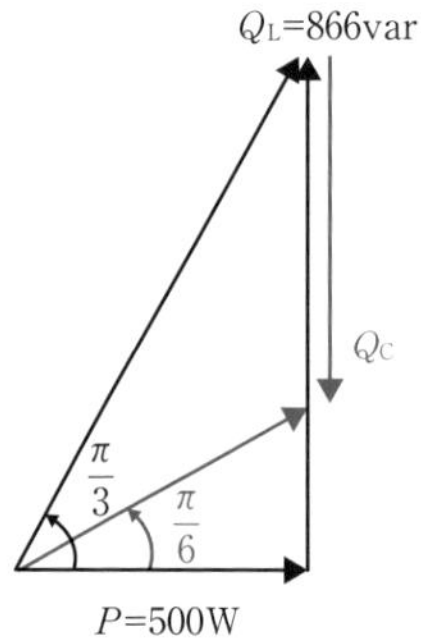

ベクトル図より，コンデンサ接続後の無効電力の大きさは，

$$Q_L - Q_C = P\tan\frac{\pi}{6}$$

$$=500\times\frac{1}{\sqrt{3}}$$

$$\fallingdotseq 288.68\ \mathrm{var}$$

Q_L=866.03 varを代入すると，

$$866.03 - Q_C = 288.68$$

$$Q_C \fallingdotseq 577\ \mathrm{var}$$

よって，最も近いのは(5)。

選択肢(1)のように288.68 varに最も近い選択肢を配置することも多い。どの部分の大きさを求めれば良いかよく考えて計算すること。

応用問題

1 図のような回路において，当初スイッチS_1及びS_2は閉じているものとする。このとき，(a)及び(b)の問に答えよ。

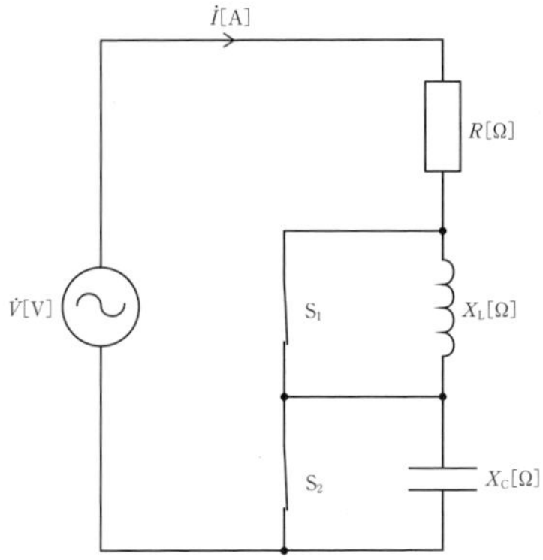

(a) スイッチS_1を開くと力率は$\frac{\sqrt{3}}{2}$になり，その後スイッチS_2を開いたら力率は再び$\frac{\sqrt{3}}{2}$になった。このとき，R[Ω]，X_L[Ω]，X_C[Ω]の大小関係として，正しいものを次の(1)～(5)から一つ選べ。

(1) $X_L<R<X_C$　(2) $X_L<R=X_C$　(3) $R<X_L=X_C$
(4) $X_C<X_L<R$　(5) $X_C=X_L<R$

(b) (a)の状態において回路の無効電力がQ[var]であるとき，有効電力の大きさP[W]を表す式として，正しいものを次の(1)～(5)のうちから一つ選べ。

(1) $\frac{Q}{3}$　(2) $\frac{Q}{\sqrt{3}}$　(3) Q　(4) $\sqrt{3}\,Q$　(5) $3\,Q$

解答 (a) (1)　(b) (4)

(a) 初期状態では回路のX_L[Ω]とX_C[Ω]は短絡されているので，X_LとX_Cに電流は流れない。したがって，電圧と電流は同相となる。

次に，スイッチS_1を開くと，X_L[Ω]には電流が流れるがX_C[Ω]は短絡されたままとなる。このとき，力率が$\frac{\sqrt{3}}{2}$なので，力率角は$\frac{\pi}{6}$radとなる。

注目 本問の場合，スイッチS投入前後で電源を流れる電流が変わってしまう。
したがって，ベクトル図は分けて考える。
ベクトル図をきちんと描けるかがこの問題の最大のポイントである。

最後に，スイッチS_2を開くと，X_L［Ω］とX_C［Ω］の両方に電流が流れる。このとき，力率が$\dfrac{\sqrt{3}}{2}$であるが，コンデンサのリアクタンスが零ということはないので，電流は進み電流となり，力率が$\dfrac{\sqrt{3}}{2}$なので，力率角は$\dfrac{\pi}{6}$ radとなる。

以上の①初期状態，②スイッチS_1を開いた後，③スイッチS_2を開いた後のベクトル図を次図に示す。

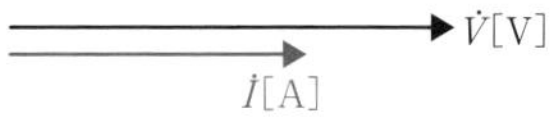

①初期状態

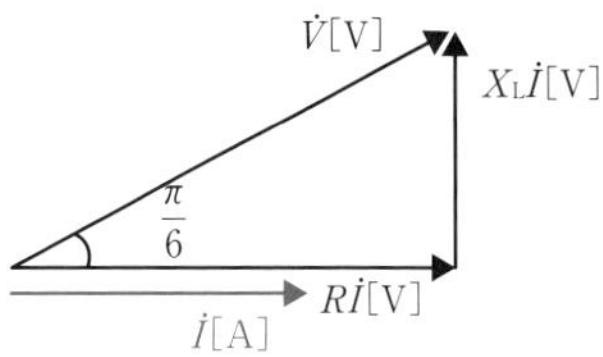

②S_1開放後

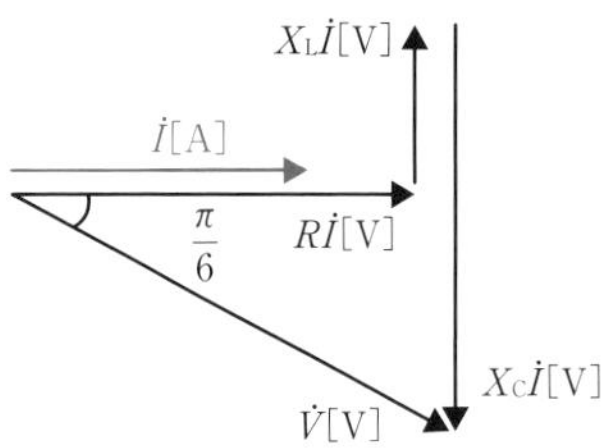

③S_2開放後

③のベクトル図を電圧ベクトルのみ拡大し，整理したものを次図に示す。

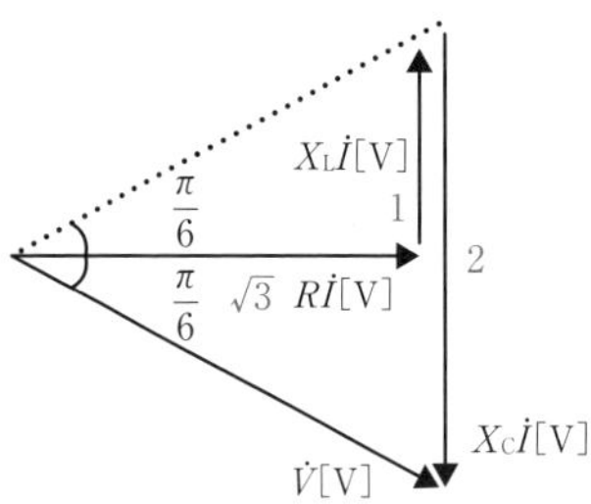

このベクトル図より，力率角は$\frac{\pi}{6}$ radという条件から，

$RI:X_L I:X_C I=\sqrt{3}:1:2$

$R:X_L:X_C=\sqrt{3}:1:2$

であることが分かり，これより大小関係は，

$X_L<R<X_C$

と求められる。

(b) 力率角が$\frac{\pi}{6}$ radであるから，

$\frac{Q}{P}=\tan\frac{\pi}{6}$

$\frac{Q}{P}=\frac{1}{\sqrt{3}}$

$P=\sqrt{3}\,Q$

と求められる。

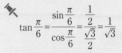

$\tan\frac{\pi}{6}=\frac{\sin\frac{\pi}{6}}{\cos\frac{\pi}{6}}=\frac{\frac{1}{2}}{\frac{\sqrt{3}}{2}}=\frac{1}{\sqrt{3}}$

で計算しても良いが，1:2:√3の直角三角形を思い出して

$\tan\frac{\pi}{6}=\frac{1}{\sqrt{3}}$

が出てくるのが理想。

2 図のような回路において，電源電圧が$\dot{V}=100\sqrt{2}\angle\frac{\pi}{4}$ V，電流が$\dot{I}=4+j3$ Aで表されるとする。このとき，(a)及び(b)の問に答えよ。

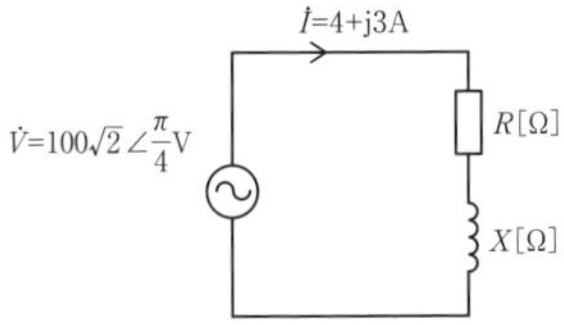

(a) 抵抗R[Ω]とリアクタンスX[Ω]の組合せとして，正しいものを次の(1)〜(5)のうちから一つ選べ。

	抵抗	リアクタンス
(1)	4	4
(2)	4	28
(3)	25	4
(4)	28	4
(5)	28	28

POINT 3 極座標表示

(b) この回路の皮相電力S[V・A]と力率の組合せとして，最も近いものを次の(1)~(5)のうちから一つ選べ。

	皮相電力	力率
(1)	707	0.99
(2)	707	0.14
(3)	700	0.99
(4)	700	0.14
(5)	100	0.14

解答 (a) (4)　(b) (1)

(a) 電源電圧を複素数表示で表すと，

$$\dot{V}=100\sqrt{2}\left(\cos\frac{\pi}{4}+\mathrm{j}\sin\frac{\pi}{4}\right)$$

$$=100\sqrt{2}\left(\frac{1}{\sqrt{2}}+\mathrm{j}\frac{1}{\sqrt{2}}\right)$$

$$=100+\mathrm{j}100\ \mathrm{V}$$

インピーダンス$\dot{Z}$[Ω]は，オームの法則より，

$$\dot{Z}=\frac{\dot{V}}{\dot{I}}$$

$$=\frac{100+\mathrm{j}100}{4+\mathrm{j}3}$$

$$=\frac{100+\mathrm{j}100}{4+\mathrm{j}3}\times\frac{4-\mathrm{j}3}{4-\mathrm{j}3}$$

$$=\frac{(400+300)+\mathrm{j}(400-300)}{4^2+3^2}$$

$$=\frac{700+\mathrm{j}100}{25}$$

$$=28+\mathrm{j}4\ \Omega$$

と求められるので，抵抗R=28 Ω，リアクタンスX=4 Ωとなる。

(b) 皮相電力$\dot{S}=P+\mathrm{j}Q$[V・A]は遅れ無効電力を正とすると，

$$P+\mathrm{j}Q=\dot{V}\bar{\dot{I}}$$

で求められるので，

$$P+\mathrm{j}Q=\dot{V}\bar{\dot{I}}$$

$$=(100+\mathrm{j}100)(4-\mathrm{j}3)$$

$P+\mathrm{j}Q=\dot{V}\bar{\dot{I}}$の関係は公式として知っておく。
$\bar{\dot{I}}$の上の記号は共役複素数の記号であり，

$\overline{a+\mathrm{j}b}=a-\mathrm{j}b$

となる。

$=700+j100$

その大きさS[V・A]は,

$$S=\sqrt{P^2+Q^2}$$

$$=\sqrt{700^2+100^2}$$

$$\fallingdotseq 707.11 \text{ V・A}$$

力率$\cos\theta$は,

$$\cos\theta=\frac{P}{S}$$

$$=\frac{700}{707.11}$$

$$\fallingdotseq 0.990$$

解答編 CHAPTER 04 交流回路 2

解答

CHAPTER 05

三相交流回路

1 三相交流回路

確認問題

1 次の問に答えよ。

(1) 線間電圧 $\dot{V}_{ab}=100\angle 0$ [V] のY形対称三相電源があるとき，この電源の相電圧 $\dot{E}_a$ [V]，$\dot{E}_b$ [V]，$\dot{E}_c$ [V] の大きさ及び位相 [rad] を求めよ。ただし，相順はa→b→cの順とする。

(2) 相電圧の大きさが $E=100$ VのΔ形対称三相電源に，一相あたりの抵抗値が5 ΩのΔ形平衡三相負荷を接続した。このとき，線電流の大きさ [A] を求めよ。

(3) Y結線で電圧が200 Vの対称三相電源にY結線の平衡三相負荷が接続されている。三相のうち，一相の負荷に流れる電流の大きさを測定したところ15 Aであった。力率が0.6であるとすると，この負荷に電源から供給される有効電力 [kW] 及び無効電力 [kvar] の大きさをそれぞれ求めよ。

(4) Y結線に接続されているコイル $L_Y=6$ mHをΔ結線に等価変換したとき，インダクタンスの大きさ L_Δ [mH] を求めよ。

(5) Y結線に接続されているコンデンサ $C_Y=9$ μFをΔ結線に等価変換したとき，静電容量の大きさ C_Δ [μF] を求めよ。

(6) Δ結線で接続されている負荷 $\dot{Z}_\Delta=6+j3$ ΩをY結線に等価変換したとき，負荷 $\dot{Z}_Y$ [Ω] を求めよ。

解答 (1) $\dot{E}_a$：電圧57.7 V　位相 $-\frac{\pi}{6}$ rad

$\dot{E}_b$：電圧57.7 V　位相 $-\frac{5}{6}\pi$ rad

$\dot{E}_c$：電圧57.7 V　位相 $-\frac{3}{2}\pi$ rad

(2) 34.6 A

(3) 有効電力3.12 kW　無効電力4.16 kvar

(4) 18 mH　(5) 3 μF　(6) 2+j1 Ω

(1) 問題文に沿って電圧のベクトル図を描くと次図のようになる。

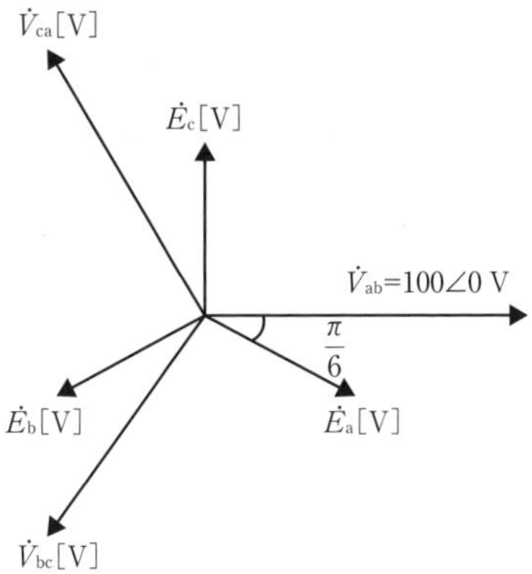

ベクトル図より，各相電圧の大きさは，

$$E_a=E_b=E_c$$
$$=\frac{100}{\sqrt{3}}$$
$$\fallingdotseq 57.7\ \text{V}$$

また，位相は，$\dot{E}_a$が，

$$0-\frac{\pi}{6}=-\frac{\pi}{6}\ \text{rad}$$

$\dot{E}_b$が，

$$-\frac{2}{3}\pi-\frac{\pi}{6}=-\frac{5}{6}\pi\ \text{rad}$$

$\dot{E}_c$が，

$$-\frac{4}{3}\pi-\frac{\pi}{6}=-\frac{3}{2}\pi\ \text{rad}$$

(2) 相電流の大きさI_p[A]は，オームの法則より，

$$I_p=\frac{E}{R}$$
$$=\frac{100}{5}$$
$$=20\ \text{A}$$

POINT 2 三相交流回路

一般的に相電圧の$\dot{E}_a$を基準とする場合が多いが，本問の場合は$\dot{V}_{ab}$を基準としているので，位相が$-\frac{\pi}{6}$ radずつずれていることに注意。

POINT 4 Δ−Δ接続

ベクトル図を描き，Δ−Δ接続の場合，線電流が相電流の$\sqrt{3}$倍で位相が$\frac{\pi}{6}$ rad遅れとなることを確認する。

線電流の大きさI_l[A]は相電流の大きさI_p[A]の$\sqrt{3}$倍であるから，

$$I_l=\sqrt{3}\,I_p$$
$$=\sqrt{3}\times20$$
$$\fallingdotseq34.6\ \mathrm{A}$$

(3)　三相交流の有効電力P[W]は，$P=\sqrt{3}\,VI\cos\theta$で求められるので，

$$P=\sqrt{3}\,VI\cos\theta$$
$$=\sqrt{3}\times200\times15\times0.6$$
$$\fallingdotseq3118\ \mathrm{W}=3.12\ \mathrm{kW}$$

$\sin^2\theta+\cos^2\theta=1$より，

$$\sin\theta=\sqrt{1-\cos^2\theta}$$
$$=\sqrt{1-0.6^2}$$
$$=0.8$$

三相交流の無効電力Qは，$Q=\sqrt{3}\,VI\sin\theta$で求められるので，

$$P=\sqrt{3}\,VI\sin\theta$$
$$=\sqrt{3}\times200\times15\times0.8$$
$$\fallingdotseq4157\ \mathrm{var}\rightarrow4.16\ \mathrm{kvar}$$

(4)　Δ結線のインピータンス$\dot{Z}_\Delta$とY結線のインピータンス$\dot{Z}_Y$には，$\dot{Z}_\Delta=3\dot{Z}_Y$の関係があるから，コイルの場合は，

$$\omega L_\Delta=3\omega L_Y$$
$$L_\Delta=3L_Y$$
$$=3\times6$$
$$=18\ \mathrm{mH}$$

(5)　$\dot{Z}_\Delta=3\dot{Z}_Y$の関係があるから，コンデンサの場合は，

$$\frac{1}{\omega C_\Delta}=\frac{3}{\omega C_Y}$$
$$\frac{1}{C_\Delta}=\frac{3}{C_Y}$$
$$C_\Delta=\frac{C_Y}{3}$$

POINT 3 Y−Y接続

力率0.6で3:4:5の直角三角形をイメージできるのが理想である。

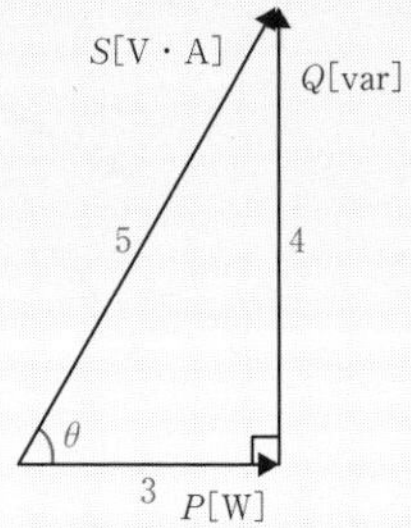

POINT 5 Δ−Y変換とY−Δ変換

POINT 5 Δ−Y変換とY−Δ変換

$$=\frac{9}{3}$$

$$=3\ \mu F$$

(6)　$\dot{Z}_{\Delta}=3\dot{Z}_{Y}$ の関係があるから,

$$\dot{Z}_{Y}=\frac{\dot{Z}_{\Delta}}{3}$$

$$=\frac{6+j3}{3}$$

$$=2+j1\ \Omega$$

2 次の各回路において線電流の大きさ，力率，電源が供給する皮相電力，有効電力，無効電力の大きさをそれぞれ求めよ。

(1)

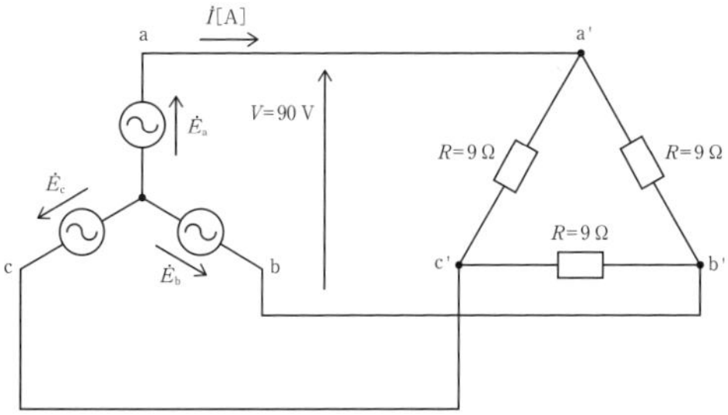

(2)

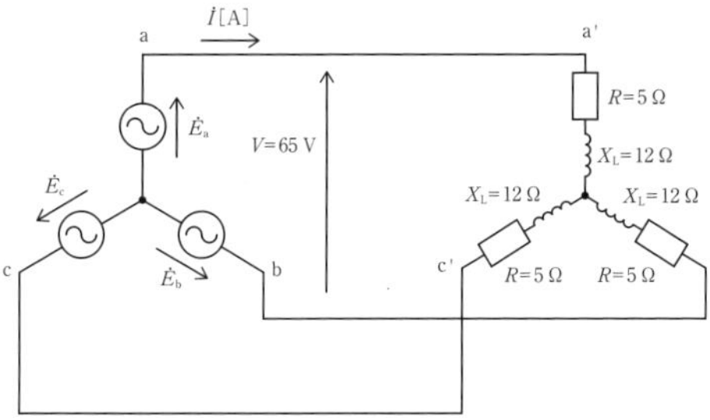

(3)

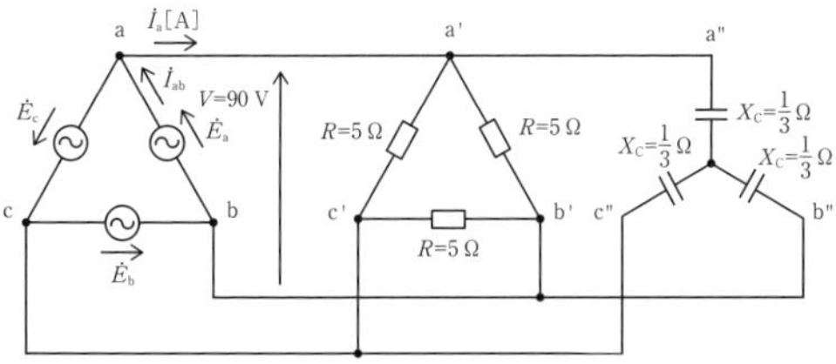

POINT 5 Δ−Y変換とY−Δ変換

解答 (1) I=17.3 A　$\cos\theta$=1　S=2700 V・A
P=2700 W　Q=0 var
(2) I=2.89 A　$\cos\theta$=0.385　S=325 V・A
P=125 W　Q=300 var
(3) I=159 A　$\cos\theta$=0.196　S=24800 V・A
P=4860 W　Q=24300 var

(1) 負荷側の回路をΔ−Y変換すると，変換後の一相分の抵抗R_Y[Ω]は，

$$R_Y=\frac{1}{3}R$$
$$=\frac{1}{3}\times9$$
$$=3\ \Omega$$

電源側の相電圧の大きさE[V]は，

$$E=\frac{V}{\sqrt{3}}$$
$$=\frac{90}{\sqrt{3}}\text{V}$$

以上より，一相分の等価回路は下図のようになるので，線電流の大きさI[A]は，

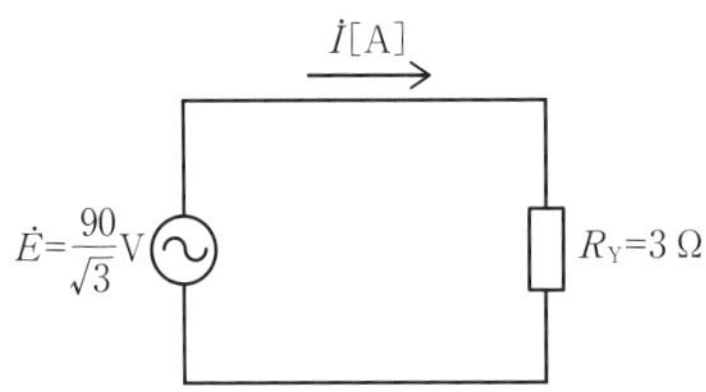

$$I=\frac{E}{R_Y}=\frac{\frac{90}{\sqrt{3}}}{3}=\frac{30}{\sqrt{3}}$$
$$\fallingdotseq17.321\rightarrow17.3\ \text{A}$$

負荷は抵抗のみが接続されているので，力率$\cos\theta$は，

$$\cos\theta=1$$

皮相電力S[V・A]，有効電力P[W]及び無効電力Q[var]の大きさは，

$$S=\sqrt{3}VI$$

POINT 5 Δ−Y変換とY−Δ変換

三相回路では分かりやすくするため，一相分等価回路の考え方を多用する。
「習うより慣れろ」の世界なので，問題演習を通じて理解していくこと。

抵抗のみの回路では無効電力は発生しない。したがって試験本番では，皮相電力S[V・A]，有効電力P[W]及び無効電力Q[var]すべてを求めるのは時間の無駄なので皮相電力だけ求めれば良い。

$=\sqrt{3}\times 90\times\dfrac{30}{\sqrt{3}}$

$=2700$ V・A

$P=\sqrt{3}VI\cos\theta$

$=\sqrt{3}\times 90\times\dfrac{30}{\sqrt{3}}\times 1$

$=2700$ W

$Q=\sqrt{3}VI\sin\theta$

$=\sqrt{3}\times 90\times\dfrac{30}{\sqrt{3}}\times 0$

$=0$ var

(2) 電源側の相電圧の大きさE[V]は,

$E=\dfrac{V}{\sqrt{3}}$

$=\dfrac{65}{\sqrt{3}}$ V

一相分の等価回路は下図のようになるので，負荷の一相分のインピーダンス$\dot{Z}$[Ω]は,

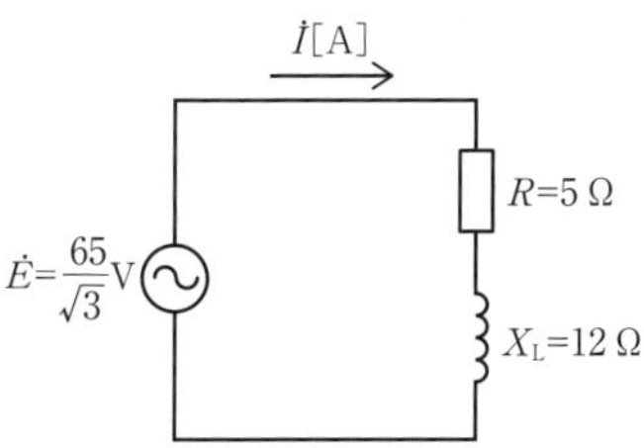

$\dot{Z}=R+jX_L$

$=5+j12$ Ω

また，その大きさZ[Ω]は,

$Z=\sqrt{R^2+X_L{}^2}$

$=\sqrt{5^2+12^2}$

$=13$ Ω

よって，線電流の大きさI[A]は,

$I=\dfrac{V}{Z}$

$=\dfrac{\frac{65}{\sqrt{3}}}{13}=\dfrac{5}{\sqrt{3}}$

POINT 5 Δ−Y変換とY−Δ変換

一相分の等価回路にすれば，後は(1)と同様に計算が可能となる。三相回路ではいかに一相分の等価回路に書き換えられるかが肝となる。

$\fallingdotseq 2.8868 \rightarrow 2.89$ A

また，力率 $\cos\theta$ は，

$$\cos\theta = \frac{R}{Z}$$

$$= \frac{5}{13}$$

$$\fallingdotseq 0.38462 \rightarrow 0.385$$

$\sin^2\theta + \cos^2\theta = 1$ より，

$$\sin\theta = \sqrt{1-\cos^2\theta}$$

$$= \sqrt{1-0.38462^2}$$

$$\fallingdotseq 0.92308$$

したがって，皮相電力 S[V・A]，有効電力 P[W]及び無効電力 Q[var]は，

$$S = \sqrt{3}VI$$

$$= \sqrt{3} \times 65 \times \frac{5}{\sqrt{3}}$$

$$= 325 \text{ V・A}$$

$$P = \sqrt{3}VI\cos\theta$$

$$= \sqrt{3} \times 65 \times \frac{5}{\sqrt{3}} \times 0.38462$$

$$\fallingdotseq 125 \text{ W}$$

$$Q = \sqrt{3}VI\sin\theta$$

$$= \sqrt{3} \times 65 \times \frac{5}{\sqrt{3}} \times 0.92308$$

$$\fallingdotseq 300 \text{ var}$$

(3)　コンデンサをY−Δ変換すると，$\dot{Z}_{\Delta} = 3\dot{Z}_{Y}$ の関係があるから，コンデンサの場合は，

$$X_{\Delta} = 3X_{C}$$

$$= 3 \times \frac{1}{3}$$

$$= 1\ \Omega$$

したがって，一相分の等価回路は，次図のようになるので，一相分の等価回路のアドミタンス $\dot{Y}$[S]は，

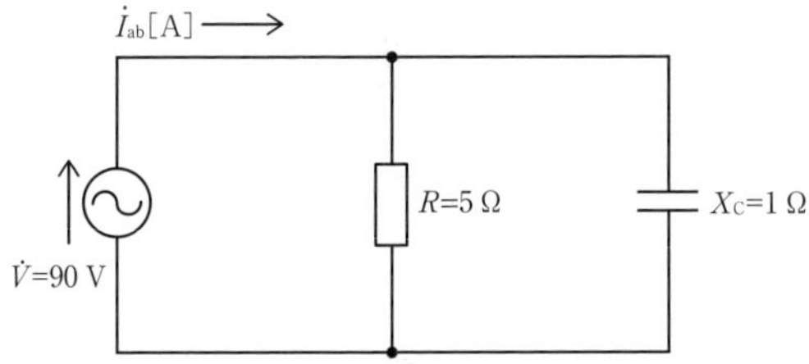

$$\dot{Y}=\frac{1}{R}+\frac{1}{-jX_C}$$

$$=\frac{1}{5}-\frac{1}{j1}$$

$$=0.2+j1\ S$$

相電流$\dot{I}_{ab}$[A]は,

$$\dot{I}_{ab}=\dot{V}\dot{Y}$$

$$=90\times(0.2+j1)$$

$$=18+j90\ A$$

よって，相電流の大きさI_{ab}[A]は,

$$I_{ab}=\sqrt{18^2+90^2}$$

$$\fallingdotseq 91.782\ A$$

線電流の大きさI_a[A]は,

$$I_a=\sqrt{3}\,I_{ab}=\sqrt{3}\times 91.782$$

$$\fallingdotseq 158.97\rightarrow 159\ A$$

有効電力P[W]は抵抗で消費される電力であるから,

三相交流なので,3倍することを忘れないように。

$$P=3\cdot\frac{V^2}{R}$$

$$=3\times\frac{90^2}{5}$$

$$=4860\ W$$

無効電力Q[var]はコンデンサで消費される進み無効電力であるから,

$$Q=3\cdot\frac{V^2}{X_C}$$

$$=3\times\frac{90^2}{1}=24300\ var$$

皮相電力S[V・A]は，有効電力P[W]と無効電力Q[var]の2乗和の平方根であるから，

$$S=\sqrt{P^2+Q^2}$$
$$=\sqrt{4860^2+24300^2}$$
$$\fallingdotseq 24781 \rightarrow 24800\ \mathrm{V \cdot A}$$

力率$\cos\theta$は，

$$\cos\theta=\frac{P}{S}$$
$$=\frac{4860}{24781}\fallingdotseq 0.196$$

基本問題

1 交流回路に関する記述として，誤っているものを次の(1)～(5)のうちから一つ選べ。

(1) 抵抗で消費する電力を有効電力，消費されない電力を無効電力と呼ぶ。また，有効電力と無効電力のベクトル和を皮相電力と呼ぶ。

(2) 交流回路における力率$\cos\theta$は，有効電力がP[kW]，無効電力がQ[kvar]であるとき，

$$\cos\theta=\frac{P}{\sqrt{P^2+Q^2}}$$

で求められる。

(3) 平衡三相交流回路において，負荷に供給される線間電圧がV[V]，線電流がI[A]で力率が$\cos\theta$であるとき，負荷に供給される電力P[kW]は，

$$P=\sqrt{3}\,VI\cos\theta\times10^{-3}$$

となる。

(4) Y−Y接続の平衡三相交流回路において，線電流と相電流の大きさと位相は等しく，線間電圧は相電圧の$\sqrt{3}$倍であり，位相は線間電圧の方が相電圧よりも$\frac{\pi}{6}$rad進みとなる。

(5) Δ−Δ接続の平衡三相交流回路において，線間電圧と相電圧の大きさと位相は等しく，線電流は相電流の$\sqrt{3}$倍であり，位相は線電流の方が相電流よりも$\frac{\pi}{6}$rad進みとなる。

解答 (5)

(1) 正しい。抵抗で消費する電力を有効電力，消費されない電力を無効電力と呼ぶ。また，有効電力と無効電力の2乗和の平方根を皮相電力と呼ぶ。

ベクトル和をスカラー和とする誤答は出題される可能性あり。

(2) 正しい。交流回路における力率$\cos\theta$は，皮相電力をS[kV・A]，有効電力をP[kW]とすると，

$$\cos\theta=\frac{P}{S}$$

無効電力をQ[kvar]とすると，$S=\sqrt{P^2+Q^2}$であるから，

$$\cos\theta = \frac{P}{\sqrt{P^2+Q^2}}$$

(3)　正しい。三相平衡交流回路において，負荷に供給される線間電圧がV[V]，線電流がI[A]で力率が$\cos\theta$であるとき，負荷に供給される電力P[kW]は，

$$P = \sqrt{3}VI\cos\theta\ [\mathrm{W}]$$
$$= \sqrt{3}VI\cos\theta \times 10^{-3}\ [\mathrm{kW}]$$

(4)　正しい。下の回路図及びベクトル図の通り，Y−Y接続の三相平衡交流回路において，線電流と相電流の大きさと位相は等しく，線間電圧は相電圧の$\sqrt{3}$倍であり，位相は線間電圧の方が相電圧よりも$\frac{\pi}{6}$rad進みとなる。

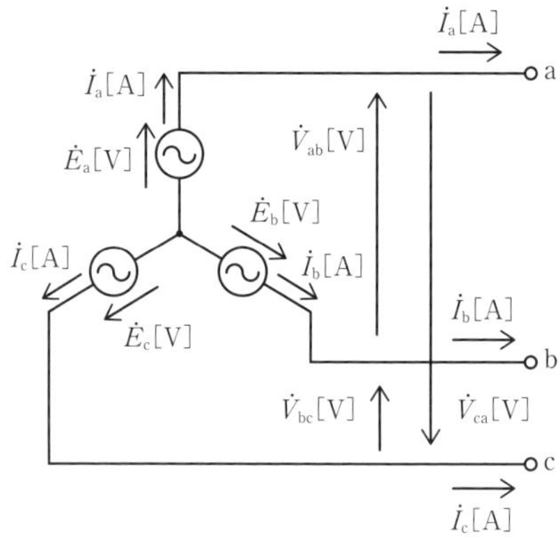

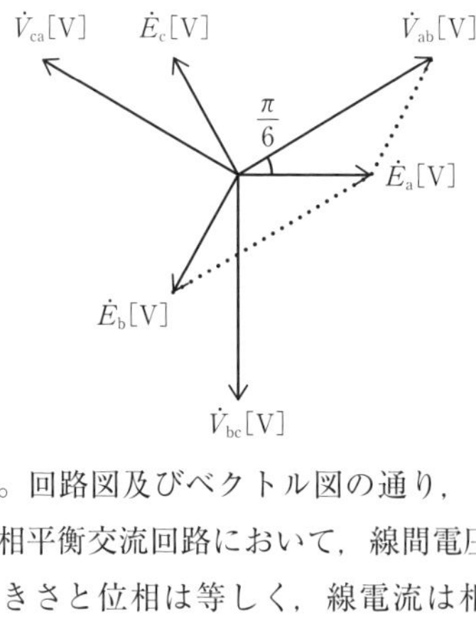

(5)　誤り。回路図及びベクトル図の通り，Δ−Δ接続の三相平衡交流回路において，線間電圧と相電圧の大きさと位相は等しく，線電流は相電流の

(4)(5)
電圧の場合と電流の場合で位相の向きが進みか遅れかが異なる。

$\sqrt{3}$倍であるが，位相は線電流の方が相電流よりも$\dfrac{\pi}{6}$rad遅れとなる。

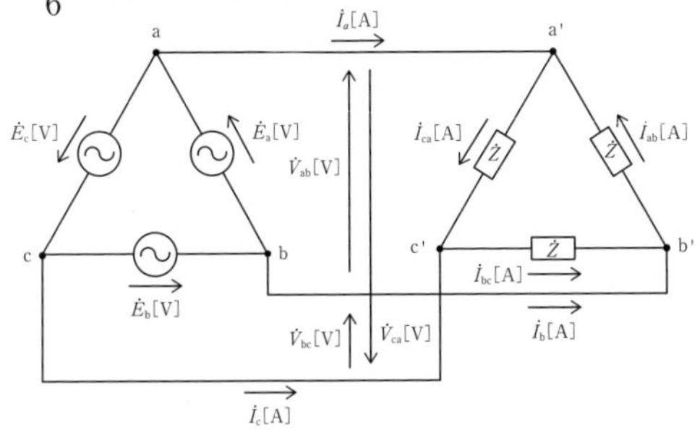

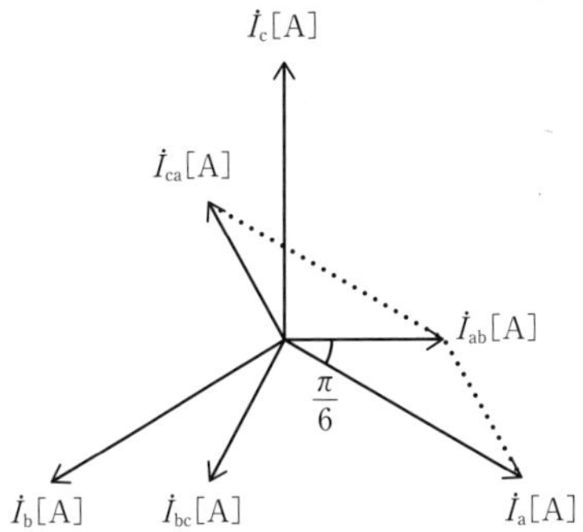

2 図のように線間電圧V=100 Vの三相交流電源に抵抗R=4 Ωと誘導性リアクタンスX=3 Ωの直列平衡三相負荷が接続されている。このとき，次の(a)～(c)の問に答えよ。

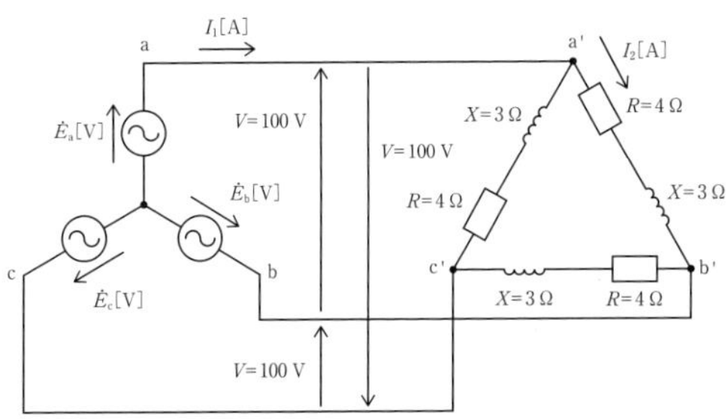

(a) 線路を流れる線電流の大きさI_1[A]として，最も近いものを次の(1)～(5)のうちから一つ選べ。

(1) 20　(2) 25　(3) 30　(4) 35　(5) 40

(b) 負荷を流れる相電流の大きさI_2[A]として，最も近いものを次の(1)～(5)のうちから一つ選べ。

(1) 20　(2) 30　(3) 40　(4) 50　(5) 60

(c) 三相負荷で消費される電力P[kW]として，最も近いものを次の(1)～(5)のうちから一つ選べ。

(1) 1.6　(2) 3.6　(3) 4.8　(4) 6.0　(5) 8.3

解答 (a) (4)　(b) (1)　(c) (3)

(a) 負荷側の回路をΔ−Y変換すると，変換後のインピーダンス$\dot{Z}_{\mathrm{Y}}$[Ω]は，

$$\dot{Z}_{\mathrm{Y}}=\frac{1}{3}\dot{Z}_{\Delta}$$

$$=\frac{1}{3}\times(4+\mathrm{j}3)$$

$$=\frac{4}{3}+\mathrm{j}1\ \Omega$$

また，電源側の相電圧の大きさE[V]は，

$$E=\frac{V}{\sqrt{3}}$$

$$=\frac{100}{\sqrt{3}}\ \mathrm{V}$$

以上より，一相分等価回路は下図のようになる。

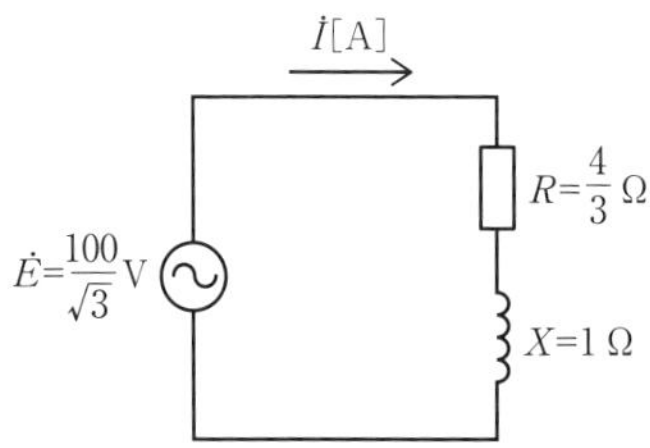

一相分等価回路より，回路を流れる電流の大きさI_1[A]は，

$$I_1=\frac{E}{\sqrt{R^2+X^2}}$$

POINT 5 Δ−Y変換とY−Δ変換

$$=\frac{\frac{100}{\sqrt{3}}}{\sqrt{\left(\frac{4}{3}\right)^2+1^2}}$$

$$=\frac{\frac{100}{\sqrt{3}}}{\frac{5}{3}}$$

$$=\frac{100\times3}{\sqrt{3}\times5}$$

$$=20\sqrt{3}\rightarrow34.6\ \mathrm{A}$$

よって，最も近いのは(4)となる。

(b)　Δ－Δ接続のとき，相電流は線電流の$\frac{1}{\sqrt{3}}$倍であるから，相電流の大きさI_2[A]は，

$$I_2=\frac{I_1}{\sqrt{3}}$$

$$=\frac{20\sqrt{3}}{\sqrt{3}}$$

$$=20\ \mathrm{A}$$

よって，最も近いのは(1)となる。

(c)　三相分の消費電力P[kW]は，

$$P=3RI_2^2$$

$$=3\times4\times20^2$$

$$=4800\ \mathrm{W}=4.8\ \mathrm{kW}$$

よって，最も近いのは(3)となる。

本問の場合，$\frac{4}{3}$のままで計算しているが，試験本番では有効数字3桁の1.33で計算しても十分に近い答えが出る。

本解答では$I_1=20\sqrt{3}$を使用しているが，$I_1=34.6$でも誤差は少ないので問題ない。

消費電力と問われたら有効電力のことを指す。皮相電力と勘違いしないこと。

3 図のように相電圧の大きさE=100 Vの三相交流電源に抵抗$R=5\sqrt{3}$ Ωと容量性リアクタンスX=5 Ωの直列平衡三相負荷が接続されている。このとき，次の(a)～(c)の問に答えよ。

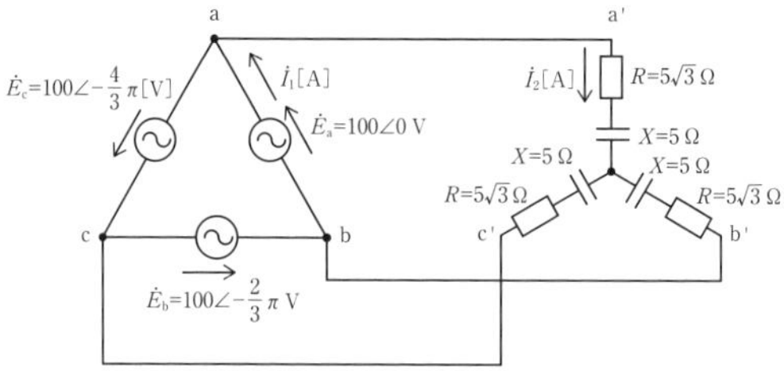

(a) 電源を流れる相電流の大きさI_1[A]として，最も近いものを次の(1)～(5)のうちから一つ選べ。

(1) 3.3 (2) 5.8 (3) 10 (4) 17 (5) 30

(b) 負荷を流れる線電流の大きさI_2[A]として，最も近いものを次の(1)～(5)のうちから一つ選べ。

(1) 3.3 (2) 5.8 (3) 10 (4) 17 (5) 30

(c) 三相負荷で消費される電力P[kW]として，最も近いものを次の(1)～(5)のうちから一つ選べ。

(1) 0.50 (2) 0.87 (3) 1.5 (4) 2.6 (5) 4.5

解答 (a) (1) (b) (2) (c) (2)

(a) 負荷をY－Δ変換すると，$\dot{Z}_\Delta=3\dot{Z}_Y$の関係があるから，変換後のインピーダンス$\dot{Z}_\Delta$[Ω]は，

$$\dot{Z}_\Delta=3(R-jX)$$
$$=3(5\sqrt{3}-j5)$$
$$=15\sqrt{3}-j15\ [\Omega]$$

一相分の等価回路は下図のようになる。

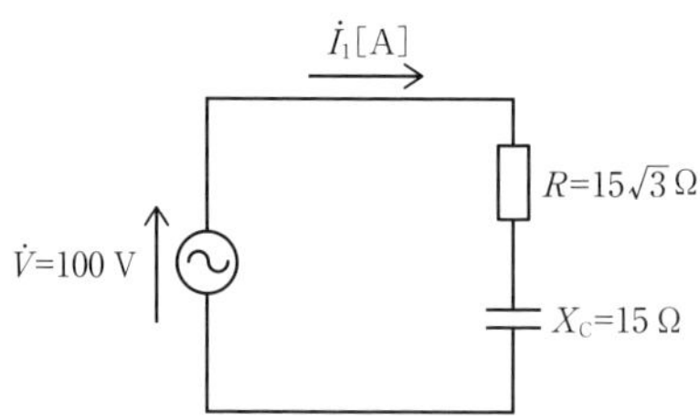

もちろん電源側をY接続の電源に置き換えても同じ結果が出る。
どちらの方法でも正答が出れば良い。

一相分等価回路において，インピーダンスの大きさZ[Ω]は，

$$Z=\sqrt{(15\sqrt{3})^2+15^2}$$
$$=\sqrt{675+225}$$
$$=30\ \Omega$$

電源を流れる電流の大きさI_1[A]は，

$$I_1=\frac{V}{Z}$$
$$=\frac{100}{30}$$
$$\fallingdotseq 3.3333 \rightarrow 3.3\ \mathrm{A}$$

よって，最も近いのは(1)となる。

(b) 負荷を流れる電流の大きさI_2[A]は，線電流と等しく，線電流は相電流の$\sqrt{3}$倍であるから，

$$I_2=\sqrt{3}\,I_1$$
$$=\sqrt{3}\times 3.3333$$
$$\fallingdotseq 5.7734 \rightarrow 5.8\ \mathrm{A}$$

よって，最も近いのは(2)となる。

(c) 三相分の消費電力P[kW]は，

$$P=3RI_2^2$$
$$=3\times 5\sqrt{3}\times 5.7734^2$$
$$=866\ \mathrm{W}=0.87\ \mathrm{kW}$$

よって，最も近いのは(2)となる。

1:2:$\sqrt{3}$の三角形なので，単に2倍と求めて良い。

前問同様，三相分の消費電力と問われたら，抵抗での有効電力である。

応用問題

1 交流回路に関する記述として，正しいものを次の(1)〜(5)のうちから一つ選べ。

(1) 共振状態にあるRLC直列回路において，電源の周波数を上げると負荷は容量性になり進み電流が流れ，周波数を下げると負荷は誘導性になり，遅れ電流が流れる。

(2) RLC直列回路において，インピーダンスは$\dot{Z}=R+\mathrm{j}X$で力率は$\cos\theta=\dfrac{Z}{R}$となる。

(3) 瞬時値が$e=E_{\mathrm{m}}\sin\omega t$[V]の電源を負荷に繋いだところ，電流の瞬時値が$i=I_{\mathrm{m}}\sin(\omega t+\phi)$[A]であった。このときの負荷の消費電力は$\dfrac{E_{\mathrm{m}}I_{\mathrm{m}}}{2}\cos\phi$[W]である。

(4) 三相交流において，電源が対称三相で，負荷が平衡三相である場合，中性線に電流が流れる。

(5) V結線は，その名の通りV字形をした結線方法である。V結線はΔ結線やY結線で1電源が故障した際にも利用できる。

注目 公式を丸暗記していたら対応できない問題である。
試験本番でもしっかりと理解しているかが問われる。公式の中身を理解して試験本番も臨むこと。

解答 (3)

(1) 誤り。コンデンサのリアクタンスは$X_{\mathrm{C}}=\dfrac{1}{2\pi fC}$であり，コイルのリアクタンスは$X_{\mathrm{L}}=2\pi fL$である。共振状態では$X_{\mathrm{L}}=X_{\mathrm{C}}$であるが，電源の周波数を上げると$X_{\mathrm{L}}>X_{\mathrm{C}}$となり誘導性となって遅れ電流が流れ，電源の周波数を下げると$X_{\mathrm{L}}<X_{\mathrm{C}}$となり容量性となって進み電流が流れる。

(2) 誤り。RLC直列回路において，インピーダンス$\dot{Z}=R+\mathrm{j}X$で力率を表すと，

$$\cos\theta=\frac{R}{Z}$$

(3) 正しい。$e=E_{\mathrm{m}}\sin\omega t$[V]の実効値$E$は，

$$E=\frac{E_{\mathrm{m}}}{\sqrt{2}}$$

$i=I_{\mathrm{m}}\sin(\omega t+\phi)$[A]の実効値$I$は，

$$I=\frac{I_{\mathrm{m}}}{\sqrt{2}}$$

電圧と電流の位相差はϕなので消費電力P[W]は，

$$P=EI\cos\phi$$
$$=\frac{E_m}{\sqrt{2}}\cdot\frac{I_m}{\sqrt{2}}\cos\phi$$
$$=\frac{E_m I_m}{2}\cos\phi$$

(4) 誤り。三相交流において，電源が対称三相交流で，負荷が三相平衡である場合，中性線には電流が流れない。

(5) 誤り。V結線は，その名の通りV字形をした結線方法である。V結線はΔ結線から1相分を取り除いた結線方法で，Δ結線で1電源が故障した際にも利用できるがY結線で1電源が故障した際には利用できない。

2 図のようなブリッジ回路において，検流計の電流値を測定したところ，0Aであった。このとき，次の(a)及び(b)の問に答えよ。

(a) 抵抗R_x[Ω]とコイルのインダクタンスL_x[mH]の組合せとして，最も近いものを次の(1)〜(5)のうちから一つ選べ。

	R_x	L_x
(1)	18	1.25
(2)	18	0.83
(3)	12	0.83
(4)	12	1.25
(5)	12	1.00

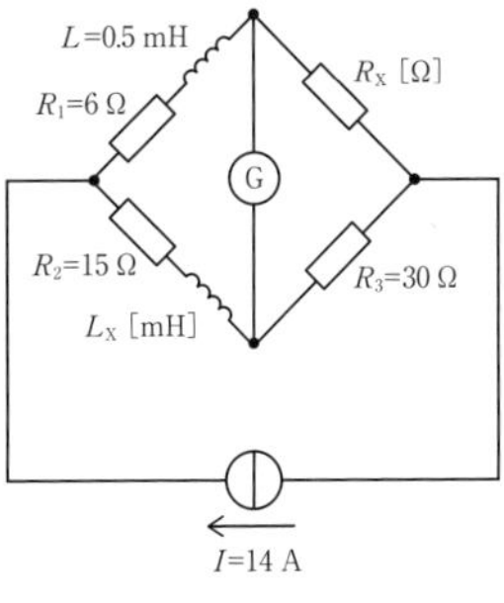

(b) 回路の消費電力[kW]として，最も近いものを次の(1)〜(5)のうちから一つ選べ。

(1) 1.26　(2) 2.52　(3) 3.56　(4) 5.16　(5) 5.44

解答 (a) (4)　(b) (2)

(a)　ブリッジの平衡条件より,

$$(R_1+\mathrm{j}\omega L)R_3=(R_2+\mathrm{j}\omega L_x)R_x$$

$$R_1R_3+\mathrm{j}\omega LR_3=R_2R_x+\mathrm{j}\omega L_xR_x$$

となるので, 実部と虚部において,

$$R_1R_3=R_2R_x \quad \cdots ①$$

$$\omega LR_3=\omega L_xR_x \quad \cdots ②$$

が成立するので, ①より,

$$R_x=\frac{R_1R_3}{R_2}$$

$$=\frac{6\times30}{15}=12\ \Omega$$

②より,

$$LR_3=L_xR_x$$

$$L_x=\frac{LR_3}{R_x}$$

$$=\frac{0.5\times30}{12}=1.25\ \mathrm{mH}$$

(b)　R_1側を流れる電流をI_1[A], R_2側を流れる電流をI_2[A]とすると, 分流の法則より,

$$I_1=\frac{(R_2+\mathrm{j}\omega L_x)+R_3}{\{(R_1+\mathrm{j}\omega L)+R_x\}+\{(R_2+\mathrm{j}\omega L_x)+R_3\}}I$$

$$=\frac{(15+\mathrm{j}1.25\times10^{-3}\omega)+30}{\{(6+\mathrm{j}0.5\times10^{-3}\omega)+12\}+\{(15+\mathrm{j}1.25\times10^{-3}\omega)+30\}}\times14$$

$$=\frac{45+\mathrm{j}1.25\times10^{-3}\omega}{63+\mathrm{j}1.75\times10^{-3}\omega}\times14$$

$$=\frac{5\times(9+\mathrm{j}0.25\times10^{-3}\omega)}{7\times(9+\mathrm{j}0.25\times10^{-3}\omega)}\times14$$

$$=\frac{5}{7}\times14=10\ \mathrm{A}$$

$$I_2=I-I_1$$

$$=14-10=4\ \mathrm{A}$$

したがって, 消費電力P[kW]は,

$$P=R_1I_1^2+R_xI_1^2+R_2I_2^2+R_3I_2^2$$

$$=6\times10^2+12\times10^2+15\times4^2+30\times4^2$$

$$=2520\ \mathrm{W}=2.52\ \mathrm{kW}$$

ブリッジの平衡条件は,交流回路においても適用可能。

$$\dot{Z}_1\dot{Z}_4=\dot{Z}_2\dot{Z}_3$$

平衡条件が成立しているので, 実部だけでの分流の法則でも同じ結果となる。
本問で,メカニズムを習得しておくと良い。

$$I_1=\frac{R_2+R_3}{(R_1+R_x)+(R_2+R_3)}I$$

$$=\frac{15+30}{(6+12)+(15+30)}\times14$$

$$=\frac{5}{7}\times14$$

$$=10\ \mathrm{A}$$

3 図のように，抵抗R=8 Ω，コイルL=50 mH，コンデンサC[mF]からなる三相平衡回路に電圧V=85 Vの対称三相交流電源を接続した回路がある。ただし，電源の角周波数ω=300 rad/sである。

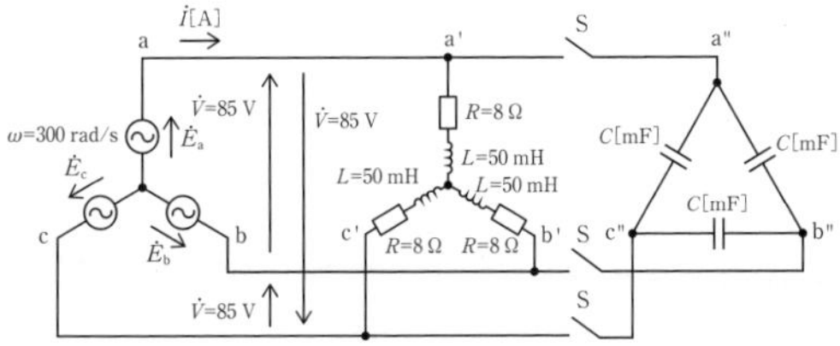

(a) スイッチSを閉じる前，負荷で消費される電力の大きさ[W]として，最も近いものを次の(1)～(5)のうちから一つ選べ。

(1) 70　(2) 140　(3) 200　(4) 400　(5) 600

(b) スイッチSを閉じる前，負荷に供給される皮相電力[V・A]の大きさとして，最も近いものを次の(1)～(5)のうちから一つ選べ。

(1) 150　(2) 295　(3) 425　(4) 625　(5) 1275

(c) スイッチSを閉じた後，力率が0.8（遅れ）となった。このときのコンデンサから供給される無効電力[var]の大きさとして，最も近いものを次の(1)～(5)のうちから一つ選べ。

(1) 145　(2) 225　(3) 275　(4) 425　(5) 525

解答 (a) (3)　(b) (3)　(c) (2)

(a) 電源側の相電圧の大きさE[V]は，

$$E=\frac{V}{\sqrt{3}}$$
$$=\frac{85}{\sqrt{3}}\text{ V}$$

であるから，スイッチSを閉じる前の一相分の等

三相交流において，コンデンサのみがΔ接続されている問題は電験ではB問題でよくあるパターンである。これは実務においても電力用コンデンサを投入したときと同じ回路になり，実務に沿った問題であるからであると思われる。

価回路は下図のようになる。

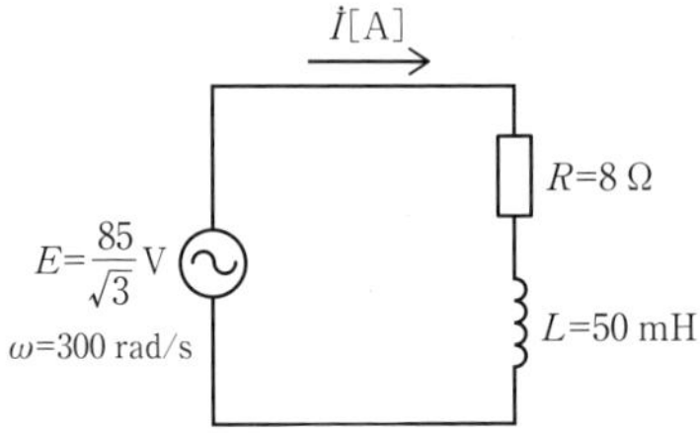

一相分の等価回路より，線電流の大きさI[A]は，

$$I=\frac{E}{\sqrt{R^2+(\omega L)^2}}$$

$$=\frac{\frac{85}{\sqrt{3}}}{\sqrt{8^2+(300\times50\times10^{-3})^2}}$$

$$=\frac{\frac{85}{\sqrt{3}}}{17}$$

$$=\frac{5}{\sqrt{3}}\fallingdotseq2.8868\ \mathrm{A}$$

負荷で消費される電力の大きさP[W]は，

$$P=3RI^2$$

$$=3\times8\times2.8868^2$$

$$\fallingdotseq200\ \mathrm{W}$$

注目 $I=\frac{5}{\sqrt{3}}$のまま計算してもよい。

(b) 負荷へ供給される皮相電力の大きさS[V・A]は，

$$S=3ZI^2$$

$$=3\times17\times2.8868^2$$

$$\fallingdotseq425\ \mathrm{V\cdot A}$$

(c) コンデンサをΔ−Y変換すると，

$$C_Y=3C$$

となるので，一相分等価回路は次図のようになる。

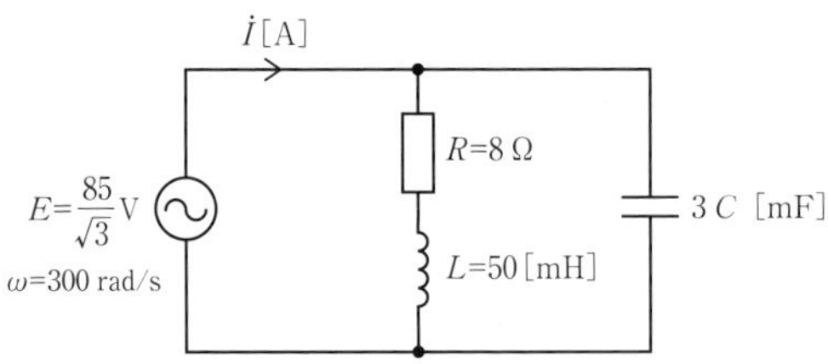

電源から供給される有効電力は変わらず，(a)及び(b)より，コンデンサ接続前の回路のコイルによる遅れ無効電力 Q_L [var] は，

$$Q_L = 3\omega L I^2$$
$$= 3 \times 300 \times 50 \times 10^{-3} \times 2.8868^2$$
$$\fallingdotseq 375 \text{ var}$$

であり，コンデンサ接続後，力率が0.8となったので，ベクトル図は次図のようになる。

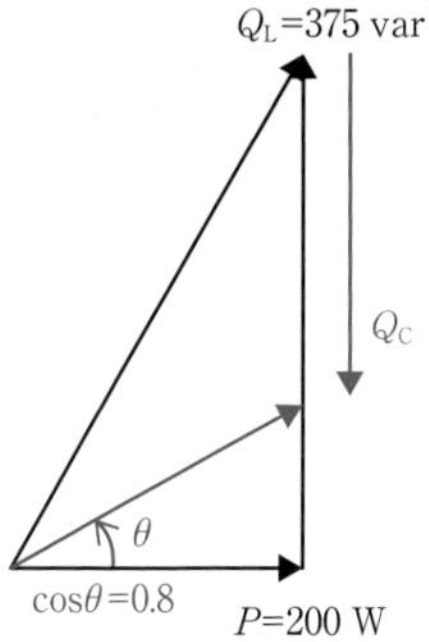

ベクトル図より，スイッチS投入後の無効電力 Q [var] は，

$$Q = P \tan\theta$$
$$= P \frac{\sin\theta}{\cos\theta}$$
$$= P \frac{\sqrt{1-\cos^2\theta}}{\cos\theta}$$
$$= 200 \times \frac{\sqrt{1-0.8^2}}{0.8}$$
$$= 150 \text{ var}$$

であり，$Q = Q_L - Q_C$ なので，

$$Q_C = Q_L - Q$$
$$= 375 - 150$$
$$= 225 \text{ var}$$

解答編 CHAPTER 05 三相交流回路 1

解答

CHAPTER 06

過渡現象とその他の波形

1 過渡現象

確認問題

1 以下の文章の（ア）～（エ）にあてはまる語句を答えよ。

コイルやコンデンサが接続された回路においてスイッチをオン・オフすることで電圧の変化が発生した際，電流が落ち着くまでの現象を［（ア）］現象と呼ぶ。［（ア）］現象では，電圧変化が始まって徐々に変化していく状態を［（ア）］状態，十分に時間が経過し，電圧と電流が落ち着いた状態を［（イ）］状態と呼ぶ。

RL 直列回路においては，［（ア）］状態のとき，L のインピーダンスは［（ウ）］，［（イ）］状態のとき，L のインピーダンスは［（エ）］と考え，RC 直列回路においては，［（ア）］状態のとき，C のインピーダンスは［（エ）］，［（イ）］状態のとき，C のインピーダンスは［（ウ）］と考える。

POINT 1 過渡現象

POINT 2 コイルの過渡状態と定常状態

POINT 3 コンデンサの過渡状態と定常状態

解答 （ア）過渡　（イ）定常　（ウ）∞　（エ）0

2 次の(a)及び(b)の問に答えよ。

(a) 図のような RL 直列回路において，t=0でスイッチSを閉じたとき，i，v_R，v_L の初期値（スイッチSを入れた直後）及び最終値（スイッチSを入れ，十分時間が経過した後）の値を答えよ。

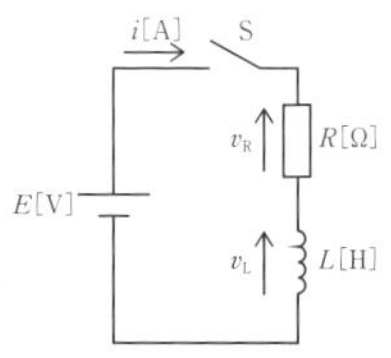

(b) 図のような RC 直列回路において，t=0でスイッチSを閉じたとき，i，v_R，v_C の初期値（スイッチSを入れた直後）及び最終値（スイッチSを入れ，十分時間が経過した後）の値を答えよ。

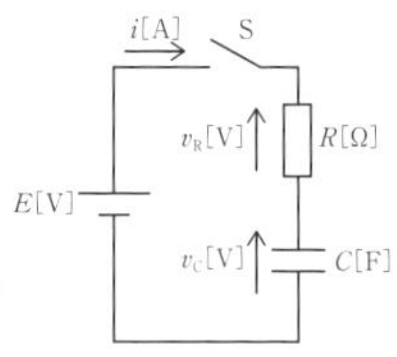

解答　(a)　$i(0)=0$　$i(\infty)=\dfrac{E}{R}$　$v_R(0)=0$　$v_R(\infty)=E$

$v_L(0)=E$　$v_L(\infty)=0$

(b)　$i(0)=\dfrac{E}{R}$　$i(\infty)=0$　$v_R(0)=E$　$v_R(\infty)=0$

$v_C(0)=0$　$v_C(\infty)=E$

(a)　スイッチSを閉じた瞬間はコイルLのインピーダンスが∞（無限大），十分時間が経過した後はコイルLのインピーダンスが0（零）となる。したがって，それぞれの回路は下図(1)及び(2)の通りとなり，i，v_R，v_Lの初期値及び最終値は，

$i(0)=0$　　$i(\infty)=\dfrac{E}{R}$

$v_R(0)=0$　　$v_R(\infty)=E$　　$v_L(0)=E$

$v_L(\infty)=0$

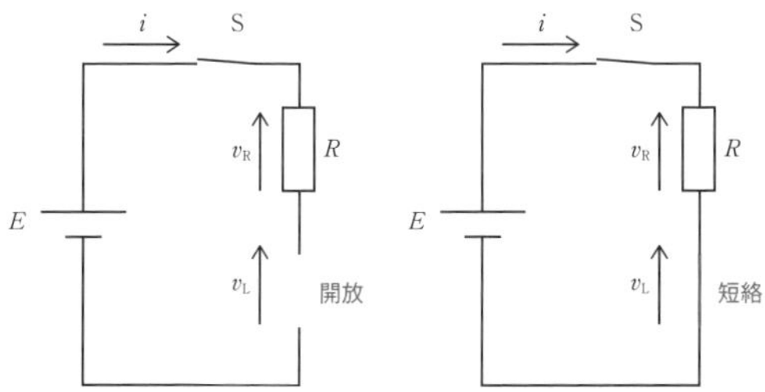

(1) 過渡状態　　　(2) 定常状態

(b)　スイッチSを閉じた瞬間はコンデンサCのインピーダンスが0（零），十分時間が経過した後はコンデンサCのインピーダンスが∞（無限大）となる。したがって，それぞれの回路は下図(1)及び(2)の通りとなり，i，v_R，v_Lの初期値及び最終値は，

$i(0)=\dfrac{E}{R}$　　$i(\infty)=0$

$v_R(0)=E$　　$v_R(\infty)=0$

$v_C(0)=0$　　$v_C(\infty)=E$

POINT 2 コイルの過渡状態と定常状態

POINT 4 RL直列回路

POINT 3 コンデンサの過渡状態と定常状態

POINT 5 RC直列回路

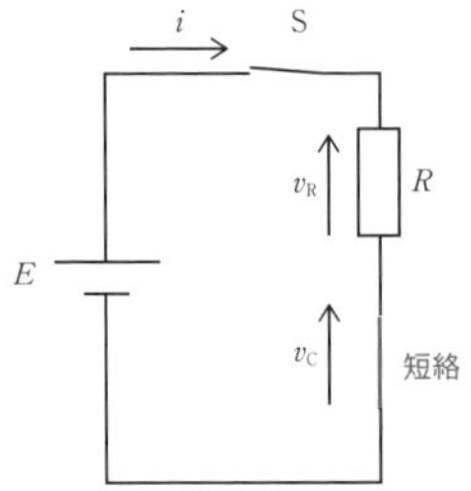

(1) 過渡状態

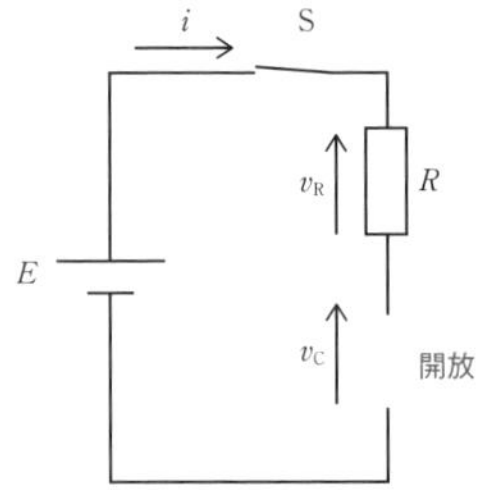

(2) 定常状態

3 次の(a)及び(b)の問に答えよ。

(a) 図のようなRL直列回路において，t=0でスイッチSを閉じたとき，i，v_R，v_Lの各波形の変化を示したものを(1)〜(4)のうちから選べ。また，この回路の時定数τを答えよ。

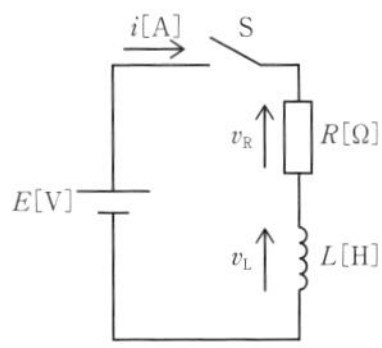

(b) 図のようなRC直列回路において，t=0でスイッチSを閉じたとき，i，v_R，v_Cの各波形の変化を示したものを(1)〜(4)のうちから選べ。また，この回路の時定数τを答えよ。

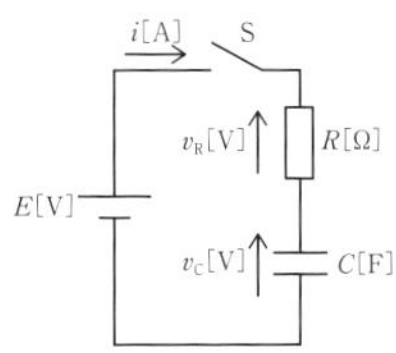

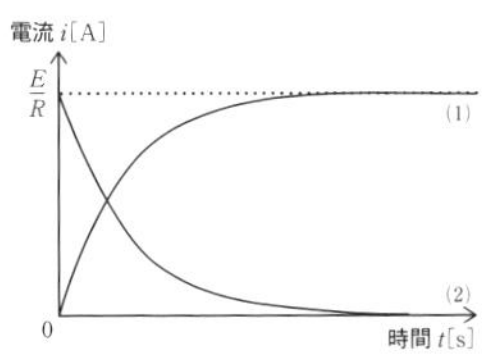

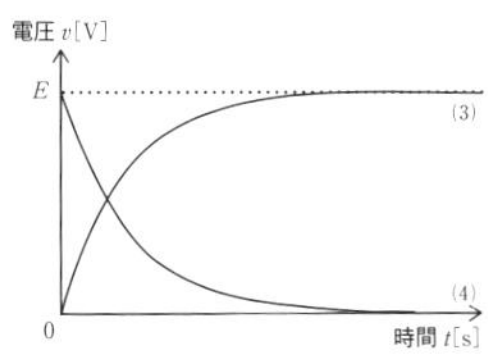

解答 (a)　i：(1)　v_R：(3)　v_L：(4)　$\tau=\dfrac{L}{R}$

(b)　i：(2)　v_R：(4)　v_C：(3)　$\tau=RC$

(a)　スイッチを閉じた瞬間はコイルLのインピーダンスが∞（無限大），十分時間が経過した後はコイルLのインピーダンスが0（零）となる。した

POINT 2 コイルの過渡状態と定常状態

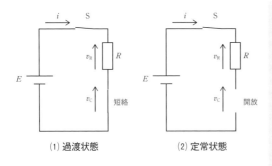

POINT 4 RL直列回路

がって，それぞれの回路は下図(1)及び(2)の通りとなり，i，v_R，v_Lの初期値及び最終値は，

$$i(0)=0 \qquad i(\infty)=\frac{E}{R}$$

$$v_R(0)=0 \qquad v_R(\infty)=E \qquad v_L(0)=E$$

$$v_L(\infty)=0$$

よって，iの波形が(1)，v_Rの波形が(3)，v_Lの波形が(4)と求められる。また，RL直列回路の時定数τは$\dfrac{L}{R}$となる。

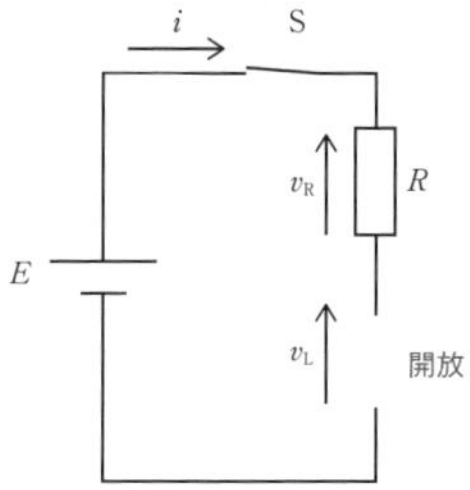

(1) 過渡状態

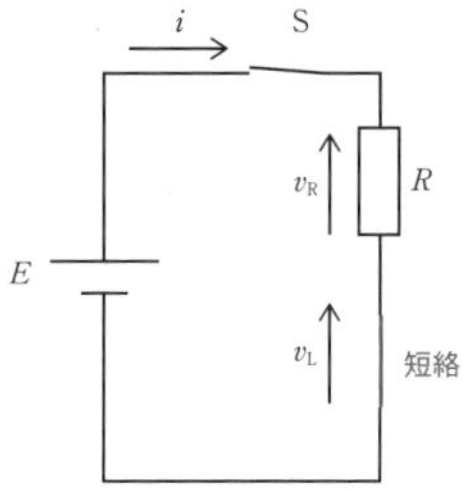

(2) 定常状態

(b) スイッチを閉じた瞬間はコンデンサCのインピーダンスが0（零），十分時間が経過した後はコンデンサCのインピーダンスが∞（無限大）となる。したがって，それぞれの回路は図(1)及び(2)の通りとなり，i，v_R，v_Lの初期値及び最終値は，

$$i(0)=\frac{E}{R} \qquad i(\infty)=0$$

$$v_R(0)=E \qquad v_R(\infty)=0$$

$$v_C(0)=0 \qquad v_C(\infty)=E$$

POINT 3 コンデンサの過渡状態と定常状態

POINT 5 RC直列回路

よって，iの波形が(2)，v_Rの波形が(4)，v_Cの波形が(3)と求められる。また，RC直列回路の時定数τはRCとなる。

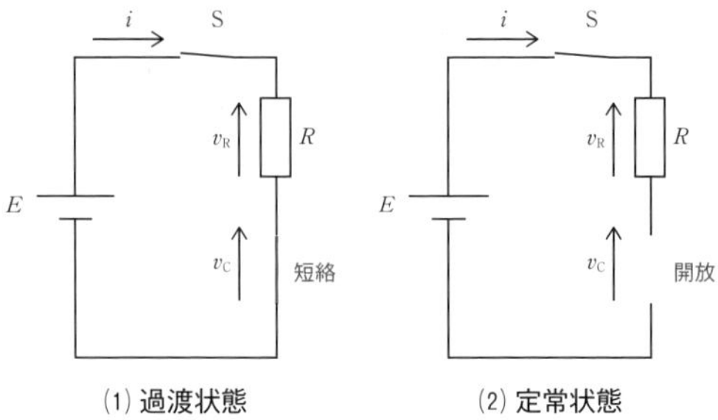

基本問題

1 図のような回路において，t=0でスイッチSを投入した。スイッチSを閉じた瞬間の電流値$I(0)$［A］とスイッチSを閉じて十分時間が経過したときの電流値$I(\infty)$［A］の組合せとして，正しいものを次の(1)～(5)のうちから一つ選べ。

	$I(0)$	$I(\infty)$
(1)	$\frac{E}{2R}$	$\frac{E}{2R}$
(2)	$\frac{E}{2R}$	$\frac{E}{R}$
(3)	$\frac{E}{R}$	$\frac{2E}{R}$
(4)	$\frac{E}{R}$	$\frac{E}{R}$
(5)	$\frac{2E}{R}$	$\frac{2E}{R}$

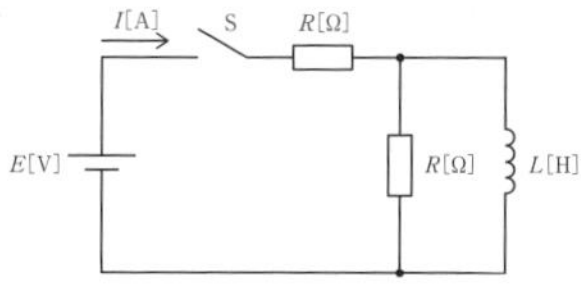

解答　(2)

スイッチを閉じた瞬間はコイルLのインピーダンスが∞（無限大），十分時間が経過した後はコイルLのインピーダンスが0（零）となる。したがって，それぞれの回路は下図(1)及び(2)の通りとなる。(1)の図より，過渡状態ではコイルLが開放状態となり，電流はすべて並列に接続された抵抗Rに流れ込むため$I(0)$は，

$$I(0)=\frac{E}{R+R}$$

$$=\frac{E}{2R}$$

また，(2)の図より定常状態ではコイルLが短絡状態となり，並列に接続された抵抗Rには電流は流れないため，$I(\infty)$は，

$$I(\infty)=\frac{E}{R}$$

POINT 2 コイルの過渡状態と定常状態

POINT 4 RL直列回路

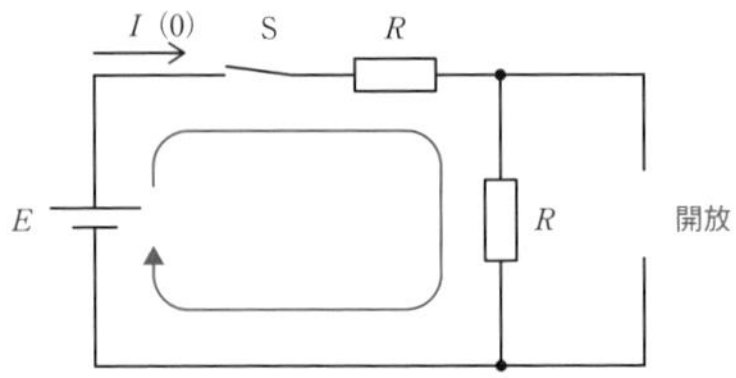

(1) 過渡状態

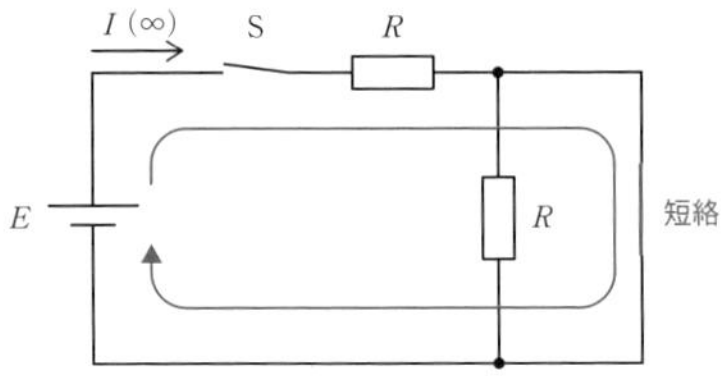

(2) 定常状態

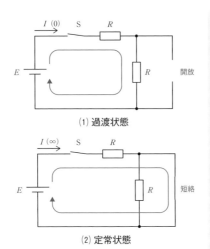

2 図のような回路において，最初t=0でスイッチS_1を閉じ，十分時間が経過した後S_1を開き，$t=t_1$でスイッチS_2を閉じた。このとき，コンデンサの電圧v_C[V]の波形として，正しいものを次の(1)〜(5)のうちから一つ選べ。

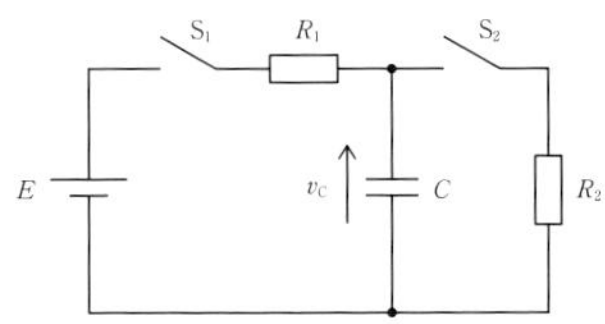

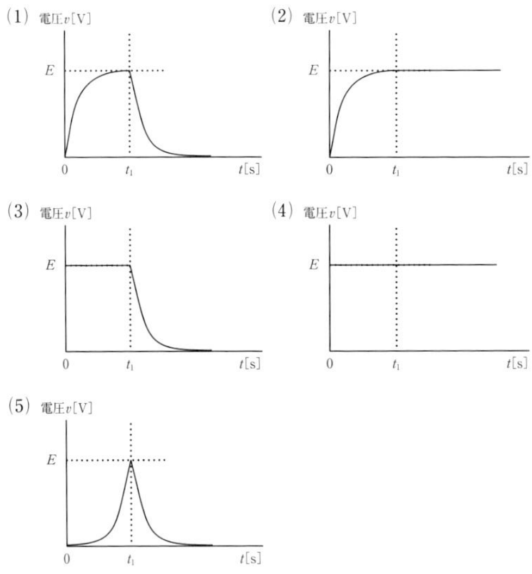

解答 (1)

スイッチを閉じた瞬間はコンデンサCのインピーダンスが0（零），十分時間が経過した後はコンデンサCのインピーダンスが∞（無限大）となる。したがって，各状態での回路図は図の(1)〜(4)のようになる。

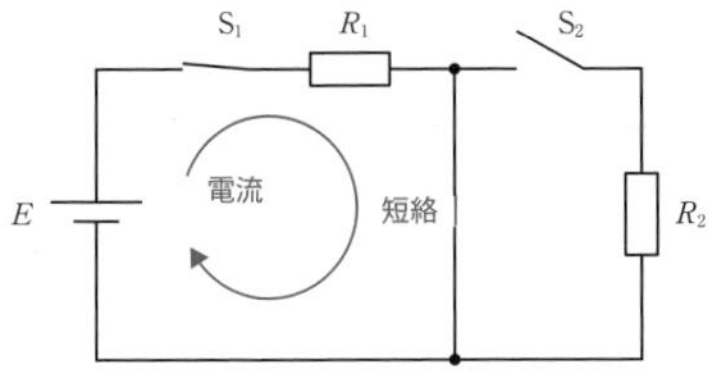

(1) t=0（過渡状態）

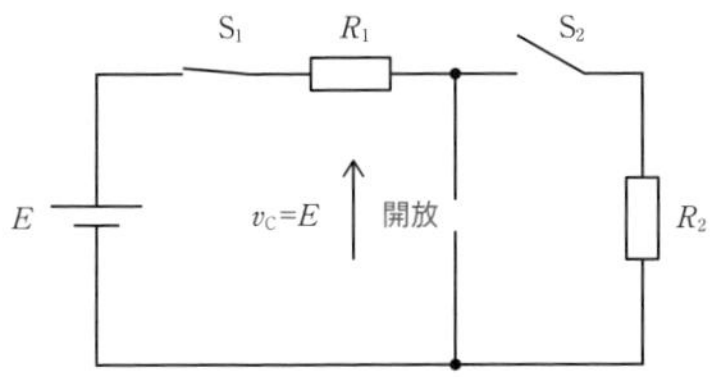

(2) $t=t_1$（定常状態）

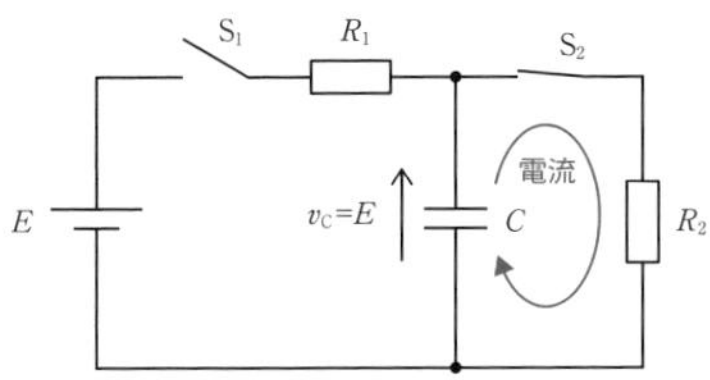

(3) $t=t_1$（過渡状態）

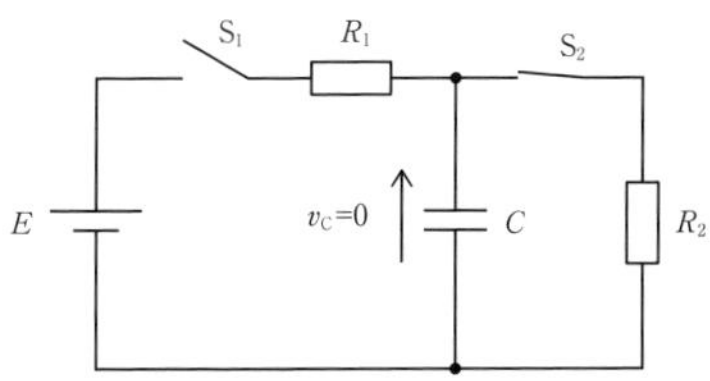

(4) $t=\infty$（定常状態）

図(1)の通り，t=0においてはコンデンサCは短絡状態となり，コンデンサCの電圧v_C=0となる。

図(2)(3)の通り，スイッチS_1を閉じた後十分に時

POINT 3 コンデンサの過渡状態と定常状態

POINT 5 RC直列回路

間が経過した$t=t_1$においては，コンデンサCは開放状態となるため，コンデンサCに電源電圧Eがそのまま加わり，スイッチS_2を投入した直後も$v_C=E$が維持される。

図(4)の通り，スイッチS_2を投入し，十分時間が経過した後は，コンデンサCに蓄えられた電荷が放電され，コンデンサCに電荷Qがなくなるため，$v_C=\dfrac{Q}{C}$より，コンデンサの電圧も0となる。

以上を満たすv_Cのグラフは(1)及び(5)となるが，コンデンサの過渡現象では，最初の変化が大きく，徐々に飽和していくグラフとなるため，(1)が解答となる。

3 RC直列回路の過渡現象に関する記述として，誤っているものを次の(1)～(5)のうちから一つ選べ。ただし，コンデンサの初期電荷は零，スイッチSは最初開いているものとする。

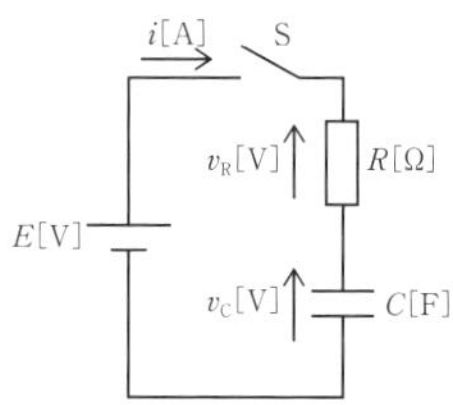

(1) スイッチを閉じた瞬間のコンデンサCの端子電圧v_Cは零である。

(2) スイッチを閉じ，十分時間が経過した後，回路には電流が流れない。

(3) スイッチを閉じた瞬間の抵抗Rの端子電圧v_Rは電源電圧Eの大きさと等しくなる。

(4) この回路の時定数はコンデンサの静電容量Cの値に反比例する。

(5) この回路における時定数とはコンデンサの電圧v_Cが電源電圧Eの大きさの約0.632倍となったときの時間である。

解答 (4)

(1) 正しい。スイッチを閉じた瞬間のコンデンサCのインピーダンスは零となり，短絡状態となるので，端子電圧はv_Cは零である。

(2) 正しい。スイッチを閉じ，十分時間が経過した

POINT 3 コンデンサの過渡状態と定常状態

POINT 5 RC直列回路

後はコンデンサCのインピーダンスが∞（無限大）となるので，回路には電流が流れない。

(3) 正しい。スイッチを閉じた瞬間のコンデンサCのインピーダンスは零となるので，電源電圧は全て抵抗Rに加わる。したがって，スイッチを閉じた瞬間の抵抗Rの端子電圧v_Rは電源電圧Eの大きさと等しくなる。

(4) 誤り。RC直列回路の時定数τは$\tau=RC$で与えられ，コンデンサの静電容量Cの値に比例する。

(5) 正しい。RC回路における時定数とは下図の通りコンデンサの電圧v_Cが電源電圧Eの大きさの約0.632倍となったときの時間である。

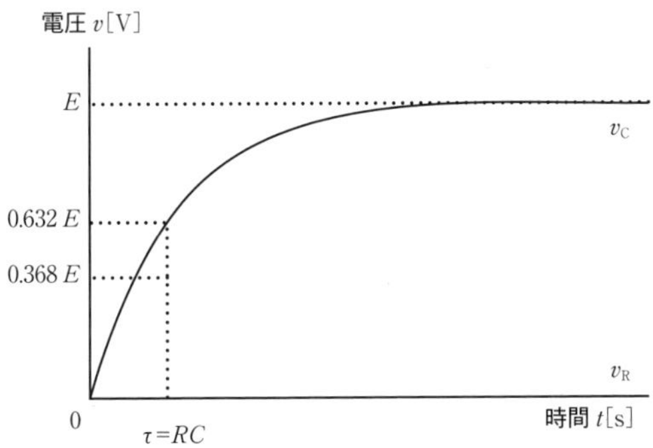

応用問題

1 図のような回路において，時刻$t=t_1$[s]でスイッチS_1を閉じ，十分時間が経過した後，$t=t_2$[s]でスイッチS_2を閉じた。このとき，コンデンサに蓄えられる電荷Q[C]を示す波形として，正しいものを次の(1)～(5)のうちから一つ選べ。ただし，コンデンサの初期電荷は零とする。

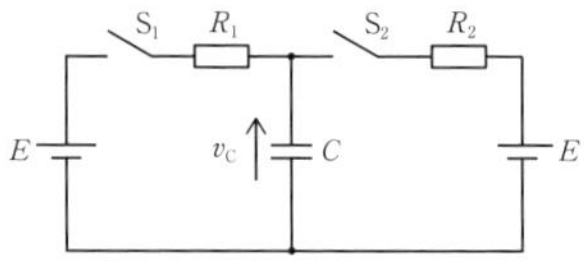

(1)

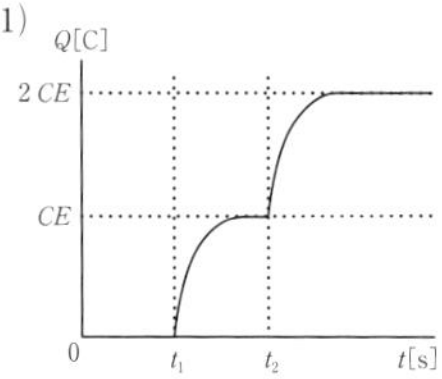

(2)

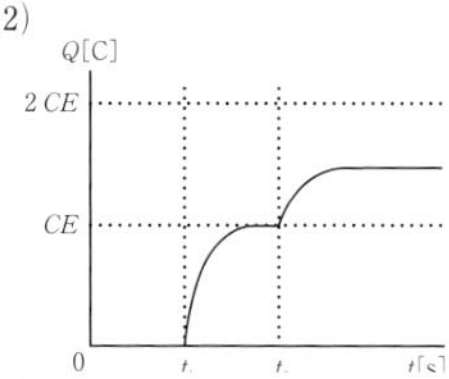

(3)

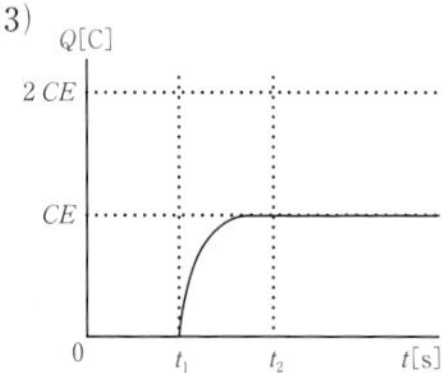

(4)

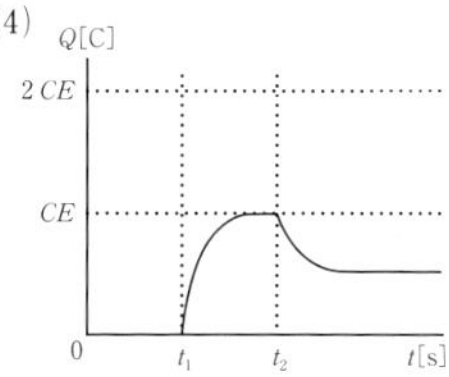

(5)

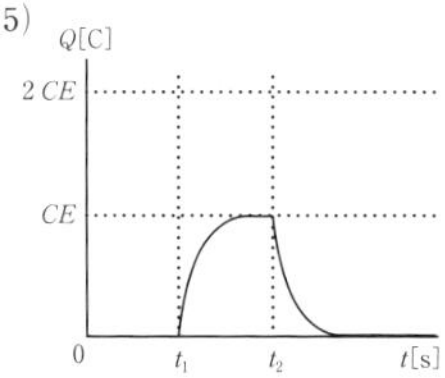

解答 (3)

時刻$t=t_1$[s]でスイッチS_1を閉じた瞬間はコンデンサCのインピーダンスが0（零），十分時間が経過した後はコンデンサCのインピーダンスが∞（無限大）となる。したがって，

$v_C(t_1)=0$

$v_C(t_2)=E$

注目 過渡現象についてはそれほど難しい計算問題は出題されない。
かなり出題確率も高い分野なので，確実に理解しておくこと。

となる。よってコンデンサに蓄えられる電荷Q[C]は$Q=CV$の関係から，

$$Q(t_1)=Cv_C(t_1)=0$$

$$Q(t_2)=Cv_C(t_2)=CE$$

と求められる。

$t=t_2$でスイッチS_2を閉じた後，$v_C(t_2)=E$であるため，電源電圧と等しく，電流は流れない。したがって，$v_C(\infty)=E$であり，$Q(\infty)=CE$となる。

よって，これを満たす波形は(3)となる。

2 図1～3のような回路の過渡現象において，各回路の時定数を小さい順に並べたものとして，正しいものを次の(1)～(5)のうちから一つ選べ。

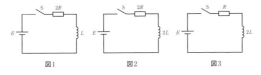

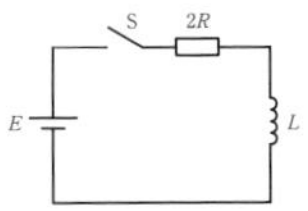

図1

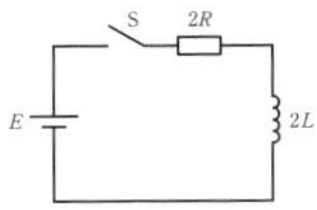

図2

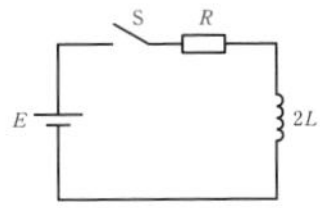

図3

(1)　図1＜図2＜図3

(2)　図2＜図1＜図3

(3)　図2＜図3＜図1

(4)　図3＜図2＜図1

(5)　図3＜図1＜図2

解答　(1)

RL直列回路の時定数τは，$\tau=\dfrac{L}{R}$で求められる。

したがって，

図1の時定数は，$\tau=\dfrac{L}{2R}$

図2の時定数は，$\tau=\dfrac{2L}{2R}=\dfrac{L}{R}$

図3の時定数は，$\tau=\dfrac{2L}{R}$

と求められるので，それぞれの図を時定数を小さい順に並べると，図1＜図2＜図3となる。

注目　時定数の式の分母と分子を逆にして覚えてしまうミスが非常に多い。
試験直前に必ず見直しておくこと。

解答

CHAPTER 07

電子理論

1 半導体,ダイオード,トランジスタ

確認問題

❶ 以下の文章の(ア)～(エ)にあてはまる語句を答えよ。

金属のように自由電子を持っていて，電流が流れやすい物体を［(ア)］といい，ゴム等のように電流が流れにくい物体を［(イ)］と呼ぶ。［(ウ)］は［(ア)］と［(イ)］の中間的な性質を持ち，通常時は電流を流さないが，温度が［(エ)］と電子－正孔対ができ，電流が流れるようになる。

解答 (ア)導体　(イ)絶縁体(不導体)
(ウ)半導体　(エ)上がる

POINT 1 導体,半導体,絶縁体

❷ 以下の文章の(ア)～(カ)にあてはまる語句を答えよ。

シリコンやゲルマニウムのようなⅣ族の元素のみでできる不純物を含まない半導体を［(ア)］半導体という。［(ア)］半導体にリンやヒ素等の［(イ)］族の元素やホウ素やガリウム等の［(ウ)］族の元素をドープした半導体を［(エ)］半導体という。

［(エ)］半導体のうち，［(イ)］族の元素をドープしたものを［(オ)］形半導体，［(ウ)］族の元素をドープしたものを［(カ)］形半導体という。

解答 (ア)真性　(イ)Ⅴ　(ウ)Ⅲ　(エ)不純物
(オ)n　(カ)p

POINT 2 真性半導体と不純物半導体

(イ)及び(ウ)はローマ数字でなくアラビア数字の5と3でも可。電験では記述式の問題は二種の二次試験まで出題されないので,現時点で細かい暗記は不要。

❸ 以下の文章の（ア）～（エ）にあてはまる語句を答えよ。

n形半導体の多数キャリヤは［（ア）］で，少数キャリヤは［（イ）］である。半導体に電界（電圧）を加えるとドリフト電流と呼ばれる電流が流れるが，［（ア）］の動く向きはドリフト電流の流れる向きと［（ウ）］向きであり，［（イ）］の動く向きはドリフト電流の流れる向きと［（エ）］向きである。

解答　（ア）電子　（イ）正孔　（ウ）逆　（エ）同じ

POINT 3 多数キャリヤと少数キャリヤ

ドリフト電流とは半導体に電界をかけたときに流れる電流のことをいう。

❹ 以下の文章の（ア）～（エ）にあてはまる語句を答えよ。

p形半導体とn形半導体がくっついた構造を［（ア）］と呼ぶ。［（ア）］の接合面では電子と正孔の移動が起こり，［（イ）］と呼ばれる薄い層ができる。順電圧を加えると［（イ）］は［（ウ）］なり半導体は導通し，逆電圧を加えると［（イ）］は［（エ）］なり半導体は導通しにくくなる。

解答　（ア）pn接合　（イ）空乏層
（ウ）小さく　（エ）大きく

POINT 4 pn接合

POINT 5 ダイオード

❺ 以下の文章の（ア）～（エ）にあてはまる語句を答えよ。

p形半導体とn形半導体を接合した素子をダイオードと呼ぶ。ダイオードは2端子素子であり，p形半導体側の端子を［（ア）］，n形半導体側の端子を［（イ）］という。ダイオードは順電圧を加えると電流が流れ，逆電圧を加えると電流が流れない，いわゆる［（ウ）］作用があるが，電流が流れるのは［（ア）］と［（イ）］のうち［（エ）］の端子を電源のプラス側と接続して電流を流した場合である。

解答　（ア）アノード　（イ）カソード
（ウ）整流　（エ）アノード

POINT 5 ダイオード

❻ 以下の文章の（ア）～（エ）にあてはまる語句を答えよ。

バイポーラトランジスタは3端子素子であるが，その3端子の名称は［（ア）］，［（イ）］，［（ウ）］である。npnトランジスタでは，［（ア）］端子はp形半導体，［（イ）］，［（ウ）］端子はn形半導体にある。npnのサンドイッチ構造で最も薄い層は［（エ）］形半導体の層である。

POINT 6 バイポーラトランジスタ

解答 （ア）ベース

（イ）（ウ）コレクタ，エミッタ（順不同）

（エ）p

7 以下の文章の（ア）～（エ）にあてはまる語句を答えよ。

図のような［（ア）］接地回路では［（イ）］－［（ア）］間と［（ウ）］－［（ア）］間に電圧をかけ，［（イ）］電流を流すと［（ウ）］電流が流れトランジスタはON状態となるが，このうち［（エ）］電流を流すのをやめるとトランジスタはOFF状態となる。

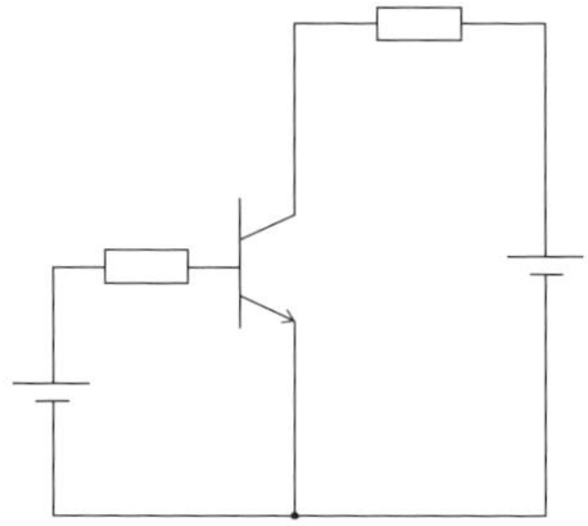

POINT 6 バイポーラトランジスタ

解答 （ア）エミッタ　（イ）ベース

（ウ）コレクタ　（エ）ベース

図のように，バイポーラトランジスタはB（ベース），C（コレクタ），E（エミッタ）の端子があり，本問の回路はエミッタが接地側となるエミッタ接地回路となる。

図に示すように，ベース－エミッタ間に電圧V_{BB}を加えるとベース電流I_Bが流れ，トランジスタはONとなる。トランジスタがONの状態でコレクタ側に電圧V_{CC}を加えると，コレクタ電流I_Cが流れる。

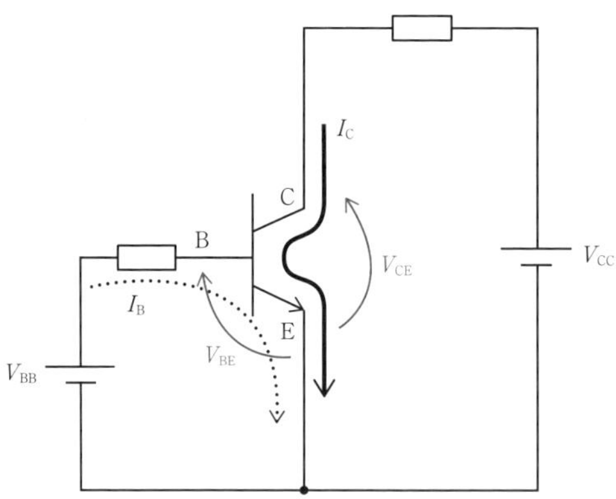

V_{BB}を外し，ベース電流I_Bが流れないようにすると，トランジスタはOFFとなり，V_{CC}を加えてもコレクタ電流I_Cは流れない。

8 以下の文章の（ア）～（ウ）にあてはまる語句を答えよ。

POINT 6 バイポーラトランジスタ

エミッタ接地のバイポーラトランジスタではベース端子にはベース電流I_Bが，コレクタ端子にはコレクタ電流I_Cが，エミッタ端子にはエミッタ電流I_Eが流れる。このうち，［（ア）］電流は他の電流と比較して小さいため無視できると仮定すると，残りの二つの電流はほぼ等しいと考えることができる。エミッタ接地回路における電流増幅率は［（イ）］で計算され，上述の内容より，その値は［（ウ）］値であることがわかる。

解答 （ア）ベース　（イ）$\frac{I_C}{I_B}$　（ウ）大きい

電流増幅率は出力電流／入力電流であり，エミッタ接地回路における入力電流はベース電流，出力電流はコレクタ電流である。ベース電流は値が非常に小さいため，$\frac{I_C}{I_B}$は分母がとても小さくなり，電流増幅率の値は数十～数百になる。

9 以下の文章の（ア）～（オ）にあてはまる語句を答えよ。

POINT 7 電界効果トランジスタ(FET)

電界効果トランジスタ（FET）には［（ア）］形と［（イ）］形があり，それぞれpチャネル形とnチャネル形がある。3端子素子が基本であり，その端子の名称は［（ウ）］，［（エ）］，［（オ）］である。

解答 （ア）（イ）接合，絶縁ゲート（MOS）（順不同）
（ウ）（エ）（オ）ゲート，ソース，ドレーン
（順不同）

10 以下の文章の（ア）～（エ）にあてはまる語句を答えよ。

POINT 7 電界効果トランジスタ(FET)

接合形電界効果トランジスタは［（ア）］方向のゲート電圧を加えることで，接合面にできる［（イ）］を広げキャリヤの流れる幅を調整する。ゲート電圧を大きくすると，ドレーン電流は［（ウ）］なり，ドレーン－ソース間電圧を大きくすると，ドレーン電流は［（エ）］という特性がある。

解答 (ア) 逆　(イ) 空乏層　(ウ) 小さく
(エ) あまり変わらない

電界効果トランジスタの静特性は応用問題5の図2に示すような特性があり，ドレーン－ソース間電圧はある値を境に大きくしてもドレーン電流があまり変わらない飽和状態となる。

これは，ゲート電圧を加えることによりできた空乏層の幅により通過できる電子の量が制限されたからである。

11 以下の文章の (ア) ～ (ウ) にあてはまる語句を答えよ。

POINT 7 電界効果トランジスタ(FET)

npn構造の絶縁ゲート形FETについて，ゲート電圧に［(ア)］の電圧を加えると，p形半導体内の［(イ)］が引き寄せられ，ドレーン－ソース間が導通する。したがって，［(ア)］の電圧を大きくするとドレーン電流は［(ウ)］なる。

解答 (ア) 正 (＋)　(イ) 電子　(ウ) 大きく

12 以下の文章のうち，正しいものには○，誤っているものには×をつけよ。

(1) 電線で使われる銅等の金属は温度が高くなると電流が流れやすくなる。
(2) シリコン等の真性半導体は純度が98%程度の純度が高い半導体である。
(3) 真性半導体は温度が高くなると電子－正孔対ができ，電流が流れるようになる。
(4) 不純物半導体のうち，n形半導体は，ホウ素等のⅢ族の元素をドープした半導体である。
(5) p形半導体にドープされている不純物をアクセプタと呼ぶ。
(6) p形半導体とn形半導体を接合すると，その境界部分に絶縁層という層が現れる。
(7) ダイオード素子のうち，可変容量ダイオードは逆電圧の定電圧特性を利用した素子である。
(8) ダイオードは順方向には電流を流すが，逆方向にもわずかであるが電流を流す。
(9) ダイオードに逆方向に電圧を加え，ある一定以上の電圧になると，電圧に比例した電流が流れるようになる。この電圧をツェナー電圧（降伏電圧）という。

⑽ 発光ダイオードは材質によってその発光する色が変わり，例えばGaAsであれば赤色，GaNであれば青色に発光する。

⑾ pnpバイポーラトランジスタをONさせるためには，ベース－エミッタ間には正の電圧を加える必要がある。

⑿ ON状態におけるバイポーラトランジスタのベース－エミッタ間電圧はほぼ一定であると考える。

⒀ エミッタ接地回路における電流増幅率はほぼ1である。

⒁ 接合形FETはゲート電圧に逆方向の電圧を加えるが，電圧を大きくすると，ドレーン電流は小さくなる。

⒂ MOSFETはドレーン－ソース間電圧を変化させてドレーン電流を調整する素子である。

解答 (1)× (2)× (3)○ (4)× (5)○ (6)×
(7)× (8)○ (9)× ⑽○ ⑾× ⑿○
⒀× ⒁○ ⒂×

(1) 誤り。金属は温度が高くなると，原子の振動が激しくなり，電子の移動が阻害され，電流は流れにくくなる。

POINT 1 導体，半導体，絶縁体

(2) 誤り。真性半導体は純度が99.999999999％の非常に純度の高い半導体である。

POINT 2 真性半導体と不純物半導体

(3) 正しい。真性半導体は通常は電流が流れないが，温度が高くなると電子－正孔対ができ，電流が流れるようになる。

POINT 2 真性半導体と不純物半導体

(4) 誤り。n形半導体は，リン等の電子が1個余るV族の元素をドープした半導体である。

POINT 2 真性半導体と不純物半導体

V族とⅢ族の誤りの誤答選択問題は多い。

(5) 正しい。p形半導体にドープされている不純物をアクセプタという。また，n形半導体にドープされている不純物をドナーという。

POINT 2 真性半導体と不純物半導体

(6) 誤り。p形半導体とn形半導体をpn接合すると，その境界面では電子と正孔が移動し，電子と正孔が存在しない空乏層という層が現れる。

POINT 4 pn接合

(7) 誤り。ダイオード素子のうち，可変容量ダイオードは逆電圧を加えたとき空乏層が大きくなり，電荷を蓄えるコンデンサのような性質がある特性を利用した素子である。

POINT 5 ダイオード

(8) 正しい。ダイオードは順方向には電流を流し，逆方向には電流を流さない特性を持つ素子であるが，少数キャリヤが存在するため，電流は零ではなくわずかに流れる性質がある。

POINT 5 ダイオード

不純物半導体においても温度が上昇すると電子ー正孔対ができるため，わずかに少数キャリヤが存在する。

(9) 誤り。ダイオードに逆方向に電圧を加え，ある一定以上の電圧になると，急激に電流が流れるようになる。この電圧をツェナー電圧（降伏電圧）という。

POINT 5 ダイオード

順方向は電圧を上げていくと徐々に電流が上昇する性質があるが，逆方向に電圧を上げると最初はほとんど流れないがある点を境に急激に電流が流れる。

(10) 正しい。発光ダイオードは材質によってその発光する色が変わり，例えばGaAsであれば赤色，GaNであれば青色に発光する。

機械科目でも扱われる内容なので知っておくと良い。

(11) 誤り。pnpバイポーラトランジスタの場合，ベース－エミッタ間には負の電圧を加える必要がある。

POINT 6 バイポーラトランジスタ

npnとすべて逆になるので，どちらかを記憶しておけば良い。

(12) 正しい。ON状態におけるバイポーラトランジスタのベース－エミッタ間電圧はほぼ一定であると考える。

POINT 6 バイポーラトランジスタ

電験の試験では0.7Vとすることが多い。

(13) 誤り。エミッタ接地回路における電流増幅率はベース電流をI_B，コレクタ電流をI_Cとすると，$\frac{I_C}{I_B}$で表される。I_Bは非常に小さいので，電流増幅率は大きな値となる。

POINT 6 バイポーラトランジスタ

ベース電流のみ非常に小さいことだけは理解しておく。そうすれば自ずと電流増幅率は大きいことが分かる。

⒁　正しい。接合形FETはゲート電圧として逆方向の電圧を加えるが，電圧を大きくすると，空乏層が大きくなり，ドレーン電流が流れる経路が狭くなるため，ドレーン電流は小さくなる。

⒂　誤り。MOSFETはゲート－ソース間電圧を変化させてドレーン電流の流れる経路を調整し，ドレーン電流の大きさを変化させる。

POINT 7 電界効果トランジスタ(FET)

POINT 7 電界効果トランジスタ(FET)

MOSFETはゲート－ソース間電圧が変わるとドレーン電流は変化するが，ドレーン－ソース間電圧を変えてもドレーン電流はあまり変化しない。

基本問題

1 半導体に関する記述として，誤っているものを次の(1)〜(5)のうちから一つ選べ。

(1) 真性半導体に微量の5価の元素を加えたものをn形半導体といい，加えた不純物をドナーとよぶ。

(2) p形半導体の少数キャリヤは電子である。

(3) 金属の電気伝導度は温度が上がると小さくなるが，半導体の電気伝導度は温度が上がると大きくなる。

(4) 真性半導体は不純物半導体に比べ純度が高いため，電流が流れやすい。

(5) 真性半導体における自由電子と正孔の数は同じである。

解答 (4)

(1) 正しい。真性半導体に微量の5価の元素を加えると電子が1個余り，自由電子となって電流が流れやすくなる。5価の元素を加えたものをn形半導体といい，加えた不純物をドナーとよぶ。

(2) 正しい。p形半導体は多数キャリヤが正孔であり，少数キャリヤが電子である。

(3) 正しい。金属の温度が上がると原子の振動が激しくなり，電流が流れにくくなるが，半導体は温度が上がると電子－正孔対ができ，電流が流れやすくなる。

(4) 誤り。真性半導体は，元々自由電子または正孔がないため，不純物半導体に比べ，電流は流れにくい。

(5) 正しい。真性半導体は温度が上がると電子－正孔対ができるので，自由電子と正孔の数は同じである。

POINT 1 導体，半導体，絶縁体

POINT 2 真性半導体と不純物半導体

POINT 3 多数キャリヤと少数キャリヤ

2 半導体のpn接合に関する記述として，誤っているものを次の(1)〜(5)のうちから一つ選べ。

(1) pn接合における接合面付近ではn形半導体からp形半導体へ電子が，p形半導体からn形半導体へ正孔が移動

POINT 4 pn接合

POINT 5 ダイオード

するため，接合面に反転層が現れる。

(2) pn接合した素子にダイオードがあるが，ダイオードは順方向に電圧を加えると電流が流れ，逆方向に加えると電流が流れにくいため，整流作用がある。

(3) 発光ダイオードはpn接合の接合部を利用した発光素子である。

(4) レーザーダイオードはダイオードにおける順方向特性を利用した素子である。

(5) ツェナーダイオードはダイオードにおける逆方向特性を利用した素子である。

解答 (1)

(1) 誤り。pn接合における接合面付近ではn形半導体からp形半導体へ電子が，p形半導体からn形半導体へ正孔が移動するため，接合面に空乏層が現れる。反転層とは呼ばない。

(2) 正しい。pn接合した素子にダイオードがあるが，ダイオードは順方向に電圧を加えると電流が流れ，逆方向に加えると電流が流れにくいため，整流作用がある。

(3) 正しい。発光ダイオードはpn接合した半導体の接合部を利用した発光素子であり，発光するのは接合部で，電子と正孔が再結合するからである。

(4) 正しい。レーザーダイオードはpn接合したダイオードにおける順方向特性を利用した素子。

(5)正しい。ツェナーダイオードはpn接合したダイオードにおける逆方向特性を利用した素子である。

空乏層に関する出題は非常に多い。メカニズムもよく理解しておく。

3 トランジスタに関する記述として，誤っているものを次の(1)～(5)のうちから一つ選べ。

(1) バイポーラトランジスタはnpnもしくはpnpのサンドイッチ構造をした素子である。

(2) 電界効果トランジスタには接合形とMOS形があり，接合形のゲート－ソース間は逆電圧が加えられる。

(3) バイポーラトランジスタは電流で制御する素子，電界効果トランジスタは電圧で制御する素子である。

(4) バイポーラトランジスタにおいて，ベース電流を流し，

POINT 6 バイポーラトランジスタ

POINT 7 電界効果トランジスタ

コレクタ－エミッタ間に電圧を加えるとコレクタ－エミッタ間に電流が流れる。

(5) エミッタ接地回路におけるベース－エミッタ間電圧はコレクタ－エミッタ間電圧より大きい。

解答 (5)

(1) 正しい。バイポーラトランジスタはnpnもしくはpnpのサンドイッチ構造をした素子である。

(2) 正しい。電界効果トランジスタには接合形とＭＯＳ形があり，このうち接合形にはゲート－ソース間電圧として逆電圧を加える。

(3) 正しい。バイポーラトランジスタはベース電流で制御し，電界効果トランジスタはゲート－ソース間電圧で制御する素子である。

(4) 正しい。バイポーラトランジスタにおいて，ベース電流を流し，コレクタとエミッタ間に電圧を加えると，コレクタ－エミッタ間に電流が流れる。

(5) 誤り。エミッタ接地回路におけるベース－エミッタ間電圧はコレクタ－エミッタ間電圧より小さい。したがって，電位としてはエミッタ（零）＜ベース＜コレクタの順に大きくなる。

4 半導体を利用した素子に関する記述として，誤っているものを次の(1)～(5)のうちから一つ選べ。

(1) 発光ダイオード（LED）は，順方向の電圧を加えた場合に発光する素子で，電球に比べ消費電力が少ない特徴がある。

(2) 発光ダイオード（LED）にはヒ化ガリウム，リン化ガリウム，窒化ガリウムを利用した素子がある。

(3) 可変容量ダイオードは，半導体のpn接合に逆電圧を加える素子である。逆電圧の大きさを大きくしていくと，静電容量は大きくなる。

(4) トランジスタには電圧や電流の増幅作用やスイッチング作用があるため，パワーエレクトロニクス素子として利用されている。

POINT 4 pn接合

POINT 5 ダイオード

POINT 6 バイポーラトランジスタ

POINT 7 電界効果トランジスタ(FET)

(5) 電界効果トランジスタの一つであるMOSFETはスイッチング素子として利用されている。

解答 (3)

(1) 正しい。発光ダイオード (LED)は，順方向の電圧を加えた場合に発光する素子で，電球に比べ消費電力が少ない特徴がある

(2) 正しい。発光ダイオード (LED)にはヒ化ガリウム，リン化ガリウム，窒化ガリウムを利用した素子があり，ヒ化ガリウムは赤色，リン化ガリウムは緑～赤色，窒化ガリウムは (紫～) 青色の光を発する。

(3) 誤り。可変容量ダイオードは，半導体のpn接合に逆電圧を加えながら扱う素子である。逆電圧の大きさを大きくしていくと，静電容量は小さくなる。

(4) 正しい。トランジスタには電圧や電流の増幅作用やスイッチング作用があるため，パワーエレクトロニクス素子として利用されている。

(5) 正しい。電界効果トランジスタの一つであるMOSFETはスイッチング素子として利用されている。

5 図のような回路において，電圧 V[V]の大きさを変化させていったときの電流－電圧特性として，正しいものを次の(1)～(5)のうちから一つ選べ。ただし，電圧 V 及び電流 I の向きは矢印の方向を正とする。

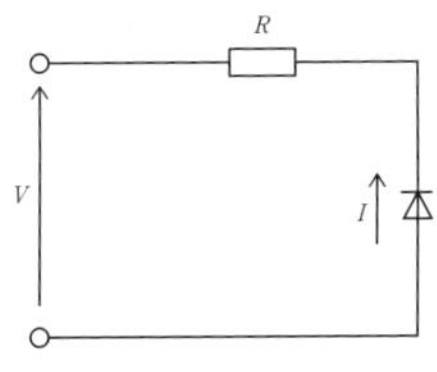

POINT 5 ダイオード

(1)　　(2)　　(3)　　(4)　　(5)

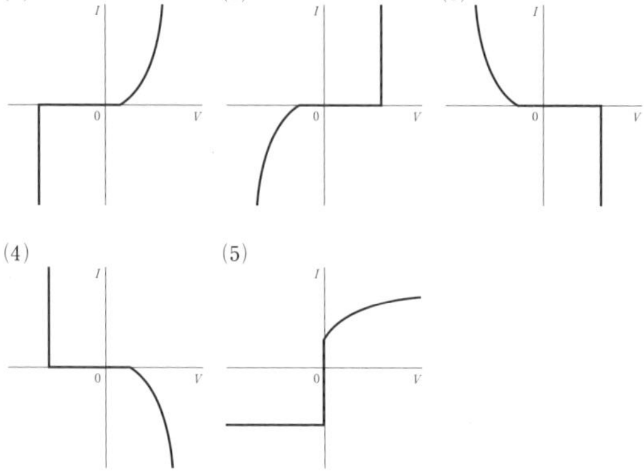

解答 (3)

ダイオードの向きより，本問におけるダイオードの順方向電圧は$V<0$のときである。

$V<0$のとき，順方向特性により，電流が流れ，回路の矢印の向きから，電流の向きは正となる。

$V>0$のとき，逆方向特性により，ある一定の電圧まで電流は流れないが，電圧を大きくすると急激に電流が流れ始める。回路の矢印の向きから，電流の向きは負となる。この特性を示したものが(3)となる。

単純に特性グラフを丸暗記しただけでは解けない。どちらが順方向であるかしっかり理解していれば難なく解けるようになる。

6 図はバイポーラトランジスタを利用した電流帰還バイアス回路である。次の(a)～(c)の問に答えよ。

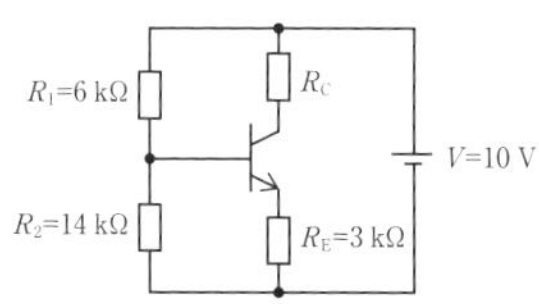

(a) ベース端子の電位[V]として，最も近いものを次の(1)～(5)のうちから一つ選べ。

(1) 6　(2) 7　(3) 8　(4) 9　(5) 10

(b) ベース－エミッタ間電圧を0.7 Vとしたとき，エミッタに流れる電流の大きさ[mA]として，最も近いものを次の(1)～(5)のうちから一つ選べ。

(1) 1.4　(2) 1.8　(3) 2.1　(4) 2.4　(5) 2.8

POINT 6 バイポーラトランジスタ

注目 電子回路に関する問題はかなりパターン化されている。電気回路に比べ，計算が複雑な問題は少ないので，パターンを覚えてしまえば，大きな得点源になり得る。

(c) コレクタに流れる電流の大きさ[mA]として，最も近いものを次の(1)～(5)のうちから一つ選べ。ただし，ベース電流は十分に小さく無視できるものとする。

(1) 1.4　(2) 1.8　(3) 2.1　(4) 2.4　(5) 2.8

解答 (a)(2)　(b)(3)　(c)(3)

(a) 下図の赤線の閉回路について，分圧の法則を適用すると，ベース端子の電位 V_B[V]は，

$$V_B=\frac{R_2}{R_1+R_2}V$$
$$=\frac{14}{6+14}\times10$$
$$=7\text{ V}$$

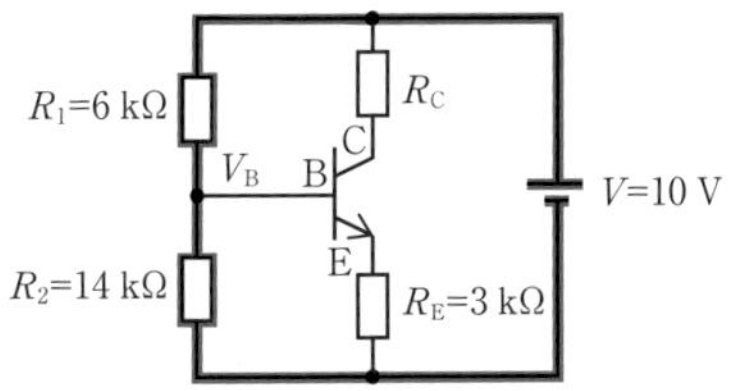

(b) ベース－エミッタ間電圧 V_{BE}[V]が0.7 Vであるから，エミッタ端子の電位 V_E[V]は，

$$V_E=V_B-V_{BE}$$
$$=7-0.7$$
$$=6.3\text{ V}$$

となるので，エミッタに流れる電流 I_E[mA]は，オームの法則より，

$$I_E=\frac{V_E}{R_E}$$
$$=\frac{6.3}{3\times10^3}$$
$$=2.1\times10^{-3}\text{ A}\rightarrow2.1\text{ mA}$$

(c) バイポーラトランジスタにおいては，ベース電流は非常に小さいので，コレクタ電流とエミッタ電流はほぼ等しい。したがって，コレクタ電流も2.1 mAと求められる。

応用問題

1 順電圧を加えることで使用するダイオードの組合せとして，正しいものを次の(1)～(5)のうちから一つ選べ。

(1) 可変容量ダイオード，定電圧ダイオード，LED
(2) PINダイオード，LD，LED
(3) ホトダイオード，PINダイオード，定電圧ダイオード
(4) LD，ホトダイオード，LED
(5) ホトダイオード，PINダイオード，可変容量ダイオード

解答 (2)

可変容量ダイオードは，逆電圧を加えるとコンデンサのように電荷が加えられる性質を利用した素子である。

定電圧ダイオードは，ダイオードに逆電圧を加えた際，降伏電圧付近から，電流値を上げても電圧値が変わらない性質を利用した素子である。

LED（発光ダイオード）は，順電圧を加えるとpn接合付近で電子と正孔の再結合が起こり光る性質を利用したダイオードである。

PINダイオードは，p形半導体とn形半導体の間に真性（Intrinsic）半導体を挟んだダイオードで，通常のpn接合よりも抵抗が大きくなり，順電圧を加えて利用する素子である。スイッチ等に利用されている。

LD（レーザーダイオード）は，p形半導体とn形半導体の間に活性層と呼ばれる層を設け，順電圧を加えた際，活性層でpn接合で再結合した光を増幅して強い光を発する素子である。

ホトダイオードは，太陽電池と同じメカニズムであり，光を当てると光の量に比例した電流が流れる性質を利用したダイオードである。逆電圧を加えた状態でもキャリヤが発生して，電流が流れる。

注目 単純に順電圧か逆電圧かではなく，概要で良いのでその原理も理解しておくこと。

以上から，順電圧を利用する素子は，LED，PIN ダイオード，LDとなり，組合せとして正しいのは(2)となる。

2 半導体に関する記述として，誤っているものを次の(1)～(5)のうちから一つ選べ。

(1) 真性半導体は，周期表のⅣ族にあるシリコンやゲルマニウムの純度を99.9%以上にしたものである。
(2) 周期表のⅣ族にある元素である炭素やスズ，鉛は半導体ではない。
(3) 真性半導体に微量のリンやヒ素等の元素を加えたものをn形半導体という。
(4) n形半導体の多数キャリヤをドナー，p形半導体の多数キャリヤをアクセプタという。
(5) n形半導体の少数キャリヤと，p形半導体の多数キャリヤは同じである。

注目 少し嫌らしい問題であるが，内容を正確に理解しているかを問う問題である。

解答 (4)

(1) 正しい。真性半導体は，周期表のⅣ族にあるシリコンやゲルマニウムの純度を99.9%以上にしたものである。
(2) 正しい。周期表のⅣ族の元素は原子番号の小さいものから，C（炭素），Si（けい素），Ge（ゲルマニウム），Sn（スズ），Pb（鉛）があり，C（炭素）は金属でも半導体でもなく，Sn（スズ）とPb（鉛）は金属となる。
(3) 正しい。真性半導体にⅤ族の元素である微量のリンやヒ素等の元素を加えたものをn形半導体という。
(4) 誤り。n形半導体の多数キャリヤは電子，p形半導体の多数キャリヤは正孔であり，n形半導体にドープする不純物をドナー，p形半導体にドープする不純物をアクセプタという。ドナーとアクセプタはドープする不純物のことである。
(5) 正しい。n形半導体の少数キャリヤは正孔であり，p形半導体の多数キャリヤも正孔であるため，どちらも同じである。

3 次の文章はトランジスタについて述べたものである。

トランジスタには［（ア）］制御形のバイポーラトランジスタ，［（イ）］制御形の電界効果トランジスタがある。電界効果トランジスタは［（ウ）］形と［（エ）］形に分類でき，さらに［（エ）］形はデプレッション形と［（オ）］形に分類できる。

上記の記述中の空白箇所（ア），（イ），（ウ），（エ）及び（オ）に当てはまる組合せとして，正しいものを次の(1)～(5)のうちから一つ選べ。

	（ア）	（イ）	（ウ）	（エ）	（オ）
(1)	電圧	電流	接合	MOS	エンハンスメント
(2)	電圧	電流	接合	MOS	ユニポーラ
(3)	電流	電圧	接合	MOS	エンハンスメント
(4)	電流	電圧	MOS	接合	ユニポーラ
(5)	電圧	電流	MOS	接合	エンハンスメント

解答 (3)

トランジスタのうち，バイポーラトランジスタはベース電流によってON・OFF制御する電流制御形であり，電界効果トランジスタはゲート－ソース間電圧によってON・OFF制御する電圧制御形である。電界効果トランジスタは逆方向電圧のゲート電圧を加えて空乏層を広げ，キャリヤが通れる通路を制限する接合形と薄い絶縁膜を張り付けた絶縁ゲート（MOS）形がある。さらにMOSFETには，ゲート電圧を加えてキャリヤの通り道であるチャネルを広げるエンハンスメント形とあらかじめチャネルを作っておき，ゲート電圧によってチャネルを狭くするデプレッション形がある。

注目 デプレッション形とエンハンスメント形は名称程度の理解で細かな理解は電験三種では不要である。

4 図はバイポーラトランジスタの ［（ア）］ 接地増幅回路である。信号回路の入力電圧を v_i[V]，出力電圧を v_o[V] とすると，電流増幅度は ［（イ）］，電圧増幅度は大きい。

入力電圧に対して，出力電圧は ［（ウ）］ となり，その電圧増幅度が100であるとき，電圧利得は ［（エ）］ [dB] となる。

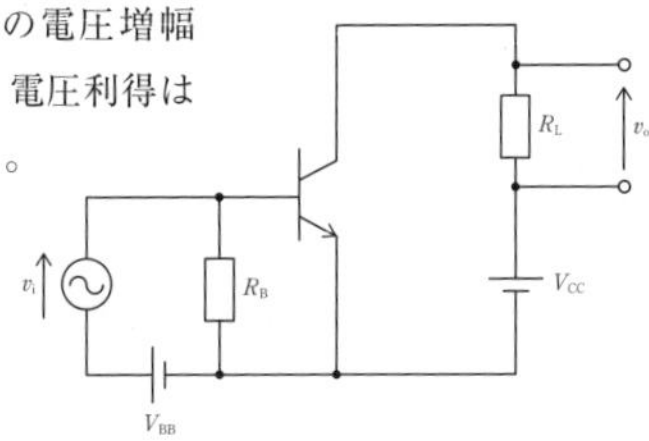

上記の記述中の空白箇所（ア），（イ），（ウ）及び（エ）に当てはまる組合せとして，正しいものを次の(1)～(5)のうちから一つ選べ。

	（ア）	（イ）	（ウ）	（エ）
(1)	コレクタ	大きく	同位相	40
(2)	ベース	大きく	同位相	20
(3)	エミッタ	大きく	逆位相	40
(4)	コレクタ	小さく	逆位相	20
(5)	エミッタ	小さく	同位相	20

解答 (3)

問題の回路はエミッタのみ抵抗が接続されておらず，電源のマイナス側と接続されているので，エミッタ接地回路である。電流増幅度はベース電流 I_B，コレクタ電流 I_C とすると，$\frac{I_C}{I_B}$ となり，ベース電流 I_B は小さいので，電流増幅度は大きくなる。エミッタ接地回路は出力電圧が入力電圧と逆位相となる特徴がある。電圧利得 G_v は電圧増幅度 A_v が与えられているとき，$G_v=20\log_{10}A_v$ となるので，

$$
\begin{aligned}
G_v &= 20\log_{10}A_v \\
&= 20\log_{10}100 \\
&= 20\times2 \\
&= 40\ \text{dB}
\end{aligned}
$$

注目 逆位相であることは特性のグラフから導出する必要がある。したがって，逆位相であることは電験三種では暗記しておく。

5 図1はMOSFETを使用した回路図であり，図2は本問におけるMOSFETの静特性である。回路の各値は図1の通りとする。次の(a)～(c)の問に答えよ。

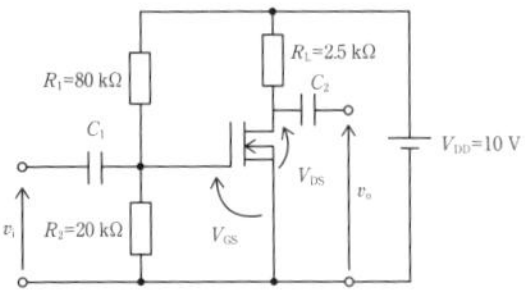

図1

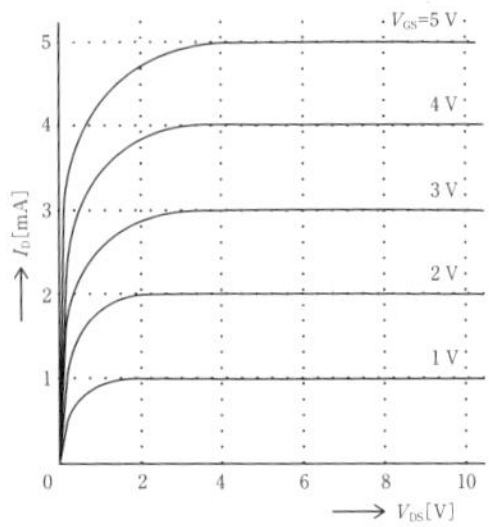

図2

(a) ゲート－ソース間電圧 V_{GS} の大きさ[V]として，最も近いものを次の(1)～(5)のうちから一つ選べ。

(1) 1.0　(2) 2.0　(3) 3.0　(4) 4.0　(5) 5.0

(b) ドレーン電流 I_D の大きさ[mA]として，最も近いものを次の(1)～(5)のうちから一つ選べ。

(1) 1.0　(2) 2.0　(3) 3.0　(4) 4.0　(5) 5.0

(c) この回路の電圧利得 G_v の大きさ[dB]として，最も近いものを次の(1)～(5)のうちから一つ選べ。ただし，電圧利得 G_v は $G_v=20\log_{10}\frac{V_o}{V_i}$ で与えられ，$\log_{10}2=0.301$，$\log_{10}3=0.477$ とする。

(1) 2.0　(2) 4.0　(3) 6.0　(4) 8.0　(5) 10.0

解答 (a)(2)　(b)(2)　(c)(4)

(a) 図1-1のように赤色に囲まれた閉回路に着目すると，ゲート－ソース間電圧 V_{GS} は分圧の法則より，

$$V_{GS}=\frac{R_2}{R_1+R_2}V_{DD}$$

$$=\frac{20}{80+20}\times 10$$

$$=2.0\ \text{V}$$

注目 (c)以外は基本問題 **6** とほぼ似たような問題。
電子回路は様々な回路があるが，解き方は比較的似ているところがあるので，本問を確実に理解しておくこと。
本問では利得の式は与えられているが，与えられない可能性もあるので，覚えておくこと。
機械科目の制御分野でも使用する。

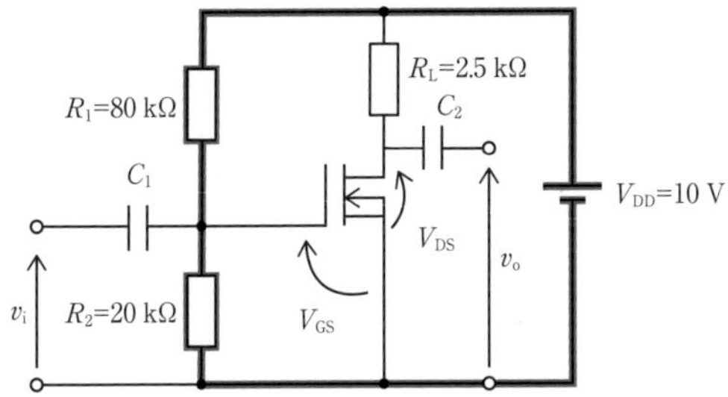

図1-1

(b) 図1-2のように赤色に囲まれた閉回路に着目すると，回路方程式は，

$$V_{DD}=R_L I_D+V_{DS}$$

$$10=2.5\,I_D+V_{DS}$$

となるので，これをI_Dについて整理すると，

$$2.5\,I_D=-V_{DS}+10$$

$$I_D=-\frac{2}{5}V_{DS}+4$$

となる。これは傾き$-\frac{2}{5}$，切片4の一次関数のグラフとなるので，これを図2に書き込むと，図2-1のようになる。

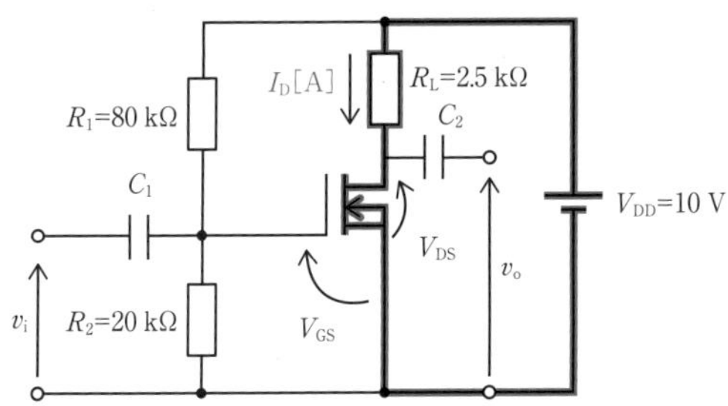

図1-2

解答編
CHAPTER 07
電子理論 1

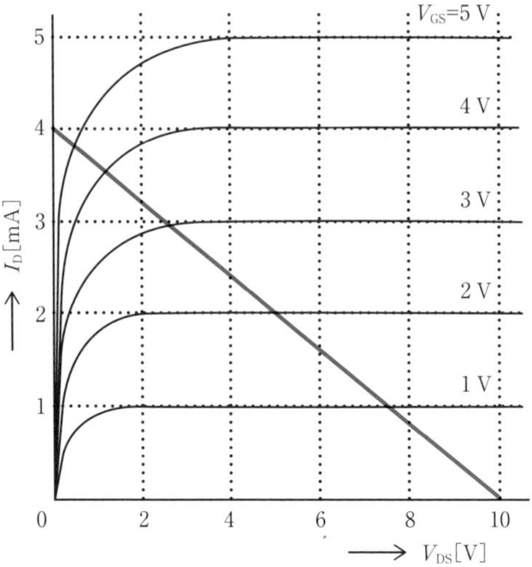

図2-1

(a)より，V_{GS}=2 V であるから，その交点の値を読み取ると図2-2のように，

I_D=2.0 mA

V_{DS}=5 V

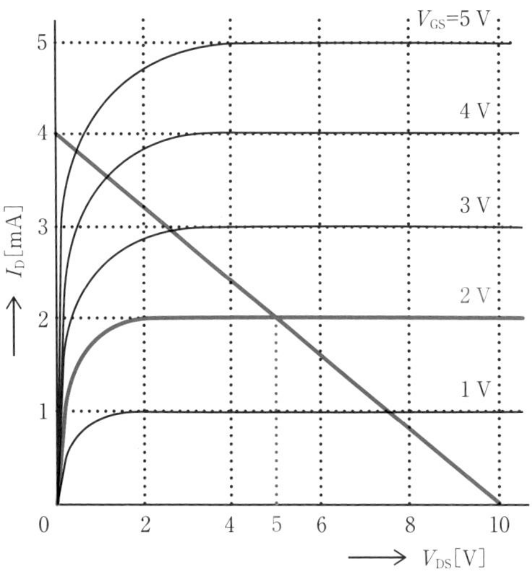

図2-2

（c） 図1より，$v_i = V_{GS} = 2$ V で $v_o = V_{DS} = 5$ V であるから，電圧利得 G_v の大きさ［dB］は，

$$G_v = 20\log_{10}\frac{v_o}{v_i}$$

$$= 20\log_{10}\frac{5}{2}$$

$$= 20\log_{10}\frac{10}{2^2}$$

$$= 20\log_{10}10 - 20\log_{10}2^2$$

$$= 20\log_{10}10 - 40\log_{10}2$$

$$= 20 - 40 \times 0.301$$

$$\fallingdotseq 7.96\ \text{dB} \rightarrow 8.0\ \text{dB}$$

2 電子の運動と整流回路

確認問題

1 以下の(a)〜(d)の回路において，入力v_iに正弦波交流（解答群(1)のような波形の電圧）を流したときの出力v_oの波形として，最も近いものを解答群の中から選べ。

(a)

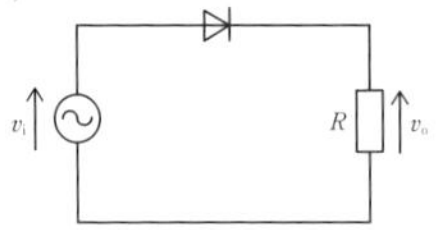

(b)

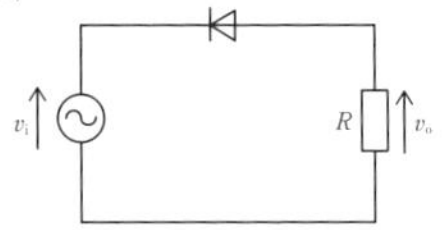

(c)

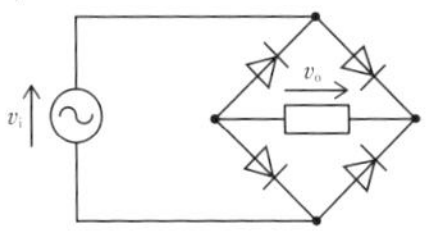

(d)

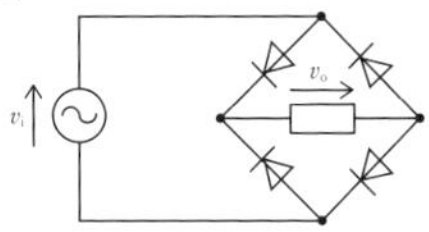

〔解答群〕

(1)

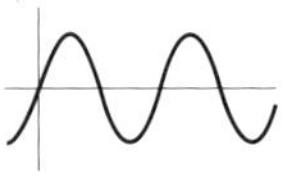

(2)

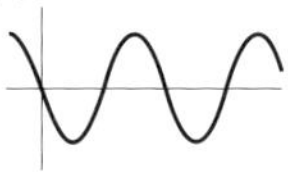

(3)

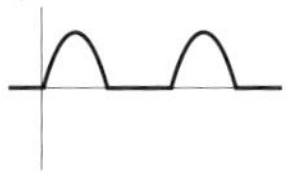

(4)

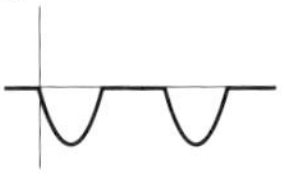

(5)

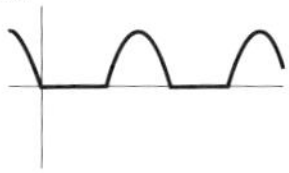

(6)

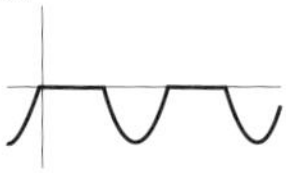

(7)

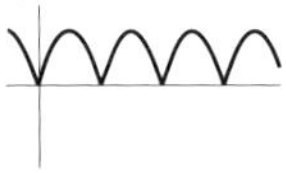

(8)

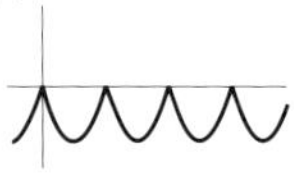

解答 (a)(3) (b)(6) (c)(7) (d)(8)

(a) 下図のように$v_i>0$のとき，ダイオードは導通するが（実線），$v_i<0$のとき，ダイオードは導通しない（点線）。したがって，波形は(3)となる。

POINT 1 半波整流回路

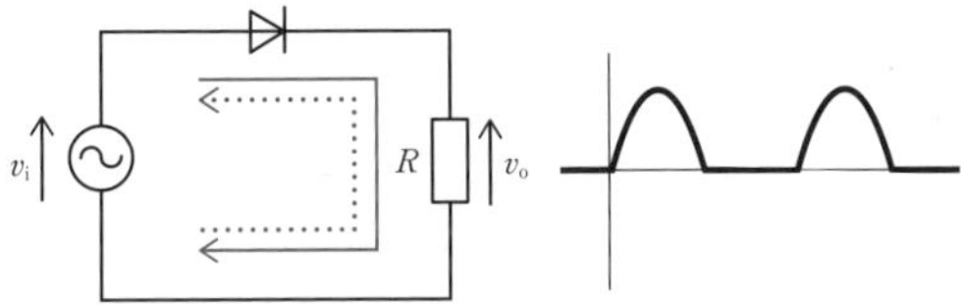

(b) 下図のように$v_i<0$のとき，ダイオードは導通するが（点線），$v_i>0$のとき，ダイオードは導通しない（実線）。したがって，波形は(6)となる。

POINT 1 半波整流回路

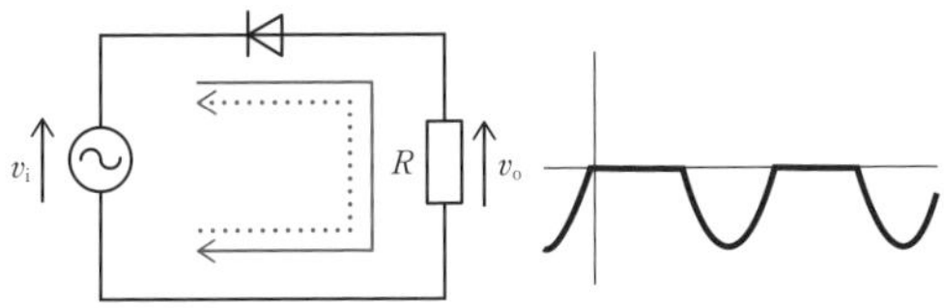

(c) 下図のように，$v_i>0$のときも$v_i<0$のときもv_oは正の電圧となる。したがって，波形は(7)となる。

POINT 2 全波整流回路

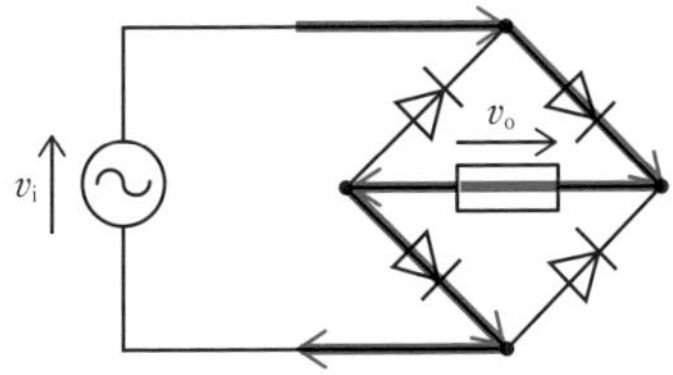

$v_i>0$

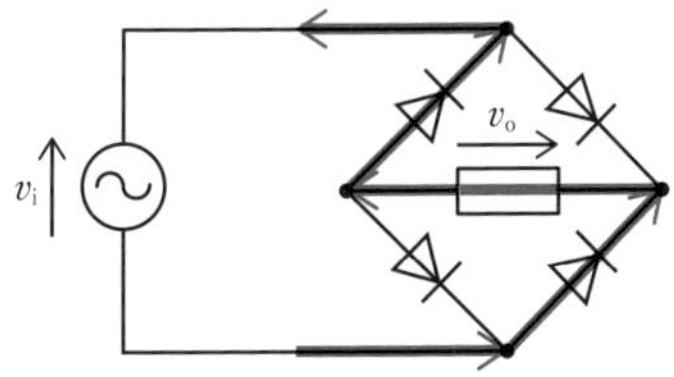

$v_i<0$

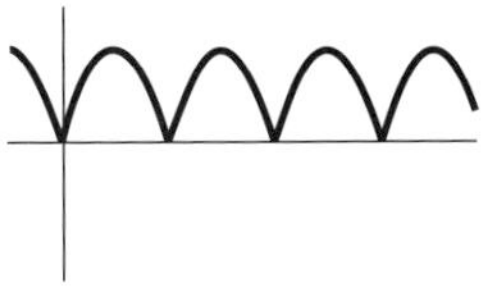

(d) 下図のように，$v_i>0$ のときも $v_i<0$ のときも v_o は負の電圧となる。したがって，波形は(8)となる。

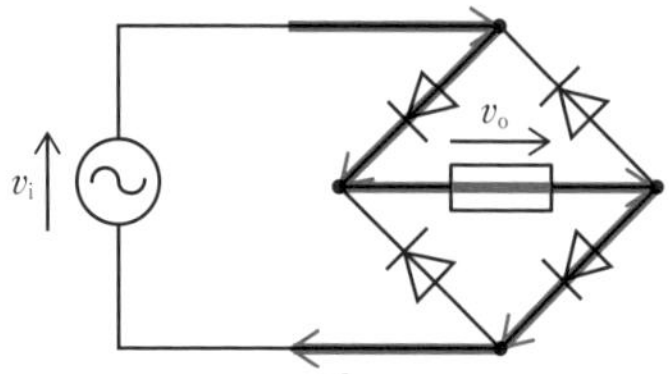

$v_i>0$

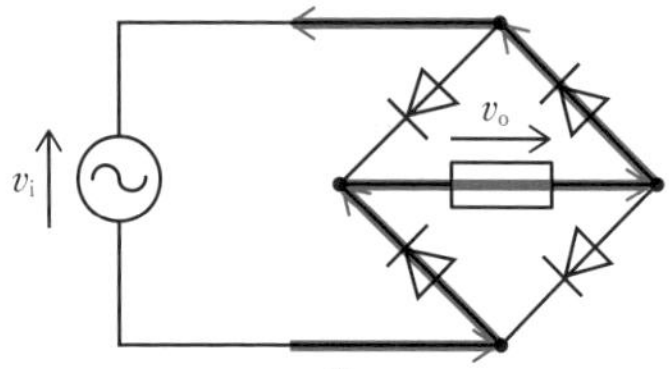

$v_i<0$

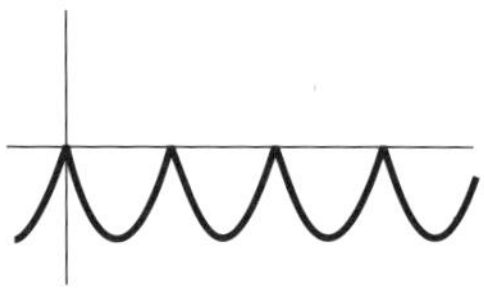

POINT 2 ブリッジ全波整流回路

電圧の向きに注意する。電流が抵抗の左から右に流れるということは左側の方が電位が高いということ。すなわち，v_o は常にマイナスとなる。

2 入力電圧 V_i［V］と出力電圧 V_o［V］及び入力電流 I_i［A］と出力電流 I_o［A］が以下のように与えられているとき，電圧増幅度 A_v，電圧利得 G_v，電流増幅度 A_i，電流利得 G_i，電力増幅度 A_p，電力利得 G_p の値を求めよ。ただし，$\log_{10} 2=0.301$，$\log_{10} 3=0.477$ とする。

POINT 3 増幅度と利得

(1) $V_i=1$ V，$V_o=10$ V，$I_i=1$ A，$I_o=1$ A
(2) $V_i=10$ V，$V_o=60$ V，$I_i=1$ A，$I_o=20$ A
(3) $V_i=100$ V，$V_o=500$ V，$I_i=10$ A，$I_o=30$ A
(4) $V_i=5$ V，$V_o=75$ V，$I_i=5$ A，$I_o=30$ A

解答 (1) $A_v=10$　$G_v=20$ dB　$A_i=1$　$G_i=0$ dB
$A_p=10$　$G_p=10$ dB
(2) $A_v=6$　$G_v=15.6$ dB　$A_i=20$　$G_i=26.0$ dB
$A_p=120$　$G_p=20.8$ dB
(3) $A_v=5$　$G_v=14.0$ dB　$A_i=3$　$G_i=9.54$ dB
$A_p=15$　$G_p=11.8$ dB

(4) $A_v=15$　$G_v=23.5$ dB　$A_i=6$　$G_i=15.6$ dB
$A_p=90$　$G_p=19.5$ dB

(1)　電圧増幅度A_vは，$A_v=\dfrac{V_o}{V_i}$であるから，

$$A_v=\frac{V_o}{V_i}=\frac{10}{1}=10$$

電圧利得G_vは，$G_v=20\log_{10}A_v$であるから，

$$G_v=20\log_{10}A_v=20\log_{10}10=20\text{ dB}$$

電流増幅度A_iは，$A_i=\dfrac{I_o}{I_i}$であるから，

$$A_i=\frac{I_o}{I_i}=\frac{1}{1}=1$$

電流利得G_iは，$G_i=20\log_{10}A_i$であるから，

$$G_i=20\log_{10}A_i=20\log_{10}1=0\text{ dB}$$

電力増幅度A_pは，$A_p=\dfrac{V_oI_o}{V_iI_i}$であるから，

$$A_p=\frac{V_oI_o}{V_iI_i}=\frac{10\times1}{1\times1}=10$$

電力利得G_pは，$G_p=10\log_{10}A_p$であるから，

$$G_p=10\log_{10}A_p=10\log_{10}10=10\text{ dB}$$

(2)　電圧増幅度A_vは，$A_v=\dfrac{V_o}{V_i}$であるから，

$$A_v=\frac{V_o}{V_i}$$

$\log_{10}10=1$になる理由
対数の定義より，
$10^B=A$のとき，$B=\log_{10}A$
であるから，
$10^B=10$
なので，
$B=1$
となる。

$\log_{10}1=0$になる理由
対数の定義より，
$10^B=A$のとき，$B=\log_{10}A$
であるから，
$10^B=1$
なので，
$B=0$
となる。

$$=\frac{60}{10}$$

$$=6$$

電圧利得 G_v は，$G_v=20\log_{10}A_v$ であるから，

$$G_v=20\log_{10}A_v$$
$$=20\log_{10}6$$
$$=20(\log_{10}2+\log_{10}3)$$
$$=20\times(0.301+0.477)$$
$$\fallingdotseq 15.6\ \mathrm{dB}$$

電流増幅度 A_i は，$A_i=\dfrac{I_o}{I_i}$ であるから，

$$A_i=\frac{I_o}{I_i}$$
$$=\frac{20}{1}$$
$$=20$$

電流利得 G_i は，$G_i=20\log_{10}A_i$ であるから，

$$G_i=20\log_{10}A_i$$
$$=20\log_{10}20$$
$$=20(\log_{10}2+\log_{10}10)$$
$$=20\times(0.301+1)$$
$$\fallingdotseq 26.0\ \mathrm{dB}$$

電力増幅度 A_p は，$A_p=\dfrac{V_o I_o}{V_i I_i}$ であるから，

$$A_p=\frac{V_o I_o}{V_i I_i}$$
$$=\frac{60\times20}{10\times1}$$
$$=120$$

電力利得 G_p は，$G_p=10\log_{10}A_p$ であるから，

$$G_p=10\log_{10}A_p$$
$$=10\log_{10}120$$
$$=10(\log_{10}2^3+\log_{10}3+\log_{10}5)$$
$$=10(3\log_{10}2+\log_{10}3+\log_{10}10-\log_{10}2)$$
$$=10(2\log_{10}2+\log_{10}3+\log_{10}10)$$
$$=10\times(2\times0.301+0.477+1)$$
$$\fallingdotseq 20.8\ \mathrm{dB}$$

$\log_{10}6=\log_{10}2+\log_{10}3$ の変換

$$\log_{10}6=\log_{10}(2\times3)$$
$$=\log_{10}2+\log_{10}3$$

本問において $\log_{10}5=0.699$ は与えられておらず，試験本番でも与えられていない場合も多い。しかし，知っていると便利な数なので覚えておいてもよい。

$\log_{10}5=\log_{10}10-\log_{10}2$ の変換

$$\log_{10}5=\log_{10}\frac{10}{2}$$
$$=\log_{10}10-\log_{10}2$$

(3) 電圧増幅度A_vは，$A_v=\dfrac{V_o}{V_i}$であるから，

$$A_v=\frac{V_o}{V_i}$$
$$=\frac{500}{100}$$
$$=5$$

電圧利得G_vは，$G_v=20\log_{10}A_v$であるから，

$$G_v=20\log_{10}A_v$$
$$=20\log_{10}5$$
$$=20(\log_{10}10-\log_{10}2)$$
$$=20\times(1-0.301)$$
$$\fallingdotseq 14.0\ \mathrm{dB}$$

電流増幅度A_iは，$A_i=\dfrac{I_o}{I_i}$であるから，

$$A_i=\frac{I_o}{I_i}$$
$$=\frac{30}{10}$$
$$=3$$

電流利得G_iは，$G_i=20\log_{10}A_i$であるから，

$$G_i=20\log_{10}A_i$$
$$=20\log_{10}3$$
$$\fallingdotseq 20\times0.477$$
$$=9.54\ \mathrm{dB}$$

電力増幅度A_pは，$A_p=\dfrac{V_oI_o}{V_iI_i}$であるから，

$$A_p=\frac{V_oI_o}{V_iI_i}$$
$$=\frac{500\times30}{100\times10}$$
$$=15$$

電力利得G_pは，$G_p=10\log_{10}A_p$であるから，

$$G_p=10\log_{10}A_p$$
$$=10\log_{10}15$$
$$=10(\log_{10}3+\log_{10}5)$$
$$=10(\log_{10}3+\log_{10}10-\log_{10}2)$$
$$=10\times(0.477+1-0.301)$$

$\fallingdotseq 11.8\ \mathrm{dB}$

(4)　電圧増幅度A_vは，$A_v=\dfrac{V_o}{V_i}$あるから，

$$A_v=\frac{V_o}{V_i}$$
$$=\frac{75}{5}$$
$$=15$$

電圧利得G_vは，$G_v=20\log_{10}A_v$であるから，

$$G_v=20\log_{10}A_v$$
$$=20\log_{10}15$$
$$=20(\log_{10}3+\log_{10}5)$$
$$=20(\log_{10}3+\log_{10}10-\log_{10}2)$$
$$=20\times(0.477+1-0.301)$$
$$\fallingdotseq 23.5\ \mathrm{dB}$$

電流増幅度A_iは，$A_i=\dfrac{I_o}{I_i}$であるから，

$$A_i=\frac{I_o}{I_i}$$
$$=\frac{30}{5}$$
$$=6$$

電流利得G_iは，$G_i=20\log_{10}A_i$であるから，

$$G_i=20\log_{10}A_i$$
$$=20\log_{10}6$$
$$=20(\log_{10}2+\log_{10}3)$$
$$=20\times(0.301+0.477)$$
$$\fallingdotseq 15.6\ \mathrm{dB}$$

電力増幅度A_pは，$A_p=\dfrac{V_oI_o}{V_iI_i}$であるから，

$$A_p=\frac{V_oI_o}{V_iI_i}$$
$$=\frac{75\times30}{5\times5}$$
$$=90$$

電力利得G_pは，$G_p=10\log_{10}A_p$であるから，

$$G_p=10\log_{10}A_p$$
$$=10\log_{10}90$$

$4=2^2, 8=2^3, 9=3^2$は即変換できるようにしておく。

$=10(\log_{10}9+\log_{10}10)$

$=10(\log_{10}3^2+\log_{10}10)$

$=10(2\log_{10}3+\log_{10}10)$

$=10\times(2\times0.477+1)$

$\fallingdotseq 19.5$ dB

3 次の演算増幅器を用いた回路において，出力電圧，電圧増幅度及び電圧利得の値を求めよ。ただし，$\log_{10}2=0.301$，$\log_{10}3=0.477$とする。

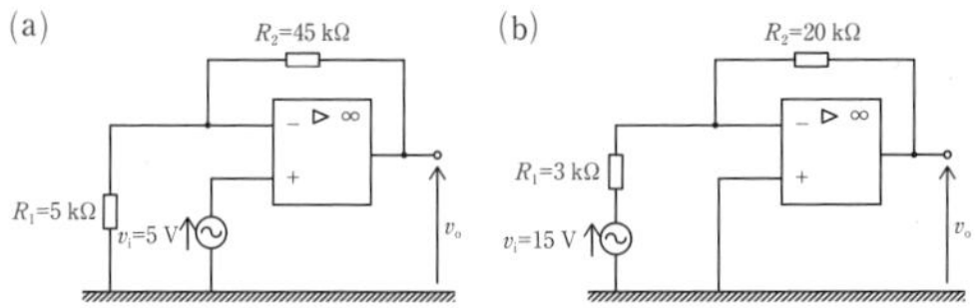

解答 (a) 出力電圧50 V　電圧増幅度10

電圧利得20 dB

(b) 出力電圧−100 V　電圧増幅度−6.67

電圧利得16.5 dB

(a) 演算増幅器の入力端子間は仮想短絡状態となるので，−側の入力端子の電位v_i[V]は5 Vとなる。よってR_1=5 kΩの抵抗に流れる電流i_1[mA]は，

$$i_1=\frac{v_-}{R_1}$$

$$=\frac{5}{5}$$

$$=1\text{ mA}$$

ここで，演算増幅器の入力端子には電流が流れないので，R_2=45 kΩに流れる電流も1 mAとなる。したがって，出力電圧v_o[V]は，

$$v_o=v_i+R_2 i_1$$

$$=5+45\times1$$

$$=50\text{ V}$$

i_1の導出で

$$i_1=\frac{5}{5\times10^3}=1\times10^{-3}\text{ A}=1\text{ mA}$$

と計算しても良いが，時間節約のため，kで割ったらmになると計算できると良い。

また，電圧増幅度A_vは，

$$A_v=\frac{v_o}{v_i}$$
$$=\frac{50}{5}$$
$$=10$$

電圧利得G_vは，

$$G_v=20\log_{10}A_v$$
$$=20\log_{10}10$$
$$=20\times1$$
$$=20\ \mathrm{dB}$$

(b) 演算増幅器の入力端子間は仮想短絡状態となるので，－側の入力端子の電位v_i［V］は0 Vとなる。よってR_1=3 kΩの抵抗に流れる電流i_1［mA］は，

$$i_1=\frac{v_i}{R_1}$$
$$=\frac{15}{3}$$
$$=5\ \mathrm{mA}$$

ここで，演算増幅器の入力端子には電流が流れないので，R_2=20 kΩに流れる電流も5 mAとなる。

入力端子が－なので反転増幅となる。試験時に入力が－側で増幅度が－にならなかったら間違いであるので，再確認する。

したがって，出力電圧v_o［V］は，

$$v_o=v_i-R_2 i_1$$
$$=0-20\times5$$
$$=-100\ \mathrm{V}$$

また，電圧増幅度A_vは，

$$A_v=\frac{v_o}{v_i}$$
$$=\frac{-100}{15}$$
$$\fallingdotseq-6.67$$

電圧利得G_vは，

電圧利得を求める場合は絶対値で求める。

$$G_v=20\log_{10}\frac{100}{15}$$
$$=20(\log_{10}100-\log_{10}15)$$

$=20(\log_{10}100-\log_{10}3-\log_{10}5)$

$=20(2\log_{10}10-\log_{10}3-\log_{10}10+\log_{10}2)$

$=20\times(2-0.477-1+0.301)$

$\fallingdotseq 16.5\ \mathrm{dB}$

4 次の文章の（ア）～（エ）にあてはまる語句又は式を答えよ。

図のように面積A［m^2］，極板間の距離d［m］を隔てた平行平板コンデンサを電源V［V］につなぎ，コンデンサの間に，質量m［kg］，電荷$-e$［C］の電子を置いた。このとき，コンデンサ内の電界が一様であるとすると，コンデンサ内の電界の大きさは［（ア）］［V/m］であるため，電子に加わる力の大きさは［（イ）］［N］であり，力の向きは図のa～dのうち，［（ウ）］の向きとなる。また，電子の加速度の大きさは，［（エ）］［m/s^2］となる。

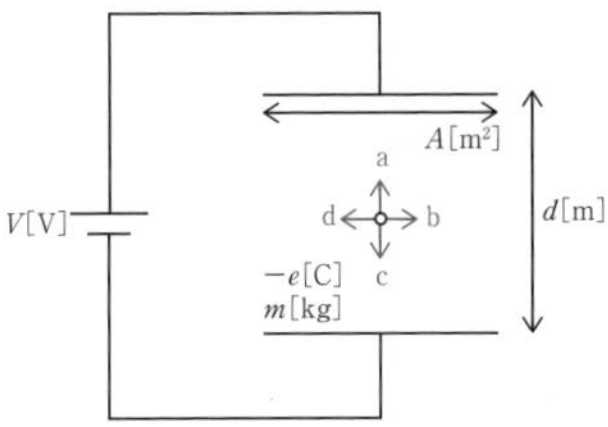

解答　（ア）$\dfrac{V}{d}$　（イ）$\dfrac{eV}{d}$　（ウ）a　（エ）$\dfrac{eV}{md}$

（ア）　電界の大きさE［V/m］と電圧V［V］及び極板間の距離d［m］の間には，

$$E=\frac{V}{d}$$

の関係がある。

（イ）　電荷$-e$［C］の電子に加わる力F［N］と電界の大きさE［V/m］には，

$$F=eE$$

の関係があるので，（ア）より，

$$F=eE$$
$$=\frac{eV}{d}$$

と求められる。

（ウ）　電子に加わる力の向きは，電界の向きと逆向きなので，aの方向に力が加わる。

（エ）　運動方程式$F=ma$より，電子の加速度の大き

POINT 5 電子が電界から受ける力

注目 本問が分からない場合は，もう一度電磁気の静電界の内容を復習すると良い。

さは，

$$a=\frac{F}{m}$$

$$=\frac{eV}{md}$$

5 次の文章の（ア）～（エ）にあてはまる式を答えよ。

問題 **4** と同じ平行平板コンデンサの下端に電子を置いた場合を考える。このとき電子が持っている位置エネルギーは［（ア）］[J]，運動エネルギーは［（イ）］[J] である。電子に力が加わり，コンデンサの上端まで到達すると電子の速度は v [m/s] となった。このとき，位置エネルギーは［（ウ）］[J]，運動エネルギーは［（エ）］[J] となる。

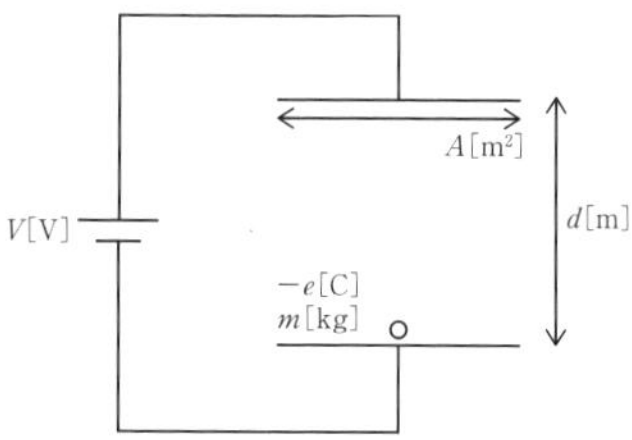

POINT 6 電子の運動におけるエネルギー保存の法則

解答　（ア）eV　（イ）0　（ウ）0　（エ）$\frac{1}{2}mv^2$

平行平板コンデンサの下端においては，電子は動いていないので運動エネルギーは零となり，平行平板コンデンサの上端においては，電子の位置エネルギーは零となる。

したがって，電子の位置エネルギーがすべて運動エネルギーとなったと考えられる。

エネルギー保存の法則より，$eV=\frac{1}{2}mv^2$となるので，上端到達点の速度v[m/s]は，

$$eV=\frac{1}{2}mv^2$$

$$v^2=\frac{2eV}{m}$$

$$v=\sqrt{\frac{2eV}{m}}$$

となる。

6 次の文章の（ア）～（エ）にあてはまる語句又は式を答えよ。

図のように，質量 m [kg]，電荷 $-e$ [C] の電子が図の左から速度 v [m/s] で入射してきた。そこに，磁束密度の大きさ B [T] が一定の一様な磁界が紙面の奥から手前にかかったとするとき，電子にかかる力の大きさは［（ア）］[N] であり，電子の動く向きは図の a ～ c のうち，［（イ）］の向きとなる。この電子はその後円運動を始めるが，その速度は［（ウ）］[m/s] であり，回転半径は［（エ）］[m] である。

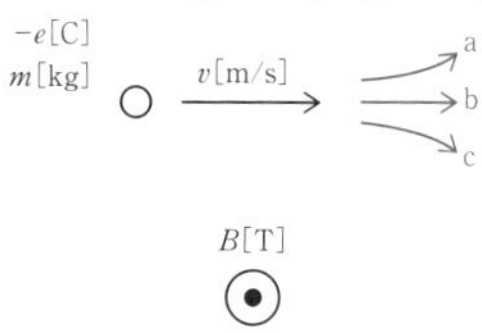

POINT 7 ローレンツ力

注目 電界と磁界で混乱しないように注意。別物として理解する。

解答　（ア）evB　（イ）a　（ウ）v　（エ）$\dfrac{mv}{eB}$

（ア）　電子にかかるローレンツ力F[N]は$F=evB$である。

（イ）　フレミングの左手の法則に沿って求めると，中指の電流の向きは電子の進む方向と逆方向すなわち紙面の右から左向きとなり，人指し指の向きは磁束密度の向きであるから紙面の奥から手前の向きに合わせると，親指は紙面の下から上向きとなる。

したがって，電子に加わる力の大きさは上向きであり，電子の進む方向はaの向きとなる。

（ウ）　電子に加わる力は，常に電子の進む方向の垂直方向なので，電子の速度は変わらない。したがって，v[m/s]となる。

（エ）　円運動の遠心力は，

$$F=\frac{mv^2}{r}$$

であり，遠心力の大きさはローレンツ力と等しいので，

$$\frac{mv^2}{r}=evB$$

$$\frac{mv}{r}=eB$$

$$eBr=mv$$

$$r=\frac{mv}{eB}$$

円運動の遠心力は，

$$F=\frac{mv^2}{r}$$

力学の内容であるが，電子の運動では必ず必要な公式となるので覚えておく。

基本問題

1 図の(a)及び(b)の回路において，入力v_iに正弦波交流を流したときの出力v_oの波形として，最も近いものを解答群の中から選べ。ただし，入力電圧は，解答群(1)のような波形の電圧である。

(a)

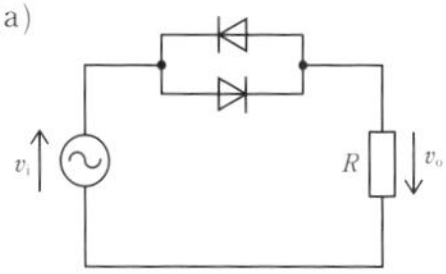

(b)

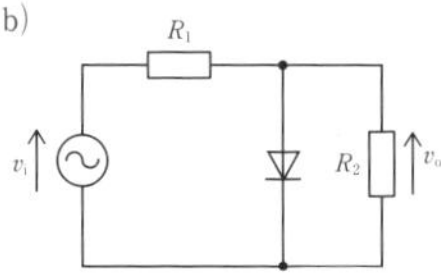

〔解答群〕

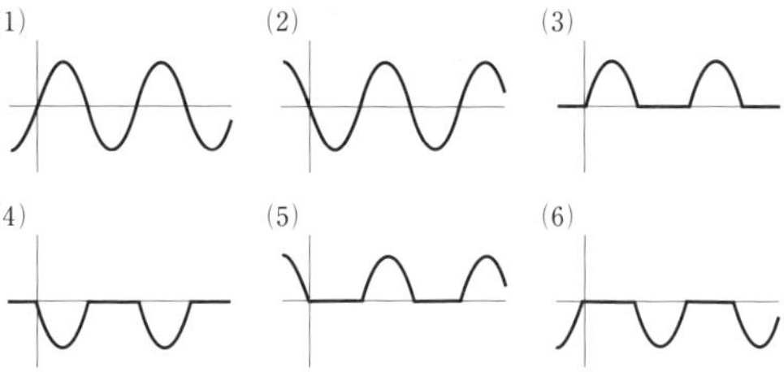

POINT 1 半波整流回路

解答 (a)(2) (b)(6)

(a) 下図のように，$v_i>0$のときも$v_i<0$のときも抵抗Rには電流が流れる。また，v_oは矢印の向きを正とすると，v_iと逆位相になる。したがって，波形は(2)となる。

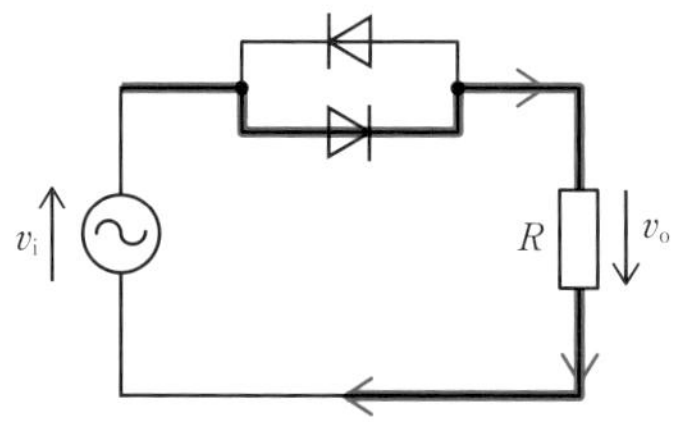

$v_i>0$

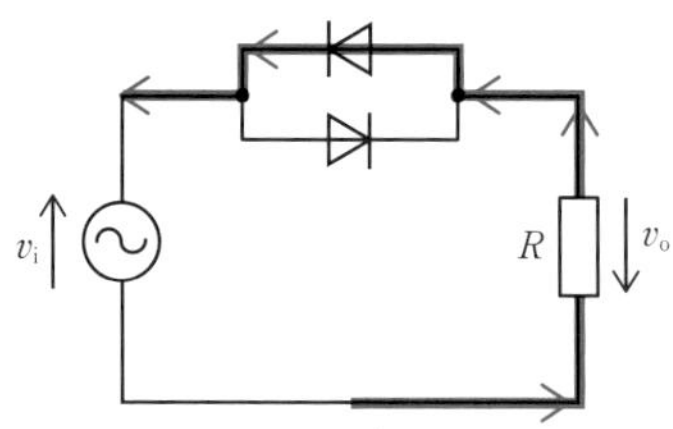

$v_i<0$

v_oは矢印の向きに注意。電流は電位の高い方から低い方に流れるので，どちらが高いかを意識する。

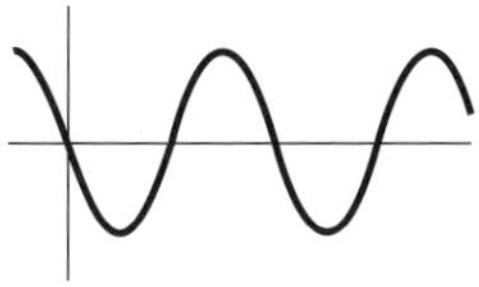

(b)　下図のように，$v_i>0$ のとき電流は全てダイオードを流れるので，抵抗 R_2 には電流が流れない。したがって $v_i>0$ のとき $v_o=0$ となる。

　$v_i<0$ のときはダイオードには電流が流れず，電流はすべて抵抗 R_2 に流れる。したがって，波形は(6)となる。

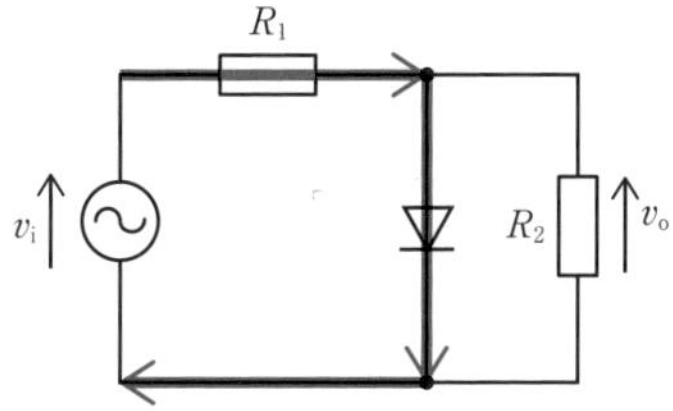

$v_i>0$

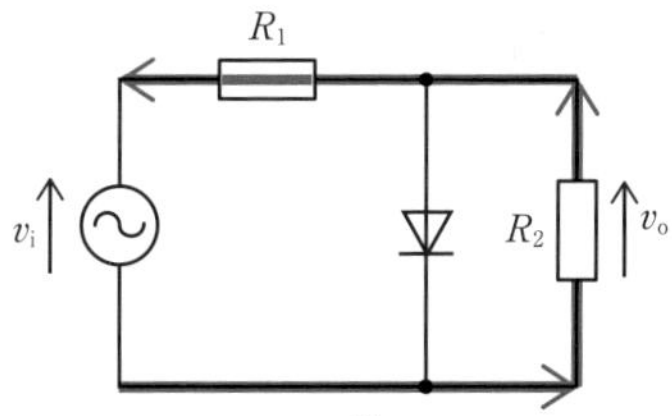

$v_i<0$

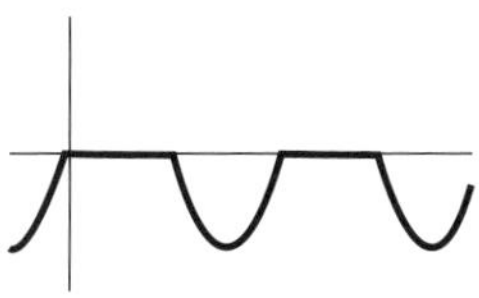

ダイオードは厳密にいうとわずかに電位差があるが，このような整流回路の問題の場合，電位差はほぼ零であると考える。

2　図のような回路において，入力の直流電圧 V[V] を変化させたとき，V[V] と抵抗 R [Ω] を流れる電流 I[A] の関係を示した図として，正しいものを次の(1)〜(5)のうちから一つ選べ。

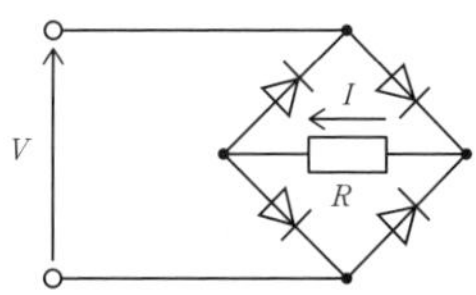

POINT 2　ブリッジ全波整流回路

注目　交流ではないが，I と V が比例することと，整流されることを理解している必要がある。

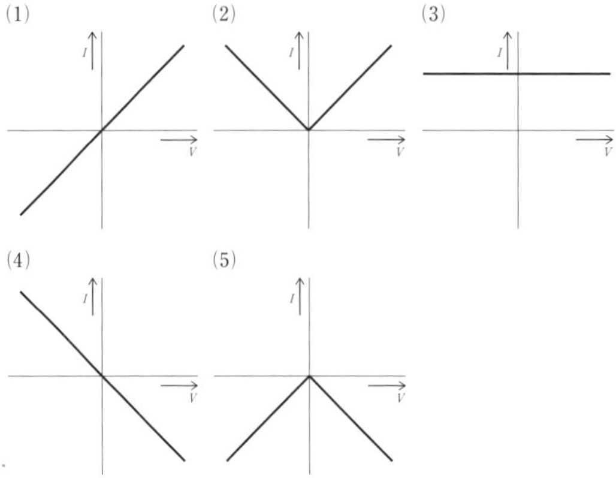

解答　(2)

下図のように，$V>0$のときも$V<0$のときも抵抗を流れる電流の向きは正の向きであり，その大きさは$I=\dfrac{V}{R}$となる。また，電圧の値が大きくなればなるほど，電流の値は大きくなる。

よって，これを満たすグラフは(2)となる。

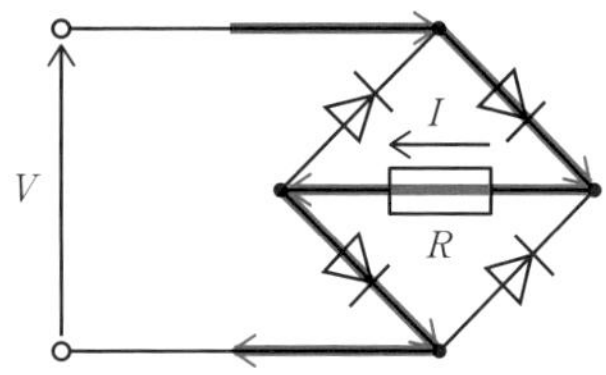

$V>0$

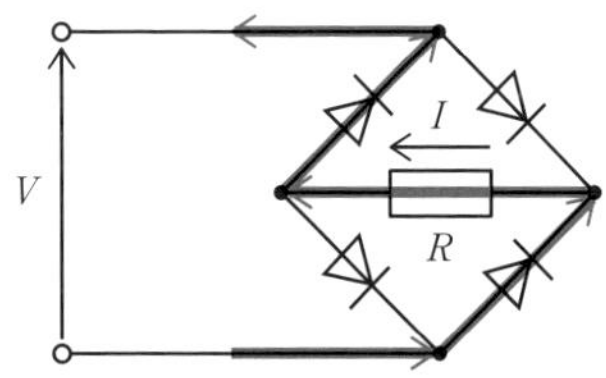

$V<0$

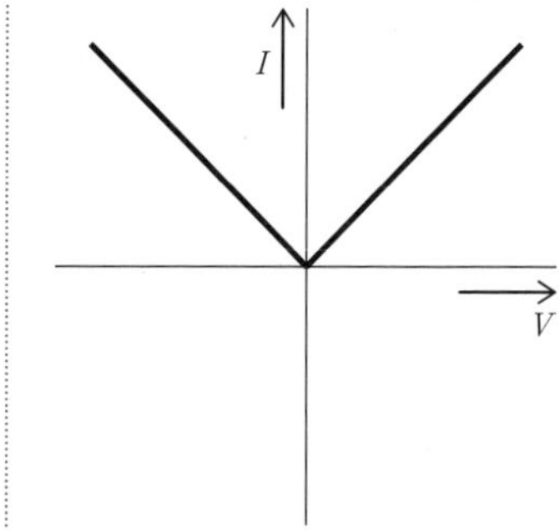

3 次の(a)及び(b)の問に答えよ。

(a) 図の演算増幅器を用いた回路における電圧増幅度$\dfrac{v_o}{v_i}$として最も近いものを次の(1)～(5)のうちから一つ選べ。

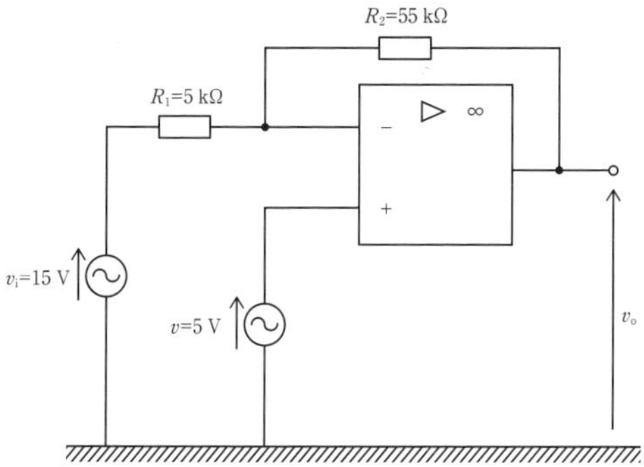

(1) −21　(2) −7　(3) 0　(4) 7　(5) 21

(b) 図の演算増幅器を用いた回路における電圧利得として最も近いものを次の(1)～(5)のうちから一つ選べ。ただし，$\log_{10} 2=0.301$，$\log_{10} 3=0.477$とする。

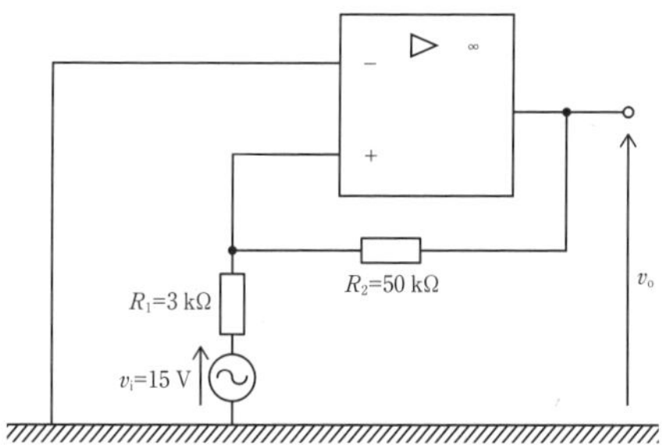

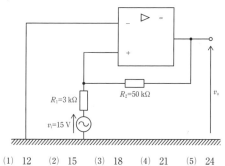

(1) 12　(2) 15　(3) 18　(4) 21　(5) 24

POINT 4 演算増幅器（OPアンプ）

注目 演算増幅器の計算問題はほぼこの問題程度の難易度が上限と考えて良い。
解き方を覚えてしまえば，かなりの得点源になり得る分野となる。

解答　(a)(2)　(b)(5)

(a)　演算増幅器の入力端子間は仮想短絡状態となるので，－側の入力端子の電位 v_-[V] は5 Vとなる。よって R_1=5 kΩの抵抗に流れる電流 i_1[mA] は，

$$i_1=\frac{v_i-v_-}{R_1}$$
$$=\frac{15-5}{5}$$
$$=2\ \mathrm{mA}$$

ここで，演算増幅器の入力端子には電流が流れないので，R_2=55 kΩに流れる電流も2 mAとなる。したがって，出力電圧 v_o[V] は，

$$v_o=v_--R_2 i_1$$
$$=5-55\times2$$
$$=-105\ \mathrm{V}$$

よって，電圧増幅度 A_v は，

$$A_v=\frac{v_o}{v_i}$$
$$=-\frac{105}{15}$$
$$=-7$$

(b)　演算増幅器の入力端子間は仮想短絡状態となるので，＋側の入力端子の電位 v_+[V] は0 Vとなる。よって，R_1=3 kΩの抵抗に流れる電流 i_1[mA] は，

$$i_1=\frac{v_i}{R_1}$$
$$=\frac{15}{3}$$
$$=5\ \mathrm{mA}$$

ここで，演算増幅器の入力端子には電流が流れないので，R_2=50 kΩに流れる電流も5 mAとなる。したがって，出力電圧 v_o[V] は，

$$v_o=v_+-R_2 i_1$$
$$=0-50\times5$$
$$=-250\ \mathrm{V}$$

また，電圧増幅度A_vは，

$$A_v=\frac{v_o}{v_i}$$
$$=\frac{-250}{15}$$
$$=\frac{-50}{3}$$

よって，電圧利得G_vは，

$$G_v=20\log_{10}\frac{50}{3}$$
$$=20(\log_{10}50-\log_{10}3)$$
$$=20(\log_{10}10+\log_{10}5-\log_{10}3)$$
$$=20(\log_{10}10+\log_{10}10-\log_{10}2-\log_{10}3)$$
$$=20(2\log_{10}10-\log_{10}2-\log_{10}3)$$
$$=20\times(2-0.301-0.477)$$
$$=24.44\rightarrow 24\text{ dB}$$

4 図のように，極板間隔d[m]，各極板の長さがl[m]，極板間の電位差V[V]の平行平板コンデンサがあり，コンデンサ内の電界の大きさはE[V/m]で一様であり，端効果はないものとする。

今，図の左側から質量m[kg]，電荷$-e$[C]の電子が極板の中央の高さから速度v[m/s]で入射してきた。

このとき，電子は電界E[V/m]により図の［(ア)］の向きに曲げられ，その力の大きさは［(イ)］[N]である。このとき，運動方程式より，加速度の大きさは［(ウ)］[m/s^2]となる。

また，電子が平行平板コンデンサ間を通過する時間は［(エ)］[s]である。

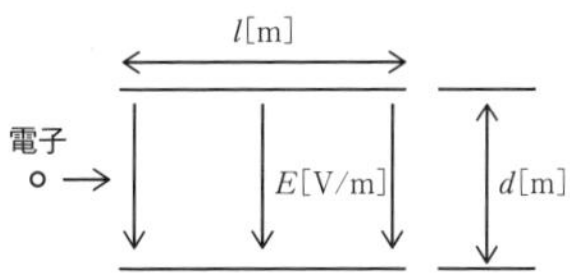

上記の記述中の空白箇所(ア)，(イ)，(ウ)及び(エ)に当てはまる組合せとして，正しいものを次の(1)～(5)のうちから一つ選べ。

POINT 5 電子が電界から受ける力

解答編
CHAPTER 07
電子理論 2

	(ア)	(イ)	(ウ)	(エ)
(1)	上から下	eE	$\frac{eE}{m}$	$\frac{l}{v}$
(2)	上から下	eV	$\frac{eV}{m}$	$\frac{d}{v}$
(3)	上から下	eE	$\frac{eE}{m}$	$\frac{d}{v}$
(4)	下から上	eV	$\frac{eV}{m}$	$\frac{l}{v}$
(5)	下から上	eE	$\frac{eE}{m}$	$\frac{l}{v}$

解答 (5)

(ア) 電子にかかる力の向きは電界の向きと逆方向なので，下から上となる。

(イ) 電子にかかる力の大きさF[N]は$F=eE$の関係ある。

(ウ) 運動方程式より，$F=ma$の関係があるから，

$$eE=ma$$

$$a=\frac{eE}{m}$$

(エ) 電子にかかる力の向きは電子が入射してきた向きと垂直なので，水平方向成分は入射してきたときと同じv[m/s]である。したがって，電子が平行平板コンデンサ間を通過する時間t[s]は，

$$t=\frac{l}{v}$$

水平方向成分だけを見れば等速直線運動である。水平成分と鉛直成分を分ければそれほど難しくならないことを理解する。

5 図のように，磁束密度がB[T]の一様な磁界中を電子が等速円運動している。電子の質量はm[kg]，電荷は$-e$[C]とする。次の(a)及び(b)の問に答えよ。

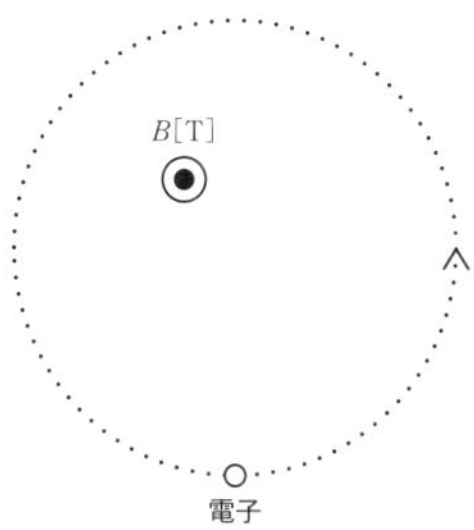

POINT 7 ローレンツ力

(a) この円運動の周期T[s]として，正しいものを次の(1)〜(5)のうちから一つ選べ。

(1) $\dfrac{m}{eB}$　(2) $\dfrac{eB}{m}$　(3) $\dfrac{2\pi m}{eB}$

(4) $\dfrac{m}{2\pi eB}$　(5) $\dfrac{2\pi eB}{m}$

(b) この円運動の角周波数ω[rad/s]として，正しいものを次の(1)〜(5)のうちから一つ選べ。

(1) $\dfrac{m}{eB}$　(2) $\dfrac{eB}{m}$　(3) $\dfrac{2\pi m}{eB}$

(4) $\dfrac{m}{2\pi eB}$　(5) $\dfrac{2\pi eB}{m}$

解答 (a)(3)　(b)(2)

(a) 電子の速度をv[m/s]とすると，電子にかかる遠心力F[N]は，

$$F=\frac{mv^2}{r}$$

であり，この大きさは電子に働くローレンツ力$F=evB$と等しいので，円運動の半径r[m]は，

$$\frac{mv^2}{r}=evB$$

$$\frac{mv}{r}=eB$$

$$eBr=mv$$

$$r=\frac{mv}{eB}$$

となる。ここで，円運動の周期T[s]は$T=\dfrac{2\pi r}{v}$であるから，これに上式を代入すると，

$$T=\frac{2\pi r}{v}$$

$$=\frac{2\pi}{v}\cdot\frac{mv}{eB}=\frac{2\pi m}{eB}$$

(b) 角周波数ω[rad/s]と周期T[s]の間には$\omega=\dfrac{2\pi}{T}$の関係があるから，

$$\omega=\frac{2\pi}{T}$$

電子の速度v[m/s]は計算上必要となる。解法をよく理解しておくこと。

周期は一周を何秒で回転するかという意味。この場合一周は円周の長さとなるので，$2\pi r$となる。

$\omega=\dfrac{2\pi}{T}$は角周波数の定義のような内容。覚えておく必要あり。

$$=\frac{2\pi}{\frac{2\pi m}{eB}}=\frac{eB}{m}$$

応用問題

1 図のように，全波整流回路の入力に実効値E[V]の正弦波交流とE[V]の直流電源を接続した。

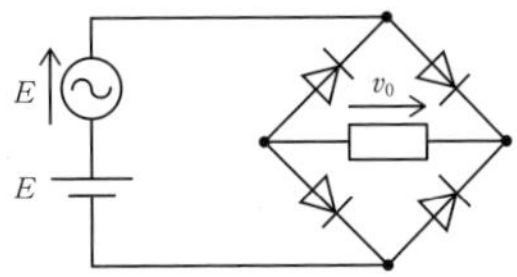

このとき，出力v_0[V]の波形として，最も近いものを次の(1)〜(5)のうちから一つ選べ。

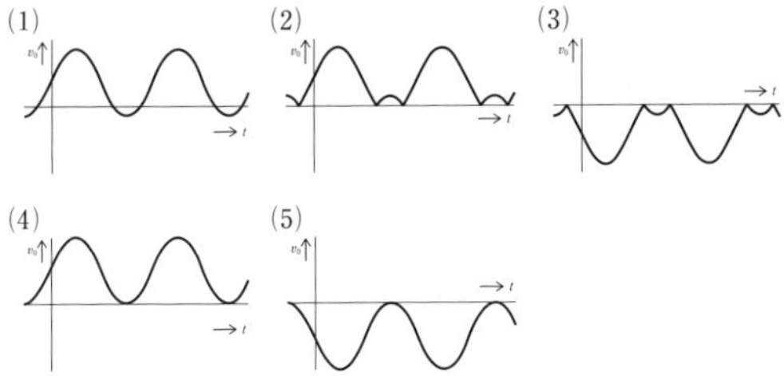

注目 同じ電圧でも交流の場合は最大値が√2倍となるのがポイント。

解答 (2)

実効値E[V]の正弦波交流の瞬時値e[V]は，

$e=\sqrt{2}\,E\sin\omega t$

で表されるので，交流電源と直流電源のグラフは図1のように表される。

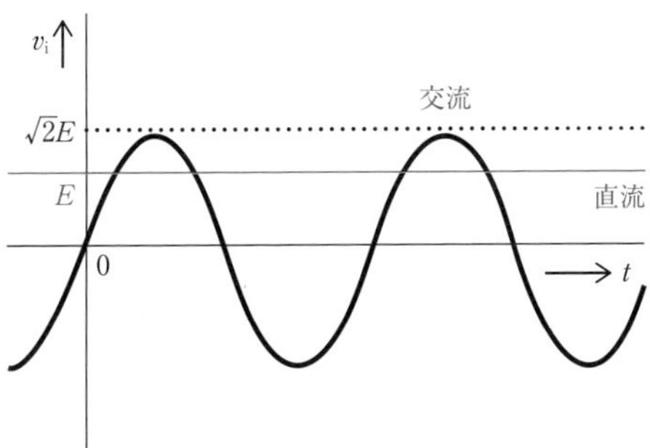

図1

図1より，交流と直流を重ね合わせた入力v_i[V]の波形は図2のようになる。

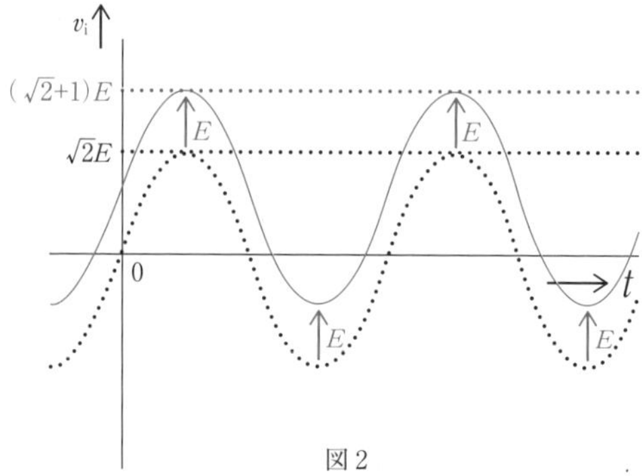

図2

重ね合わせると交流の波形が+E[V]平行移動したような形となる。

問題の回路において，図3に示す通り，$v_i>0$のときも$v_i<0$のときも抵抗の電圧は正方向であるので，出力v_oの波形は(2)となる。

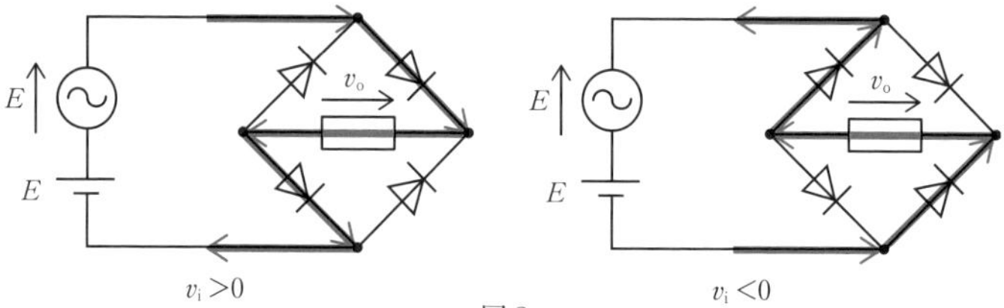

図3

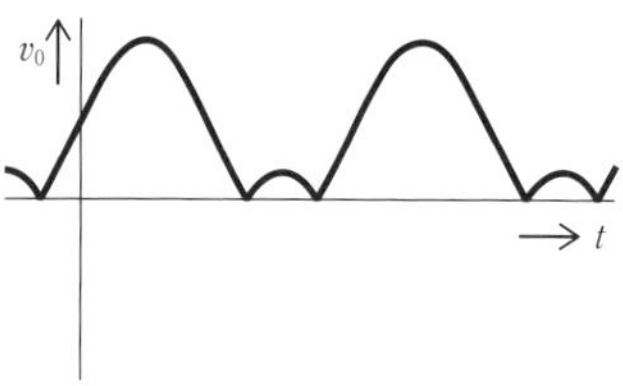

2 理想的な演算増幅器に関する記述として，誤っているものを次の(1)〜(5)のうちから一つ選べ。

(1) 電圧増幅度及び電圧利得が∞である。

(2) 出力波形にノイズがない。

(3) 入力端子間電圧は零として計算を行う。

(4) 交流専用の増幅器で，周波数も∞Hzまで増幅器として利用できる。

(5) 入力インピーダンスは∞で，出力インピーダンスは零である。

注目 演算増幅器は，頻度は少ないが本問のような正誤問題が出題される場合もあるので，よく理解しておくこと。

解答 (4)

(1) 正しい。理想的な演算増幅器は電圧増幅度及び電圧利得が∞となる。

(2) 正しい。理想的な演算増幅器は入力がそのまま増幅され，ノイズは入らない。

(3) 正しい。理想的な演算増幅器は電圧増幅度が∞であるため，出力を有限の値とするためには，入力端子間電圧は0 Vである必要がある。

(4) 誤り。演算増幅器は任意の周波数 (0〜∞) Hzまで増幅することができる。周波数0 Hzの交流は直流のことを表すため，直流も増幅することが可能となる。

(5) 正しい。理想的な演算増幅器は，入力インピーダンスが∞であるため，入力端子に電流は流れず，出力の電圧降下もないため，出力インピーダンスは零となる。

3 図のように面積A[m^2]，極板間の距離d[m]を隔てた平行平板コンデンサを電源V[V]につなぎ，コンデンサの下端に，質量m[kg]，電荷$-e$[C]の電子を置いた。ただし，コンデンサ内の電界は一様であるとする。次の(a)〜(c)の問に答えよ。

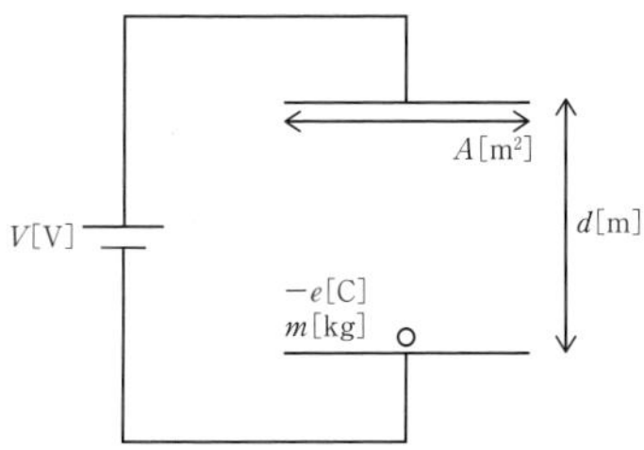

(a) 電子に加わる加速度の大きさa[m/s^2]として，正しいものを次の(1)〜(5)のうちから一つ選べ。

(1) $\dfrac{md}{eV}$ (2) $\dfrac{eV}{md}$ (3) $\dfrac{2\pi md}{eV}$

(4) $\dfrac{emd}{2\pi V}$ (5) $\dfrac{2\pi V}{emd}$

(b) 電子がコンデンサの上端に到達したときの速度v_1[m/s] として，正しいものを次の(1)~(5)のうちから一つ選べ。

(1) $\sqrt{\dfrac{eV}{2m}}$　(2) $\dfrac{eV}{m}$　(3) $\sqrt{\dfrac{eV}{m}}$

(4) $\dfrac{2eV}{m}$　(5) $\sqrt{\dfrac{2eV}{m}}$

(c) 電子がコンデンサの中央の位置に到達したときの速度v_2[m/s] として，正しいものを次の(1)~(5)のうちから一つ選べ。

(1) $\sqrt{\dfrac{eV}{2m}}$　(2) $\dfrac{eV}{m}$　(3) $\sqrt{\dfrac{eV}{m}}$

(4) $\dfrac{2eV}{m}$　(5) $\sqrt{\dfrac{2eV}{m}}$

解答 (a)(2) (b)(5) (c)(3)

(a) 平行平板コンデンサ内の電界の大きさE[V/m]は$E=\dfrac{V}{d}$であり，電子に働く力の大きさF[N]は$F=eE$で，運動方程式より$F=ma$の関係があるから，電子の加速度の大きさa[m/s^2]は，

$$a=\frac{F}{m}$$

$$=\frac{eE}{m}$$

$$=\frac{eV}{md}$$

(b) 電子がコンデンサの下端にあるときの位置エネルギーU[J]は，

$$U=eV$$

であり，電子がコンデンサの上端に到達したときの運動エネルギーK[J]は，

$$K=\frac{1}{2}mv_1^2$$

ここで，位置エネルギーがすべて運動エネルギーとなったので，

$$U=K$$

(a)の加速度から

$$v_1^2=2ad$$

の運動の公式を利用して，

$$v_1=\sqrt{2ad}$$

$$=\sqrt{\frac{2eVd}{md}}$$

$$=\sqrt{\frac{2eV}{m}}$$

と求めても良い。

$$eV=\frac{1}{2}mv_1^{\,2}$$

$$v_1^{\,2}=\frac{2eV}{m}$$

$$v_1=\sqrt{\frac{2eV}{m}}$$

(c) 電子がコンデンサの中間点に到達したときの位置エネルギー U'[J]は,

$$U'=\frac{1}{2}eV$$

であり，下端から失った位置エネルギーΔU[J]は,

$$\Delta U=U-U'$$

$$=eV-\frac{1}{2}eV$$

$$=\frac{1}{2}eV$$

である。また，電子がコンデンサの中間点に到達したときの運動エネルギー K'[J]は,

$$K'=\frac{1}{2}mv_2^{\,2}$$

であり，エネルギー保存の法則より失った位置エネルギーはすべて電子の運動エネルギーとなったので,

$$\Delta U=K'$$

$$\frac{1}{2}eV=\frac{1}{2}mv_2^{\,2}$$

$$eV=mv_2^{\,2}$$

$$v_2^{\,2}=\frac{eV}{m}$$

$$v_2=\sqrt{\frac{eV}{m}}$$

4 図のように，極板間隔d[m]，各極板の長さがl[m]の平行平板コンデンサがある。コンデンサ内の電界の大きさはE[V/m]で一様であり，端効果はないものとする。

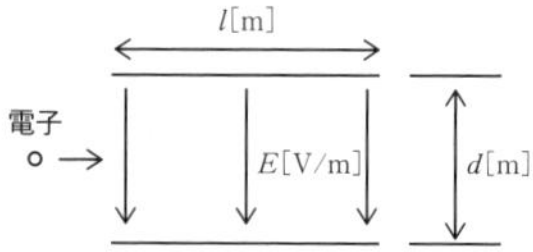

今，図の左側から質量m[kg]，電荷$-e$[C]の電子が極板の中央の高さから速度v[m/s]で入射してきた。このとき，次の(a)〜(c)の問に答えよ。

注目 本問のような問題はブラウン管テレビのメカニズムにも似たような内容で電験三種として出題されやすい問題である。

(a) 電界E[V/m]による電子の加速度の大きさ[m/s^2]として，正しいものを次の(1)〜(5)のうちから一つ選べ。

(1) $\dfrac{eE}{m}$　(2) eE　(3) meE　(4) $\dfrac{eE}{md}$　(5) $\dfrac{eE}{d}$

(b) 電子が極板に当たらずに通過するための条件として，正しいものを次の(1)〜(5)のうちから一つ選べ。

(1) $d>\dfrac{2eEl}{mv}$　(2) $d>\dfrac{eEl}{mv}$　(3) $d>\dfrac{2eEl^2}{mv^2}$

(4) $d>\dfrac{eEl^2}{2mv^2}$　(5) $d>\dfrac{eEl^2}{mv^2}$

(c) 電子が極板に当たらずに通過したと仮定したとき，極板を出た後の電子の速度v_0[m/s]として，正しいものを次の(1)〜(5)のうちから一つ選べ。

(1) $\dfrac{\sqrt{v^2+\left(\dfrac{eEl}{mv}\right)^2}}{2}$　(2) $\sqrt{\dfrac{v^2+\left(\dfrac{eEl}{mv}\right)^2}{2}}$　(3) $\sqrt{v^2+\left(\dfrac{eEl}{mv}\right)^2}$

(4) $\sqrt{2v^2+\left(\dfrac{eEl}{mv}\right)^2}$　(5) $2\sqrt{v^2+\left(\dfrac{eEl}{mv}\right)^2}$

解答 (a)(1)　(b)(5)　(c)(3)

(a) 電界E[V/m]により電子に加わる力の大きさF[N]は$F=eE$で，運動方程式より$F=ma$の関係があるから，電子の加速度の大きさa[m/s^2]は，

$$a=\frac{F}{m}$$

$$=\frac{eE}{m}$$

(b)　水平方向に電子がコンデンサを抜けるまでの時間t[s]は,

$$t=\frac{l}{v}$$

その間に鉛直方向に電子が動く距離y[m]は,

$$y=\frac{1}{2}at^2$$

$$=\frac{1}{2}a\left(\frac{l}{v}\right)^2$$

$$=\frac{eEl^2}{2mv^2}$$

電子が極板に当たらずに通過するためには，鉛直方向に電子が動く距離が$\frac{d}{2}$[m]未満である必要があるから,

$$\frac{d}{2}>y$$

$$\frac{d}{2}>\frac{eEl^2}{2mv^2}$$

$$d>\frac{eEl^2}{mv^2}$$

(c)　鉛直方向成分の速度v_y[m/s]は,

$$v_y=at$$

$$=\frac{eE}{m}\cdot\frac{l}{v}$$

$$=\frac{eEl}{mv}$$

よって，極板を出た後の電子の速度v_o[m/s]は,

$$v_o=\sqrt{v^2+v_y{}^2}$$

$$=\sqrt{v^2+\left(\frac{eEl}{mv}\right)^2}$$

5 図のように，磁束密度がB[T]の一様な磁界中を電子が磁界となす角θ[rad]の向きに電子が速度v[m/s]で飛び出したとする。電子の質量はm[kg]，電荷は$-e$[C]とする。次の(a)及び(b)の問に答えよ。

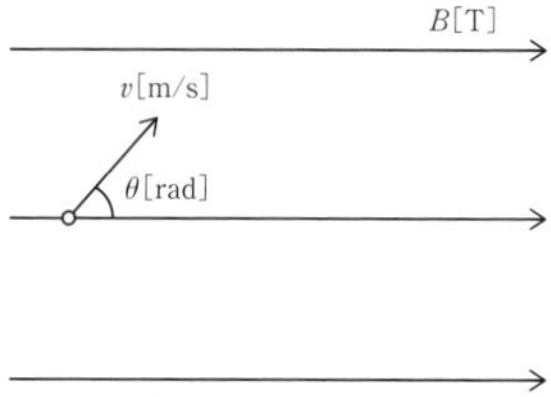

注目 らせん運動は円運動と等速直線運動の組合せである。円運動の内容は基本問題 5 と合わせ,よく理解しておくこと。

(a) このとき，電子のらせん運動をするが，その円運動成分の周期T[s]として，正しいものを次の(1)～(5)のうちから一つ選べ。

(1) $\dfrac{2\pi m}{eB}$　(2) $\dfrac{2\pi m\sin\theta}{eB}$　(3) $\dfrac{2\pi m\cos\theta}{eB}$

(4) $\dfrac{2\pi m}{eB\sin\theta}$　(5) $\dfrac{2\pi m}{eB\cos\theta}$

(b) (a)のT[s]後の電子の位置と元の電子の位置との距離r[m]として，正しいものを次の(1)～(5)のうちから一つ選べ。

(1) $\dfrac{2\pi mv\cos^2\theta}{eB}$　(2) $\dfrac{2\pi mv}{eB\tan\theta}$　(3) $\dfrac{2\pi mv\cos\theta}{eB}$

(4) $\dfrac{\pi mv\sin 2\theta}{eB}$　(5) $\dfrac{2\pi mv}{eB}$

解答 (a) (1)　(b) (3)

(a) 電子の円運動成分は磁束密度と直角の速度成分であるから，その速度をv_y[m/s]とすると，

$$v_y=v\sin\theta$$

である。電子にかかる遠心力F[N]は，半径をr[m]とすると，

$$F=\frac{mv_y^2}{r}$$

であり，この大きさは電子に働くローレンツ力$F=ev_yB$と等しいので，

$$\frac{mv_y^2}{r}=ev_yB$$

$$\frac{mv_y}{r}=eB$$

$$eBr=mv_y$$

$$r=\frac{mv_y}{eB}$$

となる。ここで，円運動の周期 T[s] は $T=\frac{2\pi r}{v_y}$ であるから，これに上式を代入すると，

$$T=\frac{2\pi r}{v_y}$$

$$=\frac{2\pi}{v_y}\cdot\frac{mv_y}{eB}$$

$$=\frac{2\pi m}{eB}$$

(b) 電子の磁束密度と平行な成分は等速運動であり，その大きさ v_x[m/s] は，

$$v_x=v\cos\theta$$

である。下図の通り，T[s] 後の電子の動いた距離 x[m/s] は，電子と平行な成分の T[s] 後の距離であるから，

$$x=v_x T$$

$$=v\cos\theta\cdot\frac{2\pi m}{eB}$$

$$=\frac{2\pi mv\cos\theta}{eB}$$

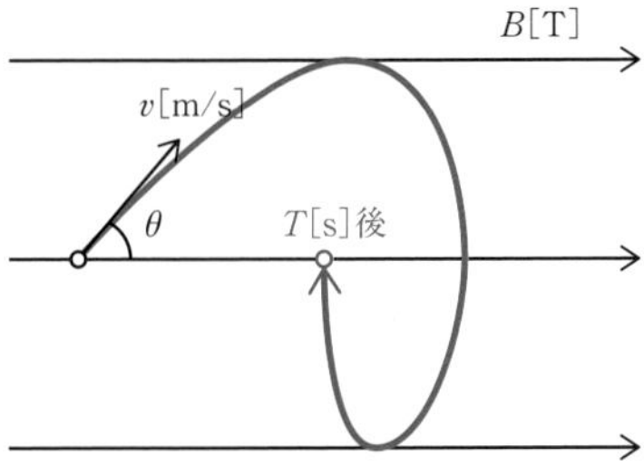

解答

CHAPTER 08

電気測定

1 電気測定

☑ 確認問題

1 次の文章の（ア）～（ウ）にあてはまる語句を答えよ。

永久磁石可動コイル形計器は，コイルに電流を流すと電磁力がそれぞれのコイルの直角の方向に働くという［（ア）］の法則を利用した計器である。この計器は直流もしくは交流のうち［（イ）］用の計器であり，その指示値は平均値もしくは実効値のうち［（ウ）］である。

POINT 1 永久磁石可動コイル形計器

解答 （ア）フレミングの左手　（イ）直流

（ウ）平均値

可動コイル形計器はコイルに働く電磁力$F=BIl$とばねの力のバランスで測定している。

フレミングの左手の法則は，左手を開いて，中指を電流の向き，人差し指を磁界の向きに合わせると，親指の向きが電磁力の向きとなる法則である。

フレミングの左手の法則

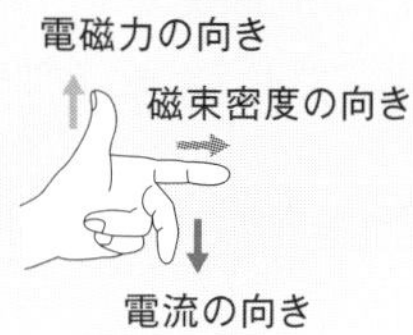

2 次の文章の（ア）～（ウ）にあてはまる語句を答えよ。

永久磁石可動コイル形計器に整流器を組合せ，交流を整流して電流を測定する計器を［（ア）］という。この計器は直流もしくは交流のうち［（イ）］用の計器であり，その指示値は平均値もしくは実効値のうち［（ウ）］である。

POINT 2 整流形計器

解答 （ア）整流形計器　（イ）交流　（ウ）平均値

3 次の文章の（ア）～（ウ）にあてはまる語句を答えよ。

異なる２種類の金属を接合した［（ア）］の一方を加熱して温度差をつけると，起電力が発生し電流が流れる現象を［（イ）］という。［（ア）］形計器はこの原理を利用した計

POINT 3 熱電対形計器

器であり，温度を電流値に換算するため，直流及び交流共に測定可能で，その指示値は平均値もしくは実効値のうち［（ウ）］である。

解答　（ア）熱電対　（イ）ゼーベック効果
（ウ）実効値

4 次の文章の（ア）～（エ）にあてはまる語句を答えよ。

図のように，コイルに二つの鉄片を入れ電流を上から下に流した場合，鉄片は磁化されそれぞれの鉄片の上側は［（ア）］極，下側は［（イ）］極となる。電流を下側から上側に流した場合，極は逆になる。したがって，どちらの向きに電流を流しても鉄片間には［（ウ）］力が働く。この原理を利用した電流計が可動鉄片形計器である。可動鉄片形計器は電流の向きが変わっても力の向きが変わらないので，直流及び交流共に測定可能で，その指示値は平均値もしくは実効値のうち［（エ）］である。

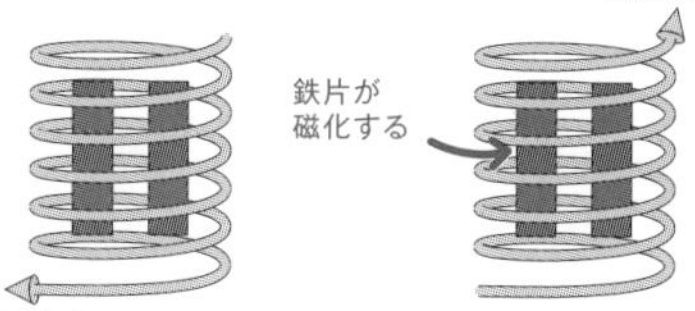

解答　（ア）S　（イ）N　（ウ）反発（斥）
（エ）実効値

電磁気における右ねじの法則を考慮すれば，鉄片の磁化される方向は下図のようにどちらの向きに電流を流しても反発力が働く。

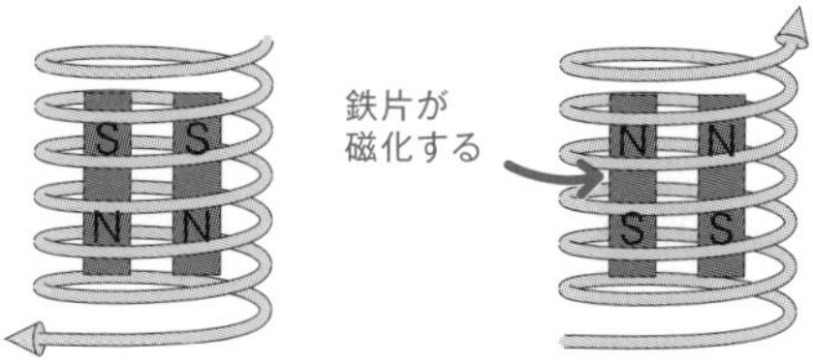

POINT 4 可動鉄片形計器

5 次の文章の（ア）～（オ）にあてはまる語句を答えよ。

電流力計形計器の原理は図のように３つのコイルを用い，図のように接続したときにコイル③に現れる力を利用したものである。図の矢印の向きに電流を流したとき，コイル①とコイル③には引力と斥力のうち［（ア）］力が働き，コイル②とコイル③には［（イ）］力が働く。電流の向きを逆にすると，各コイルの磁化は逆向きになり，コイル①とコイル③には［（ウ）］力が働き，コイル②とコイル③に［（エ）］力が働く。この原理により電流力計形計器は直流及び交流共に測定可能となり，その指示値は平均値もしくは実効値のうち［（オ）］である。

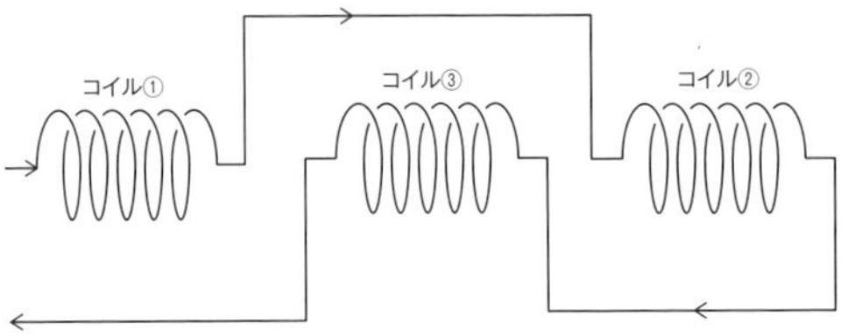

解答　（ア）斥　（イ）斥　（ウ）斥
（エ）斥　（オ）実効値

図のように，右ねじの法則によりコイル①とコイル③はS極同士となり斥力，コイル②とコイル③はN極同士となり斥力が働く。電流の向きを逆にすると，すべての極が逆になり，コイル①とコイル③はN極同士となり斥力，コイル②とコイル③はS極同士となり斥力が働く。

したがって，電流の向きが変わってもコイルに働く力の向きが変わらないので，交流も測定可能となる。

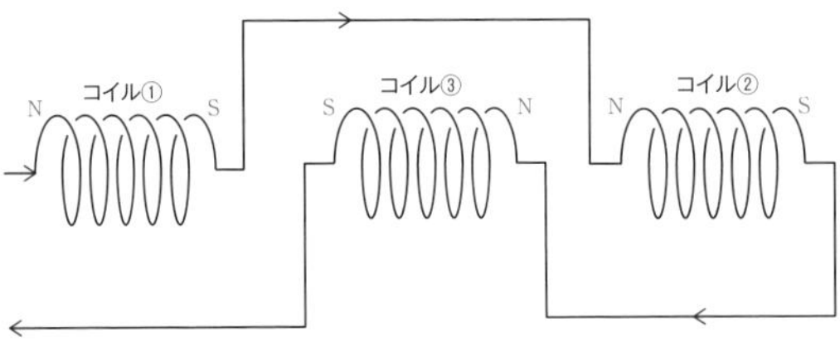

POINT 5 電流力計形計器

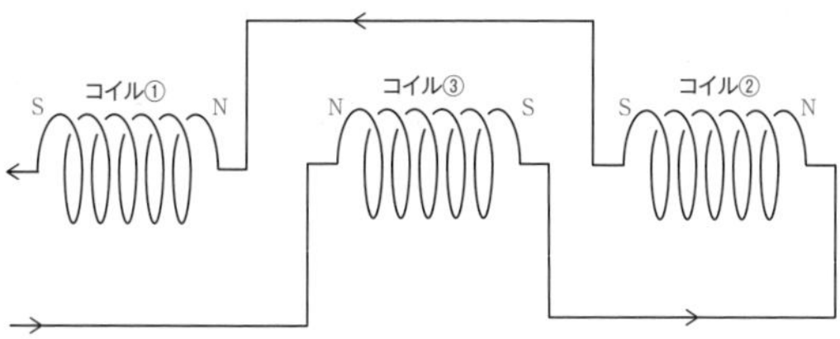

6 次の文章の（ア）～（ウ）にあてはまる語句を答えよ。

静電形計器は２枚の電極板のうち１枚を可動形とし，電極に電圧を加えた際に生じる［（ア）］力を利用して電圧を測定する機器である。直流は測定［（イ）］，交流は測定可能でありその指示値は［（ウ）］値となる。

POINT 6 静電形計器

解答 （ア）静電　（イ）可能　（ウ）実効

電荷にはクーロンの法則により静電力が働くが，静電形計器はその力をトルクに変えて測定する機器である。電荷による静電力で測定するため，外部の磁界の影響を受けない特徴がある。

7 次の問に答えよ。

(1) 内部抵抗4 mΩ，最大目盛が5 Aの電流計に分流器を接続して，25 Aまで測定できるようにしたい。そのために必要な分流器の抵抗値[mΩ]の値を求めよ。

(2) 内部抵抗5 kΩの電圧計に115 kΩの抵抗器を直列に接続したところ，最大120 Vまで測定できるようになった。電圧計の最大目盛の値[V]を求めよ。

(3) 内部抵抗20 mΩ，最大目盛が15 Aの電流計に1 mΩの分流器を接続したときの測定可能電流の最大値[A]及び分流器の倍率を求めよ。

(4) 内部抵抗2 kΩ，最大目盛が1 Vの電圧計を最大20 Vまで測定可能とするための倍率器の抵抗値[kΩ]を求めよ。

POINT 7 分流器と倍率器

解答 (1) 1 mΩ　(2) 5 V

(3) 測定可能電流の最大値；315 A

分流器の倍率：21 倍

(4) 38 kΩ

(1) 電流計の内部抵抗r_a[mΩ]と分流器の倍率mは，

$r_a = 4\ \mathrm{m\Omega}$

$m = \dfrac{25}{5}$

$= 5$

であるから，分流器の抵抗値 R_s [mΩ] は，

$R_s = \dfrac{r_a}{m-1}$

$= \dfrac{4}{5-1}$

$= 1\ \mathrm{m\Omega}$

(2) 倍率器の倍率 m は，電圧計の内部抵抗を r_v [kΩ]，倍率器の抵抗を R_m [kΩ] とすると，

$m = \dfrac{V}{V_v} = \dfrac{R_m + r_v}{r_v}$

であるから，$V = 120\ \mathrm{V}$，$R_m = 115\ \mathrm{k\Omega}$，$r_v = 5\ \mathrm{k\Omega}$ を代入して整理すると，

$\dfrac{120}{V_v} = \dfrac{115+5}{5}$

$\dfrac{120}{V_v} = \dfrac{120}{5}$

$V_v = 5\ \mathrm{V}$

(3) 測定可能電流の最大値を I_m [A] とすると，電流計を流れる電流の大きさ I [A] は，分流の法則より，

$I = \dfrac{R_s}{R_s + r_a} I_m$

$15 = \dfrac{1}{1+20} I_m$

$I_m = 315\ \mathrm{A}$

また，分流器の倍率 m は，

$m = \dfrac{I_m}{I}$

$= \dfrac{315}{15}$

$= 21$ 倍

解答では公式を利用しているが，分流の法則から求めても良い。

$\dfrac{R_s}{r_a + R_s} \times 25 = 5$

$\dfrac{R_s}{4 + R_s} \times 25 = 5$

$R_s = 1\ \mathrm{m\Omega}$

(1)同様，解答では公式を利用しているが，分圧の法則から求めても良い。

$V_v = \dfrac{r_v}{R_m + r_v} V$

(4)　電圧計の内部抵抗r_v[kΩ]と倍率器の倍率mは，

$$r_v=2\ \text{k}\Omega$$

$$m=\frac{20}{1}$$

$$=20$$

であるから，倍率器の抵抗値R_m[kΩ]は，

$$R_m=r_v(m-1)$$

$$=2\times(20-1)$$

$$=38\ \text{k}\Omega$$

解答では公式を利用しているが，分圧の法則から求めても良い。

$$V_v=\frac{r_v}{R_m+r_v}V$$

$$1=\frac{2}{R_m+2}\times 20$$

$$R_m=38\ \text{k}\Omega$$

8 図のようにR=10 Ωの抵抗に電源を接続し，抵抗に直列に電流計，並列に電圧計を接続したところ，電流計の指示値が9.85 A，電圧計の指示値が100 Vとなった。

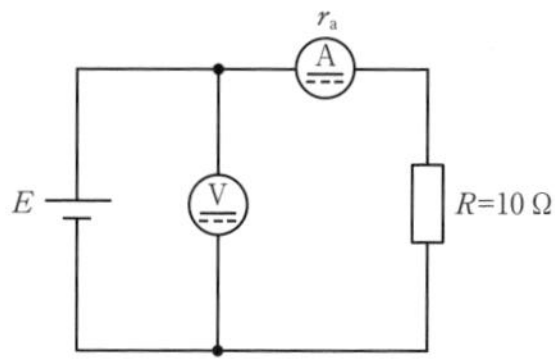

(a)　電圧計の内部抵抗は十分に大きいとして，電流計の内部抵抗r_aの値[Ω]を求めよ。

(b)　この測定による電流の誤差率[%]を求めよ。ただし，誤差率は真値をT，測定値をMとしたとき，$\frac{M-T}{T}\times100$ [%]で求められ，真値は各計器を取り外した場合の抵抗を流れる電流の値とする。

POINT 8 抵抗値の測定

解答　(a) 0.152 Ω　(b) 1.5 %

(a)　電流計の指示値I=9.85A，電圧計の指示値V=100 Vであり，この電圧が電流計とR=10 Ωの抵抗にかかるので，キルヒホッフの法則より，

$$V=(r_a+R)I$$

$$100=(r_a+10)\times9.85$$

$$r_a+10=\frac{100}{9.85}$$

$$r_a=\frac{100}{9.85}-10$$

$$\fallingdotseq 0.152\ \Omega$$

(b)　電流の真値Tは各計器を取り外した場合の抵抗を流れる電流であるから，

$$T=\frac{100}{10}$$

$$=10\ \mathrm{A}$$

電流の誤差率ε[%]は，

$$\varepsilon=\frac{M-T}{T}\times 100$$

$$=\frac{9.85-10}{10}\times 100$$

$$=-1.5$$

よって，解答は1.5 %となる。

誤差と誤差率の公式は与えられるとは限らないので覚えておく。

誤差：$M-T$

誤差率：$\frac{M-T}{T}\times 100$

9 未知の抵抗R_x[Ω]を求めるため，図のように回路を接続した。検流計の値が0 Aとなったとき，可変抵抗の値はR=6 Ωであった。このとき，未知の抵抗R_x[Ω]を求めよ。

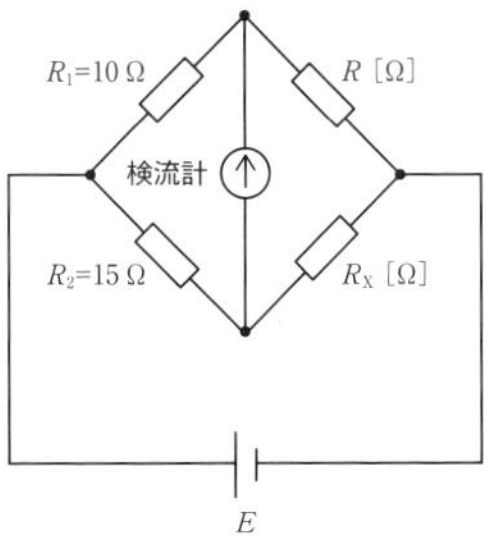

解答　9 Ω

検流計の値が0 Aとなったことから，ブリッジの平衡条件より，

$$R_1 R_x=R_2 R$$

$$10\ R_x=15\times 6$$

$$R_x=\frac{15\times 6}{10}$$

$$=9\ \Omega$$

POINT 9　電力の測定

基本問題

1 以下の各計器について，主に交流のみで測定する計器として，正しいものを次の(1)～(5)のうちから一つ選べ。

(1) 電流力計形計器
(2) 可動鉄片形計器
(3) 熱電対形計器
(4) 永久磁石可動コイル形計器
(5) 静電形計器

POINT 1 永久磁石可動コイル形計器
POINT 3 熱電対形計器
POINT 4 可動鉄片形計器
POINT 5 電流力計形計器
POINT 6 静電形計器

解答 (2)

(1) 誤り。電流力計形計器は３つのコイルを使用し，直流でも交流でも測定可能である。

(2) 正しい。可動鉄片形計器は２つの鉄片が同方向に磁化する現象を利用して計測するが，直流で使用するとヒステリシス特性により誤差を生じやすいため，交流のみで測定する。

(3) 誤り。熱電対形計器は２種の異なる金属を用いた熱電対により，温度差が発生した際に生じる電流を測定する。直流でも交流でも測定可能。

(4) 誤り。永久磁石可動コイル形計器は，コイルに発生した電磁力をトルクとして測定する。直流のみで測定可能。

(5) 誤り。静電形計器は，２つの電極板に電圧を加えた際に生じる静電力を利用して測定する。直流でも交流でも測定可能。

2 図のように2個の電源及び抵抗を並列に接続し，電流値を測定したところ，電流値は5Aを示した。電流計の内部抵抗の大きさr_a[Ω]として，最も近いものを次の(1)～(5)のうちから一つ選べ。

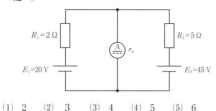

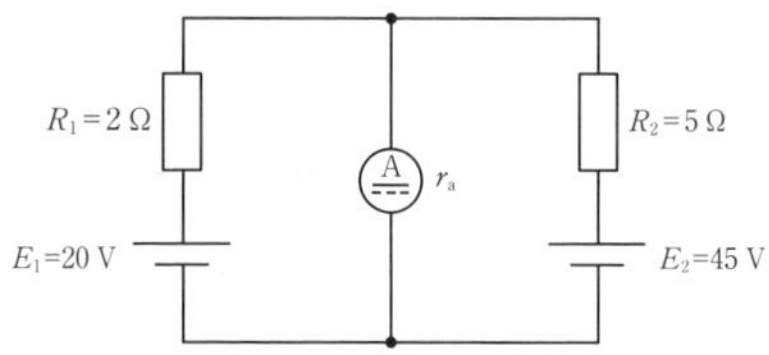

(1) 2　(2) 3　(3) 4　(4) 5　(5) 6

POINT 8 抵抗値の測定

解答 (3)

下図のように，抵抗R_1=2 Ωに流れる電流をI_1[A]，抵抗R_2=5 Ωに流れる電流をI_2[A]，電流計を流れる電流をI_3[A]とする。

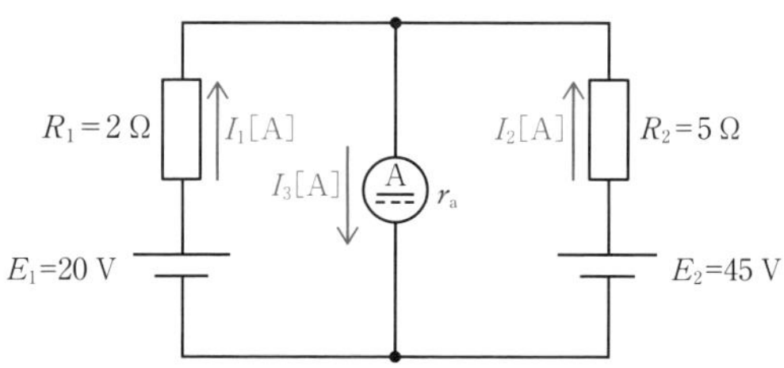

キルヒホッフの法則より，

$$I_1+I_2=I_3$$

$$E_1=R_1I_1+r_aI_3$$

$$E_2=R_2I_2+r_aI_3$$

であるから，各値を代入すると，

$$I_1+I_2=5 \quad \cdots\cdots\cdots \quad ①$$

$$20=2I_1+5r_a \quad \cdots\cdots\cdots \quad ②$$

$$45=5I_2+5r_a \quad \cdots\cdots\cdots \quad ③$$

①をI_1について整理し，②に代入すると，

$$20=2(5-I_2)+5r_a$$

$$20=10-2I_2+5r_a$$

$$10=-2I_2+5r_a \quad \cdots\cdots\cdots \quad ②'$$

となるので，②'×5+③×2より，

ミルマンの定理を用いても解くことができる。

$$\frac{\dfrac{E_1}{R_1}+\dfrac{E_2}{R_2}}{\dfrac{1}{R_1}+\dfrac{1}{R_2}+\dfrac{1}{r_a}}=5r_a$$

$$\frac{\dfrac{20}{2}+\dfrac{45}{5}}{\dfrac{1}{2}+\dfrac{1}{5}+\dfrac{1}{r_a}}=5r_a$$

$$\frac{10+9}{\dfrac{7}{10}+\dfrac{1}{r_a}}=5r_a$$

$$19=5r_a\left(\frac{7}{10}+\frac{1}{r_a}\right)$$

$$19=\frac{7}{2}r_a+5$$

$$\frac{7}{2}r_a=14$$

$$r_a=4$$

$$50+90=25r_a+10r_a$$
$$140=35r_a$$
$$r_a=4\ \Omega$$

3 次の文章は電流計の測定範囲拡大について述べたものである。

図のように内部抵抗 r_a=50 mΩの電流計があり，最大目盛が1 Aと5 Aからなる多重範囲電流計を作った。1 A端子を使用して測定する場合，分流器の抵抗は（ア）[mΩ]であり，分流器の倍率は（イ）である。5 A端子を使用して測定する場合，分流器の抵抗は（ウ）[mΩ]であり，分流器の倍率は（エ）である。

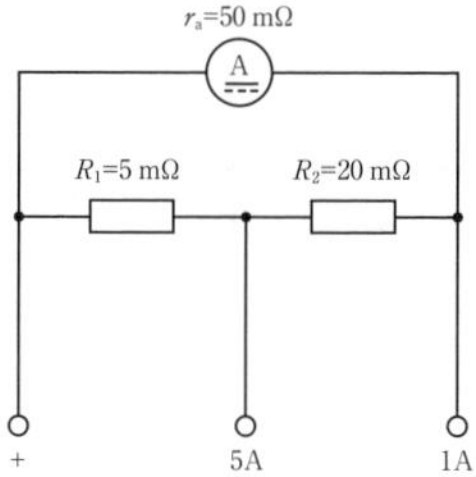

上記の記述中の空白箇所（ア），（イ），（ウ）及び（エ）に当てはまる組合せとして，正しいものを次の(1)～(5)のうちから一つ選べ。

	（ア）	（イ）	（ウ）	（エ）
(1)	25	3	5	15
(2)	25	2	5	14
(3)	25	3	25	15
(4)	50	2	25	14
(5)	50	2	50	14

POINT 7 分流器と倍率器

注目 電験三種の本試験でも類題が出題されたことがある。

解答 (1)

1 A端子を使用して測定する場合の電流の流れを図1，5 A端子を使用して測定する場合の電流の流れを図2に示す。

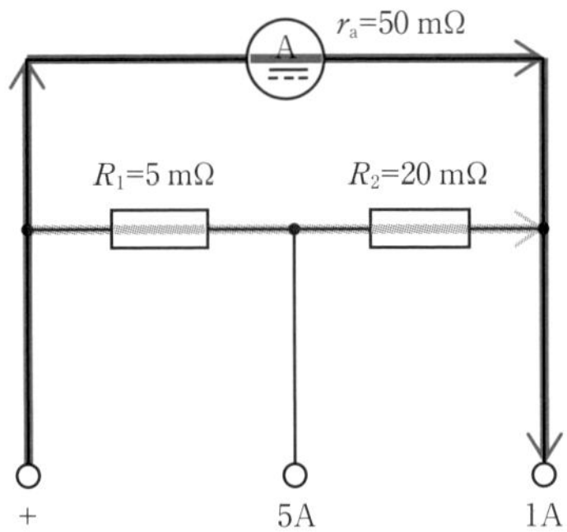

図 1

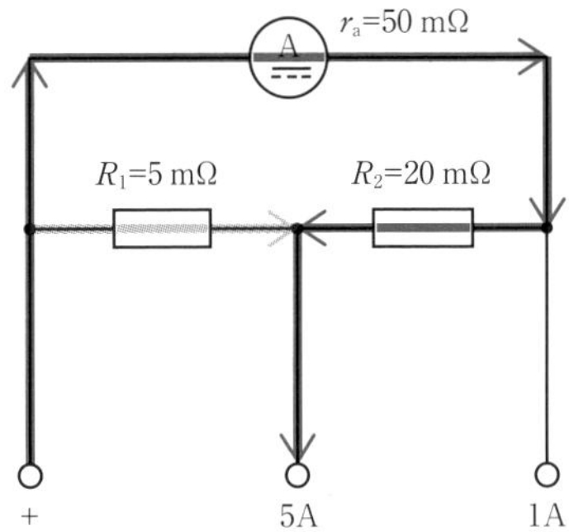

図 2

（ア） 図1より1 A端子を使用して測定する場合，分流器としての抵抗は，

$$R_1+R_2=25\ \mathrm{m}\Omega$$

（イ） 電流計を流れる電流をI_a[A]，測定端子の電流をI[A]とすると，分流の法則より，

$$I_a=\frac{R_1+R_2}{(R_1+R_2)+r_a}I$$

$$=\frac{25}{25+50}I$$

$$=\frac{I}{3}$$

であるから，分流器の倍率mは，

$$m=\frac{I}{I_a}$$

$$=\frac{I}{\frac{I}{3}}$$

$$=3$$

（ウ）　図2より5A端子を使用して測定する場合，分流器としての抵抗は，

$$R_1=5\ \mathrm{m\Omega}$$

（エ）　電流計を流れる電流をI_a［A］，測定端子の電流をI［A］とすると，分流の法則より，

$$I_a=\frac{R_1}{R_1+(r_a+R_2)}I$$

$$=\frac{5}{5+(50+20)}I$$

$$=\frac{I}{15}$$

であるから，分流器の倍率mは，

$$m=\frac{I}{I_a}$$

$$=\frac{I}{\frac{I}{15}}$$

$$=15$$

応用問題

1 図のように，電圧降下法により，抵抗での消費電力を求めるため，内部抵抗r_v[Ω]の電圧計を並列に接続し，さらに内部抵抗r_a[Ω]の電流計を直列に接続した。このとき，消費電力の誤差率[%]として正しいものを次の(1)〜(5)のうちから一つ選べ。

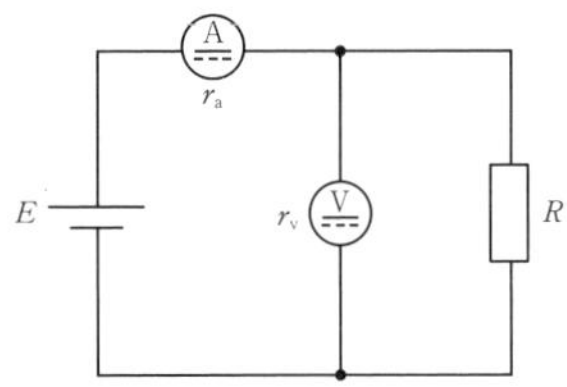

(1) $\dfrac{R}{r_a}\times100$　(2) $\dfrac{r_a+R}{r_a}\times100$　(3) $\dfrac{R}{r_v}\times100$

(4) $\dfrac{r_v+R}{r_v}\times100$　(5) $\dfrac{r_v+R}{r_a}\times100$

注目 各電流の値を仮定することが本問最大のポイント。

解答 (3)

抵抗に流れる電流をI[A]，電圧計に流れる電流をI_v[A]とする。

消費電力の真値T[W]は，

$$T=RI^2$$

電圧計の測定電圧V_v[V]は，

$$V_v=RI$$

であるので，電圧計に流れる電流の大きさI_v[A]は，

$$I_v=\frac{V_v}{r_v}$$

$$=\frac{RI}{r_v}$$

となる。電流計を流れる電流の大きさI_a[A]は，

$$I_a=I+I_v$$

$$=I+\frac{RI}{r_v}$$

$$=\left(1+\frac{R}{r_v}\right)I$$

となり，消費電力の測定値M[W]は，

$$M = V_v I_a$$
$$= RI \cdot \left(1 + \frac{R}{r_v}\right) I$$
$$= \left(1 + \frac{R}{r_v}\right) RI^2$$

となる。したがって，誤差率ε[%]は，

$$\varepsilon = \frac{M - T}{T} \times 100$$
$$= \frac{\left(1 + \frac{R}{r_v}\right) RI^2 - RI^2}{RI^2} \times 100$$
$$= \left\{\left(1 + \frac{R}{r_v}\right) - 1\right\} \times 100$$
$$= \frac{R}{r_v} \times 100$$

2 図1及び図2のような回路に可動コイル形電流計A_1及び整流形電流計A_2を使用したときの電流計の電流値[A]として，正しいものの組合せを次の(1)～(5)のうちから一つ選べ。ただし，交流電圧は実効値とし，電流計の内部抵抗及び磁気飽和は無視できるものとする。

	図1 A_1	図1 A_2	図2 A_1	図2 A_2
(1)	10	10	0	10
(2)	10	10	0	9
(3)	0	0	0	10
(4)	10	10	10	9
(5)	0	0	10	10

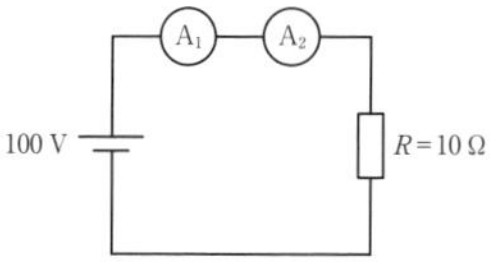

図1

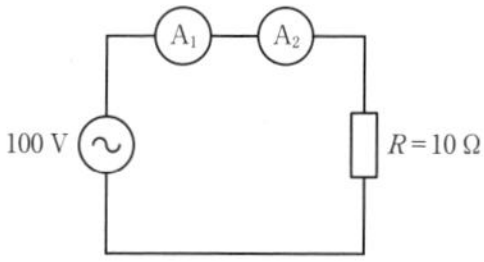

図2

解答 (2)

図1の抵抗を流れる電流の大きさI_1[A]は,

$$I_1=\frac{100}{R}$$
$$=\frac{100}{10}$$
$$=10\ \mathrm{A}$$

可動コイル形計器は直流用計器であるから，10 Aとなる。整流形計器は交流用であるが，直流を流した場合でも原理上電流値は測定されるので，10 Aとなる。

図2の抵抗Rを流れる電流の大きさI_2[A]は,

$$I_2=\frac{100}{R}$$
$$=\frac{100}{10}$$
$$=10\ \mathrm{A}$$

可動コイル形計器は直流用計器であり，交流を流すと平均値は零となるので，0 Aとなる。整流形計器は交流用であるが，その指示値は平均値である。交流の平均値は最大値の$\frac{2}{\pi}$倍であり，実効値は最大値の$\frac{1}{\sqrt{2}}$倍であるから，整流形計器で測定される電流値I_2'[A]は,

$$I_2'=\frac{2}{\pi}\times\sqrt{2}\,I_2$$
$$=\frac{2}{\pi}\times\sqrt{2}\times 10$$
$$\fallingdotseq 9.0\ \mathrm{A}$$

整流形計器は直流の場合でも原理上測定可能であるが，ダイオードを2段通るので誤差を生じる懸念があり通常使用しない。

正弦波交流の最大値,実効値,平均値

$v=V_\mathrm{m}\sin(\omega t+\phi)$

であるとき,

最大値: V_m

実効値: $\frac{V_\mathrm{m}}{\sqrt{2}}$

平均値: $\frac{2}{\pi}V_\mathrm{m}$

3 図のように，電源電圧が200 V の対称三相交流電源から三相平衡負荷に供給する電力を二電力計法で測定した。2台の電力計の測定値が W_1=150 W と W_2=350 W であったとき，有効電力 P[W] と無効電力 Q[var] の組合せとして，最も近いものを次の(1)～(5)のうちから一つ選べ。ただし，相順は a→b→c とする。

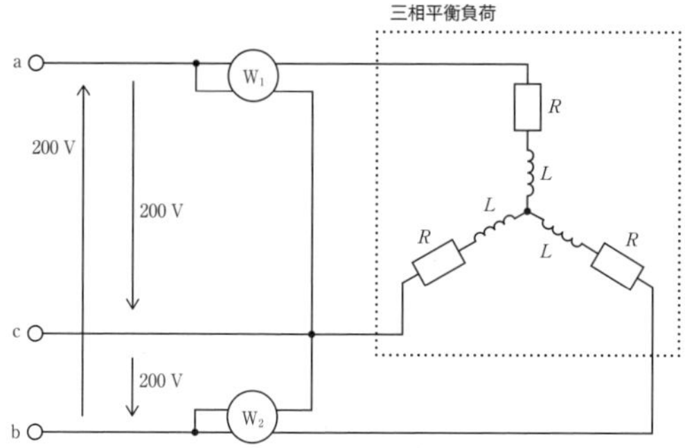

	P	Q
(1)	500	200
(2)	870	500
(3)	500	350
(4)	870	200
(5)	870	350

解答 (3)

二電力計法での有効電力 P[W]，及び無効電力 Q[var] は，

$$P=W_1+W_2$$
$$=150+350$$
$$=500\ \text{W}$$
$$Q=\sqrt{3}(W_2-W_1)$$
$$=\sqrt{3}\times(350-150)$$
$$\fallingdotseq 346\rightarrow 350\ \text{var}$$

注目 二電力計法での有効電力と無効電力の式は導出しても良いが，覚えておいた方が無難である。